ENCYCLOPÉDIE
DES
TRAVAUX PUBLICS

Fondée par M.-C. LECHALAS, Inspecteur général des Ponts et Chaussées
Médaille d'or à l'Exposition universelle de 1889

ARCHITECTURE & CONSTRUCTIONS CIVILES

CHARPENTERIE
MÉTALLIQUE
MENUISERIE EN FER & SERRURERIE

PAR

J. DENFER

ARCHITECTE
PROFESSEUR A L'ÉCOLE CENTRALE

TOME PREMIER

*GÉNÉRALITÉS. — RÉSISTANCE DU FER
DE L'ACIER ET DE LA FONTE
ASSEMBLAGES. — CHAINAGES, LINTEAUX ET POITRAILS
PLANCHERS EN FER. — SUPPORTS MÉTALLIQUES*

PARIS
GAUTHIER-VILLARS ET FILS, IMPRIMEURS-LIBRAIRES
DU BUREAU DES LONGITUDES, DE L'ÉCOLE POLYTECHNIQUE, ETC.
Quai des Grands-Augustins, 55

ENCYCLOPÉDIE DES TRAVAUX PUBLICS

CHARPENTERIE MÉTALLIQUE

Tous les exemplaires de l'ouvrage de M. Denfer :

ARCHITECTURE ET CONSTRUCTIONS CIVILES
CHARPENTERIE MÉTALLIQUE

devront être revêtus de la signature de l'auteur.

ENCYCLOPÉDIE
DES
TRAVAUX PUBLICS

Fondée par M.-C. LECHALAS, Inspecteur général des Ponts et Chaussées
Médaille d'or à l'Exposition universelle de 1889

ARCHITECTURE & CONSTRUCTIONS CIVILES

CHARPENTERIE
MÉTALLIQUE
MENUISERIE EN FER & SERRURERIE

PAR

J. DENFER

ARCHITECTE
PROFESSEUR A L'ÉCOLE CENTRALE

TOME PREMIER

GÉNÉRALITÉS. — RÉSISTANCE DU FER
DE L'ACIER ET DE LA FONTE
ASSEMBLAGES. — CHAINAGES, LINTEAUX ET POITRAILS
PLANCHERS EN FER. — SUPPORTS MÉTALLIQUES

PARIS
GAUTHIER-VILLARS ET FILS, IMPRIMEURS-LIBRAIRES
DU BUREAU DES LONGITUDES, DE L'ÉCOLE POLYTECHNIQUE, ETC.
Quai des Grands-Augustins, 55

1894
Tous droits réservés

CHAPITRE PREMIER

GÉNÉRALITÉS

SOMMAIRE :

1. Des métaux ferreux. — 2. De la fonte. — 3. De l'acier. — 4. Du fer proprement dit. — 5. Défauts des fers. — 6. Essais des fers. — 7. Formes commerciales des fers. 8. — Divsion en classes des fers marchands et plats. — 9. Rails. — 10. Fers à planchers. — 11. Fers spéciaux. — 12. Fers à I larges ailes. — 13. Fers en U. — 14. Cornières. — 15. Fers à simple T. — 16. Fers à vitrages. — 17. Fers divers. — 18. Fers demi-ronds. — 19. Fers Zorès. — 20. Tôles. — 21. Division des fers spéciaux en classes. — 22. Fers hors classes. — 23. Construction en fer en général. — 24. Emploi de l'acier dans les constructions. — 25. Durée des charpentes en fer.

CHAPITRE PREMIER

GÉNÉRALITÉS

1. Des métaux ferreux. — Le fer est un métal gris bleuâtre, très ductile et très tenace, et qui rend à l'industrie et à la construction les plus grands services. C'est le plus usuel de tous les métaux.

Il est presque toujours combiné avec un certain nombre de métalloïdes, en très petites quantités, principalement avec du carbone.

Dans cet état, il se présente sous trois formes bien distinctes, savoir :

La *fonte*, qui se liquéfie facilement à haute température, 1050° à 1250°, et présente, une fois solidifiée, une résistance relativement faible à la traction.

L'*acier*, qui fond à une température plus élevée, et présente une ténacité souvent exceptionnelle.

Le *fer proprement dit*, qui ne fond qu'à des températures extrêmement élevées, 1700° à 1800°, et présente à température ordinaire une ténacité intermédiaire entre celles de la fonte et de l'acier.

Le fer ne se trouve pas dans le sol à l'état métallique, à l'*état natif* comme l'on dit ; combiné à l'oxygène sous forme d'oxydes divers mélangés à des gangues variées, il est au contraire très répandu ; on en trouve dans bien des pays d'énormes gisements, dont la richesse en métal est très variable.

Sous les trois formes dont il vient d'être question, de fonte, d'acier et de fer proprement dit, il possède des qualités, des propriétés et des utilisations très variables qui vont être passées successivement en revue.

2. De la fonte. — La fonte est une combinaison du fer avec une petite quantité de carbone, ordinairement supérieure à 2,5 %, sans pouvoir s'abaisser au-dessous de 2 %, et qui peut atteindre 4,5 %, et même 6 % en présence du silicium. Indépendamment de ce carbone, la fonte peut contenir de petites quantités d'autres corps, tels que du silicium, du manganèse, du soufre, du phosphore, du chrome et enfin des gaz : oxyde de carbone, hydrogène et azote.

La fonte se retire directement des minerais de fer mis en contact à température élevée, avec du carbone (charbon de bois ou coke) dans des appareils spéciaux appelés hauts fourneaux.

La fonte peut varier de composition et de structure; souvent, lorsqu'elle est solidifiée, elle a une cassure grise due à la présence d'éléments de graphite disséminés dans la masse et qui influent sur sa couleur : c'est la *fonte grise*.

D'autres fois, la cassure est blanche par suite d'absence de graphite mis en liberté : en raison de sa couleur on la nomme *fonte blanche*.

Enfin on obtient des fontes intermédiaires entre ces deux apparences, blanches tachées de gris, que l'on nomme *fontes truitées* ou *fontes gris clair*.

Les *fontes grises* fondent vers 1150° à 1250°, pèsent 6 800 à 7 400 kilos. le mètre cube. Elles présentent une cassure régulière, fine, à grains très petits. Elles sont douces aux outils, se burinent, se liment et se percent facilement. Elles se moulent parfaitement et sont peu susceptibles de présenter des cavités intérieures dites soufflures, qui diminuent leur résistance.

Si on les refroidit brusquement, comme dans la trempe en coquille, elles présentent une cassure plus claire, surtout à la surface, et elles deviennent plus dures, mais aussi plus difficiles à travailler.

Les *fontes blanches* fondent entre 1050° et 1100°, et pèsent 7 300 à 7 700 kilos. le mètre cube.

Elles sont dures ; elles résistent aux outils et sont, à la surface surtout, très difficiles à travailler. Leur cassure est cristalline, quelquefois lamelleuse.

Elles contiennent d'ordinaire moins de carbone que les fontes grises.

Au moulage, elles présentent souvent des soufflures ; aussi les réserve-t-on pour les pièces légères et déliées ; dans ce cas elles sont précieuses, car elles se gonflent à la prise, et remplissent bien les moules dont elles prennent finement les empreintes.

Les *fontes truitées* sont intermédiaires entre les fontes grises et les fontes blanches ; elles participent des propriétés des deux, en raison de leur composition.

Lorsque la fonte se solidifie, elle prend un retrait appréciable. Le retrait linéaire est de 0,010 environ, le retrait cubique est de 0,03. Il est indispensable d'en tenir compte dans le moulage, pour obtenir des pièces de dimensions absolument précises.

On s'attache dans le moulage à *donner de la dépouille* pour sortir facilement l'objet fabriqué, à ménager *partout même épaisseur aux parois*, à éviter les *pièces massives* et surtout celles qui présenteraient des parties minces, à côté de masses épaisses, parce que l'inégalité des retraits et du refroidissement déforme la pièce et y produit des soufflures.

On admet les *angles saillants à vive arête*, mais on évite les *angles vifs rentrants*. On raccorde toujours par des arrondis ou congés les faces qui les produisent.

Fonte malléable. — Si on moule des objets en fonte, qu'ensuite on les chauffe au rouge, (au-dessous du point de fusion), en contact avec un milieu oxydant, tel que des minerais de fer, et que l'on poursuive longtemps ce contact, on atteint une décarburation superficielle de la fonte qui se transforme sur faible épaisseur en une sorte d'acier.

L'objet présente alors la résistance et la flexibilité de l'acier en même temps que les formes compliquées que peut seul donner le moulage de la fonte. La matière ainsi traitée prend le nom de *fonte malléable*.

Ce procédé permet de donner à très bas prix des produits qui reviendraient à une somme élevée par les procédés ordinaires. Il est très fréquemment appliqué aux petites pièces de serrurerie et de quincaillerie.

Pour les grosses pièces il est inapplicable, en raison du peu de profondeur de la décarburation ; on a alors recours au moulage en acier, qui est plus délicat et revient bien plus cher.

3. De l'acier. — Si l'on prend de la fonte, dont le degré de carburation est ordinairement supérieur à 2%, et que, par un procédé métallurgique quelconque, on lui enlève du carbone, à mesure que le phénomène chimique s'accomplit, le métal change de propriétés ; il blanchit, sa résistance augmente, sa dureté et sa fragilité également ; et, après avoir passé par des produits intermédiaires sans valeur industrielle directe, on arrive à l'acier.

L'acier est une combinaison de fer et de carbone, que l'on obtient facilement à l'état fondu, dont la teneur en carbone varie de $0,20$ à 1%, exceptionnellement $1,50 \%$.

Autrefois on l'obtenait difficilement en maintenant en contact prolongé direct du fer avec le charbon, à une température élevée. Sous certaines conditions spéciales il y avait carburation superficielle. Le produit, appelé *acier de cémentation*, était très peu homogène ; on le raffinait par la liquéfaction dans des creusets et on avait l'*acier fondu*.

Ces longues opérations ne donnaient à la fois que de faibles quantités de métal.

Aujourd'hui les progrès énormes de la métallurgie ont permis d'obtenir dans des convertisseurs spéciaux (Bessemer, Martin, etc.) de grandes masses d'acier fondu, produit par la décarburation directe de la fonte.

Les aciers sont de compositions et de propriétés très variables; on les distingue par divers qualificatifs : *extra-doux, doux, mi-doux, mi-dur, dur, extra-dur*, d'après les degrés de carburation, qui corrrespondent presque toujours à une augmentation croissante de dureté.

La densité de l'acier varie de 7 800 à 7 900.

Son coefficient d'élasticité est en moyenne de 22×10^9.

Son point de fusion se tient entre 1 600° pour les aciers extra-doux et 1 400° pour les plus carburés.

Son coefficient de dilatation varie de 0,0000107 à 0,0000140.

Plus l'acier est doux, plus sa résistance est faible, plus sa ductilité et sa malléabité sont grandes, plus il se lamine et se soude facilement.

L'acier subit à des degrés divers le phénomène de la *trempe*. Porté à haute température et refroidi brusquement, il est dit *trempé*. Ce refroidissement se fait dans l'eau ou dans un bain d'huile. La trempe donne à l'acier une grande dureté, une grande fragilité, augmente sa limite d'élasticité ainsi que sa résistance à la rupture. Elle diminue l'allongement qui précède la rupture.

Et tous ces phénomènes se trouvent d'autant plus exaltés que la teneur en carbone est plus forte. Les aciers doux et extra-doux sont très peu influencés par la trempe. Les aciers carburés voient au contraire ces nouvelles propriétés se développer considérablement.

Les résultats que donne la trempe peuvent disparaître par le *recuit*, soit totalement soit partiellement. L'opération du *recuit* consiste à chauffer l'acier trempé et à le laisser refroidir lentement. S'il a été réchauffé à la température à laquelle il avait été porté au moment de la trempe, il ne subsiste rien de cette dernière. Il en reste une portion plus ou moins forte, suivant que la nouvelle chauffe s'approche moins ou plus du degré primitif. Le recuit a encore l'avantage de faire disparaître les effets de l'écrouissage dû au travail du métal, et de lui rendre notamment la malléabilité que cet écrouissage lui avait fait perdre.

Les aciers moulés sont sujets aux soufflures lorsqu'ils sont peu carburés, et ces soufflures paraissent dues à un dégagement, au moment de la solidification, des gaz dissous dans le métal, tels que l'oxyde de carbone, l'hydrogène et l'azote.

Les *aciers très durs* sont surtout employés pour les ressorts et les outils ;

Les *aciers durs* pour les ressorts, les outils, les bandages de roues et les rails ;

Les *aciers mi-durs* pour les rails, les éclisses, les essieux et les pièces de machines et ainsi que certains outils ;

Les *aciers mi-doux* pour les pièces mécaniques surtout ;

Les *aciers doux* pour les tôles de construction et les aciers profilés ;

Les *aciers très doux*, soudables, pour les tôles de machines et chaudières ;

Les *aciers extra-doux*, soudants, servent pour le tréfilage, les tôles minces, les rivets, les tôles très façonnées.

4. Du fer proprement dit. — Le fer peut se retirer directement du minerai lorsque ce dernier est riche en métal, mais cela arrive rarement. Presque tout le fer provient de l'affinage ou *puddlage* de la fonte.

La fonte destinée à être convertie en fer est presque toujours de la fonte blanche, aussi pure que possible, et ne contenant que de petites quantités de soufre, de silicium et de phosphore.

On décarbure la fonte par un courant d'air chaud, à température très élevée ; du carbone est éliminé, et le fer se produit à l'état pâteux. Il reste dans ce métal environ 0,05 à 0,15 % de carbone combiné. Le fer produit par le puddlage, ou *fer puddlé*, varie en qualité suivant la pureté de la fonte. On le malaxe pour le purifier des scories et on le lamine. Il contient encore une certaine quantité de scories, et d'autant plus que la quantité de carbone es moindre.

Le fer puddlé se soude facilement à lui-même à la température blanche et d'autant plus qu'il contient plus de scories.

Les fers communs sont peu carburés, leur cassure est à nerfs ; ils ont une faible résistance et supportent difficilement les chauffes sucessives, qui accentuent leurs défauts.

Les fers fins sont plus carburés, (0,10 à 0,15 de carbone) ; leur cassure est à nerfs ou bien à grains fins, leur résistance est plus grande et ils peuvent se laisser travailler facilement et longtemps à chaud.

Le meilleur fer est celui qu'on fabrique entièrement au bois. Il est très cher et peu abondant ; puis vient celui que l'on affine au bois avec des fontes produites au coke ; puis enfin celui qu'on obtient uniquement avec la houille et ses dérivés. Celui-ci se divise suivant sa qualité en plusieurs catégories, qui sont les suivantes :

Les *fers communs*, ou n° 2, servent pour les boulons et la grosse serrurerie, les rivets du commerce, les fers profilés ordinaires, les ponts et charpentes, les réservoirs, les tôles communes.

Les *fers ordinaires*, ou n° 3, servent pour la maréchalerie, la serrurerie, les fers profilés des chemins de fer, les constructions en tôle ordinaire.

Le *fer fort*, ou n° 4, s'applique à la serrurerie supérieure, aux rivets de bonne qualité, aux profilés supérieurs.

Le *fer fort supérieur*, ou n° 5, s'emploie aux mêmes usages que le précédent pour des qualités meilleures.

Le *fer fin*, ou n° 6, sert pour la confection des pièces de machines, pour des fers profilés extra, des tôles qui doivent être très travaillées, et subir un emboutissage difficile.

Le *fer extra*, ou n° 7, s'emploie dans les pièces mécaniques très soignées, la taillanderie fine, les blindages.

La densité du fer est de 7 800 à 8 000.

Son coefficient de dilatation linéaire est de 0,0000125; il varie un peu suivant la nature du fer.

Le fer perd par l'écrouissage une grande partie de sa ductilité et de sa ténacité; il les reprend comme l'acier par le recuit, opération qui consiste à le chauffer au rouge et à le laisser ensuite se refroidir très lentement.

Le fer ne fond qu'à une température extrêmement élevée, 1 700 à 1 800°; mais bien avant cette limite, au rouge blanc, il se ramollit et on peut au marteau lui donner les formes variées dont on a besoin. On obtient ainsi les ouvrages de forge.

A cette même température blanche, il se soude à lui-même sans que le point de jonction, si le travail a été bien fait, ait une résistance inférieure à celle du reste de la pièce.

Le martelage à chaud, lorsqu'il peut le supporter, l'épure et augmente ses qualités.

Le fer est dit *corroyé* lorsqu'on le compose de barres superposées et soudées. Le corroyage qui améliore les bons fers contenant du carbone peut s'obtenir au marteau ou au laminoir. Le premier procédé donne de meilleurs produits.

Suivant son degré de pureté et aussi la nature des matières étrangères qu'il renferme, il se rompt à l'extension sous une charge de 30 à 90 kilos par millimètre carré (30 kilos pour les fers communs en grosses barres, 90 kilos pour les fils de fer fins au bois).

A la compression, en courtes barres, il s'écrase sous 36 à 40 kilos.

Action de l'humidité. — Le fer exposé à l'humidité se recouvre de *rouille*, qui est un mélange d'oxyde et de carbonate de fer; une fois l'oxydation commencée, elle se continue avec une activité croissante. Par l'oxydation le fer augmente considérablement de volume et le gonflement est à prévoir dans les constructions.

On empêche l'oxydation du fer en le recouvrant à la surface de corps qui le préservent du contact de l'eau ou de l'air humide. Ces corps sont fournis par la peinture, la galvanisation et l'étamage.

La *peinture à l'huile* de lin dépose une couche de matière organique qui se solidifie sous forme d'une pellicule mince et présente une certaine résistance. On mélange à cette huile du minium, de la céruse, et diverses matières colorantes pour l'épaissir et donner du corps à la pellicule formée. La première couche appliquée sur le fer est toujours faite au minium, et on donne la préférence au vrai minium, le minium de plomb, sur le colcotar ou peroxyde de fer, appelé aussi minium de fer, qui a une teinte plus brune et préserve moins efficacement.

La peinture ne protège pas indéfiniment les fers. Elle se raye et s'enlève facilement sous l'action des chocs et des frottements. Exposée aux agents atmosphériques, elle s'altère au bout de quelques années et demande à être renouvelée tous les 10 ou 12 ans, environ.

La peinture à l'huile ne supporte pas le contact des chaux ou ciments : la matière alcaline la décompose et la saponifie. Aussi ne l'emploie-t-on pas pour les parties de fer scellées ou comprises dans ces maçonneries.

Dans certains cas, on remplace avantageusement la peinture à l'huile par de la peinture au goudron. Cette dernière convient pour les charpentes dont l'aspect importe peu, les tôleries de réservoirs, par exemple. Elle sèche difficilement si l'on n'a eu soin de lui mélanger $\frac{1}{10}$e environ de poudre de chaux ou de ciment. On l'emploie à chaud ou ramollie par le mélange avec une certaine quantité de pétrole.

La *galvanisation* consiste à recouvrir le fer d'une couche mince de zinc, et s'applique à des objets flexibles ou de dimensions assez restreintes. On les décape et on les passe dans un bain de zinc, fondu, dont une partie reste adhérente sur toute la surface. Le principe de la galvanisation repose sur la propriété du zinc de résister aux agents atmosphériques ordinaires. Partout où le zinc ne convient pas, il y a lieu de rejeter la galvanisation. Ce procédé procure une couche préservatrice plus durable que la peinture à l'huile ; mais dès que la protection cesse, la rouille commence à se produire et elle se développe avec une activité croissante, aidée par les courants électriques dus au contact des deux métaux ; la destruction est plus rapide que si le fer était seul. Lorsque la rouille se manifeste, il faut avoir recours à la peinture.

L'*étamage* consiste à remplacer le zinc par l'étain. Il convient aux endroits secs ; mais pour les pièces mises à l'extérieur, il résiste beaucoup moins que la galvanisation, et la destruction des objets par la rouille est encore plus rapide.

Action du plâtre. — Le fer noyé dans la maçonnerie de plâtre s'oxyde très vivement ; il est toujours indispensable de le peindre à deux couches avant de le sceller dans cette sorte de mortier.

Action des chaux et ciments. — Les chaux et ciments, de même que la potasse et la soude, conservent le fer et empêchent la formation de la rouille, même au contact de l'humidité. Des boulons de mécanique à surface extérieure tournée et polie, noyés dans une fondation de machine en terrain humide, ont été retrouvés au bout de dix années aussi brillants que le premier jour et le mortier de Portland qui les entourait avait le même brillant.

La même observation a été faite sur les assemblages d'une passerelle hourdée en ciment et qui était restée quinze années exposée aux intempéries.

Il ne faut donc pas peindre les fers destinés à être noyés dans les mortiers en ciment. Non seulement cette opération n'est pas utile, mais elle est nuisible, en raison de la décomposition de l'huile, qui alors ne protège rien et empêche le contact direct du fer et de la maçonnerie.

Action du sel marin et des acides. — Le sel marin en présence de l'humidité est déliquescent, et dans cet état accélère l'attaque du fer.

Les acides l'attaquent également et le dissolvent rapidement.

5. Défauts du fer. — Les principaux défauts des fers sont :

1° Les *criques ou gerces* qui se présentent sur les arêtes perpendiculairement à la longueur, ou sur les surfaces, disséminées partout. Elles indiquent un fer de mauvaise qualité ou un fer brûlé.

Ce défaut peut diminuer par le travail de la forge, surtout dans la dernière hypothèse.

2° Les *traverses*. Ce sont des fentes dans tous les sens, provenant de ce que, dans le travail de forge, le métal n'a pas été suffisamment chauffé. Elles disparaissent par un nouveau corroyage.

3° Les *doublures*, solutions intérieures de continuité dues à des matières étrangères enfermées dans le métal.

4° Les *pailles*, peu importantes lorsqu'elles sont limitées. Elles se présentent sous forme de petites écailles qui se soulèvent. Nombreuses, elles doivent faire rejeter le fer.

5° Les *cendrures*, points noirâtres disséminés dans la masse et qui apparaissent par le travail. Elles sont sans importance dans les constructions et ne nuisent que pour les surfaces frottantes.

On appelle fers *tendres* des fers phosphoreux, cassants à froid ; on les rejette des constructions sujettes aux chocs ou soumises à des efforts considérables.

Les fers *métis* sont cassants à chaud, ainsi que les fers *rouverains* ; leur solidité est variable et leur emploi très difficile.

Les fers *aigres* sont cassants à froid et à chaud. On ne les emploie dans les constructions qu'à la dernière extrémité.

6. Essais des fers. — Les essais destinés à apprécier la valeur du fer sont de deux sortes, les essais à froid et les essais à chaud. Ils ont pour but de permettre de reconnaître la nature du métal et de mettre ses défauts en évidence.

L'essai à froid consiste à entamer un peu la barre de fer au moyen d'un ciseau emmanché, qu'on appelle une *tranche*, sur lequel on agit au moyen d'un marteau. On vient ensuite placer la barre sur le bord de l'enclume et on achève de la rompre au marteau. Si le fer est à grains, la cassure doit être gris blanc argenté avec des arrachements crochus. S'il est à nerfs, les fibres doivent être blanches et soyeuses. Si la cassure est à facettes brillantes, le fer est de mauvaise qualité, comme aussi lorsque la cassure est lamelleuse, ou tire sur la couleur de l'ardoise.

L'essai à chaud consiste à porter la barre à la forge, à la chauffer au blanc et à examiner les déformations sous l'action du marteau. Ensuite on essaie de souder le métal à lui-même, et on soumet le point de soudure une fois refroidi, à l'épreuve d'une série de coups de marteau. On corroie un paquet de barres et on voit si les mises tiennent bien. Lorsque le fer doit être tourné et ajusté, on le porte au tour et on le travaille pour voir s'il y a des criques, des pailles et des doublures. On l'étire en pointe et on voit s'il ne se gerce pas. On le perce dans deux sens différents et sur les bords, puis on le fend. On casse le fer étiré, et on voit s'il est devenu à nerfs.

Enfin, après tous ces essais, on fait au moyen de machines spéciales des essais de résistance à la traction pour déterminer la tension par unité de surface qui détermine la rupture, et en déduire la résistance de sécurité.

Les feuilles de fer minces, ou tôles, s'essayent un peu différemment, en raison de leur forme. On les plie dans les deux sens; on les emboutit et si le fer est de mauvaise qualité il se produit des *gerçures*. Enfin on les essaie également dans les deux sens à la traction, au moyen des machines dont il vient d'être parlé.

7. Formes commerciales des fers. — Les constructions en fer ont pris la plus grande importance depuis que l'on a obtenu par le laminage des barres de sections régulières, de profils très variables et d'une longueur de plus en plus grande, ou des tôles de toutes épaisseurs et de grandes dimensions.

Aujourd'hui on trouve dans le commerce des fers de formes multiples, que l'on divise en :

1° Fers marchands ;
2° Fers aplatis glacés ;
3° Feuillards et rubans ;
4° Larges plats ;
5° Rails ;
6° Fers I à planchers ;
7° Fers spéciaux ;

8. Division en classes des fers marchands et plats. — Chacune des quatre premières divisions ci-dessus se divise en un certain nombre de classes au point de vue de leur valeur relative commerciale. Voici ces diverses classifications :

Fers marchands

Les fers marchands sont carrés, ronds ou plats. Suivant la difficulté de fabrication et le prix de vente qui en résulte, ils se divisent en quatre classes :

Première classe :
    Carrés de 20 à 54 millimètres de côté.
    Ronds de 30 à 61 millimètres de diamètre.
    Plats de 27 à 39 sur 11 et plus.
    Plats de 40 à 115 sur 9.
    Verges ou fentons pour bâtiments.

Deuxième classe :
    Carrés de 16 à 19 millimètres de côté.
    Carrés de 55 à 69 millimètres de côté.
    Ronds de 17 à 29 millimètres de diamètre.
    Ronds de 62 à 81 millimètres de diamètre.
    Plats de 20 à 39 sur 8 millimètres et plus.
    Plats de 40 à 81 sur 6 et $8\frac{1}{2}$ millimètres.
    Plats de 116 à 165 sur 12 à 40 millimètres.
    Verges et côtières pour clous.

Troisième classe :

    Carrés de 11 à 15 millimètres de côté.
    Carrés de 70 à 90 millimètres de côté.
    Ronds de 12 à 16 millimètres de diamètre.
    Ronds de 82 à 95 millimètres de diamètre.
    Plats de 82 à 135 sur $6\frac{1}{2}$ à $8\frac{1}{2}$ millimètres.
    Plats de 116 à 165 sur 7 à $11\frac{1}{2}$ millimètres.
    Bandelettes de 20 à 39 sur $5\frac{1}{2}$ à $7\frac{1}{2}$ millimètres.
    Platebandes demi-rondes de 27 à 80 millimètres.

Quatrième classe :

    Carrés de 5 à $10\frac{1}{2}$ millimètres de côté.
    Carrés de 91 à 110 millimètres de côté.
    Ronds de 6 à 11 millimètres de diamètre.
    Ronds de 96 à 110 millimètres de diamètre.
    Plats de 82 à 115 sur $4\frac{1}{2}$ à 6.
    Plats de 116 à 165 sur $5\frac{1}{2}$ à $6\frac{1}{2}$.
    Bandelettes de 14 à 39 sur $4\frac{1}{2}$ à 5.
    Platebandes demi rondes de 12 à 26.

Aplatis Glacés

Les aplatis glacés sont généralement réservés pour faire des cercles. On les emploie peu dans les bâtiments ; ils se divisent en 2 classes :

Première classe :

    De 36 à 81 sur $4\frac{1}{2}$ et plus.

Deuxième classe :

    De 20 à 39 sur $3\frac{1}{2}$ et plus.
    De 62 à 81 sur $3\frac{1}{2}$ et plus.
    De 40 à 61 sur 3 et plus.

Feuillards et rubans

Ils se divisent en quatre classes savoir :

Première classe :
De 62 à 81 sur $2\frac{1}{2}$ millimètres et plus.

De 82 à 115 sur $3\frac{1}{2}$ millimètres et plus.
De 20 à 61 sur 2 millimètres et plus.
De 14 à 19 sur 5 millimètres et plus.

De 116 à 135 sur $4\frac{1}{2}$ millimètres et plus.

Deuxième classe :
De 82 à 120 sur 3 millimètres et plus.

De 125 à 135 sur $3\frac{1}{2}$ millimètres et plus.

De 20 à 61 sur $1\frac{1}{2}$ millimètres et plus.

De 14 à 19 sur 2 millimètres et plus.

De 140 à 160 sur $4\frac{1}{2}$ millimètres et plus.

Troisième classe :
De 20 à 40 sur 1 et plus.

De 14 à 19 sur $1\frac{1}{2}$ et plus.

Quatrième classe :
De 41 à 54 sur 1 millimètre.
De 14 à 19 sur 1 millimètre.

Larges plats

Très employés dans les constructions métalliques, les larges plats se divisent en six classes savoir :

Première classe :
De 170, 180, 200 à 220 sur 11 et plus.

Deuxième classe :
De 201 à 220 sur 8 à $10\frac{1}{2}$.

De 221 à 300 sur 11 et plus.

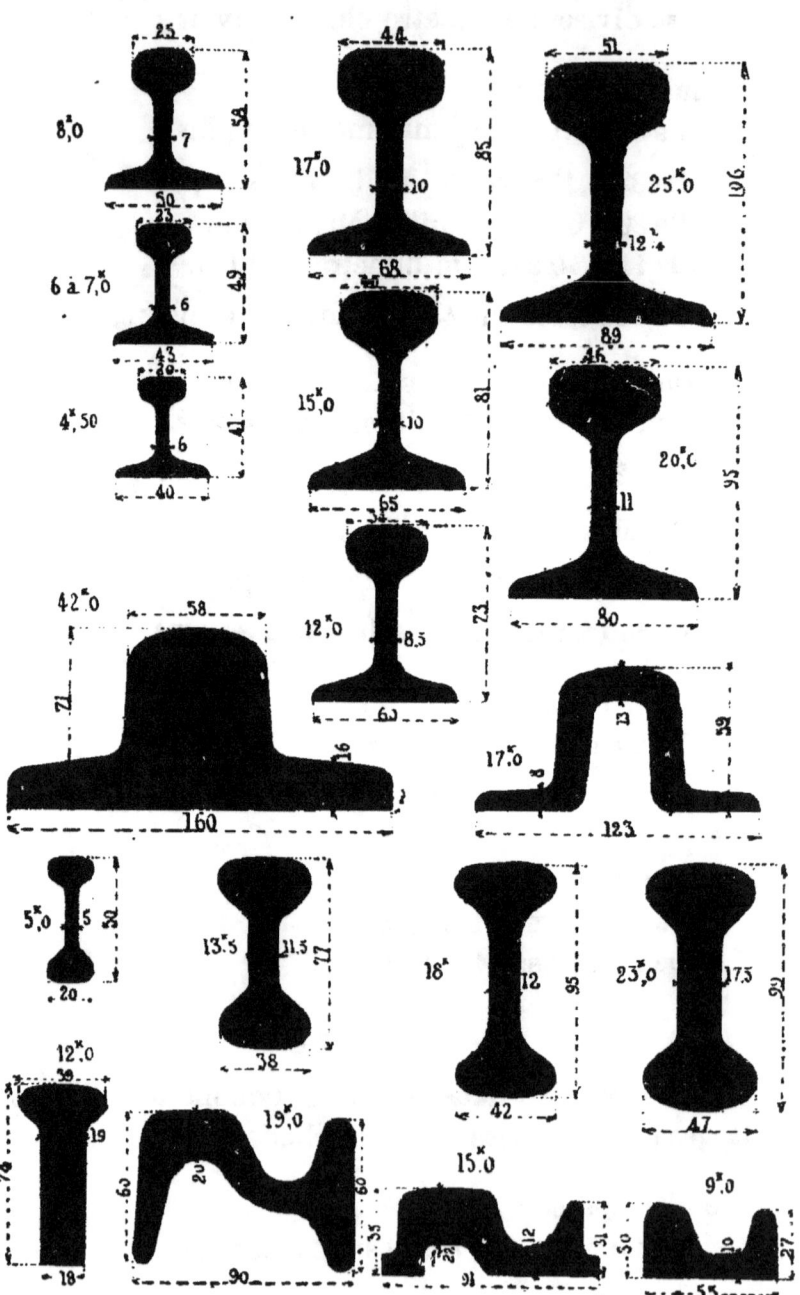

Fig. 1

Troisième classe :
De 170, 180, 200 sur 8 à $10\frac{1}{2}$.
De 221 à 300 sur 8 à $10\frac{1}{2}$.
De 301 à 400 sur 11 et plus.

Les fers de ces trois classes sont livrés à 7 mètres de longueur au maximum.

Quatrième classe :
170, 180, 200 à 300 sur 6 à $7\frac{1}{2}$.
301 à 400 sur 7 à $10\frac{1}{2}$.
401 à 500 sur 11 et plus.

Cinquième classe :
401 à 500 sur 8 à $10\frac{1}{2}$.
501 à 600 sur 11 et plus.

Sixième classe :
401 à 450 sur 7 à $7\frac{3}{4}$.
501 à 600 sur 8 à $10\frac{1}{2}$.
601 à 800 sur 9 et plus.

Les fers de ces trois dernières classes sont livrés jusqu'à 6 mètres de longueur.

Rails. — Les rails sont de bien des formes et dimensions différentes. Ils constituent un groupe spécial de fers, et on les rencontre dans le commerce en grandes quantités et à bas prix.

Les formes principales les plus usitées sont :

Le *rail à patin*, dit *rail Vignole*, composé d'une âme verticale épaisse, se reliant à la partie haute avec un boudin renflé et à la partie inférieure à une semelle, ou patin horizontal. C'est le rail le plus employé. Les gros échantillons sont fabriqués pour les Compagnies de chemin de fer ; les petits servent pour les voies de petite largeur employées dans les chantiers, ou pour les petits transports fractionnés. Quelquefois on trouve à en faire l'application dans la construction. Ce profil à patin est très commode à employer, en raison de sa base large et plane, qui s'assemble facilement avec les traverses de support.

Le rail *Brunel*, plein ou évidé, qui est de forme rectangulaire légèrement bombée par dessus et reliée à un patin in-

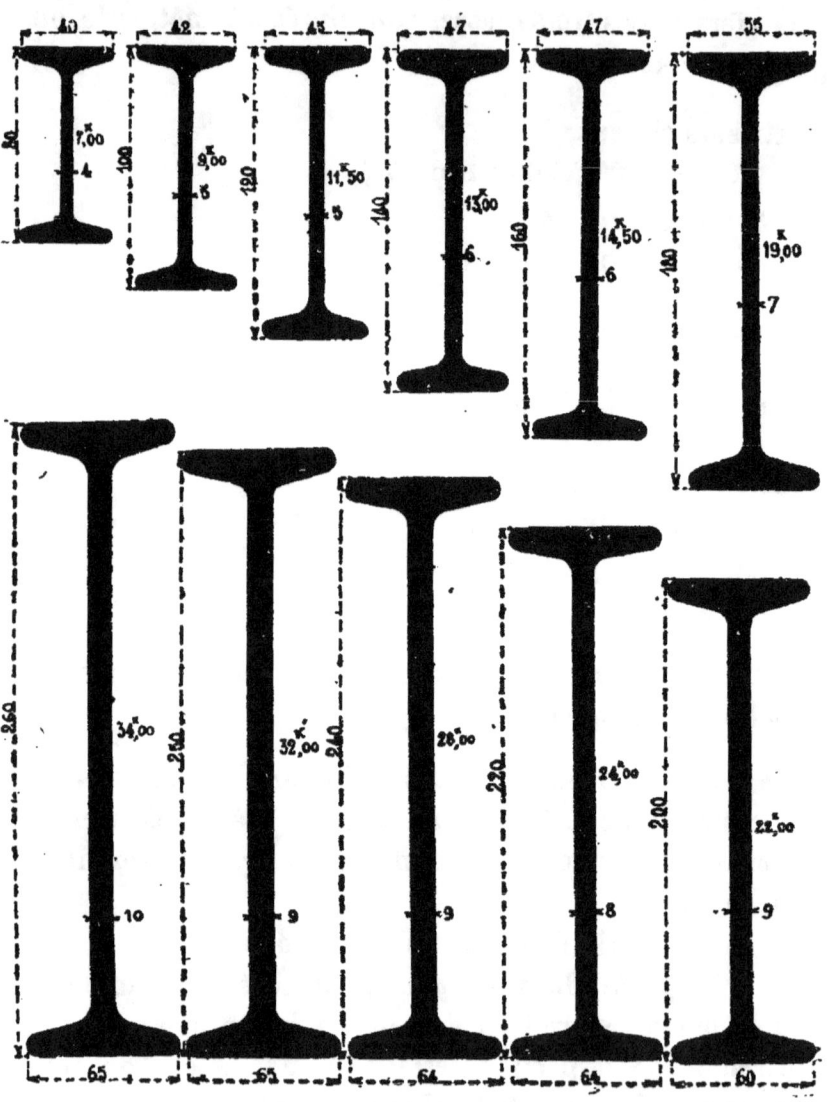

Fig. 2

férieur. Il s'emploie pour les roulements lents, et exige des roues à gorges.

Le *rail à double champignon*, qui autrefois était si généralement usité; il est formé d'une âme verticale, reliée haut et bas avec deux boudins symétriques. Il exige des supports ou coussinets spéciaux, pour le fixer verticalement. On l'emploie encore pour les chemins de fer anglais et quelques réseaux du continent.

Quelquefois l'un des champignons manque, et l'âme verticale se termine brusquement à sa partie basse. Il y a aussi des rails à champignons inégaux.

Enfin *les rails de tramways,* qui ont des formes variées et qui exigent des roues à boudins saillants.

Quelques-uns de ces divers profils sont représentés dans la *fig.* 1.

10. Fers à planchers. — Les fers que l'on nomme *fers à planchers* ont un profil spécial, renflé aux extrémités et que l'on appelle à double T ou encore à I. Leur hauteur varie de 0,08 à 0,26 pour les échantillons courants.

La *fig.* 2 donne dans ses onze croquis les profils les plus ordinaires de ces fers. Ils sont destinés à être posés de champ.

La partie verticale se nomme l'*âme,* tandis que les deux parties horizontales s'appellent les *ailes* ou les *tables.*

Dans les fers à planchers proprement dits, les ailes sont relativement étroites ; elles varient de 0,040 à 0,65 de largeur ; comme ce sont les plus usités, on les appelle fers à I *à ailes ordinaires,* par opposition à d'autres fers *à larges ailes,* qui sont rangés dans les fers spéciaux.

Les fers à I à planchers se divisent commercialement en trois catégories ou classes, qui ont un prix différent.

La première classe comprend les fers à I ailes ordinaires (AO), de 0,100 à 0,180 de hauteur.

La deuxième classe comprend les fers à I (AO) de 0,180, 0,200 et 0,220.

Les fers de ces deux classes sont livrés, sans augmentation de prix, de toutes longueurs jusqu'à 8 mètres.

La troisième classe comprend les fers en I (AO) de 0,240 à 0,260 ; on les livre jusqu'à 7 mètres de long.

On peut obtenir en forge des longueurs notablement

22 CHAP. I. — GÉNÉRALITÉS

plus grandes, mais elles donnent lieu à un supplément de prix variable avec l'excédent de longueur.

Les modèles de fers à planchers représentés *fig.* 2 ont l'âme réduite à sa plus faible épaisseur. On peut, en écartant les laminoirs obtenir des épaisseurs plus fortes et aug

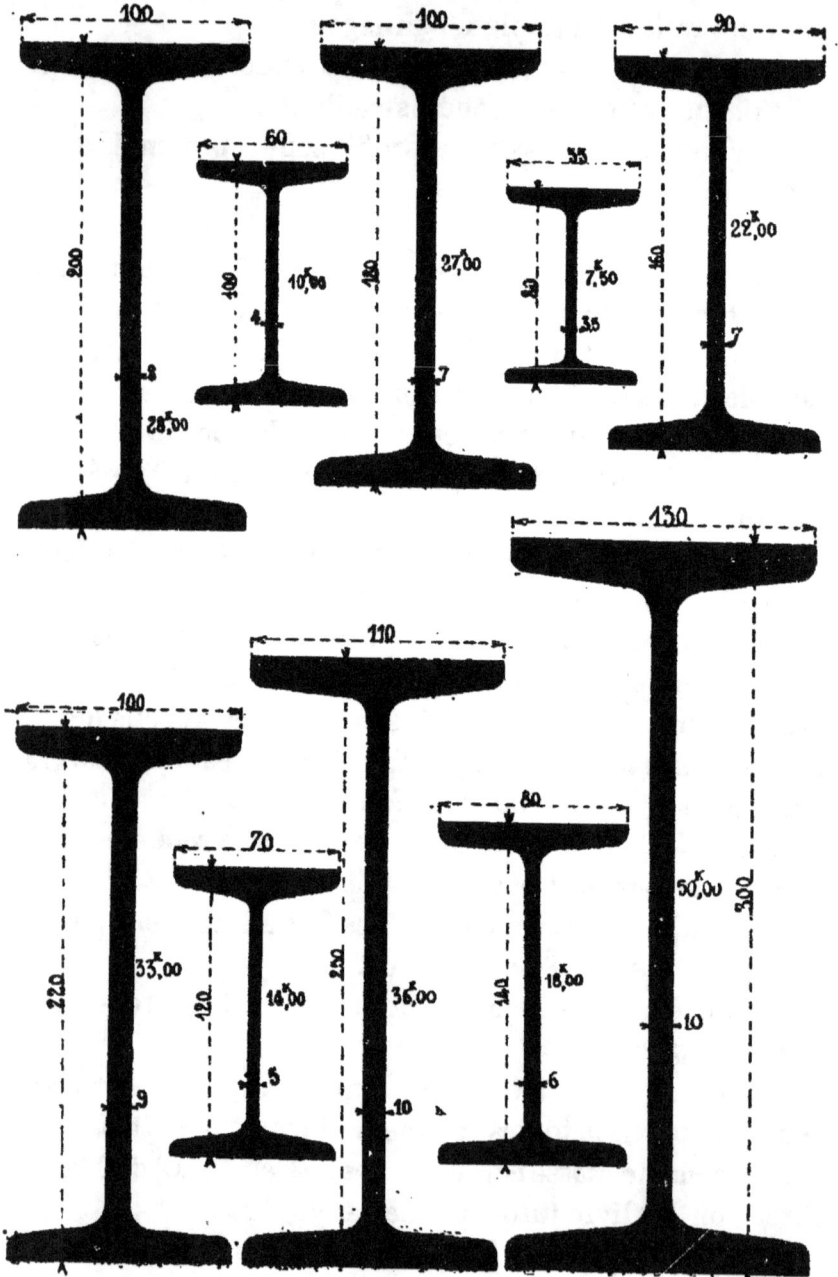

Fig. 3

menter la résistance. Ces modèles épaissis sont peu avantageux, le poids augmentant plus vite que la résistance.

11. Fers spéciaux. — On a groupé, sous la dénomination générale de fers spéciaux, une foule de profils de fers qui rendent de grands services dans les construction métalliques de toutes natures.

Les uns sont d'un grand usage dans les édifices; tels sont les fers à I à larges ailes, les fers en U, les fers à simple T et les cornières. D'autres ont une destination beaucoup plus spéciale, comme les fers à barreaux de grilles, à ronchets, à pènes, à jet d'eau, etc.

12. Fers à I à larges ailes. — Les fers à I larges ailes sont composés, comme les fers à I à ailes ordinaires, d'une partie verticale mince, *l'âme*, qui s'épanouit en haut et en bas en deux masses horizontales aplaties, les *ailes*, que l'on appelle aussi *tables*. Seulement ces ailes ont une largeur beaucoup plus grande que dans les fers à planchers. Elles ont au moins 0,055 dans les plus petits fers, et elles atteignent 0,120, 0,150 et plus dans les grands.

A hauteur égale, et comparé au fer à plancher correspondant, le fer à larges ailes soumis à la flexion et travaillant de champ, donne une plus grande résistance aux cent kilogrammes; son poids au mètre courant est relativement plus fort.

Il est aussi plus cher, en raison de la meilleure qualité du fer employé et de la plus grande main d'œuvre de la fabrication.

A poids égal, il est moins haut que le fer à plancher, par suite moins résistant.

On verra aux chapitres suivants que les fers à larges ailes se prêtent à de meilleurs assemblages que les fers à ailes ordinaires.

On est habitué dans la pratique à la notation I (LA) pour désigner un fer à I à larges ailes, par opposition à la notation I (AO) qui désigne les fers à I à ailes ordinaires.

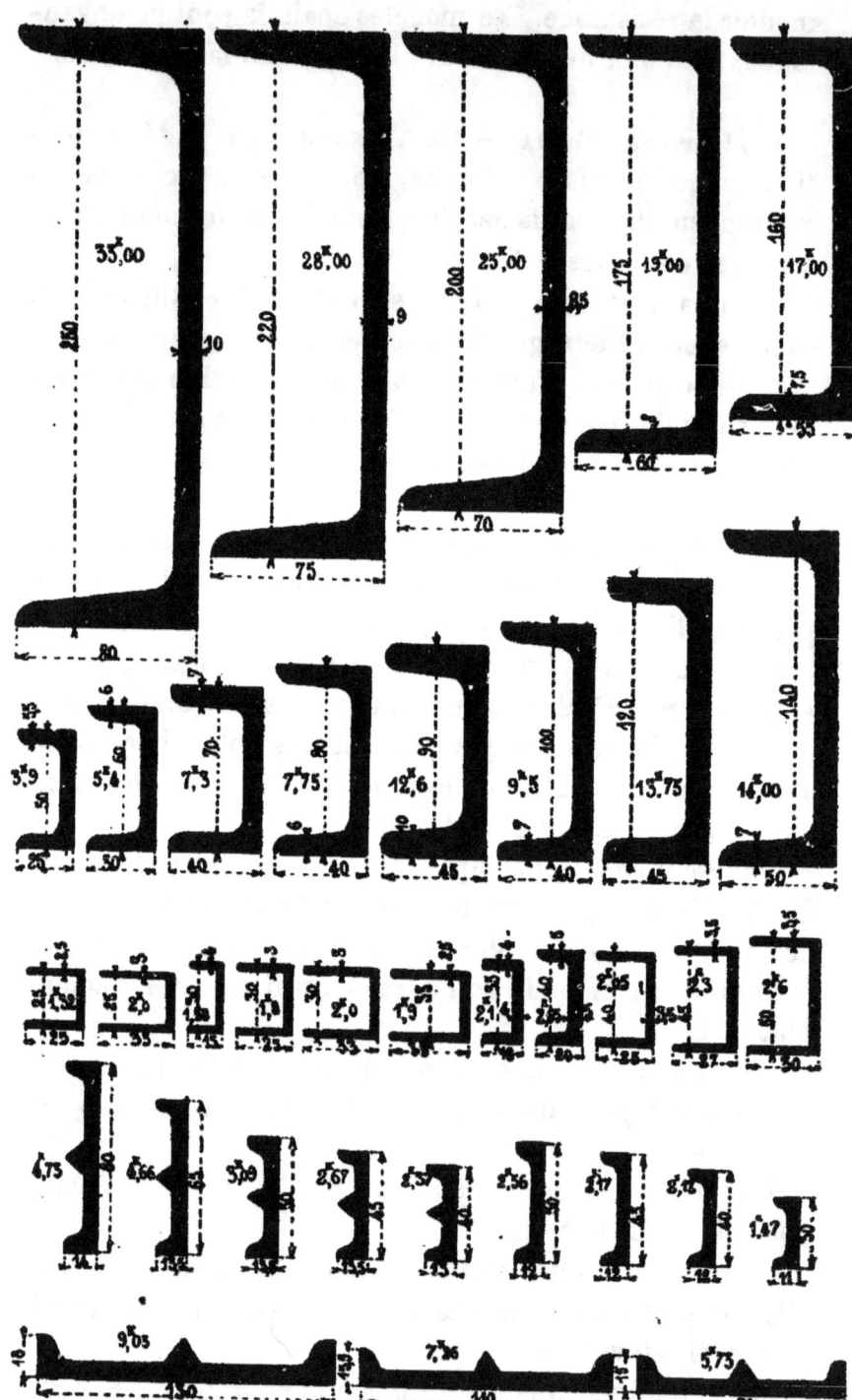

Fig. 4

La *fig*. 3 donne les profils des échantillons de fer les plus courants d'une des nombreuses séries de fers à I. du commerce. Le plus petit échantillon a 0,080 de hauteur, puis cette hauteur varie de $0^m,02$ en $0^m,02$ jusqu'à 0,22. On a ensuite des dimensions de 0,235, 0,24, 0,25, 0,26, 0,30, 0,40, 0,45 et 0,50.

Mais au-dessus de 0,30 ces fers sont très lourds; leur prix est élevé et leur maniement difficile. Ils sont rarement employés.

13. Fers en U. — Les fers en U sont des demi fers à I. Ils ont une âme verticale qui relie des ailes haute et basse; mais ces ailes ne font saillie que d'un côté. Ils ne sont donc plus symétriques par rapport à un plan vertical; en revanche, ils présentent l'avantage d'une face complètement plate, commode pour exécuter bien des assemblages.

Les modèles de fers en U sont excessivement nombreux. La *fig*. 4 en donne quelques types variés.

Les ailes sont plus ou moins saillantes sur les âmes, suivant les usages auxquels on destine ces fers.

Leur hauteur varie de $0^m,025$ à $0^m,250$.

Les plus petits, jusqu'à 0,070 de hauteur inclusivement, servent en serrurerie dans l'exécution de menus ouvrages, et aussi dans l'industrie pour la construction de nombreux appareils. A partir de 0,080 de hauteur, ils deviennent de vrais fers de charpente. Les séries, comme hauteurs, suivent celles des fers à I à larges ailes avec lesquels on a souvent à combiner leur emploi.

Les fers en U dans les charpentes peuvent être employés à la flexion; dans ce cas, on les présente de champ à la direction de l'effort, et ils travaillent de la même manière que les fers à I. Souvent même on les accouple deux par deux, ce qui rétablit un axe de symétrie et permet l'assemblage avec d'autres pièces interposées.

Ils peuvent travailler à l'extension et à la compression, et on les utilise souvent dans les charpentes pour résister également à ces deux genres d'efforts.

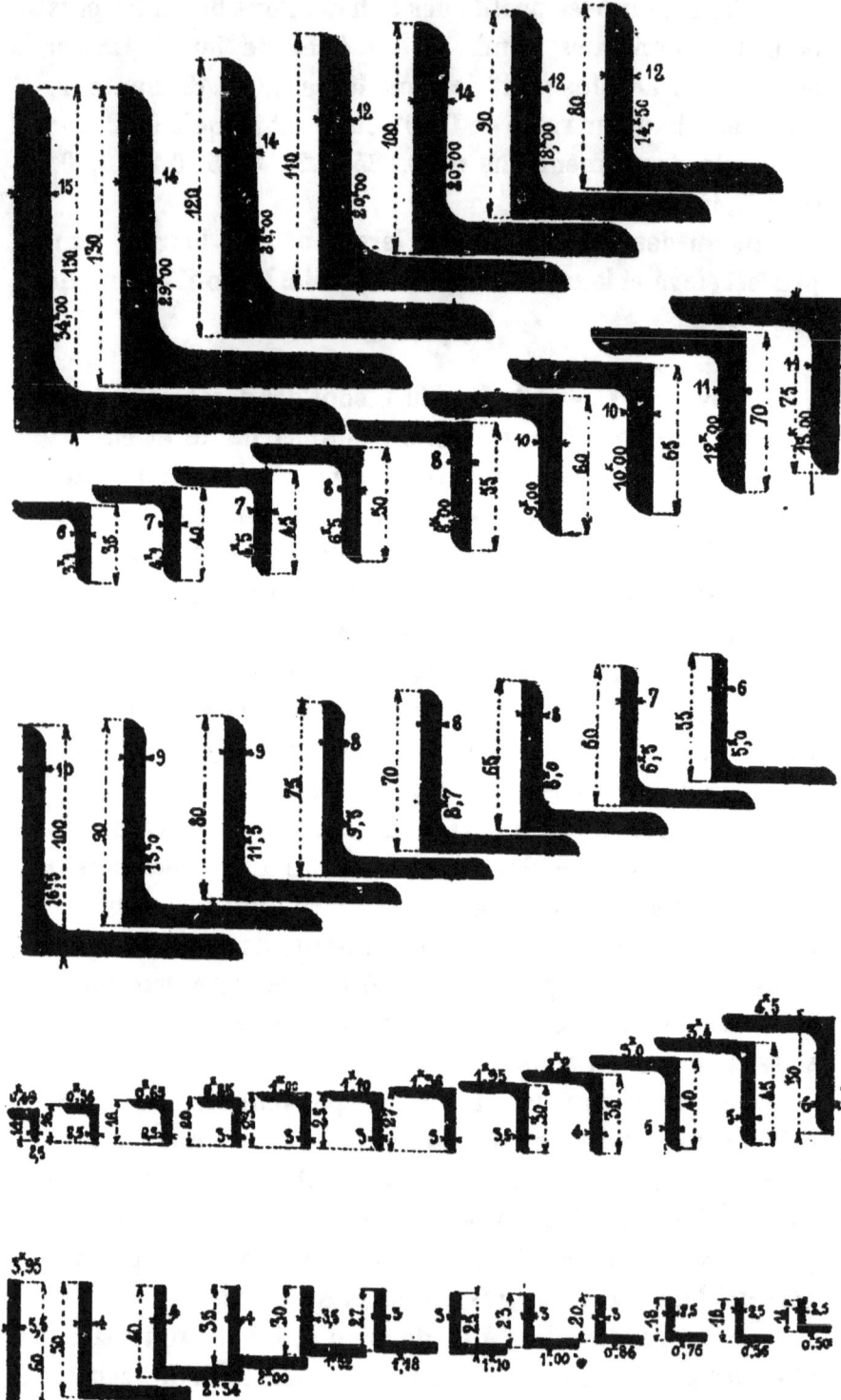

Fig. 5

Quelques-uns, comme les derniers types de la *fig.* 4 sont munis d'une troisième aile légèrement saillante au milieu. Ils ont une destination spéciale, mais peuvent trouver leur application dans la construction des bâtiments.

14. Cornières. — Les cornières, ou *fers d'angles*, sont une des formes de fer le plus communément employées dans les charpentes.

Il y a en de très nombreux profils dans le commerce et on les divise en deux grandes catégories :

> Les cornières à branches égales ;
> Les cornières à branches inégales.

Les cornières à branches égales sont presque toujours formées de deux tables de même largeur, formant ensemble un angle droit. Les parements extérieurs sont exactement plans ; les parements intérieurs sont terminés par des arrondis et se raccordent entre eux d'ordinaire par un fort congé, qui maintient la rigidité de l'angle et lui donne de la résistance. Dans l'intervalle de ces parties arrondies, le parement est plan et parallèle à la paroi extérieure.

Pour une même dimension de branches, l'épaisseur varie suivant les modèles. On a des profils lourds et des profils légers, que l'on choisit suivant l'application qu'on en doit faire.

Les cornières se rencontrent de toutes largeurs de branches depuis 0^m,015 jusqu'à 0^m,150. Les plus petites s'emploient dans la menuiserie en fer, les cadres de vitrages, les entourages de panneaux, etc. Les plus grandes et les moyennes concourent à la construction des planchers et grandes charpentes. Les premiers croquis de la *fig.* 5 rendent compte de la diversité des profils.

Les petites cornières, lorsqu'elles ne doivent supporter aucune fatigue dans le rôle qu'on leur assigne, sont quelquefois à angle rentrant vif à l'intérieur. La *fig.* 5 représente dans les derniers croquis une série ainsi disposée.

Les cornières isolées ne s'emploient guère que pour travailler comme barres tendues ou comprimées. Elles n'ont

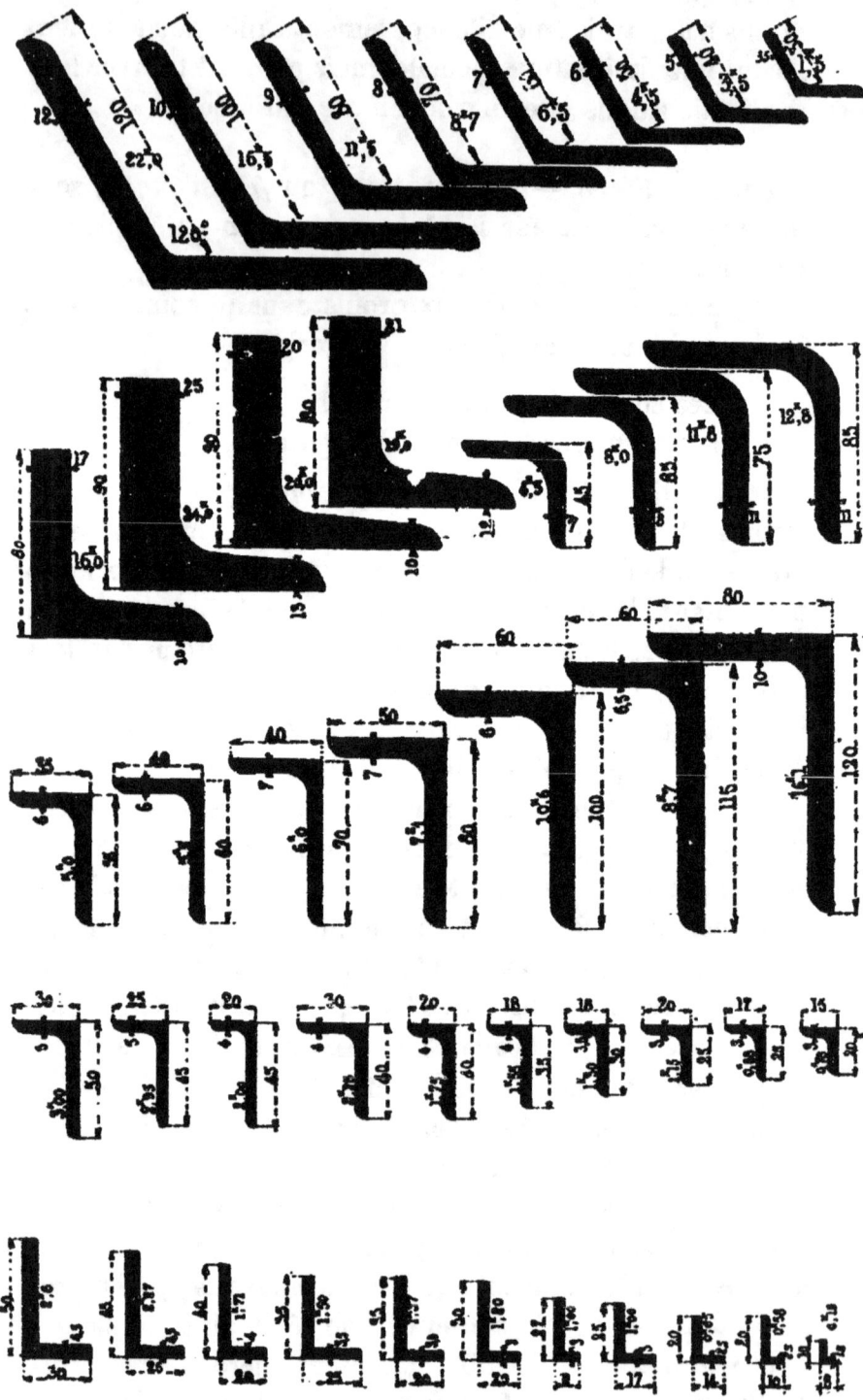

Fig. 6

pas d'axe de symétrie parallèle aux branches ; aussi, isolées, résistent-elles mal à la flexion à cause de leur tendance au voilement : mais presque toujours on rétablit la symétrie en les jumelant deux à deux, dans les cas de flexion ; cela permet d'interposer entre les faces planes adossées les pièces de charpente avec lesquelles elles doivent se relier.

Cornières à 120°. Cornières diverses. — Dans quelques applications on a besoin de cornières ouvertes à plus de 90°. Il y a un certain nombre de ces profils dans le commerce.

On a commencé à les établir pour la jonction des fonds sphériques des réservoirs avec le cylindre vertical qui les surmonte; plus tard, on leur a trouvé d'autres applications variées.

L'angle le plus ordinaire est 120°, et nous en donnons quelques profils dans les premiers croquis de la *fig.* 6 ; on fabrique aussi les cornières supplémentaires, à 60° par conséquent.

La même figure donne, à la suite, des cornières à branches égales en largeur mais inégales en épaisseur, et, dans les croquis suivants, des cornières dont l'angle extérieur est arrondi. Ces types donnent lieu à des applications peu nombreuses, mais il est bon de savoir qu'ils existent et qu'on peut les trouver dans le commerce.

Cornières à branches inégales. — Les cornières à branches inégales sont quelquefois plus commodes dans certaines applications, mais leur usage est bien plus restreint ; il y en a depuis les plus petites dimensions (0,008 par exemple) jusqu'à 0^m, 120 et plus.

Tantôt c'est la grande branche qui sert pour l'assemblage, la petite formant une côte libre donnant du raide dans le sens perpendiculaire ; tantôt, au contraire, c'est la grande branche qui constitue la partie résistante, la petite branche étant suffisante pour recevoir l'attache.

De même que pour les cornières à branches égales, les profils de petites dimensions sont employés dans la menui-

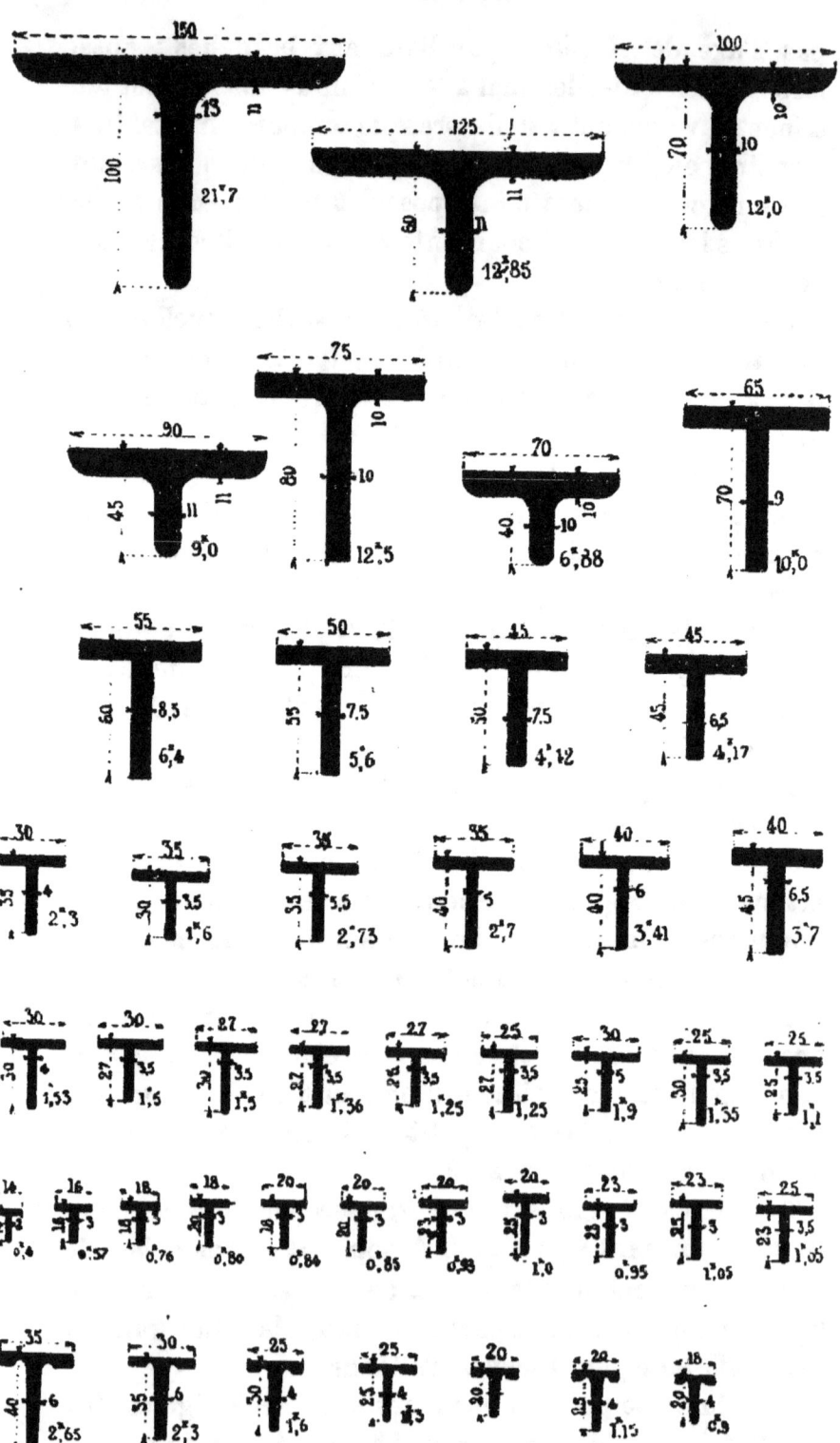

Fig. 7

serie métallique, tandis que les grandes cornières trouvent leur application dans les gros ouvrages de charpente. Les nombreux profils de cornières qui se trouvent figurés dans les albums des différentes forges font pressentir le nombre et la diversité de leurs applications ; il est en effet peu de formes de fers qui soient plus employées. On les retrouve dans presque tous les assemblages de pièces de charpente, en même temps que dans la composition de la plupart de ces dernières.

15. Fers à simple T. — Un autre genre de fers spéciaux, qui rend de très nombreux services dans la construction métallique, est celui que l'on désigne, d'après sa forme, par le nom de *fers à T simples*.

Ce sont des demi fers à I, la séparation ayant lieu au milieu de l'âme.

Ils se composent donc d'une âme verticale et d'une table. Ils ont un axe de symétrie et peuvent recevoir une charge et travailler convenablement à la flexion, beaucoup mieux qu'une cornière isolée, et sans tendance au voilement.

Suivant que l'âme sera plus ou moins haute, la résistance à la flexion sera elle-même plus ou moins grande. Suivant la largeur des tables, ils seront plus ou moins avantageux pour obtenir certains assemblages.

Les fers à T sont tantôt arrondis sur les côtés extérieurs et tantôt à angle vif. De même l'âme se relie à la table suivant un congé plus ou moins développé, ou sans congé. D'autres fois même, le congé est rentré dans la table, où il forme une rigole qui a son utilité dans certaines applications.

Ces différentes formes sont figurées dans les divers croquis de la *fig.* 7 ; on voit que les plus petites dimensions sont de 0,014 environ, et que l'on arrive à la dimension de 0,150 en passant par une foule de profils intermédiaires très rapprochés.

Les petits échantillons servent en menuiserie métallique pour la confection de menus objets, de séparations de vitra-

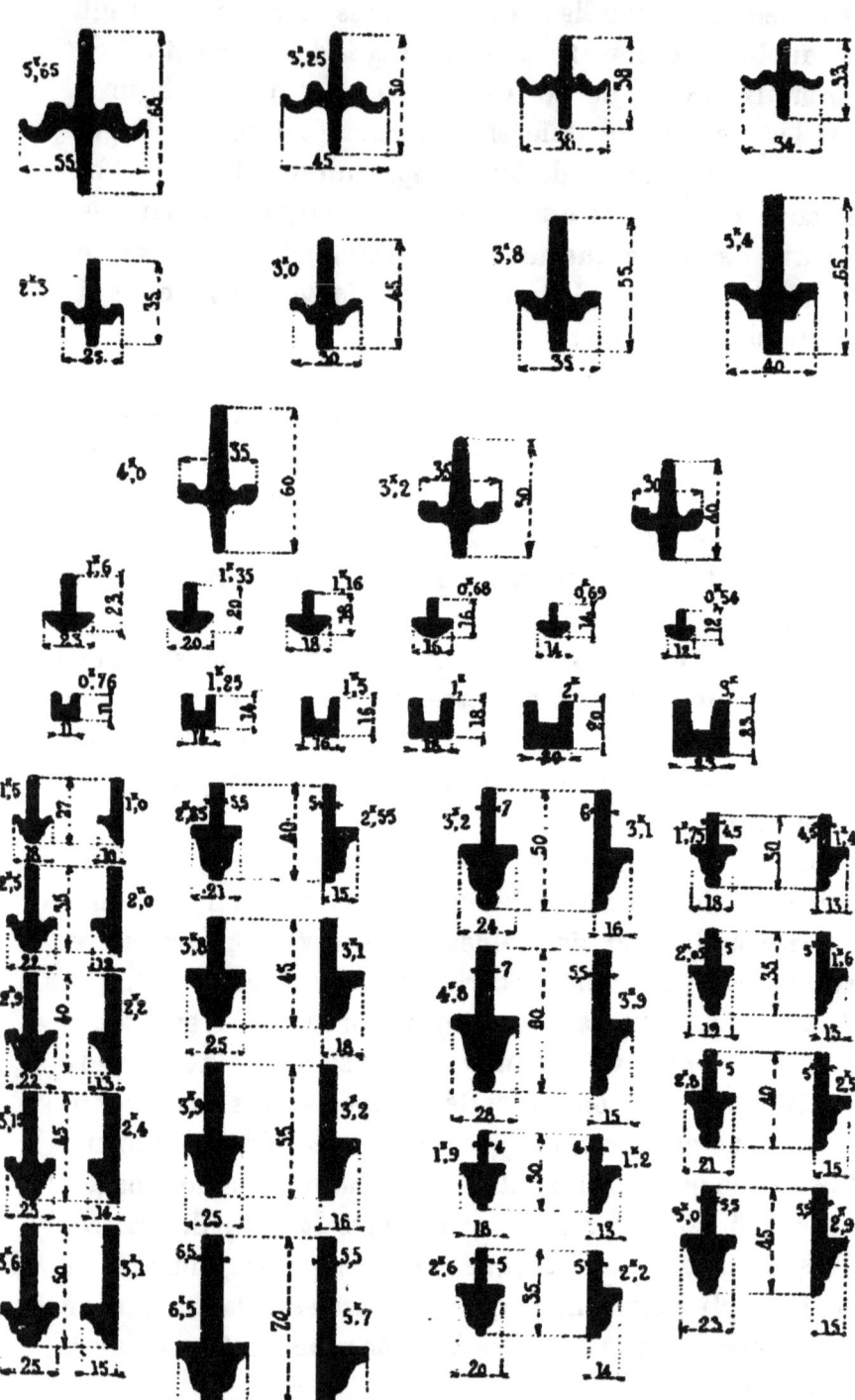

Fig. 8

ges ; dans la charpente, ils peuvent former des planchers légers, des lattis de combles. Les grands profils sont applicables aux pièces de charpente tendues, comprimés ou fléchies ; ils consolident certains assemblages, et leurs usages sont extrêmement nombreux.

Tantôt on les place en mettant la table horizontale à la partie haute, elle est alors favorable par son plat pour recevoir certaines charges ou se prêter à des jonctions appropriées ; tantôt, au contraire, c'est l'âme qui se présente à la charge, formant ainsi par les angles rentrants du profil deux feuillures très utiles dans nombre d'applications.

Un fer à T simple équivaut à deux cornières accolées, et évite l'assemblage de ces deux pièces.

16. Fers à vitrages. — On fait depuis longtemps des fers à T dont la table est bombée et profilée de moulures ; on leur donne plus spécialement le nom de *fers à vitrages*. Cette augmentation d'épaisseur de la table donne de la hauteur au profil et du raide au fer. Les saillies latérales sont en même temps réduites à la dimension strictement nécessaire pour faire la feuillure du verre.

La *fig.* 8 donne à sa partie supérieure une série de profils de ces fers à vitrages, variant de 0,027 à 0,070 de hauteur.

A chacun de ces profils correspond un demi fer, n'ayant de feuillure que d'un côté ; il sert à former les cadres d'entourage de ces mêmes parties vitrées.

Cette *fig.* 8 donne des profils de fers à vitrages légers dont la table, après avoir reçu le verre, présente un rebord en forme de gouttière latérale pour recevoir la condensation. En même temps l'âme augmente de hauteur et dépasse la table à l'extérieur.

Il en résulte un profil en croix, avantageux pour la résistance à la flexion, et convenable pour les vitrages verticaux de grande portée, ou pour les vitrages horizontaux.

D'autres profils réduits, dont la moulure de table n'est plus qu'un demi-cercle, ou une autre section bombée, servent à séparer les vitres de petites surfaces.

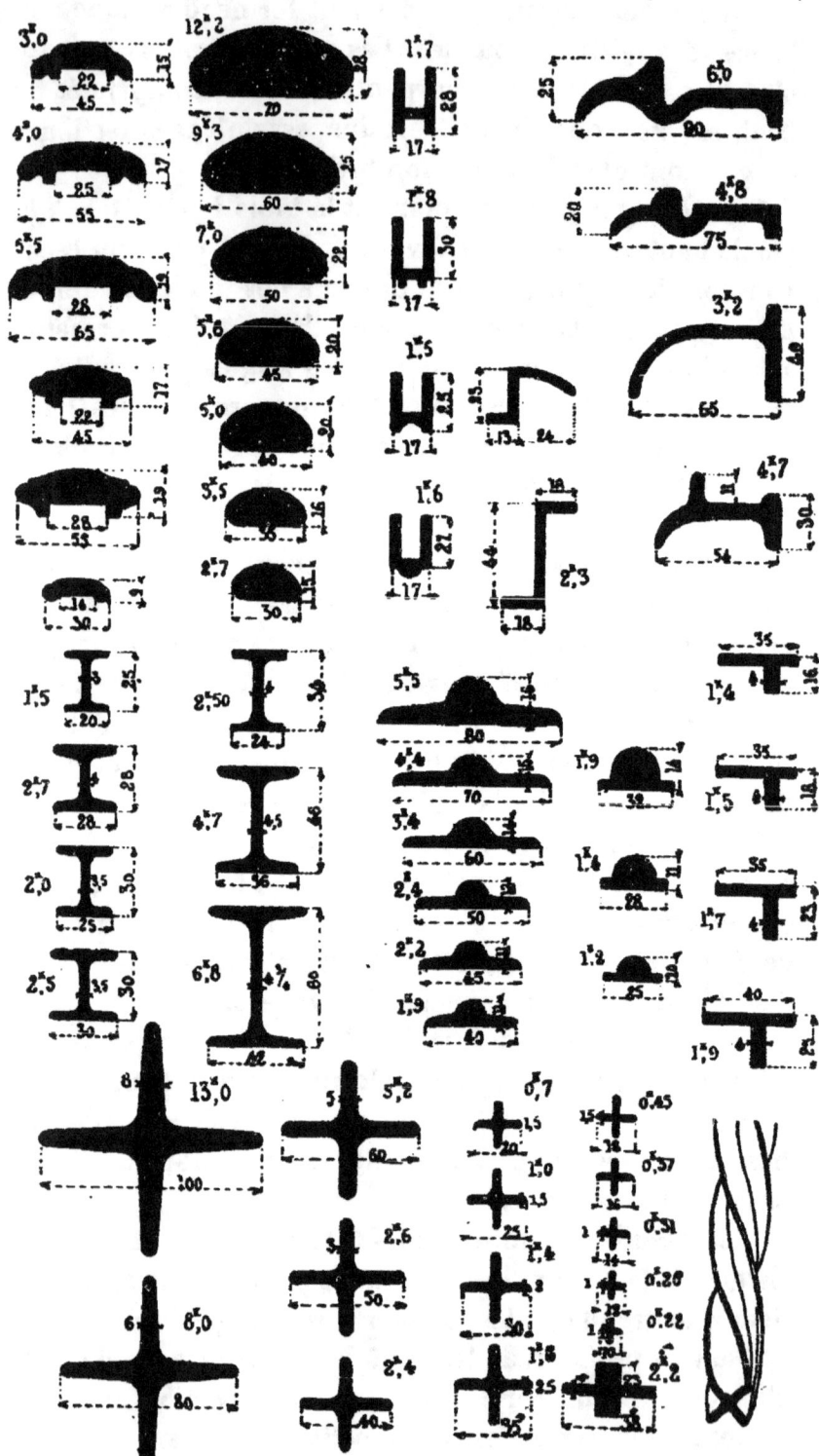

Fig. 9

Enfin, divers profils, sortes de fers en U de très petites dimensions, servent à faire des châssis de vasistas; ils présentent une rainure que l'on met à l'intérieur pour enchasser le verre; on les nomme *fers à vasistas*.

On peut se rendre compte par les exemples dessinés dans la *fig.* 8 de la diversité des profils que l'on peut trouver tout exécutés dans le commerce et qui peuvent répondre à toutes les applications. Les moulures y sont plus ou moins développées et se raccortent avec celles des chassis en bois qui forment les encadrements extérieurs des parties vitrées.

17. Fers divers. — Sous la dénomination de fers divers, nous donnons, *fig.* 9, une faible série des nombreux profils spéciaux, dont on trouve dans la construction des applications relativement restreintes. Les uns représentent des fers à *mains courantes*, qui servent à recouvrir les balcons pour en élargir la partie supérieure; ils sont ou profilés de quelques corps de moulures, ou simplement arrondis, avec face inférieure plane. Viennent ensuite les *fers à persiennes*, qui doivent former les montants et traverses de ces ouvrages; des fers à *jets d'eau* et en Z: des fers pour *appuis* de croisées...

Les profils qui sont représentés ensuite montrent des fers à I de très petit échantillon, de 0,025 à 0,060 de hauteur; ils servent dans la menuiserie métallique et dans certaines constructions industrielles, de même que les sections suivantes, représentant des fers plats avec renflements ronds au milieu d'une de leurs faces.

Les quatre profils de fers à T à ailes inégales, qui sont représentées immédiatement après, sont quelquefois avantageux à employer.

Enfin les croquis qui suivent montrent des fers *en croix* qui peuvent trouver quelques applications utiles, et notamment celle de barreaux de grilles de clôture, légères en même temps que résistantes. Leurs dimensions varient

CHAP. I. — GÉNÉRALITÉS

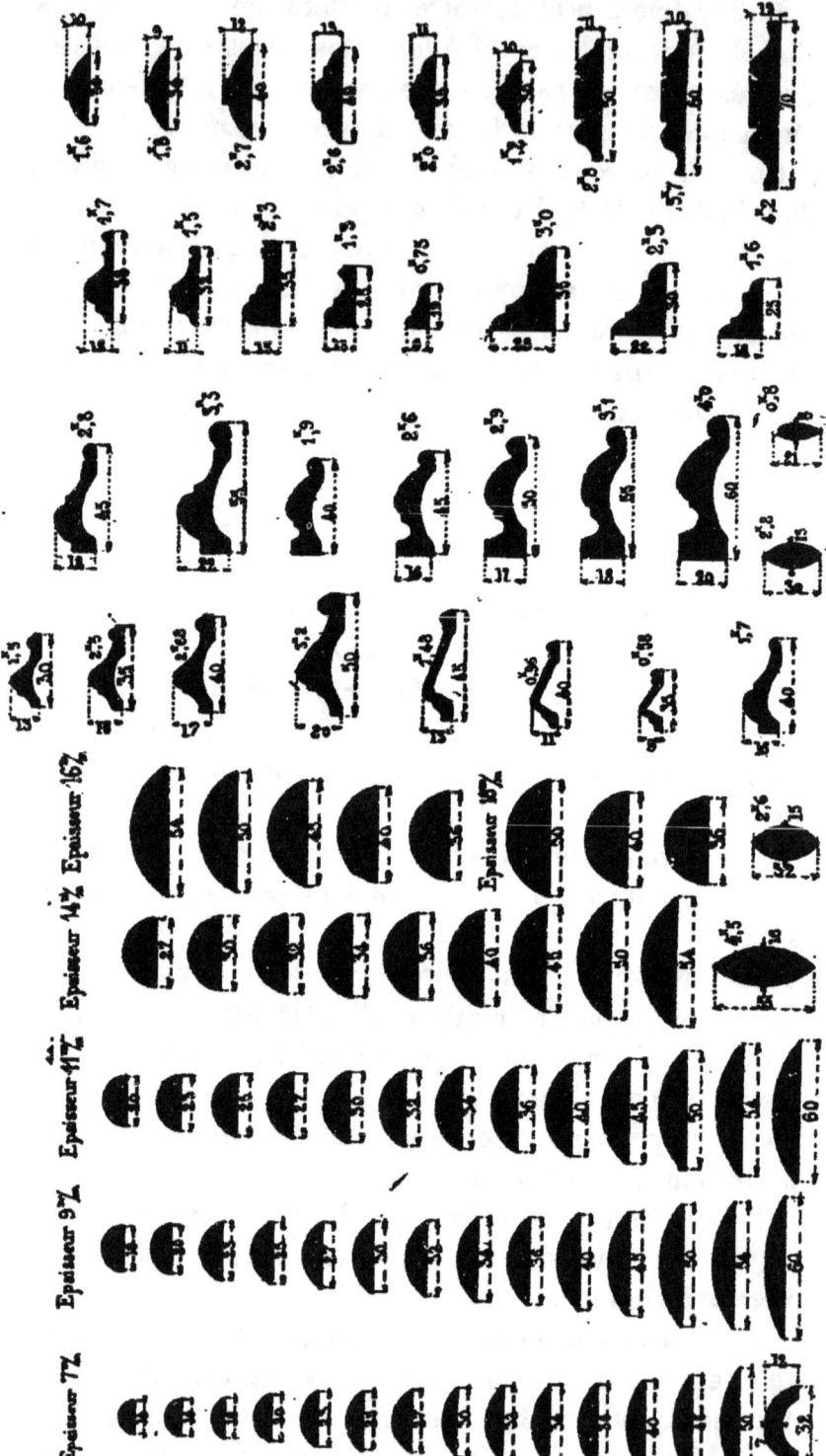

Fig. 10

de 0,010 à 0,100 et leurs poids de 0ᵏ,220 à 13 kilos, le mètre linéaire.

On arrive à tordre régulièrement ces fers en croix et à tirer de l'effet produit une décoration intéressante, comme on peut s'en rendre compte par le dernier dessin de la *fig.* 9.

Il existe encore une foule d'autres profils de fers divers que seul l'examen des albums des Forges fait connaître, et il s'en crée de nouveaux à tout instant. Leurs applications toutes spéciales peuvent se généraliser et rendre des services dans des cas particuliers; nous n'avons voulu, par les exemples de la *fig.* 9, que faire pressentir la multiplicité de ces profils.

18. Fers demi-ronds. — On a dans la menuiserie en fer de fréquents besoins de profils étroits, plats d'un côté et bombés de l'autre, que l'on comprend sous la dénomination générale de *fers demi-ronds*, quoique leur section soit rarement un demi-cercle.

Leur largeur varie de 0,014 à 0,060. Ils se divisent en plusieurs séries, suivant leur épaisseur au milieu. On a représenté les catégories correspondant à 0ᵐ,007, 0,009, 0,011, 0,014 et 0,016 d'épaisseur. Pour chacun d'eux, les arêtes extérieures sont aiguës, la section ayant la forme d'une demi-lentille.

Les petits profils servent souvent à amortir la vivacité des angles des menus ouvrages; on en fait aussi des encadrements de panneaux pour orner des faces unies; les plus grands peuvent faire office de mains courantes, pour les balcons d'usage communs. Ils sont représentés dans la seconde moitié de la *fig.* 10.

Un de ces profils est creusé intérieurement, deux autres sont bombés des deux faces ce qui leur donne une section lenticulaire.

La première partie de la *fig.* 10 représente des profils de fers moulurés, destinés à former des encadrements de panneaux et des décorations diverses.

Ils ont tous une face plane destinée à s'appliquer sur les ouvrages, et la face opposée présente un profil mouluré dont la forme varie beaucoup.

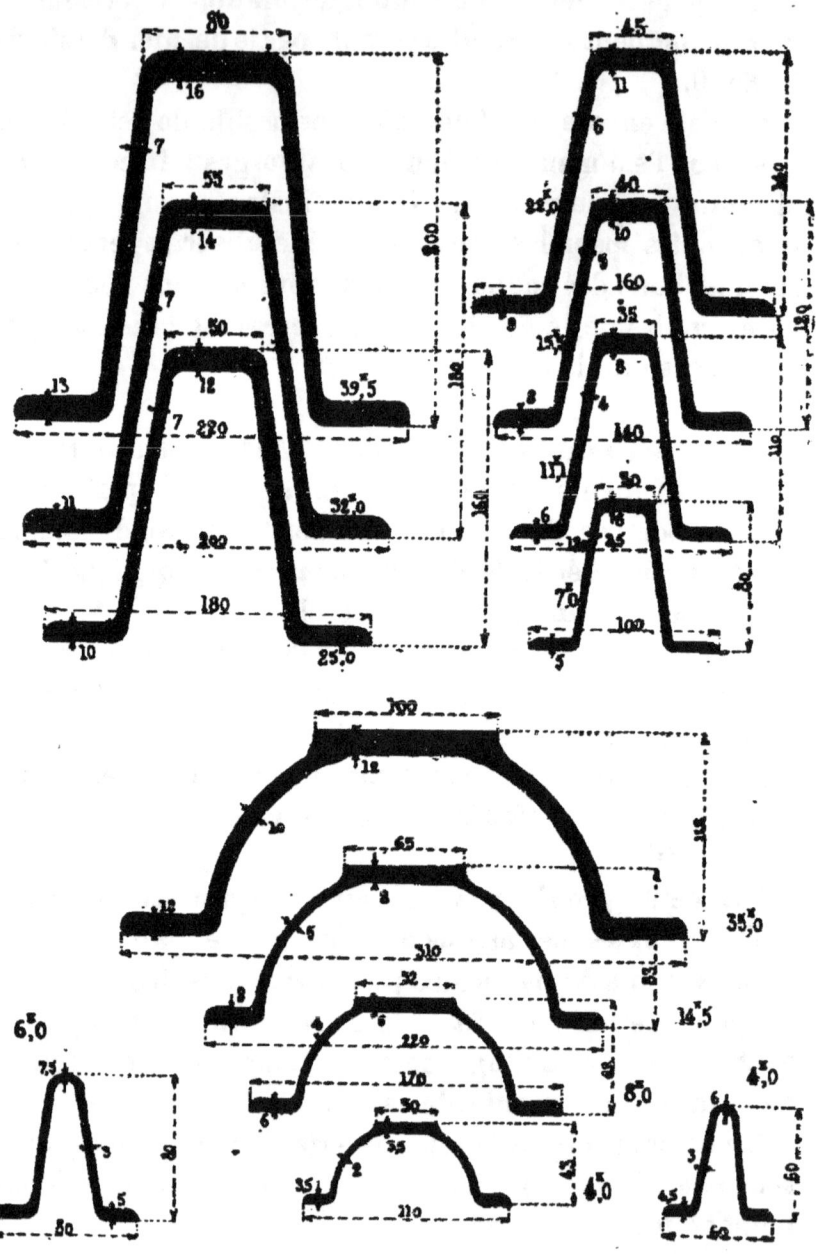

Fig. 11

Les uns se rapprochent des fers demi-ronds précédents; ils ont un profil bombé, formé de deux quarts de ronds séparés par un filet saillant.

Dans les suivants, le quart de rond est remplacé par un talon.

D'autres ont un profit différent, comprenant un listel, et au dessous une moulure simple ou composée, diminuant de saillie et terminée par un boudin rectiligne.

Les derniers montrent des profils variés qui peuvent trouver leur place dans diverses ornementations. Quelquefois, pour économiser le métal, on a creusé légèrement la face du dessous au milieu ou dans sa partie la plus épaisse. C'est une mauvaise économie; il vaut mieux ne laisser aucun vide entre les pièces d'un même ouvrage, il est plus facile alors de les garantir de la rouille.

Certaines sections, enfin, ont une épaisseur sensiblement la même sur toute l'étendue du profil.

19. Fers Zorès. — Des fers de formes spéciales représentés dans la *fig.* 11, dénommés fers *Zorès*, du nom de leur inventeur, ont été créés vers 1860 pour faire des planchers plus stables que ceux en fers à I.

La forme de ces fers est un U ou un V renversé; ils sont armés de pattes plus ou moins larges à la partie basse des branches. Ils sont tronqués au sommet, et l'épaisseur du métal y est également renforcée.

Il en résulte une résistance notable, quand on les fait travailler à la flexion. Ce sont en somme des pièces à âmes doubles.

La *fig.* 11 montre une première série allant de 0,080 de hauteur jusqu'à 0,200. C'est cette série qui est employée comme pièces fléchies pour planchers, et qui a été opposée, comme devant les remplacer, aux fers à planchers ordinaires. Mais on a toujours donné la préférence aux profils à I dans la plupart des applications.

Ce n'est que dans des cas spéciaux et restreints que l'on se sert de ces fers, que fabriquent en grand les Forges de la Franche-Comté. Ils remplacent avec avantage, sous les chaussées des ponts, les platelages en madriers autrefois usités.

Dans cette même figure, les deux profils du bas donnent des variantes pour les mêmes emplois que les précédents.

Enfin la série de fers en V à branches écartées a été étudiée principalement pour composer des traverses de chemins de fer.

De temps à autre, dans le bâtiment, on leur trouve quelques applications restreintes. On en a fait quelquefois des colonnes en les accouplant, comme on le verra plus loin.

20. Tôles. — Les feuilles minces d'égale épaisseur en tous leurs points, exécutées en fer ou en acier, jouent un très grand rôle dans la construction des charpentes métalliques. On les connaît sous le nom de tôles ; on les associe soit entre elles, soit avec des fers plats, des fers à T ou des cornières, pour former les pièces principales de nos grandes constructions métalliques.

Le fer et l'acier se laminent sous toutes les épaisseurs et avec de grandes surfaces. On tend toujours à augmenter celles-ci pour diminuer dans les ouvrages le nombre des joints. Dans les constructions, on n'emploie guère d'épaisseurs moindres que 0,005, ni supérieures à 0,025.

Les dimensions pratiques ordinaires sont consignées dans le tableau suivant, mais on peut sur commande obtenir des longueurs bien plus grandes.

Quant aux dénominations de qualités, chaque Forge a ses marques et ses appellations spéciales, telle que *tôles puddlées*, tôles *demi-fortes*, tôles *fer fort*, tôles *fer fort supérieur*, tôles *forgées au bois*.

Un certains nombre de Forges fabriquent encore des tôles dites striées, dont l'une des faces est couverte de saillies longitudinales en deux sens se croisant en losanges aigus ; elles trouvent de nombreuses applications de détail dans les constructions.

Nous donnons dans la *fig.* 12 les deux croquis de dispositions de tôles striées exécutées pas les Forges de Chatillon et Commentry.

Tableau des dimensions des Tôles

Épaisseurs en millimètres	Largeurs																	
	0,60	0,70	0,80	0,90	1,00	1,10	1,20	1,30	1,40	1,50	1,60	1,70	1,80	1,90	2,00	2,10	2,20	2,25
	Longueurs																	
5	7,00	7,00	6,00	6,00	5,50	5,00	4,50	4,20	3,90	3,60	3,40	3,20	3,00					
6	7,00	7,00	6,00	6,00	6,00	5,40	5,00	4,60	4,20	4,00	3,70	3,50	3,30					
7	8,00	8,00	8,00	7,50	7,00	6,30	5,80	5,30	5,00	4,60	4,30	4,10	3,90					
8	9,00	9,00	9,00	8,00	7,00	6,30	5,80	5,30	5,00	4,60	4,30	4,10	3,90	3,60	3,50			
9	10,00	10,00	10,00	8,00	8,00	7,30	6,60	6,10	5,70	5,30	5,00	4,70	4,40	4,20	4,00	3,80	3,60	
10 à 19	10,00	10,00	10,00	9,00	8,00	7,30	6,60	6,10	5,70	5,30	5,00	4,70	4,40	4,20	4,00	3,80	3,60	3,50
20	10,00	10,00	9,60	8,50	7,70	7,00	6,40	5,90	5,51	5,10	4,80	4,50	4,20	4,00	3,80	3,60	3,50	3,40
21	10,00	10,00	9,10	8,10	7,30	6,60	6,10	5,60	5,20	4,80	4,50	4,20	4,00	3,80	3,60	3,40	3,30	3,20
22	10,00	10,00	8,70	7,70	7,00	6,30	5,80	5,40	5,00	4,60	4,30	4,10	3,90	3,70	3,50	3,30	3,10	3,10
23	10,00	9,50	8,30	7,40	6,70	6,10	5,50	5,10	4,70	4,40	4,10	3,90	3,70	3,50	3,40	3,20	3,00	2,90
24	10,00	9,20	7,90	7,10	6,40	5,80	5,30	4,90	4,50	4,20	4,00	3,70	3,50	3,30	3,20	3,00	2,90	2,80
25	10,00	8,70	7,60	6,70	6,10	5,50	5,10	4,70	4,30	4,00	3,80	3,50	3,40	3,20	3,00	2,90	2,70	2,70
26	9,80	8,40	7,40	6,50	5,90	5,30	4,90	4,50	4,20	3,90	3,60	3,40	3,20	3,10	2,90	2,80	2,60	2,60
27	9,50	8,10	7,10	6,30	5,70	5,20	4,70	4,40	4,00	3,80	3,50	3,30	3,10	3,00	2,80	2,70	2,60	2,50
28	9,10	7,80	6,90	6,10	5,50	5,00	4,60	4,20	3,90	3,60	3,40	3,20	3,00	2,90	2,70	2,60	2,50	2,40
29	8,80	7,50	6,60	5,90	5,30	4,80	4,40	4,00	3,70	3,30	3,30	3,10	2,90	2,80	2,60	2,50	2,40	2,30
30	8,50	7,20	6,40	5,60	5,10	4,60	4,20	3,90	3,60	3,40	3,20	3,00	2,80	2,70	2,50	2,40	2,30	2,25

Dans le croquis (1) les stries ont une saillie comprise entre 2 millimètres et 2 millimètres et demi. Les dimensions maximum et poids de ces tôles, suivant leurs épaisseurs, sont les suivantes :

	Largeur	Epaisseur en millimètres					
		7	8	9	10	11	12
		Longueurs					
Tôles du croquis 1 de la *fig.* 12.	700	5,00	5,00	5,00	5,00	5,00	5,00
	800	5,00	5,00	5,00	5,00	5,00	5,00
	900	4,50	4,50	4,50	4,50	4,50	4,50
	1,000	4,00	4,00	4,00	4,00	4,00	4,00
	1,100	3,50	3,50	3,50	3,50	3,50	3,50
	1,200	3,00	3,00	3,00	3,00	3,00	3,00
	1,300	2,00	2,00	2,00	2,00	2,00	2,00
Poids approximatif moyen par m².		46^k,9	54^k,7	62^k,5	70^k,3	78^k,1	85^k,9

Dans le croquis (2) les stries sont plus écartées et un peu plus saillantes; leur épaisseur va de 2 millimètres et demi à 3 millimètres.

Les dimensions maxima sont données dans le tableau

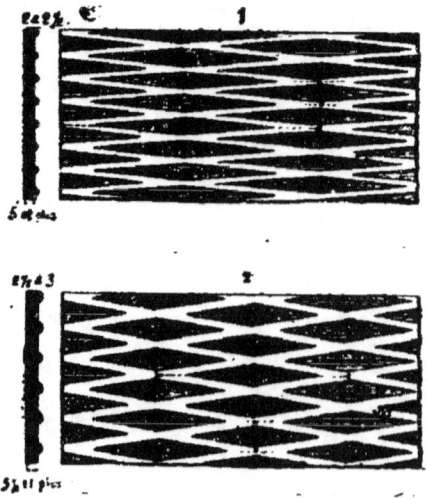

Fig. 12.

suivant, ainsi que les poids au mètre superficiel d'après les épaisseurs courantes :

	Largeur	Epaisseur en millimètres				
		8	9	10	11	12
		Longueurs				
Tôles du croquis 2 de la *fig.* 12	700	5,00	5,00	5,00	5,00	4,50
	800	5,00	5,00	5,00	5,00	4,50
	900	4,50	4,50	4,50	4,50	4,00
	1,000	3,50	3,50	3,50	3,50	3,50
	1,100	3,00	3,00	3,00	3,00	3,00
	1,200	2,75	2,75	2,75	2,75	2,75
	1,300	2,00	2,00	2,00	2,00	2,00
Poids approximatif moyen par m².		49^k,0	56^k,8	64^k,6	72^k,4	80^k,2

21. Divisions des fers spéciaux en classes. — Un certain nombre des fers spéciaux que nous venons de passer en revue ont été classés commercialement, d'une manière pour ainsi dire uniforme, par les Forges qui les produisent.

On les a groupés en 7 classes distinctes :

Première classe :

Dans cette classe, on a réuni les cornières à ailes égales de 0,040 à 0,0100, jusqu'à 8^m,00 de longueur.

Deuxième classe :

La seconde classe comprend les selles et éclisses pour rails, les fers à barreaux de grille de 0,055 à 0,100 millimètre, les fers octogones. Le tout sur 7^m,00 de longueur maximum.

Troisième classe :

Les cornières à branches égales de 0,030 à 0,035 ;
Les cornières à branches inégales de 0,050 à 0,066 sur 0,070 à 0,080 ;

Les cornières à branches inégales de 0,055 à 0,080 sur 0,100 ;

Les cornières à branches inégales de 0,070 sur 0,090 ;

Les T simples de 0,070 et 0,080 sur 0,025 et 0,040 ;

Les T simples de 0,063 sur 0,043 ;

Les fers à ronchets ;

Les fers à rampes.

Tous ces fers sur 7^m,00 de longueur..

Quatrième classe :

Les fers de la quatrième classe sont les suivants :

Les cornières égales de 0,025 et 0,026 ;

Les cornières égales de 0,120 ;

Les cornières inégales de 0,080 et et 0,090 sur 0,120 ;

Les cornières inégales de 0,035 à 0,050 sur 0,054 à 0,070 ;

Les cornières inégales de 0,064 sur 0,110 ;

Les fers à pènes ;

Les fers demi ronds à moulures ;

Les T simples de 0,090 sur 0,045 ;

Les I, I.A, de 0,100 à 0,160 sur 0,060 à 0,084 de largeur d'ailes ;

Les I, I.A, de 0,180 sur 0,070 à 0,078 ;

Les I, I.A, de 0,120, ailes inégales.

Tous ces fers sur 7^m,00 de longueur ;

Les fers en U de 0,030 à 0,050, minimum et maximum d'épaisseur ;

Les T simples de 0,054 et 0,056 sur 0,053 à 0,060 ;

Ces derniers fers sur 6^m,00 de longueur.

Cinquième classe :

Dans la cinquième classe des fers spéciaux, on trouve :

Les T simples de 0,075 et 0,080 sur 0,055 à 0,085 ;

Les T simples de 0,095 et 0,100 sur 0,055 à 0,070 ;

Les T simples de 2^k,25 à 5^k, le mètre ;

Les I, I.A, de 0,080, 0,170, 0,175, 0,180 et 0,220 sur 0,055 à 0,105 ;

Les I, LA, de 0,166 et 0,172 dissymétriques ;
   Ces fers sur 7ᵐ,00 de longueur.
Les cornières égales de 0,020 et 0,021 ;
Les cornières ouvertes et fermées de 0,040 et 0,043 sur 0,053 et 0,055 ;
Les cornières ouvertes et fermées de 0,060 sur 0,060 ;
Les cornières inégales de 0,018 et 0,020 sur 0,040 et 0,045 ;
Les cornières inégales de 0,050 sur 0, 080 ;
Les cornières inégales de 0,080 sur 0,140 ;
Les fers à vitrages de 1ᵏ,80 et plus le mètre ;
Les fers à olives ;
Les fers en ⌑ de 0,050 à 0,130 de toutes épaisseurs ;
Les I de 0,025 à 0,040 sur 0,020 à 0,030 d'ailes.
   Ces fers sur une longueur maximum de 6ᵐ,00.

Sixième classe :

Dans la sixième classe on a groupé notamment les fers spéciaux suivants :

Les T simples de 0,125 sur 0,060 à 0,075 ;
Les I, LA, de 0,200 sur 0,110 et 0,117 ;
Les I, LA, de 0,160 sur 0,120 ;
Les I, LA, de 0,260 sur 0,117 à 0,122 ;
Les I, LA, de 0,248 sur 0,127 et 0,131 ;
Les fers à boudin de 0,150, 0,180 et 0,200.
   Avec une longueur de 7ᵐ,00.
Les cornières égales de 0,014, 0,016 et 0,018 ;
Les cornière ouvertes de 0,130 ;
Les cornières inégales de 0,016 à 0,020 sur 0,030 à 0,035 ;
Les cornières inégales de 0,100 sur 0,140 ;
Les cornières inégales de 0 070 et 0,090 sur 0150 ;
Les T simples de 1ᵏ,11 à 12 kil ;
Les T simples à branches inégales de 1ᵏ,300 à 1ᵏ,700 :
Les fers en U de 0,155 sur 0,055 ;
   Avec une longueur de 6 mètres.
Les fers à vitrages et à vasistas de 1 kilo à 1ᵏ,26 ;
Les fers à couteaux ;

Ces fers sur 5 mètres de longueur.

Septième classe :

Sont réunis dans cette catégorie :

Les T simples 0,130 sur 0,090 ;
Les T simples de 0,150 sur 0,080 ;
Avec 7 mètres de longueur.
Les fers en U de 0,175 sur 0,060 à 0,067 ;
Les fers en U de 0,250 sur 0,080 à 0,086 ;
Les I, LA, dissymétriques de 0,250 sur 0,115 et 0,121 ;
Avec une longueur de 6 mètres.
Les cornières inégales de 0,013 à 0,019 sur 0,020 à 0,026 ;
Les T simples de moins 1^k11 ;
Les I à branches inégales de moins de $1^k,30$;
Les fers à vitrages de moins de 1 kilo le mètre ;
Les fers à persiennes ;
Les fers demi-ronds creux ;
Avec une longueur de 5 mètres.

22. Fers hors classe. — Sont comptés hors classe les I LA, de 0,300, 0,350, 0,400 et au-dessus, les fers à vitrages, les fers Zorès, les fers à moulures et d'ornements, et une foule de petits profils pour usages spéciaux.

Dans toutes ces catégories les longueurs plus grandes que celles indiquées donnent lieu à des excédents de prix.

Dans une commande de fer, il ne faut pas omettre d'indiquer si les fers sont droits ou s'il faut leur donner une certaine flèche, et, dans ce dernier cas, de donner la valeur numérique de cette flèche.

23. Construction en fer en général. — C'est avec les éléments dont la liste vient d'être énumérée, avec le fer présentant les formes décrites plus haut, avec l'acier sous les mêmes formes, avec la fonte qui se prête à tous les moulages, que l'on construit ces ouvrages de charpentes métalliques si remarquables, qui donnent la solution de tant de problèmes réputés jusqu'ici insolubles.

Le fer et ses dérivés ont en effet permis de porter des charges inusitées dans des circonstances exceptionnelles, et de franchir des espaces que les ouvrages en maçonnerie ne sauraient traverser.

Dans les cas ordinaires, où l'exécution en maçonnerie est possible, ils permettent de trouver une solution plus rapide, d'opérer sur un plus petit espace et parfois de réaliser des économies.

La maçonnerie ne peut être que comprimée et il en est de même de la fonte, avec des intensités bien plus grandes ; le fer et l'acier peuvent subir en outre des tensions considérables et se prêtent à des attaches d'une grande solidité.

Nous étudions dans les chapitres suivants la manière dont on peut préciser la résistance de chaque échantillon, les assemblages dont les diverses pièces sont susceptibles pour se jonctionner, les moyens de composer les éléments des charpentes et enfin les dispositions que ces dernières peuvent présenter dans les applications les plus usitées.

24. Emploi de l'acier dans les constructions. — Tous les profils donnés dans les figures précédentes peuvent également s'exécuter en acier. On trouve aussi dans le commerce des profils étudiés d'une façon spéciale pour l'emploi de l'acier, et donnant la meilleure répartition de cette matière pour en obtenir le maximum de résistance.

Tant que l'acier s'est maintenu à des prix élevés par rapport au fer, l'avantage a été pour ce dernier. Maintenant l'écart entre les deux matières est très faible, ou même nul, et l'avantage économique passe à l'acier.

Ce dernier métal est plus homogène ; il présente une résistance variable mais toujours plus grande, qui peut atteindre moitié en plus, de celle du fer et subit avant rupture un allongement trois fois plus fort. Enfin sa limite d'élasticité est celle du fer augmentée d'un quart à un tiers.

Il y a donc tendance à l'employer de préférence dans les

constructions métalliques, et certainement en peu de temps son emploi se généralisera. On adoptera définitivement et exclusivement l'acier lorsqu'on arrivera à une fabrication permettant d'obtenir des qualités constantes, garanties par une marque et facilement reconnaissables.

25. Durée des charpentes en fer. — Le fer périt par l'oxydation; il se rouille toutes les fois qu'il est exposé à l'air humide, ou à l'eau en présence de l'air. Mais cette oxydation est assez lente, surtout pour les faces planes qui sèchent vite. Les parties qui peuvent retenir l'eau, comme les assemblages, sont plus exposées à la destruction, et l'oxydation s'accélère d'autant plus que la rouille produite fait éponge et cette dernière retient d'autant plus l'eau que l'attaque est plus profonde.

Lorsque la rouille se produit dans un assemblage, elle augmente de volume d'une façon irrésistible et arrache les meilleurs éléments de jonction, les lignes de vis, boulons et rivets. Rien ne peut résister à cette action ; dès qu'elle se manifeste d'une façon un peu sérieuse, on peut considérer l'ouvrage comme perdu, si l'on n'y apporte un remède efficace et prompt.

Dans certaines usines les émanations chimiques peuvent accélérer encore les oxydations et amener très vivement l'anéantissement des charpentes.

Dans divers ouvrages extérieurs, tels que les ponts en dessus des chemins de fer, l'oxydation est facilitée par les fumées qui se dégagent des locomotives et qui contiennent beaucoup d'acide sulfureux et même un peu d'acide sulfurique.

Quelles précautions prend-on contre la rouille ? On cherche à préserver tous les parements extérieurs par une peinture que l'on applique sur l'ouvrage exécuté, et qui est nécessairement restreinte aux surfaces vues. Cette peinture ne dure que quelques années sur les faces planes, et il faut souvent la renouveler. Lorsqu'elle est bien faite, elle est précédée d'un rebouchage de toutes les lignes extérieures des assemblages. Mais ce rebouchage est plus ou moins réel et son efficacité est problématique. Quant à l'intérieur des assemblages, aux faces métalliques en contact, plus ou moins serrées les unes contre les autres, rien ne les protège qu'un peu de l'huile qui a servi à graisser les poinçons et forets employés au perçage des trous. Bien rarement on peint les pièces avant de les assembler. Quand on le fait, c'est à une seule couche, étendue par des ouvriers inhabiles, et au moment même des façons préparatoires. En supposant cette peinture de bonne qualité, elle n'a eu le temps ni de prendre ni de durcir, qu'elle est rayée et enlevée dans le maniement et le façonnage.

Dans d'autres cas, comme ceux des réservoirs, on facilite même la formation de la rouille dans les joints, parce qu'on la considère comme le meilleur moyen d'obtenir l'étanchéité.

Il n'est pas étonnant que, dans ces diverses circonstances, tôt ou tard l'eau pénètre les vides que laissent nécessairement les contacts, et commence son œuvre de destruction.

Il en résulte que nos ouvrages métalliques, exécutés à grands frais, et qui sembleraient devoir durer des siècles, sont établis pour le temps présent seul, sans souci de l'avenir, et sont voués à l'anéantissement au bout d'un nombre très limité d'années.

On en a eu une preuve très frappante, lorsqu'on s'est rendu compte dans ces derniers temps de l'état des ponts de chemins de fer, tant en dessus qu'en dessous de la voie ferrée. On a vu quels ravages, très difficilement réparables, la rouille avait faits dans les assemblages. On le voit journellement en examinant l'état de délabrement et de disjonction où se trouvent des ouvrages moins importants, tels que hangars, vitrages, serres, vérandas, exécutés depuis une vingtaine d'années, et qu'une peinture souvent renouvelée ne suffit pas à protéger.

Il en résulte encore que les ouvrages en pierre sont de beaucoup les plus durables, et que si les constructions métalliques auxquelles on les compare paraissent parfois économiques comme chiffre absolu du devis, elles peuvent ne plus l'être réellement si, dans la comparaison, on fait entrer la durée probable en ligne de compte.

Et pourtant, les précautions à prendre, qui rendraient durables, presque indéfiniment, les constructions métalliques, sont d'une simplicité élémentaire et d'un prix presque nul. Elles consisteraient :

1° A peindre convenablement les tôles avant de les façonner, ou mieux avant de les assembler, et à laisser durcir la peinture le temps nécessaire pour obtenir une protection efficace ;

2° à ne jamais jonctionner deux pièces sans interposer une matière molle capable de durcir, remplissant tous les vides et refluant au dehors de tout l'excédent inutile, sous la pression due au serrage des boulons ou des vis. Le mastic épais de minium et de céruse est très convenable pour cet usage ;

3° à remplacer dans les joints rivés le mastic libre par une bande d'étoffe mince enduite de ce mastic, à l'état presque frais ;

4° enfin de procéder à la peinture définitive avec tout le soin voulu, et avec des matières de *qualité* irréprochable, étant entendu que le remplissage préalable de tous les joints dispenserait d'un rebouchage ultérieur, en même temps qu'il rendrait efficace, d'une manière absolue, les peintures d'entretien ;

5° si, à ces précautions élémentaires, on ajoute celle de disposer tous les fers soumis aux intempéries de telle sorte que jamais l'eau de pluie ne puisse s'accumuler ni séjourner sur leur surface, on établira des constructions dont le prix au cent kilos ne sera pas augmenté de plus d'un à deux francs, mais dont la durée sera facilement décuplée.

Devant de pareils avantages, obtenus à si peu de frais, il semble qu'il n'y ait qu'à signaler ces précautions pour les voir bientôt appliquer partout.

CHAPITRE II

RÉSISTANCE DU FER, DE L'ACIER ET DE LA FONTE

SOMMAIRE :

26. Résistance des fers à l'extension. — 27. Considérations pratiques. — 28. Résistance de l'acier à l'extension. — 29. Résistance de la fonte à l'extension. — 30. Détermination des dimensions des boulons et rivets. — 31. Résistance du fer et de l'acier à la compression. — 32. Résistance de la fonte à la compression. — 33. Influence de la hauteur sur la résistance des pièces longues. — 34. Résistance des colonnes en fonte. — 35. — Tableau des charges de sécurité dont on peut charger les colonnes pleines. — 39. Résistance des colonnes creuses. — 37. Résistance des colonnes en croix. — 38. Résistance des piliers en fer. — 39. Résistance des piliers en acier. — 40. Travail d'une pièce fléchie, moment fléchissant, effort tranchant. — 41. Recherche des moments fléchissants et des efforts tranchants dans quelques cas simples. — 42. De quelques moments d'inertie pour les sections les plus usitées. — 43. Détermination pratique des dimensions d'une pièce fléchie. — 44. Tableau des poids et résistance des fers ronds. — 45. Tableau des poids et de la résistance des fers carrés. — 46 Tableau des poids et de la résistance des fers plats. — 47. Résistance des fers à double T ou à I. — 48. Tableau de résistance des fers à I ailes ordinaires, dits fers à planchers. — 49. Tableau de résistance des fers à I larges ailes. — 50. Résistance à la flexion des fers spéciaux en U, à T et des cornières. — 51. Tableau des résistances des fers en U. — 52. Tableau des résistances des fers à simple T. — 53. Tableau des résistances des fers à vitrages. — 54. Tableau des résistances des cornières à branches égales. — 55. Tableau des résistances des cornières à branches inégales. — 56. Tableau des résistances des fers Zorès. — 57. Relation entre la valeur $\frac{I}{V}$ et les charges correspondant aux différentes portées. — 58. Tableau des charges que peuvent porter les pièces dont on connaît le $\frac{I}{V}$. — 59. Des poutres en tôles et cornières. Manière de déterminer soit leur résistance soit leurs dimensions. — 60. Tableau des moments de résistance des poutres en tôles et cornières. — 61. Dimensions des barres de treillis dans les poutres à âmes évidées. — 62. Rivures dans les poutres en treillis. — 63. Exemple de calcul complet d'une poutre en treillis posée sur deux appuis.

CHAPITRE II

RÉSISTANCE DU FER, DE L'ACIER ET DE LA FONTE

26. Résistance du fer à l'extention. — L'allongement élastique d'une barre de fer, soumise à une tension longitudinale N, est proportionnel à la tension, ce qu'on exprime par la formule :

$$N = E\Omega i$$

dans laquelle

Ω est la section de la barre ;
i l'allongement par mètre ;
E le coefficient d'élasticité $= 20 \times 10^9$.

Cette formule est applicable tant que l'allongement permanent est très faible. Or, lorsque le fer travaille à 13 kilos par millimètre carré, il n'est encore que le centième l'allongement élastique.

La charge de rupture du fer par extension varie beaucoup suivant les qualités du métal ; dans chaque cas particulier on peut la connaître par des expériences ou essais. Cette charge de rupture varie de 30 à 80 kilos. Les chiffres bas correspondent aux gros fers marchands, tandis que le maximum mesure la résistance des fils de fer fins au bois. Les fers communément employés dans les constructions métalliques se rompent sous une charge de 35 à 40 kilos.

On prend comme charge de sécurité le $1/6$, le $1/5$ ou le $1/4$ de la charge de rupture, de telle sorte qu'on fait travailler le fer par extension à raison de 6 à 10 kilos par millimètre carré.

Le chiffre de 6 kilos correspond aux ouvrages soignées et stables, ou à ceux qui doivent supporter des charges permanentes et durer longtemps. C'est la charge limite imposée pour tous les grands travaux publics.

8 kilos est le coefficient adopté pour les travaux ordinaires, pour lesquels la question d'économie est un facteur très important, ou encore pour les ouvrages qui n'ont à porter la charge maximum que pendant peu de temps et accidentellement.

La valeur de 10 kilos correspond aux ouvrages très légers ou exécutés provisoirement, sans qu'il y ait à en prévoir une longue durée.

En ne dépassant pas ces chiffres, on est en dehors des charges pour lesquelles les déformations permanentes sont à craindre.

27. Considérations pratiques. — Il est facile de déterminer la charge de sécurité que peuvent porter, dans le sens de leur longueur, les barres de fer du commerce. Il suffit de connaître le nombre de millimètres carrés que contient leur section, et de le multiplier par le coefficient de sécurité que l'on admet : 6, 8 ou 10 kilos.

Il existe un procédé approximatif immédiat pour savoir ce que peut porter une barre d'un profil quelconque, connaissant son poids au mètre courant.

Si on admet que le fer pèse 8 000 kilos le mètre cube, un fil de fer de 1 millimètre carré de section pèsera 8 grammes par mètre de longueur. Si on admet qu'on le fasse travailler à 8 kilos, *il portera mille fois le poids de son mètre courant.*

Un fer pesant 17 kilos le mètre pourra donc porter en toute sécurité 17 000 kilos en travaillant à 8 kilos.

Un fer, ayant à porter *suivant son axe* 32 000 kilos, devra dans les mêmes conditions peser 32 kilos le mètre courant, quel que soit son profil.

Ce calcul est très commode en pratique, et presque dans tous les cas d'une approximation suffisante.

Il est bien entendu qu'il y a à faire la correction convenable, lorsque le coefficient auquel on veut faire travailler le métal n'est pas celui de 8 kilos supposé ci-dessus.

28. Résistance de l'acier à l'extension. — La résistance de l'acier est notablement plus forte que celle du fer et elle varie beaucoup avec la qualité de ce métal. Un acier de bonne qualité se rompt sous une charge de 70 kilos. Sa limite d'élasticité va jusqu'à 30 kilos. Le coefficient d'élasticité est $E = 25 \times 10^9$.

Le coefficient de sécurité pourrait donc aller jusqu'à 15 kilos; mais on ne dépasse guère 12 kilos dans les constructions ordinaires, en raison des variations possibles dans la résistance des barres.

29. Résistance de la fonte à l'extension. — Ce n'est que dans des cas très restreints que l'on fait travailler la fonte à l'extension; il n'y aurait aucune sécurité à lui imposer des efforts de ce genre, les défauts dont elle est susceptible pouvant lui enlever la résistance nécessaire.

Lorsque l'on emploie la fonte pour les pièces travaillant à la traction, on ne lui impose au maximum que 1 kilo ou 2 kilos par millimètre carré (elle se rompt sous un effort de 10 à 15 kilos par millimètre carré). On a soin, de plus, de prendre toutes les précautions possibles pour éviter les soufflures et l'obtenir bien saine. Le coefficient d'élasticité est faible : $E = 10 \times 10^9$.

30. Détermination des dimensions des boulons et rivets. — Les pièces d'assemblage qui ont à résister à des efforts de traction dans les constructions métalliques sont les boulons et les rivets.

Si un boulon de charpente doit résister à l'extension mesurée par une force F, ou détermine sa section par la formule :

$$d = K\sqrt{F}.$$

dans laquelle on fait K = 0,65 à 0,70.

Les autres dimensions du boulon s'en déduisent.

Les boulons peuvent aussi être soumis à des efforts de cisaillement par une seule ou par deux sections à la fois. On admet alors que la résistance au cisaillement par millimètre carré est les 0,80 de la résistance à la traction et on déduit de cette base le diamètre à leur donner.

Pour les rivets, on peut admettre la même résistance au cisaillement.

D'autre part, la pression qu'ils exercent sur les tôles détermine entre elles une adhérence que des expériences spéciales ont permis d'établir comme équivalant à 15 kilos par millimètre carré de la section du corps du rivet. Si l'on prend comme valeur de sécurité le quart de ce chiffre, on voit que l'on ne doit faire travailler le corps du rivet qu'à $3^k,5$ à 4 kilos par millimètre carré.

On détermine le nombre de rivets de chaque assemblage par cette considération.

30. Résistance du fer et de l'acier à la compression. — La résistance du fer à la compression est un peu plus faible que sa résistance à l'extension ; 36 au lieu de 40 dans une même qualité. Sa limite d'élasticité s'abaisse de 15 à 12. Le coefficient d'élasticité descend de 20 à 16.

Malgré cela, l'on admet en pratique que les pièces en fer, lorsque leur hauteur est faible par rapport à leurs dimensions transversales, lorsqu'elle ne dépasse pas par exemple 5 à 6 fois la plus petite d'entre elles, peuvent résister en toute sécurité à une charge de 6, 8 ou 10 kilos par millimètre carré, soit les mêmes chiffres que pour l'extension.

Lorsque la hauteur augmente, la résistance diminue, et d'autant plus que la pièce s'allonge davantage, parce qu'une flexion latérale amène l'inégale répartition de l'effort total dans la section.

L'influence [de la hauteur sera traitée à la page suivante.

La considération pratique de l'article 27 s'applique à la compression, lorsque pour des pièces courtes on veut admettre le coefficient de 8 kilos. On a tout de suite le poids au mètre de la pièce, et si elle est cylindrique et pleine on en déduit son diamètre.

L'acier résiste très bien à la compression. Les aciers durs peuvent supporter jusqu'à 100 kilos par millimètre carré; l'acier doux peut porter 60 à 70 kilos.

Le coefficient E d'élasticité est de 25 à 40×10^9, suivant les qualités.

Comme pour le fer, on admet pour l'acier les mêmes chiffres à la compression qu'à l'extension; seulement la limite de travail de sécurité est portée à la valeur de 10 à 12 kilos par millimètre carré.

32. Résistance de la fonte à la compression. —

A la compression, l'usage de la fonte est très rationnel; elle y résiste très bien. Elle s'écrase en effet sous une charge par millimètre carré de 40 à 100 kilos. La charge de sécurité est de 6 à 8 kilos par milimètre carré, suivant la qualité de la fonte employée.

Le coefficient d'élasticité de la fonte est faible : $E = 8 \times 10^9$. Cela conduit à une déformation bien plus grande que celle du fer sous l'influence d'une même charge.

La fonte ne prévient pas comme le fer avant de rompre; aussi est-elle réservée pour les pièces courtes, de formes compliquées tandis que pour les formes simples et les grandes dimensions on a tout avantage à employer de préférence le fer ou l'acier.

33. Influence de la hauteur sur la résistance des pièces longues à la compression. — Dès que la hauteur augmente par rapport aux dimensions transversales, la résistance décroît rapidement en raison de la flexion latérale qui se produit infailliblement, soit parce que la charge n'est pas rigoureusement appliquée suivant l'axe de la pièce, soit à cause du plus petit défaut d'homogénéité dans la matière.

D'après les nombreuses expériences faites sur la fonte, la charge de rupture des cylindres en fonte est liée au diamètre et à la longueur par la formule donnée par Hodgkinson :

$$N = 10.676 \frac{d^{3,6}}{l^{1,7}},$$

formule d'une application un peu laborieuse dans la pratique.

Love a proposé une autre formule, d'une calcul plus simple :

$$C = \frac{P}{S}\left[1,55 + 0,0005\left(\frac{L}{D}\right)^2\right]$$

dans laquelle :

L, est la longueur du pilier ;
D, le diamètre ;
S, la section ;
C, la résistance maximum à la compression du métal, ou la charge de rupture ;
P, la charge sous laquelle fléchit le pilier.

En passant des charges de rupture aux charges de sécurité, la même formule subsiste en changeant les notations.

$$T = \frac{R}{S}\left[1,55 + 0,0005\left(\frac{L}{D}\right)^2\right],$$

ou
$$\frac{R}{S} = \frac{T}{1,55 + 0,0005\left(\frac{L}{D}\right)^2}.$$

dans laquelle T est le coefficient de sécurité par millimètre carré qu'on ne veut pas dépasser ordinairement 6 kilos à 8 kilos comme on l'a vu plus haut.

En autres termes T est le coefficient de sécurité adopté pour une petite longueur, et la parenthèse un coefficient de correction, qui tient compte du rapport entre la longueur et le diamètre de la colonne.

Afin de dispenser du calcul de ce coefficient de correction :

$$\left[1{,}55 + 0{,}0005 \left(\frac{L}{D}\right)^2\right]$$

le tableau suivant le donne immédiatement. On l'a calculé pour les valeurs de $\frac{L}{D}$ variant de 6 à 50.

$\frac{L}{D}$	Coefficient	$\frac{L}{D}$	Coefficient	$\frac{L}{D}$	Coefficient	$\frac{L}{D}$	Coefficient	$\frac{L}{D}$	Coefficient	$\frac{L}{D}$	Coefficient
»	»	11	1,6105	21	1,7705	31	2,0305	41	2,3905		
»	»	12	1,6220	22	1,7920	32	2,0620	42	2,4320		
»	»	13	1,6345	23	1,8145	33	2,0945	43	2,4745		
»	»	14	1,6480	24	1,8380	34	2,1280	44	2,5180		
»	»	15	1,6625	25	1,8625	35	2,1625	45	2,5625		
6	1,5680	16	1,6780	26	1,8880	36	2,1980	46	2,6080		
7	1,5745	17	1,6945	27	1,9145	37	2,2345	47	2,6545		
8	1,5820	18	1,7120	28	1,9420	38	2,2720	48	2,7020		
9	1,5905	19	1,7305	29	1,9705	39	2,3105	49	2,7505		
10	1,6000	20	1,7500	30	2,0000	40	2,3500	50	2,8000		

34. Résistance des colonnes en fonte. — Les formules précédentes permettent de calculer la résistance des colonnes pleines en fonte, que l'on emploie encore quelquefois dans les bâtiments.

Soit une colonne pleine de 0^m,200 de diamètre. Si ce support est court, et que le rapport entre L et D soit inférieur à 6, on fera travailler la fonte à 6 kilos par millimètre carré. — La hauteur étant courte et la section de 31 400 millimètres carrés, la charge de sécurité pourra être de 31 400 × 6. = 188 400 kilos.

Si la hauteur est de 3 mètres, soit 15 fois le diamètre,

le coefficient de correction d'après la formule de Love est 1,6625 et l'on a :

$$6^k = \frac{R}{S} \times 1,6625 \, ; \quad \frac{R}{S} = \frac{6}{1,6625} = 3^k 6.$$

La charge moyenne devra donc être de $3^k 6$ par millimètre carré pour correspondre à la même fatigue qu'un pilier court qui travaillerait à 6 kilos.

Le poids total que peut supporter une colonne de 3 mètres et de 0,200 de diamètre ne sera, en définitive, que de $31.400 \times 3^k 6 = 113.000$ kilos au lieu des 188.400 kilos que peut supporter la colonne courte.

Pour faciliter la détermination des dimensions des colonnes, on a calculé le tableau suivant donnant la charge de sécurité que peuvent porter les colonnes pleines en fonte des différents diamètres pratiques, pour des hauteurs variables de 1 mètre à 8 mètres. Le travail moyen au millimètre carré, qui est pour les colonnes courtes de 6 kilos, doit quand les supports sont longs, être affecté d'un coefficient de réduction qui est une fonction du rapport $\frac{L}{D}$, comme on vient de le voir. Il y a en apparence quelque chose d'anormal, c'est qu'en fait T devient égal à $\frac{R}{S}$ pour L très petit, tandis que la formule donnerait $\frac{R}{S} + 1,55$; mais il faut se rappeler que celle-ci représente des expériences dans lesquelles L a toujours eu des valeurs notables, et qu'une formule n'est pas applicable en dehors des limites des observations.

35. Tableau des charges de sécurité que peuvent porter les colonnes pleines. — La formule correspondant au tableau suivant suppose que les colonnes sont terminées par une base plate. Dans la pratique, on met ces colonnes dans les meilleures conditions de résistance en prenant la peine de dresser leurs bases au tour, bien perpendiculairement à l'axe.

Tableau des charges de sécurité que peuvent porter les colonnes pleines

Diamètre en millimètres	Section transversale en mm²	Poids du fût par mètre de longueur	Charge de sécurité dont on peut charger les colonnes pleines pour des hauteurs de							
			1m	2m	3m	4m	5m	6m	7m	8m
5	1 963	15 kos	8 000	5 000	3 000	»	»	»	»	»
6	2 883	21	10 000	8 000	6 000	4 000	»	»	»	»
7	3 855	28	14 000	11 000	9 000	7 000	5 000	»	»	»
8	5 034	36	18 000	16 000	13 000	10 000	8 000	»	»	»
9	6 370	46	23 000	20 000	18 000	15 000	12 000	10 000	»	»
10	7 863	57	29 000	26 000	23 000	20 000	16 000	14 000	11 000	»
11	9 513	69	35 000	33 000	29 000	25 000	22 000	19 000	14 000	13 000
12	11 320	82	42 000	40 000	36 000	32 000	28 000	23 000	21 000	18 000
13	13 284	96	50 000	48 000	43 000	39 000	35 000	30 000	26 000	23 000
14	15 405	111	58 000	56 000	52 000	48 000	42 000	37 000	33 000	29 000
15	17 683	127	67 000	65 000	60 000	56 000	50 000	45 000	40 000	35 000
16	20 118	145	76 000	74 000	70 000	64 000	59 000	54 000	48 000	43 000
17	22 710	164	136 000	84 000	80 000	75 000	69 000	63 000	57 000	51 000
18	25 459	183	152 000	94 000	90 000	85 000	79 000	72 000	66 000	60 000
19	28 365	204	170 000	106 000	102 000	96 000	90 000	83 000	77 000	70 000
20	31 428	226	188 000	117 000	113 000	107 000	101 000	94 000	87 000	80 000
21	34 648	250	207 000	130 000	126 000	120 000	114 000	107 000	99 000	91 000
22	38 025	274	228 000	143 000	140 000	133 000	127 000	119 000	112 000	103 000
23	41 559	300	249 000	157 000	152 000	146 000	140 000	132 000	124 000	116 000
24	45 240	326	271 000	171 000	167 000	161 000	155 000	145 000	137 000	130 000
25	49 088	353	294 000	186 000	181 000	175 000	168 000	160 000	151 000	143 000
26	53 093	382	318 000	202 000	197 000	191 000	184 000	176 000	169 000	159 000
27	57 255	412	343 000	218 000	213 000	208 000	200 000	191 000	183 000	174 000
28	61 575	443	369 000	235 000	230 000	223 000	217 000	208 000	198 000	190 000
29	66 052	476	397 000	252 000	248 000	243 000	234 000	226 000	216 000	207 000
30	70 686	509	424 000	270 000	265 000	260 000	253 000	242 000	234 000	224 000

Ces chiffres augmenteront ou diminueront proportionnellement, si le coefficient de sécurité qu'on admet diffère, en plus ou en moins, du chiffre de 6 kilos.

Si les extrémités étaient arrondies, la résistance ne serait plus que les 8/10 de la résistance précédente.

36. Résistance des colonnes creuses. — Les colonnes creuses, faites avec plus de soins de moulage et un métal de meilleure qualité, donnent une bien plus grande sécurité que les colonnes pleines dont la résistance peut être très atténuée par des soufflures intérieures inconnues.

On les calcule au moyen du tableau précédent, en admettant que la charge de sécurité qu'on peut leur donner soit la différence entre celles correspondant à la colonne pleine de même diamètre et hauteur, et à une autre colonne pleine, qui aurait les dimensions du vide intérieur. Ainsi, d'après le tableau, une colonne creuse de 0^{m}200 de diamètre extérieur, 0,015 d'épaisseur et de 4 mètres de hauteur porterait convenablement :

Charge de la colonne pleine de 0,200.	107 000^{kilos}
Moins charge de la colonne pleine de 0,170. . . .	75 000
Soit.	32 000^{kilos}

L'épaisseur des colonnes creuses peut varier beaucoup. On a avantage, dans la plupart des cas, à augmenter le diamètre et à prendre la plus petite épaisseur. Le minimum de celle-ci dépend surtout de la longueur; pour les diamètres ordinaires on donne les épaisseurs suivantes :

Longueurs	Epaisseurs
de 2^m,00 à 3^m,00	0^m,012 à 0^m,015
de 3^m,00 à 4^m,00	0^m,015 à 0^m,020
de 4^m,00 à 5^m,00	0^m,020 à 0^m,025
de 5^m,00 à 6^m,00	0^m,025 à 0^m,030
de 6^m,00 à 8^m,00	0^m,030 à 0^m,035

37. Résistances des colonnes en croix. — Les colonnes dont la section a la forme d'une croix sont moins avantageuses aux cent kilos que les colonnes cylindriques, au point de vue de la résistance.

Elles présentent d'ailleurs des avantages souvent appréciés dans certains cas particuliers. On les renforce en donnant aux nervures une forme courbe, bombée au milieu, ce qui augmente de $1/8$ à $1/7$ la résistance due à une section constante.

36. Résistance des piliers en fer. — Les poteaux en fer sont de plus en plus employés dans les constructions, et il est nécessaire de pouvoir déterminer facilement leur section transversale. On admet qu'avec les formes qu'on leur donne dans la pratique, la matière étant toujours le plus possible condensée à la périphérie, la formule de Love leur est applicable. Cette formule est :

$$T = \frac{R}{S}\left[1.55 + 0.0005\left(\frac{L}{D}\right)^2\right]$$

T est le coefficient auquel doit travailler le métal ; la parenthèse, qui tient compte de la hauteur, étant supérieur à l'unité, on voit que la charge par unité de surface doit diminuer pour une même valeur donnée de P, quand la hauteur augmente.

On prend d'ordinaire le chiffre classique de 6 kilos pour le coefficient de sécurité T. — La parenthèse est un coef-

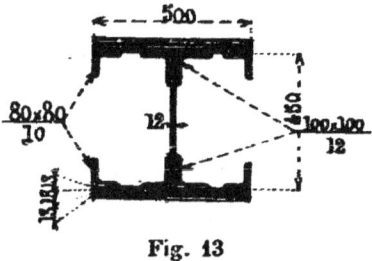

Fig. 13

ficient de correction, permettant de passer du travail d'un pilier court au travail réduit pour un pilier long, ou inversement : ce coefficient est tout calculé dans le tableau de la page 59.

Pour faciliter l'application de cette formule, voici un exemple :

Un pilier en fer, dont la coupe transversale est indiquée par la figure 13, a une section utile de 59 400^{mm2} = S, une hauteur L = 3 mètres.

La charge à porter est de 230.000 kilos = R.

Si on veut vérifier à combien travaille le pilier, moyennement, par millimètre carré de section, on a $\frac{R}{S}$ = 3^{k}87.

En prenant pour D, non plus le diamètre mais la plus petite dimension transversale, le coefficient de correction est :

$$1,55 + 0,0005 \left(\frac{3}{0,5}\right)^2.$$

La parenthèse $\frac{3}{0,5}$ = 6, et pour ce rapport 6 de $\frac{L}{D}$ le coefficient de correction est 1.568. Le travail maximum devient, par suite de l'inégale répartition de la charge provenant de la hauteur :

$$3^k87 \times 1,568 = 6^k07.$$

Le pilier travaille effectivement dans les points les plus chargés, autant qu'en tous les points de sa section un pilier court comprimé à raison de 6^{k}07 par millimètre carré. La section de ce dernier serait bien moindre.

39. Résistance des piliers en acier. — La manière de déterminer les dimensions est exactement la même ; le coefficient de travail définitif seul diffère. Suivant la qualité du métal et aussi l'application qu'on en fait, on adopte 10 à 12 kilos par millimètre carré et le coefficient de correction est toujours le même, ne dépendant que du rapport des dimensions. On le trouve tout calculé dans le tableau de la page 59.

40. Travail d'une pièce fléchie, moment fléchissant, effort tranchant. — Il est nécessaire de se rendre compte, d'une façon élémentaire, de la manière dont travaille une poutre posée sur deux appuis et chargée dans l'intervalle. Soient A et B les deux supports, *fig.* 14. Sous l'influence de la charge, la pièce qui était droite s'est fléchie.

Dans cette flexion, les fibres supérieures se trouvent raccourcies, les fibres inférieures se sont allongées, et il existe

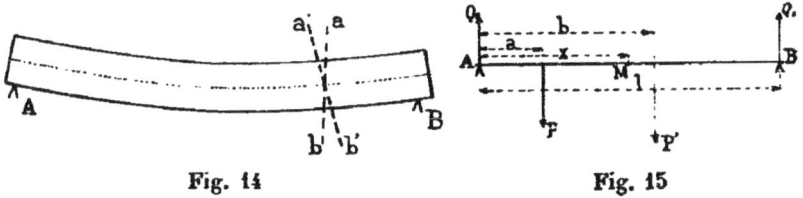

Fig. 14 Fig. 15

quelque part dans la pièce une fibre intermédiaire qui ne s'est ni allongée ni raccourcie, et que l'on nomme la *fibre neutre*.

Si les fibres supérieures se sont raccourcies, c'est qu'elles subissent un effort de compression. De même les fibres inférieures ne se sont allongées que parce qu'elles subissent, du fait de la flexion, un effort d'extension. La fibre neutre ne subit aucun effort.

On admet que toutes les molécules se trouvant avant la flexion dans un plan vertical sont restées, après flexion, dans un plan, mais plus ou moins incliné. Il résulte de cette hypothèse, dont les déductions sont confirmées par l'expérience, que les fibres supérieures se raccourcissent d'autant plus qu'elles s'éloignent davantage de la fibre neutre et que les fibres les plus raccourcies et par suite les plus comprimées sont les fibres extrêmes supérieures.

De même pour les fibres inférieures : elles sont d'autant plus allongées qu'elles s'éloignent davantage de la fibre neutre, et les fibres les plus allongées, c'est-à-dire les plus tendues, sont les fibres extrêmes inférieures.

Moment fléchissant. — On appelle *moment fléchissant*, en un point M d'une poutre fléchie, *fig.* 15, en équilibre sous l'action des forces $P_1 P'$ et des réactions Q_o, Q_1 des points d'appui, toutes forces dites extérieures, la *somme des moments par rapport à ce point des forces extérieures qui sollicitent la partie de la pièce comprise entre ce point et l'une quel-*

conque de ses extrémités; on désigne ce moment fléchissant par la lettre μ.

On a donc par cette définition :

$$\mu = P(x-a) - Q_0 x$$

Formule générale de la flexion. — La mécanique établit la tension ou compression R, *par unité de surface*, d'une fibre quelconque d'une pièce fléchie, et la représente par la formule générale.

$$R = \frac{V\mu}{I} - \frac{N}{\Omega}$$

dans laquelle : V indique la distance de la fibre à l'axe perpendiculaire au plan de flexion et passant par le centre de gravité de la section ;

μ est le moment fléchissant ;

I le moment d'inertie de la section, c'est-à-dire la somme des produits qu'on obtient en multipliant chaque élément de la section par le carré de sa distance à l'axe passant par le centre de gravité de ladite section.

N est la tension totale qui s'exerce au point M dans toute la section de la pièce.

Ω est la section de la pièce.

De cette formule, en prenant pour V la distance au centre de gravité d'une fibre extrême, on déduit la tension ou la compression de cette fibre la plus fatiguée.

Réciproquement, on peut chercher une section de pièce telle que la tension ou la compression des fibres extrêmes ne dépasse pas une certaine limite, celle de sécurité par exemple, lorsque la pièce est exposée à un moment fléchissant donné.

Or, les quantités qui dans la formule générale dépendent de la section sont : I, le moment d'inertie, et la distance des fibres extrêmes au centre de gravité de la section transversale, la même pour les fibres du haut et du bas lorsque, comme dans la plupart des cas pratiques, la section de la pièce est symétrique par rapport à un axe horizontal passant par son centre de gravité.

On détermine pour chaque section la valeur du rapport $\frac{I}{V}$, et on le consigne dans les tableaux de résistance des différents fers.

Dans la plupart des cas pratiques, pour les planchers par exemple, les diverses forces sont perpendiculaires à la pièce ; la projection de leur résultante sur l'axe longitudinal de la pièce est nulle (N = 0) et la formule devient :

$$R = \frac{V\mu}{I}, \quad \text{ou} \quad \mu = \frac{I}{V}.$$

Moment de résistance. — On nomme *moment de résistance* d'une pièce la valeur spéciale de μ

$$\mu' = R\frac{I}{V}.$$

correspondant au cas où R représente le coefficient de sécurité auquel le métal doit travailler au maximum.

Le moment de résistance est donc le moment fléchissant maximum auquel peut être soumise une pièce en toute sécurité.

Effort tranchant. — L'effort tranchant en un point d'une poutre est la somme des projections sur une section perpendiculaire à la poutre, en ce point, de toutes les forces qui agissent sur la portion de pièce comprise entre ce point et l'une de ses extrémités.

L'effort tranchant tend à cisailler la pièce et la section doit être suffisante pour lui résister en toute sécurité.

Il y a donc lieu de se préoccuper de sa valeur en chaque point des poutres, en même temps que de la valeur et des variations du moment fléchissant.

41. Recherche du moment fléchissant et de l'effort tranchant dans quelques cas simples. — 1° *Poutre posée sur deux appuis de niveau, A et B, et chargée d'un poids P appliqué en un point quelconque.* — En un point M, d'abscisse x, *fig.* 16, on a : $\mu = \dfrac{P(l-a)}{l} x$. Le maximum a lieu quand $x = a$ et le moment a pour valeur :

$$\mu = \frac{P(l-a)}{l} a = \frac{Pa}{l}(l-a).$$

Pour un point situé entre C et B, le moment devient :

$$\mu = \frac{P(l-a)}{l} x - P(x-a)$$

le maximum a lieu pour $x = a$ et la valeur de μ décroît jusqu'en B où elle est nulle ; le moment fléchissant est re-

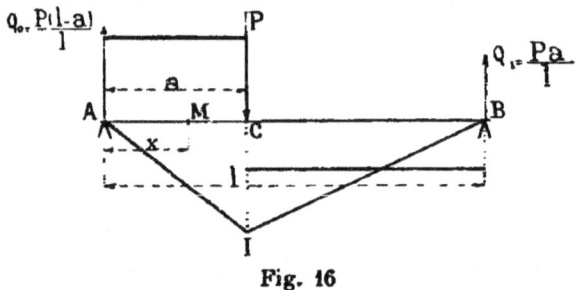

Fig. 16

présenté par l'ordonnée d'un lieu formé de deux droites AI et IB, et le maximum se trouve au point où la charge est directement appliquée.

Quant à l'effort tranchant, il est pour un point entre A et C

$$T = \frac{P(l-a)}{l}$$

Il peut être représenté par une horizontale, sa valeur étant constante.

De même de C en B il passe brusquement à une autre valeur constante, mais de signe contraire.

$$T = \frac{Pa}{l}$$

2° *Poutre chargée d'un poids* P *en son milieu.* — Le moment fléchissant en un point M, situé à la distance x de A, *fig.* 17, est

$$\mu = \frac{P}{2} x.$$

Son maximum a lieu pour $x = \frac{l}{2}$ et ce maximum a pour valeur

$$\mu = \frac{Pl}{4}.$$

L'effort tranchant a la même valeur en tous les points

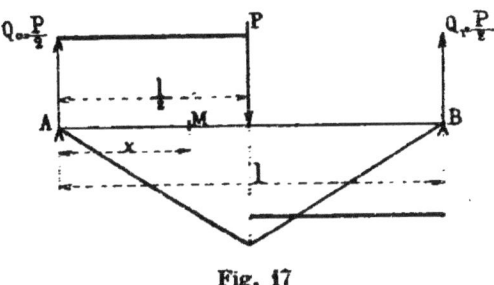

Fig. 17

d'une façon absolue, et au milieu il change brusquement de signe. Il est donc représenté par deux horizontales équidistantes, l'une au-dessus et l'autre en dessous de AB.

3° *Poutre identique, mais chargée d'une manière continue et uniforme sur toute sa longueur par ce même poids total P*. — Si P représente la charge totale uniformément répartie sur toute la longueur de la pièce, les réactions des

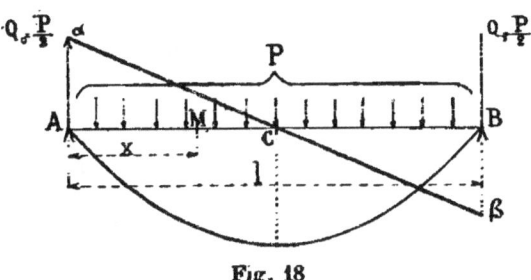

Fig. 18

appuis sont toujours égales à $\frac{P}{2}$ et le moment fléchissant en un point quelconque M, d'abscisse x, *fig.* 18, est

$$\mu = \frac{Px}{2} - \frac{Px^2}{2l}.$$

Le maximum sera au point milieu et égalera $\mu = \frac{Pl}{8}$.

La valeur du moment en chaque point est l'ordonnée d'une parabole qui passe pour les points d'appui.

L'effort tranchant au point M est égal à

$$T = \frac{P}{2} - \frac{P}{l} x = P \left(\frac{1}{2} - \frac{x}{l} \right).$$

Cet effort est représenté par l'ordonnée d'une droite $\alpha\beta$.

Si $x = 0$, $T = \dfrac{P}{2}$ Si $x = \dfrac{l}{2}$, $T = 0$.   Si $x = l$, $T = -\dfrac{P}{2}$

Si on compare le moment maximum du cas qui nous occupe, $\dfrac{Pl}{8}$, ou moment maximum du cas précédent, $\dfrac{Pl}{4}$, on en déduit ceci : *Une poutre chargée en son milieu d'un poids* P *doit être deux fois plus résistante que lorsque cette même charge est uniformément répartie sur toute sa longueur.*

Si on donnait, non pas la charge totale P uniformément répartie sur toute la longueur de la pièce, mais le poids p par mètre de longueur de poutre, l'expression du moment fléchissant serait au milieu

$$\mu = \frac{pl}{2} \times \frac{l}{2} = \frac{pl^2}{8}$$

4° *Poutre chargée d'un poids uniformément réparti sur une portion seulement de sa longueur.* — Soit une poutre AB chargée de c' en D, c'est-à-dire sur la longueur b, d'un poids p par mètre, *fig.* 19 (1).

La réaction de l'appui A est

$$Q_0 = \frac{pb}{l} \left(l - a - \frac{b}{2} \right).$$

Le moment fléchissant prend les diverses valeurs suivantes :

De A en C :

$$\mu_C^A = \frac{pb}{l} \left(l - a - \frac{b}{2} \right) x.$$

C'est l'équation d'une droite. Pour $x = 0$, $\mu = 0$, pour $x = a$ μ devient :

$$\mu_C = \frac{pb}{l}\left(l - a - \frac{b}{2}\right)a.$$

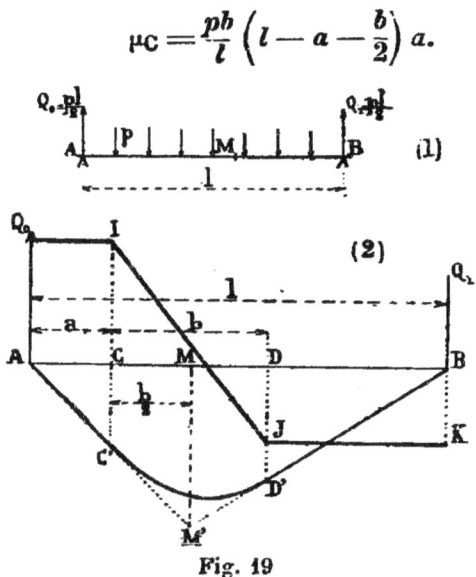

Fig. 19

De C en D :

$$\mu_C^D = \frac{pb}{l}\left(l - a - \frac{b}{2}\right)x - \frac{p(x-a)^2}{2}.$$

C'est l'équation d'une parabole à axe vertical. Le maximum à lieu pour

$$x = a + b - \frac{b}{l}\left(a + \frac{b}{2}\right).$$

De D en B :

$$\mu_D^B = \frac{pb}{l}\left(l - a - \frac{b}{2}\right)x - pb\left(x - a - \frac{b}{2}\right)$$

$$= pb\left(1 - \frac{x}{l}\right)\left(a + \frac{b}{2}\right).$$

C'est l'équation d'une droite. Pour $x = l$, $\mu = 0$, pour $x = a + b$, on a :

$$x = a + b, \quad \mu = pb\left(1 - \frac{a+b}{l}\right)\left(a + \frac{b}{2}\right).$$

La parabole représentative des mouvements fléchissants entre C et D est tangente en C' et D' aux droites AC' et D'B, *fig.* 19, (2), représentatives de la flexion des parties non chargées. L'arc de parabole remplace les deux portions de droite M'D' et C'M' qui correspondraient à la même charge concentrée en M au milieu de CD.

Pour les efforts tranchants on obtient les valeurs suivantes :

De A en C :
$$T_A^C = \frac{pb}{l}\left(l - a - \frac{b}{2}\right),$$

équation d'une horizontale OI.

De C en D :
$$T_C^D = \frac{pb}{l}\left(l - a - \frac{b}{2}\right) - p(x - a),$$

équation d'une droite IJ coupant AB au point où le moment de flexion est maximum ;

De D en B :
$$T_D^B = \frac{pb}{l}\left(l - a - \frac{b}{2}\right) - pb = -\frac{pb}{l}\left(a + \frac{b}{2}\right),$$

équation d'une horizontale JK.

5° *Déformations.* — Dans une poutre à section constante, la flèche maximum dans le cas d'une charge unique P,

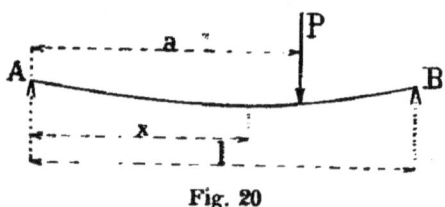

Fig. 20

appliquée en un point quelconque d'abscisse *a*, *fig.* 20, est donnée par la formule :

$$f_{max} = \frac{P}{EI} \frac{l^3}{3} \frac{a^2}{l^2} \frac{(l-a)^2}{l^2} = \frac{P}{EI} \frac{a^2(l-a)^2}{3l}.$$

Cette flèche se produit dans la section d'abscisse

$$x = a\sqrt{\frac{1}{3} + \frac{2(l-a)}{3a}}.$$

Dans ces formules, I est le moment d'inertie de la section constante, E le coefficient d'élasticité du métal. Pour le fer, E est égal à 16×10^9.

Lorsque la charge P est remplacée par une charge p par mètre, uniformément répartie sur la longueur l, la flèche maximum qui a lieu au milieu de la poutre est donnée par l'expression :

$$f_{max} = \frac{pl}{EI} \frac{5l^3}{384} = \frac{5pl^4}{384EI}.$$

Dans le cas d'une section variable, les semelles étant disposées comme l'indique la *fig.* 21, la flèche maximum

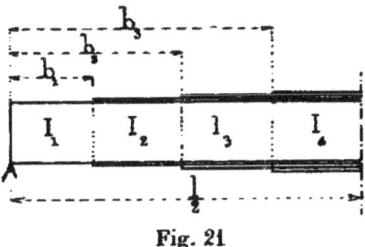

Fig. 21

qui a lieu au milieu, en raison de la symétrie de la pièce, est donnée par la formule suivante :

$$f_{max} = \frac{P}{E}\left[\frac{5l^4}{384I_4} - \left(\frac{1}{I_4} - \frac{1}{I_3}\right)\left(\frac{l}{6} - \frac{b_3}{8}\right)b_3^3 - \left(\frac{1}{I_3} - \frac{1}{I_2}\right)\left(\frac{l}{6} - \frac{b_2}{8}\right)b_2^3 - \left(\frac{1}{I_2} - \frac{1}{I_1}\right)\left(\frac{l}{6} - \frac{b_1}{8}\right)b_1^3\right]$$

dans laquelle I_1, I_2, I_3, I_4 sont les moments d'inertie des sections successives.

6° *Poutre encastrée à une extrémité, libre de l'autre, et chargée d'une force isolée P appliquée en un point quelconque d'abscisse a.* On a pour les moments fléchissants les valeurs suivantes :

$$\mu_C^A = 0$$
$$\mu_C^B = P(x - a)$$

la ligne représentative de la flexion se compose de deux droites AC et CD, *fig.* 22 (1), BD étant égal à P $(l - a)$.

Pour les efforts tranchants on a :

$$T_A^C = 0$$

$$T_C^B = P.$$

Ils sont représentés par les horizontales AC et C′E. Dans nombre de cas pratiques $a = 0$, le moment fléchissant maximum est alors Pl.

Si l'on compare ce résultat à celui du cas n° 3, on voit que *une poutre en porte à faux, encastrée en scellement dans*

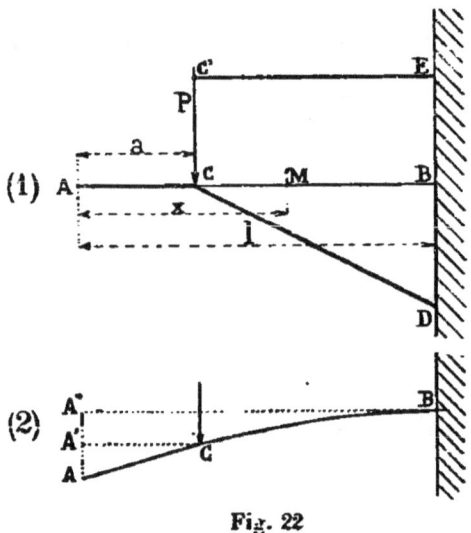

Fig. 22

un mur (1) *chargée d'un poids* P *à son extrémité, travaille comme une poutre chargée uniformément de ce même poids totale* P, *et posée sur deux points d'appui, avec une portée huit fois plus grande.*

La flèche maximum se produit au point A, *fig.* 22 (2); elle est égale à la flèche au point C augmentée de l'ordonnée AA′ due à l'inclinaison de la partie non chargée. La flèche en C a pour valeur :

$$f = \frac{P(l-a)^3}{3EI}.$$

L'équation de la fibre moyenne déformée est :

$$y = \frac{P(l-a)^2}{2EI}\left(\frac{x}{l-a} - \frac{1}{3}\frac{x^3}{(l-a)^3}\right).$$

La flèche totale

$$AA' = \frac{P(l-a)^2}{EI}\left(\frac{l-a}{3} + \frac{a}{2}\right).$$

7° *Poutre encastrée à une extrémité et libre de l'autre, chargée d'un poids p par mètre uniformément réparti sur*

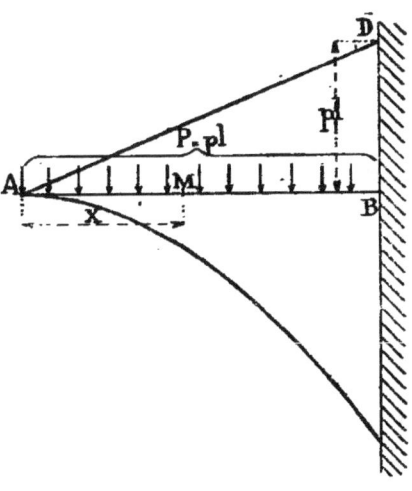

Fig. 23

toute sa longueur. — Le moment fléchissant en un point quelconque M, d'abscisse x, *fig. 23*, est :

$$\mu_x = \frac{px^2}{2}$$

équation d'une parabole à axe vertical dont le sommet est en A.

La valeur maximum, pour $x = l$, est

$$\mu_B = \frac{pl^2}{2}.$$

Si on appelle P la charge totale uniforment répartie pl, on a ;

$$\mu_B = \frac{Pl}{2}.$$

Si on compare ce résultat au cas du n° 3, on trouve que :

Une poutre en porte à faux de longueur l, chargée d'un poids total P uniformément réparti, travaille de la même façon qu'une poutre, chargée de ce même poids P uniformément réparti, posée sur deux appuis de niveau avec une portée égale à 4 l.

Dans le cas de la poutre encastrée qui nous occupe, l'effort tranchant en un point d'abscisse x est px :

$$T_x = px,$$

équation d'une droite AD.

La flèche maximum au point A est donnée par l'expression :

$$F_{max} = \frac{pl}{EI} \times \frac{l^3}{8} = \frac{pl^4}{8\,EI}.$$

8° *Poutre encastrée à une extrémité reposant librement à l'autre sur un appui, et chargée d'un poids P en un point*

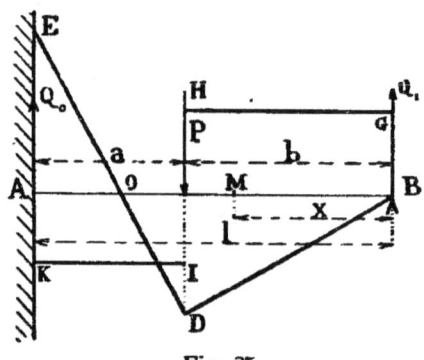

Fig. 25

quelconque de la portée. — Les réactions des appuis sont :

$$Q_0 = \frac{P(3l^2 - b^2)b}{2l^3} \qquad Q_1 = \frac{Pa^2(3l - a)}{2l^3}.$$

Le moment d'encastrement est :

$$\mu_A = \frac{Pa^2(3l - a)}{2l^2} - Pa.$$

Le moment de flexion en un point quelconque situé entre B et C est :

$$\mu_B^C = \frac{Pa^2(3l-a)}{2l^3} x,$$

x étant la distance du point considéré au point B. Ce moment est représenté par l'ordonnée d'une droite BD.

Entre C et A le moment fléchissant est :

$$\mu_C^A = \frac{Pa^2(3l-a)}{2l^3} x - P(x-a),$$

équation d'une droite DE coupant AB en O, où le moment fléchissant est nul ; l'abscisse du point O est, à partir de B :

$$x_0 = \frac{a}{1 - \frac{a^2(3l-a)}{2l^3}}.$$

Il y a donc deux maximums du moment fléchissant, l'un en D au point d'application de la charge, l'autre au point d'encastrement.

L'effort tranchant pour un point compris entre B et C est :

$$T_B^C = Q_1 = \frac{Pa^2(3l-a)}{2l^3},$$

il est représenté par la droite GH.

Du point C au point A :

$$T_C^A = Q_1 - P = P\left(\frac{a^2(3l-a)}{2l^3} - 1\right)$$

équation de la droite IK.

La flèche maximum est donnée par la formule :

$$f_{max} = \frac{Pa^2 b}{6EI} \sqrt{\frac{b}{2l+a}}$$

9° *Poutre encastrée à une extrémité, reposant librement à l'autre sur un appui et chargée d'un poids p par mètre*

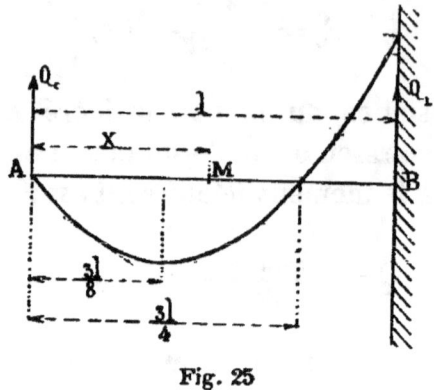

Fig. 25

uniformément réparti. — Les réactions sont :

$$Q_0 = \frac{3}{8} pl.$$

$$Q_1 = -\frac{5}{8} pl.$$

Le moment de flexion en un point quelconque d'abcisse x *fig*. 25, est :

$$\mu_x = \frac{px}{2}\left(\frac{3l}{4} - x\right),$$

équation d'une parabole passant en A.

Pour $x = \frac{3l}{4}$, $\mu = 0$.

Le moment maximum a lieu pour

$$x = \frac{3}{8} l,$$

il est alors égal à :

$$\mu_{max} = \frac{9}{128} pl^2 \text{ (environ } \frac{1}{14} pl^2\text{)}.$$

Le moment d'encastrement s'obtient pour $x = l$:

$$\mu_B = -\frac{pl^2}{8}.$$

Si on compare ce résultat au cas du n° 3, on voit que *l'encastrement n'a pas diminué la fatigue de la pièce. Le moment de flexion est le même en valeur absolue, mais au lieu d'avoir lieu au milieu, c'est au point même d'encastrement.*

La flèche maximum est égale à

$$f_{max} = \frac{pl^4}{EI} \times 0{,}00542.$$

Elle se produit au point dont la distance à l'appui simple est égale à

$$0{,}422\ l.$$

10° *Poutre encastrée à ses deux extrémités, chargée d'un*

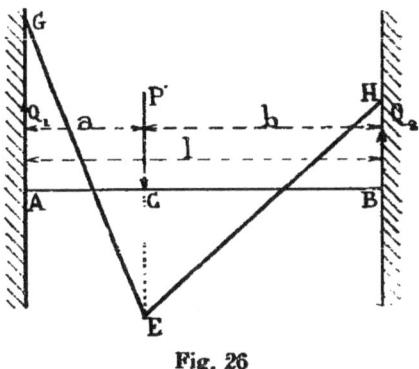

Fig. 26

poids P appliqué en un point quelconque. — Les réactions des appuis sont les suivantes, *fig. 26* :

$$Q_1 = \frac{P(3a+b)b^2}{l^3}$$

$$Q_2 = \frac{P(a+3b)a^2}{l^3}.$$

Les moments d'encastrement sont :

$$\mu_A = P\frac{ab^2}{l^2}$$

$$\mu_B = P\frac{ba^2}{l^2}.$$

Le moment fléchissant en C est :

$$\mu_C = P\frac{ab^2}{l^2} - \frac{P(3a+b)ab^2}{l^3}.$$

Dans les intervalles, le moment varie suivant les ordonnées de deux droites : EG et EH, se coupant en E sur la verticale passant par le point C.

La flèche maximum est

$$f_{max} = \frac{2P\,a^2b^3}{3\,El\,(a+3b)^2}.$$

La distance de la section où se produit la plus grande déformation à l'appui de gauche a pour expression :

$$\frac{2la}{3a+b}.$$

Si

$$a = b = \frac{l}{2},$$

les formules ci-dessus deviennent :

$$Q_1 = \frac{P}{2}, \quad Q_2 = \frac{P}{2}, \quad \mu_A = \frac{Pl}{8} = \mu_B, \quad \mu_C = -\frac{Pl}{8},$$

Si on compare ce résultat au cas du n° 2, on voit que *l'encastrement double diminue la fatigue de la pièce de moitié ; le moment le plus fort a lieu simultanément, au point milieu et aux points d'encastrement.*

11° *Poutre encastrée à ses deux extrémités, chargée d'un poids p par mètre uniformément réparti sur la longueur totale.* — Les réactions des appuis sont égales, et leur expression est :

$$Q_0 = Q_1 = \frac{pl}{2}.$$

Les moments d'encastrement sont

$$\mu_A = \mu_B = \frac{pl^2}{12}.$$

Le moment fléchissant en un point quelconque M, d'abs-

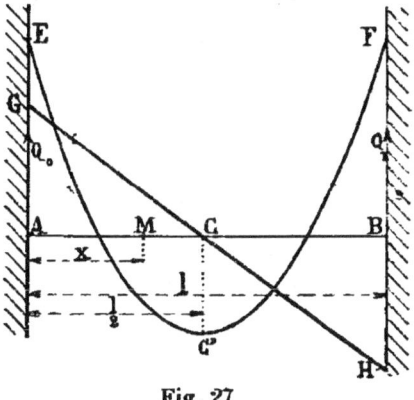

Fig. 27

cisse x, a pour expression générale :

$$\mu_x = \frac{pl}{12} - px\frac{l-x}{2},$$

équation d'une parabole à axe vertical. Pour le point C, au milieu de la poutre

$$x = \frac{l}{2}, \quad \mu_c = -\frac{pl^2}{24},$$

moitié des moments des points d'encastrement.

Si on compare ces résultats au cas du n° 3, on voit que *dans le cas d'une charge uniformément répartie, le double encastrement des portées diminue la fatigue de la poutre dans le rapport de 3 à 2, en même temps qu'il transporte cette fatigue maximum du milieu aux extrémités.*

Quant à l'effort tranchant au point M quelconque, d'abscisse x, il a pour expression générale :

$$T_x = \frac{pl}{2} - px$$

équation d'une droite GH passant par le milieu C de AB.

La flèche maxima se produit au milieu de la portée et a pour valeur :

$$f_{max} = \frac{pl^4}{384EI}.$$

12° *Des poutres à plusieurs travées.* — Pour l'étude des poutres à plusieurs travées, nous renvoyons aux ouvrages qui traitent spécialement de mécanique appliquée; elle excéderait le cadre de cet ouvrage.

Nous donnerons seulement les résultats pratiques suivants, dont on a quelquefois à se servir, et qui se déduisent des formules de Clapeyron. Ce sont les valeurs des réactions des appuis dans quelques cas simples :

1° Une poutre est posée sur trois appuis de niveau et équidistants A, B et C, *fig.* 28. Elle est chargée d'un poids total P uniformément réparti sur toute la longueur de la pièce. La pression de la poutre sur les trois appuis se répartit de la façon suivante :

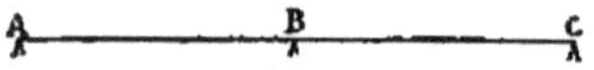

Fig. 28

$$\text{en A}, \frac{3}{16} P; \quad \text{en B}, \frac{5}{8} P; \quad \text{en C}, \frac{3}{16} P.$$

2° Une poutre est posée sur cinq appuis de niveau et équidistants : A, B, C, D, E, *fig.* 29. La répartition de la charge

Fig. 29

P, uniformément appliquée sur toute la longueur de la pièce, se fait sur les appuis, dans les proportions suivantes :

$$\text{en A}; \frac{11}{112} P; \text{en B}, \frac{2}{7} P; \text{en C}, \frac{13}{56} P; \text{en D}, \frac{2}{7} P; \text{en E}, \frac{11}{112} P.$$

Au-delà de ce nombre d'appui, on a approximativement :

1er point d'appui : $0{,}40 \dfrac{P}{n}$

2e point d'appui : $1{,}13 \dfrac{P}{n}$

3e point d'appui : $0{,}97 \dfrac{P}{n}$

Chacun des autres jusqu'au milieu, $\dfrac{P}{n}$

n étant le nombre des travées.

42. De quelques moments d'inertie pour les formes de section les plus usitées.

— On a vu que le moment d'inertie d'une surface, par rapport à un axe situé dans son plan, est la somme des produits qu'on obtient en multipliant chacun des éléments de cette surface par le carré de sa distance à l'axe.

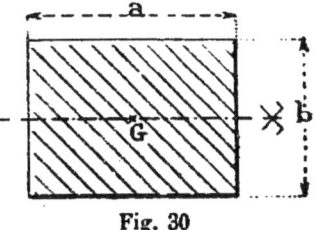

Fig. 30

Moment d'inertie d'un rectangle par rapport à un axe parallèle à un côté et passant par son centre de gravité :

$$I = \frac{1}{12} ab^3$$

d'où

$$\frac{I}{V} = \frac{1}{6} ab^2.$$

Si on reprend l'expression du moment de résistance

$$\mu = R \frac{I}{V}$$

et qu'on l'applique à une section rectangulaire, on aura :

$$\mu = \frac{R}{6} ab^2.$$

La résistance croît proportionnellement à la largeur et proportionnellement au carré de la hauteur. On voit l'intérêt qu'il y a à augmenter cette hauteur de préférence, autrement dit à faire travailler *de champ* les pièces soumises à la flexion.

Moment d'inertie d'un rectangle évidé, et d'une section en double T. — Le moment d'inertie d'un rectangle évidé,

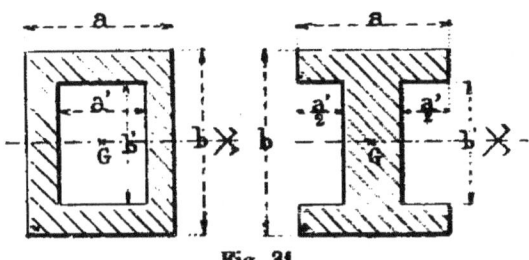

Fig. 31

fig. 31, est évidemment le même que le moment d'inertie

de la figure voisine, qui a la forme d'un double T, si employée dans les profils de fers. C'est la différence de deux rectangles, l'un dont les côtés sont a et b, le second dont les côtés sont a' et b'. On a donc :

$$I = \frac{1}{12}(ab^3 - a'b'^3)$$

ou, V étant égal à $\frac{b}{2}$:

$$\frac{I}{V} = \frac{1}{6b}(ab^3 - a'b'^3).$$

Ce profil en double T est bien préférable à celui du rectangle, le fer étant reporté aux extrémités, là où par sa tension ou sa compression il peut produire les meilleurs effets de résistance.

En pratique, on diminue l'épaisseur de la partie verticale autant qu'on le peut ; en autres termes, on amincit l'âme et on augmente les tables. On évide même l'âme dans certains cas, soit pour diminuer encore la matière, soit pour des questions d'aspect extérieur, et on arrive aux poutres à croisillons ou à treillis.

La limite à cette réduction réside dans cette condition que l'âme doit encore pouvoir résister à l'*effort tranchant*.

Dans le calcul approximatif des poutres qui présentent une grande hauteur, on peut négliger le moment d'inertie de l'âme, ce qui se réduit à faire $a = a'$. La formule devient :

$$\frac{I}{V} = \frac{a}{6b}(b^3 - b'^3).$$

Si e est l'épaisseur d'une table,

$$b - b' = 2e;$$

il vient :

$$\frac{I}{V} = bea$$

formule abrégée quelquefois très utile.

Moment d'inertie par rapport à un axe quelconque. — On rappelle ici que le moment d'inertie d'une surface par rapport à un axe quelconque est égal au moment d'inertie de cette surface par rapport à un axe parallèle passant par le centre de gravité, augmenté du produit de la surface par le carré de la distance des deux axes.

Moment d'inertie d'une pièce dissymétrique. — On fait des fers que l'on nomme dissymétriques et dont on a quel-

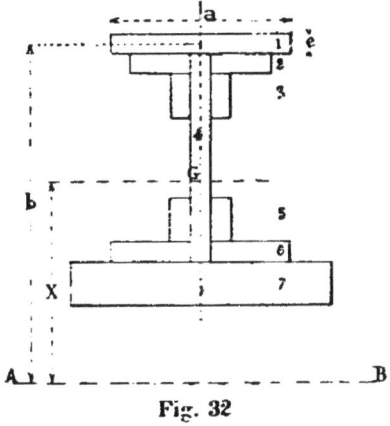

Fig. 32

quefois besoin dans les constructions. D'autres fois, on les compose en tôles et cornières. On a besoin de calculer pour chacun d'eux la valeur $\frac{I}{V}$. Voici comment on s'y prend :

On décompose le profil en une série de rectangles que l'on numérote régulièrement. Soient a, a', a''... leurs dimensions horizontales, e, e', e''... leurs épaisseurs et b, b', b''... leurs distances à un axe AB parallèle aux côtés horizontaux et tracé d'une manière quelconque.

Numéros	Surfaces	Moments simples	Moments d'inertie
1	$a''\ e''$	$a''\ e''\ b''$	$a\ e\ b^2$
2	$a'\ e'$	$a'\ e'\ b'$	$a'\ e'\ b'^2$
3	$a'\ e'$	$a'\ e'\ b'$	$a'\ e'\ b'^2$
4	$a\ e$	$a\ e\ b$	$a''\ e''\ b''^2$
Totaux.....	S	M	Y

On forme le tableau ci-contre. La première colonne

donne les Nos des profils ; dans la seconde on marque les surfaces des rectangles successifs.

Dans la 3ᵉ colonne on inscrit les moments simples qu'on obtient en multipliant chaque surface de rectangle par sa distance moyenne à l'axe AB : enfin dans la dernière colonne on inscrit les moments d'inertie partiels approximatifs.

On fait les sommes de chaque colonne, que nous indiquons par les lettres S, M, Y.

S sera la surface de la section droite de la poutre ; M la somme des moments des surfaces élémentaires, et la mécanique apprend que cette somme est égale au produit SX de la surface totale par la distance inconnue X du centre de gravité de la section à l'axe AB.

$$M = SX, \text{ d'où } X = \frac{M}{S}.$$

La quatrième colonne contient les moments partiels approximatifs. Chaque moment exact serait :

$$\frac{ae^3}{12} + aeb^2.$$

e étant de dimensions très petites, e^3 est négligeable ; il reste aeb^2. La somme Y sera donc le moment d'inertie total par rapport à AB.

Or, si nous nommons I le moment d'inertie cherché par rapport à l'axe passant par le centre de gravité, nous aurons la relation :

$$I = Y - SX^2.$$

et, en remplaçant X par sa valeur $\frac{M}{S}$:

$$I = Y - \frac{M^2}{S}.$$

Toutes ces quantités sont déterminées par le tableau. Il sera facile ensuite d'obtenir le rapport $\frac{I}{v}$.

Moment d'inertie d'un fer à T simple. — On obtient de suite la distance V du centre de gravité à l'axe AB en pre-

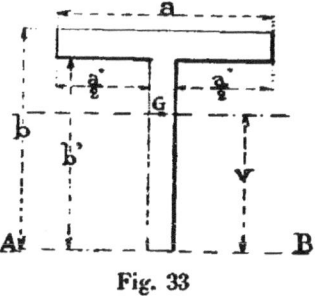
Fig. 33

nant le moment total $(ab - a'b')$ V et l'égalant à la somme algébrique des moments des deux rectangles

$$ab \times \frac{b}{2} - a'b' \times \frac{b'}{2} :$$

$$\frac{ab_2 - a'b'^2}{2} = (ab - a'b')V,$$

d'où

$$V = \frac{1}{2} \frac{ab^2 - a'b'^2}{ab - a'b'}.$$

D'ailleurs le moment d'inertie I cherché, par rapport au centre de gravité, est égal au moment par rapport à AB moins le produit de la surface par le carré V^2 de la distance du point G à l'axe :

$$I = \frac{1}{3}(ab^3 - a'b'^3) - V^2(ab - a'b').$$

Moment d'inertie d'un triangle par rapport à sa base. —

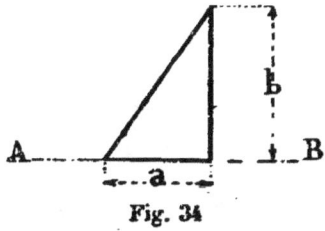
Fig. 34

Il est le même que celui du triangle rectangle de même

base et même hauteur, et pour ce dernier il s'exprime par la formule :

$$I = \frac{ab^3}{12}.$$

Moment d'inertie du losange par rapport à l'axe passant

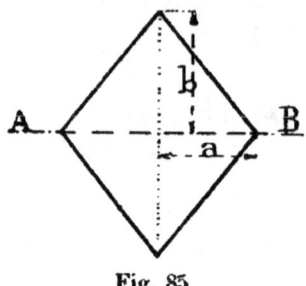

Fig. 35

par une diagonale. — Il est 4 fois le précédent :

$$I = \frac{ab^3}{3}.$$

Moment d'inertie du triangle par rapport à son sommet :

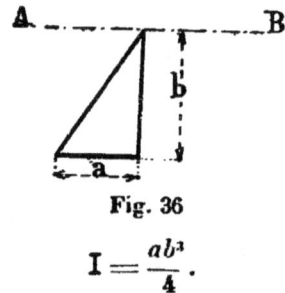

Fig. 36

$$I = \frac{ab^3}{4}.$$

Moment d'inertie du triangle par rapport à un axe paral-

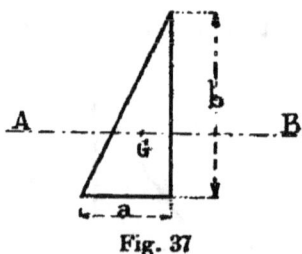

Fig. 37

lèle à la base et passant par son centre de gravité :

$$I = \frac{ab^3}{36}.$$

Moment d'inertie d'un cercle par rapport à son diamètre :

$$I = \frac{\pi R^4}{4}.$$

Moment d'inertie de l'ellipse par rapport à son grand axe :

$$I = \frac{\pi a b^3}{4}.$$

43. Détermination pratique des dimensions d'une pièce fléchie. — Il résulte de ce qui vient d'être dit que lorsqu'on a à déterminer dans la pratique les dimensions d'une pièce qui doit résister à la flexion, il faut commencer par se rendre compte de la position, de la direction et de l'intensité des efforts qui lui seront appliqués. Puis on cherche en divers points le moment fléchissant, pour avoir la véritable valeur du maximum de ce moment, valeur de laquelle dépend la section du fer. On déduit de la formule

$$\mu' = R \frac{I}{V}$$

la valeur de $\frac{I}{V}$ que la section doit présenter, et on cherche une section satisfaisant à cette condition.

Cette détermination ne laisse pas d'être très longue. On y remédie en donnant dans des tableaux préparés d'avance la valeur $\frac{I}{V}$ correspondant aux différents profils usuels.

Mais afin de procéder d'une façon plus expéditive encore, sans calculs, on a établi d'avance, pour les profils usuels, des tableaux plus complets et plus commodes. Ils donnent la charge de sécurité qu'on peut adopter pour chaque barre, pour des portées variables jusqu'à 6 et 8 mètres, en la supposant portée sur deux appuis de niveau, et, de plus, admettant que la charge soit uniformément répartie.

Si la charge était appliquée au milieu, il faudrait la doubler et considérer ce nouveau chiffre comme charge uniformément répartie, avant de chercher dans les tableaux.

Voici d'abord les tableaux des poids et de la résistance à la flexion des fers ronds, des fers carrés et des fers plats travaillant de champ.

Ces tableaux sont extraits de l'album de M. Cartier, ingénieur, ancien élève de l'Ecole Centrale.

Le rapport $\frac{I}{V}$ a été calculé de manière à n'avoir qu'à multiplier par l'effort que l'on veut faire supporter au fer par millimètre carré pour avoir le moment de résistance. Si on veut avoir la valeur $\frac{I}{V}$ en rapportant toutes les unités au mètre, il faut diviser les nombres donnés dans les tableaux pour cette valeur par 1.000.000 ; mais alors, s'il s'agit d'obtenir le moment de résistance, c'est l'effort à faire supporter au fer par mètre carré qu'il faut prendre pour second facteur.

Dans les chiffres donnés dans ces tableaux, le poids propre du fer a été déduit et le coefficient de sécurité est 7, c'est-à-dire que l'on admet 7 kilos par millimètre carré, tant à la compression qu'à l'extension, pour le travail du fer aux points où il travaille le plus.

44. Tableau des poids et de la résistance de la flexion des fers ronds

Diamètre en millimètres	Poids du mètre courant	Section en millimètres carrés	$\dfrac{I}{V}$	Poids uniformément réparti dont on peut avec sécurité charger des barres reposant sur deux appuis placés à leurs extrémités, pour des portées de					
				1m	2m	3m	4m	5m	6m
6	0,217	28	0,021	1k,1	»	»	»	»	»
7	0,296	38	0,033	1, 5	»	»	»	»	»
8	0,387	50	0,050	2, 5	»	»	»	»	»
9	0,489	64	0,071	3, 5	1k	»	»	»	»
10	0,604	79	0,098	4, 8	1, 5	»	»	»	»
11	0,731	95	0,130	6, 5	2, 1	»	»	»	»
12	0,870	113	0,169	8, 6	3	»	»	»	»
14	1,185	154	0,269	14	5	1k,4	»	»	»
16	1,548	201	0,402	21	8	2, 8	»	»	»
18	1,959	254	0,572	30	12	5	»	»	»
20	2,418	314	0,785	41	17	7	1k,4	»	»
23	3,199	415	1,194	63	27	12	4	»	»
25	3,780	491	1,533	82	35	17	6	»	»
27	4,408	573	1,930	104	45	23	9	»	»
29	5,086	661	2,394	129	57	29	13	1k,4	»
32	6,192	804	3,216	174	77	41	20	5	»
34	6,996	908	3,858	209	92	51	26	8	»
36	7,837	1 018	4,577	248	112	62	33	12	»
38	8,732	1 134	5,386	293	133	74	40	16	»
41	10,165	1 320	6,765	368	169	96	54	25	2k,2
45	12,246	1 590	8,943	488	206	130	76	39	10
47	13,359	1 735	10,192	557	258	150	89	47	15
50	15,118	1 963	12,272	672	313	184	111	62	23
54	17,634	2 290	15,456	848	397	235	146	85	38
61	22,502	2 922	22,258	1 224	578	348	221	136	72
67	27,147	3 526	29,626	1 632	775	472	307	195	114
75	34,017	4 418	41,417	2 285	1 091	671	443	293	182
81	39,678	5 153	52,174	2 882	1 381	856	572	386	253
88	46,832	6 082	66,903	3 700	1 780	1 109	749	515	344
95	54,578	7 088	84,172	4 659	2 247	1 408	960	669	458
102	62,919	8 171	104,184	5 771	2 794	1 755	1 206	851	594
110	73,175	9 503	130,695	7 245	3 513	2 220	1 537	1 098	781

NOTA. — Les poids par mètre courant ont été calculés en prenant pour densité du fer le chiffre de 7,700. Pour les poids uniformément répartis dont on peut charger les barres, on suppose que le travail maximum du métal est de 7 kilos par millimètre carré.

45. Tableau des poids de la résistance à la flexion des fers carrés

Côtés en millimètres	Poids du mètre courant	Section en millimètres cubes	$\dfrac{I}{V}$	Poids uniformément réparti dont on peut avec sécurité charger les barres reposant sur deux appuis placés à leurs extrémités, pour des portées de					
				1m	2m	3m	4m	5m	6m
6	0,277	36	0,036	1k	»	»	»	»	»
7	0,377	49	0,057	2	»	»	»	»	»
8	0,492	64	0,085	4	1k	»	»	»	»
9	0,623	81	0,121	6	2	»	»	»	»
10	0,770	100	0,166	8	3	»	»	»	»
11	0,931	121	0,222	11	4	»	»	»	»
12	1,108	144	0,288	15	5	1k	»	»	»
14	1,509	196	0,457	24	9	2	»	»	»
16	1,971	256	0,682	36	15	4	»	»	»
18	2,494	324	0,972	51	22	6	1k	»	»
20	3,080	400	1,333	71	31	10	3	»	»
23	4,073	529	2,028	112	50	15	6	»	»
25	4,812	625	2,604	141	63	26	12	3k	»
27	5,613	729	3,280	178	80	34	17	5	»
29	6,475	841	4,065	221	100	44	23	8	»
32	7,884	1 024	5,461	298	137	56	31	13	»
34	8,901	1 156	6,550	357	165	78	45	22	3k
36	9,979	1 296	7,776	425	197	95	56	28	8
38	11,118	1 444	9,145	501	234	115	69	37	12
40	12,320	1 600	10,666	585	274	137	84	47	18
44	14,907	1 936	14,197	780	367	162	100	58	26
47	17,009	2 209	17,304	952	450	220	139	84	43
50	19,250	2 500	20,833	1 147	546	272	174	108	59
54	22,453	2 916	26,244	1 447	690	331	214	137	78
61	28,651	3 721	37,830	2 104	1 009	422	277	191	110
68	35,604	4 624	52,405	2 899	1 396	626	419	279	183
75	43,312	5 525	70,312	3 894	1 882	872	591	408	276
81	50,519	6 561	88,573	4 900	2 374	1 182	811	570	397
88	59,628	7 744	113,578	6 300	3 061	1 499	1 035	738	522
95	69,492	9 025	142,896	7 933	3 862	1 942	1 352	974	703
102	80,110	10 404	176,868	9 824	4 792	2 459	1 722	1 253	916
108	89,812	11 664	209,952	11 667	5 698	3 061	2 156	1 580	1 170
						3 649	2 379	1 900	1 419

NOTA. — Les poids par mètre courant ont été calculés en prenant pour densité du fer le chiffre de 7,700. Pour les poids uniformément répartis dont on peut charger les fers, on suppose que le travail maximum du métal est de 7 kilos par millimètre carré.

46. Tableau des poids et de la résistance à la flexion des fers plats

Désignations commerciales	Dimensions en millimètres		Poids du mètre courant	Surface de la section transversale en millimètres	$\dfrac{I}{V}$	Poids uniformément répartis dont on peut, avec sécurité, charger les barres mises de champ et reposant sur deux appuis placés à leurs extrémités, pour les portées de		
	Largeur	Épaisseur				0m,50	1m	2m
Feuillards {	14 ×	1	0k,107	14	»	»	»	»
	» ×	1 1/2	0, 161	21	»	»	»	»
	» ×	2	0, 215	28	»	»	»	»
	» ×	3	0, 323	42	»	»	»	»
	» ×	3 1/2	0, 377	49	0,114	12k	6k	»
Bandelettes {	» ×	4 1/2	0, 485	63	0,147	16	8	»
	» ×	6	0, 646	84	0,196	20	10	»
	» ×	7	0, 754	98	0,228	25	12	»
	» ×	9	0, 970	126	0,294	32	16	»
Feuillards {	16 ×	1	0, 123	16	»	»	»	»
	» ×	1 1/2	0, 184	24	»	»	»	»
	» ×	2	0, 246	32	»	»	»	»
	» ×	3	0, 369	48	»	»	»	»
	» ×	3 1/2	0, 431	56	»	»	»	»
Bandelettes {	» ×	4 1/2	0, 554	72	0,192	20	10	»
	» ×	6	0, 739	96	0,256	28	14	»
	» ×	7	0, 862	112	0,298	33	16	»
	» ×	9	1, 108	144	0,384	41	20	»
Feuillards {	18 ×	1	0, 138	18	»	»	»	»
	» ×	1 1/2	0, 207	27	»	»	»	»
	» ×	2	0, 277	36	»	»	»	»
	» ×	3	0, 415	54	»	»	»	»
	» ×	3 1/2	0, 485	63	»	»	»	»
Bandelettes {	» ×	4 1/2	0, 623	81	0,243	27	13	»
	» ×	6	0, 831	108	0,324	36	17	»
	» ×	7	0, 970	126	0,378	41	20	»
	» ×	9	1, 247	162	0,486	53	26	»
Feuillards {	20 ×	1	0, 154	20	»	»	»	»
	» ×	1 1/2	0, 231	30	»	»	»	»
	» ×	2	0, 308	40	»	»	»	»
	» ×	3	0, 462	60	»	»	»	»
Aplatis {	» ×	3 1/2	0, 539	70	»	»	»	»
	» ×	4 1/2	0, 693	90	»	»	»	»
Bandelettes {	» ×	6	0, 924	120	0,400	44	22	»
	» ×	7	1, 078	140	0,466	51	25	11
Platinés {	» ×	9	1, 386	180	0,600	65	32	14
	» × 11		1, 694	220	0,733	81	40	17

Tableau des poids et de la résistance à la flexion des fers plats

Désignations commerciales	Dimensions en millimètres		Poids du mètre courant	Surface de la section transversale en millimètres	$\frac{I}{V}$	Poids uniformément répartis dont on peut, avec sécurité, charger les barres mises de champ et reposant sur deux appuis placés à leurs extrémités, pour les portées de			
	Largeur	Épaisseur				$0^m,50$	1^m	2^m	3^m
Feuillards...	23 ×	1	$0^k,177$	23	»	»	»	»	»
	» ×	1 1/2	0, 265	34	»	»	»	»	»
	» ×	2	0, 354	46	»	»	»	»	»
	» ×	3	0, 531	69	»	»	»	»	»
Aplatis....	» ×	3 1/2	0, 619	80	»	»	»	»	»
	» ×	4 1/2	0, 796	103	»	»	»	»	»
Bandelettes.	» ×	6	1, 062	138	0,529	59^k	29^k	13^k	»
	» ×	7	1, 239	161	0,617	68	33	15	»
	» ×	9	1, 593	207	0,793	88	43	19	»
Platinés....	» ×	11	1, 948	253	0,970	108	52	24	»
	» ×	14	2, 479	322	1,234	137	67	33	»
Feuillards...	25 ×	1	0, 192	25	»	»	»	»	»
	» ×	1 1/2	0, 288	37	»	»	»	»	»
	» ×	2	0, 385	50	»	»	»	»	»
	» ×	3	0, 577	75	»	»	»	»	»
Aplatis....	» ×	3 1/2	0, 673	87	»	»	»	»	»
Bandelettes..	25 ×	4 1/2	0, 866	112	»	»	»	»	»
	» ×	6	1, 155	150	0,625	69	34	15	»
	» ×	7	1, 347	175	0,729	81	39	18	»
	» ×	9	1, 732	225	0,937	104	51	23	»
Platinés...	» ×	11	2, 117	275	1,146	127	62	28	»
	» ×	14	2, 695	350	1,458	162	79	35	»
	» ×	16	3, 080	400	1,666	185	90	40	»
Feuillards..	27 ×	1	0, 207	27	»	»	»	»	»
	» ×	1 1/2	0, 311	40	»	»	»	»	»
	» ×	2	0, 415	54	»	»	»	»	»
	» ×	3	0, 623	81	»	»	»	»	»
Aplatis....	» ×	3 1/2	0, 727	94	»	»	»	»	»
	» ×	4 1/2	0, 935	121	»	»	»	»	»
Bandelettes..	» ×	6	1, 247	162	»	»	»	»	»
	» ×	7	1, 455	189	0,850	94	46	21	»
Platinés...	» ×	9	1, 871	243	1,093	122	60	27	»
	» ×	11	2, 286	297	1,336	148	72	33	»
Maréchals...	» ×	14	2, 910	378	1,701	189	92	42	»
	» ×	16	3, 326	432	1,944	216	105	48	»
	» ×	18	3, 742	486	2,187	243	119	54	»
Feuillards..	29 ×	1	0, 223	29	»	»	»	»	»
	» ×	1 1/2	0, 335	43	»	»	»	»	»

Tableau des poids et de la résistance à la flexion des fers plats

Désignations commerciales	Dimensions en millimètres Largeur	Dimensions en millimètres Épaisseur	Poids du mètre courant	Surface de la section transversale en millimètres	$\frac{I}{V}$	Poids uniformément répartis dont on peut, avec sécurité, charger les barres mises de champ et reposant sur deux appuis placés à leurs extrémités, pour les portées de 0m,50	1m	2m	3m
Feuillards	29 ×	2	0,446	58	»	»	»	»	»
	» ×	3	0,669	87	»	»	»	»	»
Aplatis	» ×	3½	0,781	101	»	»	»	»	»
	» ×	4½	1,005	130	»	»	»	»	»
Bandelettes	» ×	6	1,340	174	»	»	»	»	»
	» ×	7	1,563	203	0,981	107k	53k	24k	»
Platinés	» ×	9	2,010	261	1,261	140	68	31	»
	» ×	11	2,456	319	1,542	171	84	38	»
Maréchals	» ×	14	3,126	406	1,962	218	106	48	»
	» ×	16	3,572	464	2,242	249	122	55	»
	» ×	18	4,019	522	2,523	280	137	62	»
Feuillards	32 ×	1	0,246	32	»	»	»	»	»
	» ×	1½	0,369	48	»	»	»	»	»
	» ×	2	0,493	64	»	»	»	»	»
	» ×	3	0,739	96	»	»	»	»	»
Aplatis	» ×	3½	0,862	112	»	»	»	»	»
	» ×	4½	1,109	144	»	»	»	»	»
Bandelettes	» ×	6	1,478	192	»	»	»	»	»
	» ×	7	1,724	224	1,194	»	»	»	»
Platinés	» ×	9	2,217	288	1,536	169	84	38	22k
	» ×	11	2,710	352	1,877	207	103	47	27
	» ×	14	3,430	448	2,389	262	130	60	34
Maréchals	» ×	16	3,942	512	2,730	300	149	72	39
	» ×	18	4,435	576	3,072	338	168	77	44
	» ×	20	4,928	640	3,413	375	186	86	49
Feuillards	34 ×	1	0,261	34	»	»	»	»	»
	» ×	1½	0,392	51	»	»	»	»	»
	» ×	2	0,523	68	»	»	»	»	»
	» ×	3	0,785	102	»	»	»	»	»
Aplatis	» ×	3½	0,916	119	»	»	»	»	»
	» ×	4½	1,178	153	»	»	»	»	»
Bandelettes	» ×	6	1,570	204	»	»	»	»	»
	» ×	7	1,832	238	1,348	»	73	34	19
Platinés	» ×	9	2,356	306	1,734	»	95	44	25
	» ×	11	2,880	374	2,119	»	116	54	31
	» ×	14	3,665	476	2,697	»	147	68	39
Maréchals	» ×	16	4,188	544	3,082	»	168	78	45
	» ×	18	4,712	612	3,468	»	190	88	50
	» ×	20	5,236	680	3,853	»	210	97	56
	» ×	23	6,021	782	4,431	»	242	112	64

Tableau des poids et de la résistance à la flexion des fers plats

Désignations commerciales	Dimensions en millimètres Largeur	Dimensions en millimètres Épaisseur	Poids du mètre courant	Surface de la section transversale en millimètres	$\dfrac{I}{V}$	Poids uniformément répartis dont on peut, avec sécurité, charger les barres mises de champ, et reposant sur deux appuis placés à leurs extrémités, pour les portées de 1m	2m	3m	4m
Feuillards	36	1	0k,277	36	»	»	»	»	»
	»	1 1/2	0,415	54	»	»	»	»	»
	»	2	0,554	72	»	»	»	»	»
	»	3	0,831	108	»	»	»	»	»
Aplatis	»	3 1/2	0,970	126	»	»	»	»	»
	»	4 1/2	1,247	162	»	»	»	»	»
Bandelettes	»	6	1,663	216	»	»	»	»	»
Platinés	»	7	1,940	252	0,972	53k	24k	14k	»
	»	9	2,495	324	1,944	106	49	29	»
	»	11	3,049	396	2,376	130	60	35	»
	»	14	3,880	504	3,024	165	77	45	»
	»	16	4,435	576	3,456	189	88	51	»
Maréchals	»	18	4,990	648	3,888	212	99	57	»
	»	20	5,544	720	4,320	236	110	64	»
	»	23	6,375	828	4,968	272	126	73	»
	»	25	6,930	900	5,400	296	138	80	»
Feuillards	40	1	0,308	40	»	»	»	»	»
	»	1 1/2	0,462	60	»	»	»	»	»
	»	2	0,616	80	»	»	»	»	»
	»	3	0,924	120	»	»	»	»	»
Aplatis	»	3 1/2	1,078	140	»	»	»	»	»
	»	4 1/2	1,380	180	»	»	»	»	»
Platinés	»	6	1,848	240	»	»	»	»	»
	»	7	2,156	280	1,866	102	48	28	»
	»	9	2,772	360	2,400	131	61	36	»
	»	11	3,388	440	2,933	161	76	45	»
	»	14	4,312	560	3,733	205	96	57	»
	»	16	4,928	640	4,266	234	110	64	»
Plats	»	18	5,544	720	4,800	263	123	72	»
	»	20	6,160	800	5,333	292	137	81	»
	»	23	7,084	920	6,133	336	157	93	»
	»	25	7,700	1 000	6,666	366	171	100	»
	»	27	8,316	1 080	7,200	395	185	108	»
Feuillards	45	2	0,693	90	»	»	»	»	»
	»	3	1,040	135	»	»	»	»	»
Aplatis	»	3 1/2	1,212	157	»	»	»	»	»
	»	4 1/2	1,559	202	»	»	»	»	»
Platinés	»	6	2,079	270	»	»	»	»	»
	»	7	2,425	315	2,362	130	61	37	23k

Tableau des poids et de la résistance à la flexion des fers plats

Désignations commerciales	Dimensions en millimètres		Poids du mètre courant	Surface de la section transversale en millimètres	$\frac{I}{V}$	Poids uniformément répartis dont on peut, avec sécurité, charger les barres mises de champ et reposant sur deux appuis placés à leurs extrémités, pour des portées de			
	Largeur	Épaisseur				1m	2m	3m	4m
Plats	45 × 9		3k,118	405	3,037	167k	79k	47k	30k
	» × 11		3, 811	495	3,712	204	96	58	41
	» × 14		4, 851	630	4,725	260	123	74	47
	» × 16		5, 544	720	5,400	297	140	84	53
	» × 18		6, 237	810	6,075	334	158	95	60
	» × 20		6, 930	900	6,750	371	175	105	66
	» × 23		7, 969	1 035	7,762	426	201	121	76
	» × 25		8, 662	1 125	8,437	464	219	131	83
	» × 27		9, 355	1 215	9,112	500	236	142	90
Feuillards . .	47 × 2		0, 723	94	»	»	»	»	»
	» × 3		1, 085	141	»	»	»	»	»
Aplatis . . .	» × 3½		1, 266	164	»	»	»	»	»
	» × 4½		1, 628	211	»	»	»	»	»
Platinés. . .	» × 6		2, 171	282	»	»	»	»	»
	» × 7		2, 533	329	2,577	141	67	40	26
	» × 9		3, 257	423	3,313	182	86	52	33
	» × 11		3, 980	517	4,067	222	105	63	40
	» × 14		5, 066	658	5,154	283	134	81	52
	» × 16		5, 790	752	5,890	324	153	92	59
Plats	» × 18		6, 514	846	6,627	365	172	104	66
	» × 20		7, 238	940	7,363	405	192	116	74
	» × 23		8, 323	1 081	8,468	466	220	133	85
	» × 25		9, 047	1 175	9,204	506	239	145	92
	» × 27		9, 771	1 269	9,940	546	258	155	100
Feuillards . .	50 × 2		0, 770	100	»	»	»	»	»
	» × 3		1, 155	150	»	»	»	»	»
Aplatis . . .	» × 3½		1, 347	175	»	»	»	»	»
	» × 4½		1, 732	225	»	»	»	»	»
Platinés. . .	» × 6		2, 310	300	»	»	»	»	»
	» × 7		2, 695	350	2,916	160	76	46	30
	» × 9		3, 465	450	3,750	206	98	59	38
	» × 11		4, 235	550	4,582	251	120	72	47
	» × 14		5, 390	700	5,383	321	152	93	60
	» × 16		6, 160	800	6,666	367	174	106	69
Plats	» × 18		6, 930	900	7,500	413	196	119	77
	» × 20		7, 700	1 000	8,333	459	218	132	86
	» × 23		8, 865	1 150	9,583	528	251	151	99
	» × 25		9, 625	1 250	10,416	573	273	164	108
	» × 27		10, 395	1 350	11,250	620	295	179	117

Tableau des poids et de la résistance à la flexion des fers plats

Désignations commerciales	Dimensions en millimètres (Largeur × Épaisseur)	Poids du mètre courant	Surface de la section transversale en millimètres	$\dfrac{1}{V}$	Poids uniformément répartis dont on peut, avec sécurité, charger les barres mises de champ et reposant sur deux appuis placés à leurs extrémités, pour les portées de				
					1m	2m	3m	4m	5m
Feuillards..	54 × 2	0k,831	108	»	»	»	»	»	»
	» × 3	1,247	162	»	»	»	»	»	»
Aplatis....	» × 3 1/2	1,455	189	»	»	»	»	»	»
	» × 4 1/2	1,871	243	»	»	»	»	»	»
Platinés...	» × 6	2,495	324	»	»	»	»	»	»
	» × 7	2,910	378	3,402	187k	89k	55k	36k	»
	» × 9	3,742	486	4,372	241	114	70	46	»
Plats.....	» × 11	4,573	594	5,346	289	139	84	56	»
	» × 14	5,821	756	6,804	375	179	110	72	»
	» × 16	6,652	864	7,776	428	204	125	82	»
	» × 18	7,484	972	8,748	482	229	140	92	»
	» × 20	8,316	1 080	9,720	536	254	155	102	»
Plats.....	» × 23	9,563	1 242	11,178	616	291	177	117	»
	» × 25	10,395	1 350	12,150	670	320	195	129	»
	» × 27	11,226	1 458	13,122	723	345	210	138	»
	» × 29	12,058	1 566	14,094	777	370	227	149	»
Aplatis....	61 × 3 1/2	1,644	213	»	»	»	»	»	»
	» × 4 1/2	2,113	274	»	»	»	»	»	»
Platinés...	» × 6	2,838	366	»	»	»	»	»	»
	» × 7	3,287	427	4,340	239	114	71	47	»
	» × 9	4,227	549	5,582	308	147	91	61	»
	» × 11	5,166	671	6,824	376	180	112	74	»
	» × 14	6,575	854	8,681	478	229	142	95	»
	» × 16	7,515	976	9,922	547	262	162	108	»
	» × 18	8,454	1 098	11,163	616	295	183	122	»
Plats.....	» × 20	9,394	1 220	12,403	684	328	204	136	»
	» × 23	10,803	1 403	14,264	788	377	235	157	»
	» × 25	11,742	1 525	15,504	856	410	256	171	»
	» × 27	12,681	1 647	16,744	924	443	274	185	»
	» × 29	13,621	1 769	17,985	995	477	295	198	»
	» × 32	15,030	1 952	19,845	1 105	530	328	220	»
Aplatis....	68 × 4 1/2	2,356	306	»	»	»	»	»	»
Platinés...	» × 7	3,665	476	5,395	298	163	89	60	42k
	» × 9	4,712	612	6,936	383	184	115	78	54
	» × 11	5,759	748	8,476	468	225	140	94	66
Plats.....	» × 14	7,330	952	10,790	597	287	179	121	84
	» × 16	8,377	1 088	12,330	683	329	205	139	96
	» × 18	9,424	1 224	13,872	766	369	230	156	108

Tableau des poids et de la résistance à la flexion des fers plats

Désignations commerciales	Dimensions en millimètres (Largeur × Épaisseur)	Poids du mètre courant	Surface de la section transversale en millimètres	$\dfrac{I}{V}$	Poids uniformément répartis dont on peut, avec sécurité, charger les barres mises de champ et reposant sur deux appuis placés à leurs extrémités, pour les portées de					
					1m	2m	3m	4m	5m	6m
Plats	68 × 20	10k,472	1 360	15,413	853k	410k	256k	173k	120k	»
	» × 23	12, 042	1 564	17,725	979	471	294	200	138	»
	» × 25	13, 090	1 700	19,266	1 065	513	320	217	150	»
	» × 27	14, 137	1 836	20,808	1 150	554	346	235	162	»
	» × 29	15, 184	1 972	22,350	1 236	595	372	252	174	»
	» × 32	16, 755	2 176	24,661	1 366	658	410	279	193	»
	» × 34	17, 802	2 312	26,202	1 450	698	436	295	204	»
Platinés	81 × 7	4, 365	567	7,655	424	206	129	89	63	»
	» × 9	5, 613	729	9,841	545	264	166	115	82	»
	» × 11	6, 860	891	12,028	666	322	203	140	100	»
	» × 14	8, 731	1 134	15,311	848	413	259	179	127	»
	» × 16	9, 979	1 296	17,500	970	470	296	205	146	»
	» × 18	11, 226	1 458	19,683	1 091	528	333	230	164	»
	» × 20	12, 474	1 620	21,870	1 212	587	371	256	182	»
Plats	» × 23	14, 345	1 863	25,150	1 394	676	426	295	210	»
	» × 25	15, 592	2 025	27,337	1 515	734	464	320	228	»
	» × 27	16, 839	2 187	29,524	1 637	793	500	346	246	»
	» × 29	18, 087	2 349	31,711	1 757	851	537	371	265	»
	» × 32	19, 958	2 592	35,000	1 940	940	593	410	292	»
	» × 34	21, 205	2 754	37,179	2 061	998	630	436	310	»
	» × 36	22, 453	2 916	39,366	2 182	1 057	667	461	329	»
	» × 40	24, 948	3 240	43,740	2 424	1 174	741	512	365	»
Platinés	108 × 7	5, 821	756	13,608	756	369	236	167	123	92k
	» × 9	7, 484	972	19,440	1 080	527	337	239	176	131
	» × 11	9, 147	1 188	21,384	1 188	580	371	262	193	144
	» × 14	11, 642	1 512	27,216	1 512	738	472	334	246	184
	» × 16	13, 305	1 728	38,104	1 728	844	540	382	281	210
	» × 18	14, 968	1 944	35,000	1 945	950	608	430	317	236
	» × 20	16, 632	2 160	38,880	2 160	1 055	675	478	352	263
Plats	» × 23	19, 126	2 484	44,712	2 484	1 213	776	549	404	302
	» × 25	20, 790	2 700	48,600	2 700	1 320	845	597	440	327
	» × 27	22, 453	2 916	52,488	2 917	1 424	912	645	475	354
	» × 29	24, 116	3 122	56,376	3 133	1 530	980	693	511	382
	» × 32	26, 611	3 456	62,208	3 457	1 688	1 081	764	563	421
	» × 34	28, 274	3 672	66,096	3 674	1 792	1 148	811	598	447
	» × 36	29, 937	3 888	70,000	3 890	1 900	1 216	860	634	473
	» × 38	31, 600	4 104	73,872	4 105	2 005	1 284	908	669	500

Tableau des poids et de la résistance à la flexion des fers plats

Désignations commerciales	Dimensions en millimètres		Poids du mètre courant	Surface de la section transversale en millimètres	$\dfrac{I}{V}$	Poids uniformément répartis dont on peut, avec sécurité, charger les barres mises de champ et reposant sur deux appuis placés à leurs extrémités, pour des portées de					
	Largeur	Épaisseur				1m	2m	3m	4m	5m	6m
Gros Plats.	108 × 40		33k,264	4 320	77,760	4 321k	2 111k	1 351k	956k	704k	527k
	» × 45		37, 422	4 860	87,480	4 861	2 374	1 522	1 076	794	594
	» × 50		41, 580	5 400	97,200	5 402	2 638	1 690	1 194	881	656
	140 × 11		11, 858	1 540	35,933	2 000	982	634	455	342	260
	» × 14		15, 092	1 960	45,732	2 545	1 250	807	579	437	336
	» × 16		17, 148	2 240	52,265	2 908	1 378	922	661	499	384
	» × 18		19, 404	2 520	58,800	3 273	1 607	1 039	745	561	432
	» × 20		21, 560	2 800	65,333	3 637	1 786	1 155	827	624	480
	» × 23		24, 794	3 220	73,598	4 096	1 962	1 301	934	706	549
	» × 25		26, 950	3 500	81,666	4 546	2 232	1 443	1 035	779	600
	» × 27		29, 106	3 780	88,198	4 908	2 360	1 556	1 116	841	644
	» × 29		31, 262	4 060	94,733	5 273	2 589	1 673	1 200	903	692
	» × 32		34, 496	4 480	104,530	5 816	2 756	1 844	1 322	998	768
	» × 34		36, 652	4 760	111,066	6 180	3 035	1 962	1 408	1 060	817
	» × 36		38, 808	5 040	117,600	6 547	3 215	2 079	1 491	1 123	865
	» × 40		43, 120	5 600	130,666	7 274	3 572	2 310	1 657	1 248	960
	» × 45		48, 510	6 300	147,000	8 183	4 019	2 598	1 864	1 403	1 081
	» × 50		53, 900	7 000	163,333	9 092	4 465	2 886	2 070	1 559	1 200
	160 × 15		18, 480	2 400	64,000	3 564	1 755	1 137	819	621	495
	» × 20		24, 640	3 200	85,333	4 752	2 340	1 516	1 092	828	660
	» × 25		30, 800	4 000	106,666	5 940	2 925	1 895	1 365	1 035	825
	» × 30		36, 960	4 800	127,999	7 128	3 510	2 274	1 638	1 242	990
	» × 35		43, 120	5 600	149,332	8 316	4 095	2 653	1 911	1 449	1 155
	» × 40		49, 280	6 400	170,666	9 508	4 680	3 038	2 193	1 665	1 298
	» × 45		55, 440	7 200	192,000	10 697	5 265	3 418	2 466	1 873	1 467
	» × 50		61, 600	8 000	213,333	11 885	5 849	3 797	2 739	2 079	1 651
	180 × 15		20, 790	2 700	81,000	4 515	2 226	1 449	1 050	801	630
	» × 20		27, 720	3 600	108,000	6 020	2 968	1 932	1 400	1 068	840
	» × 25		34, 650	4 500	135,000	7 525	3 710	2 415	1 750	1 335	1 050
	» × 30		41, 580	5 400	162,000	9 030	4 452	2 898	2 100	1 602	1 260
	» × 35		48, 510	6 300	189,000	10 535	5 194	3 381	2 450	1 869	1 470
	» × 40		55, 440	7 200	216,000	12 041	5 937	3 866	2 802	2 142	1 683
	» × 45		62, 370	8 100	243,000	13 456	6 679	4 349	3 153	2 409	1 894
	» × 50		69, 300	9 000	270,000	15 050	7 421	4 832	3 503	2 677	2 104

47. Résistance des fers à doubles T, ou à I. — Les diverses Forges qui fabriquent les fers à T double ou à I ont fait dresser des albums des profils de leur fabrication, pour en faciliter la vente, et la plupart ont ajouté des tableaux très bien établis, donnant pour chaque profil :

1° le poids par mètre en kilogrammes ;

2° la valeur $\frac{I}{V}$;

3° enfin, les charges de sécurité *uniformément réparties* que le fer peut porter, pour des distances de points d'appui variant de 2 à 8 ou 10 mètres, en travaillant à 6, 8 ou 10 kilogrammes.

Ces tableaux rendent dans la pratique de très grands services ; ils permettent de choisir de suite l'échantillon dont on a besoin, en évitant tout préliminaire.

Les tableaux suivants sont extraits de ces albums. Le premier, article 48, donne les résistances des fers à I ailes ordinaires les plus usuels, depuis 0,08 de hauteur jusqu'à 0,280. — Celui qui vient ensuite, art. 49, donne la résis- des fers à I à larges ailes, pour les échantillons dont on peut avoir le plus besoin, de 0,080 de hauteur jusqu'à 0,515.

Les profils qui ont été choisis viennent des Forges de Châtillon et Commentry et de la Providence. La plupart sont d'ailleurs exécutés dans les autres Forges.

Les fers s'obtiennent dans le commerce jusqu'à 7 ou 8 mètres de longueur sans plus value, de 0ᵐ25 en 0ᵐ25. Il y a une plus value de prix pour les longueurs plus grandes, et aussi pour les longueurs fixes. On peut obtenir les barres soit droites, soit avec une certaine flèche.

48. Poids et résistance à la flexion des fers à I AILES ORDINAIRES

NOTA. — Les profils de ce tableau sont ceux des Forges de Châtillon et Commentry.

Dimensions	Poids par mètre en kilogrammes	I/v	Coefficient de sécurité adopté	Charge de sécurité uniformément répartie sur une portée de (Dans ce tableau, il est tenu compte du poids propre du fer).							
				2m	2m,50	3m	4m	5m	6m	7m	8m
80 / 40 / 3.5 / 7 / 80	6k,500	19,703	6 / 8 / 10	459 / 617 / 775	362 / 488 / 759	295 / 400 / 505	210 / 289 / 368	156 / 219 / 282	118 / 171 / 224	89 / 134 / 179	66 / 105 / 145
80 / 45 / 10 / 7 / 80	11k,000	23,697	6 / 8 / 10	688 / 896 / 1 125	522 / 706 / 890	426 / 579 / 732	300 / 415 / 529	220 / 312 / 404	163 / 240 / 316	119 / 185 / 250	84 / 141 / 198
100 / 45 / 5 / 7 / 100	8k,250	31,859	6 / 8 / 10	747 / 1 002 / 1 257	590 / 794 / 998	484 / 654 / 824	349 / 476 / 604	265 / 367 / 469	205 / 290 / 375	161 / 234 / 307	125 / 188 / 252
100 / 48 / 10 / 7 / 100	12k,430	40,694	6 / 8 / 10	951 / 1 277 / 1 602	750 / 1 010 / 1 271	613 / 830 / 1 047	438 / 601 / 763	328 / 458 / 589	250 / 359 / 467	192 / 295 / 378	144 / 225 / 306
120 / 45 / 5 / 7 / 120	9k,500	43,433	6 / 8 / 10	1 023 / 1 370 / 1 718	809 / 1 087 / 1 365	665 / 897 / 1 129	463 / 656 / 830	368 / 507 / 646	290 / 406 / 522	230 / 330 / 429	184 / 271 / 358

255 386 517	265 387 509	378 561 744	368 527 636	495 731 968	567 810 1 053	756 091 1 426
328 478 628	320 469 608	478 687 897	450 632 814	623 893 1 164	692 969 1 247	931 1 313 1 696
421 595 769	412 555 738	604 848 1 092	554 766 979	785 1 100 1 416	850 1 173 1 497	1 153 1 600 2 046
542 751 960	522 717 912	772 1 065 1 358	696 951 1 205	1 001 1 379 1 748	1 064 1 452 1 840	1 432 1 988 2 523
716 977 1 238	681 925 1 169	1 013 1 379 1 745	900 1 218 1 536	1 312 1 785 2 258	1 375 1 860 2 346	1 884 2 554 3 224
994 1 342 1 691	938 1 263 1 528	1 400 1 888 2 376	1 232 1 657 2 081	1 811 2 442 3 073	1 880 2 527 3 174	2 585 3 578 4 371
1 211 1 629 2 047	1 139 1 529 1 919	1 702 2 288 2 872	1 494 2 003 2 512	2 203 2 960 3 717	2 278 3 054 3 831	3 136 4 207 5 278
1 534 2 056 2 578	1 438 1 926 2 414	2 153 2 885 3 618	1 883 2 519 3 156	2 775 3 731 4 677	2 871 3 844 4 812	3 956 5 295 6 634
6 8 10	6 8 10	6 8 10	6 8 10	6 8 10	6 8 10	6 8 10
05,333	60,978	91,330	79,385	118,262	124,315	167,400
17k,000	12k,500	21k,300	43k,000	26k,700	20k,000	31k,000
120	140	140	160	160	180	180

Poids et résistance à la flexion des fers à I à AILES ORDINAIRES

NOTA. — Les profils de ce tableau jusqu'à 0,220 sont ceux des Forges de Châtillon et Commentry ; les autres, des Forges de la Providence.

Dimensions	Poids par mètre en kilogrammes	$\dfrac{I}{V}$	Coefficient de densité	Charge de sécurité uniformément répartie sur une portée de (Dans ce tableau, il est tenu compte du poids propre du fer).							
				2m	2m,50	3m	4m	5m	6m	7m	8m
200	22k,500 à 23k,000	174,141	6	4 062	3 227	2 668	1 961	1 527	1 231	1 012	843
			8	5 429	4 322	3 591	2 646	2 075	1 787	1 403	1 185
			10	6 798	5 417	4 494	3 330	2 623	2 143	1 794	1 527
200	38k,000	225,111	6	5 326	4 227	3 487	2 550	1 970	1 573	1 277	1 047
			8	7 127	5 668	4 688	3 450	2 690	2 173	1 792	1 497
			10	8 928	7 108	5 889	4 350	3 410	2 773	2 107	1 947
220	25k,000	199,400	6	4 729	3 760	3 111	2 289	1 786	1 443	1 190	994
			8	6 322	5 034	4 173	3 085	2 423	1 974	1 645	1 392
			10	7 915	6 310	5 235	3 882	3 061	2 505	2 100	1 791
220	40k,000	265,180	6	6 362	5 031	4 122	2 971	2 345	1 881	1 538	1 270
			8	8 445	6 728	5 536	4 042	3 193	2 588	2 144	1 800
			10	10 667	8 425	6 951	5 093	4 042	3 295	2 750	2 331
250	28k,500	255,896	6	6 084	4 842	4 009	2 956	2 314	1 876	1 535	1 307
			8	8 132	6 480	5 374	3 980	3 133	2 558	2 140	1 819
			10	10 179	8 117	6 739	5 004	3 952	3 241	2 722	2 331

RÉSISTANCE DES FERS A I A AILES ORDINAIRES

7 225	5 747	4 755	3 501	2 734	2 211	1 826	1 528	6	304,136	37ᵏ,000
9 658	7 693	6 377	4 748	3 707	3 022	2 521	2 137	8		
12 091	9 646	8 000	5 934	4 681	3 833	3 216	2 745	10		
6 742	5 365	4 441	3 275	2 562	2 076	1 720	1 445	6	282,622	32ᵏ,000
9 011	7 180	5 954	4 409	3 470	2 833	2 369	2 012	8		
11 281	8 996	7 467	5 544	4 378	3 589	3 017	2 580	10		
8 341	6 633	5 487	4 038	3 151	2 545	2 100	1 755	6	351,225	44ᵏ,000
11 151	8 881	7 360	5 443	4 275	3 482	2 903	2 457	8		
13 960	11 128	9 233	6 848	5 399	4 418	3 705	3 160	10		
8 534	6 796	5 631	4 162	3 266	2 658	2 213	1 871	6	358,528	35ᵏ,000
11 402	9 091	7 543	5 596	4 414	3 614	3 032	2 588	8		
14 270	11 385	9 455	7 030	5 561	4 570	3 852	3 305	10		
9 683	7 706	6 382	4 709	3 688	2 993	2 483	2 090	6	407,128	44ᵏ,000
12 939	10 312	8 553	6 337	4 991	4 078	3 414	2 904	8		
16 197	12 918	10 724	7 966	6 294	5 164	4 344	3 719	10		
11 553	9 203	7 630	5 647	4 440	3 620	3 024	2 565	6	485,002	43ᵏ,500
15 433	12 307	10 216	7 587	5 993	4 913	4 133	3 535	8		
19 313	15 441	12 803	9 527	7 544	6 206	5 241	4 505	10		
13 920	11 082	9 180	6 780	5 316	4 320	3 591	3 030	6	584,994	60ᵏ,000
18 600	14 826	12 300	9 120	7 188	5 880	4 928	4 200	8		
23 280	18 570	15 420	11 460	9 060	7 440	6 265	5 370	10		

260	260	270	270	280	280

49. Poids et résistance à la flexion des fers à I à LARGES AILES

NOTA. — Extrait de l'album des Forges de la Providence, sauf les fers I 0,080 qui sont les profils du Creusot.

Dimensions	Poids par mètre en kilogrammes	$\dfrac{I}{V}$	Coefficient de sécurité	Charge de sécurité uniformément répartie sur une portée de : (Dans ce tableau, il est tenu compte du poids propre du fer).							
				2m	3m	4m	5m	6m	7m	8m	9m
80	7k,400	26,771	6 8 10	627 841 1 056	406 549 691	291 398 505	220 306 391	169 241 312	133 194 255	100 154 208	» » »
80	10k,030	32,132	6 8 10	749 1 006 1 263	482 653 824	343 471 599	255 358 461	193 277 354	145 210 292	107 172 236	» » »
100	10k,000	43,200	6 8 10	1 016 1 362 1 707	661 891 1 121	478 651 823	364 502 641	285 400 516	226 324 423	179 265 351	140 217 293
100	12k,500	49,860	6 8 10	1 171 1 570 1 969	760 1 026 1 292	548 747 947	416 576 735	323 456 589	254 368 482	199 298 398	153 242 331
120	13k,500	67,231	6 8 10	1 386 2 124 2 662	1 034 1 393 1 751	752 1 021 1 290	578 793 1 008	456 636 815	366 519 673	293 429 564	237 357 476

RÉSISTANCE DES FERS A I A LARGES AILES

260 399 539	420 614 808	457 680 903	602 870 1 138	668 979 1 290	580 833 1 087	662 961 1 260
330 487 644	519 729 947	564 815 1 066	726 1 027 1 329	815 1 165 1 515	695 980 1 265	800 1 136 1 473
416 595 774	622 871 1 121	695 981 1 268	877 1 223 1 567	994 1 394 1 794	837 1 163 1 489	970 1 354 1 739
522 731 941	764 1 055 1 346	862 1 197 1 531	1 072 1 475 1 877	1 224 1 691 2 158	1 020 1 400 1 781	1 188 1 637 2 085
666 917 1 168	957 1 306 1 653	1 086 1 487 1 889	1 336 1 819 2 301	1 533 2 094 2 654	1 268 1 725 2 181	1 483 2 021 2 559
871 1 185 1 499	1 237 1 673 2 110	1 414 1 913 2 414	1 720 2 323 2 927	1 984 2 684 3 385	1 631 2 201 2 771	1 913 2 585 3 258
1 202 1 620 2 039	1 691 2 273 2 855	1 936 2 605 3 274	2 346 3 151 3 955	2 713 3 647 4 581	2 221 2 981 3 742	2 611 3 508 4 404
1 847 2 475 3 103	2 582 3 455 4 328	2 693 3 967 4 970	3 575 4 782 5 989	4 145 5 546 6 947	3 382 4 522 5 663	3 982 5 327 6 672
6 8 10	6 8 10	6 8 10	6 8 10	6 8 10	6 8 10	6 8 10
78,450	109,105	125,438	150,861	175,162	142,384	168,105
17k,500	18k,000	23k,500	24k,500	29k,500	20k,000	26k,000
120	140	140	160	160	125	175

Poids et résistance à la flexion des fers à I à LARGES AILES.

NOTA. — Extrait de l'album des Forges de la Providence.

Dimensions	Poids par mètre en kilogrammes	I/v	Coefficient de sécurité	Charge de sécurité uniformément répartie sur une portée de : (Dans ce tableau, il est tenu compte du poids propre du fer.)							
				3m	4m	5m	6m	7m	8m	9m	10m
180	30k,000	220,177	6	3 432	2 522	1 963	1 581	1 299	1 081	904	756
			8	4 606	3 402	2 668	2 168	1 802	1 521	1 295	1 109
			10	5 781	4 283	3 372	2 755	2 306	1 961	1 687	1 461
180	40k,000	257,933	6	4 006	2 935	2 276	1 823	1 488	1 227	1 015	838
			8	5 382	3 967	3 101	2 511	2 078	1 743	1 474	1 250
			10	6 758	4 999	3 927	3 199	2 668	2 259	1 932	1 663
200	36k,000	308,330	6	4 825	3 556	2 780	2 250	1 862	1 562	1 320	1 120
			8	6 470	4 789	3 766	3 073	2 567	2 178	1 868	1 613
			10	8 113	6 023	4 753	3 893	3 129	2 795	2 416	2 106
200	45k,500	354,982	6	5 340	4 074	3 175	2 561	2 108	1 758	1 474	1 239
			8	7 433	5 494	4 311	3 507	2 919	2 468	2 105	1 807
			10	9 326	6 914	5 447	4 454	3 731	3 178	2 736	2 375
220	33k,000	299,836	6	4 697	3 465	2 713	2 200	1 824	1 534	1 301	1 109
			8	6 297	4 665	3 671	3 000	2 510	2 134	1 835	1 588
			10	7 895	5 864	4 631	3 799	3 495	2 734	2 367	2 068

RÉSISTANCE DES FERS A I A LARGES AILES

	220 / 41ᵏ,500 / 340,169	220 / 31ᵏ,000 / 281,880	220 / 43ᵏ,000 / 338,347	235 / 36ᵏ,000 / 324,046	235 / 45ᵏ,000 / 370,067	250 / 35ᵏ,500 / 350,635	250 / 47ᵏ,000 / 413,135
	1 218 / 1 762 / 2 306	1 042 / 1 493 / 1 944	1 194 / 1 735 / 2 277	1 193 / 1 713 / 2 232	1 326 / 1 918 / 2 510	1 328 / 1 888 / 2 449	1 513 / 2 174 / 2 835
	1 441 / 2 046 / 2 651	1 223 / 1 725 / 2 225	1 417 / 2 019 / 2 621	1 404 / 1 980 / 2 556	1 568 / 2 276 / 2 883	1 550 / 2 173 / 2 796	1 780 / 2 515 / 3 249
	1 709 / 2 389 / 3 070	1 442 / 2 006 / 2 570	1 686 / 2 363 / 3 040	1 636 / 2 304 / 2 952	1 860 / 2 600 / 3 340	1 819 / 2 520 / 3 222	2 103 / 2 929 / 3 756
	2 042 / 2 820 / 3 598	1 715 / 2 359 / 3 003	2 019 / 2 793 / 3 566	1 969 / 2 710 / 3 450	2 222 / 3 067 / 3 913	2 456 / 2 957 / 3 758	2 504 / 3 448 / 4 393
	2 472 / 3 379 / 4 287	2 068 / 2 820 / 3 571	2 449 / 3 350 / 4 254	2 376 / 3 240 / 4 104	2 690 / 3 676 / 4 663	2 592 / 3 526 / 4 461	3 023 / 4 125 / 5 227
	3 059 / 4 147 / 5 235	2 549 / 3 451 / 4 353	2 033 / 4 115 / 5 199	2 930 / 3 966 / 5 004	3 327 / 4 511 / 5 695	3 189 / 4 309 / 5 431	3 734 / 5 053 / 6 375
	3 916 / 5 277 / 6 638	3 257 / 4 383 / 5 512	3 889 / 5 242 / 6 596	3 744 / 5 040 / 6 336	4 260 / 5 740 / 7 220	4 065 / 5 467 / 6 870	4 770 / 6 423 / 8 076
	5 318 / 7 132 / 8 947	4 415 / 5 919 / 7 421	5 285 / 7 087 / 8 895	5 076 / 6 804 / 8 532	5 785 / 7 758 / 9 731	5 504 / 7 373 / 9 243	6 470 / 8 673 / 10 877
Longueurs (m)	6 / 8 / 10	6 / 8 / 10	6 / 8 / 10	6 / 8 / 10	6 / 8 / 10	6 / 8 / 10	6 / 8 / 10
	340,169	281,880	338,347	324,046	370,067	350,635	413,135
Poids	41ᵏ,500	31ᵏ,000	43ᵏ,000	36ᵏ,000	45ᵏ,000	35ᵏ,500	47ᵏ,000
Profil	220	220	220	235	235	250	250

Poids et résistance à la flexion des fers à I à LARGES AILES

NOTA. — Extrait de l'album des Forges de la Providence.

Dimensions	Poids par mètre en kilogrammes	$\dfrac{I}{v}$	Coefficient de sécurité	Charge de sécurité uniformément répartie sur une portée de (Dans ce tableau, le poids propre du fer est déduit).							
				3m	4m	5m	6m	7m	8m	9m	10m
250	43k,500	435,672	6	7 159	5 293	4 155	3 383	2 820	2 385	2 038	1 751
			8	9 389	7 115	5 613	4 598	3 861	3 296	2 848	2 480
			10	12 019	8 938	7 071	5 813	4 902	4 208	3 658	3 209
250	57k,000	528,589	6	8 286	6 115	4 789	3 886	3 223	2 715	2 306	1 967
			8	11 103	8 229	6 481	5 296	4 433	3 772	3 245	2 843
			10	13 928	10 344	8 171	6 706	5 642	4 830	4 185	3 658
260	45k,500	501,346	6	7 886	5 836	4 583	3 738	3 120	2 644	2 265	1 951
			8	10 560	7 840	6 191	5 075	4 266	3 647	3 156	2 754
			10	13 234	9 846	7 795	6 412	5 412	4 650	4 047	3 556
260	64k,000	602,721	6	9 452	6 977	5 466	4 438	3 685	3 104	2 638	2 253
			8	12 668	9 389	7 396	6 046	5 063	4 310	3 710	3 218
			10	15 882	11 800	9 324	7 653	6 441	5 516	4 782	4 182
260	54k,500	573,030	6	9 014	6 670	5 243	4 275	3 569	3 026	2 592	2 235
			8	12 070	8 962	7 077	5 804	4 878	4 172	3 611	3 152
			10	15 126	11 254	8 911	7 331	6 188	5 318	4 630	4 069

RÉSISTANCE DES FERS A I A LARGES AILES

Profil	Poids	—	6 / 8 / 10							
260 × 18 × 260	74ᵏ,000	670,746	2 509 / 3 582 / 4 656	2 928 / 4 130 / 5 323	3 456 / 4 798 / 6 139	4 102 / 5 635 / 7 168	4 940 / 6 728 / 8 317	6 083 / 8 229 / 10 377	7 765 / 10 448 / 13 131	10 519 / 14 096 / 17 673
300 × 20 × 285	56ᵏ,000	712,768	2 861 / 4 002 / 5 142	3 297 / 4 564 / 5 832	3 828 / 5 254 / 6 680	4 495 / 6 125 / 7 754	5 366 / 7 267 / 9 168	6 562 / 8 844 / 11 124	8 329 / 11 181 / 14 032	11 236 / 15 038 / 18 840
300 × 20 × 285	80ᵏ,000	862,768	3 341 / 4 722 / 6 102	3 881 / 5 415 / 6 949	4 536 / 6 262 / 7 988	5 356 / 7 328 / 9 300	6 422 / 8 523 / 11 022	7 882 / 10 644 / 13 402	10 033 / 13 485 / 16 936	13 564 / 18 166 / 22 764
300 × 18 × 285	54ᵏ,500	685,814	2 746 / 3 844 / 4 941	3 167 / 4 386 / 5 606	3 678 / 5 050 / 6 422	4 321 / 5 889 / 7 456	5 159 / 6 988 / 8 817	6 311 / 8 506 / 10 700	8 011 / 10 755 / 13 498	10 809 / 14 467 / 18 125
300 × 20 × 300	78ᵏ,000	833,814	3 231 / 4 569 / 5 906	3 755 / 5 241 / 6 727	4 390 / 6 062 / 7 734	5 185 / 7 093 / 9 006	6 200 / 8 447 / 10 676	7 633 / 10 308 / 12 982	9 717 / 13 061 / 16 404	13 138 / 17 895 / 22 054
350 × 18 × 340	73ᵏ,000	1 042,500	4 274 / 5 942 / 7 610	4 903 / 6 757 / 8 610	5 671 / 7 736 / 9 842	6 638 / 9 021 / 11 404	7 902 / 10 683 / 13 463	9 643 / 12 980 / 16 316	12 219 / 16 389 / 20 560	16 461 / 22 023 / 27 583
350 × 18 × 340	80ᵏ,000	1 163,000	4 702 / 6 566 / 8 430	5 412 / 7 483 / 9 554	6 278 / 8 608 / 10 938	7 365 / 10 023 / 12 691	8 786 / 11 892 / 15 000	10 739 / 14 467 / 18 195	13 624 / 18 284 / 22 944	18 373 / 24 585 / 30 800

112 CHAP. II. — RÉSISTANCE DU FER, DE L'ACIER ET DE LA FONTE

Poids et résistance à la flexion des fers à I à LARGES AILES

NOTA. — Extrait de l'album des Forges de la Providence

Dimensions	Poids par mètre en kilogrammes	I/v	Coefficient de sécurité	Charge de sécurité uniformément répartie sur une portée de (Dans ce tableau, le poids propre du fer est déduit).								
				3m	4m	5m	6m	7m	8m	9m	10m
355	78k,000	1 157,760	6	18 290	13 581	10 724	8 794	7 094	6 332	5 472	4 777
			8	24 466	18 213	14 430	11 882	10 039	8 638	7 534	6 630
			10	30 640	22 844	18 134	14 969	12 686	10 954	9 589	8 482
355	95k,000	1 283,785	6	20 255	15 025	11 849	9 700	8 138	6 942	5 991	5 212
			8	27 103	20 161	15 957	13 124	11 072	9 510	8 274	7 266
			10	33 949	25 296	20 065	16 547	14 007	12 078	10 556	9 320
400	83k,000	1 283,893	6	20 293	15 075	11 910	9 773	8 223	7 039	6 100	5 338
			8	27 139	20 210	16 018	13 196	11 157	9 607	8 382	7 386
			10	33 987	25 346	20 127	16 620	14 092	12 175	10 665	9 441
400	99k,000	1 417,225	6	22 377	16 610	13 140	10 743	9 025	7 711	6 667	5 812
			8	29 935	22 279	17 645	14 522	12 264	10 545	9 186	8 080
			10	37 495	27 948	22 180	18 302	15 503	13 380	11 706	10 347
406	87k,000	1 423,888	6	22 324	16 739	13 234	10 869	9 153	7 847	6 814	5 969
			8	30 115	22 434	17 791	14 666	12 409	10 695	9 342	8 243
			10	37 709	28 130	23 347	18 463	15 664	13 543	11 873	10 524

RÉSISTANCE DES FERS A I A LARGES AILES

403	109ᵏ,000	4 616,196	6 8 10	25 531 34 151 42 771	18 958 25 423 31 888	14 970 20 142 25 314	12 975 16 385 20 893	10 319 14 013 17 707	8 825 12 057 15 290	7 638 10 711 13 385	6 667 9 253 11 839
457	111ᵏ,000	2 038,600	6 8 10	32 291 43 157 54 029	24 024 32 173 40 333	19 019 25 539 32 062	15 646 21 079 26 515	13 204 17 861 22 521	11 346 15 420 19 500	9 875 13 497 17 121	8 678 11 937 15 198
457	136ᵏ,000	2 282,207	6 8 10	36 107 48 278 60 450	26 842 35 971 45 100	21 231 28 538 35 835	17 442 23 527 29 613	14 697 19 913 25 130	12 605 17 169 21 734	10 947 15 005 19 062	9 594 13 246 16 898
500	195ᵏ,000	4 064,076	6 8 10	64 440 86 115 107 790	47 989 64 245 80 501	38 040 51 045 64 050	31 342 42 180 53 017	26 503 35 792 45 081	22 824 30 952 39 080	19 920 27 143 34 370	17 557 24 060 30 562
500	234ᵏ,000	4 490,742	6 8 10	70 089 94 887 118 784	52 832 70 755 88 679	41 845 56 183 70 521	34 441 46 390 58 339	29 087 39 328 49 570	25 012 33 973 42 935	21 791 29 756 37 722	19 167 26 346 33 505
508	150ᵏ,000	3 007,200	6 8 10	47 665 63 703 79 744	35 486 47 515 59 544	28 119 37 742 47 365	23 157 31 177 39 193	19 570 26 444 33 318	16 843 22 857 28 872	14 688 20 034 25 380	12 934 17 746 22 557
515	210ᵏ,000	4 179,110	6 8 10	66 235 88 524 110 812	49 309 66 025 82 742	39 069 52 442 65 815	32 172 43 317 54 461	27 186 36 739 46 291	23 394 31 752 40 111	20 398 27 828 35 257	17 959 24 646 31 333

50. Résistance à la flexion des fers spéciaux en U, à simple T et cornières. — On se sert souvent dans les constructions de fers en U. Ils présentent, mis de champ, une résistance analogue à celle des fers à I, toutes les fois qu'ils sont maintenus par des assemblages convenables dans le plan de flexion et que l'on contrebalance ainsi l'effet de leur défaut de symétrie.

Dans nombre d'assemblages, ils sont préférables aux fers à I, à cause de l'avantage que présente leur face plane dans les juxtapositions. Leurs ailes ou tables sont plus ou moins larges, leurs résistances en dépendent. Les Forges font, presque toutes, les principaux modèles de fers en U; mais le Creusot en a établi une longue série qui correspond à tous les besoins de ce genre. C'est la série des profils du Creusot qui est indiquée dans le tableau, art. 51. Ce tableau donne, avec le poids par mètre courant, la valeur $\frac{I}{V}$ de chaque modèle, et aussi la charge de sécurité totale uniformément répartie, dont on peut charger les barres, pour des portées variables de $2^m,00$ à $8^m,00$. Le fer travaillant à 6, 8 ou 10 kilos par millimètre carré.

Le tableau suivant, art. 52, donne les poids et résistances des fers à T simple. Il indique pour chaque profil le poids en kilos par mètre courant, la valeur $\frac{I}{V}$, et enfin la charge de sécurité totale, uniformément répartie, dont on peut charger les barres pour des portées variables de $0^m,25$ à 6 mètres.

Le tableau qui vient ensuite, art. 53, donne les mêmes valeurs et indications pour les fers à T moulurés, que l'on nomme fers à vitrages, en raison de leur principale application aux châssis et surfaces vitrées.

Enfin, les tableaux des art. 54 et 55 sont composés de même pour les fers cornières, soit à branches égales soit à branches inégales. Pour tous ces derniers fers on a admis 7 kilos comme coefficient de sécurité. Le tableau de l'art. 56 est consacré aux fers Zorès.

51. Poids et résistance à la flexion des fers en U (Extrait de l'album du Creusot).

Dimensions en millimètres	Poids du mètre en kilogrammes	$\dfrac{I}{V}$	R	Charge de sécurité uniformément répartie pour des portées de (Dans ce tableau, le poids propre du fer est déduit).							
				2m	2m,50	3m	4m	5m	6m	7m	8m
80	6k,500	17,625	6	410	324	262	186	138	»	»	»
			8	551	435	357	256	193	»	»	»
			10	693	548	451	327	250	»	»	»
80	7k,300	21,398	6	498	422	320	226	168	»	»	»
			8	669	529	434	312	236	»	»	»
			10	840	646	548	397	305	»	»	»
100	10k,250	35,094	6	819	646	529	379	287	»	»	»
			8	1 100	871	719	519	396	»	»	»
			10	1 379	1 094	904	661	509	»	»	»
120	11k,500	48,300	6	1 136	898	737	533	405	»	»	»
			8	1 522	1 207	995	726	560	»	»	»
			10	1 909	1 516	1 253	920	714	»	»	»
120	16k,000	60,300	6	1 415	1 117	916	659	498	»	»	»
			8	1 897	1 503	1 238	900	691	»	»	»
			10	2 380	1 889	1 560	1 142	884	»	»	»
120	15k,000	63,100	6	1 484	1 173	964	697	530	»	»	»
			8	1 989	1 577	1 301	949	732	»	»	»
			10	2 494	1 981	1 637	1 202	934	»	»	»
120	16k,800	72,500	6	1 706	1 350	1 110	803	612	»	»	»
			8	2 286	1 814	1 496	1 093	844	»	»	»
			10	2 866	2 278	1 883	1 383	1 076	»	»	»
140	13k,000	67,800	6	1 601	1 268	1 045	761	585	464	»	»
			8	2 143	1 702	1 407	1 032	802	645	»	»
			10	2 686	2 136	1 769	1 304	1 019	826	»	»
140	16k,000	78,210	6	1 845	1 461	1 203	874	671	529	»	»
			8	2 471	1 962	1 620	1 187	921	738	»	»
			10	3 096	2 462	2 037	1 500	1 171	947	»	»
175	20k,000	121,800	6	2 883	2 288	1 888	1 381	1 069	854	695	570
			8	3 857	3 068	2 538	1 868	1 459	1 179	973	814
			10	4 832	3 847	3 188	2 356	1 848	1 504	1 252	1 058
175	27k,000	160,970	6	3 809	3 022	2 494	1 823	1 410	1 126	915	750
			8	5 097	4 053	3 353	2 467	1 925	1 555	1 283	1 072
			10	6 385	5 083	4 211	3 111	2 440	1 984	1 651	1 394

Poids et résistance à la flexion des fers en U (Extrait de l'album du Creusot).

Dimensions en millimètres	Poids par mètre en kilogrammes	$\dfrac{I}{V}$	R	Charge de sécurité uniformément répartie sur une portée de (Dans ce tableau, le poids propre du fer est déduit).							
				2m	2m,50	3m	4m	5m	6m	7m	8m
175 / 17 / 6½ / 175	34k,000	208,490	6	4 936	3 918	3 234	2 366	1 831	1 464	1 192	989
			8	6 604	5 252	4 346	3 200	2 499	2 020	1 668	1 396
			10	8 272	6 587	5 458	4 034	3 166	2 576	2 145	1 813
175 / 2 / 7½ / 175	19k,000	124,568	6	2 951	2 343	1 936	1 418	1 100	882	854	749
			8	3 948	3 140	2 600	1 917	1 500	1 214	1 138	1 081
			10	4 944	3 938	3 264	2 415	1 900	1 546	1 423	1 413
200 / 12 / 6½ / 200	25k,800	190,537	6	4 524	3 598	2 976	2 590	1 709	1 380	1 138	951
			8	6 049	4 817	3 972	2 952	2 312	1 888	1 574	1 332
			10	7 573	6 037	5 008	3 714	2 928	2 396	2 010	1 713
200 / 8 / 6½ / 200	23k,900	150,088	6	3 554	2 821	2 329	1 705	1 320	1 056	861	708
			8	4 754	3 782	3 129	2 305	1 801	1 456	1 204	1 008
			10	5 955	4 742	3 930	2 905	2 281	1 857	1 547	1 308
235 / 10 / 5½ / 235	27k,000	208,069	6	4 939	3 926	3 248	2 388	1 862	1 502	1 236	1 032
			8	6 604	5 658	4 357	3 221	2 528	2 057	1 712	1 448
			10	8 268	6 590	5 467	4 053	3 194	2 612	2 187	1 864
235 / 15 / 5½ / 235	36k,000	254,089	6	6 026	5 188	3 957	2 905	2 459	1 816	1 490	1 236
			8	8 058	6 414	5 312	3 921	3 072	2 494	2 071	1 744
			10	10 091	8 040	6 667	4 937	3 885	3 171	2 654	2 252
235 / 10 / 8½ / 235	33k,650	289,740	6	6 885	5 478	4 534	3 341	2 611	2 114	1 749	1 466
			8	9 203	7 332	6 079	4 500	3 538	2 886	2 411	2 046
			10	11 521	9 186	7 624	5 669	4 466	3 559	3 073	2 625
235 / 9½ / 235	42k,800	335,760	6	7 972	6 338	5 243	3 857	3 008	2 428	2 001	1 670
			8	10 658	8 487	7 033	5 200	4 082	3 323	2 769	2 342
			10	13 344	10 636	8 824	6 543	5 159	4 219	3 536	3 013
250 / 10 / 8½ / 250	32k,750	287,450	6	6 834	5 438	4 500	3 318	2 595	2 100	1 740	1 461
			8	9 133	7 278	6 033	4 468	3 515	2 866	2 397	2 036
			10	11 432	9 116	7 565	5 617	4 434	3 633	3 054	2 610
250 / 15 / 8½ / 250	42k,000	339,550	6	8 064	6 413	5 306	3 906	5 049	2 464	2 034	1 701
			8	10 780	8 586	7 116	5 264	4 135	3 369	2 810	2 380
			10	13 496	10 759	8 927	6 622	5 222	4 274	3 586	3 059
300 / 13 / 9½ / 300	46k,000	448,644	6	10 675	8 498	7 040	5 199	4 076	3 313	2 754	2 323
			8	14 264	11 370	9 433	6 994	5 512	4 509	3 779	3 221
			10	17 853	14 241	11 825	8 788	6 948	5 705	4 805	4 118

52. Poids et résistance à la flexion des fers à simple T

Extrait de l'album de M. Cartier

Dimensions en millimètres			Poids par mètre en kilogrammes	$\frac{I}{V}$	R Coefficient de sécurité	Charge de sécurité uniformément répartie sur une portée de							
Hauteur d'âme	Largeur de table	Épaisseur				0^m,35	0^m,50	1^m	2^m	3^m	4^m	5^m	6^m
15	15	3	0^k,600	0,160	7	36	18	8	»	»	»	»	»
20	17	3	0, 850	0,290	7	64	32	16	7	»	»	»	»
25	20	4	1, 200	0,580	7	128	64	31	14	»	»	»	»
30	25	5	1, 600	1,010	7	235	112	55	25	14	»	»	»
35	30	5	2, 100	1,440	7	322	160	79	36	21	12	»	»
40	35	6,5	3, 350	2,660	7	593	296	146	68	40	24	13	»
17	20	4	1, 100	0,280	7	63	31	15	»	»	»	»	»
17	23	4	1, 200	0,300	7	67	33	16	6	»	»	»	»
17	26	5	1, 400	0,350	7	78	39	18	7	»	»	»	»
26	24	5	1, 700	0,780	7	175	87	42	18	10	»	»	»
30	30	6	2, 250	1,300	7	291	145	71	32	18	9	»	»
40	30	6	2, 750	2,210	7	495	246	121	57	33	20	»	»
50	46	7	5, 000	4,220	7	944	470	231	108	64	39	22	»
60	55	8	6. 600	7,000	7	1 566	781	386	183	111	72	»	»
60	100	10	12, 400	9,220	7	2 060	1 026	504	238	136	80	41	»
65	55	10	9, 300	9,800	7	2 193	1 093	539	256	155	100	62	»
85	75	11	13, 000	19,500	7	4 365	2 178	1 079	520	325	220	150	104
89	75	11	15, 000	21,100	7	4 722	2 356	1 166	560	350	235	157	107
81	125	14	21, 300	23,000	7	»	»	1 267	602	367	238	148	88
75	125	13	19, 000	20,000	7	»	»	1 100	522	317	204	125	73
160	135	20	37, 000	116,000	7	»	»	6 459	3 174	2 058	1 476	1 091	862
90	170	13	24, 500	26,000	7	»	»	1 432	679	412	265	163	97
100	150	13	23, 150	31,000	7	»	»	1 740	836	520	349	235	156

53. Poids et résistance des fers à vitrages
Extrait de l'album de M. Cartier

Dimensions en millimètres	Poids du mètre en kilogr.	$\dfrac{I}{V}$	R	Poids uniformément réparti dont on peut charger les fers, pour les portées de (Dans ce tableau, le poids propre du fer est déduit).					
				0m,50	1m	2m	3m	4m	5m
18-27	1k,200	0,540	7	60	29	13	»	»	»
22-33	1,850	1,000	7	111	54	24	14	»	»
22-38	2,300	1,450	7	161	79	36	20	»	»
24-45	3,200	2,200	7	245	120	55	31	18	»
24-52	3,600	3,150	7	351	173	82	48	30	17
35-51 dit fer en croix	4,200	2,200	7	244	119	53	28	14	»
35-60 dit fer en croix	6,300	3,600	7	403	197	92	54	33	18

54. Poids et résistance à la flexion des cornières à branches égales

Extrait de l'album de M. Cartier.

Dimensions en millimètres			Poids par mètre courant en kilogrammes	$\dfrac{I}{V}$	Coefficient de sécurité	Charge de sécurité uniformément répartie, pour des portées de					
Hauteur	Largeur	Épaisseur				0m,50	1m	2m	3m	4m	5m	6m
20	20	4	1k,000	0,300	7	33	16	»	»	»	»	»
25	25	4	1,500	0,650	7	72	35	15	»	»	»	»
30	30	5	2,000	1,100	7	122	59	27	»	»	»	»
35	35	5	2,500	1,500	7	163	82	37	»	»	»	»
40	40	5	3,350	2,200	7	245	120	55	»	»	»	»
45	45	6	4,000	2,800	7	310	152	66	»	»	»	»
50	50	6	4,560	3,800	7	422	208	97	58	»	»	»
52	52	10	7,250	6,300	7	702	345	164	96	»	»	»
55	55	7 1/2	5,800	5,300	7	590	291	137	82	»	»	»
60	60	7 1/2	6,640	7,000	7	780	386	183	110	72	»	»
65	65	8 1/2	7,800	8,200	7	915	452	213	131	84	»	»
67	67	7	6,250	7,000	7	780	386	183	110	72	»	»
70	70	8 1/2	9,020	10,800	7	1 204	595	290	174	115	73	»
75	75	10	11,000	13,700	7	1 529	756	360	223	147	95	»
80	80	10	11,340	15,000	7	1 674	828	397	246	165	108	»
85	85	10 1/2	12,900	18,500	7	2 065	1 023	492	306	207	138	94
90	90	11	14,030	21,000	7	2 345	1 162	560	350	238	160	112
100	100	14	19,000	33,000	7	3 686	1 829	906	560	386	268	194
57	57	10	8,000	7,000	7	780	386	183	110	72	»	»
63	63	10	9,000	9,000	7	1 004	495	234	141	90	56	»
76	76	10	11,000	13,000	7	1 450	717	342	209	148	90	55
89	89	10	13,000	19,000	7	2 121	1 051	506	315	214	147	99
102	102	10	15,000	25,000	7	2 792	1 385	670	421	290	205	143
70	70	12	12,150	13,900	7	1 558	772	372	225	148	96	58
75	75	12	13,700	16,000	7	1 785	882	420	257	168	109	64
80	80	13 1/2	15,750	20,500	7	2 292	1 134	540	333	223	150	95
80	80	14	16,100	21,000	7	2 344	1 160	556	343	230	155	100
100	100	14	20,800	34,000	7	3 797	1 883	916	572	392	275	190
90	90	20	24,000	34,000	7	3 796	1 880	904	563	380	260	172

55. Poids et résistance à la flexion des cornières à branches inégales

Les quantités $\frac{I}{V}$ ainsi que les échantillons sont extraits de l'album de M. Cartier

Dimensions en millimètres			Poids par mètre courant en kilogrammes	$\frac{I}{V}$	Coefficient de sécurité	Charge de sécurité uniformément répartie pour une portée de : (Le fer travaillant à 7 kilos par millimètre carré)						
Branche verticale	Branche horizontale	Epaisseur				0m,50	1m	2m	3m	4m	5m	6m
20	13	3	0k,680	0,250	7	28	13	6	2	»	»	»
13	20	3	0, 680	0,110	7	12	5	2	»	»	»	»
25	15	3	0, 840	0,420	7	47	22	9	5	2	»	»
15	25	3	0, 840	0,160	7	18	8	3	1	»	»	»
30	16	3	0, 980	0,610	7	68	33	15	8	4	»	»
16	30	3	0, 980	0,190	7	21	9	3	»	»	»	»
35	18	4	1, 650	1,200	7	133	65	30	18	10	5	1
18	35	4	1, 650	0,350	7	38	18	6	2	»	»	»
40	18	5	2, 020	1,600	7	178	87	40	24	14	7	2
18	40	5	2, 020	0,380	7	41	19	6	1	»	»	»
50	45	7	5, 500	4,600	7	512	252	117	70	42	23	9
45	50	7	5, 500	3,800	7	422	207	95	55	31	15	2
54	40	6	4, 040	4,000	7	446	220	104	62	40	24	13
40	54	6	4, 040	2,300	7	255	124	56	30	16	5	»
54	40	7	4, 660	4,500	7	502	247	117	71	45	27	14
40	54	7	4, 660	2,600	7	288	140	63	25	18	6	»
55	45	7	4, 800	4,520	7	501	247	116	70	43	25	11
45	55	7	4, 800	3,200	7	355	174	79	44	24	10	»
63	50	10	8, 000	9,000	7	1 004	496	236	144	94	60	35
50	63	10	8, 000	5,900	7	656	322	149	86	50	26	6
70	35	5	3, 850	5,500	7	614	304	146	90	71	41	27
35	70	5	3, 850	1,600	7	177	85	36	17	6	»	»
76	63	10	10, 200	13,600	7	1 518	751	360	223	150	102	66
63	76	10	10, 200	9,650	7	1 070	527	248	149	96	47	29
80	50	5	5, 000	8,000	7	893	443	214	134	92	64	44
50	80	5	5, 000	3,300	7	366	179	82	46	26	11	»
80	50	7	6, 600	10,300	7	1 150	570	275	173	118	82	54
50	80	7	6, 600	4,400	7	489	240	110	63	35	16	1
83	76	10	11, 900	16,700	7	1 864	923	443	276	185	127	83
76	83	10	11, 900	14,200	7	1 584	783	373	229	150	99	60

Poids et résistance à la flexion des cornières à branches inégales

Les quantités $\frac{I}{V}$ ainsi que les échantillons sont extraits de l'album de M. Cartier

Dimensions en millimètres			Poids par mètre courant en kilogrammes	$\frac{I}{V}$	R	Charge de sécurité uniformément répartie pour une portée de : (Le fer travaillant à 7 kilos par millimètre carré)					
Hauteur verticale	Branche horizontale	Épaisseur				0m,50	1m	2m	3m	4m	5m	6m
89	76	10	12k,400	19,000	7	2 122	1 052	508	319	218	152	104
76	89	10	12, 400	14,350	7	1 601	791	387	231	152	99	61
90	70	9	10, 000	16,000	7	1 787	886	428	269	184	129	88
70	90	9	10, 000	10,000	7	1 115	550	260	157	100	62	33
100	65	13	15, 785	30,000	7	3 352	1 664	808	513	356	256	183
65	100	13	15, 785	13,000	7	1 448	712	332	195	118	65	24
100	80	12 1/2	15, 000	26,000	7	2 904	1 435	698	440	304	216	152
80	100	12 1/2	15, 000	17,000	7	1 896	937	446	272	178	115	68
102	51	11	12, 000	24,000	7	2 682	1 332	648	411	288	208	152
51	102	11	12, 000	6,000	7	666	324	144	76	36	7	»
102	76	11	14, 000	26,000	7	2 905	1 436	700	443	308	221	158
76	102	11	14, 000	15,000	7	1 673	826	392	238	154	98	55
110	65	11	13, 000	28,000	7	3 129	1 555	758	483	340	248	183
65	110	11	13, 000	10,000	7	1 113	547	254	148	88	47	15
120	80	15	22, 000	49,000	7	5 477	2 722	1 328	850	598	438	323
80	120	15	22, 000	22,000	7	2 508	1 238	586	353	227	141	73
120	80	13 1/2	19, 000	43,000	7	4 806	2 389	1 164	747	526	386	285
80	120	13 1/2	19, 000	19,500	7	2 173	1 073	508	307	197	122	62
120	90	15	23, 000	50,000	7	5 588	2 777	1 354	866	608	445	327
90	120	15	23, 000	29,000	7	3 236	1 601	766	472	314	209	132
127	76	13	19, 500	47,000	7	5 254	2 612	1 277	820	580	429	320
76	127	13	19, 500	18,000	7	2 008	988	465	278	174	104	50
140	70	11	20, 500	54,000	7	6 037	3 004	1 471	948	674	502	379
70	140	11	20, 500	15,000	7	1 669	820	379	219	128	66	16
150	70	14	21, 000	63,000	7	7 045	3 507	1 722	1 114	798	600	459
70	150	14	21, 000	15,000	7	1 669	719	378	217	126	63	13
177	76	13	25, 000	91,000	7	10 180	5 071	2 498	1 623	1 175	794	696
76	177	13	25, 000	19,000	7	2 116	1 039	482	280	166	87	26
200	110	15	34, 000	134,000	7	14 991	7 470	3 684	2 399	1 740	1 330	1 045
110	200	15	34, 000	45,000	7	5 023	2 486	1 192	739	494	334	214

56. Poids et résistance à la flexion des fers Zorès

Extrait de l'album des forges de Franche-Comté

Dimensions en millimètres	Poids du mètre courant	$\frac{I}{V}$	Coefficient de sécurité	Charge de sécurité uniformément répartie pour des portées de :							
				1ᵐ	2ᵐ	3ᵐ	4ᵐ	5ᵐ	6ᵐ	7ᵐ	8ᵐ
60	4ᵏ,000	6,961	6	334	167	111	»	»	»	»	»
			8	446	223	148					
			10	557	279	186					
80	6,000	14,559	6	699	349	233	»	»	»	»	»
			8	932	466	310					
			10	1 165	582	388					
80	7,000	18,797	6	902	451	301	226	»	»	»	»
			8	1 202	601	401	301				
			10	1 503	752	501	376				
110	11,100	38,279	6	»	919	612	459	367	»	»	»
			8		1 225	817	612	490			
			10		1 531	1 021	766	612			
120	15,500	60,047	6	»	1 431	954	715	572	477	»	»
			8		1 907	1 272	954	763	637		
			10		2 384	1 590	1 192	954	795		
140	22,000	89,086	6	»	2 138	1 425	1 069	855	713	611	»
			8		2 851	1 901	1 425	1 140	950	813	
			10		3 563	2 376	1 782	1 425	1 188	1 018	
160	25,000	135,393	6	»	3 249	2 166	1 625	1 300	1 083	928	»
			8		4 433	2 888	2 166	1 733	1 444	1 238	
			10		5 416	3 610	2 078	2 166	1 805	1 457	
180	32,000	183,080	6	»	4 394	2 929	2 197	1 758	1 465	1 255	1 098
			8		5 859	3 906	2 929	2 343	1 953	1 674	1 465
			10		7 323	4 882	3 662	2 929	2 441	2 092	1 831
200	39,500	301,199	6	»	7 229	4 819	3 614	2 892	2 410	2 065	1 807
			8		9 638	6 426	4 819	3 855	3 123	2 754	2 410
			10		12 048	8 032	6 024	4 189	4 016	3 442	3 012

57. Relation entre la valeur $\frac{I}{V}$ et les charges correspondant aux différentes portées.

— On a vu que l'on avait la relation : $\mu' = R \frac{I}{V}$

c'est-à-dire qu'en multipliant par R, coefficient de sécurité, la valeur $\frac{I}{V}$ on obtenait le moment de résistance.

Si on se met dans les conditions ordinaires de la pratique et si l'on considère une pièce de longueur l posée sur deux appuis de niveau, chargée d'un poids total P uniformément réparti, le moment fléchissant maximum,

$$\mu = \frac{Pl}{8},$$

sera égal au moment de résistance de la solive de section convenable qui donnera toute sécurité.

On aura donc : $\frac{Pl}{8} = R \frac{I}{V}$

$\frac{Pl}{8} = 7 \frac{I}{V}$, si 7 est le coefficient de sécurité choisi.

D'où $\qquad P = 56 \frac{I}{V} \times \frac{1}{l}.$

Le poids total de sécurité uniformément réparti, dont on pourra charger une barre, s'obtiendra en multipliant $\frac{I}{V}$ par 26 et divisant par la portée le produit obtenu.

Souvent les albums de fers donnent la seule valeur $\frac{I}{V}$; pour passer facilement sans calcul aux poids qui correspondent aux portées nous avons dressé le tableau suivant, art. 58.

Dans une première colonne se trouvent les valeurs successives de $\frac{I}{V}$, distantes d'abord de 0,10, puis d'une unité jusqu'à 100, puis de 100 en 100 jusqu'à 1000. La seconde colonne donne le chiffre 7, choisi comme coefficient de sécurité. Les suivantes, les charges de sécurité correspondant aux diverses portées. Avec ce tableau, on peut, étant données une charge et une portée, trouver la valeur correspondante de $\frac{I}{V}$ et réciproquement. Par de simples additions on obtient de suite les charges correspondant à un $\frac{I}{V}$ variant de 0,100 jusqu'à 1000.

58. Charge de sécurité uniformément répartie dont on peut charger des barres dont on connaît la valeur $\frac{I}{V}$.

(Poids du fer non déduit).

$\frac{I}{V}$	R de sécurité	Charge pour des portées de								
		0m,50	1m	2m	3m	4m	5m	6m	7m	8m	9m
0,100	7	11	5	2	1	1	1	»	»	»	»
0,200	7	22	11	5	3	2	2	»	»	»	»
0,300	7	33	16	8	5	4	3	»	»	»	»
0,400	7	44	22	11	7	5	4	»	»	»	»
0,500	7	55	28	14	9	7	5	»	»	»	»
0,600	7	66	33	16	10	8	6	»	»	»	»
0,700	7	78	39	19	12	9	7	»	»	»	»
0,800	7	89	44	22	14	11	8	»	»	»	»
0,900	7	100	50	25	16	12	10	»	»	»	»
1,000	7	112	56	28	18	14	11	9	8	7	6
2,000	7	224	112	56	37	28	22	18	16	14	12
3,000	7	336	168	84	56	42	33	27	24	21	18
4,000	7	448	224	112	74	56	44	37	32	28	24
5,000	7	560	280	140	93	70	56	46	40	35	31
6,000	7	672	336	168	112	84	67	55	48	42	36
7,000	7	784	392	196	130	98	78	65	56	49	42
8,000	7	896	448	224	149	112	89	74	64	56	49
9,000	7	1 008	504	252	168	126	100	83	72	63	55
10,000	7	1 120	560	280	187	140	112	93	80	70	62
11,000	7	1 232	616	308	205	154	123	102	88	77	68
12,000	7	1 344	672	336	224	168	134	111	96	84	74
13,000	7	1 456	728	364	243	182	145	120	104	91	80
14,000	7	1 568	784	392	261	196	156	130	112	98	86
15,000	7	1 680	840	420	280	210	168	139	120	105	93

Charge de sécurité uniformément répartie dont on peut charger des barres dont on connait la valeur $\frac{I}{V}$

(Poids du fer non déduit).

$\frac{I}{V}$	R de sécurité	Charge pour des portées de :								
		0m,50	1m	2m	3m	4m	5m	6m	7m	8m	9m
16,000	7	1 792	896	448	299	224	179	148	128	112	98
17,000	7	1 904	952	476	317	238	190	158	136	119	104
18,000	7	2 016	1 008	504	336	252	201	167	144	126	111
19,000	7	2 128	1 064	532	355	266	212	176	152	133	117
20,000	7	2 240	1 120	560	373	280	224	187	160	140	124
21,000	7	2 352	1 176	588	391	294	235	196	168	147	130
22,000	7	2 464	1 232	616	410	308	246	205	176	154	136
23,000	7	2 576	1 288	644	429	322	257	214	184	161	142
24,000	7	2 688	1 344	672	447	336	268	224	192	168	148
25,000	7	2 800	1 400	700	466	350	280	233	200	175	155
26,000	7	2 912	1 450	728	485	364	291	242	208	182	160
27,000	7	3 024	1 512	756	503	378	302	252	216	189	166
28,000	7	3 136	1 568	784	522	392	313	261	224	196	173
29,000	7	3 248	1 624	812	541	406	324	270	232	203	179
30,000	7	3 360	1 680	840	561	420	336	279	240	210	186
31,000	7	3 472	1 736	868	579	434	347	288	248	217	192
32,000	7	3 584	1 792	896	598	448	358	297	256	224	198
33,000	7	3 696	1 848	924	617	462	369	306	264	231	204
34,000	7	3 808	1 904	952	635	476	380	316	272	238	210
35,000	7	3 920	1 960	980	653	490	392	325	280	245	217
36,000	7	4 032	2 016	1 008	673	504	403	334	288	252	222
37,000	7	4 144	2 072	1 036	691	518	414	344	296	259	228
38,000	7	4 256	2 128	1 064	710	532	425	353	304	266	235
39,000	7	4 368	2 184	1 092	729	546	436	362	312	273	241

Charge de sécurité uniformément répartie dont on peut charger des barres dont on connait la valeur $\frac{I}{V}$

(Poids du fer non déduit)

$\frac{I}{V}$	R de sécurité	Charge pour des portées de:								
		0m,50	1m	2m	3m	4m	5m	6m	7m	8m	9m
40,000	7	4 480	2 240	1 120	748	560	448	372	320	280	248
41,000	7	4 592	2 296	1 148	766	574	459	381	328	287	254
42,000	7	4 704	2 352	1 176	785	588	470	390	336	294	260
43,000	7	4 816	2 408	1 204	804	602	481	399	344	301	266
44,000	7	4 928	2 464	1 232	822	616	492	409	352	308	272
45,000	7	5 040	2 520	1 260	841	630	504	418	360	315	279
46,000	7	5 152	2 576	1 288	860	644	515	427	368	322	284
47,000	7	5 264	2 632	1 316	878	658	526	437	376	329	290
48,000	7	5 376	2 688	1 344	897	672	537	446	384	336	297
49,000	7	5 488	2 744	1 372	916	686	548	455	392	343	303
50,000	7	5 600	2 800	1 400	935	700	560	465	400	350	310
51,000	7	5 712	2 856	1 428	953	714	571	474	408	357	316
52,000	7	5 824	2 912	1 456	972	728	582	483	416	364	322
53,000	7	5 936	2 968	1 484	991	742	593	492	424	371	328
54,000	7	6 048	3 024	1 512	1 009	756	604	502	432	378	334
55,000	7	6 160	3 080	1 540	1 028	770	616	511	440	385	341
56,000	7	6 272	3 136	1 568	1 047	784	627	520	448	392	346
57,000	7	6 384	3 192	1 596	1 065	798	638	530	456	399	352
58,000	7	6 496	3 248	1 624	1 084	812	649	539	464	406	359
59,000	7	6 608	3 305	1 652	1 103	826	660	548	472	413	365
60,000	7	6 720	3 360	1 680	1 121	840	672	558	480	420	372
61,000	7	6 832	3 416	1 708	1 139	854	683	567	488	427	378
62,000	7	6 944	3 472	1 736	1 158	868	694	576	496	434	384
63,000	7	7 056	3 528	1 764	1 177	882	705	585	504	441	390

Charge de sécurité uniformément répartie dont on peut charger des barres dont on connaît la valeur $\frac{I}{V}$

(Poids du fer non déduit)

$\frac{I}{V}$	R de sécurité	Charge pour des portées de :								
		0,m50	1m	2m	3m	4m	5m	6m	7m	8m	9m
64,000	7	7 168	3 584	1 792	1 195	896	716	595	512	448	396
65,000	7	7 280	3 640	1 820	1 214	910	728	604	520	455	403
66,000	7	7 392	3 696	1 848	1 233	924	739	613	528	462	408
67,000	7	7 504	3 752	1 876	1 251	938	750	623	536	469	414
68,000	7	7 616	3 808	1 904	1 270	952	761	632	544	476	421
69,000	7	7 728	3 864	1 932	1 289	966	772	641	552	483	427
70,000	7	7 840	3 920	1 960	1 309	980	784	651	560	490	434
71,000	7	7 952	3 976	1 988	1 327	994	795	660	568	497	440
72,000	7	8 064	4 032	2 016	1 346	1 008	806	669	576	504	446
73,000	7	8 176	4 088	2 044	1 365	1 022	817	678	584	511	452
74,000	7	8 288	4 144	2 072	1 383	1 036	828	688	592	518	458
75,000	7	8 400	4 200	2 100	1 402	1 050	840	697	600	525	465
76,000	7	8 532	4 256	2 128	1 421	1 064	851	706	608	532	470
77,000	7	8 624	4 312	2 156	1 439	1 078	862	716	616	539	476
78,000	7	8 736	4 368	2 184	1 458	1 092	873	725	624	546	483
79,000	7	8 848	4 424	2 212	1 477	1 106	884	734	632	553	489
80,000	7	8 960	4 480	2 240	1 492	1 120	896	744	640	560	496
81,000	7	9 072	4 536	2 268	1 510	1 134	907	753	648	567	502
82,000	7	9 184	4 592	2 296	1 529	1 148	918	762	656	574	508
83,000	7	9 296	4 648	2 324	1 548	1 162	929	771	664	581	514
84,000	7	9 408	4 704	2 352	1 566	1 176	940	781	672	588	520
85,000	7	9 520	4 760	2 380	1 585	1 190	952	790	680	595	527
86,000	7	9 632	4 816	2 408	1 604	1 204	963	799	688	602	532

Charge de sécurité uniformément répartie dont on peut charger des barres dont on connaît la valeur $\frac{I}{V}$

(Poids du fer non déduit).

$\frac{I}{V}$	R de sécurité	Charge pour des portées de :								
		0m,50	1m	2m	3m	4m	5m	6m	7m	8m	9m
87,000	7	9 744	4 872	2 436	1 622	1 218	974	809	696	609	53
88,000	7	9 856	4 928	2 464	1 641	1 232	985	818	704	616	54
89,000	7	9 968	4 984	2 492	1 660	1 246	996	827	712	623	55
90,000	7	10 080	5 040	2 520	1 680	1 260	908	837	720	630	55
91,000	7	10 192	5 096	2 548	1 698	1 274	919	846	728	637	56
92,000	7	10 304	5 152	2 576	1 717	1 288	930	855	736	644	57
93,000	7	10 416	5 208	2 604	1 736	1 302	941	864	744	651	57
94,000	7	10 528	5 264	2 632	1 754	1 316	952	874	752	658	58
95,000	7	10 540	5 320	2 660	1 773	1 330	964	883	760	665	58
96,000	7	10 752	5 376	2 688	1 792	1 344	975	892	768	672	59
97,000	7	10 864	5 432	2 716	1 810	1 358	986	902	776	679	60
98,000	7	10 976	5 488	2 744	1 829	1 372	997	911	784	686	60
99,000	7	11 088	5 544	2 772	1 848	1 386	1 008	920	792	693	61
100,000	7	11 200	5 600	2 800	1 866	1 400	1 120	933	800	700	62
200,000	7	22 400	11 200	5 600	3 732	2 800	2 240	1 866	1 600	1 400	1 24
300,000	7	33 600	16 800	8 400	5 598	4 200	3 360	2 800	2 400	2 100	1 86
400,000	7	44 800	22 400	11 200	7 464	5 600	4 480	3 733	3 200	2 800	2 48
500,000	7	56 000	28 000	14 000	9 330	7 000	5 600	4 666	4 000	3 500	3 11
600,000	7	67 200	33 600	16 800	11 196	8 400	6 720	5 598	4 800	4 200	3 73
700,000	7	78 400	39 200	19 600	13 062	9 800	7 840	6 533	5 600	4 900	4 35
800,000	7	89 600	44 800	22 400	14 928	11 200	8 960	7 466	6 400	5 600	4 97
900,000	7	100 800	50 400	25 200	16 794	12 600	9 080	8 399	7 200	6 300	5 59
1000,000	7	112 000	56 000	28 000	18 667	14 000	11 200	9 333	8 000	7 000	6 22

59. Des poutres en tôles et cornières. Manière de déterminer soit leur résistance, soit leurs dimensions. — Les profils des poutres en tôles et cornières peuvent varier bien plus que ceux des fers spéciaux, en raison des nombreuses manières de combiner leurs éléments.

Pour une hauteur de poutre, on peut faire varier :

1° l'épaisseur de l'âme ; 2° le choix des quatre cornières ; 3° l'épaisseur et la largeur des tables.

Il y aurait donc à chercher pour chaque combinaison la valeur de $\frac{I}{V}$ et à en déduire le moment de résistance, calcul toujours assez long. On a cherché à établir des tableaux donnant, pour quelques-unes de ces combinaisons, la résistance en raison de la portée ; mais leur nombre était nécessairement trop limité.

Le tableau suivant, art. 60, établi par la Société des houillères de Commentry et fonderies de Fourchambault (Boigues, Rambourg et Cie), sous la direction de M. Yvan Flachat, ingénieur, est très remarquable et de beaucoup supérieur à tous les autres tableaux tendant au même but. Il permet, comme on va le voir, d'essayer en quelques minutes une série de poutres satisfaisant à une donnée, et de choisir la plus avantageuse.

On doit toujours commencer par trouver le moment fléchissant maximum auquel la poutre doit résister, et on cherche une poutre dont le moment de résistance corresponde.

Le tableau, calculé en supposant que le fer travaille en ses fibres extrêmes à 6 kilos par millimètre carré, contient :

dans la 1re colonne la hauteur de la poutre en millimètres ;

dans la 2e, les dimensions des cornières possibles ;

dans la 3e, pour chaque échantillon de cornières, le moment de résistance de l'ensemble des quatre cornières placées aux deux rives de l'âme ;

dans la 4e, les épaisseurs de la tôle qui peut former l'âme ;

dans la 5e, le moment de résistance de l'âme ;

dans la 6e, les épaisseurs possibles des tables horizontales ;

dans la 7ᵉ, le moment de résistance des deux tables réunies, pour chacune des épaisseurs précédentes et par décimètre de largeur.

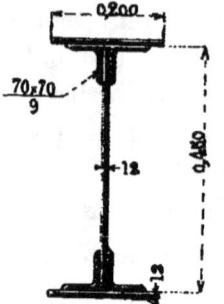

Fig. 38

En ajoutant les trois moments de résistance, on a le moment total de résistance de la poutre.

Trouver, au moyen du tableau de l'art. 60, le moment de résistance d'une poutre donnée :

Soit une poutre, dont la section est représentée par la *fig.* 38. On cherchera, dans la colonne intitulée *hauteur de poutre*, le chiffre 0,450, et dans les nombres de cet alinéa on trouvera les moments partiels suivants :

4 cornières $\dfrac{70 \times 70}{9}$	5 300
âme d'épaisseur 0,012	2 430
tables de 0,012 et pour un décimètre . . .	3 242
et pour le décimètre complémentaire . .	3 242
Moment de résistance total de la poutre . .	14 214

La poutre travaillera donc à 6 kilos lorsque son moment fléchissant maximum sera de 14, 214.

Trouver, au moyen du tableau de l'art. 60, une série de poutres correspondant à un moment fléchissant maximum donné. Soit à trouver une série de poutres correspondant à un moment fléchissant maximum de 12,500, par exemple.

Essayons une poutre de 0,300 de hauteur :

Une âme de 0,012 nous donnera	1,080	
et pèsera, le mètre		28ᵏ,800
4 cornières $\dfrac{90 \times 90}{10}$ auront un moment total de	1,377	
et pèsent, le mètre		54, 000 (¹)
2 tables de 0,020 d'épaisseur et 0,020 de		
A Reporter	5,457	82, 000

(¹) Voir pour les poids des cornières la fin du tableau, art. 60.

Reports.	5,457	82,000
largeur correspondent à	7,236	
et pèsent, le mètre.		64, 000
Cette poutre a un moment total de . . .	12,693	
Elle pèsera		146^k,800
plus un dixième pour rivets.		14, 680
Soit en tout.		161^k,480

Si l'on prend une poutre de 0,350 de hauteur on aura :

Une âme de 0,012 avec un moment de . .	1,470	
et un poids de		33^k,600
4 cornières $\dfrac{90 \times 90}{10}$	5,340	
et un poids de		64, 000
2 tables de 0,012 d'épaisseur et 0,200 de largeur	5,046	
et un poids de		38, 400
Cette poutre a un moment total de . . .	11,856	
Elle pèsera		136, 000
plus un dixième pour rivets.		13, 600
Soit en tout		149^k,000

Cherchons enfin pour une hauteur de 0,400 :

Une âme de 0,010 donne un moment de .	1,600	
et un poids de		32^k,000
4 cornières $\dfrac{80 \times 80}{9}$	5,189	
et un poids de		46, 000
2 tables de 0,012, de 0,200 de largeur . .	5,766	
et un poids de		38, 000
Cette poutre a un moment total de . . .	12.555	
Elle pèsera		113^k,000
plus un dixième pour rivets.		11, 600
Soit en tout		127^k,600

On aura donc à choisir entre ces trois poutres, suivant la hauteur dont on pourra disposer. On peut même, dans chaque hauteur, avoir plusieurs poutres satisfaisant à la question, en faisant varier les âmes, les cornières et les tables.

60. Moments de résistance des poutres en tôles et cornières

(Le fer travaille à 6 kil. par mill. carré). — Le poids du fer n'est pas déduit

Hauteur de la poutre en millimètres	4 Cornières		Ames		Tables horizontales	
	Dimensions	Moment de résistance	Épaisseur	Moment de résistance	Épaisseur	Moment de résistance par décimètre de largeur
200	$\frac{40,40}{5}$	712	1	40	1	120
	$\frac{50,50}{6}$	1 016	5	200	5	600
	$\frac{50,50}{9}$	1 438	6	240	6	720
	$\frac{60,60}{8}$	1 519	8	320	8	961
	$\frac{60,60}{10}$	1 832	10	400	10	1 203
	$\frac{70,70}{9}$	1 903	12	480	12	1 446
	$\frac{70,70}{12}$	2 412	15	600	15	1 811
	$\frac{80,80}{9}$	2 113			20	2 426
	$\frac{80,80}{14}$	3 032			22	2 674
	$\frac{90,90}{10}$	2 533			25	3 050
	$\frac{90,90}{16}$	3 689				
250	$\frac{40,40}{5}$	932	1	63	1	150
	$\frac{50,50}{6}$	1 342	5	312	5	750
	$\frac{50,50}{9}$	1 911	6	375	6	900
	$\frac{60,60}{8}$	2 029	8	500	8	1 201
	$\frac{60,60}{10}$	2 457	10	625	10	1 502
	$\frac{70,70}{9}$	2 560	12	750	12	1 805
	$\frac{70,70}{12}$	3 266	15	937	15	2 259

Moments de résistance des poutres en tôles et cornières

(Le fer travaille à 6 kil. par mill. carré). — Le poids du fer n'est pas déduit.

Hauteur de la poutre en millimètres	4 Cornières		Ames		Tables horizontales	
	Dimensions	Moment de résistance	Épaisseur	Moment de résistance	Épaisseur	Moment de résistance par décimètre de largeur
250	$\frac{80,80}{9}$	2 854			20	3 022
	$\frac{80,80}{14}$	4 141			22	3 328
	$\frac{90,90}{10}$	3 435			25	3 791
	$\frac{90,90}{16}$	5 072				
300	$\frac{40,40}{5}$	1 154	1	90	1	180
	$\frac{50,50}{6}$	1 672	5	450	5	900
	$\frac{50,50}{9}$	2 390	6	540	6	1 080
	$\frac{60,60}{8}$	2 548	8	720	8	1 441
	$\frac{60,60}{10}$	3 093	10	900	10	1 802
	$\frac{70,70}{9}$	3 239	12	1 080	12	2 164
	$\frac{70,70}{12}$	4 142	15	1 350	15	2 708
	$\frac{80,80}{9}$	3 620			20	3 618
	$\frac{80,80}{14}$	5 289			22	3 984
	$\frac{90,90}{10}$	4 377			25	4 535
	$\frac{90,90}{16}$	6 519			30	5 460
	$\frac{100,100}{13}$	5 982				
	$\frac{100,100}{17}$	7 472				
	$\frac{120,90}{15}$	7 649				

Moments de résistance des poutres en tôles et cornières

(Le fer travaille à 6 kil. par mill. carré). — Le poids du fer n'est pas déduit.

Hauteur de la poutre en millimètres	4 Cornières		Ames		Tables horizontales	
	Dimensions	Moment de résistance	Épaisseur	Moment de résistance	Épaisseur	Moment de résistance par décimètre de largeur
350	$\frac{40,40}{5}$	1 376	1	122	1	210
	$\frac{50,50}{6}$	2 005	5	612	5	1 050
	$\frac{50,50}{9}$	2 872	6	735	6	1 260
	$\frac{60,60}{8}$	3 072	8	980	8	1 684
	$\frac{60,60}{10}$	3 737	10	1 225	10	2 099
	$\frac{70,70}{9}$	3 917	12	1 470	12	2 523
	$\frac{70,70}{12}$	5 032	15	1 837	15	3 157
	$\frac{80,80}{9}$	4 400			20	4 216
	$\frac{80,80}{14}$	6 459			22	4 641
	$\frac{90,90}{10}$	5 340			25	5 281
	$\frac{90,90}{16}$	8 002			30	6 352
	$\frac{100,100}{13}$	7 340				
	$\frac{100,100}{17}$	9 206				
	$\frac{120,90}{15}$	9 318				
400	$\frac{40,40}{5}$	1 559	1	160	1	240
	$\frac{50,50}{6}$	2 399	5	800	5	1 200
	$\frac{50,50}{9}$	3 357	6	960	6	1 440
	$\frac{60,60}{8}$	3 599	8	1 280	8	1 920

Moments de résistance des poutres en tôles et cornières

(Le fer travaille à 6 kil. par mill. carré). — Le poids du fer n'est pas déduit.

Hauteur de la poutre en millimètres	4 Cornières		Ames		Tables horizontales	
	Dimensions	Moment de résistance	Épaisseur	Moment de résistance	Épaisseur	Moment de résistance par décimètre de largeur
400	$\frac{60,60}{10}$	4 384	10	1 600	10	2 401
	$\frac{70,70}{9}$	4 606	12	1 920	12	2 883
	$\frac{70,70}{12}$	5 929	15	2 400	15	3 606
	$\frac{80,80}{9}$	5 189			20	4 814
	$\frac{80,80}{14}$	7 644			22	5 299
	$\frac{90,90}{10}$	6 318			25	6 027
	$\frac{90,90}{16}$	9 051			30	7 246
	$\frac{100,100}{13}$	8 723				
	$\frac{100,100}{17}$	10 973				
	$\frac{120,90}{15}$	11 008				
450	$\frac{40,40}{5}$	1 823	1	202	1	270
	$\frac{50,50}{6}$	2 673	5	1 012	5	1 350
	$\frac{50,50}{9}$	3 843	6	1 215	6	1 620
	$\frac{60,60}{8}$	4 129	8	1 620	8	2 160
	$\frac{60,60}{10}$	5 034	10	2 025	10	2 701
	$\frac{70,70}{9}$	5 300	12	2 430	12	3 242
	$\frac{70,70}{12}$	6 832	15	3 037	15	4 055
	$\frac{80,80}{9}$	5 963			20	5 413

Moments de résistance des poutres en tôles et cornières

(Le fer travaille à 6 kil. par mill. carré). — Le poids du fer n'est pas déduit.

Hauteur de la poutre en millimètres	4 Cornières		Ames		Tables horizontales	
	Dimensions	Moment de résistance	Épaisseur	Moment de résistance	Épaisseur	Moment de résistance par décimètre de largeur
430	80,80 / 14	8 838			22	5 957
	90,90 / 10	7 306			25	6 775
	90,90 / 16	11 030			30	8 142
	100,100 / 13	10 125				
	100,100 / 17	12 762				
	120,90 / 15	12 713				
500	60,60 / 8	4 661	1	250	1	300
	60,60 / 10	5 686	5	1 250	5	1 500
	70,70 / 9	5 997	6	1 500	6	1 800
	70,70 / 12	7 739	8	2 000	8	2 400
	80,80 / 9	6 782	10	2 500	10	3 001
	80,80 / 14	10 038	12	3 000	12	3 602
	90,90 / 10	8 299	15	3 750	15	4 505
	90,90 / 16	12 561			20	6 011
	100,100 / 13	11 536			22	6 615
	100,100 / 17	14 567			25	7 522
	120,90 / 15	14 428			30	9 038
	125,125 / 13	13 977				

Moments de résistance des poutres en tôles et cornières

(Le fer travaille à 6 kil. par mill. carré). — Les poids du fer n'est pas déduit.

Hauteur de la poutre en millimètres	4 Cornières		Ames		Tables horizontales	
	Dimensions	Moment de résistance	Épaisseur	Moment de résistance	Épaisseur	Moment de résistance par décimètre de largeur
500	$\frac{125,125}{19}$	19 500				
550	$\frac{60,60}{8}$	5 193	1	302	1	320
	$\frac{60,60}{10}$	6 340	5	1 512	5	1 650
	$\frac{70,70}{9}$	6 695	6	1 815	6	1 980
	$\frac{70,70}{12}$	8 648	8	2 420	8	2 640
	$\frac{80,80}{9}$	7 584	10	3 025	10	3 301
	$\frac{80,80}{14}$	11 243	12	3 630	12	3 962
	$\frac{90,90}{10}$	9 928	15	4 537	15	4 957
	$\frac{90,90}{16}$	14 101			20	6 610
	$\frac{100,100}{13}$	12 955			22	7 274
	$\frac{100,100}{17}$	16 383			25	8 270
	$\frac{120,90}{15}$	16 150			30	9 935
	$\frac{125,125}{13}$	15 751				
	$\frac{125,125}{19}$	22 024				
600	$\frac{60,60}{8}$	5 726	1	360	1	360
	$\frac{60,60}{10}$	6 994	5	1 800	5	1 800
	$\frac{70,70}{9}$	7 395	6	2 160	6	2 160

Moments de résistance des poutres en tôles et cornières
(Le fer travaille à 6 kil. par mill. carré). — Le poids du fer n'est pas déduit.

Hauteur de la poutre en millimètres	4 Cornières		Ames		Tables horizontales	
	Dimensions	Moment de résistance	Épaisseur	Moment de résistance	Épaisseur	Moment de résistance par décimètre de largeur
600	$\frac{70,70}{12}$	9 559	8	2 880	8	2 880
	$\frac{80,80}{9}$	8 388	10	3 600	10	3 600
	$\frac{80,80}{14}$	12 451	12	4 320	12	4 320
	$\frac{90,90}{10}$	10 300	15	5 400	15	5 400
	$\frac{90,90}{16}$	15 646			20	7 210
	$\frac{100,100}{13}$	14 382			22	7 933
	$\frac{100,100}{17}$	18 207			25	9 019
	$\frac{120,90}{15}$	17 878			30	10 852
	$\frac{125,125}{13}$	17 537				
	$\frac{125,125}{19}$	24 566				
650	$\frac{60,60}{8}$	6 260	1	422	1	390
	$\frac{60,60}{10}$	7 650	5	2 112	5	1 950
	$\frac{70,70}{9}$	8 096	6	2 535	6	2 340
	$\frac{70,70}{12}$	10 472	8	3 380	8	3 120
	$\frac{80,80}{9}$	9 194	10	4 225	10	3 901
	$\frac{80,80}{14}$	13 663	12	5 070	12	4 682
	$\frac{90,90}{10}$	11 305	16	6 337	15	5 853
	$\frac{90,90}{16}$	17 196			20	7 809

Moments de résistance des poutres en tôles et cornières

(Le fer travaille à 6 kil. par mill. carré). — Le poids du fer n'est pas déduit.

Hauteur de la poutre en milimètres	4 Cornières		Ames		Tables horizontales	
	Dimensions	Moment de résistance	Épaisseur	Moment de résistance	Épaisseur	Moment de résistance par décimètre de largeur
650	$\frac{100,100}{13}$	15 813			22	8 592
	$\frac{100,100}{17}$	20 038			25	9 767
	$\frac{120,90}{15}$	19 609			30	11 730
	$\frac{125,125}{13}$	19 333				
	$\frac{125,125}{19}$	27 122				
700	$\frac{60,60}{8}$	6 956	1	490	1	419
	$\frac{60,60}{10}$	8 689	5	2 450	10	4 202
	$\frac{70,70}{9}$	9 052	6	2 940	12	5 044
	$\frac{70,70}{12}$	10 915	8	3 920	15	6 301
	$\frac{80,80}{9}$	10 292	10	4 900	18	7 566
	$\frac{80,80}{14}$	15 557	12	5 880	20	8 409
	$\frac{90,90}{16}$	19 609	15	7 350	22	9 251
	$\frac{100,100}{17}$	23 125			25	10 517
	$\frac{120,90}{15}$	21 310			28	11 770
	$\frac{125,125}{13}$	21 250			30	12 629
	$\frac{125,125}{19}$	25 760			40	16 865
750	$\frac{70,70}{9}$	9 680	1	562	1	450

Moments de résistance des poutres en tôles et cornières

(Le fer travaille à 6 kil. par mill. carré). — Le poids du fer n'est pas déduit.

Hauteur de la poutre en millimètres	4 Cornières		Ames		Tables horizontales	
	Dimensions	Moment de résistance	Épaisseur	Moment de résistance	Épaisseur	Moment de résistance par décimètre de largeur
750	70,70 / 12	11 420	5	2 812	10	4 501
	80,80 / 9	10 830	6	3 375	12	5 420
	80,80 / 14	16 090	8	4 500	15	6 754
	90,90 / 10	13 330	10	5 625	18	8 106
	90,90 / 16	20 500	12	6 750	20	9 008
	100,100 / 13	19 520	15	8 437	22	9 911
	100,100 / 17	23 750			25	11 350
	120,90 / 15	23 040			28	12 621
	125,125 / 13	23 030			30	13 526
	125,125 / 19	32 410			40	18 061
800	70,70 / 9	10 204	1	640	1	480
	80,80 / 9	11 619	5	3 200	12	5 761
	80,80 / 14	17 308	6	3 840	15	7 203
	90,90 / 10	14 331	8	5 120	18	8 645
	90,90 / 16	21 864	10	6 400	20	9 607
	100,100 / 13	20 128	12	7 680	22	10 570
	100,100 / 17	25 558	15	4 680	25	12 014
	120,90 / 15	24 822			28	13 460

Moments de résistance des poutres en tôles et cornières

(Le fer travaille à 6 kil. par mill. carré). — Le poids du fer n'est pas déduit.

Hauteur de la poutre en millimètres	4 Cornières		Ames		Tables horizontales	
	Dimensions	Moment de résistance	Epaisseur	Moment de résistance	Epaisseur	Moment de résistance par décimètre de largeur
800	$\dfrac{125,125}{13}$	24 721			30	14 425
	$\dfrac{125,125}{19}$	34 847			40	19 258
850	$\dfrac{70,70}{9}$	10 908	4	722	4	510
	$\dfrac{80,80}{9}$	12 429	5	3 612	12	6 121
	$\dfrac{80,80}{14}$	18 525	6	4 335	15	7 653
	$\dfrac{90,90}{10}$	15 342	8	5 780	18	9 185
	$\dfrac{90,90}{16}$	23 425	10	7 225	20	10 207
	$\dfrac{100,100}{13}$	21 571	12	8 670	22	11 229
	$\dfrac{100,100}{17}$	27 404	15	10 837	25	12 763
	$\dfrac{120,90}{15}$	26 564			28	14 299
	$\dfrac{125,125}{13}$	26 579			30	15 323
	$\dfrac{125,125}{19}$	37 436			40	20 455
900	$\dfrac{80,80}{9}$	13 239	4	810	4	540
	$\dfrac{80,80}{14}$	19 744	5	4 050	12	6 481
	$\dfrac{90,90}{10}$	16 357	6	4 860	15	8 102
	$\dfrac{90,90}{16}$	24 986	8	6 480	18	9 724
	$\dfrac{100,100}{13}$	23 016	10	8 100	20	10 106

Moments de résistance des poutres en tôles et cornières

(Le fer travaille à 6 kil. par mill. carré.) — Le poids du fer n'est pas déduit.

Hauteur de la poutre en millimètres	4 Cornières		Ames		Tables	
	Dimensions	Moment de résistance	Épaisseur	Moment de résistance	Épaisseur	Moment de résistance par décimètre de largeur
900	$\frac{100,100}{17}$	29 252	12	9 720	22	11 889
	$\frac{120,90}{15}$	28 307	15	12 150	25	13 513
	$\frac{125,125}{13}$	28 402			28	15 138
	$\frac{125,125}{19}$	40 030			30	16 222
					40	21 652
950	$\frac{80,80}{9}$	14 050	1	902	1	570
	$\frac{80,80}{14}$	20 954	5	4 512	12	6 841
	$\frac{90,90}{10}$	17 368	6	5 415	15	8 552
	$\frac{90,90}{16}$	26 550	8	7 220	18	10 264
	$\frac{100,100}{13}$	24 462	10	9 025	20	11 406
	$\frac{100,100}{17}$	31 102	12	10 830	22	12 548
	$\frac{120,90}{15}$	30 052	15	13 537	25	14 262
	$\frac{125,125}{13}$	30 225			28	15 977
	$\frac{125,125}{19}$	42 628			30	17 121
					40	22 849
1 000	$\frac{80,80}{9}$	14 862	1	1 000	1	600
	$\frac{80,80}{14}$	22 184	5	5 000	12	7 201

Moments de résistance des poutres en tôles et cornières

(Le fer travaille à 6 kil. par mill. carré). — Le poids du fer n'est pas déduit.

Hauteur de la poutre en millimètres	4 Cornières		Ames		Tables horizontales	
	Dimensions	Moment de résistance	Epaisseur	Moment de résistance	Epaisseur	Moment de résistance par décimètre de largeur
1 000	90,90 / 10	18 381	6	6 000	15	9 002
	90,90 / 16	28 114	8	8 000	18	10 804
	100,100 / 13	25 910	10	10 000	20	12 006
	100,100 / 17	32 954	12	12 000	22	13 208
	120,90 / 15	31 797	15	15 000	25	15 011
	125,125 / 13	32 052			28	16 816
	125,125 / 19	45 229			30	18 020
					40	24 047
1 050	80,80 / 9	15 673	1	1 102	1	630
	80,80 / 14	23 405	5	5 512	12	7 561
	90,90 / 10	19 396	6	6 615	15	9 452
	90,90 / 16	29 679	8	8 820	18	11 344
	100,100 / 13	27 358	10	11 025	20	12 605
	100,100 / 17	34 808	12	13 230	22	13 867
	120,90 / 15	33 544	15	16 537	25	15 761
	125,125 / 13	33 881			28	17 655
	125,125 / 19	47 834			30	18 919
					40	25 245

Moments de résiséance des poutres en toles et cornières

(Le fer travaille à 6 kil. par mill. carré). — Le poids du fer n'est pas déduit

Hauteur de la poutre en millimètres	4 Cornières		Âmes		Tables horizontales	
	Dimensions	Moment de résistance	Épaisseur	Moment de résistance	Épaisseur	Moment de résistance par décimètre de largeur
1 100	60,60 / 8	11 081	4	1 210	1	660
	80,80 / 9	16 486	5	6 050	12	7 921
	80,80 / 14	24 626	6	7 260	15	9 902
	90,90 / 10	20 411	8	9 680	18	11 894
	90,90 / 16	31 245	10	12 100	20	13 205
	100,100 / 13	28 808	12	14 520	22	14 527
	100,100 / 17	36 662	15	18 150	25	16 510
	120,90 / 15	35 291			28	18 495
	125,125 / 13	35 712			30	19 818
	125,125 / 19	50 441			40	26 443
1 150	80,80 / 9	17 298	1	1 322	1	692
	80,80 / 14	25 848	5	6 612	12	8 281
	90,90 / 10	21 426	6	7 935	15	10 352
	90,90 / 16	32 812	8	10 580	18	12 423
	100,100 / 13	30 258	10	13 225	20	13 805
	100,100 / 17	38 518	12	15 870	22	15 187
	120,90 / 15	37 039	15	19 837	25	17 260

Moments de résistance des poutres en tôles et cornières

(Le fer travaille à 6 kil. par mill. carré). — Le poids du fer n'est pas déduit.

Hauteur de la poutre en millimètres	4 Cornières		Ames		Tables horizontales	
	Dimensions	Moment de résistance	Epaisseur	Moment de résistance	Epaisseur	Moment de résistance par décimètre de largeur
1 150	125,125 / 13	37 545			28	19 334
	125,125 / 19	53 051			30	20 717
					40	27 641
1 200	90,90 / 10	22 442	1	1 440	1	720
	90,90 / 16	34 380	5	7 200	12	8 641
	100,100 / 13	31 709	6	8 640	15	10 802
	100,100 / 17	40 374	8	11 520	18	12 963
	120,90 / 15	38 787	10	14 400	20	14 405
	125,125 / 13	39 378	12	17 280	22	15 846
	125,125 / 19	55 602	15	21 600	25	18 010
	160,140 / 14	50 902			28	20 173
	200,110 / 15	58 639			30	21 617
					40	28 840
1 250	90,90 / 10	23 458	1	1 562	1	750
	90,90 / 16	35 948	5	7 812	12	9 001
	100,100 / 13	33 160	6	9 375	15	11 252
	100,100 / 17	42 232	8	12 500	18	13 503
	120,90 / 15	40 536	10	15 625	20	15 004

Moments de résistance des poutres en tôles et cornières

(Le fer travaille à 6 kil. par mill. carré). — Le poids du fer n'est pas déduit.

Hauteur de la poutre en millimètres	4 Cornières		Ames		Tables horizontales	
	Dimensions	Moment de résistance	Epaisseur	Moment de résistance	Epaisseur	Moment de résistance par décimètre de largeur
1 250	$\frac{125,125}{13}$	41 213	12	18 750	22	16 506
	$\frac{125,125}{19}$	58 275	15	23 437	25	18 759
	$\frac{160,140}{14}$	53 284			28	21 013
	$\frac{200,110}{15}$	61 283			30	22 516
					40	30 038
1 300	$\frac{90,90}{10}$	24 474	1	1 690	1	780
	$\frac{90,90}{16}$	37 516	5	8 450	12	9 361
	$\frac{100,100}{13}$	34 613	6	10 140	15	11 702
	$\frac{100,100}{17}$	44 090	8	13 520	18	14 043
	$\frac{120,90}{15}$	42 285	10	16 900	20	15 604
	$\frac{125,125}{13}$	43 049	12	20 280	22	17 166
	$\frac{125,125}{19}$	60 890	15	25 350	25	19 509
	$\frac{160,140}{14}$	55 667			28	21 852
	$\frac{200,110}{15}$	63 928			30	23 415
					40	31 237
1 350	$\frac{90,90}{10}$	25 491	1	1 822	1	810
	$\frac{90,90}{16}$	39 085	5	9 112	12	9 721

POUTRES COMPOSÉES

Moments de résistance des poutres en tôles et cornières
(Le fer travaille à 6 kil. par mill. carré). — Le poids du fer n'est pas déduit.

Hauteur de la poutre en millimètres	4 Cornières		Ames		Tables horizontales	
	Dimensions	Moment de résistance	Épaisseur	Moment de résistance	Épaisseur	Moment de résistance par décimètre de largeur
1 350	$\frac{100,100}{13}$	36 065	6	10 935	15	12 151
	$\frac{100,100}{17}$	45 948	8	14 580	18	14 584
	$\frac{120,90}{15}$	44 035	10	18 225	20	16 204
	$\frac{125,125}{13}$	44 886	12	21 870	22	17 826
	$\frac{125,125}{19}$	63 506	15	27 337	25	20 258
	$\frac{160,140}{14}$	58 032			28	22 692
	$\frac{200,110}{15}$	66 574			30	24 315
					40	32 435
1 400	$\frac{80,80}{9}$	21 364	4	7 960	4	8 40
	$\frac{90,90}{10}$	26 508	5	9 800	15	12 601
	$\frac{90,90}{16}$	40 654	6	11 760	18	15 123
	$\frac{100,100}{13}$	37 518	8	15 680	20	16 804
	$\frac{100,100}{17}$	47 808	10	19 600	22	18 485
	$\frac{125,125}{13}$	46 724	12	23 520	25	21 008
	$\frac{125,125}{12}$	66 124	15	29 400	28	23 532
	$\frac{160,140}{14}$	60 438			30	25 214
	$\frac{200,110}{15}$	69 220			40	33 634

Moments de résistance des poutres en tôles et cornières

(Le fer travaille à 6 kil. par mill. carré). — Le poids du fer n'est pas déduit.

Hauteur de la poutre en millimètres	4 Cornières		Ames		Tables horizontales	
	Dimensions	Moment de résistance	Épaisseur	Moment de résistance	Épaisseur	Moment de résistance par décimètre de largeur
1 450	90,90/10	27 525	1	2 102	1	870
	90,90/13	42 224	5	10 512	15	1 351
	100,100/13	38 972	6	12 615	18	15 663
	100,100/17	49 667	8	16 820	20	17 404
	125,125/13	48 563	10	21 025	22	19 145
	125,125/19	68 742	12	25 230	25	21 758
	160,140/14	62 825	15	31 537	28	24 371
	200,110/15	71 867			30	26 114
					40	34 833
1 500	80,80/9	22 991	1	2 250	1	900
	90,90/10	28 542	5	11 250	15	13 501
	90,90/16	43 794	6	13 500	18	16 203
	100,100/13	40 425	8	18 000	20	18 004
	100,100/17	51 527	10	22 500	22	19 805
	125,125/13	50 402	12	27 000	25	22 508
	125,125/19	71 862	15	33 750	28	25 211
	160,140/14	63 213			30	27 013
	200,110/15	75 514			40	36 032

Moments de résistance des poutres en tôles et cornières

(Le fer travaille à 6 kil. par mill. carré.). — Le poids du fer n'est pas déduit.

Hauteur de la poutre en millimètres	4 Cornières		Ames		Tables horizontales	
	Dimensions	Moment de résistance	Épaisseur	Moment de résistance	Épaisseur	Moment de résistance par décimètre de largeur
1 550	90,90 / 10	29 560	4	2 402	4	930
	90,90 / 16	45 364	5	12 012	15	13 951
	100,100 / 13	41 879	6	14 415	18	16 742
	100,100 / 17	53 388	8	19 220	20	18 604
	125,125 / 13	52 241	10	24 025	22	20 465
	125,125 / 19	73 982	12	28 830	25	23 257
	160,140 / 14	67 602	15	36 037	28	26 050
	200,110 / 15	77 162			30	27 913
					40	37 231
1 600	90,90 / 10	30 577	4	2 560	4	960
	90,90 / 15	46 935	5	12 800	15	14 401
	100,100 / 13	43 334	6	15 360	18	17 282
	100,100 / 17	55 249	8	20 480	20	19 203
	125,125 / 13	54 082	10	25 600	22	21 125
	125,125 / 19	76 603	12	30 720	25	24 007
	160,140 / 14	69 992	15	38 400	28	26 890
	200,110 / 15	79 810			30	28 813
					40	38 430

Moments de résistance des poutres en tôles et cornières
(Le fer travaille à 6 kil. par mill. carré). — Le poids du fer n'est pas déduit.

Hauteur de la poutre en millimètres	4 Cornières		Ames		Tables horizontales	
	Dimensions	Moment de résistance	Épaisseur	Moment de résistance	Épaisseur	Moment de résistance
1 650	90,90 / 10	31 595	1	2 722	1	990
	90,90 / 16	48 506	5	13 612	15	14 851
	100,100 / 13	44 788	6	16 335	18	17 822
	100,100 / 17	57 110	8	21 780	20	19 803
	125,125 / 13	55 923	10	27 225	22	21 785
	125,125 / 19	79 225	12	32 670	25	24 757
	160,140 / 14	72 383	15	40 837	28	27 730
	200,110 / 15	82 459			30	29 712
					40	39 629
1 700	70,70 / 9	22 860	1	2 890	1	1 020
	90,90 / 10	32 613	5	14 450	15	15 301
	90,90 / 16	50 077	6	17 340	18	18 362
	100,100 / 13	46 243	8	23 120	20	20 403
	100,100 / 17	58 972	10	28 900	22	22 444
	125,125 / 13	57 764	12	34 680	25	25 507
	125,125 / 19	81 848	15	43 350	28	28 570
	160,140 / 14	74 774			30	30 612
	200,110 / 15	85 108			40	40 828

Moments de résistance des poutres en tôles et cornières

(Le fer travaille à 6 kil. par mill. carré). — Le poids du fer n'est pas déduit.

Hauteur de la poutre en millimètres	4 Cornières		Ames		Tables horizontales	
	Dimensions	Moment de résistance	Épaisseur	Moment de résistance	Épaisseur	Moment de résistance par décimètre de largeur
1 750	90,90 / 10	33 631	4	3 062	4	1 050
	90,90 / 16	51 648	5	15 312	15	15 751
	100,100 / 13	47 698	6	18 375	18	18 902
	100,100 / 17	60 834	8	24 500	20	21 003
	125,125 / 13	59 606	10	30 625	22	23 104
	125,125 / 19	84 471	12	36 750	25	26 256
	160,140 / 14	77 466	15	45 937	28	29 409
	240,110 / 15	87 758			30	31 511
					40	42 027
1 800	90,90 / 10	34 649	4	3 240	4	1 080
	90,90 / 16	53 219	5	16 200	15	16 201
	100,100 / 13	49 153	6	19 440	18	19 442
	100,100 / 17	62 696	8	25 920	20	21 603
	125,125 / 13	61 448	10	32 400	22	23 664
	125,125 / 19	87 095	12	38 880	25	27 006
	160,140 / 14	79 559	15	48 600	28	30 249
	240,110 / 15	90 408			30	32 411
					40	43 227

60. Moments de résistance des poutres en tôles et cornières

(Le fer travaille à 6 kil. par mill. carré). — Le poids du fer n'est pas déduit.

Hauteur de la poutre en millimètres	4 Cornières		Ames		Tables horizontales	
	Dimensions	Moment de résistance	Épaisseur	Moment de résistance	Épaisseur	Moment de résistance par décimètre de largeur
1 850	$\frac{90,90}{10}$	35 667	1	3 422	1	1 110
	$\frac{90,90}{16}$	54 791	5	17 112	15	16 651
	$\frac{100,100}{13}$	50 609	6	20 535	18	19 982
	$\frac{100,100}{17}$	64 559	8	27 380	20	22 203
	$\frac{125,125}{13}$	63 290	10	34 225	22	24 424
	$\frac{125,125}{19}$	89 719	12	41 070	25	27 756
	$\frac{160,140}{14}$	81 952	15	51 337	28	31 089
	$\frac{200,110}{15}$	93 058			30	33 311
					40	44 426
1 900	$\frac{90,90}{10}$	36 686	1	3 610	1	1 140
	$\frac{90,90}{16}$	56 362	5	18 050	15	17 101
	$\frac{100,100}{13}$	52 065	6	21 660	18	20 522
	$\frac{100,100}{17}$	66 421	8	28 880	20	22 803
	$\frac{125,125}{13}$	65 133	10	36 100	22	25 084
	$\frac{125,125}{19}$	92 344	12	43 320	25	28 506
	$\frac{160,140}{14}$	84 345	15	54 130	28	31 928
	$\frac{200,110}{15}$	95 708			30	34 211
					40	45 625

Moments de résistance des poutres en tôles et cornières

(Le fer travaille à 6 kil. par mill. carré). — Le poids du fer n'est pas déduit.

Hauteur de la poutre en millimètres	4 Cornières		Ames		Tables horizontales	
	Dimensions	Moment de résistance	Épaisseur	Moment de résistance	Épaisseur	Moment de résistance par décimètre de largeur
1 950	$\frac{90,90}{10}$	37 704	1	3 802	1	1 170
	$\frac{90,90}{16}$	57 934	5	19 012	15	17 551
	$\frac{100,100}{13}$	53 520	6	22 815	18	21 062
	$\frac{100,100}{17}$	68 284	8	30 420	20	23 403
	$\frac{125,125}{13}$	66 976	10	38 025	22	25 744
	$\frac{125,125}{19}$	94 969	12	45 630	25	29 256
	$\frac{160,140}{14}$	86 739	15	57 037	28	32 768
	$\frac{200,110}{15}$	98 358			30	35 110
					40	46 825
2 000	$\frac{90,90}{10}$	38 722	1	4 000	1	1 200
	$\frac{90,90}{16}$	59 506	5	20 000	15	18 001
	$\frac{100,100}{13}$	54 976	6	24 000	18	21 602
	$\frac{100,100}{17}$	70 147	8	32 000	20	24 003
	$\frac{125,125}{13}$	68 819	10	40 000	22	26 404
	$\frac{125,125}{19}$	97 595	12	48 000	25	30 006
	$\frac{160,140}{14}$	89 134	15	60 000	28	33 608
	$\frac{200,110}{15}$	101 009			30	36 010
					40	48 024

Moments de résistance des poutres en tôles et cornières

(Le fer travaille à 6 kil. par mill. carré). — Le poids du fer n'est pas déduit.

Hauteur de la poutre en millimètres	4 Cornières		Ames		Tables horizontales	
	Dimensions	Moment de résistance	Épaisseur	Moment de résistance	Épaisseur	Moment de résistance par décimètre de largeur
2 100	$\frac{90,90}{10}$	40 760	1	4 410	1	1 260
	$\frac{90,90}{16}$	62 650	5	22 050	15	18 901
	$\frac{100,100}{13}$	57 888	6	26 460	18	22 682
	$\frac{100,100}{17}$	73 874	8	35 282	20	25 202
	$\frac{125,125}{13}$	72 507	10	44 100	22	27 723
	$\frac{125,125}{19}$	102 847	12	52 920	25	31 505
	$\frac{160,140}{14}$	93 924	15	66 150	28	35 288
	$\frac{200,110}{15}$	106 311			30	37 810
					40	50 423
					50	63 045
2 200	$\frac{90,90}{10}$	42 797	1	4 840	1	1 320
	$\frac{90,90}{16}$	65 795	5	24 200	15	19 801
	$\frac{100,100}{13}$	60 801	6	29 040	18	23 762
	$\frac{100,100}{17}$	77 601	8	38 720	20	26 402
	$\frac{125,125}{13}$	76 195	10	48 400	22	29 043
	$\frac{125,125}{19}$	108 101	12	58 080	25	33 005
	$\frac{160,140}{14}$	98 715	15	72 600	28	36 967

Moments de résistance des poutres en tôles et cornières

(Le fer travaille à 6 kil. par mill. carré). — Les poids du fer n'est pas déduit.

Hauteur de la poutre en millimètres	4 Cornières		Ames		Tables horizontales	
	Dimensions	Moment de résistance	Épaisseur	Moment de résistance	Épaisseur	Moment de résistance par décimètre de largeur
2 200	$\frac{200,110}{15}$	111 614			30	39 609
					40	52 822
					50	66 043
2 300	$\frac{90,90}{10}$	44 835	1	5 290	1	1 380
	$\frac{90,90}{16}$	68 940	5	26 450	15	20 701
	$\frac{100,100}{13}$	63 714	6	31 740	18	24 841
	$\frac{100,100}{17}$	81 329	8	42 320	20	27 602
	$\frac{125,125}{13}$	79 884	10	52 900	22	30 363
	$\frac{125,125}{19}$	113 356	12	63 480	25	34 505
	$\frac{160,140}{14}$	103 508	15	79 350	28	38 647
	$\frac{200,110}{15}$	116 918			30	41 409
					40	52 221
					50	69 041
2 400	$\frac{90,90}{10}$	46 873	1	5 760	1	1 440
	$\frac{90,90}{16}$	72 085	5	28 800	15	21 601
	$\frac{100,100}{13}$	66 627	6	34 560	18	25 921
	$\frac{100,100}{17}$	85 057	8	46 080	20	28 802
	$\frac{125,125}{13}$	83 574	10	57 600	22	31 683

Moments de résistance des poutres en tôles et cornières

(Le fer travaille à 6 kil. par mill. carré). — Le poids du fer n'est pas déduit.

Hauteur de la poutre en millimètres	4 Cornières		Ames		Tables horizontales	
	Dimensions	Moment de résistance	Épaisseur	Moment de résistance	Épaisseur	Moment de résistance par décimètre de largeur
2 400	125,125 / 19	118 612	12	69 120	25	36 005
	160,140 / 14	108 301	15	86 400	28	40 327
	200,110 / 15	122 222			30	43 208
					40	57 620
					50	72 040
2 500	90,90 / 10	48 911	1	6 250	1	1 500
	90,90 / 16	75 231	5	31 250	15	22 501
	100,100 / 13	69 541	6	37 500	18	27 001
	100,100 / 17	88 785	8	50 000	20	30 002
	125,125 / 13	87 264	10	62 500	22	30 003
	125,125 / 19	123 868	12	75 000	25	37 504
	160,140 / 14	113 096	15	93 750	28	42 006
	200,110 / 15	127 526			30	45 008
					40	60 019
					50	75 038
2 600	90,90 / 10	50 949	1	6 760	1	1 560
	90,90 / 16	78 377	5	33 800	15	23 401

POUTRES COMPOSÉES 157

Moments de résistance des poutres en tôles et cornières

(Le fer travaille à 6 kil. par mill. carré). — Le poids du fer n'est pas déduit.

Hauteur de la poutre en millimètres	4 Cornières		Ames		Tables horizontales	
	Dimensions	Moment de résistance	Épaisseur	Moment de résistance	Épaisseur	Moment de résistance par décimètre de largeur
2 600	$\frac{100,100}{13}$	72 455	6	40 560	18	28 081
	$\frac{100,100}{17}$	92 514	8	54 080	20	31 202
	$\frac{125,125}{13}$	90 955	10	67 600	22	34 323
	$\frac{125,125}{19}$	129 126	12	81 120	25	39 004
	$\frac{160,140}{14}$	117 891	15	101 400	28	43 686
	$\frac{200,110}{15}$	131 831			30	46 808
2 700	$\frac{90,90}{10}$	52 987	1	7 290	1	1 620
	$\frac{90,90}{16}$	81 523	5	36 450	18	29 161
	$\frac{100,100}{13}$	75 369	6	43 740	20	32 402
	$\frac{100,100}{17}$	96 243	8	58 320	22	35 643
	$\frac{125,125}{13}$	94 647	10	72 900	25	40 504
	$\frac{125,125}{19}$	134 384	12	87 480	28	45 366
	$\frac{160,140}{14}$	122 687	15	109 350	30	48 607
	$\frac{200,110}{15}$	138 137			35	56 712
2 800	$\frac{90,90}{10}$	55 026	1	7 480	1	1 680
	$\frac{90,90}{16}$	84 669	5	39 200	18	30 241
	$\frac{100,100}{13}$	78 284	6	47 040	20	33 602

Moments de résistance des poutres en tôles et cornières

(Le fer travaille à 6 kil. par mill. carré). — Le poids du fer n'est pas déduit.

Hauteur de la poutre en millimètres	4 Cornières		Ames		Tables horizontales	
	Dimensions	Moment de résistance	Épaisseur	Moment de résistance	Épaisseur	Moment de résistance par décimètre de largeur
2 800	$\frac{100,100}{17}$	99 973	8	62 720	22	36 962
	$\frac{125,125}{13}$	88 338	10	78 400	25	42 004
	$\frac{125,125}{19}$	139 643	12	94 080	28	47 046
	$\frac{160,140}{14}$	127 483	15	117 600	30	50 507
	$\frac{200,110}{15}$	143 442			35	58 811
2 900	$\frac{90,90}{10}$	57 064	1	8 410	1	1 740
	$\frac{90,90}{16}$	87 816	5	42 050	18	31 321
	$\frac{100,100}{13}$	81 198	6	50 460	20	34 802
	$\frac{100,100}{17}$	103 703	8	67 280	22	38 282
	$\frac{125,125}{13}$	102 030	10	84 100	25	43 504
	$\frac{125,125}{19}$	144 902	12	100 920	28	48 725
	$\frac{160,140}{14}$	132 280	15	126 150	30	52 207
	$\frac{200,110}{15}$	148 748			35	60 911
3 000	$\frac{90,90}{10}$	59 903	1	9 000	1	1 800
	$\frac{90,90}{16}$	90 962	5	45 000	18	32 401
	$\frac{100,100}{13}$	84 113	6	54 000	20	36 002
	$\frac{100,100}{17}$	107 433	8	72 000	22	39 602

Moments de résistance des poutres en tôles et cornières

(Le fer travaille à 6 kil. par mill. carré). — Le poids du fer n'est pas déduit·

Hauteur de la poutre en millimètres	4 Cornières Dimensions	4 Cornières Moment de résistance	Ames Épaisseur	Ames Moment de résistance	Tables horizontales Épaisseur	Tables horizontales Moment de résistance par décimètre de largeur
3 000	125,125 / 13	105 723	10	90 000	25	45 004
	125,125 / 19	150 162	12	108 000	28	50 405
	160,140 / 14	137 078	13	135 000	30	54 007
	200,110 / 15	154 054			35	63 011
3 100	90,90 / 10	61 142	4	9 610	1	1 860
	90,90 / 16	94 109	5	48 050	18	33 481
	100,110 / 13	87 038	6	57 660	20	37 202
	100,100 / 17	111 163	8	76 880	22	40 922
	125,125 / 13	109 416	10	96 100	25	46 503
	125,125 / 19	155 422	12	115 320	28	52 085
	160,140 / 14	141 876	13	144 150	30	55 806
	200,110 / 15	159 361			35	65 110
3 200	90,90 / 10	63 180	4	10 240	1	1 920
	90,90 / 16	97 256	5	51 200	18	34 561
	100,100 / 13	89 943	6	61 440	20	38 401
	100,100 / 17	114 893	8	81 920	22	42 242
	125,125 / 13	113 409	10	102 400	25	48 003

Moments de résistance des poutres en tôles et cornières

(Le fer travaille à 6 kil. par mill. carré.) — Le poids du fer n'est pas déduit.

Hauteur de la poutre en millimètres	4 Cornières		Ame		Tables	
	Dimensions	Moment de résistance	Épaisseur	Moment de résistance	Épaisseur	Moment de résistance par décimètre de largeur
3 200	$\frac{125,125}{19}$	160 683	12	122 880	28	53 765
	$\frac{160,140}{14}$	146 675	15	153 600	30	57 606
	$\frac{200,110}{15}$	164 667			35	67 210
3 300	$\frac{90,90}{10}$	65 219	1	10 890	1	1 980
	$\frac{90,90}{16}$	100 403	5	54 450	18	35 641
	$\frac{100,100}{13}$	92 858	6	65 340	20	39 601
	$\frac{100,100}{17}$	118 624	8	87 120	22	43 562
	$\frac{125,125}{13}$	116 802	10	108 900	25	49 503
	$\frac{125,125}{19}$	165 944	12	130 680	28	55 445
	$\frac{160,140}{14}$	115 474	15	163 350	30	59 406
	$\frac{200,110}{15}$	169 974			35	69 310
3 400	$\frac{90,90}{10}$	67 258	1	11 560	1	2 040
	$\frac{90,90}{16}$	103 550	5	57 800	18	36 721
	$\frac{100,100}{13}$	95 774	6	69 350	20	40 801
	$\frac{100,100}{17}$	122 355	8	92 480	22	44 882
	$\frac{125,125}{13}$	120 496	10	115 600	25	51 003
	$\frac{125,125}{19}$	171 205	12	132 720	28	57 125

RÉSISTANCE DES POUTRES COMPOSÉES

Moments de résistance des poutres en tôles et cornières
(Le fer travaille à 6 kil. par mill. carré). — Le poids du fer n'est pas déduit.

Hauteur de la poutre	4 Cornières		Ames		Tables horizontales	
	Dimensions	Moment de résistance	Épaisseur	Moment de résistance	Épaisseur	Moment de résistance par décimètre de largeur
3 400	160,140 / 14	156 273	15	173 400	30	61 206
	200,116 / 15	175 281			36	71 409
3 500	90,90 / 10	69 297	4	12 230	4	2 100
	90,90 / 16	106 697	5	61 250	18	37 801
	100,100 / 13	98 689	6	73 500	20	42 001
	100,100 / 17	126 085	8	98 000	22	46 202
	125,125 / 13	124 189	10	122 500	25	52 503
	125,125 / 19	176 467	12	147 000	28	58 804
	160,140 / 14	161 073	15	183 750	30	73 006
	200,110 / 15	180 589			35	73 509
3 600	90,90 / 10	71 336	4	12 960	4	2 160
	90,90 / 16	109 844	5	64 800	18	38 881
	100,100 / 13	101 604	6	77 760	20	43 200
	100,100 / 17	129 816	8	103 800	22	47 522
	125,125 / 13	127 883	10	129 600	25	54 003
	125,125 / 19	181 729	12	155 520	28	60 484
	160,140 / 14	165 872	15	194 400	30	64 805
	200,110 / 15	185 896			35	75 809

Moments de résistance des poutres en tôles et cornières

(Le fer travaille à 6 kil. par mill. carré). — Le poids du fer n'est pas déduit.

Hauteur de la poutre	4 Cornières		Ames		Tables horizontales	
	Dimensions	Moment de résistance	Épaisseur	Moment de résistance	Épaisseur	Moment de résistance par décimètre de largeur
3 700	90,90/10	73 375	1	13 690	1	2 220
	90,90/16	112 992	5	68 450	18	39 961
	100,100/13	104 520	6	82 140	20	44 401
	100,100/17	133 547	8	109 520	22	48 842
	125,125/13	131 577	10	136 900	25	55 503
	125,125/19	186 991	12	164 280	28	62 164
	160,140/14	170 673	15	205 350	30	66 605
	200,110/15	191 204			35	77 709
3 800	90,90/10	75 415	1	14 440	1	2 280
	90,90/16	116 139	5	72 200	18	41 041
	100,100/13	107 436	6	86 640	20	45 601
	100,100/17	137 279	8	115 520	22	50 162
	125,125/13	135 272	10	144 400	25	57 003
	125,125/19	192 254	12	173 280	28	63 844
	160,140/14	175 473	15	216 600	30	68 405
	200,110/15	196 511			35	79 808

Moments de resistance des poutres en tôles et cornières

(Le fer travaille à 6 kil. par mill. carré.). — Le poids du fer n'est pas déduit.

Hauteur de la poutre	4 Cornières		Ames		Tables horizontales	
	Dimensions	Moment de résistance	Epaisseur	Moment de résistance	Epaisseur	Moment de résistance par décimètre de largeur
3 900	$\frac{90,90}{10}$	77 454	1	15 210	1	2 340
	$\frac{90,90}{16}$	119 287	5	76 050	18	42 121
	$\frac{100,100}{13}$	110 352	6	91 260	20	46 801
	$\frac{100,100}{17}$	141 010	8	121 680	22	54 482
	$\frac{125,125}{13}$	138 966	10	152 100	25	58 503
	$\frac{125,125}{19}$	197 517	12	182 520	28	65 524
	$\frac{160,140}{14}$	180 274	15	228 150	30	70 205
	$\frac{200,110}{15}$	201 819			35	81 908
4 000	$\frac{100,100}{13}$	113 267	1	16 000	1	2 400
	$\frac{100,100}{17}$	144 741	6	96 000	20	48 001
	$\frac{125,125}{13}$	142 661	8	128 000	25	60 000
	$\frac{125,125}{19}$	202 779	10	160 000	30	72 005
	$\frac{160,140}{14}$	185 074	12	192 000	35	84 008
	$\frac{200,110}{15}$	207 127	15	240 000	40	96 012
4 250	$\frac{100,100}{13}$	120 557	1	18 062	1	2 550
	$\frac{100,100}{17}$	154 070	6	108 375	20	51 001
	$\frac{125,125}{13}$	151 898	8	144 500	25	63 752
	$\frac{125,125}{19}$	215 938	10	180 625	30	76 505

Moments de résistance des poutres en tôles et cornières

(Le fer travaille à 6 kil. par mill. carré). — Le poids du fer n'est pas déduit.

Hauteur de la poutre	4 Cornières		Ames		Tables horizontales	
	Dimensions	Moment de résistance	Épaisseur	Moment de résistance	Épaisseur	Moment de résistance par décimètre de largeur
4 250	$\frac{160,140}{14}$	197 077	12	216 750	35	29 257
	$\frac{200,110}{15}$	220 397	15	270 937	40	102 011
4 500	$\frac{100,100}{13}$	127 848	1	20 250	1	2 700
	$\frac{100,100}{17}$	163 400	6	121 500	20	54 001
	$\frac{125,125}{13}$	161 135	8	162 000	25	67 502
	$\frac{125,125}{19}$	229 097	10	202 500	30	81 004
	$\frac{160,140}{14}$	209 081	12	243 000	35	94 507
	$\frac{200,110}{15}$	233 668	15	303 750	40	108 011
4 750	$\frac{100,100}{13}$	135 138	1	22 562	1	2 850
	$\frac{100,100}{17}$	172 729	6	135 375	20	57 001
	$\frac{125,125}{13}$	170 374	8	180 500	25	71 252
	$\frac{125,125}{19}$	242 257	10	225 625	30	85 504
	$\frac{160,140}{14}$	221 686	12	270 750	35	99 757
	$\frac{200,110}{15}$	246 939	15	338 437	40	114 010
5 000	$\frac{100,100}{13}$	142 429	1	25 000	1	3 000
	$\frac{100,100}{17}$	182 060	6	150 000	20	60 001

Moments de résistance des poutres en tôles et cornières

(Le fer travaille à 6 kil. par mill. carré). — Le poids du fer n'est pas déduit.

Hauteur de la poutre	4 Cornières		Ames		Tables horizontales	
	Dimensions	Moment de résistance	Epaisseur	Moment de résistance	Epaisseur	Moment de résistance par décimètre de largeur
5 000	125,125 / 13	179 612	8	200 000	25	75 002
	125,125 / 19	215 419	10	250 000	30	90 004
	160,140 / 14	233 091	12	300 000	35	105 006
	200,110 / 15	260 210	15	375 000	40	120 010
5 250	100,100 / 13	149 720	1	27 562	1	3 150
	100,100 / 17	191 390	6	165 375	20	63 001
	125,125 / 13	188 851	8	220 500	25	78 752
	125,125 / 19	268 578	10	275 025	30	94 504
	160,140 / 14	245 097	12	330 750	35	110 256
	200,110 / 15	273 482	15	413 437	40	126 009
5 500	100,100 / 13	157 011	1	30 250	1	3 300
	100,100 / 17	200 720	6	181 500	20	66 001
	125,125 / 13	198 091	8	242 000	25	82 502
	125,125 / 19	281 740	10	302 500	30	99 005
	160,140 / 14	257 104	12	363 000	35	115 506
	200,110 / 15	286 754	15	453 750	40	132 009

Moments de résistance des poutres en tôles et cornières

(Le fer travaille à 6 kil. par mill. carré). — Le poids du fer n'est pas déduit.

Hauteur de la poutre	4 Cornières		Ames		Tables horizontales	
	Dimensions	Moment de résistance	Épaisseur	Moment de résistance	Épaisseur	Moment de résistance
5 750	$\frac{100,100}{13}$	164 302	1	33 062	1	3 450
	$\frac{100,100}{17}$	210 051	6	198 575	20	69 001
	$\frac{125,125}{13}$	207 351	8	264 500	25	86 252
	$\frac{125,125}{19}$	294 902	10	330 625	30	103 503
	$\frac{130,140}{14}$	269 111	12	396 750	35	120 755
	$\frac{200,110}{15}$	300 027	15	495 937	40	138 008

Poids des Cornières

Dimensions	Poids par mètre	Poids des quatre ensemble	Dimensions	Poids par mètre	Poids des quatre ensemble
$\frac{40,40}{5}$	$2^k,950$	$11^k,800$	$\frac{90,90}{10}$	$13^k,500$	$54^k,000$
$\frac{50,50}{6}$	4, 500	18, 000	$\frac{90,90}{16}$	23, 000	92, 000
$\frac{50,50}{9}$	6, 500	26, 000	$\frac{100,100}{13}$	19, 000	76, 000
$\frac{60,60}{8}$	7, 000	28, 000	$\frac{100,100}{17}$	24, 000	96, 000
$\frac{60,60}{10}$	8, 800	35, 200	$\frac{120,90}{15}$	23, 000	92, 000
$\frac{70,70}{9}$	9, 500	38, 000	$\frac{125,125}{13}$	25, 500	94, 000
$\frac{70,70}{12}$	12, 000	48, 000	$\frac{125,125}{19}$	35, 000	140, 000
$\frac{80,80}{9}$	11, 500	46, 000	$\frac{160,140}{14}$	34, 000	136, 000
$\frac{80,80}{14}$	16, 500	66, 000	$\frac{200,110}{15}$	35, 500	142, 000

61. Dimension des barres de treillis dans les poutres à âmes évidées. — Les poutres composées peuvent être formées de tables et cornières réunies par un treillis remplaçant l'âme pleine. — Le treillis peut prendre plusieurs dispositions.

Il peut être disposé en N, comme l'indique la *fig.* 39. La longueur de la poutre est divisée en un nombre pair d'intervalles ; à chaque division est un montant vertical

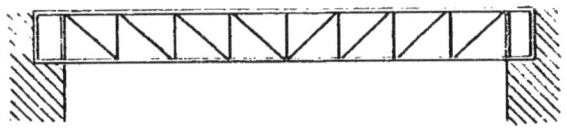

Fig. 39

réunissant les deux membrures, et dans tous les rectangles ainsi formés on établit une barre inclinée suivant l'une des diagonales. La barre inclinée change de sens à partir du milieu de la poutre, cette dernière étant ainsi symétrique par rapport à un axe vertical en passant par son milieu.

Le treillis peut être disposé en V. Dans ce cas il n'y a que des barres de treillis inclinées et elles sont alternati-

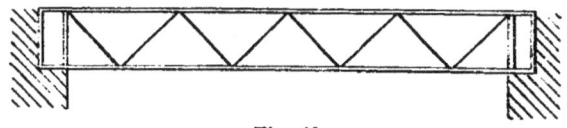

Fig. 40

vement dirigées dans un sens et dans l'autre. La *fig.* 40 représente une poutre avec un treillis de ce genre, réunissant ses membrures.

Enfin, le treillis peut être disposé en X : Là plusieurs arrangements sont possibles : 1° les treillis peuvent être

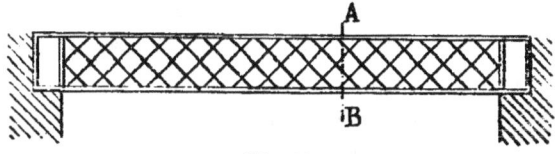

Fig. 41

serrés. Ils se croisent alors de telle sorte qu'une section verticale quelconque AB rencontre plusieurs barres de même direction ; on a ce que l'on appelle quelquefois les *treillis en X croisés, fig.* 41.

On peut avoir encore les treillis *en X simples*, dans lesquels les rectangles successifs donnés par la division ne

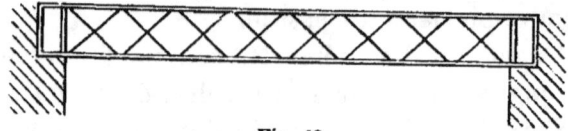

Fig. 42

comportent chacun que deux barres disposées suivant ses diagonales. On a alors des poutres qui présentent l'apparence de celle de la *fig.* 42.

Bien souvent on sépare toutes les divisions par des barres verticales qui relient les membrures et ferment

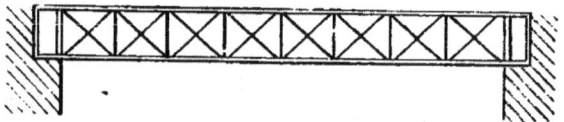

Fig. 43

les rectangles des divisions d'une façon effective. On peut appeler ces poutres des treillis *en X simples avec montants, fig.* 43.

Tous les genres de treillis rentrent dans l'une quelconque des catégories ci-dessus mentionnées.

Comme on l'a vu, on appelle en mécanique *Effort tranchant*, en une section AB d'une poutre, *fig.* 41, la somme algébrique des projections verticales de toutes les forces extérieures qui agissent sur la poutre, dans la partie comprise entre la section AB et l'une quelconque de ses extrémités.

Et on admet que les treillis d'une poutre doivent résister uniquement à l'effort tranchant, alors que ses membrures doivent avoir une section capable de résister au moment fléchissant.

Pour déterminer les dimensions des barres de treillis en un point quelconque, on fait passer en ce point un plan vertical qui sectionne la poutre et rencontre soit une, soit plusieurs barres de treillis.

On cherche la valeur de l'effort tranchant, et on le répartit entre les barres de treillis rencontrées, en déterminant pour l'une d'elles l'effort longitudinal qui en résulte.

Cet effort peut être une tension ou une compression. Si on a affaire à une tension, on en déduit de suite la section, d'après le coefficient de sécurité adopté.

Si on a une barre comprimée, il faut tenir compte de la diminution de résistance que donne la longueur de la barre, lorsqu'elle est longue par rapport à la dimension transversale la plus petite ; la formule de Love permet de faire le calcul.

De plus, on détermine la section des pièces comprimées de manière à augmenter le plus possible les dimensions transversales.

L'examen même de la poutre permet, à première vue dans la plupart des cas, de se rendre compte des barres tendues ou des barres comprimées. En quelques points, au milieu de la poutre surtout, il peut y avoir doute ; on traite alors les barres douteuses comme si elles étaient comprimées.

L'effort tranchant le plus grand dans une poutre posée sur deux appuis est à la portée. On donne en ce point une très grande résistance à la poutre en la composant dans le scellement ou sur le support, d'une portion d'âme pleine renforcée par deux ou quatre montants verticaux en cornières ou fers à T réunissant les membrures ; on ne met de treillis qu'au-dessus du vide entre les points d'appui.

L'effort tranchant diminue lorsque l'on arrive vers le milieu de la pièce. On peut en profiter pour diminuer les dimensions des fers dans le même rapport. Mais pour ne pas multiplier le nombre des échantillons, et éviter de compliquer la construction de la poutre, on ne fait varier qu'une ou deux fois les sections des barres, en les divisant par séries.

Dans une poutre en N, on voit de suite la manière de travailler des barres, si elles sont tendues ou comprimées.

Dans les deux croquis (1) et (2) de la *fig.* 44, les barres tendues sont marquées par un trait fin et les barres comprimées par un gros trait. Le sens adopté par les diago-

Fig. 44

nales n'est pas indifférent, la disposition (1) est préférable à la disposition (2), parce que les barres comprimées y sont moins longues et par suite sont de plus petite section.

Une poutre en X simple avec montants (A, croquis (1) de la *fig.* 45) peut être considérée comme composée de

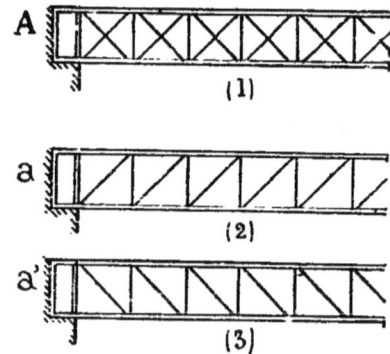

Fig. 45

deux poutres en N, *a* et *a'* superposées, portant chacune la moitié de la charge, par exemple les poutres (2) et (3) de la même figure.

On peut les déterminer séparément et ajouter la section lorsque les barres se superposent.

Dans bien des cas, et notamment dans les poutres à treillis en V et en X, on ajoute des barres verticales aux points de division comme dans l'exemple de la *fig.* 46. Au point de vue de la résistance, ces montants sont surabondants. Ils ne servent pas à la résistance, puisque la poutre trouve son équilibre sous l'action de forces extérieures et des forces moléculaires développées dans les membrures et dans les treillis.

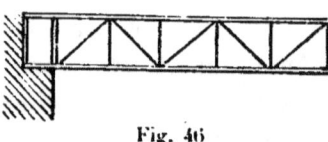

Fig. 46

Ces montants ont, comme utilité pratique, celle de transmettre directement à l'une des membrures sa part de l'effort que peut recevoir l'autre en l'un des points de division. Ils constituent donc des renforts très précieux aux points d'application des forces extérieures.

Ils rendent aussi très simples et très faciles les assemblages des charpentes latérales secondaires, qui souvent amènent les efforts extérieurs sur les poutres.

On doit donner à ces montants la section nécessaire pour résister à la compression due à l'effort tranchant qui agit dans la section où ils se trouvent placés. On les compose en général de tôles et cornières ou de cornières seules, ou de fers à T, suivant les circonstances. On suit pour leur section les principes de construction des autres barres comprimées.

La direction la plus convenable à donner aux barres de treillis est celle de 45°; lorsqu'on s'en écarte, il vaut mieux les redresser que les incliner davantage. Plus on s'écarte de 45°, plus les efforts longitudinaux augmentent, et plus aussi la longueur augmente; double raison pour augmenter leurs dimensions.

62. Rivure dans les treillis. — Les barres de treillis sont réunies aux membrures par des rivets.

Si t exprime l'effort longitudinal qui s'exerce par une barre, cet effort va s'appliquer à la membrure par l'intermédiaire de la section totale des rivets de l'attache; suivant la disposition prise, chaque rivet peut présenter soit une, soit deux sections de cisaillement.

Si l'on suppose que le fer des rivets doit travailler à un coefficient de sécurité limite de 6 kilos par millimètre carré, au cisaillement. Si n est le nombre de sections soumises au cisaillement, et d le diamètre des rivets, on aura la relation :
$$n \frac{\pi d^2}{4} \times 6 = t$$

d'où
$$n = \frac{2t}{3\pi d^2}.$$

D'où l'on déduit le nombre des rivets.

Il faut également vérifier si les rivets qui assemblent les échantillons de fer de la membrure ne travaillent pas à un coefficient trop considérable. On considère la file des rivets horizontaux, *fig.* 47, qui s'opposent à l'effort de glissement sur l'âme verticale de la partie de section composée des semelles et des cornières.

M. Bresse a donné la formule suivante :

$$d\theta = \frac{T dx}{I} \int_{V_1}^{V_2} avdv.$$

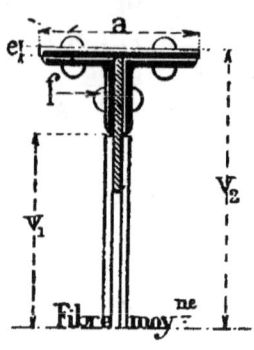

Fig. 47

Dans cette formule les notations ont les significations suivantes : T est l'effort tranchant maximum ; dx est la distance des rivets ; I le moment d'inertie de la section où l'effort tranchant est maximum.

Le terme

$$\int_{V_1}^{V_2} avdv$$

est égal à m, moment statique, par rapport à l'axe horizontal passant par le centre de gravité de la poutre, de la section composée de 2 cornières et des semelles. Enfin $d\theta$ est l'effort de glissement auquel s'oppose la résistance au cisaillement d'un rivet, par le moyen de sa double section.

63. Exemple de calcul complet d'une poutre en treillis posée sur deux appuis. — Supposons que l'on ait à construire un plancher formé de grandes poutres de 15^m,00 de portée entre les points d'appui, séparées par un intervalle de 4^m,00 entre leurs axes, le dit plancher chargé de 800 kilos (charge et surcharge) par mètre carré de sa surface.

La charge par mètre courant de poutre serait de 3 200 kilos.

Section des membrures. — Le moment de flexion d'une poutre, en un point quelconque dont l'abscisse est x, est :

$$\mu = \frac{px}{2}(l-x)$$

x étant la distance de la section considérée à l'appui de

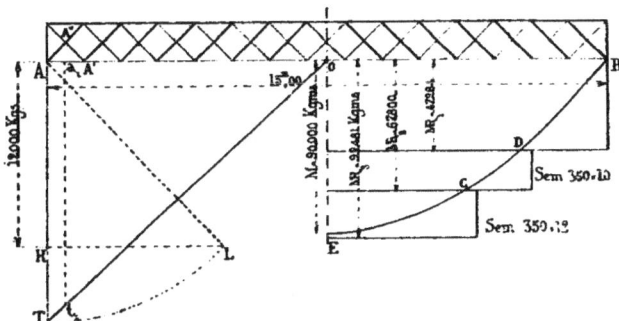

Fig. 48

gauche, p la charge par mètre et l la longueur de la poutre.

Le maximum du moment fléchissant a lieu au milieu de la poutre pour

$$x = \frac{l}{2};$$

il est :

$$M = \frac{pl^2}{8} = \frac{3\,200 \times (15)^2}{8} = 90\,000.$$

Dans l'étendue de la poutre le moment de flexion varie comme les ordonnées d'une parabole à axe vertical; cette parabole passe par les points d'appui; son axe et celui de lp o utre coïncid ent.

Si, à partir d'une horizontale, on porte à une échelle quelconque les µ correspondant aux diverses abscisses, on obtient cette parabole. BE est l'axe ainsi tracé, *fig.* 48.

Entre les moments fléchissants et les dimensions des membrures, on a la relation générale :

$$R = \frac{v\mu}{I}.$$

R étant le coefficient de travail du métal ; I le moment

d'inertie de la section composée des deux membrures ; v la distance de la fibre la plus éloignée de la même section à l'axe horizontal passant par le centre de gravité.

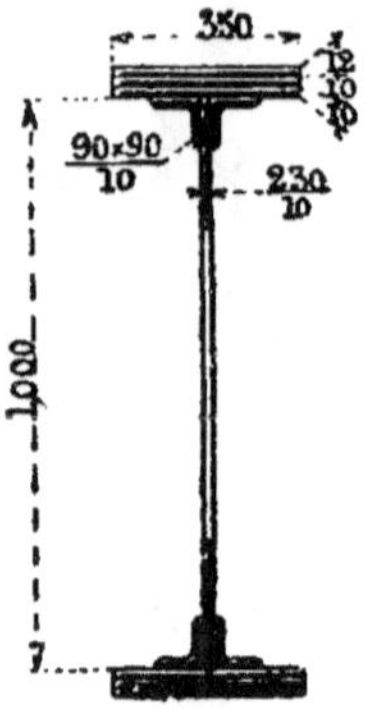

On peut commencer par déterminer la section des membrures au milieu de la poutre ; celle-ci doit résister au moment fléchissant maximum de 90 000. En donnant à l'âme de la poutre $1^m,00$ de hauteur, et la composant en dehors du treillis de 2 tôles verticales de $\frac{230}{10}$, de 4 cornières $\frac{90.90}{10}$ et de tables de 0,350 de largeur en 3 bandes de 10 millimètres, 10 millimètres, et 12 millimètres, soit ensemble 0,0032 d'épaisseur, on obtient une section dont le moment d'inertie est

$$I = 0,00819999$$
$$v = 0,532.$$

Fig. 49

Le coefficient de travail du métal dans ces conditions est égal à

$$R = \frac{v\mu}{I} = \frac{0,532 \times 90\,000}{0,00819999} = 5^k,83 \times 10^6.$$

Le métal travaille à $5^k,83$ par millimètre carré ; la section se trouve dans de bonnes conditions de résistance.

Le moment fléchissant diminuant à partir du milieu de la poutre, à un certain moment il atteint une valeur telle que, si l'on supprime une semelle, la poutre travaillera encore à un coefficient inférieur à celui de 6 kilos qu'on s'est imposé.

Pour déterminer le point où l'on peut supprimer la semelle supérieure, il suffit de rechercher à quel moment fléchissant peut résister la nouvelle section, en d'autres termes, quel est son moment de résistance.

$$MR = \frac{6 \times 10^6 \times 0,005875807}{0,52}.$$

Le nouveau moment d'inertie est en effet :

$$I = 0.005875807, \text{ et } v = 0.32.$$

$$MR_1 = 67800.$$

On mène une horizontale à une distance de la droite AB égale, à l'échelle des moments, à 67800. Le point C d'intersection avec la parabole détermine le point de la poutre à partir duquel on peut supprimer la semelle supérieure de 350/12 sans nuire à la résistance.

De la même façon on peut supprimer de plus la seconde semelle en un point plus rapproché du point d'appui.

La poutre réduite à une seule platebande a pour moment de résistance

$$MR = \frac{6 \times 10^6 \times 0.004019173}{0.51}.$$

Dans laquelle le moment d'inertie de la section ainsi réduite est

$$0.004019173 \text{ et } v = 0.51.$$

$$MR_2 = 47284.$$

On obtient une 2e droite, avec une ordonnée égale à ce nombre, et cette droite coupe la parabole en un point D qui marque la fin de la 2e platebande.

En pratique, on n'arrête pas les semelles immédiatement aux points C et D ; on ménage en général des recouvrements de 0^{m}20 à 0^{m}30 environ.

Le moment résistant de la section totale de la poutre avec ses 3 semelles est

$$MR_3 = \frac{6 \times 10^6 \times 0.0081999:3}{0.532} = 92\,481.$$

Section des barres de treillis. — Les barres de treillis résistent à l'effort tranchant.

Dans le cas d'une charge uniformément répartie sur

une poutre, l'effort tranchant en un point quelconque d'abscisse x a pour expression

$$T = \frac{pl}{2} - px.$$

L'effort tranchant T varie suivant les ordonnées d'une droite.

A l'origine, pour

$$x = o, \quad \text{on a} \quad T = \frac{pl}{2}.$$

Au milieu, pour

$$x = \frac{l}{2}, \quad \text{on a} \quad T = o.$$

Dans le cas présent, on a sur les appuis :

$$T = \frac{3\,200 \times 15}{2} = 24\,000 \text{ kilos.}$$

Si on adopte le tracé de treillis de la fig. 48, et qu'on fasse une section en un point quelconque de la poutre, par un plan vertical, il y aura rencontre de deux barres. Chacune d'elles résiste à la moitié de l'effort tranchant.

L'effort de tension ou de compression qui agit suivant la barre est la composante, suivant la direction de la pièce, du demi-effort tranchant.

Si donc on porte sur l'épure, de A en H, à l'échelle des forces, une longueur proportionnelle à $\frac{24\,000}{2} = 12,000$, et que l'on prenne la composante de cet effort suivant la direction générale des barres de treillis (45°), on a AL. Ramenant ensuite la longueur AL en AT, et joignant TO, on a une droite qui est telle que son ordonnée en chaque point représente la valeur de l'effort longitudinal d'une barre de treillis, passant par ce point, et cela à l'échelle des forces.

Appliquons cela à un panneau spécial, par exemple celui qui comprend les deux premières barres près de l'appui.

L'ordonnée varie d'une façon continue de A en A′; mais, comme l'effort est unique pour une seule barre, on prend pour sa valeur l'ordonnée moyenne $A_1 t_1$. Cette ordonnée, mesurée, est égale à 15 875 kilos.

Connaissant cet effort, on peut déterminer la section de la barre.

On obtient : barre tendue, fer plat de 170/15, section 2 650 millimètres carrés ; travail. 5,99.

Barre comprimée, 2 cornières $\frac{80-80}{9}$, section 2 718 millimètres carrés ; travail. 5,84.

Si la longueur eût été plus grande par rapport à la section transversale, il eût fallu en tenir compte au moyen d'un coefficient tiré de la formule de Love.

Pour que l'extrémité de la poutre puisse résister à la réaction de l'appui, soit 24 000 kilos, on formera le panneau plein d'extrémité d'un fer plat de 300 × 10 et de deux cornières $\frac{90-90}{10}$. La section ainsi obtenue est de

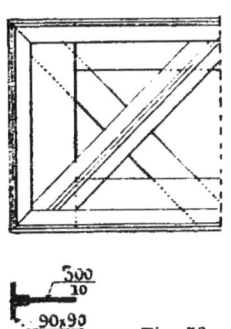

Fig. 50

$$3\,000 + 2\,f.\,1\,700 = 6\,400 \text{ millimètres carrés.}$$

Le travail du métal est dans ces conditions :

$$\frac{24\,000}{6\,400} = 3^k,75 \text{ par millimètre carré.}$$

La tôle d'extrémité est donc bien suffisante pour résister à la réaction verticale qu'exerce le point d'appui sur l'about de la poutre.

Rivure. — Les barres de treillis ont à supporter chacune au maximum 15,875 kilos. Si on emploie des rivets de 0,022, ils travaillent en simple section ; chacun d'eux présente 380 millimètres carrés ; et, à 6 kilos, résiste à 2 880, il faudra donc 6 de ces rivets pour assurer l'attache des extrémités tendues. Quant aux barres comprimées, trois rivets suffiront, car ils travaillent alors en double section.

Quant à l'application de la formule de Bresse pour vérifier la suffisance des rivets horizontaux, on le fait de la façon suivante : on a :

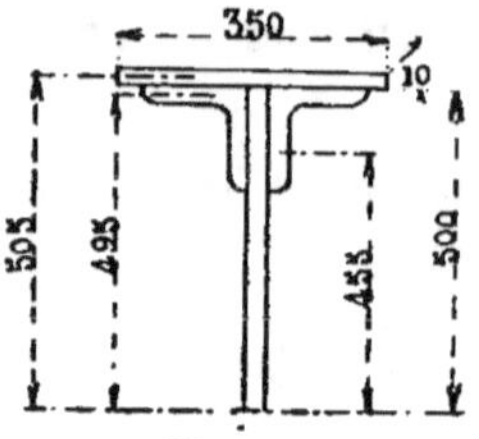

Fig. 51

$$A = 24\,000 \text{ kilos};$$
$$I = 0{,}004019173;$$
$$dx = 0{,}13;$$
$$m = 0{,}35 \times 0{,}01 \times 0{,}505 \times 2f\,0{,}08 \times$$
$$0{,}01 \times 0{,}495 + 2f\,0{,}09 \times$$
$$0{,}01 \times 0{,}455 = 0{,}0033785.$$

$$d\theta = \frac{A\,dx}{I}\,m = \frac{24\,000 \times 0{,}12}{0{,}004019173} \times 0{,}0033785 = 2400 \text{ kilos}.$$

A cet effort de glissement vient s'opposer le double cisaillement d'un rivet de 0,022 ; la section résistante est

$$\Omega = 2\,\frac{\pi \times \overline{0{,}22}^2}{4} = 2 \times 380 = 760 \text{ millimètres carrés}.$$

Le travail du métal est dans ces conditions :

$$R = \frac{2\,420}{760} = 3^k,18 \text{ par millimètre carré}.$$

Il se trouve dans de bonnes conditions pratiques.

61. Influence des variations et répétitions dans les pièces en fer et en acier. Lois de Wohler. Formules qui en dérivent. — La répétition des efforts dans les pièces métalliques amène une aggravation dans la fatigue des pièces en fer et en acier ; nous allons résumer cette question en donnant un extrait d'une note autographiée de M. Séjourné :

Soient :

max. B, l'effort maximum auquel est soumise une pièce ;

α, la charge par $\overline{0{,}001}^2$ produisant la rupture, ou module de rupture ;

n, le coefficient de sécurité ;

β, l'effort à admettre par $\overline{0{,}001}^2$;

F, la section à déterminer en $\overline{0{,}001}^2$.

On a :

$$\beta = \frac{\alpha}{n}$$

$$F = \frac{\max. B}{\beta}$$

En France, on a généralement admis que α était constant, quels que soient les efforts auxquels la pièce est soumise (entre 30 et 36 kilos pour le fer), et on donne à n une valeur variant de 5 à 6.

Or, comme le montrent les expériences de Wöhler, α n'est pas constant et dépend de la variation et de la répétition des efforts auxquels la pièce est soumise.

Des expériences sur cette matière ont été exécutées en Angleterre, en 1860 et 1861 par Fairbairn, qui opéra sur une poutre en tôle de 6 mètres de portée. Sous un effort de $7^k,03$ par $\overline{0,001}^2$, elle résista sans déformation à 600 000 applications de la surcharge, puis, sous un effort de $9^k,14$ à 400 000 ; lorsque l'effort total eut atteint $12^k,90$ elle se rompit après 5 175 répétitions de la surcharge, tandis qu'elle portait sans se rompre une charge permanente de 30 kilos.

Les expériences les plus concluantes sont celles de M. Wöhler (actuellement directeur des chemins de fer d'Alsace-Lorraine). Il a fait, étant ingénieur en chef de la traction aux chemins de fer de la Basse-Silésie, de 1859 à 1870, aux frais du gouvernement prussien, des expériences extrêmement nombreuses pour étudier l'influence, sur la résistance des pièces, de la répétition des mêmes efforts de tension, flexion et torsion, soit de même sens, soit de sens contraires, tantôt en appliquant puis retirant complètement la charge, tantôt en ne faisant varier que la surcharge et laissant une charge permanente (une de ses expériences a nécessité 132 250 000 répétitions).

Les expériences de M. Wöhler ont été continuées de 1871 à 1873 par M. Spangenberg, professeur à l'école des arts et métiers de Berlin. On en a tiré les quatre lois suivantes :

La première loi est relative à l'influence de la répétition des charges retirées après application. « On obtient la rupture d'une barre, non-seulement en appliquant une seule fois la charge (dite module de rupture), mais encore en lui appliquant un nombre suffisant de fois des charges sensiblement moindres, mais supérieures au module d'élasticité τ_i (τ_i est la charge par unité de surface, à partir de laquelle les allongements permanents n'étant plus négligeables, la pièce ne peut plus être considérée comme parfaitement élastique). »

Le fer du Phénix, par exemple, se rompt sous une charge de 40 kilos appliquée une fois. On a réussi à le rompre à 22 kilos par un nombre suffisant de répétitions du même effort.

La deuxième loi concerne l'effet des surcharges accidentelles. Soit min. B l'effort permanent par unité, max. B l'effort total par unité (effort permanent et surcharge). «Le nombre *n* de répétitions de l'effort amenant la rupture varie : 1° Dans le cas d'un effort total constant, max. B. dans le même sens que min. B; 2° Dans le cas d'un effet permanent constant min. B, en sens contraire de l'effort total max. B ».

Exemple du premier cas. Rupture d'une barre d'acier fondu, l'effort total max. B étant constant et égal à 73 kilos par $\overline{0,001}^2$.

Valeur de minimum B.	Valeurs de N.
$12^k,1$	0 millions 06
$24^k,3$	0 » 15
$36^k,6$	0 » 40
$48^k,2$	19 » 67

Exemple du 2ᵉ cas. L'effort minimum B = *o*.

Valeur de maximum B.	
45 kilos	0 millions 17
35 kilos	0 » 45
30 kilos	0 » 86
25 kilos	1 » 50
22 kilos	48 » 20

D'après la première loi de Wölher, quand min. B est nul, la rupture correspondant à un nombre infini d'épreuves se produit pour toute valeur de max. B supérieure au module d'élasticité τ_1.

Mais quand min. B. n'est pas nul, max. B peut dépasser cette limite τ_1 sans que la répétition indéfinie de la surcharge produise la rupture.

La rupture correspondant à un nombre infini d'expériences se produira alors lorsque max. B aura atteint une certaine limite x comprise entre τ_1 et μ.

Cette limite x a été appelée par M. Launhardt (directeur du polytechnicum de Hanovre) module de résistance à la fatigue. C'est donc la charge totale par unité que peut supporter sans se rompre, si ce n'est par un nombre infini de répétitions de la surcharge, une pièce soumise à un effort permanent min. B.

A chaque valeur de l'effort permanent min. B. correspond une valeur du module de résistance x.

La troisième loi de Wölher est ainsi conçue : Le module de résistance x augmente avec min. B.

La quatrième loi envisage le cas des efforts de sens contraires.

« Le module α de résistance à la fatigue diminue quand la pièce est soumise à des efforts de sens contraires. »

Par exemple *Wöhler a rompu du fer du Phénix eu le soumettant à des charges égales, de sens contraires, de 7170 kilos, tandis que, min. B étant nul, il n'a pu rompre le même fer avec des efforts de 2193 kilos répétés dans le même sens.*

On propose d'adopter comme limites extrêmes pour les efforts de même sens, par $\overline{0^m,01}^2$, $\overline{600}^k$ et $\overline{1000}^k$, en tenant compte non seulement des répétitions d'efforts, mais des chocs, des secousses et des effets dynamiques de la vitesse, et entre ces limites la formule :

$$\beta = \frac{600 \text{ kilos}}{1 - 0,4 \frac{\text{min. B}}{\text{max. B}}}$$

Cette formule est très simple en application. Ce qu'il faut déterminer en effet ce n'est pas β, mais la section F de la pièce. Or on a :

$$F = \frac{\text{max. B}}{\beta}$$

Pour les efforts de même sens en appelant P_0 le poids mort, P_1 le poids roulant, on a :

$$\begin{cases} \text{max. B} = P_0 + P_1 \\ \text{min. B} = P_0 \end{cases}$$

D'où, la formule très simple

$$F \text{ (en } \overline{0,01}^2\text{, section nette)} = \frac{P_0 \text{ (poids mort)}}{1\,000 \text{ kilos}} + \frac{P_1 \text{ (poids roulant)}}{600 \text{ kilos}}$$

On a encore :

$$F = \frac{1}{1000} \left\{ P_0 + \frac{5}{3} P_1 \right\}.$$

CHAPITRE III

ASSEMBLAGES
DES ÉLÉMENTS MÉTALLIQUES

SOMMAIRE

65. Assemblage des tôles. Rivure. — 66. Tôles superposées, dispositions des joints. — 67. Rivets à têtes fraisées. — 68. Renfort servant de couvre-joints. — 69. Assemblage de tôles perpendiculaires. — 70. Poutres en tôles et cornières. — 71. Assemblages par rivets de pièces dans un même plan. — 72. Rivets en acier. — 73. Emploi des boulons dans les assemblages — 74. Assemblages par boulons de pièces en prolongement. — 75. Assemblages boulonnés de pièces concourantes. — 76. Formes des extrémités des tiges. — 77. Moyen de raidir les tiges. Lanternes. — 78. Assemblages à trait de Jupiter. — 79. Assemblages de pièces perpendiculaires. — 80. Assemblages obliques. Fourches. — 81. Pièces contournées à la forge. — 82. Assemblages de pièces parallèles. — 83. Assemblages par éclisses de fer à I dans un même plan. — 84. Assemblages de fers concourants. — 85. Assemblages par goussets boulonnés. — 86. Assemblages de fers à I au moyen d'équerres. — 87. Equerres du commerce pour l'assemblage des fers. — 88. Cornières spéciales à la demande. — 89. Assemblages des pièces d'équerre en tôles et cornières. — 90. Assemblages de fers en I et de pièces en tôles et cornières. — 91. Assemblage d'un fer en I et d'un poteau montant. — 92. Assemblages au moyen de supports en fonte malléable. — 93. Jonction par brides et boulons des pièces de fonte. — 94. Assemblage à plat joint. Portées. — 95. Assemblages à la limaille.

CHAPITRE III

ASSEMBLAGES DES ÉLÉMENTS MÉTALLIQUES

65. Assemblage des tôles. — Les assemblages de tôles se font au moyen de *rivets*. Un rivet est une tige de

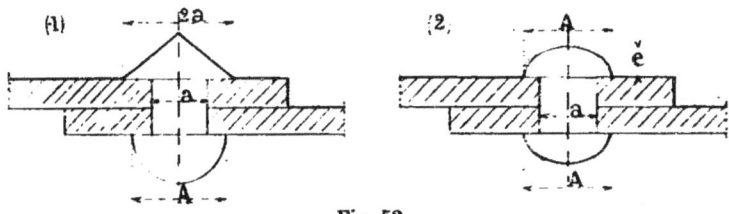

Fig. 52

fer rond munie d'une tête, et qui, traversant les tôles dans des trous percés d'avance, a sa seconde extrémité aplatie

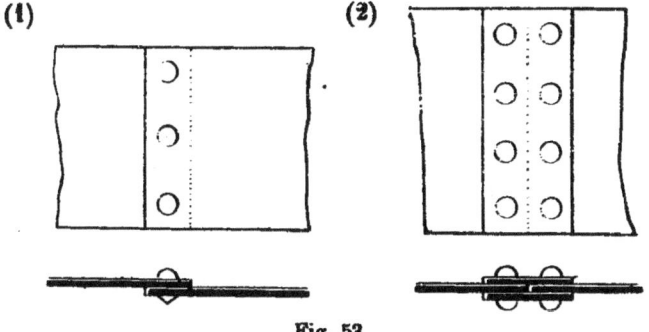

Fig. 53

sur les feuilles à réunir. Les rivets se posent généralement à chaud, au rouge clair, dans les constructions; le bout aplati est façonné soit au marteau soit à la machine, et on le termine à l'aide d'une forme en acier, dite *bouterolle*, qui régularise sa saillie sous l'effort du marteau ou de la pression d'une machine. Le serrage obtenu par le rivet est considérable et il s'accentue encore au refroidissement.

La forme que l'on donne à la partie extérieure du rivet est quelquefois un cône comme dans le croquis (1) de la *fig*. 52 ; mais, dans la plupart des cas, on adopte soit une demi-sphère exacte, soit une demi-sphère légèrement aplatie et dite en *goutte de suif*, croquis (2).

Les dimensions le plus généralement adoptées sont les suivantes :

Le diamètre du corps du rivet étant a,

La largeur A de la tête façonnée est $1,67\,a$;

L'épaisseur e de la tête façonnée est $0,66\,a$.

Il y a une relation entre le diamètre a du rivet et l'épaisseur ε des tôles à réunir. On prend ordinairement $a = 2\varepsilon$, lorsque les tôles sont au nombre de deux. Lorsque les tôles à réunir sont en plus grand nombre, on admet qu'elles peuvent être serrées par des rivets pouvant descendre, comme diamètre, au tiers de l'épaisseur à serrer, et cela pour des rivets de 0,008 à 0,020 de diamètre.

Les rivets de 0,025, les plus gros que l'on emploie en construction, peuvent serrer jusqu'à $0^m,10$ à $0^m,12$ de tôles superposées.

L'écartement des rivets est très variable, suivant la résistance et la place dont on dispose, suivant aussi l'étanchéité à obtenir.

Si on veut avoir un joint étanche, on serre les rivets le plus possible, tout en laissant à la tôle intermédiaire la résistance convenable. On ne descend pas au-dessous d'un écartement d'axe en axe égal à 4 fois l'épaisseur de la tôle.

Dans la construction des charpentes, on écarte davantage les rivets, lorsque la résistance le permet, et l'entraxe peut atteindre $0^m,08$ à $0,10$ en valeur absolue. On ne dépasse guère l'écartement de 0,10 à 0,11, car alors les tôles bâilleraient dans les intervalles, l'humidité pénètrerait facilement dans le joint et, l'oxydation aidant, l'ouvrage serait peu durable.

La *fig.* 53 donne dans ses croquis (1) et (2) la disposition des rivets assemblant deux tôles contiguës.

Dans le premier, les tôles sont superposées et les rivets disposés sur un rang ; l'assemblage est dissymétrique et les rivets tendent à s'arracher.

En construction, on préfère l'assemblage du croquis (2) ; les tôles sont juxtaposées, en prolongement l'une de l'autre et des bandes de fer, dites couvrejoints, les recouvrent symétriquement, de telle sorte que les tensions se transmettent mieux. De plus, les rivets présentent deux surfaces d'adhérence et produisent un assemblage deux fois plus résistant.

Le nombre des rivets que le calcul indique ne peut pas toujours se loger sur une seule ligne ; on en met alors deux ou trois, suivant les besoins, et on les dispose en quinconce

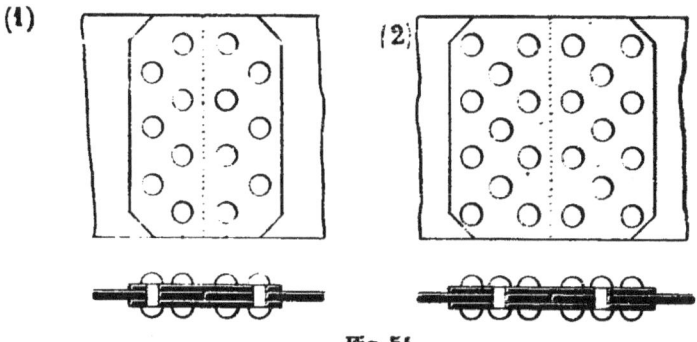

Fig. 54

comme l'indiquent les croquis de la *fig.* 54, dans lesquels les rivets sont établis sur deux et sur trois lignes pour chacune des tôles.

Ordinairement, la distance du bord de la tôle au bord des rivets de la ligne la plus voisine est égale à trois épaisseurs de tôle.

66. Tôles superposées, disposition des joints. —

Si les tôles à réunir sont en double épaisseur et que l'une d'elles soit interrompue, on rétablit la résistance courante au moyen de couvrejoints convenablement disposés.

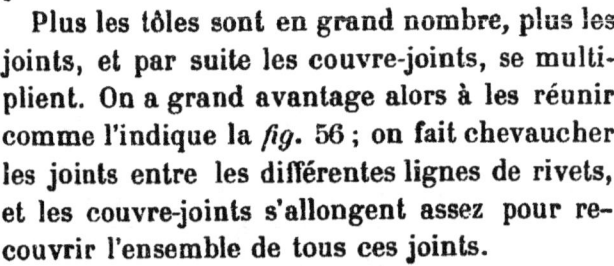

Fig. 55

La *fig.* 55 montre deux dispositions qui semblent résoudre la question, mais qui n'ont pas la même valeur : dans le n° 1, la tôle interrompue partage sa tension entre le couvre-joint et la tôle voisine qu'elle surcharge, tandis que l'emploi de deux couvre-joints indiqué au croquis n° 2 rétablit l'équilibre sans augmenter la tension de la seconde tôle. C'est donc la disposition de ce croquis n° 2 qui est la seule à adopter.

Quand les feuilles de tôle sont plus nombreuses, on supprime quelquefois le couvre-joint n° 2, parce que l'excès de tension ou de compression est moindre pour chaque pièce. Cependant il est préférable de le maintenir.

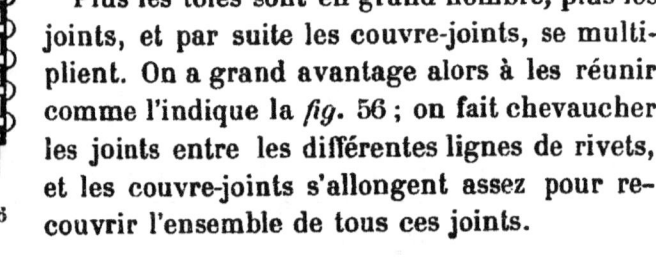

Fig. 56

Plus les tôles sont en grand nombre, plus les joints, et par suite les couvre-joints, se multiplient. On a grand avantage alors à les réunir comme l'indique la *fig.* 56 ; on fait chevaucher les joints entre les différentes lignes de rivets, et les couvre-joints s'allongent assez pour recouvrir l'ensemble de tous ces joints.

67. Rivets à têtes fraisées. —

La saillie des têtes de rivets gêne quelquefois dans certaines parties des constructions : on prend alors une autre forme que l'on appelle *tête fraisée*. On évase en cône les deux tiers supérieurs du trou correspondant au rivet et on aplatit celui-ci dans le trou jusqu'à l'arasement de la surface de la tôle.

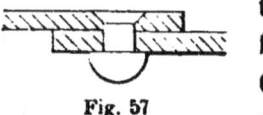

Fig. 57

Les rivets à tête fraisée ne sont admissibles qu'avec des

tôles suffisamment épaisses pour loger la fraisure et conserver encore au-dessous une épaisseur convenable de métal. Ils coûtent plus cher que les autres de perçage et de façon et on en restreint l'usage au strict nécessaire.

68. Renforts servant de couvrejoints. — Les tôles que l'on assemble par couvre-joints ont souvent besoin d'être raidies pour conserver leur forme plane et résister à un voilement, à une déformation quelconque. On y arrive en remplaçant les couvre-joints plans par des fers à T assemblé également avec rivets.

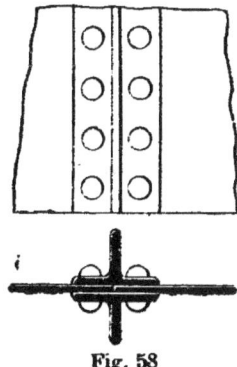

Fig. 58

La *fig*. 58 montre ainsi deux tôles assemblées ainsi à bout à bout, dont les couvre-joints formés de fers à T opposés, servent en même temps de renforts contre le voilement.

69. Assemblages des tôles perpendiculaires. — Deux tôles perpendiculaires l'une sur l'autre s'assemblent avec des rivets par l'intermédiaire de cornières.

Elles peuvent s'arrêter au point de croisement et for-

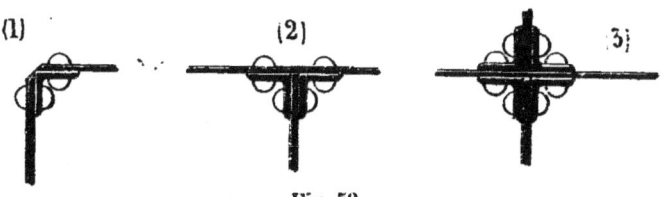

Fig. 59

mer un angle saillant, comme au croquis (1) de la *fig*. 59; une seule cornière suffit pour l'assemblage.

L'une des tôles peut se poursuivre au-delà de la ligne de croisement, comme au croquis (2); on fait alors l'assemblage au moyen de deux cornières opposées, jonctionnées par les mêmes rivets.

Enfin, le croquis (3) représente le cas où les tôles se

prolongent toutes deux au-delà de leur rencontre ; l'une des deux est forcément interrompue, et on les assemble au moyen de 4 cornières opposées.

70. Poutres en tôles et cornières. — C'est en combinant ces diverses dispositions que l'on exécute les poutres dites en tôle et cornières, si employées dans la construction, qui reproduisent à toutes dimensions le profil en I favorable à la résistance.

La section d'une de ces poutres est formée d'une tôle verticale *a*, l'*âme* ; de *tables* horizontales en haut et en

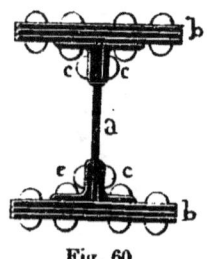

Fig. 60

bas, faites d'une ou de plusieurs feuilles de tôle, et enfin des 4 *cornières d'assemblage c, c, c, c*, le tout assemblé avec rivets.

Les cornières n'ont pas besoin d'être aussi larges que les tables ; quand celles-ci dépassent beaucoup, et sont formées de plusieurs tôles, on les empêche de bâiller au moyen d'une ligne spéciale de rivets posés en dehors des cornières.

La *fig.* 60 donne la section d'une poutre dans ce cas spécial.

71. Assemblages par rivets de barres dans un même plan. — Les rivets peuvent encore servir à assembler des barres dans un même plan. Soient par exemple à relier deux cornières jumelées à une série de barres dans un même plan, et inclinées dans divers sens comme celles du croquis (1) de la *fig.* 61. On dispose ces dernières de manière à les comprendre sans superposition entre les deux tables des cornières, écartées à cet effet de la quantité voulue, et on maintient chaque point de jonction par un rivet.

Si les barres se croisent à une distance suffisante de la double cornière, comme en *a*, on les dévie chacune d'une demi épaisseur et on les fixe par un rivet.

Si les tensions ou compressions des barres demandent une attache très solide qu'un seul rivet ne pourrait donner, on prend la disposition du croquis n° 2 ; c'est-à-dire qu'on commence par placer entre les cornières une tôle continue, fixée par une file de rivets, et les dépassant assez du côté des barres pour permettre un assemblage plus large. Les barres se posent sur cette tôle, tantôt d'un côté tantôt de l'autre et s'arrêtent aux cornières, sans pénétrer dans

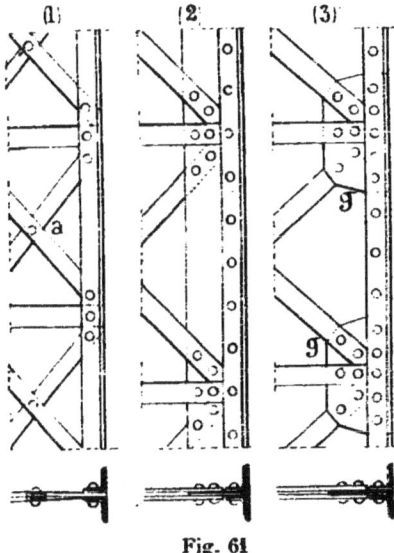

Fig. 61

leur intervalle ; elles sont fixées par le nombre des rivets nécessaire, soit deux, soit trois avec la tôle additionnelle.

Enfin, si les assemblages avec les cornières sont très éloignés, on peut remplacer la tôle continue par des portions de tôles découpées convenablement et placées aux points nécessaires (pièces g, croquis n° 3). On les nomme *goussets*. C'est sur ces goussets que se font les assemblages des barres.

Ordinairement, pour ne pas laisser vide l'intervalle des cornières entre les goussets, on le remplit par une tôle de même épaisseur, maintenue par des rivets espacés. Cette tôle n'a que la largeur même des cornières.

La *fig.* 62 montre une variante du croquis (2) de la

figure précédente ; la tôle additionnelle est large et découpée, de manière à faire une saillie correspondant aux croisements des barres inclinées, dont chaque paire est attachée par cinq rivets.

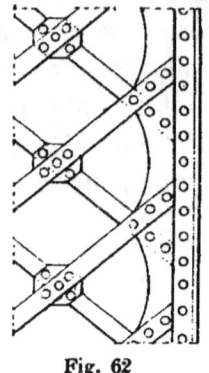

Fig. 62

Cette *fig.* 62 montre de plus la nécessité, toutes les fois qu'il y a une tôle additionnelle et si on veut que les barres restent droites, d'établir aux points de croisement des fourrures de l'épaisseur convenable pour fixer les barres l'une à l'autre. On les traverse par le même rivet. D'autres fois on les fait servir à la décoration de la poutre ; on leur donne plus d'importance et on multiplie les rivets. C'est le cas de l'exemple représenté.

72. Des rivets en acier. — L'emploi de rivets en acier est peut-être un peu plus délicat que celui des rivets en fer ; il faut des ouvriers plus exercés pour les poser à la main, en tenant bien compte des températures initiale et finale de la pose. Quand les rivets sont mis à la machine, il est plus facile d'obtenir les conditions de pose que l'on recherche ; tout se réduit alors à chauffer les pièces à la température initiale convenable, ne dépassant pas le rouge cerise, et à les abandonner à la température du rouge sombre. Ce sont les meilleures conditions de serrage.

On a l'avantage, quand on adopte les rivets en acier, pour des ouvrages exécutés en pièces d'acier, d'avoir une construction entièrement homogène, et en outre de pouvoir compter sur un serrage plus énergique.

Le pont Morand, que l'on a reconstruit à Lyon ces dernières années, a été établi ainsi avec des rivets d'acier reliant des pièces de même métal.

73. Emploi des boulons dans les assemblages. — Les boulons le plus fréquemment employés dans le bâtiment sont représentés par les 4 croquis de la *fig.* 63. Ils se composent d'ordinaire, comme l'indique le croquis (1), d'une tige cylindrique ou *corps du boulon* C, d'une tête T soudée à la tige, d'une partie filetée terminant la tige, et enfin d'un écrou E se promenant sur le filetage dès qu'on le fait tourner. On peut donc par une rotation éloigner ou rapprocher l'écrou de la tête et profiter de cette variation pour serrer entre les deux plusieurs pièces à réunir. Avec une clef on peut serrer l'assemblage et le maintenir fortement. La tête et l'écrou sont polygonaux, ce qui rend la

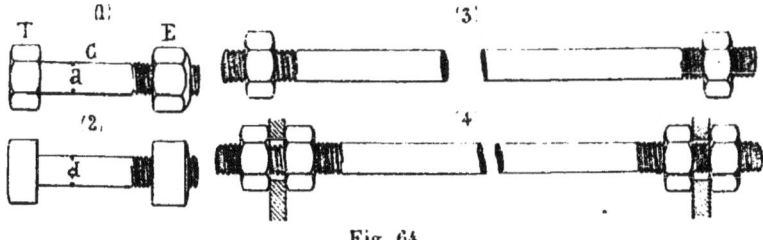

Fig. 64

manœuvre facile. Ils ont généralement six pans comme dans le croquis (1), ou 4 pans seulement comme dans le croquis (2). Les écrous à 6 pans sont plus faciles à manœuvrer lorsqu'on se trouve gêné dans un endroit restreint, ils exigent moins d'amplitude dans le mouvement de la clef.

La tige du boulon est plus ou moins longue, suivant la dimension des objets à serrer; la longueur du filetage varie également suivant la latitude dont on a besoin.

Le diamètre du boulon désigne toujours la dimension de la partie lisse, le filetage est pris sur ce diamètre et ne laisse qu'un noyau de diamètre d' plus petit.

Ces deux diamètres sont liés par la relation : $d' = 0,80 d$.

Pour les boulons à 6 pans, la diagonale de l'hexagone qui forme soit la tête, soit l'écrou est $2d$: l'épaisseur dans le sens longitudinal varie de $0,75 d$ à d pour la tête soudée, et de 1 et demi à $2d$ pour l'écrou. Le filet est triangulaire avec inclinaison sur le diamètre à 30° dans les deux sens.

Le côté de la tête ou de l'écrou carré est ordinairement égal à $2d$.

Les boulons peuvent travailler de deux façons :
1° par tension longitudinale ;
2° par cisaillement.

Lorsqu'ils travaillent par tension longitudinale, il faut considérer la section du noyau comme le point faible et la faire travailler seulement à 3 kilos par millimètre carré.

Par cisaillement ils peuvent présenter soit une, soit deux sections, et chacune d'elles ne doit pas travailler à plus de 4 à 5 kilos par millimètre carré de la section intéressée.

Le croquis (3) donne une autre forme, celle de boulon sans tête mais à deux écrous. Ce genre de boulons est fréquemment employé pour empêcher l'éloignement de deux pièces espacées. La tige est allongée à la demande et le filetage est développé suivant la latitude que l'on veut avoir.

Le croquis (4) diffère du précédent par le développement du filetage, sur lequel se promènent deux écrous à chaque extrémité. On les nomme boulons à 4 écrous. Ils servent à maintenir deux pièces à l'écartement voulu ; lorsque les écrous sont serrés, les deux pièces ne peuvent varier dans leur distance, ni dans un sens ni dans l'autre.

74. Assemblage par boulons de pièces en prolongement. — On peut obtenir un assemblage très convenable en renflant les extrémités des deux fers et les disposant à plat joint sur la moitié de leur épaisseur, ainsi que l'indique le croquis (1) de la *fig.* 64. La section des boulons est calculée de manière à correspondre à la section des barres comme résistance.

D'autres fois, on se contente de joindre les deux barres telles quelles, et de les traverser par un plus grand nombre de boulons.

Quand on prend la peine de forger l'extrémité des barres pour la renfler, on a avantage à adopter la disposition (2), qui présente un embrèvement et empêche les boulons d'être cisaillés. Leur rôle se réduit alors à maintenir les deux barres rapprochées.

L'inconvénient de ces dispositions est la disssymétrie qu'elles présentent par rapport à la traction, qui ne s'exerce pas suivant un axe. Il vaut mieux mettre les

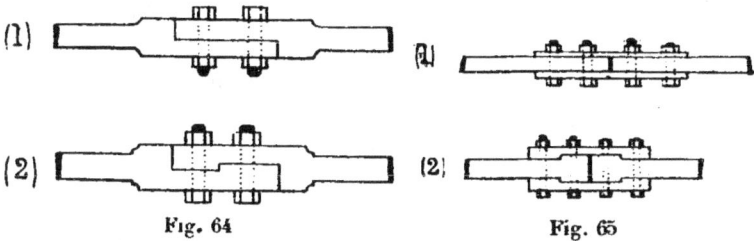

Fig. 64   Fig. 65

deux barres bout à bout et les réunir par deux couvre-joints, ainsi que le montre le croquis (1) de la *fig*. 65. On peut encore disposer les couvrejoints avec embrèvements, ainsi qu'il est indiqué au croquis (2).

Les boulons peuvent servir à assembler des pièces en prolongement, en leur laissant au point de jonction l'élasticité d'une articulation.

Il suffit pour cela que la tête de l'une des pièces soit disposée en fourche, la tête de l'autre venant s'engager entre les deux branches de la première, et que le tout soit tra-

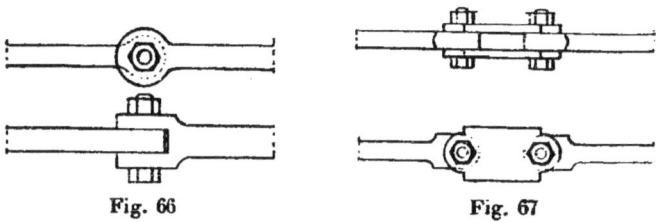

Fig. 66   Fig. 67

versé par un seul boulon ainsi que l'indique la *fig*. 66. Le boulon dans cette condition tend à être cisaillé suivant deux sections ; on s'arrange pour que la résistance qu'il oppose à ce cisaillement soit en rapport avec la résistance à la traction des deux pièces.

Quand on veut éviter la façon d'une fourche, qu'il est toujours difficile d'obtenir à la forge, on substitue à cette disposition celle de la *fig*. 67. Les deux extrémités des pièces à joindre présentent des têtes aplaties sous une même épaisseur et on les comprend entre deux joues en tôle de forme appropriée. Ces joues sont reliées par boulons, séparément avec les deux têtes qu'elles réunissent.

On peut encore, pour assembler deux pièces en prolongement, terminer l'une des tiges par une douille renflée, percée suivant l'axe et taraudée; l'autre tige présente une partie filetée correspondante. On prend souvent cette disposition lorsque dans l'assemblage il s'agit de comprendre et de serrer une tôle ou une pièce quelconque perpendiculaire. C'est le cas qui est représenté dans la figure 68.

75. Assemblage par boulons de pièces concourantes. — Les assemblages par joues parallèles en tôle

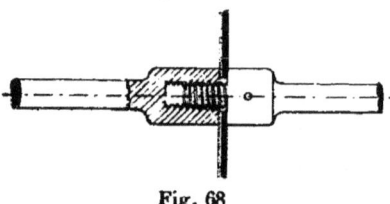

Fig. 68

sont très employés lorsque l'on veut réunir les extrémités de plusieurs pièces concourantes. On fait à chacune de ces pièces une tête, comme dans le cas précédent, et on donne à toutes les têtes la même épaisseur. On les comprend entre deux tôles découpées suivant la forme la plus

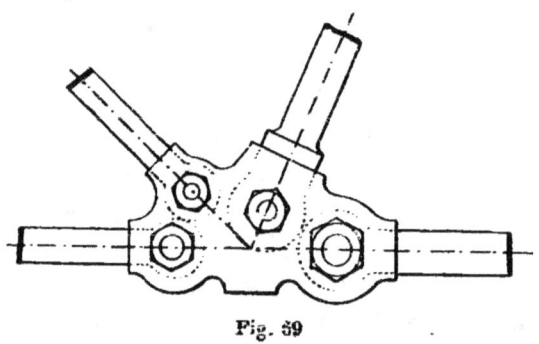

Fig. 69

commode et une série de boulons forme la liaison. Le dessin de l'assemblage, dont un exemple est donné *fig.* 69, doit être tracé avec soin et les axes des pièces doivent bien exactement concourir en un même point, si l'on veut que la pièce, une fois abandonnée à elle-même, soit en équilibre stable et conserve sa position.

76. Formes des extrémités des tiges. — Les extrémités des tiges de fer rond sont très souvent filetées et munies d'un écrou, de manière à s'assembler facilement avec d'autres pièces. Ces tiges deviennent alors de véritables boulons et la résistance à la traction est celle due à la section du noyau de la partie filetée. Dans les constructions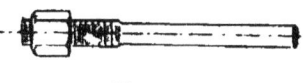

Fig. 70

soignées on renfle l'extrémité de la tige, de telle sorte que le filet se trouve tout entier taillé dans l'excédent. On a alors une résistance égale dans toute la longueur de la tige, aussi bien dans la partie filetée que dans le corps même de la pièce. La *fig.* 70 montre une extrémité de tige ainsi disposée.

Lorsque la tête de la tige doit se jonctionner par un boulon transversal avec d'autres pièces, on renfle l'extrémité, on l'aplatit à la dimension requise pour l'assem-

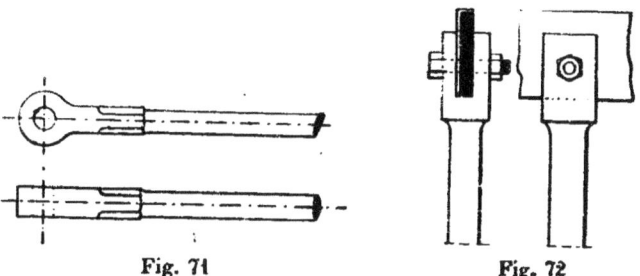

Fig. 71   Fig. 72

blage, et on arrondit la tête de manière à pouvoir y percer sans diminuer sa résistance le trou de passage du boulon ; pour passer ensuite de la section carrée à la section circulaire, on commence par abattre les angles de manière à former un octogone, et au moyen de congés correspondant aux angles on passe de la section octogonale à la section ronde (*fig.* 71).

198   CHAP. III. — ASSEMBLAGES DES ÉLÉMENTS MÉTALLIQUES

On trouve souvent avantage à terminer des tiges en fer rond ou carré par une fourche permettant de comprendre et de boulonner une pièce transversale. C'est le cas qui est dessiné en deux vues perpendiculaires dans le croquis de la *fig.* 72.

D'autres fois on refoule le métal en forme de plateau, soit perpendiculairement à la direction de la tige, soit suivant une direction oblique déterminée. Ce plateau est dressé sur sa surface inférieure et percé de trous ; il forme un pied permettant de fixer par boulons la pièce sur une paroi quelconque d'une autre pièce de charpente.

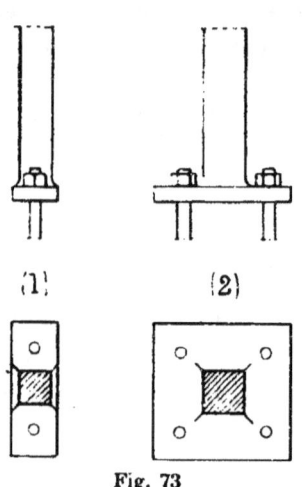

Fig. 73

Pour plus de solidité on ménage toujours des congés de raccord entre la tige et la face supérieure du plateau. Celui-ci peut être carré ou rectangulaire (*fig.* 73, 1 et 2).

77. Moyens de raidir les tiges. Lanternes. — Il est fréquemment très utile, non seulement de joindre deux

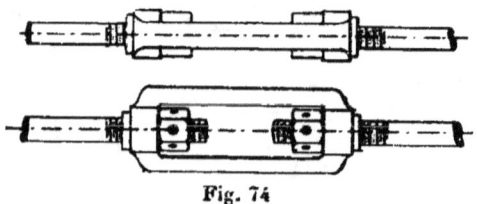

Fig. 74

tiges bout à bout, mais encore de choisir un assemblage qui permette de régler exactement la longueur de l'ensemble au montage. On dispose dans ce cas de plusieurs moyens : un premier est représenté par la *fig.* 74, il consiste dans l'adjonction d'une pièce intermédiaire, nommée *lanterne*, formée d'un cadre rectangulaire en fer dont les petits côtés, renforcés et percés à la demande, laissent passer les extrémités des tiges. Un écrou intérieur retient chacune de ces dernières et en serrant plus ou moins les écrous on peut régler la longueur de la tige ainsi composée. Pour rapprocher le plus possible les deux longs côtés de la lan-

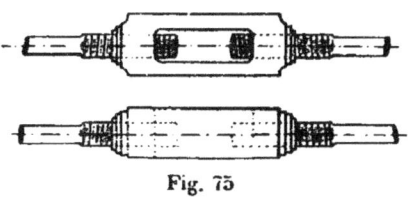

Fig. 75

terne, on prend des écrous ronds et on les serre au moyen d'une broche qui s'engage successivement dans les trous disposés en série sur leur pourtour cylindrique; on évite ainsi d'avoir besoin d'autant d'espace qu'avec une clef ordinaire de manœuvre.

Une variante de cette disposition est figurée dans le croquis 75 : les petits côtés de la lanterne, suffisamment épaissis, servent eux-mêmes d'écrous. Ils sont percés et

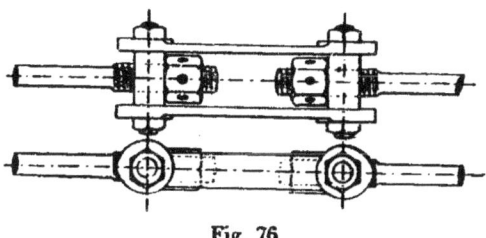

Fig. 76

filetés en sens contraires, de telle sorte qu'en tournant la lanterne elle-même, dans un sens ou dans l'autre, on obtient un allongement ou un raccourcissement de l'ensemble.

La *fig*. 76 donne enfin une troisième disposition dans laquelle la lanterne, au lieu de se trouver faite d'une seule pièce, est composée de 4 morceaux, deux platebandes et deux traverses. Ces dernières, rectangulaires et épaisses, sont terminées par des tiges filetées avec écrous permettant l'assemblage avec les longs côtés. La construction en est plus facile, sinon plus simple, et dans le montage cette disposition présente une certaine flexibilité avantageuse dans certains cas.

78. Assemblages à traits de Jupiter. — On peut faire l'assemblage de pièces bout à bout sans l'intermédiaire de boulons, et obtenir malgré cela de la résistance à l'extension. Telles sont les nombreuses formes des assemblages à traits de Jupiter.

Les dispositions le plus fréquemment adoptées sont celles représentées par les deux croquis de la *fig.* 77.

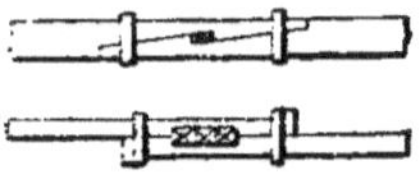

Le premier donne la coupe d'un assemblage tracé dans une section carrée

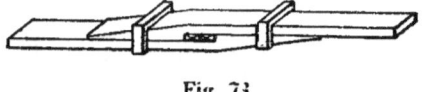

Fig. 77

avec la forme qu'on est habitué à lui voir dans les assemblages similaires des pièces de bois. Chaque pièce porte une coupe oblique avec crossette vers le dehors et redan à l'intérieur.

Les deux pièces appliquées l'une contre l'autre laissent un vide rectangulaire dans laquelle on chasse un double

Fig. 78

coin. L'assemblage est très solide à l'extension comme à la compression. On le complète néanmoins par deux bagues qui s'opposent à la disjonction latérale des pièces.

Dans le second croquis les deux pièces sont juxtaposées et terminées par un talon extérieur. Les faces en contact sont entaillées d'encoches rectangulaires se correspondant et dans lesquelles on chasse des coins. Deux bagues s'opposent à l'écartement des deux pièces. Cet assemblage est moins pratique, quoique plus facile à exécuter; l'inconvénient est de n'avoir pas exactement les pièces en prolongement.

En modifiant le tracé de la coupe de ces assemblages

suivant le profil de la *fig.* 78, on obtient une disposition pratique qui permet d'avoir, avant le serrage à fond des bagues, une certaine latitude dans la longueur en chassant les coins plus ou moins; il en résulte un serrage possible. Cet assemblage est fréquemment employé.

79. Assemblages des pièces perpendiculaires. — Les barres perpendiculaires peuvent être assemblées à tenon et mortaise, comme l'indique le croquis 1 de la *fig.* 79. Une goupille en fer passée à travers l'assemblage retient les deux pièces l'une avec l'autre.

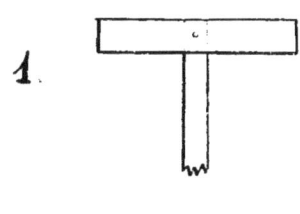

La mortaise rectangulaire est difficile à exécuter; aussi presque toujours la laisse-t-on ronde, faite d'un trou percé au foret; le tenon prend la même forme.

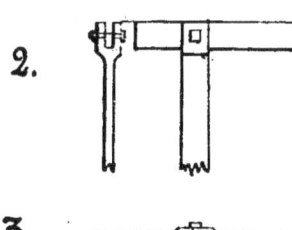

Quand l'assemblage doit maintenir son angle, on élargit la pièce qui porte le tenon immédiatement avant ce dernier, et on triple la largeur de contact des deux morceaux.

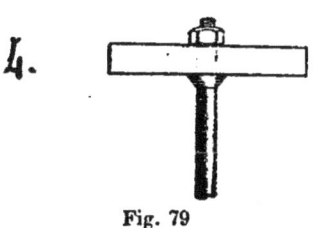

Le croquis 2 donne un assemblage à fourche et boulon.

Le croquis 3 donne la disposition dite *à embrasses*; l'une des tiges est faite de deux pièces juxtaposées. Ces deux parties s'écartent au point voulu, de manière à présenter une mortaise rectangulaire dans la pièce transversale. Enfin, le croquis 4 montre une barre de fer rond venant se joindre à une pièce en fer carré ou rectangulaire, avec laquelle elle doit se jonctionner fortement. Immédiatement avant le croisement la barre ronde s'élargit et présente une embase s'appuyant sur la traverse carrée; au-delà de l'em-

Fig. 79

base, le fer rond se continue, traverse la seconde barre et se termine par un filetage ; un écrou opère le serrage. Cet assemblage rend des services dans un grand nombre de cas.

80. Assemblages obliques. Fourches. — Les pièces obliques se rencontrent très fréquemment dans les constructions métalliques, et souvent aussi on doit les jonctionner solidement, tout en se ménageant un moyen de réglage. Une des circonstances qui se présentent couramment est celle d'un fer à I incliné, travaillant à la compression et retenu en place par une tige ronde presque horizontale. De plus, la tension, ou la longueur de cette dernière, doit pouvoir

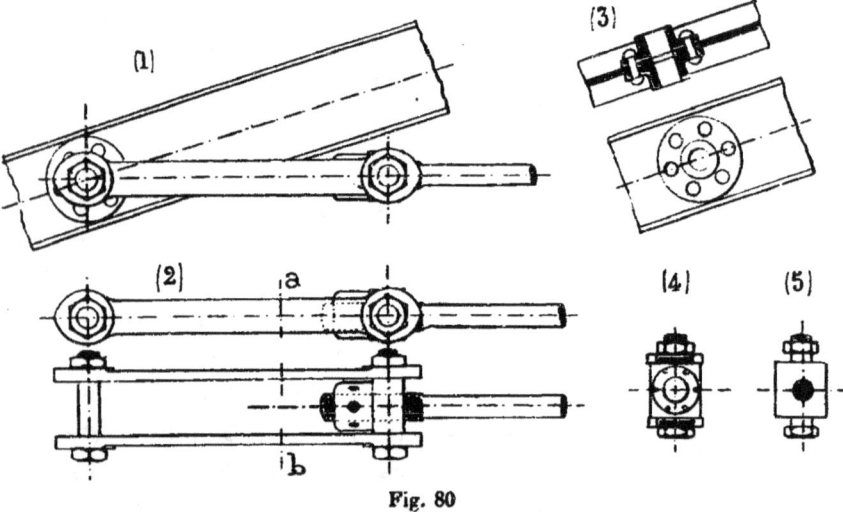

Fig. 80

varier dans de certaines limites, pour faciliter le montage. Les cinq croquis de la *fig.* 80 rendent compte de la disposition adoptée. Pour pouvoir rester dans le même plan que le fer à I, la tige de fer rond doit se diviser en deux branches symétriques de chaque côté de ce fer. Elle forme une *chape ou fourche* embrassant ce dernier.

La chape peut être indépendante de la tige ronde ; elle se compose de deux platebandes formant les branches, et d'une traverse dans laquelle vient passer la tige filetée. Les extrémités libres des branches, écartées suffisamment pour laisser passer la table du fer à I, viennent s'appliquer contre deux rondelles en fonte, formant fourrures, rivées à l'âme; elles sont représentées dans le croquis (3). Le tout est réuni par un boulon transversal.

Le croquis (2) représente la vue latérale du tirant et de sa chape séparés du fer oblique, et, en dessous, le plan de ces deux pièces.

Le croquis (3) est la coupe suivant $a\,b$; il donne la forme de la traverse sur laquelle s'appuie l'écrou de rappel du fer rond. Le croquis (4), enfin, représente la face de la traverse, isolée des autres pièces.

La *fig.* 81 représente deux variantes de cet assemblage;

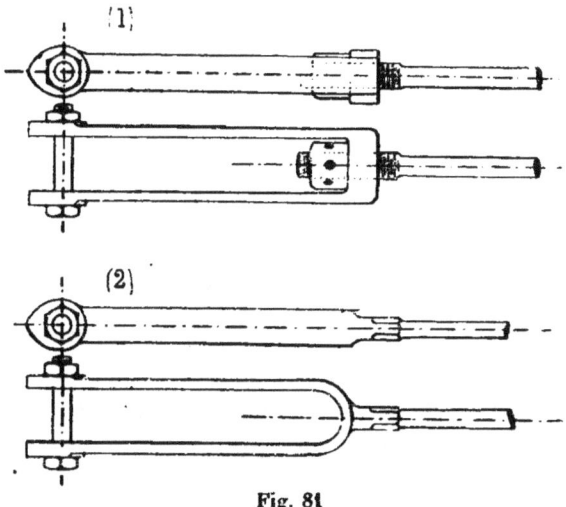

Fig. 81

elle montre les formes différentes que peut présenter la pièce composée horizontale.

Dans le croquis (1) les branches et la traverse de la chape sont réunis ensemble à la forge et ne forment plus qu'une seule pièce. La traverse percée laisse passer l'extrémité de la tige ronde, filetée et retenue par un écrou de rappel.

Le croquis (2) montre, jonctionnées ensemble, non seulement les trois parties de la chape, mais encore la tête de la tige ronde. Dans ce cas, il n'y a plus dans l'assemblage de moyen de rappel; on le remplace, s'il est nécessaire, par une lanterne placée en un point de la direction de la tige, interrompue à cet effet.

81. Pièces contournées et réunies à la forge. — Les pièces de fer prennent à la forge toutes les formes simples que l'on veut. On les plie, on les courbe et on les soude entre elles dans toutes les positions possibles. Lorsqu'une extrémité de barre doit prendre scellement dans un mur, par exemple la branche inférieure de la courbe représentée *fig.* 82, on la fend et on écarte les deux parties, de telle sorte qu'on élargisse le bout de la barre; on augmente ainsi notablement le contact avec la maçonnerie et pour peu que

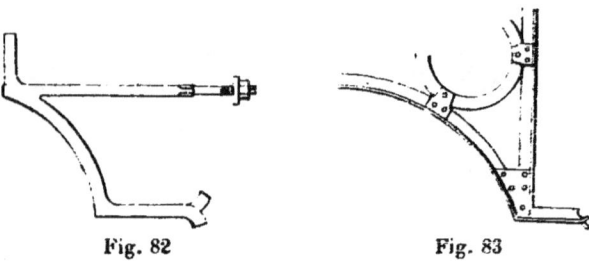

Fig. 82   Fig. 83

le trou ait été fait à queue d'hironde, c'est-à-dire plus large au fond, on obtient un scellement de toute solidité.

La *fig.* 83 montre une autre console, dans laquelle se trouve un cercle en fer plat soudé et des cornières de petites dimensions cintrées à la demande.

On cintre également tous les fers spéciaux, mais il est

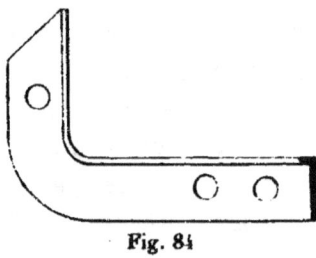

Fig. 84

souvent difficile de leur donner une forme de courbure acceptable. Les plus simples à cintrer sont les cornières et les fers à simple T; le cintrage est d'autant plus facile que le rayon de courbure est plus grand; dans la *fig.* 84 on voit aussi une grosse cornière coudée à angle droit. Les fers à I sont difficiles à cintrer, en raison de la différence de longueur des deux ailes après l'opération ; l'une est à refouler, tandis que l'autre est à allonger. On peut en forge, en faisant la commande des fers même les plus gros et à plus larges ailes, obtenir un cintre régulier avec une grande flèche. On a ainsi obtenu des arcs convenables pour des ponts de petites ouvertures.

82. Assemblage des pièces parallèles. — Les fers spéciaux et plus particulièrement les fers à I demandent souvent à être *jumelés*, c'est-à-dire à être mis et maintenus parallèles deux à deux dans toute leur longueur; les moyens à employer dépendent de la solidité nécessaire.

On peut, de distance en distance, relier les âmes au moyen de boulons à embases, ou bien par des boulons or-

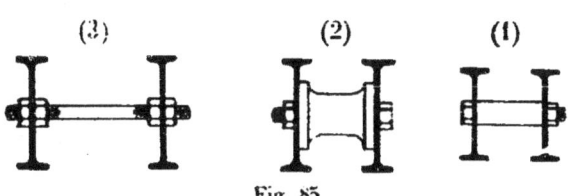

Fig. 85

dinaires passant à travers un tube en fer coupé de longueur, croquis (1) de la *fig.* 85. Le tube empêche les fers de se rapprocher et les écrou et tête du boulon s'opposent à l'écartement.

Le croquis (2) montre une variante dans laquelle le tube en fer est remplacé par une pièce de fonte plus large et plus épaisse, s'appliquant mieux sur les âmes. Enfin, le croquis (3) montre le même résultat obtenu par le moyen de boulons à 4 écrous, permettant de serrer les âmes fortement, tout en les maintenant exactement à la distance voulue. On répète ces assemblages de distance en distance à intervalles réguliers, sur toute la longueur des fers.

Lorsque les fers sont de plus fort échantillon et doivent

être solidement liaisonnés, on remplace les assemblages précédents par celui de la *fig.* 86 : deux barres de fer en croix, ou une entretoise en fonte de forme appropriée,

Fig. 86

empêchent les deux fers de se rapprocher, tandis qu'au même point une ceinture extérieure, appelée frette, posée à chaud, vient par son refroidissement serrer les deux pièces contre les deux fers du croisillon intérieur. On

appelle cet assemblage à *brides et croisillons*. Il est très usité pour les filets et charpentes employés dans les bâtiments.

Pour les grosses poutres de constructions importantes, on emploie, pour maintenir leur écartement lorsqu'elles sont jumelées, des entretoises en fonte formées d'une âme

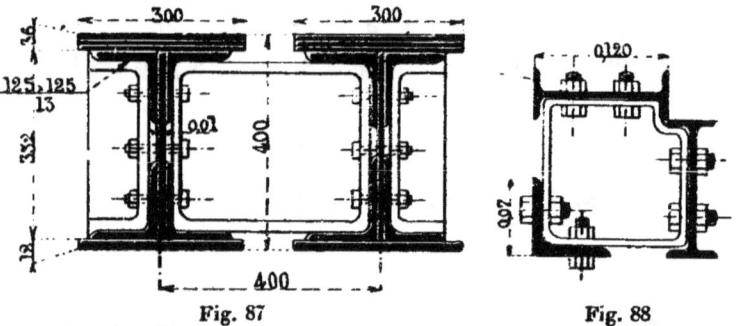
Fig. 87   Fig. 88

et d'une bride extérieure qui contourne l'âme : les dimensions de cette bride permettent de recevoir les boulons d'assemblage qui la relient aux âmes à maintenir. D'autres fois, comme dans la *fig.* 87, on les serre par ces mêmes boulons contre les brides correspondantes de demi pièces placées à l'extérieur et qui servent à maintenir la forme des poutres composées et empêcher leur voilement.

Enfin, les pièces à entretenir parallèles peuvent être dans des positions différentes les unes par rapport aux autres.

La *fig.* 88 montre ainsi 2 fers à I et une cornière devant rester parallèles dans les positions relatives indiquées par le croquis. On les appuie alors contre une série de brides intérieures forgées, de la forme nécessaire, placées à des distances convenablement réparties sur la longueur; on boulonne au passage avec ces brides.

83. Assemblage par éclisses de fers à I dans un même plan. — Les boulons s'emploient pour rapprocher les surfaces, et pour former des attaches comme le font les rivets. On les emploie de préférence pour les assemblages faits sur la construction elle-même, sur le tas comme l'on dit, tandis que les rivures sont préférables à l'atelier de préparation des pièces.

Les boulons s'emploient aussi pour tous les assemblages qui ont besoin d'une certaine élasticité, et pour ceux que l'on est susceptible d'avoir à démonter ultérieurement.

Comme exemple d'assemblages boulonnés, la *fig.* 89

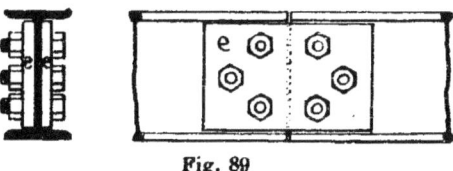

Fig. 89

montre deux fers à I maintenus en prolongement l'un de l'autre.

Ils sont pris tous deux par leurs extrémités contiguës entre deux plaques de fer *ee* nommées éclisses, et les trois

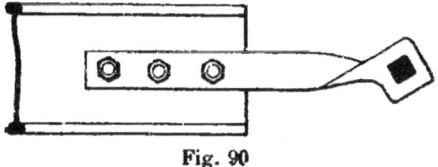

Fig. 90

épaisseurs superposées sont serrées par trois boulons pour chaque pièce. De même la *fig.* 90 montre un fer à I à l'extrémité duquel, au moyen de trois boulons, on a fixé un fer d'ancrage.

Les boulons permettent d'assembler directement deux pièces quelconques, qui s'appliquent par une face plane au point de croisement, ou dont les surfaces planes se trouvent dans un même plan, quelle que soit l'inclinaison de ces pièces. Les éclisses de jonction sont alors découpées suivant les formes voulues.

La *fig*. 91 montre l'assemblage de deux fers à I inclinés, situés dans le même plan. On taille les extrémités de ces fers de manière à les rapprocher convenablement. On cherche la meilleure forme à donner aux éclisses qui les comprendront et on coupe les portions d'ailes qui se trouvent dans le gabarit de ces tôles.

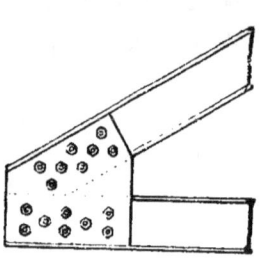

Fig. 91

On repartit au mieux les boulons qui doivent relier les tôles d'éclisses à chaque extrémité de fer, et on perce les trous correspondants. Enfin, on procède au montage.

Lorsqu'il n'est pas possible de couper les ailes, sans trop affaiblir les pièces, on assure la juxtaposition en mettant préalablement des fourrures à la demande. Ces fourrures rachètent la saillie et amènent l'âme à affleurer les tables ; par dessus on place les éclisses.

Enfin, on peut, dans certains cas, jonctionner par des boulons toutes les tôles et pièces diverses que nous avons vues assemblées par rivets au commencement du présent chapitre. Avec cette observation que les rivets s'emploient de préférence toutes les fois que le travail doit être exécuté à l'atelier et qu'il ne doit jamais se démonter, tandis que les boulons seront plus commodes pour les montages sur le tas, et indispensables dans le cas de démontage possible.

84. Assemblage des fers concourants. — La *fig*. 92 montre en élévation et en plan deux cornières qui se croisent à angle droit et dont le contact a lieu par la superposition de leurs tables. Ces dernières sont percées au point de croisement pour livrer passage à un boulon de serrage.

La figure suivante montre de même l'assemblage d'un fer à T avec une cornière. Si le fer à T a une table assez large, on fait la jonction par deux boulons. C'est ce qu'indique le croquis n° 1 : un boulon de chaque côté de l'âme.

Quand le fer à T est de petite dimension, chaque moitié de table n'est plus assez large pour recevoir le boulon de liaison. On supprime alors l'âme dans la largeur du croisement, en l'enlevant au burin ou de toute autre manière, et il ne reste plus que la table dans toute sa largeur. Elle est alors assez large pour recevoir un boulon de jonction.

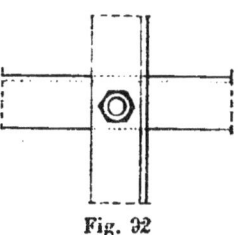

Fig. 92

Pour pouvoir appliquer ce procédé, il faut s'assurer que

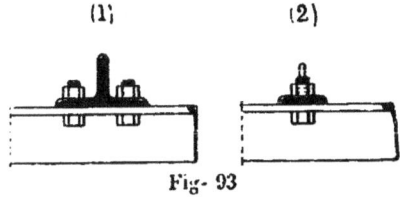

Fig. 93

la suppression de l'âme n'est pas défavorable à la résistance que l'on attend de la pièce ainsi mutilée.

Les pièces dont il vient d'être question peuvent se croiser dans des conditions telles que leurs plats ne puissent coïncider. On emploie alors les équerres comme pièces intermédiaires de jonction. Ainsi la *fig.* 94 montre deux cornières

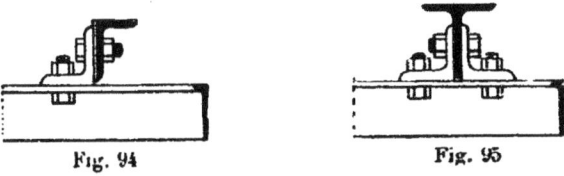

Fig. 94   Fig. 95

se croisant dans ces conditions, et l'équerre intermédiaire qui ajoute les faces planes dont on a besoin. Cette équerre est formée d'un bout de cornière coupée à la longueur voulue; on la choisit de dimension suffisante pour que ses plats, appliqués de part et d'autre sur les pièces à réunir, puissent recevoir les boulons de serrage.

La *fig.* 95 représente de la même façon un fer à T passant sur une cornière à laquelle il ne présente que la rive de son âme. La liaison se fait très facilement par l'intermédiaire de deux cornières opposées, coupées à la longueur voulue. L'âme du fer à T se trouve ainsi comprise entre les branches parallèles des deux cornières, serrées par un boulon.

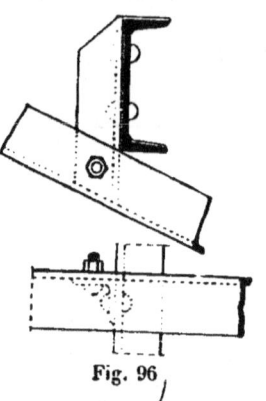

Fig. 96

La *fig.* 96 montre un assemblage du même genre, entre un fer en U et une cornière inclinée ne présentant que sa côte. On a rivé d'avance au fer en U une cornière verticale coupée à la demande, et disposée de telle sorte que l'une de ses branches corresponde au fer en U, l'autre à la cornière; on serre les faces qui se correspondent au moyen de boulons.

85. Assemblages par goussets et boulons. — Lorsque le nombre de boulons nécessaire pour l'assemblage augmente, ou bien si plusieurs pièces viennent concourir, soit en un point, soit dans un espace restreint, on a recours à une pièce intermédiaire plate en tôle, nommée *gousset*, dont on a déjà vu l'emploi avec les rivets. Cette pièce vient élargir l'une des pièces avec laquelle on la jonctionne solidement, et elle présente le

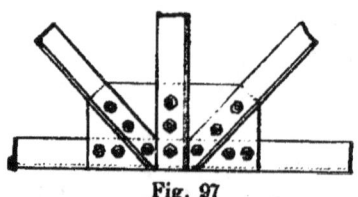

Fig. 97

développement nécessaire pour l'assemblage de toutes les autres pièces. Ainsi le montre la *fig.* 97.

Jonction de cornières à angle droit. — Lorsque deux cornières forment un angle, on les coupe ordinairement d'onglet, suivant la bissectrice de cet angle, et on les maintient en place avec un gousset triangulaire assemblé par boulons ou rivets — croquis (1) de la *fig*. 98.

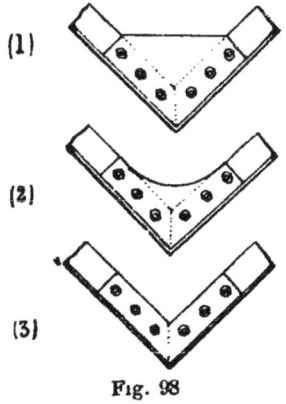

Fig. 98

Le gousset peut se creuser en congé arrondi, de manière à moins empiéter sur le vide intérieur (croquis 2 de la même figure).

Enfin ce gousset, taillé intérieurement suivant le vide des cornières, peut prendre la forme d'une équerre à platebandes comme le montre, toujours dans la *fig*. 98, le croquis n° 3.

L'assemblage serait le même si les cornières étaient remplacées par d'autres fers.

86. Assemblage des fers à I au moyen d'équerres. — On a très fréquemment à faire porter sur un fer à I un autre fer de même forme perpendiculaire au premier, tous deux ayant leurs âmes verticales.

Ils peuvent se superposer, auquel cas il n'y a aucune difficulté. Ils peuvent aussi s'assembler en se trouvant tous deux compris dans la même épaisseur. Le fer portant est ordinairement au moins égal à l'autre comme hauteur, la plupart du temps il est plus haut; l'autre vient alors appuyer par son extrémité sur l'aile inférieure du premier. Cette extrémité est taillée au burin, à la lime ou à la meule, de manière à prendre exactement le profil du fer portant.

Les deux âmes étant ainsi placées perpendiculairement l'une contre l'autre, on assure et on maintient la solidité de l'assemblage au moyen de deux équerres opposées, comprenant entre elles l'âme du fer porté et dont les secondes branches s'appliquent à plat sur l'âme du fer portant; toutes ces pièces sont serrées les unes avec les autres par des boulons.

Très fréquemment, la pièce portante reçoit des fers perpendiculaires de chaque côté et aboutissant aux deux faces opposées de son âme. On a soin que ces abouts soient

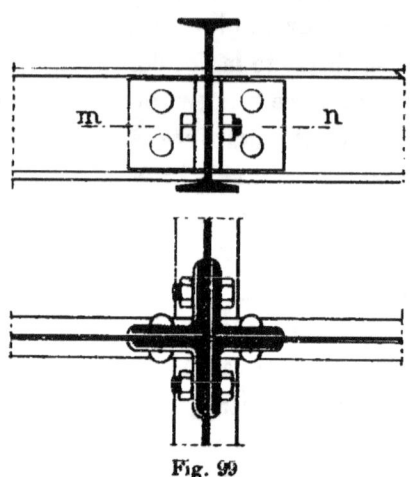

Fig. 99

bien en prolongement l'un de l'autre; les équerres d'assemblage, bien symétriques, sont serrés sur l'âme de la poutre portante par les mêmes boulons, *fig.* 99.

On peut encore assembler à l'atelier et jonctionner d'avance les pièces portées avec leurs équerres, ce qu'on fait avec des rivets, plus solides que des boulons. On réserve le mode d'assemblage par boulons pour la jonction des équerres avec la pièce principale, parce que cet assemblage doit se faire sur le tas, au moment du montage et que dans cette circonstance il est le plus commode.

87. Équerres du commerce pour l'assemblage des fers. — On trouve dans le commerce des équerres toutes préparées pour faire l'assemblage de deux fers de directions perpendiculaires. Ce sont des bouts de cornières coupées bien exactement à la longueur voulue et percées des trous nécessaires pour les boulons. Toutes les pièces d'une même mesure sont rigoureusement identiques. Voici par exemple une des série de ces équerres :

La *fig.* 100 représente la forme du premier modèle de cette série ; il s'applique aux équerres de 0,060, 0,070, 0,080 et 0,090 de longueur. Ces équerres sont découpées dans des cornières de $\frac{60 \times 60}{7}$, les branches sont percées

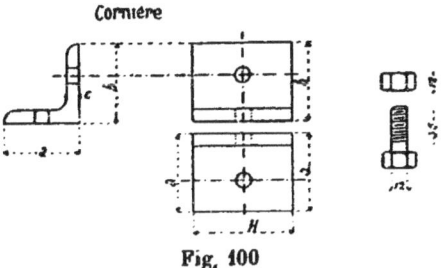

Fig. 100

chacune d'un seul trou de 0,014 pour boulon de 0,012. Le tableau suivant donne les renseignements complémentaires :

H	a	b	c	Poids d'une équerre	Poids d'un boulon
0,060	0,060	0,060	0,007	$0^k,360$	$0^k,080$
0,070	0,060	0,060	0,007	0, 450	"
0,080	0,060	0,060	0,007	0, 500	"
0,090	0,060	0,060	0.007	0, 600	"

Ces équerres servent à assembler les fers de 0,08 et de 0,10.

Lorsque la hauteur du fer vient à augmenter, on commence à avoir la place de deux boulons pour l'une des branches de l'équerre, celle qui correspond à la solive. L'autre branche n'en a qu'un pour l'assemblage avec l'âme de la poutre. Mais il y a deux boulons, un pour chaque équerre.

On prend cette disposition pour les hauteurs d'équerre de 0,100, 0,110, 0,120, 0,130. Les trous percés sont d'un diamètre de 0,016 pour boulons de 0,014.

Cette forme d'équerre est représentée dans la *fig.* 101. Les pièces sont découpées dans la cornière de $\frac{70 \times 70}{8}$; le

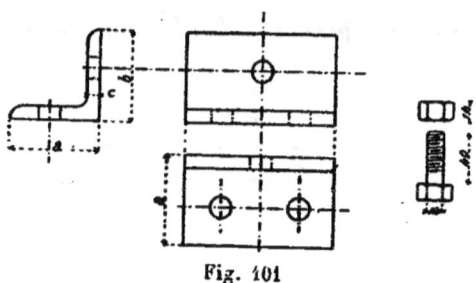

Fig. 101

tableau suivant donne les renseignements complémentaires :

H	a	b	c	Poids d'une équerre	Poids d'un boulon
0,100	0,070	0,070	0,008	0k,800	0k,130
0,110	0,070	0,070	0,008	0, 850	//
0,120	0,070	0,070	0,008	0, 950	//
0,130	0,070	0,070	0,008	1, 050	//

Ces cornières assemblent les solives de 0,12 et 0,14.

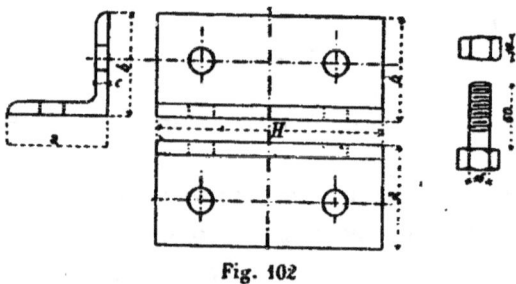

Fig. 102

Enfin, pour les hauteurs de 0,140, 0,150, 0,160, 0,180, on prend des cornières de $\frac{80 \times 80}{9}$. Les deux branches sont percées, chacune, de deux trous; le diamètre de ces derniers est de 0,0175 et les boulons employés sont de 0,0160. Les équerres sont représentées par la *fig.* 102. Elles sont découpées de manière à faire les assemblages des fers de 0,16, 0,18 et 0,20. Les renseignements complémentaires sont donnés dans le tableau suivant :

H	a	b	c	Poids d'une équerre	Poids d'un boulon
0,140	0,080	0,080	0,009	1^k,600	0^k,200
0,150	0,080	0,080	0,009	1, 750	"
0,160	0,080	0,080	0,009	1, 950	"
0,180	0,080	0,080	0,009	2, 380	"

Pour les autres dimensions de fers, il faut commander des cornières spéciales.

88. Cornières spéciales à la demande. — Lorsque les fers portés ne peuvent s'appuyer sur la table inférieure de la pièce portante et doivent être fixés à une certaine hauteur, au lieu de faire travailler les boulons au cisaille-

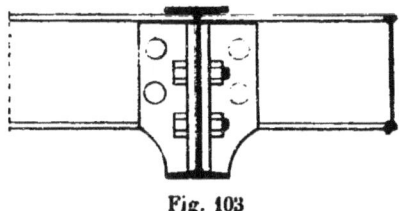

Fig. 103

ment et de leur faire porter la charge, il est bien préférable de faire des équerres spéciales plus longues descendant jusqu'à la table inférieure du fer portant et lui transmettant la charge. La pièce portée est posée par sa table haute sur le haut des équerres, de telle sorte que l'assemblage est parfaitement fixe. La *fig.* 103 rend compte de cette disposition.

89. Assemblage de pièces d'équerre en tôle et cornières. — Ce principe d'assemblage s'étend aux pièces en tôle et cornières à âme pleine ou bien à treillis.

216   CHAP. III. — ASSEMBLAGES DES ÉLÉMENTS MÉTALLIQUES

La *fig.* 104 en donne un exemple d'une application fréquente. Elle montre une grande poutre de $0^m,650$, en coupe transversale dans le croquis (1), représentée par ses membrures haute et basse. Au haut de cette poutre viennent s'assembler deux solives opposées de 0,250 de hauteur en tôle et cornières, avec âme également en treillis.

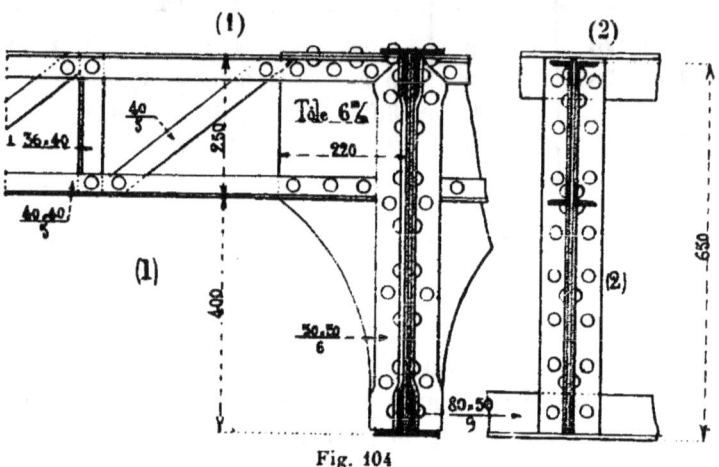

Fig. 104

Les extrémités de cette poutre sont renforcées d'une âme pleine de 6 millimètres d'épaisseur, qui dépasse par en bas et vient ainsi que les deux cornières d'assemblage reposer sur la table inférieure de la poutre. Le croquis (2) montre la coupe de ce même assemblage par un plan perpendiculaire à la solive.

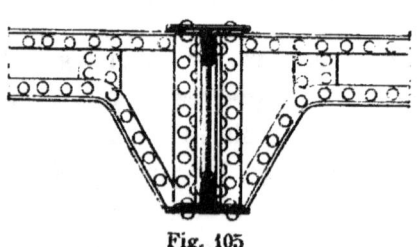

Fig. 105

Lorsqu'on peut craindre un déversement de la grande pièce, on se sert des extrémités des pièces secondaires pour la consolider ; on leur donne un développement assez considérable pour reporter d'abord la charge sur la table inférieure de la maîtresse pièce, et obtenir en second lieu un fort triangle qui maintienne l'angle absolument rigide. Dans la *fig.* 105, qui en donne un exemple, les cornières basses des petites pièces suivent la rive inférieure du gousset ainsi ajouté.

90. Assemblage de fers en I et de pièces en tôles et cornières. — Les assemblages des fers à I avec les grosses pièces en tôle et cornières ne sont pas différents, en principe ; mais l'application des équerres sur les âmes est souvent gênée par les cornières de la pièce composée.

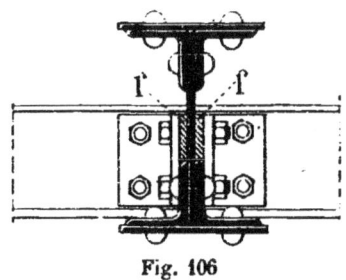

Fig. 106

On est souvent alors obligé de racheter les saillies de ces cornières par des bandes en fer appelées *fourrures*, qui rétablissent des faces planes.

Dans la *fig.* 106, où le fer à I vient poser sur la membrure basse de la pièce, on a d'abord ajouté des plate-bandes en fer, *f,f*, indiquées par des hachures, qui permettent de faire l'assemblage à la manière ordinaire. Ces fourrures *f,f*, ne sont fixées que par les boulons de l'assemblage ; dans l'intervalle des fers à I, elles sont rivées à l'âme de la pièce principale.

Lorsque le fer à I doit être assemblé, non plus sur la membrure basse de la grosse pièce, mais à une certaine hauteur, on a grand avantage à prendre la disposition de la *fig.* 107. Elle évite d'avoir à faire travailler les boulons de jonction au cisaillement, en même temps qu'elle facilite le montage et permet de mieux aligner les fers à I lorsqu'ils sont en séries.

On établit, pour recevoir ces derniers, non plus des

platebandes, mais une cornière analogue à celle de la membrure et dont la branche perpendiculaire sert de repos aux fers à I ; la branche verticale sert alors de fourrure et en même temps elle permet la fixation par rivure dans les intervalles.

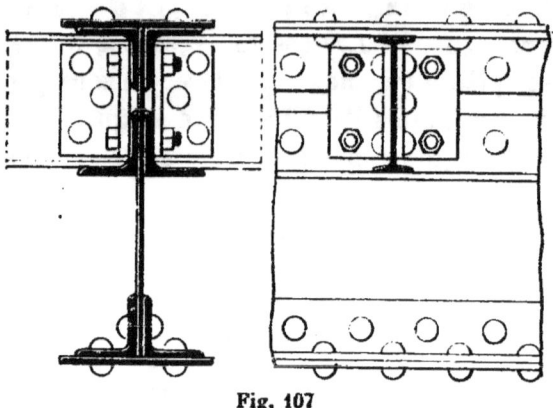

Fig. 107

On peut quelquefois faire une économie de fer en remplaçant la cornière additionnelle par des bouts de cornières spéciaux à chaque fer à I, soutenus par deux rivets chacun. C'est le cas qui est représenté en coupe et en élévation dans les deux croquis de la *fig.* 108.

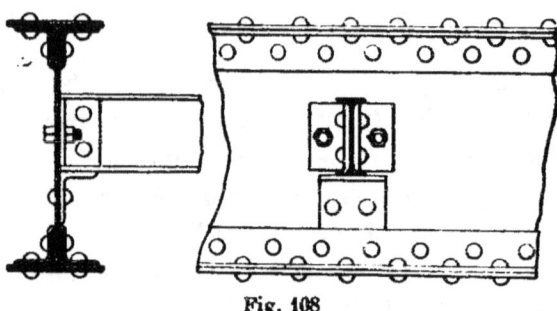

Fig. 108

91. Assemblages d'un fer horizontal sur poteau montant. — Cette même manière de supporter l'un des fers par l'intermédiaire d'une console, faite d'un morceau de cornière rivée, trouve encore une application dans le cas représenté par la *fig.* 109.

Il s'agit d'une pièce verticale qui doit soutenir au passage un fer à I.

On établit, par le moyen d'une cornière coupée à la largeur du poteau, une console sur laquelle posera le fer en I; on retiendra celui-ci, tout en s'opposant au deversement, par un simple boulon transversal. Cet assemblage

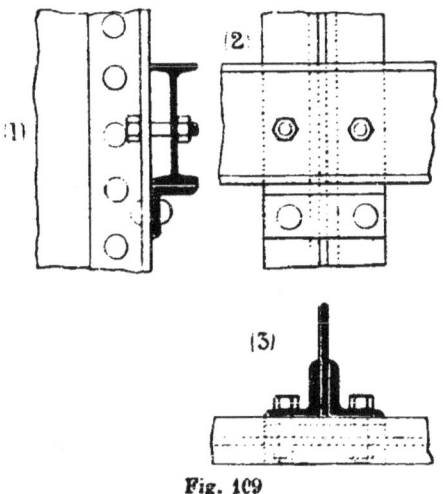

Fig. 109

est représenté sous trois vues différentes dans les croquis (1), (2) et (3) de la figure précitée.

92. Assemblages au moyen de supports en fonte malléable. — On remplace souvent les cornières, dont il a été question pour relier des pièces qui se croisent sans se toucher immédiatement, par des supports spéciaux établis à la demande, en fonte, ou mieux en fonte malléable.

Les trois croquis de la *fig.* 110 donnent diverses dispositions de ces supports.

Dans le croquis (1), le support peut coulisser sur la pièce en I, de manière à faire varier à la demande la position de la cornière inclinée. Il est jonctionné avec cette dernière par une vis ou un boulon.

Dans le croquis (2), le même support sert à soutenir les deux extrémités de deux fers à T concourants.

Dans le croquis 3, le support relie un fer à T à une cornière parallèle; on se sert des mêmes moyens de liaison.

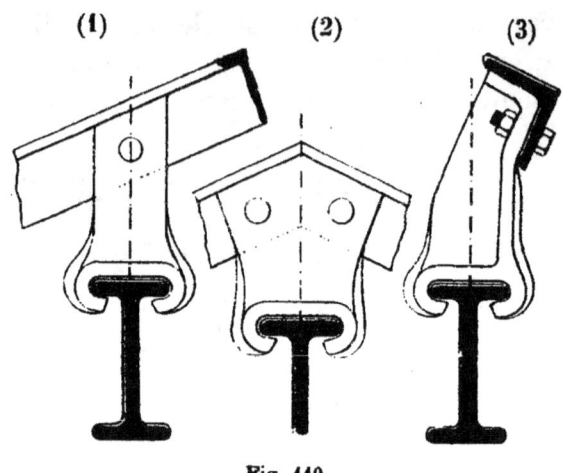

Fig. 110

93. Jonction par brides et boulons des pièces de fonte.
— Les pièces de fonte se jonctionnent presque tou-

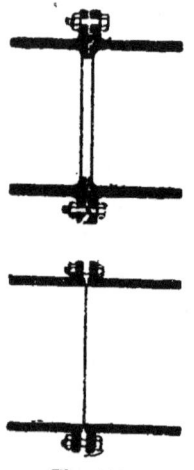

Fig. 111

jours au moyen de boulons. Un des assemblages les plus fréquents se fait au moyen de brides extérieures, qui se correspondent dans les deux pièces, et sont percées de trous équidistants au pourtour pour le serrage.

Tantôt le joint n'a lieu que sur une portion de la surface de la bride, de manière à avoir une pression plus considérable par centimètre carré. C'est la disposition du croquis (1) de la *fig.* 111. D'autres fois la pression a lieu sur toute la surface de la bride qui est alors dressée suivant une surface complètement plane.

Dans certains cas particuliers, moins fréquents, quand l'assemblage risque de se déranger par des pressions laté-

rales importantes, on augmente la liaison des deux pièces
en creusant dans l'une des brides une
rainure et ménageant sur l'autre une
saillie correspondante. Cet emboîtement
résiste aux chocs et aux efforts latéraux,
sans que les boulons risquent d'être
ou dérangés ou cisaillés, ce qui est une
bonne précaution.

Lorsque les deux cylindres à réunir
sont de gros diamètres, et que les saillies extérieures pourraient nuire, on met
les brides à l'intérieur comme le montre
la *fig.* 112 qui donne l'assemblage de
deux morceaux d'un pieu à vis en fonte.

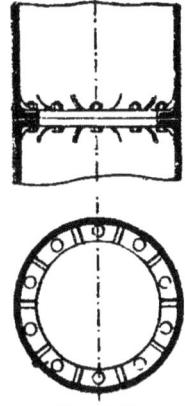

Fig. 112

94. Assemblage à plat joint. — Pour employer les
surfaces planes et les boulons, il n'est pas nécessaire que
les pièces soient cylindriques.

La *fig.* 113 représente la jonction de deux pièces en fonte

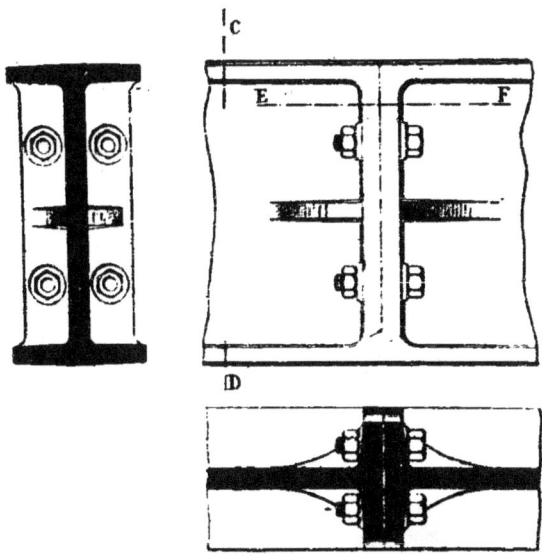

Fig. 113

à I faisant partie d'un grand arc, comme on en emploie
souvent dans les ponts; une double bride vient élargir le

contact; tout en permettant la liaison au moyen de boulons; les brides sont souvent renforcées par des nervures qui s'opposent à leur déformation.

Les surfaces ainsi mises en contact sont presque toujours dressées suivant un plan parfaitement régulier, de manière que les pièces exercent des efforts bien dans l'axe, et que leurs positions soient bien en prolongement l'une de l'autre.

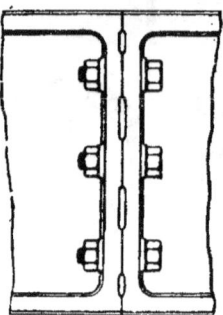

Fig. 114

On n'a pas toujours besoin de toute la surface de contact; on la limite souvent à la partie qui avoisine les boulons et qui reçoit le nom de *portée*; les intervalles sont évidés.

On y trouve l'avantage de réduire la surface de dressage et aussi d'obtenir une plus grande pression par unité de surface du joint, due au serrage des boulons.

65. Assemblage à la limaille. — Enfin, un dernier

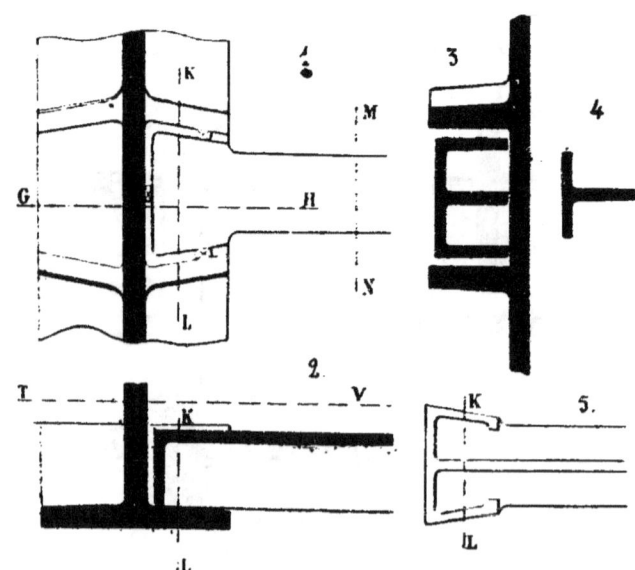

Fig. 115

assemblage, qui ne trouve dans les constructions métalliques que de très restreintes applications, consiste dans la jonction au mastic de fonte.

On prépare dans l'une des pièces une alvéole en forme de queue d'hironde ; l'autre pièce a son extrémité disposée pour occuper l'alvéole, moins un espace intermédiaire d'environ $0^m,03$ d'épaisseur.

On remplit cet espace de mastic de fonte formée de limaille de fer ou de fonte, de soufre, d'une matière ammoniacale et d'eau. Ce mastic prend au bout d'un certain temps une grande dureté. On n'adopte cet assemblage que pour les pièces qu'on ne doit pas avoir à démonter, attendu qu'il est pour ainsi dire impossible à disjoindre.

La *fig.* 115 donne la forme de deux pièces ainsi disposées pour cette sorte de joint ; les croquis 1 et 2 montrent l'assemblage en élévation horizontale et en coupe verticale ; le croquis 3 donne la coupe suivant KL ; le croquis 4 la coupe suivant MN, et enfin le croquis 5 montre la plus petite des deux pièces vue par dessous.

CHAPITRE IV

CHAINAGES, LINTEAUX ET POITRAILS

SOMMAIRE

96. Chaînage dans les bâtiments. — 97. Assemblage des chaines bout à bout. 98. Ancrage des extrémités des chaines. — 99. Chainages apparents. — 100. Exemple de chaînage d'un bâtiment. — 101. Chaînage des murs circulaires. — 102. Chainages sur planchers. — 103. Chaînage des fondations. — 104. Redressement des voûtes du Conservatoire des arts et métiers. — 105. Chaînages extérieurs. — 106. Chainages verticaux. — 107. Goujons, crampons. — 108. Chaînages des voutes en platebandes. — 109. Chaînage des fourneaux et maçonneries chauffées. — 110. Chaînage des charpentes en bois avec les murs. — 111. Chaînage des charpentes en fer. — 112. Des linteaux de baies. — 113. Linteaux en fer à I pour portes et fenêtres. — 114. Filets intérieurs entre les piles des boutiques et des locaux à rez-de-chaussée. — 115. Poitrails, évaluation de la charge. — 116. Disposition d'un poitrail sur deux points d'appui. — 117. Poitrails à plusieurs travées. — 118. Poitrails composés en tôles et cornières. — 119. Exemples. — 120. Emploi de poutres en caissons comme poitrails. — 121. Poitrail formé d'une poutre armée. — 122. Poitrail formé de poutres en treillis. — 123. Poitrail en arc. — 124. Linteaux en fer apparents, dispositions diverses.

CHAPITRE IV

CHAINAGES, LINTEAUX ET POITRAILS

99. Chaînages dans les bâtiments. — Les matériaux de maçonnerie, qui composent les murs des bâtiments, résistent parfaitement à la compression, et pour les charges que l'on doit supporter on assortit leurs résistances et celles des matières qui les lient. De plus, on cherche à obtenir, par une disposition convenable, qu'ils n'aient jamais à résister à l'extension, leur adhérence étant en général faible.

Malgré cela, il peut arriver telle circonstance, un tassement dans les fondations ou une poussée locale latérale et accidentelle, qui aidée de vibrations de toutes sortes, tende à les disjoindre. On s'y oppose en aidant l'adhérence de leurs parties au moyen de chaînages.

En des points convenablement choisis, on traverse les murs longitudinalement par des barres de fer terminées par des ancrages, de telle sorte que la traction de ces fers s'oppose aux disjonctions et empêche les fentes qui auraient tendance à se produire dans les circonstances précitées ; de même, aux points de croisement de maçonneries des murs, les chaînages maintiennent leur liaison et rendent les disjonctions impossibles. Ces barres de fer ont ordinairement une section méplate, et il est difficile de se rendre compte par le calcul, dans la plupart des cas, des dimensions qu'il est convenable de leur donner, car on n'a aucun moyen d'évaluer les efforts de disjonction qui sont susceptibles de se produire.

La pratique seule y supplée ordinairement :

On considère comme indispensable de chaîner les bâtiments à chaque étage, immédiatement au-dessous des planchers, et on se sert de fers plats de $^{50}/_{9}$, dans la plupart des constructions ordinaires, hôtels particuliers et maisons à loyer, tandis que l'on porte la section à $^{60}/_{11}$ et davantage pour les édifices plus importants.

Comme les barres peuvent avoir à résister à une tension considérable, il est bon de choisir des fers au bois, qui ont un coefficient de sécurité plus élevé. Tous les murs d'un même bâtiment sont ainsi munis longitudinalement d'un

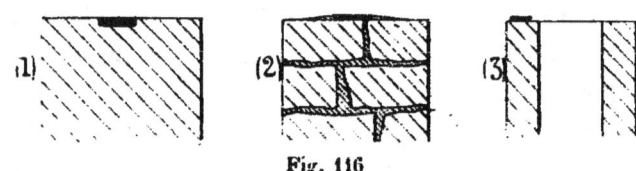

Fig. 116

chaînage. Voici comment d'ordinaire on le dispose : le fer est mis à plat sur une assise arasée bien horizontalement et sa position est le milieu même du mur. Si le mur est en pierre de taille, comme en (1) *fig*. 116, on ménage dans l'arasement du lit supérieur une encoche rectangulaire, un peu plus grande que la section de la chaîne, et on étale celle-ci dans ce logement, en la noyant dans une masse de mortier de chaux du ciment qui remplit les intervalles et a pour mission de conserver le fer.

Si le mur est en petits matériaux, on arase une assise et on étend la chaîne en saillie en ayant soin de la poser sur mortier et de la consolider latéralement par deux solins. La chaîne ainsi posée se trouve noyée dans les matériaux de l'assise supérieure.

Dans les murs à cheminées, la chaîne se trouve forcément sur le côté du mur comme dans le croquis (3) de la même figure. Les poteries ou les briques sont entaillées pour la recevoir.

97. Assemblages des chaînes bout à bout. — Les barres qui composent les chaînes se trouvent dans le commerce avec des longueurs de 4 à 5 mètres; il faut donc les assembler bout à bout pour les grandes dimensions.

Nous empruntons à Rondelet (Art de bâtir) une série d'assemblages de fers qui ont été appliqués à la jonction des chaînes dans nombre d'édifices; ils sont repré-

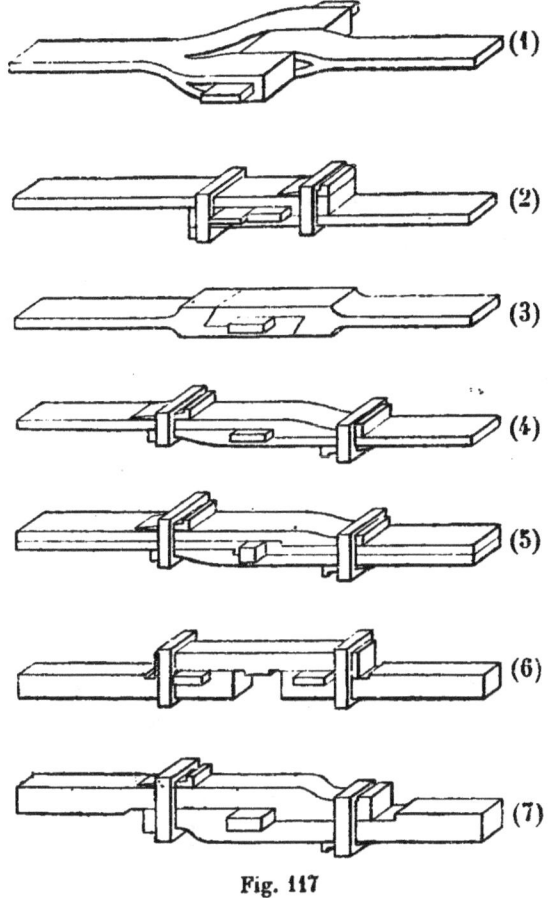

Fig. 117

sentés dans les croquis (1) à (7) de la *fig.* 117. Ils montrent avec quel soin on exécutait les pièces de forge des ouvrages de serrurerie.

Le croquis (1) s'appelle l'assemblage à charnière. Ce nom lui vient de la flexion sur plat qu'il peut prendre à l'occasion, pour entourer une construction circulaire, l'extérieur d'un dôme par exemple. Il peut être tenu soit par une clavette simple, s'il ne s'agit que d'abouter deux barres, soit par une clavette double, formée de deux coins inverses, s'il s'agit d'obtenir un serrage de la barre (lorsque l'on veut *faire bander la chaîne*, comme on dit dans les chantiers).

Dans le croquis (2) les barres sont terminées par des talons en sens contraires; entre ces talons s'engage soit une clavette soit un double coin. Des bagues empêchent la disjonction des barres. C'est l'*assemblage à talons*.

Le croquis (3) montre un assemblage à talons, mais dans lequel une direction biaise donnée à la coupe des talons évite l'emploi des bagues. On n'opère par ce moyen qu'une jonction, sans possibilité de serrage.

Le croquis (4) et les suivants portent le nom d'*assemblages à moufles*. Les talons y sont plus forts et plus ouvragés. Ils peuvent servir soit pour des chaînes simples (4, 6 et 7), soit pour des chaînes doubles formées de deux

Fig. 118

fers superposés. Ce sont ces diverses formes, très compliquées de forge et très coûteuses, qui ont donné naissance à l'*assemblage à trait de Jupiter*, universellement employé aujourd'hui et figuré dans le croquis n° 118. L'assemblage est à talons intérieurs espacés, entre lesquels on chasse un double coin, et les extrémités des barres sont effilées sur plat, pour passer plus commodément et serrer les bagues sans intermédiaire d'autres pièces.

Malgré l'emploi général de ces sortes de chaînes, avec l'assemblage qui vient d'être indiqué en dernier lieu, on peut dire que les chaînes ne sont jamais bien tendues dans l'exécution. Ce n'est qu'après une certaine de déformation qu'elles peuvent se tendre et serrer les maçonneries.

On peut poser comme principe que l'on ne peut serrer une chaîne qu'au moyen d'un pas de vis et d'un écrou ; lorsqu'on a besoin de fers bien tendus, c'est à cet assemblage qu'il faut avoir recours.

On y arriverait facilement, soit en employant partout des fers ronds au lieu de fers plats, ce qui n'aurait aucun inconvénient dans la plupart des cas, soit en soudant des bouts filetés aux extrémités des chaînes, à l'endroit où l'on veut faire le serrage.

Si celui-ci se fait sur une ancre, on se sert d'un écrou. S'il se fait au milieu d'une chaîne on peut employer deux écrous réunis par une double tige, formant ce qu'on appelle une *lanterne*. Les deux filetages des traverses de la lanterne sont de sens opposés ; en tournant cette der-

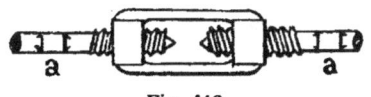

Fig. 119

dernière dans le sens convenable on opère directement le serrage. Ce système est le seul pratique ; il comporte un serrage progressif et sans secousse, et en ayant soin de ménager au-delà du filetage deux parties carrées *aa*, qu'on peut maintenir avec des clefs, on évite toute torsion et tout dérangement aux chaînes tout en les serrant à fond.

Longtemps encore la routine et le bas prix auquel on

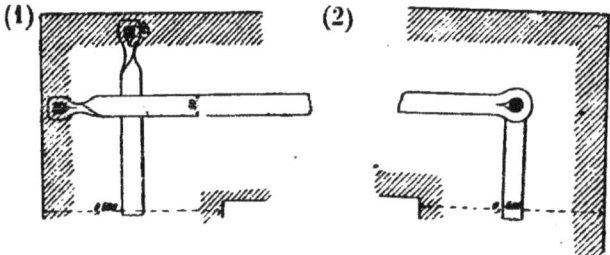

Fig. 120

veut arriver feront maintenir les anciens assemblages, de préférence aux pièces filetées, qui pourtant donnent toute facilité d'emploi et toute sécurité.

98. Ancrage des extrémités des chaines. — Les bouts de chaînes ont besoin d'être parfaitement retenus aux extrémités des murs dans lesquels ils sont noyés.

C'est au moyen d'ancres que l'on obtient leur attache avec la maçonnerie.

Ce sont les ancres qui permettent aux chaînages de se tendre longitudinalement.

Les ancrages varient de formes, suivant la composition du mur.

Si le mur est en pierres de taille, on attache les ancres aux pierres d'encoignure ou de croisement, à l'aide d'un bout de fer rond vertical nommé *ancre*, d'une longueur de 0,40 à 0,50 et d'un diamètre de 0,040 à 0,050. Cette ancre est noyée, moitié sous la chaîne, moitié au-dessus, dans les deux assises superposées ; elle est logée dans des trous trépanés dans les pierres aux points convenables. Les extrémités des chaînes qui s'y attachent sont élargies et percées d'un œil dans lequel s'engage l'ancre.

Le croquis (2) de la *fig*. 120 montre l'encoignure d'un bâtiment, la section de l'ancre et les deux chaînes perpendiculaires auxquelles celle-ci donne attache. Il est bon de tout disposer pour que les ancres soient coulées en ciment, dans les trous ménagés pour les recevoir.

Si le mur est en petits matériaux, la disposition est différente : l'ancre, placée au milieu pour relier les deux chaînes, aurait pour effet de désorganiser l'encoignure. On sépare les chaînes et chacune va se relier à une ancre verticale ou inclinée placée tout au parement de chaque façade, à la profondeur strictement suffisante pour être noyée dans le gros œuvre et recouverte par l'enduit.

Les ancres dans ce cas se font en fer carré et l'extrémité de la chaîne, repliée sur elle-même et soudée pour former un œil convenable, est chantournée pour prendre la direction de l'ancre. Le croquis (1) de la *fig*. 120 rend compte de cette disposition appliquée à une encoignure de bâtiment.

Il y a tendance à toujours exagérer la longueur des ancres, elles risquent alors de fléchir et de mal porter sur la maçonnerie ; une longueur de 0^m,30 à 0^m,40 est suffisante pour la résistance dans la plupart des cas. Le fer employé est du carré de 0^m,030 à 0^m,040 de côté.

99. Chaînages apparents.

Dans bien des cas on profite des chaînages pour trouver un motif de décoration de plus dans les façades. Au lieu de noyer les ancres, on les admet en saillie à l'extérieur, et on leur donne une forme appropriée à leur utilité, à leur emplacement dans la façade et au caractère que doit avoir cette dernière.

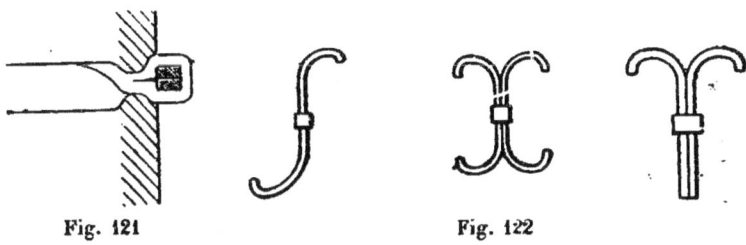

Fig. 121 Fig. 122

L'important est que l'emploi de ces ancres extérieures soit compréhensible et rationnel. Ce genre de chaînage s'applique aussi bien aux murs en pierre de taille qu'à ceux qu'on exécute en petits matériaux.

Les ancres en fer forgé affectent souvent les formes d'S, d'X ou de T ainsi que le montrent les trois croquis de la *fig.* 122. L'œil de la chaîne en saillie doit les prendre environ au centre de gravité de la figure qu'elles forment.

D'autres fois, les ancres présentent des formes plus com-

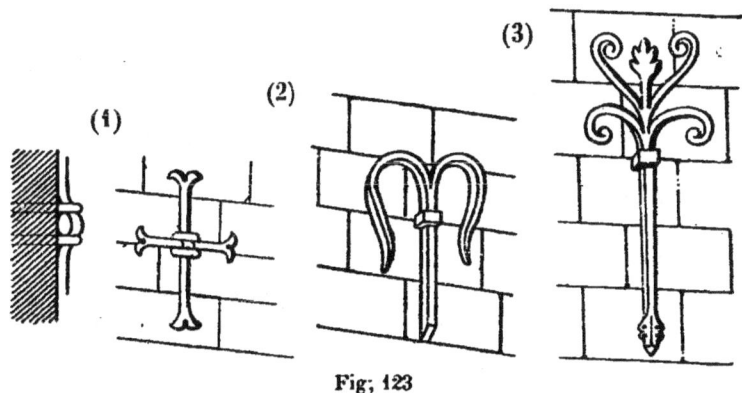

Fig. 123

pliquées et plus étudiées, comme celles des trois croquis de la *fig.* 123.

Les formes peuvent varier à l'infini, et présenter des motifs de décoration souvent d'un très bon effet. L'attache avec les chaînes varie alors, suivant les cas, pour former une liaison facile.

Avec les ancres apparentes, on a bien de l'avantage à remplacer les extrémités précédentes des chaînes par des tiges filetées munies d'écrous. Ces tiges traversent les ancres, qui sont disposées à cet effet et munies d'un trou de diamètre convenable. Il est de toute évidence que la section de la partie filetée, mesurée à son noyau, doit correspondre à la section de la chaîne, et que la soudure doit être en rapport avec la solidité de la section courante *fig.* 124.

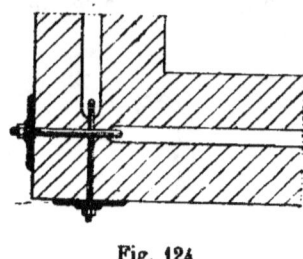

Fig. 124

La disposition des ancres dans ce cas, représentée dans les cinq croquis de la *fig.* 125, est souvent très avangeuse à employer ; elle permet de placer toutes les chaînes pendant les constructions du gros œuvre du bâtiment, et de ne poser les ancres que lors de la confection des ravalements extérieurs.

La forme de ces ancres peut être étudiée de manière à les exécuter soit en fer forgé, soit en fonte, soit en construction mixte au moyen de ces deux matières.

Le moulage en fonte des ancres est particulièrement avantageux et indiqué lorsque ces pièces se répètent, identiques, un grand nombre de fois dans la façade d'un bâtiment. Le prix de façon est alors faible, et les frais de modèle disparaissent, pour ainsi dire, en raison du nombre de pièces sur lequel ils se répartissent.

Les ancres de chaînage en fonte apparentes à l'extérieur sont applicables, également, pour maintenir les têtes de boulons, qui dans les ateliers servent à fixer les chaises des transmissions de mouvement.

Leurs formes varient avec la position respective et l'espacement des boulons. La construction en fonte est indiquée en raison du grand nombre de pièces identiques.

La *fig.* 126 indique en élévation, en coupe verticale et en coupe horizontale, une ancre de cette sorte, employée à la filature de lin de MM. Féray à Corbeil. Ces ancres servent de contreplaques aux transmissions placées à l'intérieur, le long du mur de face.

Elles s'appliquent sur des pilastres saillants, régulièrement disposés sur toute la longueur des façades.

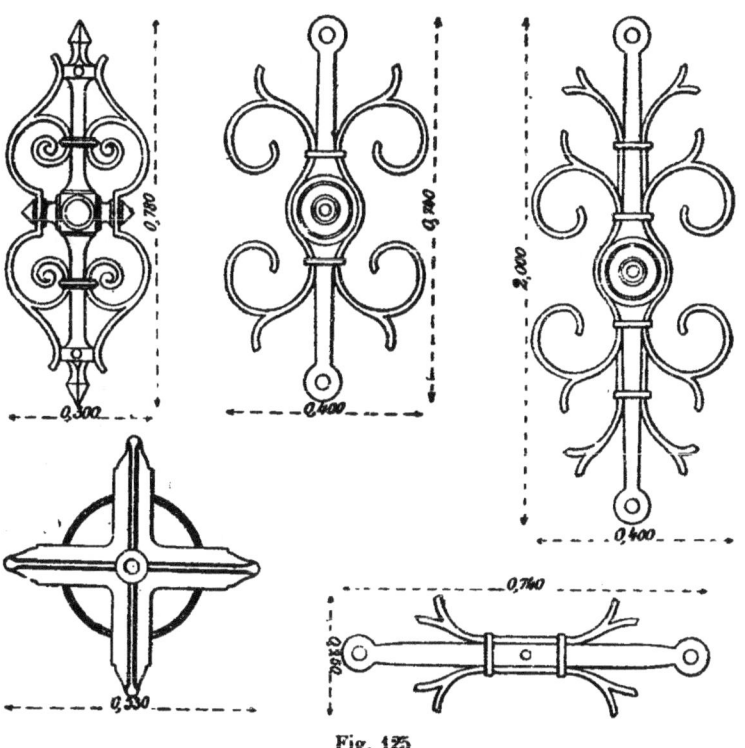

Fig. 125

100. Exemple de chaînage d'un bâtiment. — La *fig.* 127 donne l'indication de l'ensemble du chaînage d'un étage de bâtiment. Dans cet exemple, la construction est formée de 3 murs parallèles ; les deux extérieurs forment façade et celui du milieu est un refend longitudinal ; ces murs sont reliés par deux pignons biais. Dans l'intérieur deux refends transversaux contiennent les cheminées. La maçonnerie est en petits matériaux et les chaînes sont figurées avec l'indication des ancrages. Elles sont tracées suivant les principes que nous avons donnés dans les numéros précédents.

101. Chaînage des murs circulaires. — Si on suivait ces principes pour les chaînes des murs circulaires, on arriverait à cintrer ces chaînes sur champ, pour leur donner la forme des murs et les appliquer à plat. Cela ne se fait que pour les murs en pierre de taille ou en moellons ou meulières, parce qu'il faut un tracé en grandeur et une certaine façon. On peut éviter cette main d'œuvre lorsque le mur circulaire est en briques ; on chantourne la chaîne et on la cintre sur plat en la logeant dans un joint de briques, ainsi que le montre la *fig.* 128. On s'arrange de manière qu'entre la chaîne et l'extérieur du mur il reste de quoi mettre une brique de $0^m,11$. De la sorte la chaîne se trouve complètement logée dans l'épaisseur du mur, mise à bain de mortier et protégée contre l'oxydation. On suit le même principe pour le chaînage des cheminées d'usines. A chaque rouleau, tous les 6 à 8 mètres, on met soit un, soit deux chaînages horizontaux ; le fer, d'une section de 60×11, forme un cercle complet, courbé sur plat

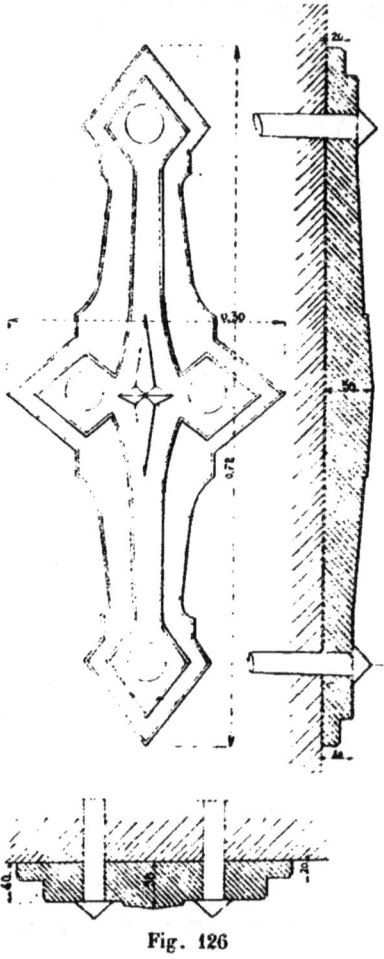
Fig. 126

et soudé au diamètre voulu. On le dispose sur la maçonnerie pour qu'il se présente de champ à l'endroit d'un joint de l'assise qui le comprendra, et on met ce joint à $0^m,11$ du parement extérieur.

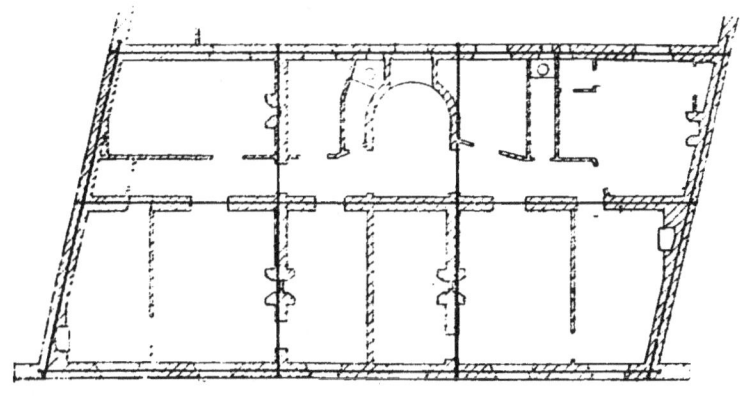

Fig. 127

Lorsqu'on établit les chaînages après la construction, on est obligé de les mettre à l'extérieur. Il en est de même de ceux pour lesquels on veut se réserver de modifier le serrage.

102. Chaînages sur planchers. — On ne se borne pas toujours à chaîner les murs dans leur épaisseur. On les relie dans certains cas les uns aux autres par des chaînes en fer plat, qui courent sur le gros œuvre des planchers. Il convient de recourir à ce moyen toutes les fois que des murs ne sont pas suffisamment reliés aux autres murs de la construction, lorsqu'on peut craindre pour eux soit un déplacement, soit une déformation. Voici, entr'autres, deux cas où ces chaînages sont utiles : La *fig.* 130 donne le plan d'une maison d'angle, dans laquelle le mur extérieur ne se trouve relié aux murs intérieurs qu'aux points M et N, laissant entre eux quatre trumeaux, dont les deux angles, complètement isolés.

Dans ces conditions, on a jugé utile, en dehors du chaînage produit par les solives des planchers, de faire courir sur ces derniers les chaînes *hi*, *ab* et *cd*, qui empêchent la façade aux points *i,b* et *d*, de se déplacer vers l'extérieur. De cette façon, tous les murs sont reliés sans déviation possible. Ce mode de chaînage courant sur les planchers est encore applicable quand un mur circulaire formant une portion de rotonde se trouve plus ou moins

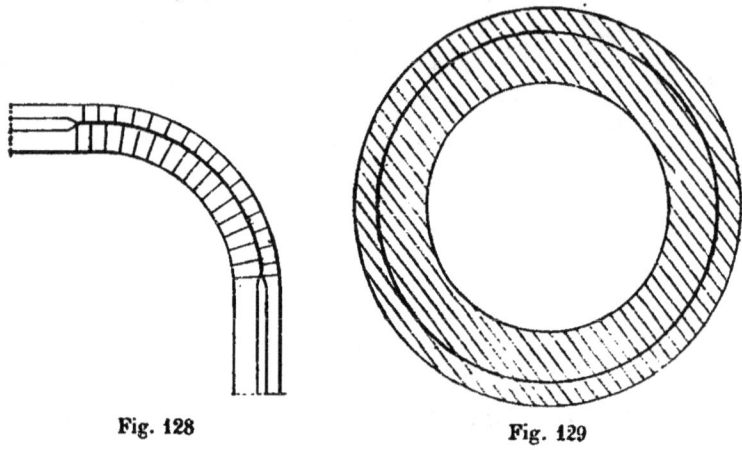

Fig. 128   Fig. 129

engagée dans la façade d'un bâtiment, sans que les murs soient autrement reliés ; souvent même le mur de face disparaît dans la largeur de la rotonde. Dans la *fig.* 131, on voit un exemple d'une construction de cette forme : à un rectangle ABCD vient se joindre une demi rotonde EFG interrompant de E en G le mur AB ; les chaînes des murs droits peuvent être placées, comme à l'ordinaire, en contre bas des planchers, immédiatement sous les solives, sauf pour le mur AB. Son interruption forcera à remonter la chaîne immédiatement au-dessus du solivage et elle sera soutenue par le hourdis.

Il en sera de même de la chaîne du mur demi-circulaire, dont les deux extrémités se prolongent en ligne droite sur le plancher, pour aller s'ancrer derrière le premier mur de refend transversal. De cette façon, il n'y a aucune crainte que les points E et G ne quittent leur position ; la maçonnerie du hourdis les empêchera de se rapprocher et les chaînes ne leur permettront ni de s'écarter ni de pousser au vide, en actionnant chacun d'eux dans des sens différents.

Un troisième exemple est donné par la *fig.* 132 ; elle représente le plan d'un bâtiment rectangulaire dont les deux façades AE et BF, parallèles, espacées, ne sont reliées sur une grande longueur par aucun mur de refend, ce qui est une circonstance défavorable au point de vue de la stabilité. On établit alors sur chaque plancher des chaînages

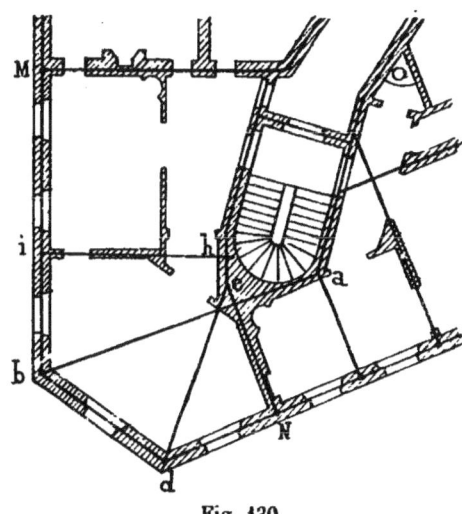

Fig. 130

diagonaux, aussi rapprochés que possible de la direction de 45°, qui sont chargés de relier les points A et B aux extrémités des poutres principales CD et EF. Les points C et D, fixés par les chaînages de la première travée, qui les relient aux angles, servent à leur tour à fixer, au moyen des chaînes de la travée n° 2, les points E et F, et ainsi de suite de proche en proche.

On emploie encore ces chaînages en croix de saint-André, sous le nom de contreventements, dans les pans de toiture, pour maintenir la verticalité des fermes, toutes les fois que la charpente, soit en bois, soit en fer, ne présente pas de pièces assez rigides pour former à l'intérieur des triangles indéformables. On reviendra sur ce sujet à l'article *Contreventement des combles en fer.*

240   CHAP. IV. — CHAÎNAGES, LINTEAUX ET POITRAILS

On verra plus loin qu'on se sert des pièces de charpente qui traversent les bâtiments comme d'excellentes chaînes pour relier les murs opposés. C'est une très bonne utilisation de leur rigidité. Mais, pour que ces chaînages soient économiques, il faut qu'ils aient été prévus dès la commande des fers. S'il faut les exécuter sur place, percer après coup les trous nécessaires dans ces maîtresses pièces, on a bien de l'avantage à substituer à ces dépenses

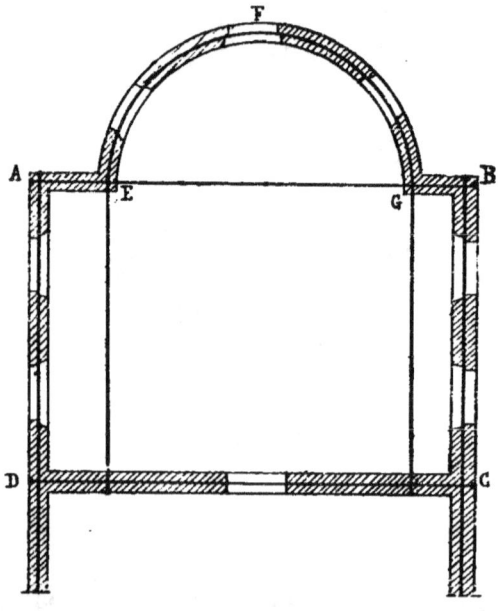

Fig. 131

toujours élevées celles de chaînages indépendants formés de chaînes en fer plat, bien ancrées à leurs extrémités, bien serrées dans leurs assemblages et courant sur les planchers au-dessus des maîtresses pièces, dans le sens où l'on en a besoin.

Souvent aussi les chaînes viennent s'arrêter par un talon ou un crochet dans une grosse pièce de charpente, ce qui peut leur éviter des longueurs inutiles.

103. Chaînages des fondations. — S'il est très utile, sinon indispensable de chaîner les murs des constructions de tous genres en maçonnerie à chacun des étages en élévation, parce que les murs non soutenus de l'extérieur peuvent *pousser au vide* sous l'influence de tassements inégaux, secousses, vibrations de toutes sortes, il paraît superflu de chaîner les étages de sous-sol, puisqu'en tout leur pourtour ils sont butés contre le terrain, dont ils reçoivent même une poussée de dehors en dedans.

Il n'y a que dans certains cas restreints où des poussées intérieures, dues à la construction, pourraient être plus fortes que la pression extérieure des terres, que le chaînage

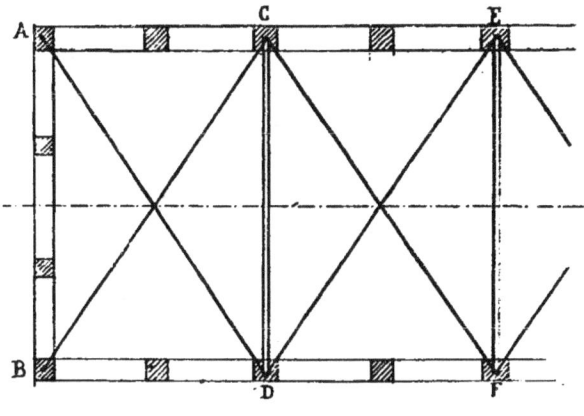

Fig. 132

semblerait indiqué. Ou encore le cas où le terrain extérieur serait susceptible d'être enlevé momentanément.

Lorsqu'on établit sous une maison de ville des fondations au moyen de puits bétonnés, reliés par des arcs de grande portée, de deux en deux trumeaux notamment comme dans la *fig.* 133, il en résulte sur la tête des puits une poussée très considérable de 60 à 78 000 kilos ou plus. Cette poussée sera contrebutée par le terrain tant que l'on ne construira pas une maison contiguë. Mais, si cette maison est possible, il faut prévoir le cas où l'on fera la fouille de cette construction et où par conséquent la poussée extérieure sera momentanément supprimée; il faut alors chaîner les arcs extérieurs. On établit deux chaînes parallèles en fer au bois de 66/10, par exemple, agrafées à une même ancre horizontale à chaque bout, le tout traversant l'assise de sommier de la voûte et lui servant de tirant. C'est une très bonne précaution à prendre dans les édifices ainsi fondés.

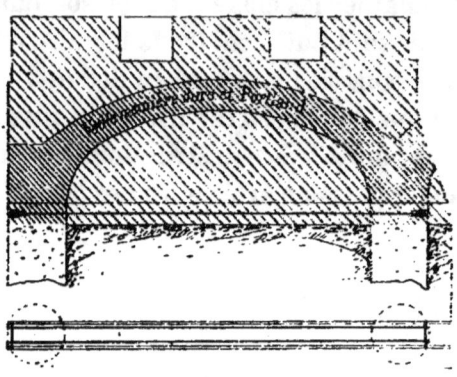

Fig. 133

104. Redressement des voûtes du Conservatoire des arts et métiers. — Les chaînages à vis ont été employés à la consolidation des voûtes du grand rez-de-chaussée de l'ancienne abbaye de St-Martin des Champs, devenue le Conservatoire des Arts et Métiers. Ces voûtes portaient une grosse cloison A, dont le poids était soulagé par une série de cloisons transversales formant les distributions de l'abbaye et qui étaient disposées pour cela. Lorsqu'on supprima ces distributions, la voûte plus chargée poussa ses pieds-droits qui cédèrent. On dut établir transversalement au bâtiment, de chaque trumeau au trumeau situé vis à vis, de grands chaînages en fer plat, posés de champ comme l'indique la figure 134, dans la coupe transversale. On choisit le mode de fixation par extrémités filetées, dont les têtes et écrous venaient presser sur de grands plateaux en fonte apparents à l'extérieur et appuyés sur les parements des murs. La *fig.* 135 donne ($a, b, c, d, e, f, g, h, i$) d'après Rondelet, les détails d'un de ces chaînages, établis par le directeur M. Molard. Celui-ci eut l'idée non seulement d'arrêter le mouvement des murs, mais encore de les redresser, en profitant de la dilatation du fer. Il faisait agir sur les écrous un grande clef de 2 mètres de longueur supportant un poids de 100 kilos et l'on chauffait chaque barre plusieurs fois avec un réchaud ; la barre se dilatait, l'écrou se serrait et le refroidissement amenait le redressement du mur. Au bout de plusieurs chaudes, on put ainsi ramener les murs sensiblement dans leur position primitive.

105. Chaînages extérieurs. — Dans bien des cas on est obligé d'établir des chaînages tout-à-fait à l'extérieur des constructions, soit qu'après coup elles soient devenues indispensables, soit qu'il y ait nécessité d'enserrer toute la construction, condition que les chaînes ne rempliraient qu'imparfaitement si elles étaient au milieu des murs.

Le premier cas se présente dans la restauration de vieux édifices. La *fig.* 136 donne le plan de l'Arc de Triomphe

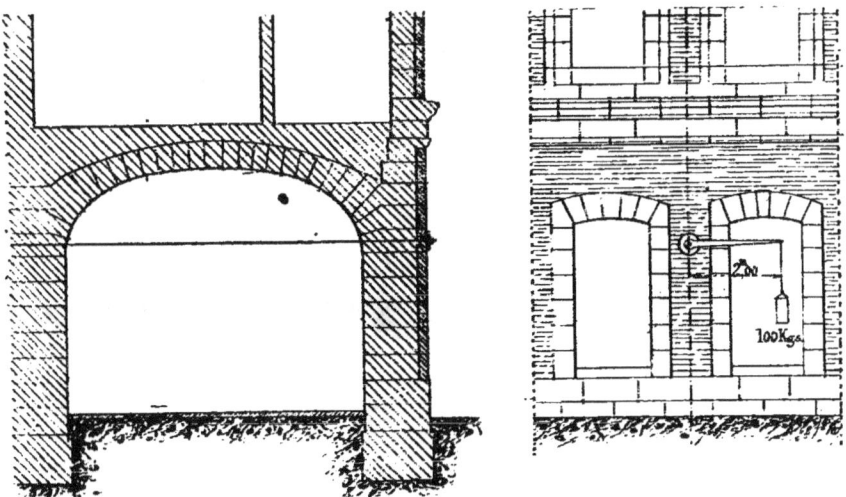

Fig. 134

d'Orange au niveau de l'architrave et du chaînage qu'on a dû lui appliquer pour aider à sa conservation et empêcher la disjonction de sa partie supérieure.

Ce chaînage consiste dans une ceinture extérieure, composée de fers carrés et méplats, qui contourne toutes les saillies de l'édifice. Les longs côtés de cette ceinture sont reliés par des chaînages transversaux.

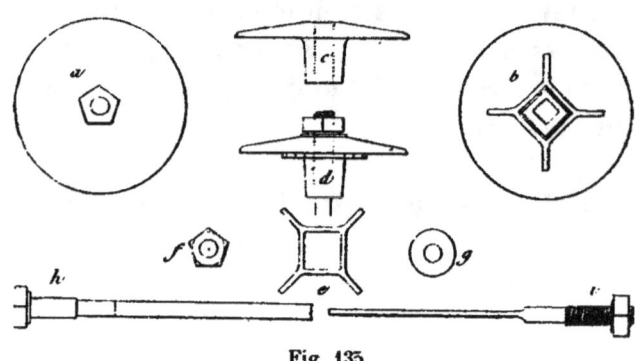

Fig. 135

Les assemblages dans le courant d'une chaîne sont faits à la manière ordinaire par l'emploi d'un trait de Jupiter

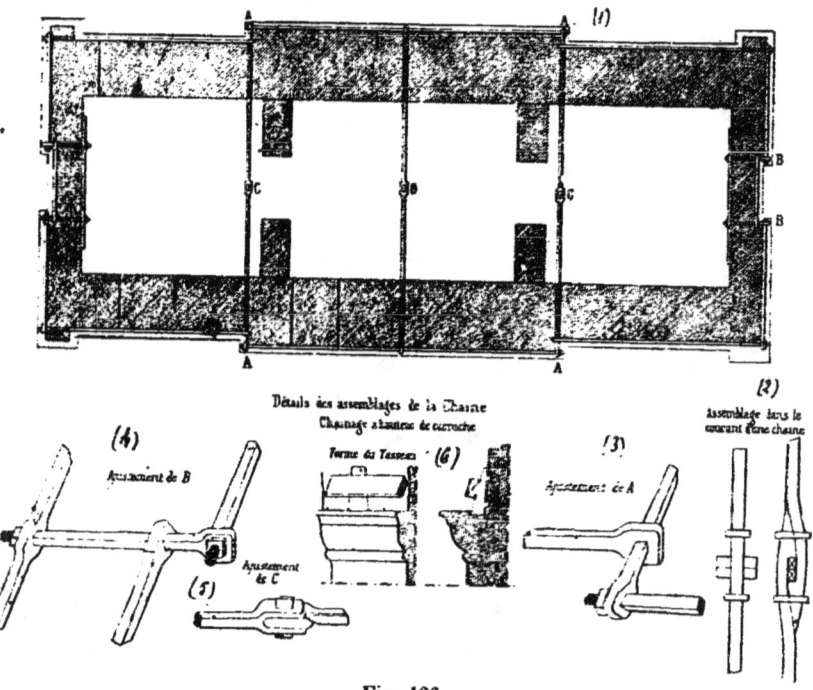

Fig. 136

maintenu par deux bagues et serré par des coins, ce que montre le détail (2).

Les points A, A sont fixés comme le montre le croquis (3) ; les chaînes transversales passent dans l'œil d'une chaîne de ceinture et se terminent par un second œil, à travers lequel passe le second fer extérieur dévié. Ce dernier peut se serrer au moyen d'un filetage et d'un écrou.

En B, l'ajustement est analogue et représenté dans le croquis (4) ; seulement, la barre transversale se contente de traverser le mur derrière lequel elle se boulonne, en le serrant par l'intermédiaire d'une longue platebande.

Pour pouvoir serrer les maçonneries extérieures, les chaînes viennent s'appuyer de distance en distance sur des tasseaux à face inclinée, sur lesquels leur poids les fait appuyer, sans desserrage possible. Cet assemblage est représenté dans le croquis (6).

Enfin, le croquis (5) montre l'assemblage au milieu des chaînes transversales ; au point c cet assemblage est fait au moyen d'une fourche dont les deux pièces sont traversées par une clavette.

On a chaîné extérieurement les coupoles d'un certain nombre de monuments que des tassements inégaux avaient désorganisé. Ainsi Saint-Pierre de Rome, Saint-Marc de Venise ont eu leurs coupoles cerclées après coup à différentes hauteurs, pour maintenir leurs matériaux.

Les barres de ces chaînages sont en fer carré, cintrées à la demande, et les assemblages sont faits à redans avec bagues comme l'indique la *fig*. 137. Cet assemblage ne

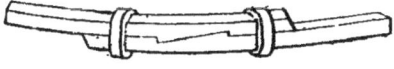

Fig. 137

donne pas de serrage. Celui-ci s'obtient soit par le glissement de la chaîne sur la surface inclinée de la coupole, soit au moyen de coins interposés entre le fer et la maçonnerie. Plus souvent encore, on emploie l'assemblage à charnière avec coins, comme le montre la *fig*. 138 ; la chaîne et ses joints d'assemblage se logent dans des entailles convenablement faites dans la maçonnerie, où elles sont noyées dans du mortier.

Le Panthéon de Paris a été muni dès sa construction de plusieurs cercles du même genre, qui enserrent ses coupoles. La voûte intermédiaire du dôme, notamment,

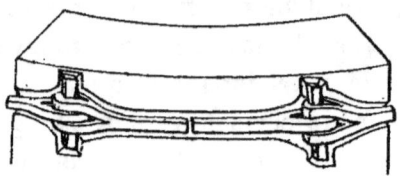

Fig. 138

est contenue par deux doubles chaînes dont l'assemblage est figuré au croquis n° 5 de la *fig.* 117.

106. Chaînages verticaux. — Les cas de chaînages verticaux sont assez rares. Cependant ils se rencontrent dans les maçonneries exposées à des chocs violents.

Ainsi par exemple dans les pilastres de portes charretières exposées au choc des voitures, lorsqu'ils sont exécutés en petits matériaux.

Un pilastre ainsi chaîné est représenté *fig.* 139 ; le socle

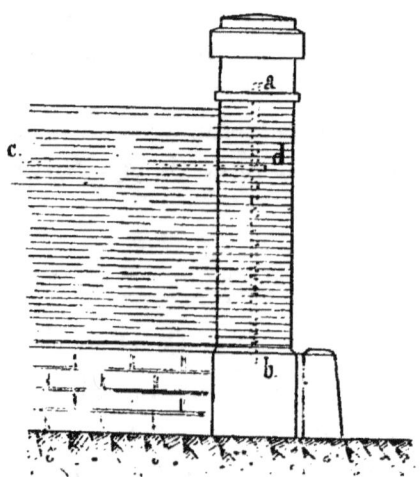

Fig. 139

inférieur et le chapiteau sont en pierre de taille, le fût en briques.

Pour mieux relier ces briques et leur permettre de résister à un choc, comme si le fût était d'une seule pièce, on a posé au centre du pilastre une barre de fer verticale ab, en fer carré de 0,030 de côté au moins; elle entre d'environ 0^m,10 dans les deux pierres d'extrémité, et c'est autour de cette chaîne verticale que l'on a construit le briquetage; on a même attaché en d l'extrémité d'un chainage horizontal cd d'environ 3 à 4 mètres de longueur, qui est chargé de relier la barre ab au mur de clôture que termine le pilastre.

Les anneaux et tambours, qui forment les assises de certaines colonnes, sont également traversés par un chainage vertical.

Les cheminés d'usine qui ont à supporter une température élevée, ou encore celles qu'on a dû chaîner après coup pour insuffisance de stabilité, ont leurs chaînages horizontaux souvent reliés par des fers longitudinaux voisins de la position verticale.

107. Goujons. Crampons. — Quand deux pierres sont posées l'une sur l'autre à joint plat, et que, soit par son peu de volume, soit en raison des efforts latéraux auxquels elle est soumise, l'une d'elle est sujette à glisser, on s'oppose à ce glissement au moyen de *goujons*. Ce sont de courtes tiges métalliques quelquefois à scellement d'un bout a

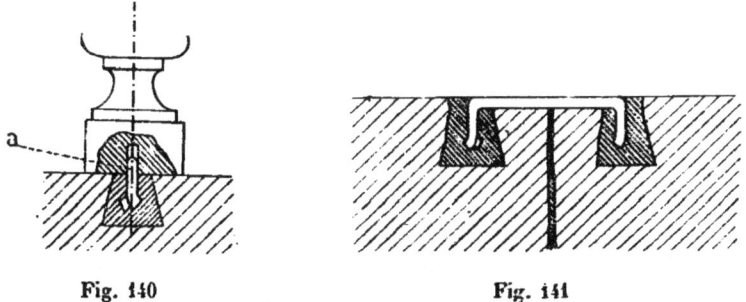

Fig. 140   Fig. 141

fig. 140, qui s'engagent par moitié dans chacune des pierres. C'est ainsi que l'on assujettit bien à leur place les différentes colonnettes d'une balustrade au-dessus de la pierre formant le socle commun.

Ces goujons doivent être garantis de la rouille; on les fait quelquefois en bronze, mais plus souvent en fer galvanisé qui revient à un prix moindre.

Dans une même assise, lorsque deux pierres de taille sont susceptibles de se déranger de leur position mutuelle par suite de violents efforts horizontaux, on s'oppose à leur disjonction au moyen de *crampons* en fer plus ou moins longs, plus ou moins gros. Ces crampons sont des barres métalliques coudées deux fois d'équerre et terminées par des scellements. Les pierres une fois posées, on les réunit par plusieurs de ces crampons que l'on scelle soit au plomb, soit au soufre, soit au ciment, *fig.* 141. Nous ferons remarquer en passant que le scellement au soufre est sujet à provoquer des dégradations, à la suite des gonflements produits par le sulfure de fer qui peut se former (exemple : pont Maudit, à Nantes).

Le fer galvanisé est le métal le plus généralement employé pour ces crampons; le danger des scellements au soufre se trouve alors très amoindri.

La barre du crampon est entaillée et scellée de manière à ne faire aucune saillie sur le lit d'assise et permettre la pose sans difficulté de l'assise suivante. Les constructions à la mer, les tours de phares sont composés d'assises de pierre dont les morceaux sont enchevêtrés les uns dans les autres, et de plus réunis par des crampons analogues à ceux dont il vient d'être question.

108. Chaînage des voûtes en platebandes. — Dans les grands édifices on assure la fixité des voûtes en platebandes au moyen d'un certain nombre de ferrements variés. Les uns ont pour effet de s'opposer directement au glissement des voussoirs les uns sur les autres. D'autres chaînent les sommiers et les empêchent de s'écarter. D'autres enfin servent à suspendre les voussoirs pour les empêcher de s'abaisser sous la charge. Ces trois genres de ferrements sont indiqués dans les figures 142, 143 et 144. Elles représentent les coupes des platebandes de la colonnade du Louvre (d'après Rondelet).

La *fig*. 142 montre le premier mode de ferrements ; ce sont des bouts de fer carré logés dans des entailles pratiquées à la demande dans les joints des voussoirs et dont les talons d'équerre assurent la position respective.

Cette même figure montre les chaînages horizontaux reliant les chaînes verticales qui traversent les colonnes dans toute la hauteur de l'ordre ; de cette façon, les points d'appui, les sommiers des voûtes en platebandes, ne peuvent se déranger par l'effet de l'énorme poussée des voussoirs, chargés eux-mêmes des plafonds en pierre des portiques.

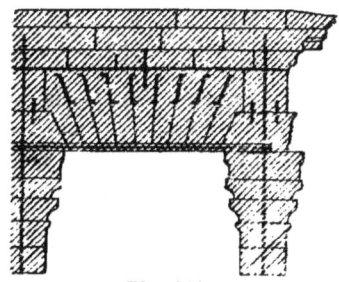

Fig. 142

Enfin, dans les *fig*. 143 et 144, on voit les fers employés pour soutenir les voussoirs soit après des arcs en fer qui

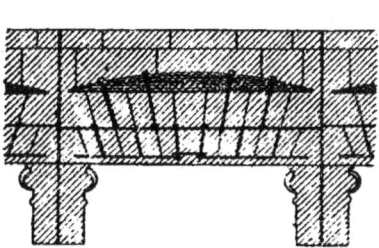

Fig. 143

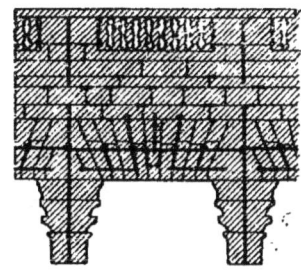

Fig. 144

déchargent les voûtes en portant les matériaux supérieurs à la façon des arcs de décharges, soit après des chaînages supérieurs horizontaux placés au-dessus des voûtes fixés et tendus au mieux.

Les fers de suspension s'attachent soit à des barres inférieures aux voussoirs à soutenir, soit à des fers qui les traversent.

109. Chaînage des maçonneries chauffées. — Les maçonneries chauffées, telles que celles des fourneaux industriels, sont sujettes à des dilatations et contractions successives qui en peu de temps amènent des dislocations. On retarde la désorganisation en les maintenant par des chaînages extérieurs qui prennent souvent le nom d'*armatures*. Le principe des armatures est représenté dans le croquis (1) de la *fig.* 145. Le rectangle ABCD représente

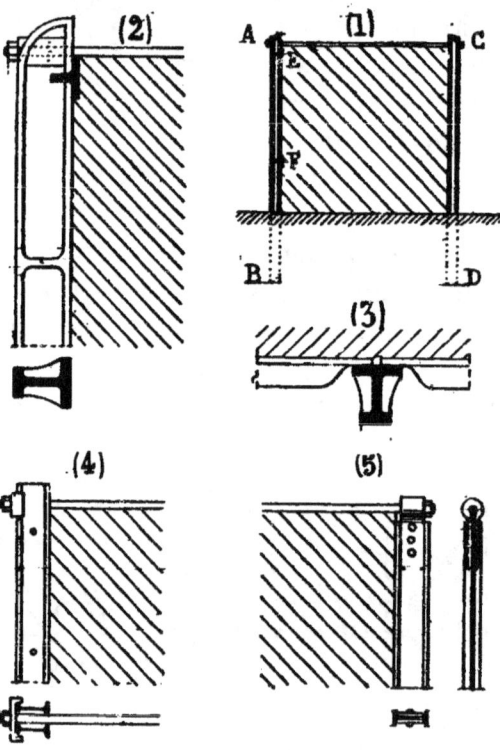

Fig. 145

l'extérieur d'un fourneau dont une partie est dans le sol. Ce fourneau se compose de deux murs verticaux dont les parements sont AB et CD; ils sont réunis par des voûtes et comprennent en outre les objets à chauffer autour desquels circule la fumée jusqu'à ce qu'elle leur ait cédé sa chaleur. Les murs AB et CD doivent conserver leur aplomb et la dilatation tend constamment à les en écarter. Pour les maintenir, on dispose de distance en distance, à l'extérieur, deux pièces métalliques opposées AB, CD, fixées du bas par un scellement suffisamment profond dans le sol et dont les extrémités hautes sont reliées par un boulon.

Ces pièces verticales doivent résister à la flexion sous la poussée latérale de la maçonnerie. On les a faites longtemps de poutres en fonte dont le croquis (2) donne la disposition. Quelquefois on a complété le chaînage par des sommiers transversaux EF, croquis (1), également en fonte, dont le croquis (3) donne la forme, et qui maintenaient encore mieux la maçonnerie dans l'intervalle de deux montants.

Depuis que les fers à I se sont vulgarisés, on a eu bien de l'avantage à les substituer aux fontes dans les chaînages des fourneaux; tantôt on les emplois simples, mais alors à larges ailes, et on les dispose suivant le détail du croquis (5). On les surmonte d'une platebande repliée, rivée à l'âme du fer et laissant à sa partie haute le passage du boulon d'attache supérieur.

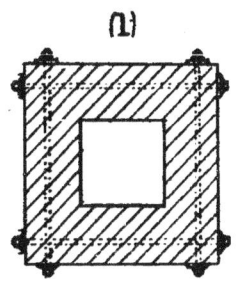

Tantôt on les double pour en faire un filet *jumelé* et on les réunit de distance en distance par de petits boulons d'entretoise. Ils dépassent le fourneau assez pour recevoir l'attache du boulon transversal par l'intermédiaire d'une plate-bande. Le croquis (4) de la même figure rend compte de l'assemblage.

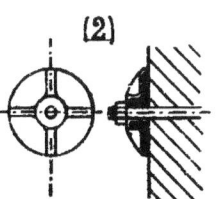

Les cheminées carrées, chauffées à haute température, sont également maintenues par des chaînages. Ce sont des fers de section quelconque terminés par des parties rondes et filetés; ces derniers reçoivent des écrous qui appuient sur les faces de la maçonnerie par l'intermédiaire de larges rondelles en fonte.

Fig. 146

La *fig.* 146 donne, dans son croquis n° (1), la disposition générale d'un chaînage et dans le croquis (2) le détail d'une des attaches.

Depuis quelque temps les fourneaux qui présentent une forme circulaire et qu'autrefois on cerclait de distance en distance, se construisent souvent dans une cuvre continue en tôle qui couvre toute la paroi extérieure dans son entier développement et qui constitue sinon le plus économique, du moins le meilleur des chaînages.

110. Chaînages des charpentes en bois avec les murs. — C'est encore au moyen de chaînages que les charpentes sont reliées aux murs d'une façon solide, et qu'elles servent à les entretoiser.

Les solives de peu d'importance sont quelquefois reliées à la maçonnerie par leur scellement, allongé par une

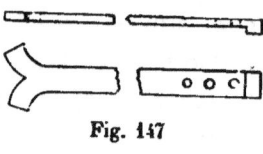

Fig. 147

queue de carpe représentée par la *fig.* 147. C'est une platebande en fer plat, ordinairement de 0,040 × 0,009, terminée d'un bout par un talon, de l'autre par un scellement fourchu (c'est la queue de carpe qui lui a donné son nom). Cette platebande est percée de plusieurs trous qui

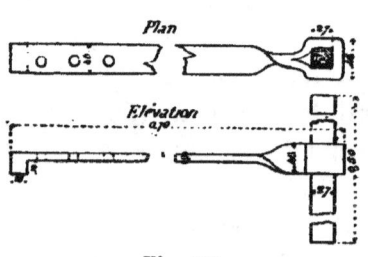

Fig. 148

permettent de la fixer à l'extrémité d'une solive ou d'un linçoir, au moyen de *clous mariniers* ou mieux de *tire-fonds*.

On se sert plus particulièrement des principales solives d'un plancher, et notamment des solives d'enchevêtrure, comme moyen d'entretoisement des murs qui les portent; cette liaison, ce chaînage, a surtout sa raison d'être au droit des trumeaux. D'autre part, on ne considère pas que le simple scellement des abouts d'une pièce de bois dans les deux murs qui la portent suffise pour maintenir leur écartement; si la pièce de bois les empêche de se rapprocher, elle ne suffit pas pour s'opposer à leur écartement. Ce dernier pourrait avoir lieu soit par dédoublement des matériaux de maçonnerie mal liés, soit par glissement du bois dans l'alvéole qui le reçoit. On s'oppose à tout écartement par la *plate-bande à ancre, fig.* 148. C'est une plate-bande dont la section a 40/6 ou 40/9 ; elle est armée d'un talon à l'une de ses extrémités. De l'autre bout elle est repliée en œil, chantournée ou non, et reçoit une ancre en fer carré; sur sa longueur elle est percée de trous pour permettre une liaison facile avec le bois au moyen de clous mariniers ou mieux de tirefonds.

L'ancre est ordinairement en fer carré de 0,025 et a environ $0^m,25$ de longueur.

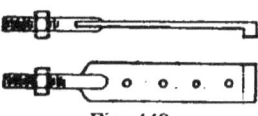

Fig. 149

Le boulon à platebande en même fer est figuré dans le croquis n° 149. Il s'assemble avec les extrémités des solives dans les mêmes circonstances, au moyen d'un talon et de clous ou tirefonds. De l'autre bout son écrou vient serrer le parement du mur par l'intermédiaire d'une ancre en fer ou en fonte, percée d'un trou à son centre de figure ou de gravité.

Pour relier, les grosses poutres aux murs, on assure

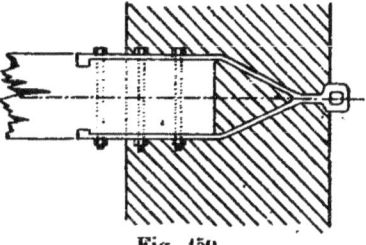

Fig. 150

souvent leurs abouts par de doubles platebandes, se réunissant en forme de V, avant de former l'œil qui doit recevoir l'ancre unique. La forme de ces ferrements est représentée dans la *fig.* 150 : le fer est plat et a 40/9 ; l'ancre est en carré de 0,030 et a une longueur de $0^m,25$ environ.

111. Chaînage des charpentes en fer avec les murs. — Le chaînage des extrémités des solives en fer avec les murs se fait souvent d'une façon bien simple, surtout si la portée est considérable dans la maçonnerie. On se contente de percer un trou à l'extrémité de la barre de fer, au milieu de son âme, et on passe dans ce trou qui a de 0,017 à 0,021 de diamètre, un bout de fer rond de 0,016 ou de 0,020, d'une longueur de 0^m,10 à 0,15. Cette ancre de petite dimension suffit pour fixer le fer et la maçonnerie lorsqu'il ne s'agit que des solives de dimensions ordinaires, *fig.* 151 (1). D'autres fois, on rive aux extrémités des solives une double équerre qui forme une ancre plus solide et mieux reliée à la maçonnerie, ainsi que le représente en plan la *fig.* 151 (2).

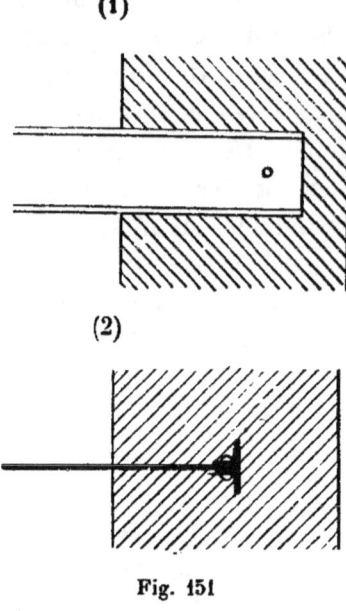

Fig. 151

Mais, lorsque le chaînage est important, lorsqu'il s'agit d'une solive de milieu de trumeau, ou d'une poutre, on se sert d'une platebande à ancre analogue à celles qui ont été indiquées pour le bois, mais sans talons. Elles se fixent au moyen de boulons sur l'âme du fer. La platebande peut être simple ou double, ainsi que le montre en plan la *fig.* 152; elle peut présenter un œil rond ou carré, suivant la forme de l'ancre. Lorsque la poutre est formée

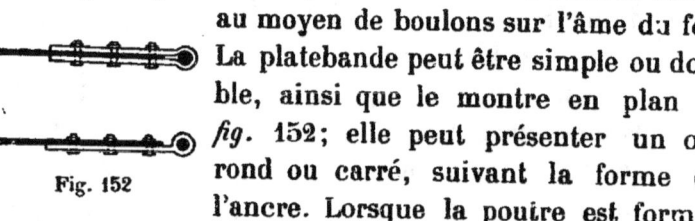

Fig. 152

de deux fers jumelés, on obtient un excellent chaînage en coudant une platebande suivant la forme indiquée dans la *fig.* 153, et assemblant ses extrémités aux âmes des fers au moyen d'un nombre convenable de boulons.

Cette platebande contourne l'ancre *a*. Il est évident qu'il faut que la platebande soit extérieure aux âmes des fers pour éviter aux boulons une traction oblique qui les décapiterait successivement. Ces platebandes sont en fer de 60/9 ou de 90/10, et les ancres de 0,50 de long sont en fer carré ou rond de 0,030 à 0,040.

Une disposition un peu différente est prise lorsqu'on veut aboutir à un ancrage apparent à l'extérieur ; les deux branches du V sont reliées par une platebande épaisse percée d'un trou pour le passage d'un fort boulon, dont l'écrou serre l'ancre, qui au dehors s'appuie sur la maçonnerie.

112. Des linteaux de baies. — Les linteaux sont des pièces de charpente qui servent à fermer horizontalement les baies des murs en petits matériaux à leur partie supérieure, et à soutenir la maçonnerie superposée à ces baies.

Partout maintenant on emploie les linteaux en fer, toutes les fois que les baies ne sont pas cintrées en arc, de préférence aux linteaux en bois qui pourrissent en rai-

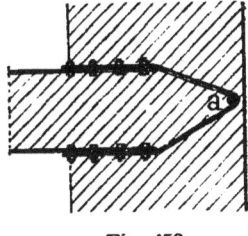
Fig. 153

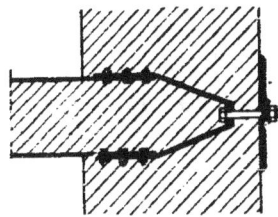
Fig. 154

son de l'humidité des façades, et cela lors même que le surplus de la charpente de l'édifice est exécuté complètement en bois.

Pour les petites baies de 0,50 à 0^m,80, on se contente de deux barres de fer carré de 0,030 à 0,040 de côté. On leur donne une portée sur les pieds droits de la baie d'environ 0^m,20, et on les place au même niveau, lorsque la baie n'est munie ni de feuillure, ni d'ébrasement ; mais on tient compte du profil de ces parties de la baie, lorsqu'elle doit être fermée par une menuiserie, pour déterminer la position relative des fers. La *fig.* 155 représente une baie de soupirail ; le linteau est fait de deux fers carrés, placés à hauteur convenable pour être recouverts par les enduits de la maçonnerie.

Lorsque les baies sont fermées à leur partie haute par un arc de peu de flèche ou par une voute en platebande, formée de voussoirs en pierre de taille, on évite le déplacement de ces voussoirs en les chaînant avec une barre de fer carré. Cette barre facilite en même temps leur pose.

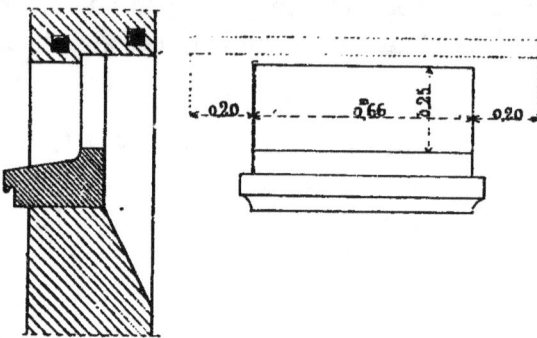

Fig. 155

La *fig.* 156 montre en (1) et (2) deux élévations de fenêtre correspondant à la même coupe figurée en (3). Elle montre la barre de fer carré dont il vient d'être question et qui se trouve logée, au fond de la feuillure, dans une entaille spécialement faite pour la recevoir. Souvent on élargit la

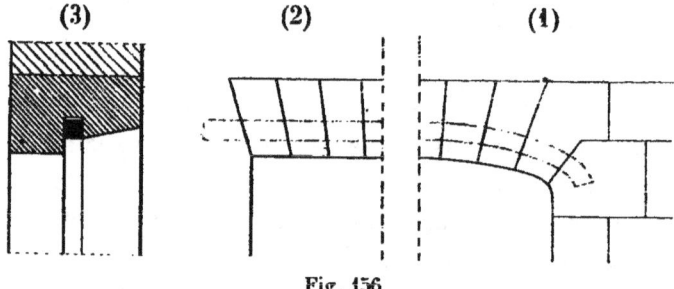

Fig. 156

barre à ses extrémités, ce qui la retient par ses scellements dans les sommiers et maintient l'écartement de ces derniers. La barre travaille alors à l'extension et sert de tirant pour contrebalancer la poussée de la voûte.

On se sert encore de barres de fer carré pour fermer les baies ménagées dans les murs de refend afin de loger les cheminées et les poêles.

Comme l'indique la *fig.* 157, à une hauteur de $0^m,90$ à

0,95 pour les cheminées, à celle de 1ᵐ,40 et quelquefois plus pour les poêles, on pose sur des jambages en briques, espacés de quantités variant de 0,65 à 1ᵐ,20, deux barres de fer carré de 0,030 à 0,040, placées à 0ᵐ,02 des parements de face. C'est sur ces barres de fer que l'on place les wagons ou les briques qui doivent former les tuyaux de la cheminée ou du poêle; souvent on établit deux tuyaux, lorsqu'on doit adosser

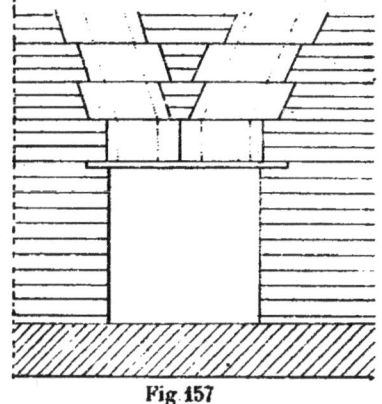
Fig. 157

deux appareils de chauffage. Ces barres de fer prennent le nom de sommiers.

Dans la construction des fourneaux, où les maçonneries sont chauffées, on emploie très fréquemment des sommiers en fer ; on augmente beaucoup leur section lorsque, exposés à rougir dans les carneaux, ils sont suceptibles d'être portés à des températures réduisant considérablement leur résistance.

113. Linteaux en fer à double T pour portes et fenêtres. — Les linteaux des portes et fenêtres ordinaires, dans les murs exécutés en petits matériaux, sont formés de fers à I qui, à poids égal, donnent une résistance bien supérieure à celle des fers carrés. Ces fers sont au nombre de deux pour les murs d'épaisseur inférieure à 0ᵐ,50, au nombre de 3, au moins, pour des épaisseurs plus fortes. On maintient leur écartement soit au moyen de brides et croisillons, soit plus simplement par 3 boulons à 4 écrous de 0,016 de diamètre, traversant les âmes au milieu de la hauteur.

Pour des murs qui, une fois finis, devront avoir 0ᵐ,50 d'épaisseur, la largeur extérieure maxima des linteaux est limitée à 0ᵐ,45, afin de réserver les épaisseurs d'enduit qui les recouvriront. Il en sera de même pour les réductions à faire en cas de murs d'autres dimensions.

On prend pour les baies courantes des fers à ailes ordinaires, et les profils choisis sont ceux de 0,08, 0,10, 0,12 ou plus, suivant la charge et la largeur de la baie. Lorsque les baies sont inférieures à 1^m,00, les fers de 0,08 jumelés suffisent dans la plupart des cas.

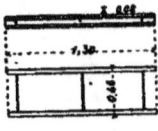

Fig. 158

Jusqu'à 1^m,40, on adopte les fers de 0,10 et ainsi de suite. La portée de leurs abouts sur les pieds droits est d'au moins 0^m,25.

La *fig.* 158 montre la vue latérale et le plan d'un linteau ainsi composé. Pour les portes, les deux fers jumelés sont placés au même niveau ; on les relève assez (0^m,10 au moins ordinairement) au-dessus de la hauteur ultérieure

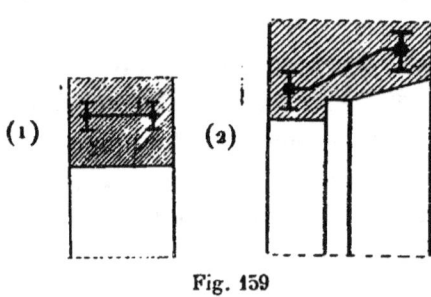

Fig. 159

fixée pour la baie, afin de laisser facile la pose des menuiseries fixes, bâtis, contrebâtis, etc., comme on le voit en (1) dans la *fig.* 159.

Pour les fenêtres, il est nécessaire de réserver la feuillure et l'ébrasement ; aussi, l'un des fers, celui de l'intérieur, est-il plus haut que l'autre, comme l'indique le croquis (2). Les boulons sont deux fois légèrement coudés, pour permettre cette disposition.

Les linteaux en fer, tant dans les murs intérieurs que dans les murs de face, ne craignant pas l'humidité, présentent une sécurité indéfinie. On ne craint pas, en leur donnant une dimension convenable, de leur faire porter les solives du plancher supérieur. On évite ainsi, pour les constructions à linteaux en fer, la complication des enchevêtrures.

Les linteaux sont hourdés de même limousinerie que le mur dans lequel on les pose. Si le mur est en pierres de taille, on les hourde en meulières ou en briques. On évite le mortier de plâtre dans cette maçonnerie, en raison de son action oxydante sur le fer, d'autant plus que cette oxydation se continue sous l'influence de la moindre trace d'humidité. On y emploie presque exclusivement le mortier de ciment, soit à prise lente, soit de préférence à prise rapide.

114. Filets intérieurs entre les piles des boutiques et des locaux à rez de chaussée. — On trouve l'exemple de linteaux plus importants au plafond des rez de chaussées des maisons à loyer des villes. Les boutiques qu'on

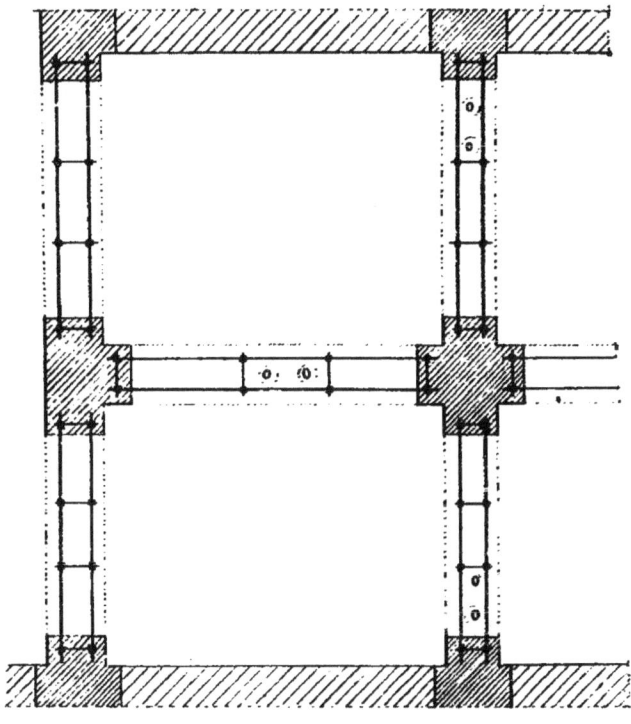

Fig. 160

y ménage exigent que les murs se réduisent à des piles, tandis qu'au-dessus ils se complètent pour diviser les distributions.

De là des linteaux qui doivent, sur des portées de 4 à 5 mètres, soutenir les murs du dessus.

Ces linteaux se font toujours de deux fers à I, presque toujours à ailes ordinaires; on les écarte le plus possible pour permettre de faire passer entre eux les tuyaux de fumée O,O, *fig.* 160, que l'on doit toujours réserver pour le service du rez de chaussée et souvent pour celui du sous-sol. La hauteur et le profil des fers varient suivant la

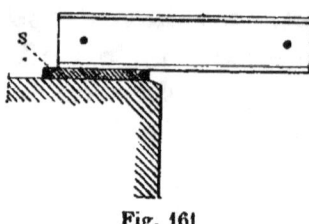

Fig. 161

charge et la portée; on soigne particulièrement les sommiers qui doivent recevoir les abouts de ces fers. Ceux-ci reposent sur la maçonnerie par l'intermédiaire de semelles en forte tôle ou en fonte (S, *fig.* 161), qui répartissent la pression sur une surface suffisante. On a soin de reculer ces plaques en deçà de l'arrête de la pile, pour empêcher l'épaufrement de la pierre.

Les deux fers jumelés sont maintenus à écartement constant par des liens posés d'ordinaire de mètre en mètre. Ces liens sont constitués, dans bien des cas, par des fers carrés de $0^m,020$ posés en diagonale, formant ensemble une croix de St-André. S'appuyant dans les angles intérieurs des fers à I, ils les empêchent de se rapprocher; en même temps, des frettes de $0^m,020$ sur $0^m,011$ ou sur $0^m,015$, posées à chaud, viennent serrer le tout et empêcher tout éloignement. Deux fers réunis ainsi par croix de St-André et frettes sont représentés dans le premier croquis de la *fig.* 162.

Souvent on remplace les fers carrés intérieurs par des

  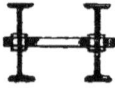

Fig. 162

pièces en croix, exécutées d'un seul morceau en fonte et d'un emploi plus facile.

Enfin, on substitue souvent à cette liaison le serrage au moyen de forts boulons à quatre écrous de $0^m,020$ de diamètre.

Deux fers jumelés ainsi reliés portent le nom de *Filet*; on réserve le nom de *poitrail* soit pour les filets de grandes dimensions, soit pour ceux qui sont employés en façade au-dessus des larges ouvertures à rez de chaussée, pour fermer les baies de boutiques par exemple.

Les fers des filets sont hourdés en maçonnerie de petits matériaux, après leur mise en place. La meulière et la brique y sont d'un emploi fréquent, avec un hourdis en ciment à prise prompte. L'emploi du plâtre doit en être proscrit.

Le filet est compris dans une assise formée de maçonnerie de briques, avec rangs en nombre suffisant pour le recouvrir, et retrouver une arase bien horizontale pouvant recevoir la maçonnerie supérieure.

Lorsque deux filets de baies contiguës viennent reposer sur la même pile, on a l'habitude de les chaîner ensemble.

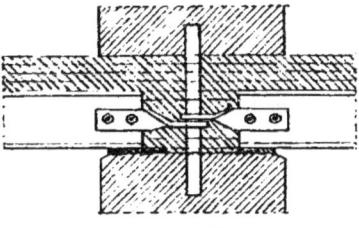

Fig. 163

Si la pile est de petite dimension en largeur, on ne met pour les deux baies qu'un seul et même linteau qui, au passage sur le point d'appui, se trouve noyé dans l'assise de briques. Si la pile est large, chaque filet vient porter sur environ $0^m,30$ à $0^m,40$ à la manière ordinaire, et les deux filets sont réunis par des platebandes simples ou doubles. Fixées par les boulons à 4 écrous du poitrail, ces platebandes sont noyées dans la maçonnerie de briques, *fig*. 163.

Quelquefois on termine chaque filet par un chaînage en V aboutissant à une même ancre située au milieu de la pile ; mais les inclinaisons des branches et leur chantournement, *fig*. 164, coupent trop la maçonnerie, en un point où elle se trouve très chargée, et ce moyen est à rejeter ; le précédent est plus simple et meilleur.

Un troisième moyen très acceptable consiste à laisser indépendantes les extrémités des filets voisins, mais de faire passer longitudinalement dans la maçonnerie de briques qui les remplit une bonne chaîne en fer de $^{60}/_{11}$ s'étendant sur toute la longueur du mur.

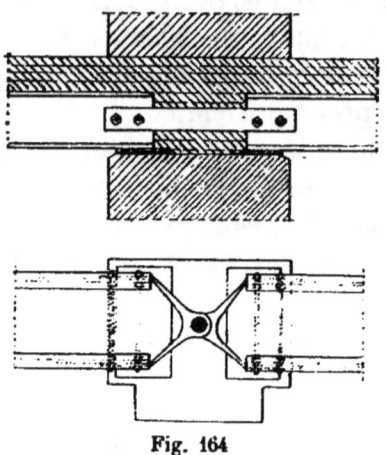

Fig. 164

Lorsque le charge et la portée sont considérables, et qu'il n'y a pas, dans le mur à porter, de tuyau de fumée à ménager, on remplace les fers à ailes ordinaires par des fers à larges ailes, ou même par des poutres en tôle et cornières, à moins qu'on ne puisse établir des supports intermédiaires, colonnes ou piles. Ces dispositions sont les mêmes que celles qui vont être indiquées pour les poitrails des murs de face.

115. Poitrails. Évaluation de la charge. — Les poitrails sont des filets établis en façade, au-dessus des grandes baies des bâtiments, ou des filets intérieurs de grandes dimensions.

Dans chaque cas particulier, on détermine leurs profils en raison de la charge que porte la charpente et de l'ouverture de la baie.

La charge se compose du poids de la maçonnerie placée au-dessus du poitrail et des charges des planchers que cette maçonnerie peut avoir à porter.

La charge de maçonnerie ne doit être comptée que pour la seule partie de mur qui viendrait à péricliter si le linteau ou poitrail était subitement enlevé. Ainsi, dans les exemples de la *fig.* 165, les parties de mur qui seraient susceptibles de tomber sont limitées par des lignes ponctuées fictives, déterminant des sortes de voûtes qui maintiendraient les parties supérieures. Si on voulait, au contraire, tenir compte de tout l'ouvrage qui se trouve verticalement au-dessus du poitrail, on arriverait à des dimensions trop

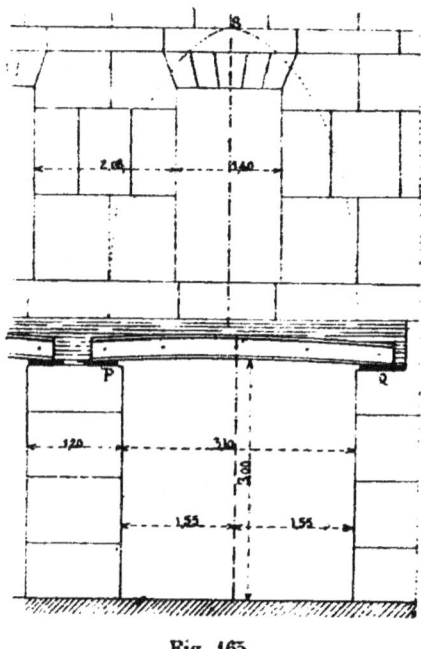

Fig. 165

fortes et inutiles. C'est au jugement qu'on a recours dans chaque cas particulier.

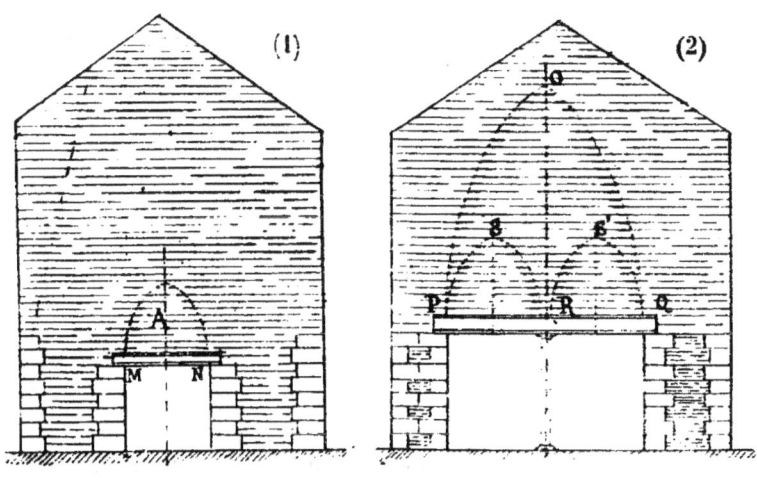

Fig. 166

Dans le croquis (1) de la *fig.* 166, le mur est complètement plein à sa partie supérieure, et une baie est à réserver en MN.

Le linteau qui la recouvrira sera suffisant s'il est calculé pour porter la maçonnerie A, limitée par la ligne ogivale ponctuée au-dessus.

La quantité de maçonnerie à soutenir par un poitrail dans un mur plein, augmente beaucoup avec la portée; ainsi, dans le croquis n° 2, si l'ouverture PQ est franchie d'une seule volée, la pièce qui fermera la baie à sa partie haute devra pouvoir porter le poids de la partie de mur QOP avec toutes les charges accessoires, planchers, etc., qui s'y rapportent.

Si, au contraire, on peut mettre un point d'appui en R, non seulement on réduit de moitié par ce fait la portée du poitrail, mais encore la charge ne correspond plus qu'à la maçonnerie comprise dans les deux voûtes ogivales fictives PSR, RS'Q.

Les ouvertures de baies au-dessus les unes des autres peuvent modifier dans de très grandes limites les charges

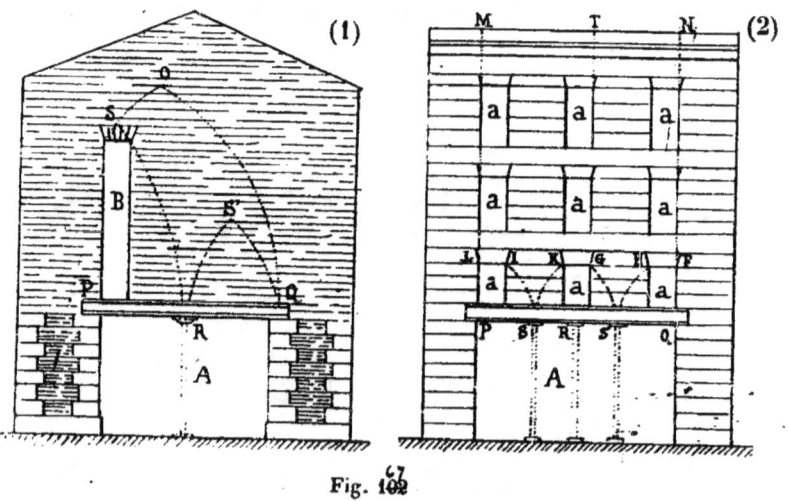

Fig. 167.

qui viennent s'exercer sur les poitrails et filets, ainsi que le montrent les deux croquis de la *fig.* 167.

Le croquis (1) représente un mur de bâtiment percé au

rez-de-chaussée d'une baie A, et, au-dessus, d'une petite baie étroite et haute B. Il est évident que si le poitrail venait à manquer, la partie de maçonnerie qui péricliterait serait PSOQ, et elle a une bien plus grande importance que celle qui chargerait le poitrail si le mur était plein. Le poitrail doit donc être plus fort dans le premier cas que dans le second.

Il en résulte qu'on peut faire péricliter une construction en perçant une baie au-dessus d'un poitrail existant et suffisant, quoiqu'on ait l'air d'enlever de la charge.

Dans cette même figure, si on peut mettre un point d'appui en R, on réduit le poitrail en restreignant sa portée de moitié, et en outre en diminuant dans d'énormes proportions la maçonnerie à soutenir; elle est alors limitée par les lettres PSRS'Q.

Il reste un poitrail à deux travées, et la section doit être établie en raison de la charge qui correspond à la travée de gauche, la plus fatiguée quoi qu'ayant un vide au-dessus.

Le croquis (2) de la même figure montre l'influence des baies sur les dimensions à donner à un poitrail. Il représente une façade de bâtiment percée d'une grande ouverture A au rez-de-chaussée, et de trois étages de baies (*a*) au-dessus.

Il est de toute évidence que si le poitrail qui couvre la baie A va de P en Q d'une seule volée, il aura à porter toute la maçonnerie au-dessus; c'est-à-dire ce qui est compris dans PMNQ et toutes les charges de planchers, combles, etc., qui s'y rattachent. Il faudra donc un énorme poitrail, en raison des deux trumeaux qui le chargent dans toute la hauteur.

Si donc le mur était primitivement plein au-dessus de A avec un poitrail suffisant, le percement des baies *a* aurait pour effet de faire péricliter la charpente, puisqu'elle ne serait plus suffisante à beaucoup près pour le mur évidé.

Si on sépare la baie A en deux, au moyen d'une colonne placée au milieu en R, on réduit la portée de moitié; mais on ne réduit pas la charge de chaque partie du poitrail, celle qui s'exerce sur la partie de gauche étant alors limitée par PMTR, parce que le trumeau doit être soutenu au-dessus du vide de la travée.

Il en est autrement si au lieu d'une colonne en R on peut en mettre deux en S et S' sous les parties pleines. Non seulement la portée de chaque travée est réduite au tiers de l'ouverture primitive, mais encore la charge est insignifiante; elle est due, par exemple, pour la première travée à la maçonnerie contenue dans le périmètre PLIS. C'est pourquoi on voit souvent des maisons montées à toute hauteur ne présenter au-dessus des baies de boutique que des poitrails très réduits, en fers à ailes ordinaires de 0,16, 0,18 ou 0,20, et qui peuvent être suffisants pour la charge.

De ces développements on peut déduire :

1° Que dans un mur plein, les poitrails ou linteaux des baies inférieures peuvent être assez faibles, en raison de la cohésion de la maçonnerie qui limite la charge apparente ;

2° Que si, plus tard, on perce après coup des baies, il faut vérifier les poitrails ou linteaux inférieurs ;

3° Que chaque poitrail doit être étudié à part, en considérant le mur en son entier et la position des vides et des pleins supérieurs ;

4° Enfin que, dans tous les cas, il faut poser en principe de n'établir ou de ne modifier la composition et la construction d'un mur quelconque, soit de face soit de refend, qu'après en avoir fait un dessin en élévation le représentant dans toute sa hauteur, avec ses vides, ses pleins et les charges qui viennent s'y appliquer, et y avoir tracé les travaux projetés dont alors seulement ou peut se rendre compte. C'est ce que l'on appelle *faire le calepin du mur*.

116. Disposition d'un poitrail sur deux points d'appui. — La *fig.* 168 donne la disposition d'un poitrail destiné à recouvrir une baie sans point d'appui intermédiaire. Il est formé de deux fers à I jumelés, de 0^m,22 de hauteur, réunis par 5 boulons de 0,020 à quatre écrous. Les extrémités portent sur les pieds-droits de la baie par l'intermédiaire de plaques de fonte de 0.03 d'épaisseur, posées à bain de ciment, à hauteur convenable, sur le lit supérieur des piles; ces plaques s'arrêtent à 0,03 de l'arête de cette pile sur trois sens. Le poitrail est hourdé en maçonnerie de briques, ces dernières mises de champ perpendiculairement au parement de façade.

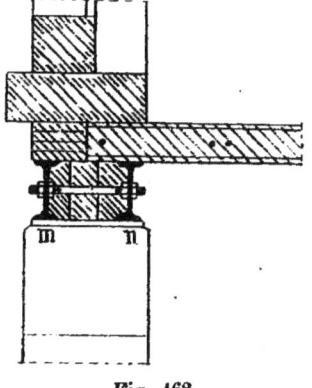

Fig. 168

La dimension des fers a été calculée pour porter la portion du mur de face limitée à la voûte ogivale fictive (voir ci-dessus) plus la partie correspondante du plancher haut du rez de chaussée.

Les solives de ce plancher viennent se poser directement sur le poitrail, ainsi qu'il est figuré dans la coupe transversale. Quoique les solives en réalité ne portent que sur le fer intérieur, en raison du boulonnage et du hourdis, on admet que les deux fers jumelés concourent également l'un et l'autre à porter le plancher. On les calcule en conséquence, parce qu'on admet que le fer n, relié à son voisin m comme il vient d'être dit, ne peut baisser de la plus petite quantité sans l'entraîner dans son mouvement. Ils sont donc considérés comme solidaires, en pratique, bien que cela puisse donner théoriquement lieu à discussion.

Les fers des poitrails d'une seule travée sont ordinairement cintrés à raison de 0^m,01 par mètre. On les noie dans une maçonnerie de briques, qui les surmonte de la quantité d'assises nécessaire pour donner une arase bien horizontale au niveau de l'assise suivante de maçonnerie, dont on rattrape le joint de cette façon. Dans la figure 168, l'assise de pierre de taille qui vient se poser sur les briques est celle du bandeau qui termine le rez de chaussée ; elle est indiquée comme gros œuvre, avant la taille du profil. Autrefois à Paris on ne pouvait dépasser 3^m,00 d'ouverture pour les baies qui doivent être recouvertes de poitrails d'une seule portée ; mais maintenant cette règle a été abandonnée, en raison de la facilité que donne l'emploi du fer pour la couverture de plus grandes baies.

117. Poitrails à plusieurs travées. — Lorsque les poitrails sont soutenus par des points d'appui intermé-

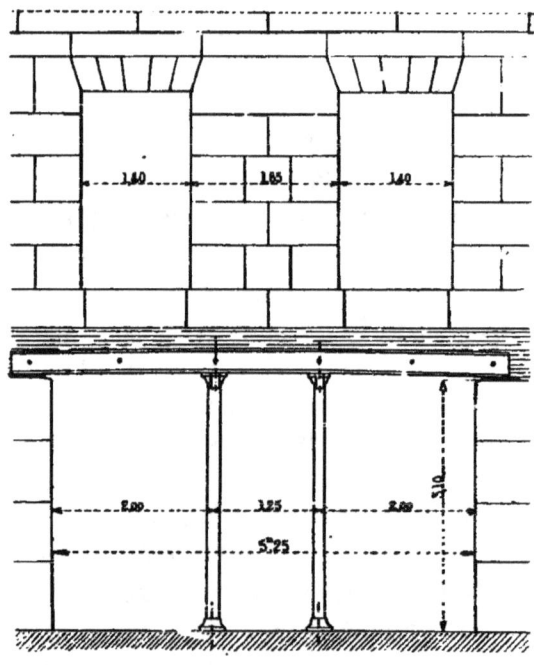

Fig. 169

diaires, comme dans l'exemple représenté dans la *fig.* 169, on peut ou les cintrer légèrement ou les laisser droits.

D'ordinaire on les emploie avec un léger cintre, lorsque les fers sont à ailes ordinaires, et droits, lorsqu'il s'agit de larges ailes. Du reste, pour raison de plus grande stabilité, c'est presque toujours des profils à larges ailes que l'on adopte pour les longs poitrails. Dans l'exemple de la *fig.*

169, on aurait pu ne mettre qu'une colonne, et c'est ce que l'on fait souvent avec des ouvertures analogues. Dans d'autres cas, l'obligation de mettre une porte au milieu de la devanture oblige de dédoubler la colonne.

Lorsqu'on emploie les colonnes pleines, pour faire moins travailler les consoles de leurs chapiteaux, on interpose entre ces derniers et le poitrail une platebande en fer forgé *a*, *fig*. 170, à bords relevés au-delà des fers jumelés, et la liaison avec la colonne se fait simplement par un goujon venu de fonte qui s'engage dans un trou de même diamètre percé dans la platebande.

La coupe transversale du poitrail au-dessus de la colonne est représentée dans la *fig*. 170.

Dans les constructions soignées, la question de la stabilité absolue fait prendre des fers plus forts que ne l'indiquerait le calcul basé sur les charges et les por-

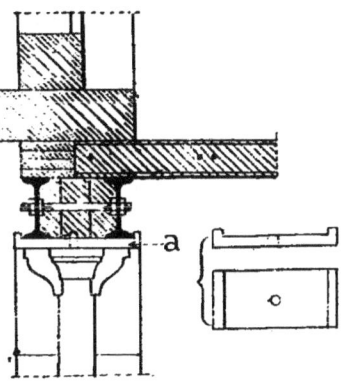

Fig. 170

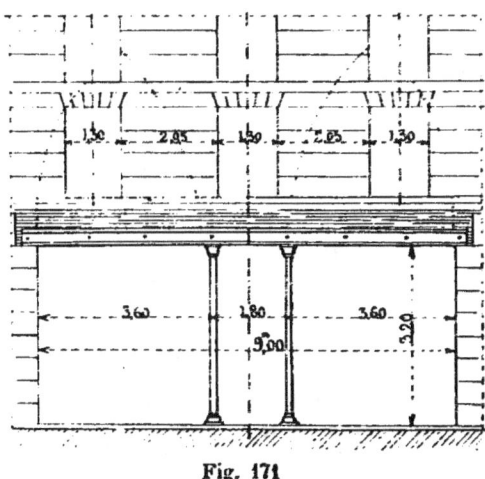

Fig. 171

tées. Ainsi, dans l'exemple de la *fig*. 169 on n'hésiterait pas à composer le poitrail de deux fers à I, LA, de 0,26, échantillon de 45 kilos le mètre courant.

Les poitrails ne peuvent s'allonger indéfiniment dans les maisons de ville ; d'abord pour s'accorder avec la distribution, et en second lieu pour ne pas diminuer la stabilité dans une trop grande proportion. On va cependant facilement jusqu'à une distance de 9^m,00 entre les pieds-droits d'une même baie, et la *fig.* 171 en donne un exemple dans lequel le poitrail est composé de deux fers I, LA, de 0,26 (45 kilos le mètre courant) assemblés par des boulons de 0,020 de diamètre. Le poitrail est établi pour porter la maçonnerie limitée par les ogives ponctuées.

118. Poitrails en pièces faites de tôles et cornières.
— Lorsque les fers de 0,26 ou de 0,30, LA, ne suffisent plus pour porter la charge, on a recours aux poutres en tôles et cornières, qui permettent avec leur hauteur et leur composition variable d'obtenir telle résistance qu'on veut. La coupe transversale du poitrail est alors donnée par la *fig.* 172.

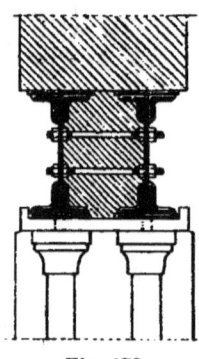

Fig. 172

Dans l'arrangement des éléments des poutres jumelées on est forcément limité par la largeur du mur.

Il est nécessaire de laisser entre les deux pièces un espace de 0^m,10, pour permettre d'exécuter dans de bonnes conditions le hourdis de l'intervalle. Ce hourdis au dessus du point d'appui sert à porter la maçonnerie supérieure, en même temps qu'il maintient les poutres dans une position bien verticale ; il est donc de grande utilité.

Les poutres étant d'une hauteur plus grande que celle des fers à I, il est bon de les entretoiser, non plus par un, mais par deux rangs de boulons, et ces boulons doivent avoir au moins un diamètre de 0,020 à 0,022.

Lorsque les poitrails sont en fers à I un peu longs, ou

lorsqu'ils sont établis en tôles et cornières, on a avantage à remplacer la colonne unique par deux colonnes jumelées, comme l'indique la coupe transversale 172.

On y trouve l'avantage d'un point d'appui de la largeur

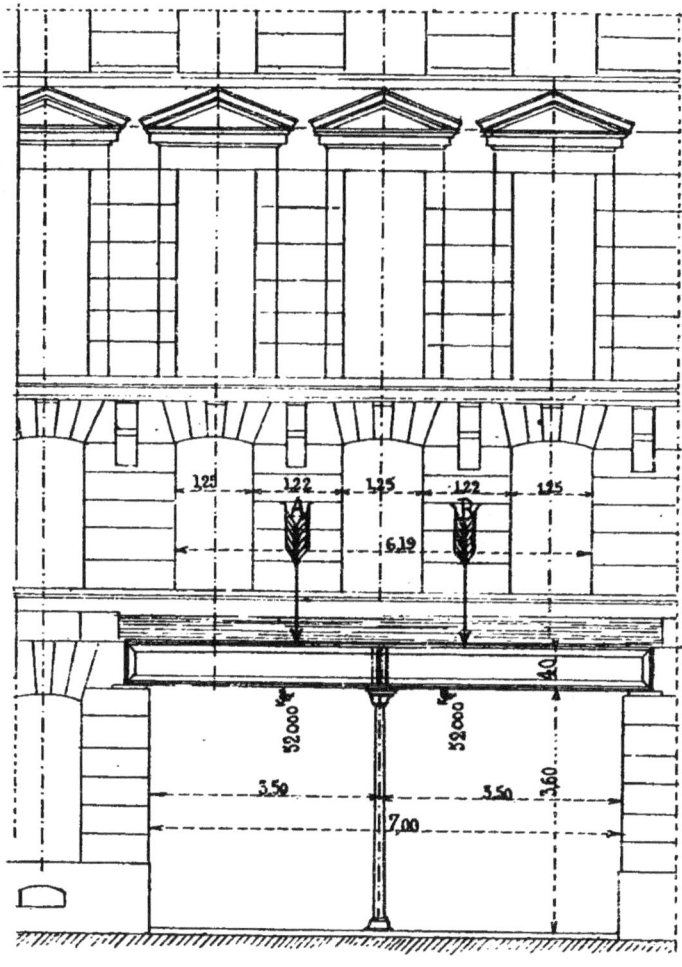

Fig. 209

du mur qu'il remplace, et qui présente toute la stabilité possible. En second lieu, chaque poutre est bien posée en dessus de son point d'appui, directement. Enfin, on ne fait pas reposer le poids de toute la maçonnerie supérieure par l'intermédiaire d'une console qui peut être mal tracée, mal fondue, ou peut casser par accident.

On interpose toujours entre les colonnes et le poitrail une platebande en fer forgé, comme il a été indiqué précédemment, et les goujons des colonnes y trouvent des mortaises correspondantes.

Quant aux colonnes qui forment le point d'appui, on les prend quelquefois pleines, dans les modèles du commerce. Dans la construction soignée, on les établit toujours creuses, sur modèle spécial ; toutes les indications de formes et de construction seront données plus loin au § 1 du ch. VI.

Lorsque deux colonnes sont accouplées, on les relie en deux points de la hauteur au moyen de brides boulonnées, qui seront également indiquées ci-après.

119. Exemples de poitrails en tôles et cornières. — Un premier exemple d'un poitrail exécuté en tôle et cornières est celui d'une maison du Boulevard St-Germain où il se présente de la façon suivante :

La baie de boutique représentée par la *fig.* 209 a 7 mètres d'ouverture. Elle est divisée en deux parties égales et au point de division on a mis un support. Au-dessus de la baie se trouvent à chaque étage trois fenêtres séparées par des trumeaux de $1^m,22$ de large.

La hauteur de la façade, au-dessus du poitrail, attique compris, est de 18 mètres ; six planchers et le comble apportent leur charge au mur de face.

Cette charge se décompose ainsi :

Charge des parties pleines du mur . . .	$72\,000^k$
Charge des planchers et du comble . . .	$32\,008^k$
Charge apportée par les trumeaux réunis A et B, sur le poitrail : Ensemble . .	$105\,000^k$
Soit pour chaque trumeau	$52\,000^k$.

Le poitrail se composant de deux poutres, chaque poutre est chargée de 26 000 kilos en un point situé à une distance de 1,24 de l'axe. Si l'on applique les principes de mécanique, on trouve que les réactions des appuis M et N ont une valeur de 4330 kilos, la réaction du milieu R, *fig.* 174, étant de 47 340 kilos. On trouve également que le moment fléchissant en A est de 9786, tandis qu'en R il est de 17 095.

Si on cherche dans les tableaux les sections qui correspondent à ces valeurs des moments fléchissants, on trouve pour une hauteur de poutre de 0^m,40 :

HAUTEUR : 0^m,40

	moment de résistance
Ame 0,010 d'épaisseur	1 600
4 Cornières $\frac{70 \times 70}{9}$	4 606
Tables 0,010 × 0,160	3 840
Moment	10 046.

HAUTEUR : 0^m.40

	moment de résistance
Ame 0,010 d'épaisseur	1 600
4 Cornières $\frac{70 \times 70}{9}$	4 606
Tables 0,030 × 0,160	11 593
Moment	17 799.

D'après cela, l'une des pièces du poitrail sera composée comme suit, l'autre étant identique :

L'âme, les 4 cornières et une première tôle haute et basse de 0,01 s'étendent dans toute la hauteur de la poutre;

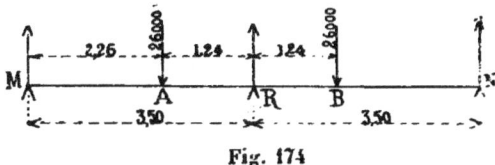

Fig. 174

une deuxième tôle de 0,01 s'ajoute dans la partie milieu sur 2^m,60 de longueur, et enfin, une troisième tôle au-dessus du point d'appui milieu règne sur 1,^{m}50 de long.

A l'endroit des points d'appui, des renforts empêchent

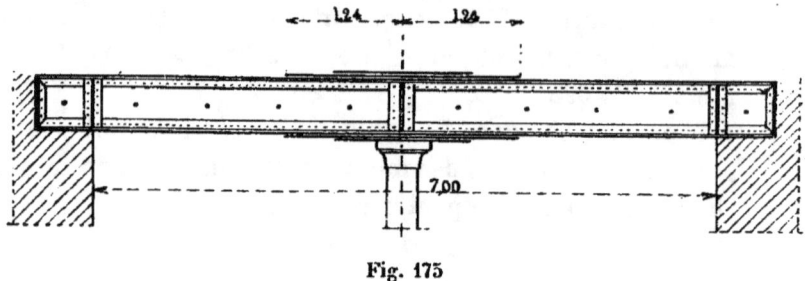

Fig. 175

toute déformation, et des boulons de 0,020 à 4 écrous maintiennent l'écartement.

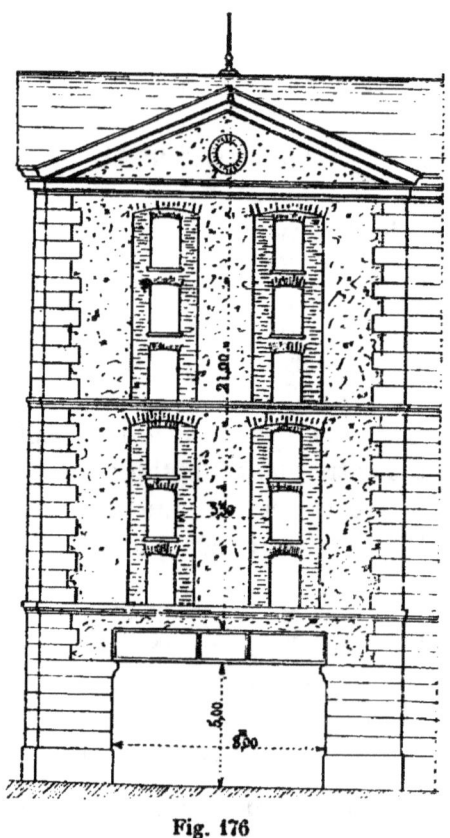

Fig. 176

Le second exemple de poitrail, de plus grandes dimensions encore, est celui de l'entrée du grand magasin des Moulins de Corbeil. Il a 8 mètres de portée entre pieds-droits et soutient une hauteur de maçonnerie de 21 mètres au-dessus de sa semelle supérieure ; un trumeau tout entier du bâtiment, de 3ᵐ,50 de largeur et d'une épaisseur moyenne de 0ᵐ,60, vient se poser au milieu même du poitrail. La charge ainsi appliquée, du fait de la maçonnerie, est de 90,000 kilos. Le trumeau reçoit de plus les abouts des poutres de 8 planchers et du comble, correspondant à une charge supplémentaire d'environ 100 000 kilos, soit en tout de 190 000 kilos. Le poitrail doit donc pouvoir supporter une charge double uniformément répartie, c'est-à-dire 380 000 kilos.

Il est logé dans un mur de 0,90 d'épaisseur, traverse la baie d'une seule volée sans points d'appui intermédiaires, et est composé de deux poutres jumelées en tôles et cornières.

La hauteur de ce poitrail est de 1ᵐ,30. Si on le calcule, on trouve que chaque poutre peut être ainsi composée : une âme de 0,012 d'épaisseur, quatre cornières reliant cette âme à des platebandes larges, d'épaisseur croissant avec le moment fléchissant. Ces cornières ont $\frac{125 \times 125}{13}$; les tables ont 0ᵐ,30 de largeur : une première tôle règne sur toute la longueur et a 0ᵐ,011 d'épaisseur ; une seconde tôle de 0,022 s'étend sur les 4 mètres milieu, et enfin, par-dessus et dans l'axe, est une 3ᵉ tôle de 0,022 d'épaisseur.

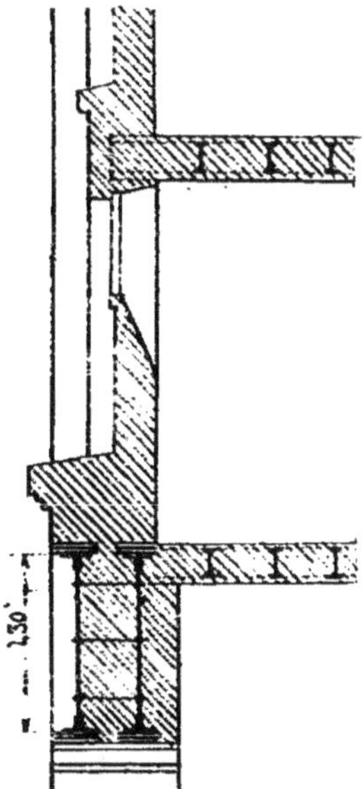

Fig. 177

La coupe transversale du poitrail et des maçonneries voisines est donnée par la *fig.* 177. On voit que les deux poutres jumelles sont encore à distance suffisante, 0ᵐ.10 environ, pour qu'on puisse facilement remplir leur intervalle en maçonnerie de petits matériaux et de ciment ; l'écartement des deux pièces est maintenu par trois lignes de boulons à 4 écrous de 0,025, et en outre par 4 platebandes aux tables. Les abouts de ce poitrail viennent reposer sur l'assise supérieure des pieds-droits par l'intermédiaire de grosses plaques de fonte de 0ᵐ,050 d'épaisseur, présentant des rigoles pour loger les têtes des rivets. Le fer travaille à 6 kilos par millimètre carré.

Pour empêcher le voilement et raidir les poutres à leur portée, on a ajouté sur leurs faces latérales des renforts verticaux en fer à T reliant les tables et l'âme ; l'un se trouve au bord de chaque scellement, et deux sont disposés vers le milieu du poitrail. Ils divisent la face vue en trois pan-

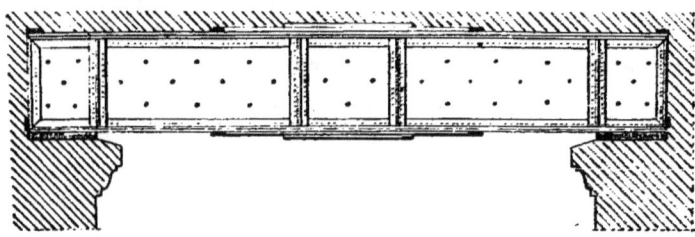

Fig. 178

neaux, dont celui du milieu est le plus petit, de manière à concourir dans une certaine mesure à la décoration ; il en est de même des boulons d'entretoisement qui sont disposés régulièrement dans chacun des panneaux.

120. Emploi des poutres à caisson comme poitrails. — Les poutres à caisson offrent au premier abord quelques sérieux avantages sur les poutres jumelées à I, pour la construction des poitrails ; elles peuvent notamment avoir des tables plus larges et par suite présenter une résistance plus grande pour une hauteur déterminée.

D'un autre côté, elles présentent des inconvénients tels,

qu'il faut, à notre avis, les rejeter absolument pour cet emploi :

1° dans leur hauteur, l'épaisseur du mur est réduite à $e = 0{,}50 - 2$ fois $0{,}090 = 0^m{,}32$. De là une diminution notable de stabilité. Cet inconvénient est commun aux poutres en tôles et cornières, mais pour ces dernières on peut plus facilement mettre des renforts au droit des points d'appui ;

2° et surtout, l'espace intérieur A ne peut être rempli : et, comme on ne peut y pénétrer, ni y peindre les surfaces, la rouille est susceptible de s'y mettre, de sorte qu'au bout de quelques années on ne connait pas l'état du poitrail, ni le degré de sécurité qu'il peut présenter. De plus, l'absence de maçonnerie laisse toute la charge à porter aux tôles verticales qui forment les âmes, et ne permet pas de les maintenir absolument dans la position normale qui assure le maximum de résistance.

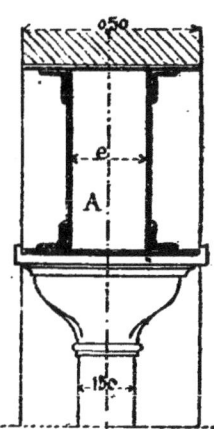

Fig. 179

En vain prétendrait-on qu'on peut les remplir de maçonnerie avant la pose. Cette maçonnerie établie dans un espace fermé, risquerait de mal prendre ; elle ne pourrait pas sécher et demanderait à ne pas être dérangée pendant plus de temps qu'en pratique on ne peut lui en donner ;

3° Enfin, le moindre incendie porterait au rouge ces tôles, minces, isolées ; le poitrail, immédiatement déformé, ne donnerait aucune sécurité pour le maintien du gros œuvre de l'édifice.

121. Poitrail formé d'une poutre armée. — Lorsque le mur est plein sur une hauteur de $1^m{,}00$ à $2^m{,}00$, au-dessus d'un poitrail à grande portée, il peut devenir avantageux de former ce poitrail d'une véritable poutre armée, composée d'un certain nombre de fers assemblés, et de le noyer dans la partie pleine du mur. C'est un exemple de ce genre qui est donné dans le dessin de la *fig.* 180 ([1]).

Un bâtiment est à élever en travers d'une rivière et le sol tourbeux de la vallée ne présente pas la butée suffisante pour recevoir un arc. L'ouverture entre les deux rives est de 10^m,70 et les fers du commerce les plus forts, ceux de 0,26 ou de 0,30 L.A, sont bien loin d'être assez résistants pour porter le mur au-dessus, le plancher et le comble. Tel est le programme qu'il s'agissait de remplir.

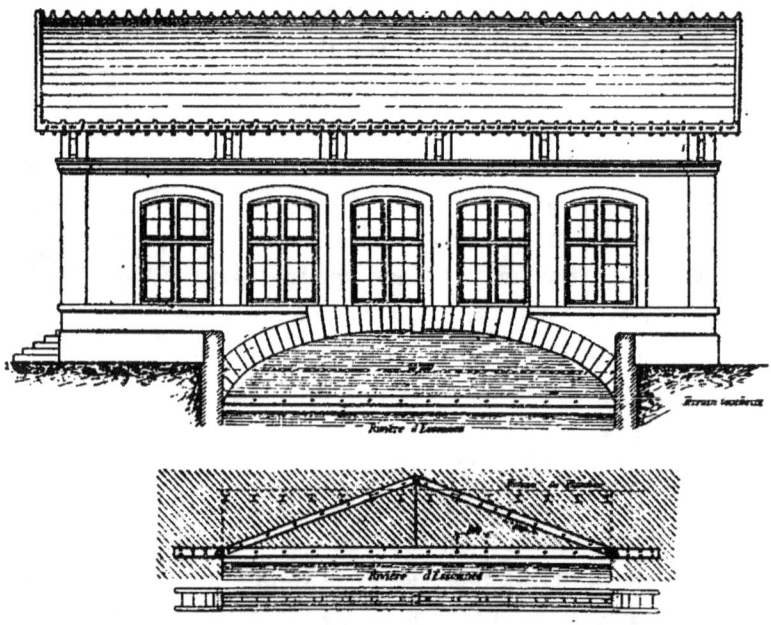

Fig. 180

On l'a résolu par l'emploi d'une poutre armée.
Cette poutre est formée :

1° d'un entrait fait de deux fers à I, LA, de 0,26, pesant chacun 45 kilos le mètre ;

2° de deux arbalétriers inclinés, formés chacun de deux fers à I de 0,22 A.O, pesant 25 kilos le mètre ;

3° enfin, d'un double poinçon vertical, partant du point

([1]) Bureaux des Ateliers de construction de MM. Féray à Essonnes (J. Denfer, architecte).

de butée des arbalétriers à leur partie haute et venant aboutir au milieu de l'entrait.

Il résulte de cette disposition qu'au milieu de l'entrait on a créé un troisième point d'appui pour cette pièce, qui alors, posée sur trois points solides, est assez forte pour porter la charge supérieure avec la section des deux fers de 0,26 L.A, n'ayant plus que des portées de 5^m,35.

La *fig.* 180 donne au-dessous de l'élévation la coupe lon-

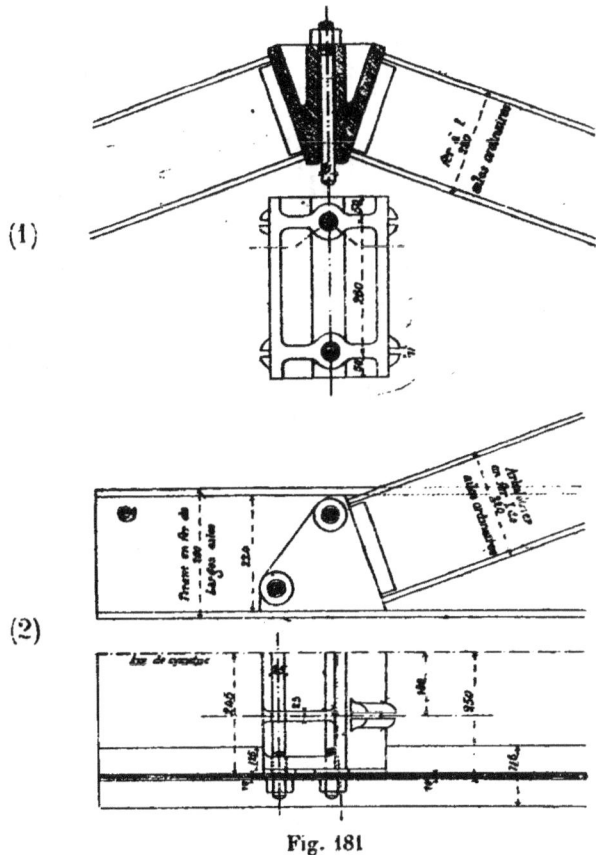

Fig. 181

gitudinale du mur de face, montrant la disposition des fers de la poutre armée.

Les fers de l'entrait sont destinés à être apparents, les arbalétriers au contraire sont noyés dans la maçonnerie de petits matériaux du mur.

Au ravalement, on a simulé dans l'enduit une voûte en pierre de taille appareillée, tandis que le parement de la partie comprise entre l'intrados et l'entrait du poitrail est fait de briques foncées jointoyées en ciment.

La *fig.* 181 montre les assemblages des pièces. Les deux fers jumelés de l'entrait sont espacés de 0,49 d'axe en axe ; ils sont maintenus à cette distance par une suite de bou-

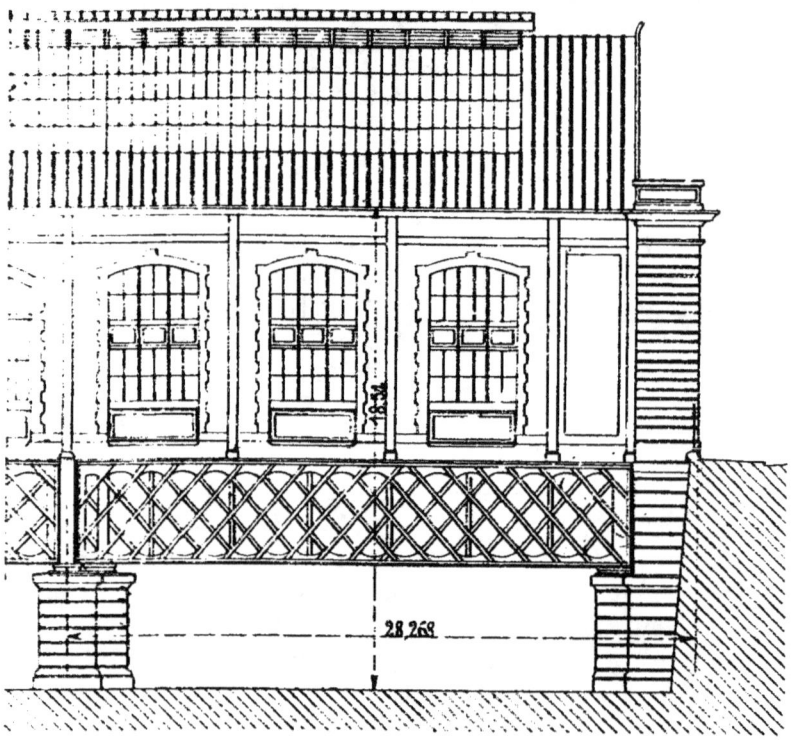

Fig. 182

lons de 0,020 de diamètre, espacés de 0,80 d'axe en axe.

Les arbalétriers s'assemblent avec l'entrait par l'intermédiaire d'un sabot en fonte, vu de côté et de dessus en (2) dans la même figure. Ce sabot est serré entre les deux fers d'entrait, dont il épouse la forme intérieure, au moyen de deux boulons de 0,025, et les arbalétriers de 0,22 sont retenus par les faces inclinées du sabot munies de deux doubles ergots qui comprennent les âmes. Ces faces leur servent de butée sans autre fixation.

Ces fers sont distants de 0,36 d'axe en axe.

Les arbalétriers à leur partie supérieure butent de la même manière contre les faces inclinées, munies d'ergots doubles, d'un sabot supérieur dessiné en (1) dans la même figure. Les deux faces du V sont réunies à 0,36 d'axe en axe par des nervures élargies au milieu et traversées chacune par un boulon vertical de 0,025 de diamètre. Ce sont ces deux boulons qui forment poinçon et qui descendent soutenir le milieu de l'entrait; ils le supportent en dessous par l'intermédiaire d'une forte plaque.

122. Poitrail fait d'une poutre en treillis. — Un poitrail très important est celui qui soutient le mur de face du bâtiment de Messageries de la gare des chemins de fer de l'Ouest, à Paris. La distance des points d'appui est variable; la plus grande est celle figurée dans le croquis d'ensemble, *fig.* 182; elle est d'environ 25^m,00.

Le poitrail de rive porte encore, indépendamment du mur de face d'une hauteur d'environ 10^m,00, une partie de l'énorme plancher du premier étage, dont on verra la description au chap. V. Le poitrail est une grosse poutre en tôles et cornières de 4^m,00 de hauteur, dont l'âme est formée d'un fort treillis en fers en U, et qui, au moyen de cornières de $\frac{120 \times 120}{15}$ et de parties d'âmes pleines de 600 sur 15, se relient à des tables de sections variables suivant les portées et de 0^m,550 de largeur. C'est une véritable poutre de pont, sous le rapport de la charge, de la portée et des dimensions qui en résultent.

123. Poitrail en arc. — Lorsque, au contraire du cas précédent, art. 121, on dispose d'un sol ou d'anciennes constructions capables de former une butée pour ainsi dire indéfinie, on a avantage à constituer le poitrail d'un arc métallique jeté entre ces points solides.

Un exemple d'un poitrail de ce genre est donné par le

bâtiment du Moulin de Corbeil (¹), construit en travers de l'Essonnes près de son embouchure dans la Seine, représenté par la *fig.* 183. En A et B se présentaient les bajoyers d'une ancienne écluse, qui, reliés au terrain voisin, constituaient une masse solide sur la stabilité de laquelle on pouvait compter absolument. Entre ces points, on avait à porter huit planchers de moulin, et ces planchers étaient à soutenir par trois files de colonnes, C, D, E.

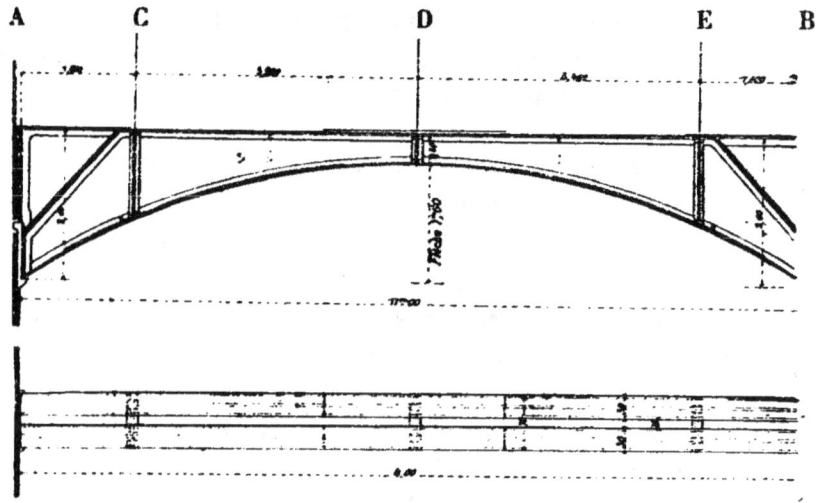

Fig. 183

Chacune de ces trois files devait porter sur un poitrail, aussi mince que possible, pour permettre aux bateaux de venir se charger sous le bâtiment. Pour ces deux raisons, de butée indéfiniment résistante et de faible épaisseur, l'arc était indiqué pour la forme de ces poitrails, et la *fig.* 183 donne l'élévation de l'un d'entre eux.

Il a une épaisseur de 0,40 à la clef, compris toutes platebandes et une flèche de 1,60 pour une portée de 11,00. L'arc de façade, n'ayant à supporter qu'une demi-travée de planchers et un pan de fer vitré peu lourd, est simple. Il est représenté, comme section à la clef, par la lettre M

(¹) Exécuté pour M. Darblay en 1863 (J. Denfer, architecte; J. F. Cail et Cⁱᵉ, constructeurs des poitrails).

dans la *fig.* 184. Les poitrails des deux autres files sont doubles.

Leur extrados est horizontal dans l'intervalle de C à E.

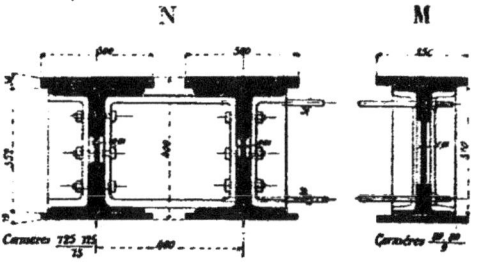

Fig. 184

de manière à recevoir facilement les bases des trois colonnes C,D,E. De C en A, la hauteur diminue, l'extrados est droit mais coudé et incliné, et l'arc vient buter par une extrémité verticale contre le bajoyer armé d'une plaque de retombée en fonte ; celle-ci est représentée en détail par la *fig.* 185.

A l'endroit de pose des colonnes, le poitrail de face est accompagné de renforts. Ces arcs doubles portent également des renforts en fer forgé boulonnés qui les maintiennent parfaitement. Ces renforts sont tous composés d'une âme

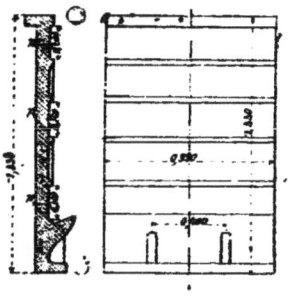

Fig. 185

pleine entourée d'une bride, assez large pour recevoir les boulons de liaison.

Les différents poitrails sont entretoisés par deux files de boulons de 0,030 de diamètre, et de plus, dans les tympans, par des fers à I assemblés au moyen de cornières avec les âmes.

Les intervalles des arcs d'un même poitrail, de même que les intervalles des poitrails, sont remplis par une voûte en maçonnerie de même forme, qui constitue le plancher du rez de chaussée et profite de la butée pour se porter elle-même ; de plus, cette voûte maintient les arcs dans une position absolument verticale, leur permettant de porter la charge du bâtiment supérieur; enfin, elle protège de l'oxydation la majeure partie de leurs parements.

Les arcs ont une forme à double T ; ils sont composés d'une âme en tôle de 0,01 d'épaisseur, de 4 cornières de $\frac{80 \times 80}{9}$ pour le poitrail de tête, $\frac{125 \times 125}{14}$ pour les autres, enfin, de tables de 0,25 ou de 0.30 de largeur, d'épaisseurs variables en chaque point, suivant la pression qu'éprouvent les fers.

On s'est donné comme principe dans le calcul des dimensions de ces poitrails, en raison de l'importance de la stabilité à obtenir, de ne faire travailler le fer qu'à la compression, et à raison de 3 kilos seulement par millimètre carré.

124. Linteaux en fer apparents. — Dans nombre d'édifices, et très fréquemment aussi dans les constructions d'usines, on emploie des linteaux en fer destinés à être apparents et à se relier avec l'ordonnance architecturale des façades.

La dimension des fers est réglée par la portée et la charge qu'amènent les planchers sur la largeur de la baie.

Il est bon de déterminer la section du fer intérieur comme s'il avait seul la charge du plancher. Quant au fer de façade, c'est l'apparence qu'il doit avoir, l'effet qu'il doit produire, qui décident de sa hauteur. On est obligé, non seulement de forcer pour l'aspect la dimension qui suffirait par la résistance, mais encore, dans bien des cas, on choisit les profils à larges ailes, qui donnent des lignes plus nettes et des ombres plus accentuées et plus convenables.

Les fers choisis sont rigoureusement dressés au marteau et on les relie aux fers intérieurs par des boulons régulièrement distribués ; la tête de ces boulons, apparente au dehors, est en goutte de suif et polie : elle s'appuie sur l'âme du fer extérieur, par l'intermédiaire d'un macaron ou d'une rosace moulurée.

Comme pour le fer, les dimensions du boulon et de la rosace sont accentuées pour l'effet; là où des diamètres

Fig. 186

de 0,016 à 0,020 suffiraient pour l'assemblage, la décoration demande 0,025 et quelquefois 0,030, comme diamètre des tiges des boulons; les rosaces s'en déduisent.

Le fer de façade d'un linteau apparent doit reposer sur des sommiers en pierre, appropriés à la charge apparente, et être reculé à une certaine distance de l'arête extérieure. Pour remplir le vide qui ferait mauvais effet au-devant des portées, on rapporte quelquefois des pièces de fonte moulurées, telles que celles représentées par la *fig.* 186, de profil et de forme voulus pour recevoir le

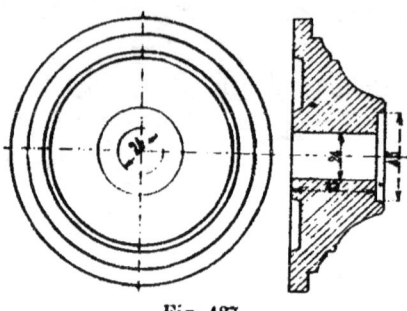

Fig. 187

premier boulon. Cette disposition exige que la face antérieure du fer de façade soit rentrée de 0^m,06 à 0,08 en

Fig. 188

arrière du nu de façade, pour donner la place de la pièce en fonte.

Les rosaces ou macarons qui servent à recevoir les têtes de boulons doivent avoir une saillie assez forte, pour produire l'effet désiré. La *fig.* 187 donne l'élévation et la coupe d'un macaron allant avec le linteau dont il vient d'être question.

Dans d'autres cas, les linteaux sont posés au nu même de la façade sur des pilastres en pierre disposés pour les recevoir. On en a un exemple dans la façade de la *fig.* 188. Dans le cas qui s'y trouve représenté, le linteau en fer

Fig. 189

de 0,30 L,A, est commun à 3 baies successives, qui servent à l'éclairage d'une classe de Lycée ([1]). Le fer passe sur tous les pilastres, dont il a la longueur extérieure, soit 8^m,80. Les boulons sont arrangés en divisions régulières, et portent sur des rosaces. Les uns sont placés dans l'axe des pilastres, les autres dans le milieu des baies.

([1]) Lycée de St-Etienne (MM. Denfer et Friesé, architectes).

Lorsque le linteau est assez en reculement en arrière du mur de face, on peut noyer sa portée dans les pieds-droits des baies et ne laisser apparente que la partie du fer qui se trouve au-dessus du vide.

Il est convenable d'établir au-dessous des portées des consoles en pierre qui donnent dans bien des cas un meilleur aspect à l'ensemble, ainsi que le montre la *fig.* 189. Si la construction est en petits matériaux recouverts d'un

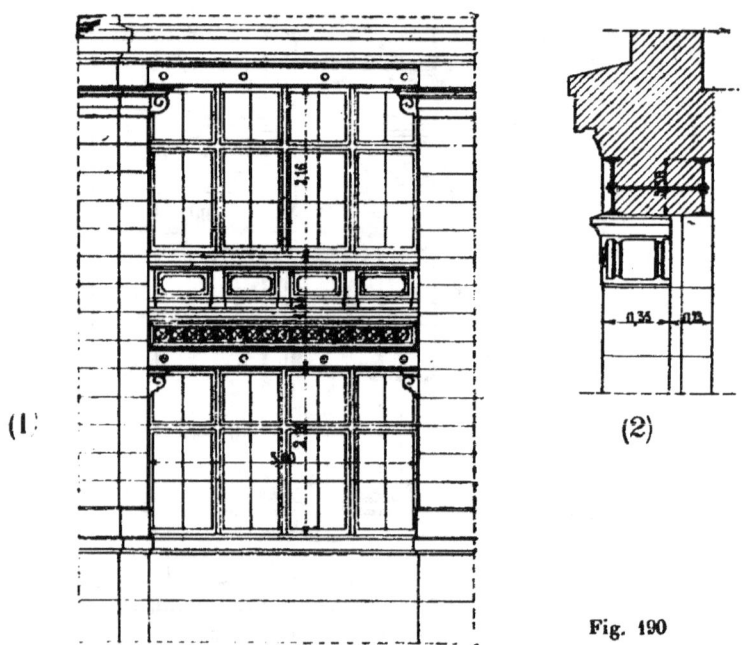

Fig. 190

enduit, on peut exécuter les consoles en pierre, ou encore, si elles se répètent un grand nombre de fois, on les fait en fonte; on les peint couleur de pierre et on leur donne un scellement convenable. Dans tous les cas, on s'arrange de manière qu'il existe un vide très faible entre la console et le linteau, afin que la charge de ce dernier ne porte qu'en plein mur et non sur les matériaux en porte à faux.

La *fig.* 190 donne dans son ensemble en (1), et dans

son détail en (2), une double baie d'usine (¹) avec linteaux en fers de 0,30 LA, apparents en façade. Le linteau du haut, quoique presque au nu du parement de façade, n'est vu que dans la largeur du vide de la baie. Dans la portée, les ailes antérieures sont coupées, et l'âme est recouverte par une plaque de fonte, regagnant le parement de face et peinte couleur de pierre.

Les portées du linteau sont reçues sur deux consoles en

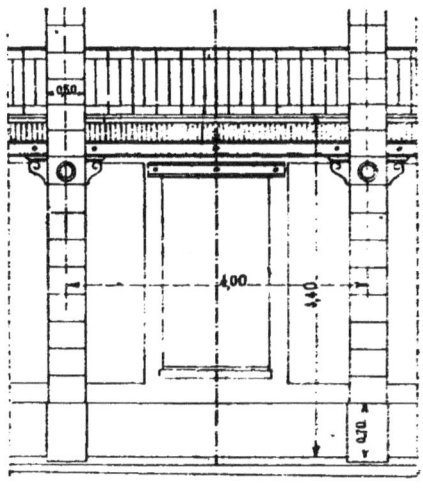

Fig. 191

pierre, dont on voit l'élévation latérale dans la coupe de détail.

Pour la baie inférieure, le linteau est renfoncé en arrière d'une dizaine de centimètres, et ses portées sont reçues sur des consoles analogues à celles de la baie du haut.

Ce linteau reçoit une allége de remplissage, formée d'abord d'un rang de carreaux en terre cuite sous une corniche en pierre, et, par dessus, d'un soubassement en menuiserie se reliant avec la partie vitrée supérieure.

Dans ces deux baies, les boulons sont disposés de la

(¹) Usine électrique du secteur de la place Clichy à Paris (MM. Denfer et Friesé, architectes).

même façon, un au-dessus de chaque console et deux dans l'intervalle des portées.

Enfin, un dernier exemple de ces sortes de linteaux est donné par les *fig.* 191 et 192, dont l'une représente un portique léger, formé par des pilastres minces en pierre, ayant deux étages de hauteur et recevant à 4^m,00 du sol le plancher intermédiaire d'une galerie ([1]).

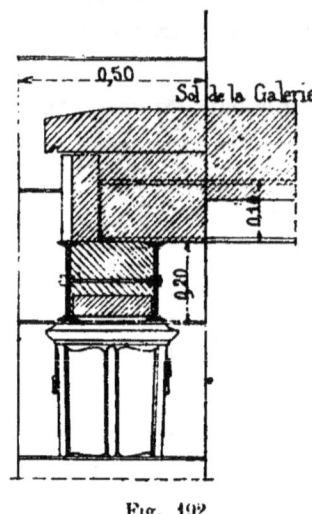

Fig. 192

Les solives de ce plancher portent sur le mur du fond et sur le linteau de face. Ce linteau est formé de deux fers de 0^m,20, dont l'un est apparent au dehors. Les portées des fers dans la pierre ne sont pas apparentes, et des consoles, taillées dans le sommier même, paraissent soutenir les extrémités libres des fers.

Les deux pièces du linteau, apparentes sur chaque face, ont leur intervalle hourdé en briques. Ces dernières sont apparentes en dessous. Au-dessus et dans l'épaisseur des solives, est un remplissage en briques, dont la partie apparente à l'extérieur est faite de briques debout disposées en plan à 45°. Enfin, un couronnement en pierre dure vient recouvrir le tout et s'araser au niveau du carrelage. Il est destiné à recevoir la balustrade métallique qui doit clore la galerie du côté du dehors.

Les linteaux métalliques apparents peuvent être très avantageusement formés de poutres composées en tôles et cornières comme l'exemple de la *fig.* 193.

Elle représente une portion de la remarquable façade des bureaux de la Cie des Chemins de Fer de l'Est, faubourg St-Denis, à Paris.

L'architecte, M. Cuny, a séparé par un linteau métal-

---

[1] Lycée de Roanne (MM. Denfer et Friesé, architectes).

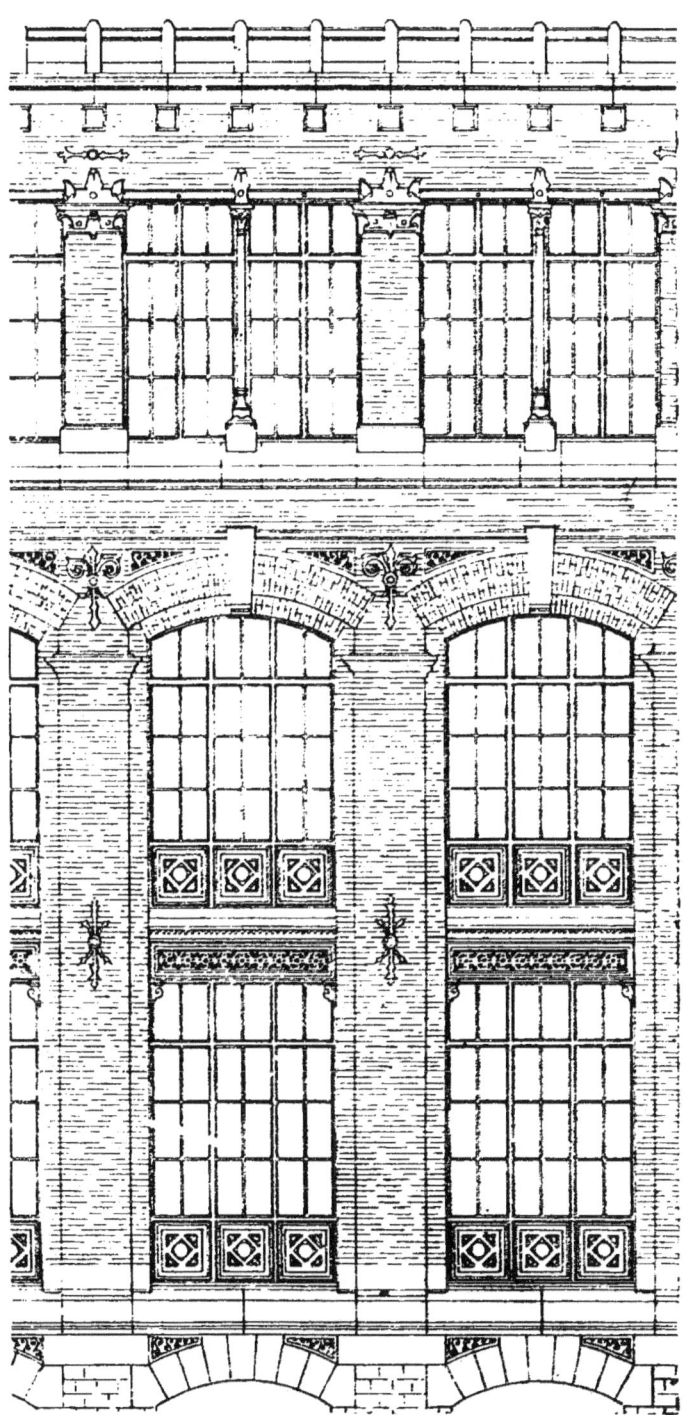

Fig. 193

lique horizontal, supportant une allège transversale, les grandes baies du deuxième rang comprenant deux étages.

Le linteau est formé par deux pièces jumelées en tôles et cornières, et paraît s'appuyer sur des corbeaux en métal, encastrés dans les tableaux. Le fer intérieur est plein, il reçoit les solives du plancher dont il arrête le hourdis; le fer extérieur est établi avec âme en tôle découpée, produisant des dessins se détachant en noir par l'ombre du vide intérieur; les deux pièces sont convenablement maintenues comme distance.

L'architecte a utilisé les jours de l'âme extérieure et le vide des deux pièces pour admettre, venant du dehors, l'air nécessaire à la marche des appareils de chauffage, ainsi qu'à la ventilation.

Dans la même façade, de petits linteaux très simples en fers à I ferment les baies de l'étage immédiatement au-dessus; ils maintiennent le meneau vertical qui occupe le milieu de ces baies.

CHAPITRE V

PLANCHERS EN FER

SOMMAIRE

125. Planchers en fers plats de champ. — 126. Emploi de solives dites fermettes. — 127. Planchers en fonte. — 128. Planchers en fer à double T, ou à I. — 129. Flèche des solives en fer. — 130. Portée des solives dans les murs. Chaînages d'extrémités. — 131. Remplissage en maçonnerie. Emploi des entretoises coudées et des fentons. - 132. Planchers en fer avec boulons remplaçant les entretoises. — 133. Exemples des planchers avec boulons. — 134. Dispositions des planchers dans les pièces à mur biais. — 135. Cas où l'on peut renforcer les solives par un encastrement. — 136. Garnissage des entrevous. Remplissage en bois. — 137. Planchers mixtes, fer et bois. — 138. Hourdis en augets des entrevous de planchers en fer. — 139. Hourdis pleins ; avantages, résistance. — 140. Hourdis en matériaux légers, briques creuses, poteries, plâtre. — 141. Dallage en verre. — 142. Divers modes de cintrage des planchers plats, précautions à prendre. — 143. Hourdis en matériaux cintrés : avantages, inconvénients. — 144. Voûtes en briques à petites portées. — 145. Voûtes en briques pour hourdis à grande portée. — 146. Voûtes en matériaux creux. — 147. Planchers en fers Zorès. — 148. Sonorité des planchers. Moyens de la combattre. — 149. Peinture des fers d'un plancher. — 150. Fers à I ailes inégales. — 151. Emploi des fers à triple T.— 152. Entretoisement des longues solives. — 153. Dispositions des planchers au droit des cloisons légères. — 154. Disposition d'un plancher en fer au droit d'une fermeture de baie appareillée en platebande. — 155. Planchers avec enchevêtrures devant les tuyaux de fumée. — 156. Trémies à réserver pour les montes-charges, escaliers, etc. — 157. Trémies à ménager pour les W. C. — 158 Trémies à réserver pour l'éclairage du sous-sol dans les planchers à rez-de-chaussée. — 159. Planchers en fer dans une maison irrégulière. — 160. Planchers avec soffites. — 161. Fers à I du commerce. — 162. Détermination des dimensions des fers d'un plancher. — 163. Evaluation du poids mort. Evaluation de la surchage. — 164. Règle pratique approximative. — 165. Choix des solives pour un plancher. — 166. Dimensions usuelles des solives des maisons d'habitation. — 167. Planchers composés de poutres et de solives. — 168. Planchers avec solives posées sur les poutres. — 169. Emploi des poutres jumelées. — 170. Plancher du rez de chaussée des Moulins du Caire. — 171. Entretoisement au droit des points d'appui intermédiaires. — 172. Poutres en tôles et cornières. — 173. Poutres composées jumelées. — 174. Poutres à section variables.— 175. Poutres en caissons. — 176. Soffites apparents sous planchers, formés par les poutres. — 177, Poutres avec âmes en treillis. — 178. Poutres avec âmes en tôles découpées. — 179. Repos des abouts de poutres sur les murs. — 180. Planchers assemblés avec poutres et solives. — 181. Planchers d'étages du Moulin du Caire. — 182. Planchers des Moulins de Corbeil. — 183. Autre exemple. — 184. Plancher de galerie dans un magasin. — 185. Planchers à grande portée pour maison d'habitation. — 186. Solidarité des poutres jumelées hourdées. — 187. Plancher des salles d'études de l'Ecole Centrale. — 188. Planchers assemblés avec soffites inférieurs. — 189. Formes à donner à ces soffites. — 190. Plancher haut des amphithéâtres de l'Ecole Centrale. — 191. Galeries en porte à faux. — 192. Planchers pour salles polygonales ou circulaires. — 193. Plancher bas de la salle de l'Opéra de Paris. — 194. Planchers sur poutres en arc. Exemple de la gare de Calais. — 195. Planchers de magasins non hourdés. Magasins généraux de Bercy. — 196. Magasins généraux sur la Loire à Nantes. — 197. Planchers à très grandes portées, avec trois systèmes de pièces.—198. Planchers spéciaux des silos des Moulins de Corbeil.

CHAPITRE V

PLANCHERS EN FER

125. Planchers en fers plats de champ. — Les planchers en fer ont pris naissance vers 1846 ; ils se sont développés à la suite d'une grève de charpentiers en bois.

Les premiers ont été construits au moyen de fers plats placés de champ. Si on consulte le tableau de résistance des fers plats, on voit en effet qu'une barre de fer de

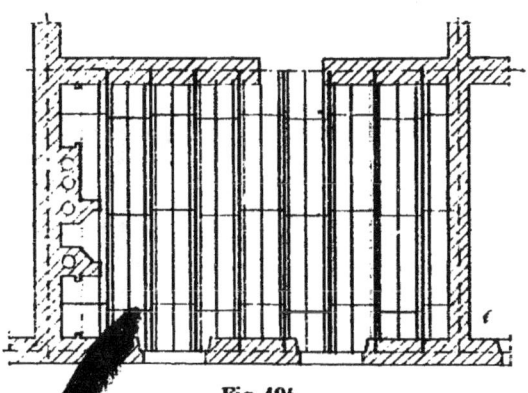

Fig. 194

160 millimètres sur 13 millimètres, qui ne saurait se soutenir à plat sans rondir sous son propre poids pour une très faible portée, peut, au contraire, placée de champ, franchir un intervalle entre points d'appui de 5 mètres et supporter en outre une charge supplémentaire de 455 kilos.

On a donc utilisé la résistance des fers plats posés de champ et on a disposé de la façon indiquée dans la *fig.* 194 les planchers qu'ils composaient. On a placé sur les murs opposés les extrémités de solives en fers plats, espacées de 0,55 à 0,65, et, pour empêcher le voilement en même temps que pour porter la maçonnerie de remplissage, on les a reliés l'un à l'autre par des entretoises coudées ; ces dernières s'agrafaient à la partie haute des fers et chacune d'elles avait forme d'un étrier, dont la grande branche traversait horizontalement l'entrevous, au niveau de leur arête inférieure. Ces fers d'entretoises sont représentés dans la

Fig. 195

fig. 195 ; ils forment une sorte de selle, et, lorsqu'ils sont exécutés avec précision, ils maintiennent les fers bien verticaux, c'est-à-dire dans la position la plus avantageuse pour la résistance ; ils les empêchent de se voiler. Si maintenant on dispose ces entretoises par files perpendiculaires aux solives, et si, parallèlement à ces dernières, on pose dans les intervalles et sur les entretoises des fers carrés de 0,013 de côté, appelés *fentons*, au nombre de 3 ou 4 par entrevous et de la longueur de l'intervalle à

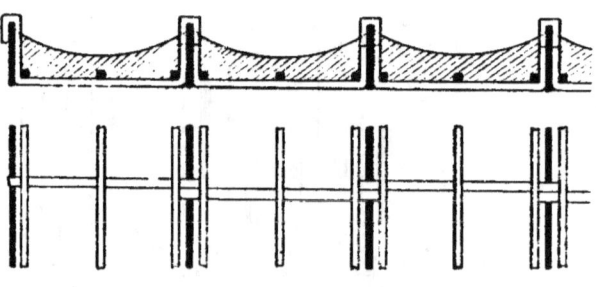

Fig. 196

franchir, on aura formé une sorte de paillasse capable de porter un hourdis en maçonnerie.

Les entretoises étaient obtenues à la forge et exécutées en fer carré de 0,^{m}016 à 0,025 de côté, suivant la distance des solives.

Les files d'entretoises s'espaçaient ordinairement de

1ᵐ,20 à 1ᵐ,50 l'une de l'autre, quelquefois même un peu plus, et les dernières files le long des murs étaient distantes de ceux-ci de 0ᵐ,50 à 0ᵐ,70.

Le solives que l'on voulait chaîner étaient refendues en queue de carpe à leurs extrémités, ce qui les liait à la maçonnerie par un fort scellement.

Enfin, les fers plats formant les solives étaient martelés à froid pour leur donner un cintre faible, 0,008 à 0,010 par mètre, afin d'obtenir une apparence plus légère du plancher et d'empêcher, en cas de flexion, l'aspect plongeant toujours disgracieux.

Ce système, dû à M. Vaux constructeur, s'est beaucoup répandu à l'origine des planchers en fer. On employait du métal d'excellente qualité, et dans les planchers de maisons d'habitation on obtenait une résistance suffisante, avec des hauteurs de barres de 0,14, 0,16, 0,18 et des épaisseurs de 0,009 à 0,011, suivant les portées.

La maçonnerie de remplissage avait la forme d'augets, avec une moindre épaisseur au milieu pour diminuer son poids et moins charger les fers.

126. Emploi de solives composées dites fermettes. — Un système de solives, dû à M. Angot, architecte, a été fort usité à l'origine des planchers en fer. Il consistait à obtenir une pièce de grande résistance à la flexion en la composant principalement, d'un arc en fer carré ou méplat et d'un entrait en même fer, assemblé avec le premier de manière à lui présenter une butée, et à rendre toute disjonction impossible. Un arc en fer dans ces conditions peut porter une charge très considérable, du moment que ses deux extrémités sont solidement reliées et maintenues ; la forme pour les petites portées est celle du croquis (1) de la *fig.* 197. Il est entendu que les charges doivent être appliquées à l'arc et non au tirant.

Si le tirant doit être chargé, on le suspend au milieu de l'arc, au moyen d'un poinçon formé de deux fers plats comprenant entre eux un potelet de même épaisseur que les pièces principales. On forme ainsi un lien vertical qui empêche ces pièces de s'écarter ou de se rapprocher, croquis (2).

Si la portée augmente, on multiplie les liens verticaux de manière à empêcher l'arc de se déformer et à lui permettre de travailler à toute la compression possible, croquis (3).

Enfin, si la charge doit être appliquée à la partie haute

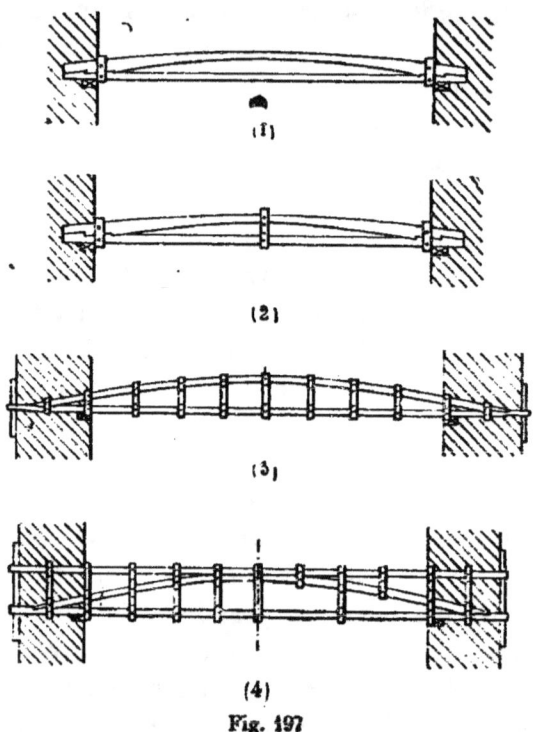

Fig. 197

de la solive, on établit en ce point une pièce horizontale aboutissant aux ancres d'extrémités. Cette pièce reçoit les charges commodément en raison de sa forme rectiligne, et les transmet à l'arc au moyen des liens verticaux qui la comprennent. Le croquis (4) donne deux dispositions possibles de ces liens.

127. Planchers en fonte. — La fonte a été employée fréquemment au commencement de l'usage des planchers métalliques. En Angleterre, on en trouve de nombreux exemples à cause de son bas prix, surtout dans les constructions d'usines.

Il n'est pas rare d'y trouver par exemple des planchers de filatures, formés de grandes pièces fondues, formant des solives placées de champ, une à chaque trumeau franchissant par leur raide l'intervalle des murs, et portant des

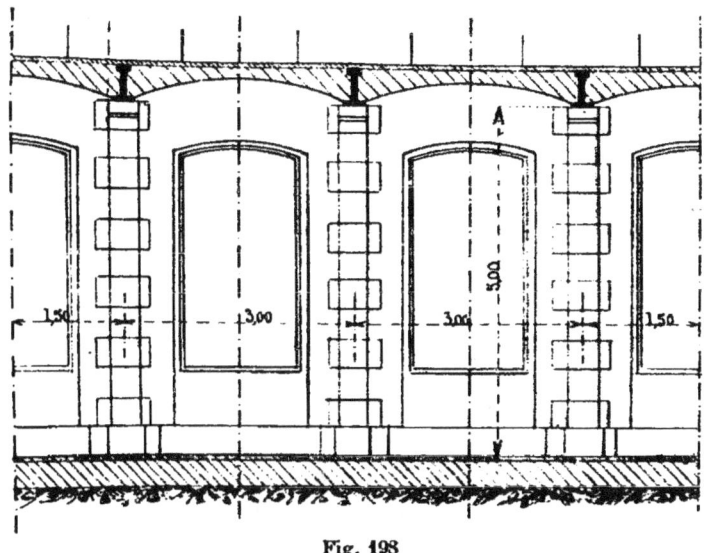

Fig. 198

voûtes sur une double nervure inférieure. Un de ces planchers est représenté en coupe longitudinale dans la *fig.*198.

La fonte ne présente pas la même résistance ni la même sécurité que le fer ; aussi, est-on obligé de donner à sa section des dimensions bien plus considérables que celles qui conviennent au fer. D'un autre côté, le moulage permet des formes que le fer n'accepte qu'au moyen d'assemblages compliqués. D'où il suit que les planchers en fonte sont encore possibles dans certains cas particuliers et dans les pays où la fonte est à bas prix.

La fonte, on l'a vu, résiste beaucoup mieux à la compression qu'à l'extension ; il en résulte une forme spéciale pour la section des solives que l'on fait avec cette matière. On reporte en bas un excédent de matière, pour augmenter la section des fibres tendues. De sorte que la coupe transversale présente souvent le profil représenté par le croquis (1) de la *fig.* 199. On améliore le profil au point de vue de la résistance en accumulant de la matière à la fois en haut et surtout en bas, et prenant les sections (2) ou (3) de la même figure.

Quand les tables sont larges, on les relie avec l'âme par des nervures régulièrement distancées. Quand les solives, tout en étant rapprochées, ont une grande hauteur et

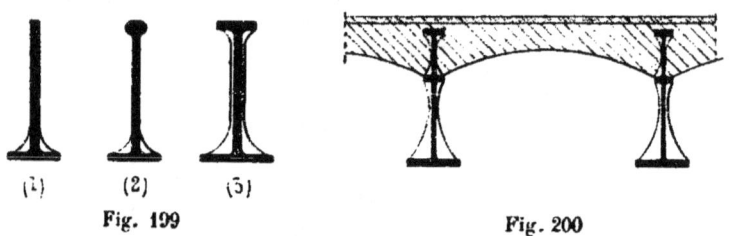

Fig. 199   Fig. 200

qu'on veut réduire le hourdis, on établit une nervure spéciale pour recevoir la retombée des voûtes et on arrive au profil de la *fig.* 200.

Quand la pièce est de grande hauteur, on élégit quelquefois l'âme par des vides, dont la forme et l'arrangement sont étudiés pour produire bon effet, tout en laissant assez de résistance à l'âme ainsi disposée.

128. Planchers en fer à double T ou à I. — La forme de double T, que l'on a donnée depuis aux profils des fers laminés du commerce, a permis de faire des planchers

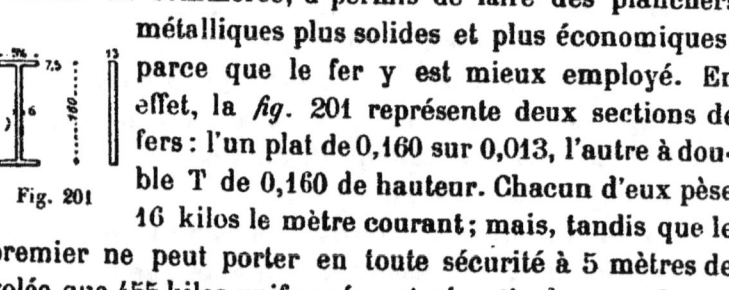

Fig. 201

métalliques plus solides et plus économiques, parce que le fer y est mieux employé. En effet, la *fig.* 201 représente deux sections de fers : l'un plat de 0,160 sur 0,013, l'autre à double T de 0,160 de hauteur. Chacun d'eux pèse 16 kilos le mètre courant; mais, tandis que le premier ne peut porter en toute sécurité à 5 mètres de volée que 455 kilos uniformément répartis, le second peut en porter 800 dans les mêmes conditions, c'est-à-dire près du double.

La dépense dans les deux cas est la même, donc tout l'avantage est pour le fer à double T, appelé aussi fer à I.

Cette différence tient au moment d'inertie bien plus grand pour les fers à I ; on étudie les profils de ces derniers pour avoir le plus grand moment d'inertie possible, pratiquement, pour une section donnée.

Les planchers se font tous maintenant au moyen de solives en fer I, que l'on pose de champ, sur leur *raide*, comme on dit dans les chantiers. On dispose ces solives parallèlement les unes aux autres ; leurs extrémités sont

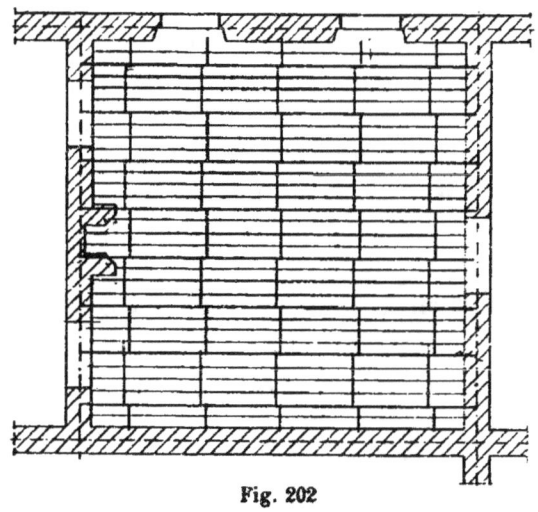

Fig. 202

appliquées sur les points d'appui, deux murs équidistants d'ordinaire, ainsi que le montre la *fig.* 202.

On les espace de quantités variables, suivant les cas, de $0^m,50$ à $1^m,20$; plus généralement de $0^m,75$ à $0,80$.

On approprie le profil des solives à la charge à soutenir, en même temps qu'à l'écartement des points d'appui ; parmi les profils qui semblent admissibles dans chaque application, on choisit de préférence les fers à I à ailes ordinaires, qui à poids égal présentent une plus grande résistance et sont en même temps moins chers aux cent kilogrammes.

Lorsqu'on doit recouvrir un espace rectangulaire circonscrit par 4 murs, on choisit pour sens des solives le plus petit côté de la figure, de manière à en déduire le profil le plus économique, à la condition toutefois que les murs soient également résistants sur tout le pourtour et également aptes à recevoir des charges.

Les murs en briques de moins de 0,22 d'épaisseur, et ceux qui, plus épais, contiennent des suites de tuyaux en briques ou en wagons, ne conviennent pas pour porter les planchers (à l'endroit de ces vides intérieurs).

Une fois le sens des solives adopté, on prépare la division suivant laquelle on les placera. On détermine leur écartement dans les limites qui ont été indiquées plus haut, et en ayant soin de laisser, entre les dernières solives et les murs voisins, un espace égal à une demi-travée, sans qu'il puisse être inférieur à $0^m,35$.

Si l'écartement est de 0,90 entre les solives, les travées d'extrémité seront de 0,45. Cela permet de mieux porter les meubles et les objets lourds que l'on adosse aux parois de la pièce, tout en laissant plus tard le passage facile aux tuyaux de toutes sortes ou aux souches adossées supplémentaires nécessités par l'organisation intérieure.

On ne se départit de cette règle que lorsque les entrevous sont remplis par des voûtes qui doivent garder une symétrie décorative. On verra plus loin comment on modifie dans ce cas l'arrangement des fers.

La *fig.* 202 montre que dans la construction des planchers en fer on n'a aucune précaution à prendre à l'emplacement des cheminées, en raison de l'incombustibilité de toutes leurs parties. Il n'y a qu'à prévoir le passage des tuyaux adossés et éviter les scellements et les repos de solives dans les parties de murs contenant des conduits de fumée, parties dont la solidité est insuffisante pour les porter.

129. Flèche des solives en fer. — Les solives en fer à I du commerce sont toujours cintrées sur champ, avec une flèche d'environ $0^m,01$ par mètre de longueur.

Lorsque les planchers sont formés de solives parallèles dont les abouts portent sur les murs, on conserve cette flèche et on tourne la concavité vers le sol.

Il en résulte que lorsqu'on fait les plafonds, ils ont, vus de dessous, du creux au milieu ; ce creux ne produit pas mauvais effet, il leur donne de la légèreté. Le léger cintre que produit toujours la charge du hourdis ne prend qu'une partie de cette flèche, et le plafond ne paraît pas plonger, comme dans le cas où dans la construction on prend des solives parfaitement droites.

Le bombement qui en résulte pour le dessus du plancher est racheté par le plus ou moins d'épaisseur de la maçonnerie qui recouvre des solives.

Il est des cas où il ne faut pas admettre du cintre dans les solives : premièrement lorsqu'elles doivent porter directement un plancher supérieur, sans intervention de maçonnerie de remplissage. En second lieu, lorsque les solives doivent être posées sur trois points d'appui de niveau et former deux travées consécutives. La troisième circonstance où les solives doivent être absolument droites se présente lorsqu'elles doivent former soffite, ou linteau apparent, ou encore lorsqu'elles peuvent s'aligner avec d'autres arêtes bien horizontales.

Dans la commande des fers aux Forges, il faut bien spécifier les pièces qui doivent être droites, celles dont il n'est pas fait une mention expresse étant toujours fabriquées et livrées avec le cintre ordinaire.

130 Portée des solives dans les murs. Chainages d'extrémités. — On donne généralement aux solives une portée de $0^m,25$ à $0^m,30$ dans les murs qui les portent, et on augmente le contact avec la maçonnerie des murs au moyen de cales assez larges, en tôle ou en déchets de fer, qui en même temps servent à les mettre au niveau convenable au-dessus de l'arase en mortier préparée à recevoir le plancher.

Toutes les fois qu'on le peut, on pose les extrémités des

solives sur le chaînage immédiatement inférieur. Il est bon dans ce cas que ce chaînage soit posé bien de niveau, à la hauteur convenable, de manière à n'avoir que de légères cales à interposer.

Lorque, dans l'édifice dont on étudie les planchers, les murs de refend sont rares, il est bon d'ancrer de distance en distance une solive dans le mur et de la faire servir à l'entretoisement des maçonneries opposées qui la portent. Cet ancrage, dont il a déjà été donné plusieurs formes au n° 111, est figuré au croquis n° 203. Il est fait au moyen d'une platebande fixée à l'âme de la solive par deux bou-

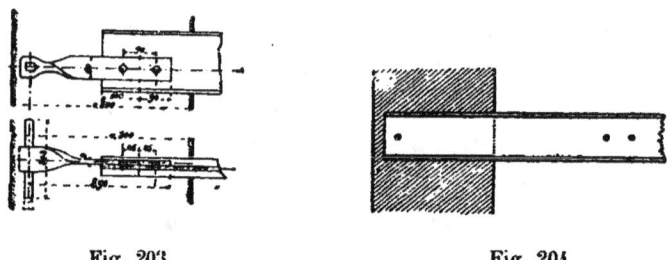

Fig. 203   Fig. 204

lons, et terminée par un œil, chantourné si besoin est, dans lequel on fait passer une ancre en fer carré de 0,020, d'environ 0ᵐ,20 à 0,30 de longueur.

Dans les murs en petits matériaux, lorsque le fer est bon marché, on le relie mieux à la limousinerie de la construction en donnant, soit à tous les fers soit à quelques-uns seulement d'entre eux, une portée presque égale à l'épaisseur du gros œuvre du mur. Il en résulte aussi une meilleur liaison pour la maçonnerie elle même, dont les deux parements sont bien maintenus.

On perce alors l'âme du fer d'un trou près de l'extrémité et on y engage une broche en fer rond de 0,016 de diamètre et de 0ᵐ,20 de long, ce qui constitue un ancrage économique.

131. Remplissage en maçonnerie, emploi des entretoises coudées et des fentons. — Dans nombre de constructions, les entrevous des fers sont remplis par un hourdis en maçonnerie; un des modes les moins recommandables, mais le plus généralement adopté, de maintenir cette maçonnerie consiste dans l'emploi d'entretoises coudées et de fentons.

Les entretoises dont il est ici question ont une grande analogie de forme avec celles des planchers de M. Vaux; mais leurs branches courtes sont inclinées pour venir s'appuyer dans l'angle de l'aile inférieure du fer. L'une d'elle est représentée dans la *fig.* 205. On les fait comme les précédentes en fer carré de 20 millimètres de côté, quelquefois 25 millimètres lorsque l'entrevous est large.

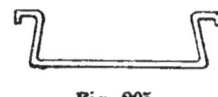

Fig. 205

On les dispose par files perpendiculaires aux solives, équidistantes de 1 mètre à 1^m,50 ; mais les dernières, parallèles aux murs de repos des solives, en sont écartées de 0^m,50 à 0^m,70.

Sur ces entretoises, formant étriers, on pose des fentons en fer carillon de 0,013 à 0,014. La *fig.* 206 représente le

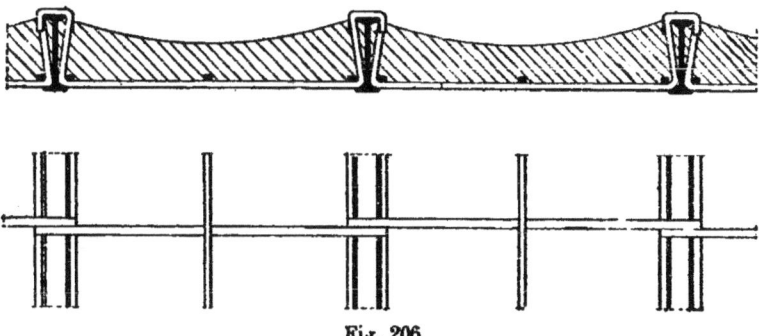

Fig. 206

détail, en coupe et en plan, de deux entrevous successifs d'un plancher de ce genre; dans la figure d'ensemble 208, les solives, les entretoises et les fentons se trouvent figurés dans leurs positions respectives.

Les entretoises des demi-travées d'extrémité sont coudées et munies de crochets d'un bout pour s'assembler avec la solive voisine ; de l'autre elles sont droites et terminées par un scellement; l'une d'elles est figurée dans une coupe d'un demi-entrevous, croquis 207.

La division des files d'entretoises se fait de la même façon que la division des solives, et il est bon de suivre le même principe de ne mettre qu'une demi-travée le long des murs.

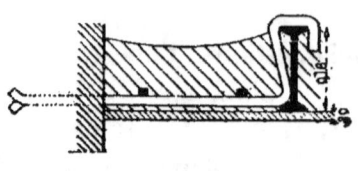

Fig. 207

La *fig.* 208 représente la disposition d'ensemble d'une portion de plancher, dont les solives sont ainsi réunies par des files d'entretoises coudées ; les fentons sont réduits à deux dans chaque entrevous, ainsi que le montre la coupe figurée dans le croquis n° 209. On peut en effet supprimer les fentons près de la saillie de la table inférieure des fers, en raison même de cette saillie qui retient suffisamment la maçonnerie en ce point.

Dans l'exemple figuré, la portée entre murs est de $4^m,30$. Les solives sont en fers à I, AO, de 0,14, espacés de 0,70 l'un de l'autre, mesure prise d'axe en axe. Les entretoises

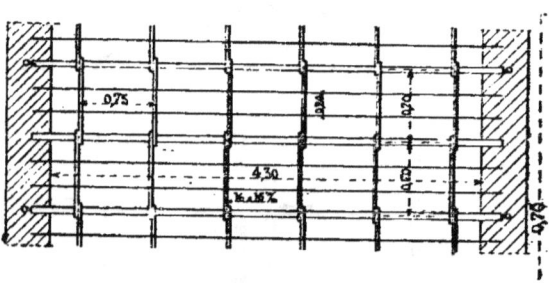

Fig. 208

sont faites en fer carré de 0,016 de côté ; elles sont espacées à 0,75 l'une de l'autre et on pourrait sans inconvénient porter cette distance à 1 mètre. Les fers fentons, réduits à deux dans chaque travée, sont établis en fer carillon de 0,11.

Les entretoises coudées présentent une grande facilité de construction et d'assemblage, mais, comme compensation, elles ne laissent pas d'avoir de graves inconvénients.

Elles sont généralement exécutées avec peu de précision,

ce qui facilite et active la pose, mais les rend inaptes à maintenir la position exacte et la verticalité des solives; fussent-elles même très rigoureusement tracées, elles empêcheraient bien les fers de se rapprocher, mais ne s'opposeraient nullement à leur écartement.

En aucun cas elles ne constituent un chaînage transversal.

De plus, elles ont été inventées en partant de ce principe que la maçonnerie du hourdis doit être portée par les fers par leur intermédiaire, et de fait elles ne la relient pas

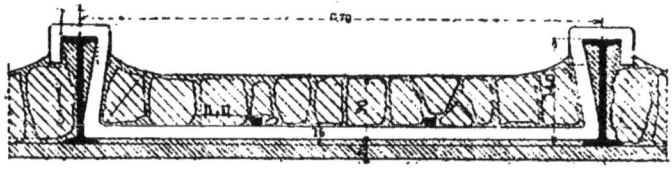

Fig. 209

suffisamment aux solives pour pouvoir admettre que le hourdis travaille de manière à se porter au moins lui-même, en déchargeant les fers d'autant.

Enfin, en cas d'incendie, les solives ne sont ni retenues ni serrées; elles se tordent et laissent tomber les matériaux de remplissage.

Aussi, maintenant, en raison de ces nombreux inconvénients, lorsqu'on veut établir un plancher dans les meilleures conditions possibles, on abandonne le système des entretoises coudées. Parmi tous les systèmes qui ont été proposés, le seul qui ait donné des résultats satisfaisants, est celui des boulons d'entretoises.

132. Planchers en fer avec boulons remplaçant les entretoises. — Le peu de rigidité donné aux planchers par l'emploi des entretoises a fait chercher un meilleur mode de liaison; bien des systèmes ont été proposés. L'un d'eux, représenté par la *fig.* 210, emploie pour relier deux solives consécutives, deux entretoises intérieures munies d'un petit coude d'équerre à chaque bout;

des boulons les fixent à l'âme, en même temps que les entretoises des travées suivantes, qui leur font suite.

L'entretoise du bas, soutenue par les tables basses des solives, supporte seule les fentons.

Dans ce système, les solives sont maintenues parfaite-

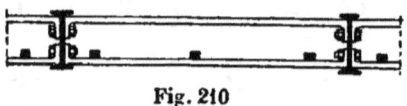

Fig. 210

ment verticales, les entretoises sont en prolongement et forment chaînages. La liaison est infiniment préférable à celle des entretoises coudées ; mais il y a beaucoup de trous à percer, et l'ajustement est difficile. Ce système ne s'est pas répandu.

Une disposition voisine, mais plus simple, est celle que représente la *fig.* 211. Les entretoises sont des sortes de

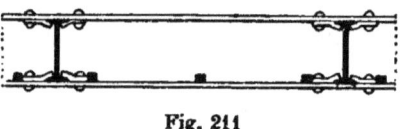

Fig. 211

chaînes qui courent perpendiculairement aux solives, l'une en dessus, l'autre en dessous. Elles sont fixées au passage par de petites platebandes, sinuées à la demande

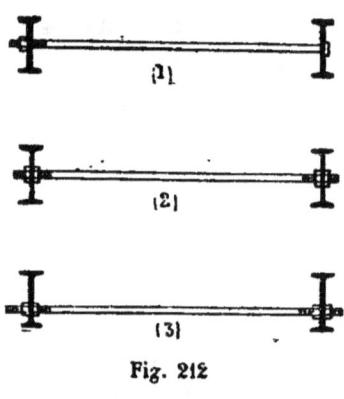

Fig. 212

et fixées par des rivets ou boulons. Le chaînage transversal est parfait. Les solives sont bien maintenues ; on n'a à percer que les entretoises, mais la pose avec précision est encore difficile et ce système n'est pas appliqué.

Le seul procédé qui ait prévalu, et qui donne les meilleurs résultats, consiste à remplacer les entretoises par des boulons transversaux, reliant les âmes des solives successives, deux par deux.

Ces boulons, d'un diamètre de 0,016 à 0,018 peuvent affecter plusieurs dispositions, figurées dans les croquis (1), (2) et (3) de la *fig.* 212.

Le croquis (1) indique un boulon simple à tête carrée et écrou à 6 pans; pour pouvoir le serrer et régler les solives d'écartement, il oblige à employer des bouts de bois, ou déchets de planches, sciés de longueur, afin d'empêcher le rapprochement des fers avant la confection du hourdis. On enlève ces bois à mesure qu'on exécute la maçonnerie de remplissage.

Le croquis (2) montre le boulon dit à 4 écrous que l'on emploie maintenant. Il présente les avantages suivants :

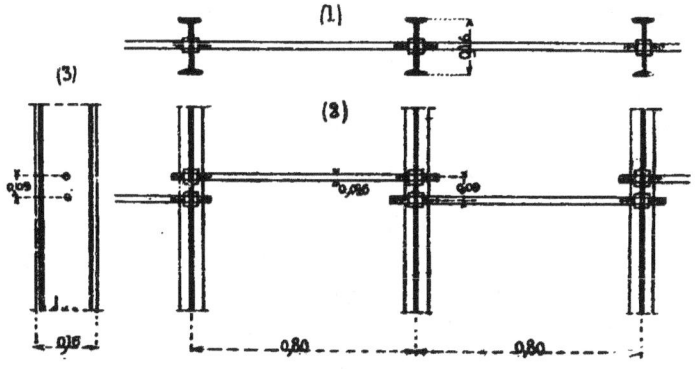

Fig. 213

suppression des bois de maintien provisoires, serrage à fond des écrous, parfaite fixation des fers, chaînage sérieux transversal aux solives par les lignes successives de boulons, grande latitude dans la position des solives en raison de la longueur du double filetage.

On établit les boulons au milieu même de la solive, dans la plupart des applications qu'on en fait ; cependant il est souvent avantageux, lorsque l'entrevous est grand, par exemple, de baisser les boulons au tiers inférieur des solives afin de mieux maintenir la maçonnerie, ainsi qu'on le voit au croquis (3).

Les boulons se disposent par files, comme les entretoises des systèmes précédents. Seulement, leur mode d'attache oblige de les dévier d'une travée à l'autre, de la quantité nécessaire pour serrer les boulons, soit 0,08 à 0,09 d'axe en axe.

La *fig.* 213 montre cette disposition : en coupe verticale dans le croquis (1), en plan correspondant en (2), et enfin dans le croquis (3) en vue latérale d'une solive avec les deux trous de 0,017 de diamètre, préparés pour recevoir les deux boulons voisins d'une des files.

La vue latérale d'une solive, avec les trous percés pour

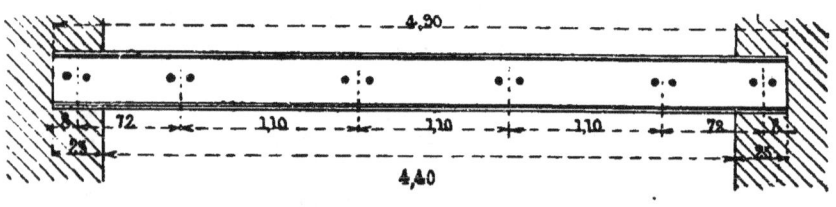

Fig. 214

les files des boulons et les trous d'ancrage d'extrémités, se présente comme l'indique la *fig.* 214.

Les premiers planchers exécutés avec des boulons ont été munis de fentons comme dans les systèmes précédents, seulement ces fentons devant se trouver à la partie basse de la maçonnerie, devaient se relever à chaque boulon rencontré pour y trouver leur attache. Mais on a bien vite reconnu que la rigidité qui résultait du serrage des écrous rendait les fentons complètement inutiles. Les solives sont assez fixes pour que le hourdis, serré entre les âmes, retenu par les saillies des ailes inférieures, et de plus traversé de distance en distance par les boulons d'entretoises, soit parfaitement solide, et cela pour des entrevous allant jusqu'aux dimensions de 1^m,40 à 1^m,50 que l'on n'atteint pour ainsi dire jamais dans la pratique.

De même que les entretoises coudées, les files de boulons s'espacent de quantités variant de 1 mètre à 1^m,20, en adoptant toujours autant que possible le principe de laisser une demi-travée le long des murs.

Pour les entrevous d'extrémités, les derniers boulons de

chaque file doivent être à scellement, pour se fixer dans le mur voisin. La *fig.* 215 donne la coupe verticale d'un dernier entrevous avec le boulon à scellement. La profondeur de scellement, toutes les fois qu'on n'a pas besoin d'un chaînage particulièrement solide, ne dépasse pas 0,08 à 0,10. Il est bon de veiller à ce que ces scellements dans les murs à cheminées aient lieu entre les tuyaux ; on obtient ce résultat en déviant légèrement le boulon qui se trouverait au droit d'un vide de manière qu'il se trouve scellé dans la languette de séparation.

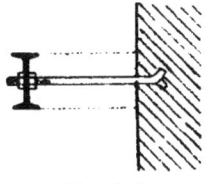

Fig. 215

133. Exemples de planchers avec boulons. — En suivant les principes qui ont été donnés dans les numéros précédents, voici, *fig.* 216, un exemple de plancher en

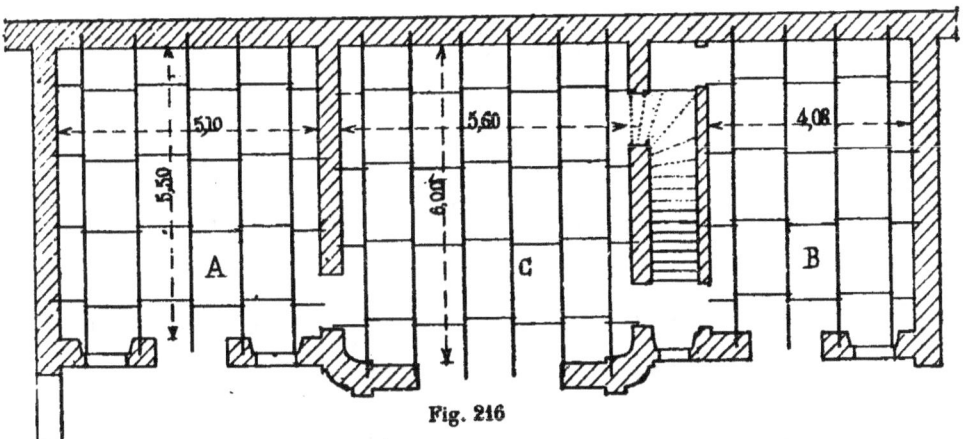

Fig. 216

fer pour un bâtiment de communs d'une distribution simple : 3 pièces à rez de chaussée et trois pièces correspondantes à l'étage.

Les portées sont de 5ᵐ,50 pour les pièces A et B et de 6 mètres pour la pièce C.

La pièce A sera couverte par 5 solives espacées d'axe en axe de 1,02, avec entrevous d'extrémités de 0,51. Ces solives sont en fer à I, AO, de 0,16.

La pièce B, dont il y a à déduire un escalier,

recevra 4 solives semblables et de même écartement.

La pièce C sera franchie par 6 solives espacées de 0^m,95, avec entrevous d'extrémité de 0^m,425. Ces solives ont 0,18 de hauteur ; elles sont en fer à I, AO.

La *fig.* 217 donne un second exemple d'un plancher en

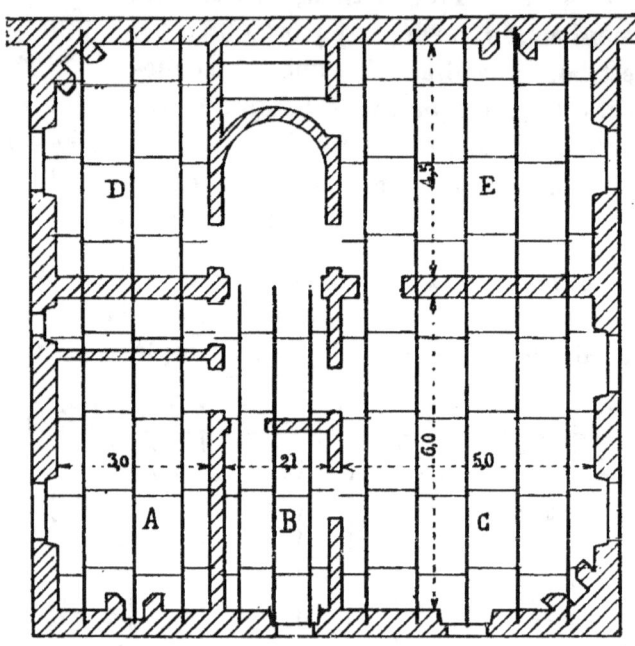

Fig. 217

fer. Il s'agit de recouvrir le plan d'un étage d'une maison de campagne double en profondeur.

Les divisions intérieures sont faites : 1° par un mur de refend longitudinal et 2° par deux refends perpendiculaires comprenant l'escalier. La même distribution existe à l'étage situé au-dessus.

On a mis les solives parallèlement aux échiffres de l'escalier et on les a établies avec la même division dans toute la profondeur de la maison. La travée A, de 3 mètres de largeur, est couverte par trois solives I, AO, de 0^m,18, espacées de 1^{m}00, avec deux entrevous latéraux de 0,50. La travée B est composée de 3 solives I de 0,16 espacées de 0^m,70 avec demi entrevous de 0^m,35. Enfin, la travée C est franchie avec 5 solives I de 0,18, espacées de 1ᵐ,00 avec demi-entrevous de 0ᵐ,50. Les files de boulons sont à 1ᵐ,50 l'une de l'autre, avec espacement de 0,75 entre les dernières et les murs voisins. Les travées D et E sont couvertes par des fers à I, AO, de 0,14. Si le mur de refend longitudinal n'avait qu'une épaisseur de 0,25, cette dimension n'aurait pas permis de les mettre bout à bout d'une pièce à l'autre, à moins de les éclisser toutes. On aurait pris la disposition ci-contre, *fig.* 218, en les espaçant assez pour pouvoir remplir l'intervalle de maçonnerie : un intervalle de 0,08 à 0,20 d'axe en axe suffit très bien pour faire ce remplissage. On peut encore en coupant la saillie des tables qui se regardent, dans les deux solives voisines, juxtaposer leurs âmes et les boulonner, ce qui rétablit le chaînage transversal du bâtiment, mais il faut mettre de larges cales pour rétablir la surface de contact de la maçonnerie.

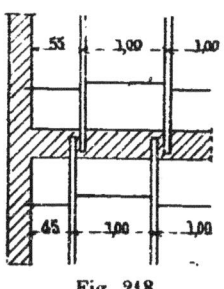

Fig. 218

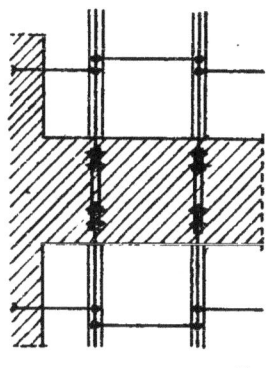

Quand le mur est plus épais, on a toujours avantage à mettre en ligne au moins quelques unes, sinon toutes les solives de deux pièces voisines; on les réunit par des plate-

Fig. 219

bandes simples ou doubles, que l'on boulonne et qui rétablissent le chaînage transversal.

Souvent ces jonctions sont à décider sur place, sur le chantier même, au moment de la pose et elles sont rendues singulièrement faciles si, d'avance, on a pris comme principe de toujours percer deux trous aux extrémités des solives et si on ajoute la précaution de toujours tracer les paires de trous sur un même gabarit.

Ce mode de liaison des solives des planchers par des

boulons, et surtout par des boulons à 4 écrous, est bien préférable à l'emploi des entretoises coudées. Son prix n'est pas plus élevé à cause de la suppression des fentes. Les boulons établissent une solidarité parfaite entre les fers; ils forment des chaînages latéraux utiles à la construction. Ils assurent pendant la confection du hourdis l'invariabilité absolue des fers que les maçons ne sauraient déranger, ils permettent de compter sur le maximum de résistance des solives, la position bien verticale de ces derniers étant toujours assurée et les voilements accidentels facilement redressés. Enfin, les planchers boulonnés resistent bien mieux aux incendies que les planchers avec entretoises coudées. Quant à la maçonnerie, elle présente une résistance bien suffisante aux charges les plus fortes qu'on puisse lui faire supporter même pour des écartements de fers de $1^m,50$ et des distances des files de boulons $1^m,60$ à 2 mètres, espacements qu'on n'atteint pour ainsi dire jamais.

134. Disposition des planchers dans les pièces à murs biais. — Lorsqu'on doit établir un plancher en fer dans des enceintes dont les murs sont biais, comme ceux de

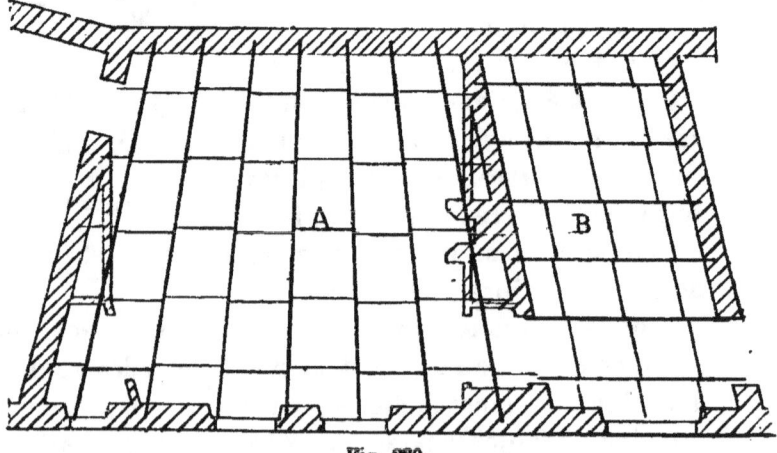

Fig. 220

la pièce A de la *fig*. 220, on a deux manières de procéder.

La première consisterait à adopter pour sens des solives la perpendiculaire au mur de face et à les mettre toutes parallèles les unes aux autres. Il en résulterait une certaine simplification dans la construction, et les solives dans les parties biaises, plus courtes que les autres, s'appuieraient à la fois sur le mur de face et sur un refend. Cet arrangement est défectueux parce que si plus tard on a à monter un tuyau le long des murs de refend, on risque de rencontrer les abouts des solives et d'être par suite obligé de mettre des chevêtres en sous-œuvre, ce qui est une dépense à éviter. D'un autre côté, on n'a pas le bénéfice d'une économie de fer due aux parties plus courtes, parce que dans un plancher d'une même pièce on a avantage à conserver le même profil, pour la régularité du travail, du chaînage et des hourdis.

Dans ces conditions, on adopte une seconde méthode qui ménage mieux l'avenir : on arrange les solives en éventail si les murs opposés ne sont pas parallèles comme dans la travée A, ou parallèlement à ces murs s'ils ont une même direction, comme dans la travée B de la *fig.* 220.

On conserve toujours les alignements de files de boulons ; seulement, on biaise un peu leurs extrémités au moment de la pose pour la rendre normale aux solives, ou à peu près. C'est le seul inconvénient de cette disposition qui laisse les parements des murs parfaitement libres pour le passage de tous les tuyaux.

135. Cas où on peut renforcer les solives par un encastrement. — Toutes les fois que deux travées voisines doivent être recouvertes par des solives en fer de même sens, et que l'ensemble des deux travées ne dépasse pas une longueur de 8 à 10 mètres, on a intérêt à combiner les divisions dans les deux pièces pour pouvoir couvrir les deux travées par des barres d'une même longueur.

Il se produit sur le point d'appui milieu un encastrement qui, sans diminuer le moment fléchissant maximum dés deux barres séparées, le change de place. Le point le plus fatigué est transporté au point d'encastrement qui se trouve soutenu largement.

On peut diminuer le moment fléchissant des solives en combinant la disposition précédente avec un encastrement en bout. Seulement, pour que l'on puisse compter sur un effet utile de cet encastrement, il faut avoir de

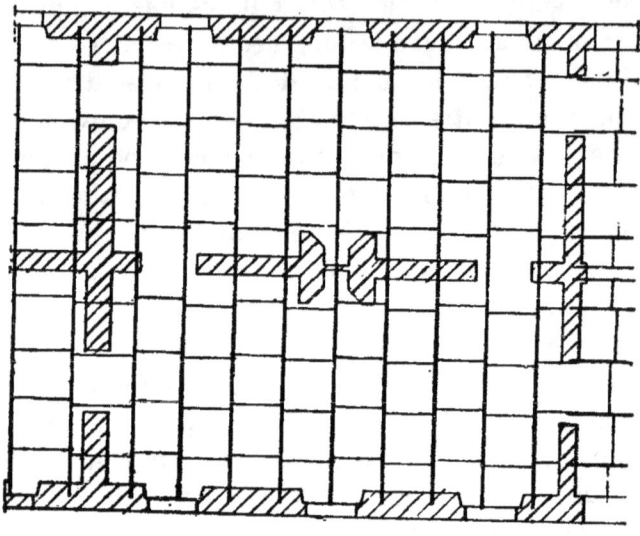

Fig. 221

bons murs et prévoir pour chaque solive, dans ces murs, un scellement plus profond que les scellements ordinaires.

La *fig.* 222 montre en coupe verticale la disposition que

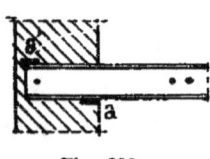

Fig. 222

l'on adopte pour obtenir la plus grande résistance : l'about du fer traverse le mur jusqu'à quelques centimètres seulement du parement extérieur, de manière à n'être pas apparent au dehors et à pouvoir être recouvert par l'enduit.

De plus, pour augmenter la surface des contacts avec la maçonnerie au point où les efforts sont le plus développés, on interpose les cales a et a' : l'une au-dessous du fer au parement intérieur, l'autre en haut près de la face extérieure. La maçonnerie, avec cette précaution, peut plus facilement, sans risquer d'être écrasée et coupée par le fer, exercer sur lui toute la pression de réaction qu'on peut lui demander.

En combinant, comme on vient de le voir, la disposition d'une seule solive pour deux travées voisines avec des encastrements en bout bien établis, on peut obtenir dans bien des cas des planchers d'une solidité donnée avec des fers d'un moindre échantillon, et par suite présentant un poids plus faible au mètre linéaire.

Il y a donc économie à opérer de la sorte, même quand il devrait en résulter une légère augmentation de prix des 100 kilos de fer, soit par suite de difficultés de fabrication, soit pour plus value de transport et de bardage.

136. Garnissage des entrevous. Remplissage en bois. — Dans beaucoup de circonstances on n'a pas besoin de planchers étanches, on a surtout pour but d'établir de la façon la plus économique une surface horizontale continue, destinée à circuler et à recevoir des charges quelconques.

La façon la plus simple d'obtenir ce résultat est de faire la surface supérieure au moyen d'un plancher en bois directement posé sur les solives.

L'écartement des fers doit être le plus grand que puissent supporter les planches sans plier, parce que la hauteur que peuvent avoir les solives est plus forte et la résistance aux 100 kilogrammes de fer plus importante. On prend des fers avec peu de flèche; on les pose avec soin, de manière que leurs surfaces supérieures s'arasent; on les entretoise par des bois a placés de champ présentant la forme de l'entrevous, et on les met en lignes bien droites; les derniers bois sont butés et scellés dans la maçonnerie des murs.

Les solives une fois posées et maintenues, on met par dessus les planches qui doivent former le plancher, et on les fixe aux ailes des solives par de petits arrêts en fer vissés ou tirefonnés.

Lorsque les planches sont rainées, on diminue beaucoup le nombre des arrêts d'attache et on les distribue régulièrement sur toute la surface du plancher.

Lorsque l'on ne peut pas mettre le sens des planches perpendiculaire à la direction des solives, ce qui est la position la plus favorable à la résistance, on les place inclinées à 45° et on les maintient de la même façon.

La *fig.* 224 donne l'ensemble d'un pareil plancher vu par dessous, et les détails en sont figurés à plus grande échelle dans le croquis 223.

Une disposition qui est plus simple en pratique en ce qu'elle maintient les solives, diminue le nombre des arrêts et tient compte des irrégularités des fers, est celle indiquée dans la *fig.* 225 en coupe transversale. Elle permet en outre de mettre les planches dans le même sens que les solives, mais par compensation prend un peu de l'épaisseur du plancher.

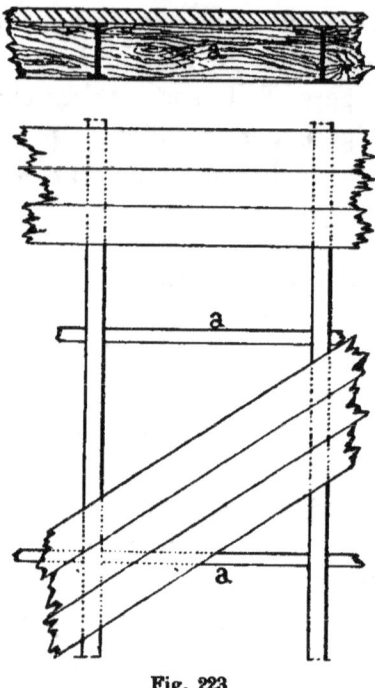

Fig. 223

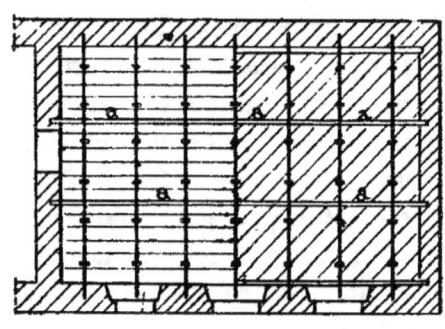

Fig. 224

Elle consiste à établir transversalement aux solives des lambourdes entaillées au passage d'une façon juste et précise : ce sont ces entailles qui maintiennent les solives et les arrêts sont alors droits et attachent solidement les lambourdes par le moyen de fortes vis ou de tirefonds. Le dessus des lambourdes est arasé bien de niveau et vient recevoir les planches, rainées ou non, qui doivent former

Fig. 225

la surface horizontale supérieure. L'écartement de ces lambourdes est en raison de la portée qu'on ne peut dépasser pour la résistance des planches. Quand les solives sont longues, les lambourdes peuvent être garnies de chantignolles pour les maintenir verticales, ou bien on les rend indépendantes d'un moyen quelconque d'entretoisement.

Une variante intéressante de cette disposition est fournie par la *fig.* 226. Elle consiste à former les entretoise-

Fig. 226

ments de pièces de bois fixées de champ et ayant exactement la hauteur des fers. On les rapproche assez pour qu'elles puissent former lambourdes en même temps et recevoir le plancher, rainé ou non.

Ces lambourdes ayant une très grande hauteur présentent une résistance considérable et permettent d'espacer les fers plus qu'on ne peut le faire avec les systèmes précédents.

Elles permettent également, si on les distance à un faible entraxe de 0,40 à 0,50 par exemple, de latter au-dessous

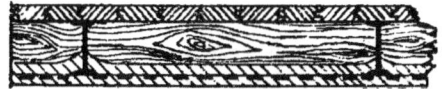
Fig. 227

et de faire porter au plancher une surface inférieure étanche, plafonnée par dessous. La coupe transversale de cette sorte de plancher est figurée dans le croquis n° 227. Le hourdis tenu par les lattes est aussi mince que possible ; il a une épaisseur d'environ 0,05, auxquels il faut ajouter le crépi et l'enduit du plafonnage, 0,02 à 0,03, ce qui donne pour épaisseur totale de la maçonnerie 0,07 à 0,08.

137. Planchers mixtes, fer et bois. — Dans les maisons d'habitations économiques, on obtient des planchers très simples en combinant l'emploi du fer et du bois d'une façon analogue. On espace les fers davantage, en mettant une ou deux solives par trumeau par exemple, suivant les cas ; on choisit des profils à larges ailes de résistance convenable, et on fait porter par leurs tables inférieures des

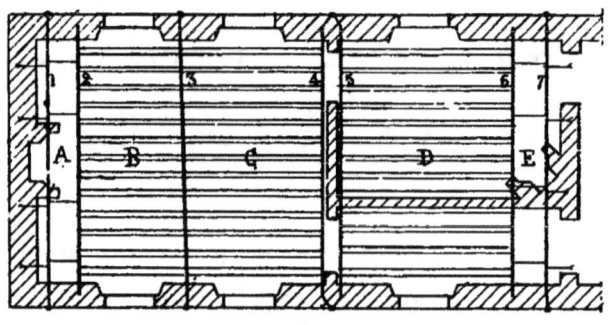

Fig. 228

solives en bois, au moins de la hauteur des fers, chargées de porter le parquet supérieur.

La *fig.* 228 donne la disposition d'un plancher fer et bois de ce système.

La première partie A du plancher est formée de 2 fers formant un entrevous et demi ; elle sera hourdée en maçonnerie pour recevoir la cheminée sur une portion incombustible. Il en est de même de la dernière partie E qui a également une cheminée à recevoir. Les travées B, C, D, sont remplies par des solives en bois perpendiculaires aux solives principales en fer. Entre les travées C et D, la solive est doublée pour recevoir la cloison sur l'intervalle, qui est à cet effet complètement hourdé ; tous les fers sont à larges ailes, sauf ceux qui, numérotés 1 et 7, ont une charge bien moindre à supporter. Dans la travée D, la solive en bois qui est sous la cloison est d'un équarrissage proportionné à sa charge.

De distance en distance, il y a lieu de relier les solives en bois avec les solives perpendiculaires en fer. Cette liaison se fait au moyen de platebandes à boulons, qui passent à travers l'âme de fer, d'une part, et se relient de l'autre au bois par une platebande à talon fixée par trois tirefonds.

On peut encore, lorsque les solives en bois sont bout à bout, les chaîner ensemble au moyen de deux platebandes tirefonnées, l'une au-dessus du fer à I, l'autre en dessous ;

Fig. 229

Fig. 230

l'assemblage est très simple et très solide ; on le renouvelle 2 ou 3 fois seulement dans la longueur du fer.

Les solives en bois peuvent encore s'assembler sur la solive maitresse en fer par l'intermédiaire de lambourdes flanquant les faces latérales du fer à I. On emploie ce moyen surtout lorsque le profil est à ailes ordinaires, et que, par suite, la table inférieure n'est pas assez large pour recevoir les abouts de bois. Les lambourdes peuvent être de simples chevrons et elles retiennent les bois par des assemblages à paumes. Plus souvent les lambourdes sont sciées en trapèze ; on leur donne la hauteur du fer, et elles forment avec celui-ci une poutre armée mixte, bois et fer. On compte sur la résistance des deux matières, en faisant la part des entailles d'assemblage.

Le bois et le fer sont assemblés par une série de boulons longitudinaux espacés de 0,50 à 0,60 et logés dans les intervalles des solives transversales.

Cette disposition a été souvent adoptée par les charpentiers en bois, pour former des planchers capables de franchir des espaces de 7 à 8^m,00.

Aujourd'hui que l'on se procure si facilement des fers à larges ailes de 0,26, de 0,30 et même de 0,35 à grandes longueurs et sans trop forte dépense, il est préférable de

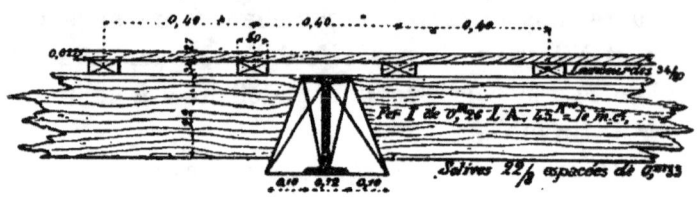

Fig. 231

les employer et de regagner la différence sur la façon qui est alors bien moindre. Dans l'exemple cité, représenté par la *fig*. 231, deux fers de 0,26 L,A, jumelés, ou bien un fer de 0,30 recevant directement les bois sur les ailes inférieures, serait préférable.

138. Hourdis en augets des entrevous de planchers en fer. — On a vu au n° 131 et dans les *fig*. 206 et 209 la forme qu'affectent souvent les hourdis en maçonnerie, surtout lorsque cette maçonnerie est exécutée en plâtras et plâtre. On profite de la grande cohésion que prend immédiatement ce mortier pour donner à la maçonnerie de remplissage des entrevous la forme creuse dite *en augets*. Il en résulte en apparence, une grande économie dans le cube de la matière employée, en même temps qu'un poids bien moindre à faire porter aux solives.

Ces avantages, pour le constructeur, ne sont pas aussi grands qu'ils le paraissent, parce que plus tard une bonne partie du vide est remplie par les scellements de lambourdes et leurs chaînes en travers, lorsqu'il y a un parquet ; dans le cas de carrelage, le creux est totalement comblé par la forme préalable.

Malgré cela, les prix établis dans la série de Paris augmentent considérablement avec l'épaisseur, les hourdis en augets se perpétueront longtemps encore, par la seule raison d'économie.

Leurs inconvénients sont les suivants :

1° Ils chargent effectivement les planchers de tout leur poids, puisque leur maçonnerie est justement placée dans la moitié inférieure des solives, dans la région des fibres tendues, alors qu'ils ne sauraient résister à aucune tension longitudinale.

2° Ils ne peuvent résister à un incendie, même d'une faible intensité, et par suite ne protègent pas les fers qui s'échauffent et se tordent en tous sens.

Les hourdis en maçonnerie et les plafonds qu'ils soutiennent se fendent souvent le long de la partie inférieure des fers. Ces fentes, qu'il est impossible de faire disparaître par la suite, peuvent être attribués à trois causes :

1° Une mauvaise portée pour une solive, ce qui la fait baisser après coup sous la charge. Cette mauvaise portée peut venir d'un calage insuffisant sur l'arase en maçonnerie, ou du mauvais serrage de boulons de support ayant du jeu dans leurs passages, ou enfin d'un tassement local des supports ;

2° une épaisseur insuffisante donnée à l'enduit sous le fer. Pour éviter ces fentes, il est indispensable que sur la table inférieure du fer il y ait au moins trois centimètres de plâtre (crépi et enduit) s'il est étroit, et 0,04 à 0,05 s'il est large ;

3° une trop grande largeur de table de fer à recouvrir.

Lorsque les fers dépassent 0,07 à 0,08, il faut prendre une disposition spéciale pour assurer le contact et l'adhérence du mortier ; on met sous le fer un carillon ou un fenton en a, puis on enroule en spirale un fort fil de fer galvanisé, dont les spires sont écartées d'environ $0^m,10$ l'une de l'autre. Le carillon n'est là que pour écarter le fil en dessous et lui permettre d'être entouré de mortier.

Fig. 232

A plus forte raison cette précaution est-elle à prendre avec les tables en tôles larges des poutres composées ; on multiplie les fentons pour écarter partout le fil du parement de dessous du fer.

Très souvent, au bout d'un certain temps d'usage, les plafonds en plâtre sont tachés au droit des fers qu'ils recouvrent, et la disposition des solives et poutres apparaît en gris sur le fond plus clair du surplus de la surface. Ce fait tient à la condensation qui a lieu dans bien des circonstances sur le plâtre refroidi par le métal, et, en ces points plus humides, les poussières trouvent plus d'adhérence. Le seul moyen d'éviter cet inconvénient consiste à mettre, au moment de la construction, une épaisseur suffisante de crépi et d'enduit sous les tables inférieures de charpentes métalliques.

139. Hourdis plein. Avantages, résistance. — La forme qu'il est préférable de donner au hourdis consiste à monter la maçonnerie au moins jusqu'à la partie haute du fer et à ne l'étendre à la partie basse que si le plancher doit porter un plafond horizontal pour l'espace inférieur. Dans ces conditions, le hourdis est limité aux deux plans horizontaux qui comprennent les solives elles-mêmes.

Il en résulte que si la moitié inférieure est exposée à la tension et charge les fers, la moitié supérieure est soumise à une compression, force à laquelle la maçonnerie sait résister; par cette compression, elle travaille à la manière d'une voûte en plate-bande, mais dont les culées seraient très résistantes, puisqu'elles sont faites de la tension des fers, jouant le rôle d'entraits.

Soit qu'on considère ainsi le hourdis comme une voûte maintenue par de forts tirants, soit qu'on le suppose travaillant comme une dalle à la flexion, mais comme une dalle consolidée par des fers formant chaînages, la pratique montre que le travail de la maçonnerie est effectif et utile, et cela d'autant plus que le hourdis est plus haut et plus élevé au-dessus des fers, parce qu'alors la flèche de la voûte hypothétique augmente.

L'expérience prouve qu'un plancher en fer pouvant

porter une charge A, alors que les solives sont complètement libres, est capable de porter une charge A + e, si on vient à la hourder avec soin, de manière que la maçonnerie travaille dans les meilleures conditions. Non-seulement le hourdis arrive à se soutenir seul, par la seule force de sa cohésion et de la compression de ses fibres supérieures, mais encore il porte la charge supplémentaire e dont il décharge les fers. La quantité e n'a pas été déterminée par l'expérience, et il n'est pas commode d'en tenir compte dans les calculs, à cause de son indétermination ; tout au moins, peut-on faire abstraction du poids d'un hourdis bien fait, dans l'évaluation des charges des solives.

Le hourdis plein a encore l'avantage, surtout lorsqu'il

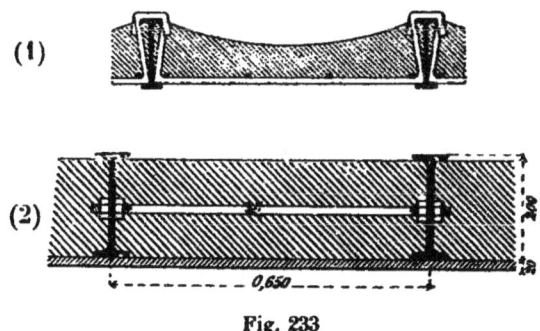

Fig. 233

est serré par des boulons, de maintenir les fers parfaitement verticaux et de les forcer à travailler à leur maximum en s'opposant à tout voilement. Enfin, il n'est pas de meilleur mode d'entretoisement des murs qu'un hourdis bien fait ; il produit l'effet d'un fond cloué sur les parois latérales d'une boîte, et qui, dès qu'il est fixé, ne leur permet aucune déviation latérale.

Pour ces raisons nous conseillons toujours, malgré l'élévation de prix qui peut en résulter, de faire des hourdis pleins avec tout le soin possible et en employant des matériaux convenablement choisis.

Pour les planchers qui doivent être constamment secs, on peut prendre avec avantage le mortier de plâtre reliant des briques ou encore des déchets de moëllons, de meulières, des pierrailles quelconques.

Pour les planchers exposés à l'humidité, on remplace le plâtre par le ciment à prise prompte et quelquefois à prise lente, suivant les cas, et on ne l'associe qu'avec les petits matériaux qu'il comporte.

Il en résulte qu'entre les deux croquis de la *fig.* 233, le n° 1 est à rejeter et le n° 2 est infiniment préférable. Dans le n° 1 on a justement supprimé de la section la partie de maçonnerie qui pouvait donner de la solidité au plancher, tandis qu'en (2) toutes les fibres comprimées sont conservées.

Un autre très grand avantage des hourdis pleins consiste à parfaitement résister à de forts commencements d'incendies, et lorsque les fers sont boulonnés, ils sont longtemps préservés de la chaleur, longtemps indemnes par conséquent.

Les hourdis pleins permettent aussi de bien plus grands écartements de fers que les autres. Nous avons vu des hourdis en ciment romain et meulière, exécutés entre des fers de 0,08 espacés de $1^m,30$ à $1^m,35$, les fers étant réunis par des files de boulons d'entretoises, espacés de $1^m,10$, recevoir directement sans dommage le roulage de brouettes chargées de matériaux de maçonnerie. Nous avons exécuté des planchers en fer de 0,12 à 6 mètres environ de portée, espacés de 1 mètre l'un de l'autre, boulonnés et empâtés d'un hourdis de $0^m,12$ à 0,14, surmonté d'un enduit en Portland. Ces planchers acceptent des surcharges de 200 à 250 kilos par mètre carré [1].

Il résulte encore de cette manière de considérer les hourdis comme des voûtes, que le sens des matériaux n'est pas indifférent : ils doivent être dirigés comme seraient disposés les voussoirs, si la voûte était appareillée.

La *fig.* 234 donne la représentation, vue de dessus, de deux travées A et B d'un plancher en fer hourdé plein. Tout

---

[1] Papeteries d'Essonnes, usine à paille.

d'abord les matériaux sont mis de champ, et de plus leur longueur doit être dirigée perpendiculairement aux solives. La travée A est hourdée ainsi en meulières et la travée B en briques.

Lorsque, malgré le prix élevé qui en résulte, on emploie la brique comme petits matériaux de hourdis, on doit prévoir ce choix dans la disposition des solives et écarter celles-ci à une dimension multiple de la longueur d'une brique avec fraction de moitié et en tenant compte des épaisseurs de joints.

Lorsqu'il y a plusieurs rangs de matériaux dans l'épaisseur du hourdis, on doit les relier par harpes les uns avec les autres pour éviter des disjonctions, et dans tous les cas

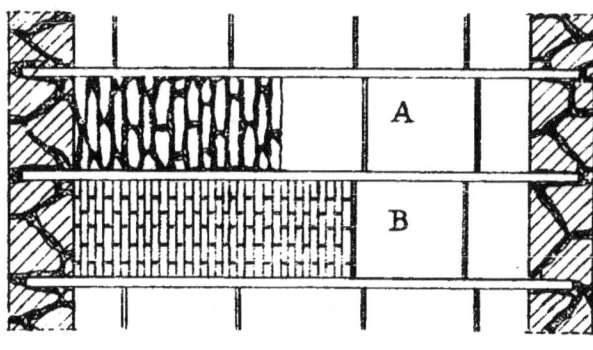

Fig. 234

on doit monter les matériaux le plus possible, surtout au milieu de la portée.

A Paris et dans les pays à plâtre, on trouve souvent à très bon compte des déchets de démolitions de cloisons, de plafonds et de légers ouvrages en plâtre de toutes sortes, en morceaux assez gros pour pouvoir remplacer les pierrailles et servir de matériaux solides pour le remplissage des planchers. On les appelle des plâtras, et on fait la maçonnerie des entrevous en plâtras et plâtre.

Si les ouvrages démolis sont de première qualité et viennent de demeures propres, on en obtient des ouvrages économiques et parfaitement solides; mais la plupart du temps, dans les grandes villes, on en ignore la provenance.

On peut bien par un triage sévère en retirer les parties salpêtrées ou bistrées, dont l'emploi aurait des conséquences déplorables, mais le triage ne permet pas d'en séparer les miasmes, microbes et saletés invisibles de toutes sortes dont sont infectés les matériaux de bien des vieilles demeures; ils sont donc à proscrire des ouvrages soignés.

Quand on exécute des hourdis en mortier de ciment, pour relier soit des moëllons ou de la brique, soit des pierrailles ou de la meulière, et que le parement du dessous doit être plafonné en plâtre, il y a lieu de tenir compte du peu d'affinité du plâtre pour le ciment. Il semble y avoir adhérence au moment de l'exécution; mais au bout de quelques mois les matériaux se séparent. Pour un plafond l'inconvénient est grave. Si le plâtre est simplement jeté sur un parement de mortier de ciment, il peut au bout de quelques mois se décoller et tomber tout d'une pièce, en amenant des accidents sérieux. Le moyen d'éviter cet inconvénient consiste à poser le premier rang de matériaux solides à sec sur le cintrage, puis à remplir les joints latéraux de mortier de ciment, enfin, à terminer le hourdis à la manière ordinaire.

La *fig.* 235 montre alors comment se présente le hourdis.

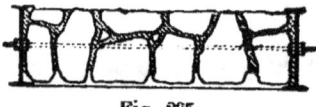

Fig. 235

Le ciment n'existe que dans les parties hachées. Quand plus tard on jette le plafond, après avoir profondément dégradé les joints du dessous, le plâtre trouve partout, non pas le contact des surfaces de ciment, mais celui des parois mêmes des petits matériaux, avec lesquelles l'adhérence est certaine.

On prend la même précaution, à la partie supérieure, lorsque le hourdis fait en ciment à prise rapide doit être recouvert par un dallage en Portland. Le mortier de ciment à prise lente doit être en contact, non avec le mortier du hourdis, mais avec le parement bien nettoyé des petits matériaux solides.

Le prix élevé de la brique en fait rejeter l'emploi pour les remplissages de solives, dans la plupart des cas où les entrevous doivent être plafonnés à la partie inférieure. Lorsqu'on doit laisser les matériaux apparents au plafond,

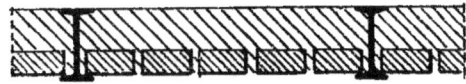

Fig. 236

on peut adopter une disposition économique qui donne de bons résultats si le mortier est de bonne qualité : elle consiste à former les entrevous d'un parement de briques à plat, surmonté d'un hourdis plus ordinaire pour le restant de l'épaisseur. La *fig.* 236 donne la coupe verticale d'un entrevous ainsi formé. Les briques, pour rester apparentes, doivent être appareillées avec soin. On peut les arranger suivant l'une des dispositions de la *fig.* 237. (2)

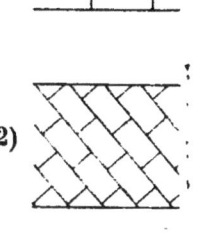

En (1) les briques sont rangées parallèlement aux solives, les joints simplement croisés.

En (2) elles sont placées en lignes à 45°. La pose est plus difficile et demande de la (3) taille ; mais l'effet peut être meilleur, surtout parce que, d'une travée à l'autre, on peut changer le sens des lignes d'appareil.

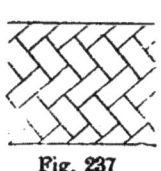

Fig. 237

Enfin, on peut adopter la forme des parquets à bâtons rompus représentée par le croquis (3).

140. Hourdis en matériaux légers, briques creuses, poteries, plâtre. — On a cherché à employer des matériaux légers pour exécuter les hourdis. On s'est servi par exemple de briques creuses employées avec de bon mortier ; en les disposant pour emplir toute l'épaisseur du plancher, elles donnent un très bon travail. Il faut distancer les solives convenablement, pour leur permettre de comprendre dans leurs intervalles un nombre entier de briques et avoir soin de tremper ces dernières dans l'eau avant l'emploi, pour ne pas griller le mortier.

Les briques les plus économiques pour ce genre d'ou-

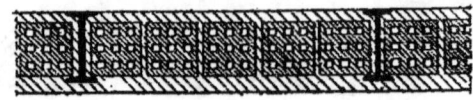

Fig. 238

vrages sont celles du modèle 0,11.0,11.0,22, à 9 trous (*fig.* 238).

La disposition de plancher, représentée par la *fig.* 239,

Fig. 239

peut s'établir avec de la brique creuse; mais elle exige que cette brique soit parfaitement faite, avec des formes régulières et des arêtes vives. Au-dessus, un hourdis plus commun remplit les intervalles des fers jusqu'à les araser.

Des poteries spéciales plus légères ont été établies par MM. Muller et Cie à Ivry. Le croquis de la *fig.* 240, tiré

Fig. 240

de leur album, montre deux dispositions. La travée (1) est remplie par 3 pièces, ce qui est applicable aux entrevous de plus de 0,80 de largeur; jusqu'à 0,80, on emploie deux poteries seulement, comme on le voit dans la travée (2). Les poteries, posées, présentent une paroi inférieure bien horizontale avec les stries nécessaires pour bien accrocher le plafond de dessous, si on ne laisse pas la paroi céramique apparente. La surface supérieure reçoit le sol ou le dallage de l'espace au-dessus, et entre les deux une languette intérieure, en forme d'arc, donne beaucoup de solidité à l'ensemble. Cet arc se réunit aux deux faces horizontales par une suite de cloisons verticales, laissant entre elles de grands vides. L'ouvrage est très léger, tout en présentant beaucoup de rigidité.

M. Laporte a imaginé des entrevous creux à grands vides analogues aux précédents, et représentés par la *fig.* 241.

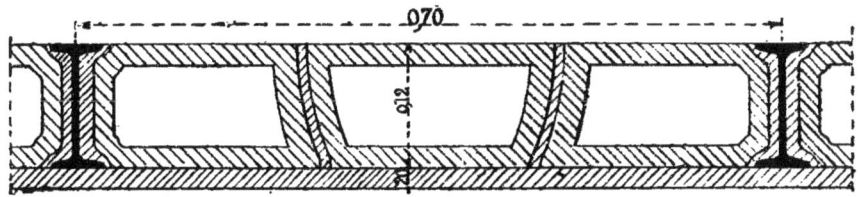

Fig. 241

Ils sont faits de 3 poteries dans la largeur de l'entrevous; les deux latérales sont toujours du même modèle, et la poterie du milieu varie de largeur suivant la distance des fers. Ces poteries donnent des hourdis très légers, et en même temps très solides, en raison du remplissage complet de l'entrevous à la partie haute.

On peut encore ranger dans cette catégorie de hourdis creux les globes ou pots que l'on a pendant un temps fort employés à Paris. Leur usage a pour ainsi dire disparu, par suite de l'économie, et malgré les inconvénients que présentent les remplissages en plâtras et plâtre. Ces pots de

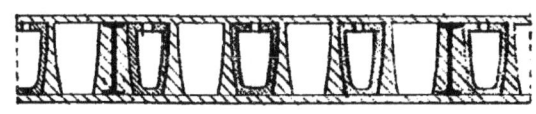

Fig. 242

0^m,12 à 0,16 de hauteur, de 0^m,12 à 0,14 de diamètre, étaient fermés en haut et en bas. Leur surface extérieure était légèrement striée et leur forme un peu conique. On les disposait verticalement avec mortier dans les intervalles. Ils donnaient un excellent hourdis, en même temps très résistant et très léger, en raison du grand nombre des vides et de leur importance. Il est certainement regrettable qu'on les ait abandonnés.

On trouve maintenant de grands entrevous creux, légèrement concaves, pour franchir d'une seule pièce, l'intervalle de deux solives; ils sont figurés dans le croquis 243. Ils sont faits soit pour rester apparents en dessous, lorsqu'il s'agit de planchers de caves par exemple, soit pour recevoir un plafond; ils sont alors

Fig. 243

fortement striés pour permettre l'adhérence de l'enduit. On les recouvre ou non d'un complément de hourdis pour araser le dessus des fers; tel est le système Lapérière.

Le principe des hourdis creux s'est étendu à l'emploi du plâtre. La première disposition consiste à faire le hourdis

Fig. 244

sur place et à y créer des vides cylindriques parallèles aux solives, vides que l'on obtient par des mandrins en bois, que l'on avance à mesure de l'exécution du remplissage; c'est évidemment une bonne méthode, qui donne de la légèreté, diminue la quantité de matière employée et dispense de recourir à des plâtras de pureté douteuse.

Un autre moyen, qui arrive à un résultat identique, consiste à faire d'avance, pour les travées que l'on doit remplir, des carreaux de plâtre creux, avec de grands vides parallèles; leur section est donnée dans la *fig.* 245.

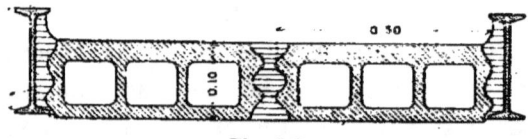

Fig. 245

On les fait quelquefois minces par raison d'économie; mais il vaut bien mieux les établir de la hauteur des fers afin de remplir les entrevous. Dans ces conditions, et si avec cela ils sont fabriqués en plâtre pur, on peut en obtenir un excellent travail.

Les bardeaux en terre cuite sont pour ainsi dire indispensables lorsqu'on veut faire le remplissage en maçonnerie de fers en croix ou de fers à T, formant des planchers à portées restreintes. Les coupes verticales données dans les croquis (1) et (2) de la *fig.* 246 montrent ces fers espacés de 0^m,35 à 0,40 l'un de l'autre. Les tables horizontales forment des feuillures qui reçoivent les bardeaux dont il vient d'être question. Ces bardeaux constituent à la fois un plafond pour l'espace infé-

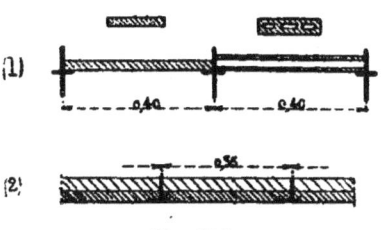

Fig. 246

rieur et une aire pour la couverture au-dessus ; ils se font pleins ou creux, comme dans le croquis (1) ; les dimensions les plus pratiques ne dépassent pas 0^m,40 de longueur et 0^m,20 de largeur. Quelquefois on arase en mortier jusqu'au-dessus des fers comme dans la même figure, croquis n° 2.

141. Dallages en verre. — C'est également de la même façon qu'on pose dans les feuillures de fers à T, ou de châssis en fonte de même forme, les dalles en verre qui permettent d'avoir un plancher translucide ; la *fig.* 247 donne la coupe verticale de la disposition en (2). Le croquis (1) montre la face supérieure d'une de ces dalles, avec le quadrillage en creux destiné à empêcher de glisser. Le croquis (3) représente la sous-face de cette même pièce établie avec une série de pyramides à bases carrée dont la pointe est en bas ; elles ont pour but de diffuser dans le sous-sol la lumière qui tamise à travers la dalle.

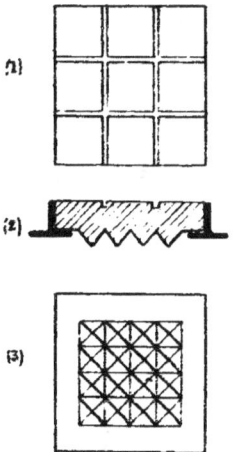

Fig. 247

On trouvera représenté *fig.* 323 un plancher en fer dont une partie de la surface est destinée à recevoir des verres-dalles.

142. Divers modes de cintrage des planchers plats. Précaution à prendre. — Le mode de cintrage des planchers pour la confection des hourdis n'est pas indiffé-

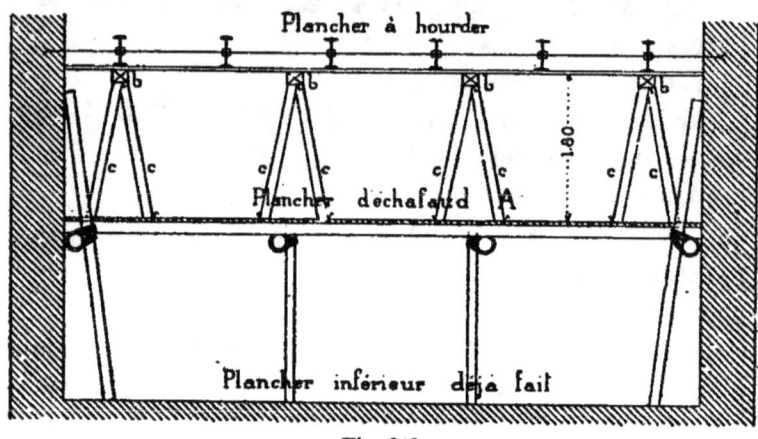

Fig. 248

rent. On a vu dans notre ouvrage sur la *Maçonnerie* le mode employé aujourd'hui dans la plupart des cas ; nous reproduisons, *fig.* 248, le croquis que nous en avons donné.

Sur un premier échafaudage A, à hauteur convenable pour permettre de faire plus tard le plafond, on étaye des barres de bois *b* qui portent des planches s'appuyant sous les solives et chargées de recevoir la maçonnerie et de la soutenir jusqu'à la prise.

L'avantage de ce procédé est de raidir par dessous les solives pendant le hourdissage ; lorsque l'on décintre, le fer ne travaille qu'après une première flexion qui fait comprimer la maçonnerie presque en même temps.

Malheureusement, on enlève les étais toujours trop tôt, et la maçonnerie encore trop fraîche n'a pas assez de cohésion et cède. Ce n'est que plus tard qu'elle travaillera pour aider le fer, après une flexion nouvelle de ce dernier. Il serait bon de laisser sur cintre les planchers bien étayés jusqu'à prise complète de leurs mortiers ; on y gagnerait beaucoup au point de vue de la résistance.

Lorsque la hauteur est grande et l'étaiement difficile, ou bien lorsqu'on veut économiser du matériel, on suspend le cintrage aux solives elles-mêmes, au moyen des ferrements représentés dans les croquis (1) et (2) de la *fig.* 249.

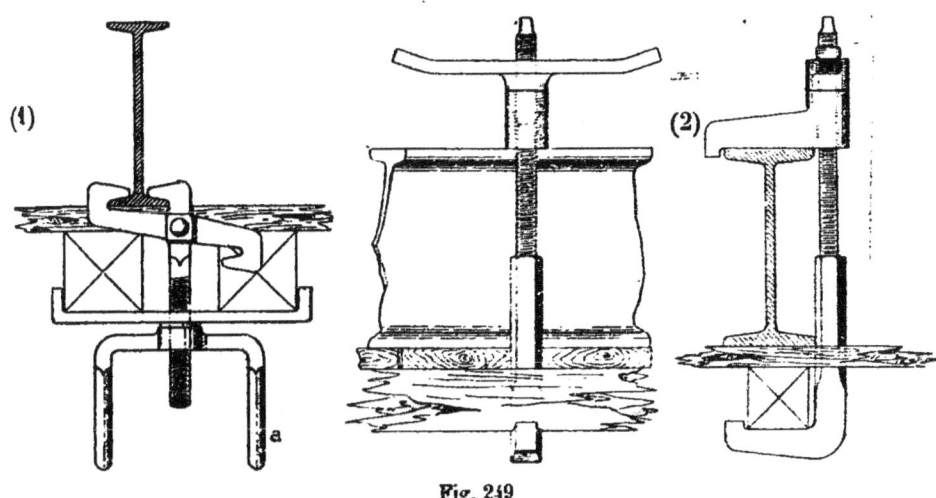

Fig. 249

Il en résulte qu'à mesure qu'on fait le hourdis, ce dernier charge les fers, en même temps que les matériaux souvent accumulés en grande quantité. Le fer commence donc à travailler avant la maçonnerie et celle-ci l'aide bien moins. Elle est de plus de qualité nécessairement médiocre, en raison des vibrations qui se produisent pendant le travail et dont l'amplitude est souvent considéra-

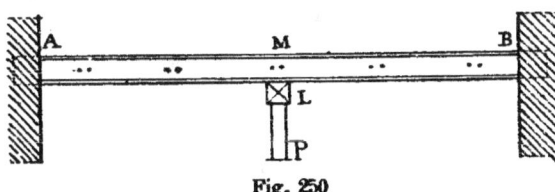

Fig. 250

ble. On peut très simplement et sans grande dépense obtenir un bien meilleur résultat. Il suffit d'étayer légèrement le plancher AB au milieu M de sa portée, en passant sous les solives une longrine L, soutenue par une série de pièces de bois légères P, que l'on raidit un peu, *fig.* 250. On suspend les panneaux de cintrage au plancher ainsi étayé, et on fait la limousinerie. Les vibrations sont réduites et deviennent insensibles, la maçonnerie fait prise, on enlève les panneaux pour les reporter plus loin ; mais on laisse les étais jusqu'à durcissement complet du mortier, quinze jours ou un mois par exemple.

Il est évident que, lorsqu'on enlève ce soutien milieu, la maçonnerie plie en même temps que le fer, travaille de suite comme lui et l'aide d'une façon bien plus effective à porter les charges ultérieures.

Toutes ces précautions n'empêchent pas de prendre celles dont nous avons parlé, qui ont pour but de parer au gonflement du plâtre, et d'en annuler, ou tout au moins d'en atténuer, les fâcheux effets.

143. Hourdis en matériaux cintrés. Avantages. Inconvénients. — Toutes les fois qu'il n'y a pas d'inconvénients pour l'espace inférieur, on doit se demander s'il

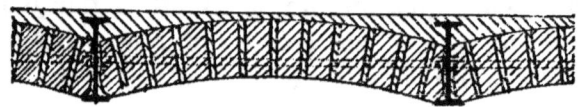

Fig. 251

n'y a pas lieu de cintrer les entrevous, en forme de voûtes à génératrices parallèles aux solives. Ces voûtes font souvent bon effet ; on leur donne une faible flèche.

Cette disposition est très rationnelle au point de vue de la résistance. En considérant toujours la maçonnerie de remplissage comme un monolithe travaillant en voûte dans le sens longitudinal, on la conserve là où elle est utile pour la résistance, dans la partie haute des fers, dans la région comprimée ; elle est au contraire réduite dans la région tendue, où elle ne forme qu'un poids mort à supporter.

La flèche doit être assez faible pour que l'arc puisse comprendre les boulons d'entretoises.

Ces voûtes peuvent s'exécuter avec tous les matériaux des hourdis ordinaires plats : en béton, moellons, meulières, briques, etc. ; elles demandent un cintrage plus difficile et plus délicat que les planchers à remplissages plafonnés. On doit préparer une série de panneaux, cintrés transversalement, d'une longueur de 1 à 2^m,00.

Leur surface utile est faite de planches minces ou voliges, étroites, clouées sur des planches verticales, a, cintrées à leur partie supérieure et espacées de 0^m,50 à 0,70.

Fig. 252

La coupe verticale en travers d'un panneau cintré présente la forme de la *fig.* 252.

Ces panneaux cintrés sont soutenus en-dessous par des traverses portées elles-mêmes soit par des étais légers inférieurs, soit par des boulons passant à travers le plancher et trouvant une attache sur des bois transversaux situés sur les solives. Nous répéterons à ce propos ce que nous avons dit au n° 142, à savoir; que, dans le premier cas, le plancher est parfaitement maintenu et à l'abri des vibrations ; la seule précaution à prendre est de ne décintrer que lorsque la maçonnerie est suffisamment dure pour pouvoir travailler par compression et aider les fers efficacement.

Dans le second cas (cintrage suspendu), les inconvénients se présentent exactement les mêmes que dans les planchers plats. Pour les éviter, et obtenir un ouvrage solide et irréprochable, il y a lieu d'étayer le milieu des solives, et de le maintenir étayé jusqu'à prise absolument complète des mortiers.

D'après la forme et la construction des voûtes de remplissage des planchers, malgré les boulons qui relient les fers, il s'exerce toujours à partir du moment du décintrement une pression horizontale, une poussée sur les faces latérales des solives, et cette poussée peut causer des désordres tant qu'elle n'est pas annulée par une poussée opposée, c'est-à-dire tant que la travée voisine n'est pas maçonnée. De là, la nécessité d'avoir toujours deux ou trois travées sur cintres, et de ne décintrer une travée que lorsque les deux ou trois suivantes sont maçonnées. Il faut donc prévoir et calculer le nombre des panneaux de cintres en vue de cette manière d'opérer.

L'emploi des voûtes exige que l'on calcule bien d'avance les divisions des solives, et que ces dernières soient bien droites, bien posées et bien distribuées, avec régularité et symétrie. On ne conserve plus une demi-travée le long des murs, comme pour les hourdis plats ; on s'arrange pour avoir un nombre entier de voûtes complètes dans chaque espace à couvrir, et la retombée de voûte qui doit se faire le long des murs doit y trouver un support. Tantôt c'est un sommier ménagé régulièrement dans une assise de maçonnerie; plus souvent la retombée se fait sur un fer cornière ou à T, qui répète par sa face inférieure l'apparence d'une solive dernière du plancher. On a bien soin d'adopter pour ce dernier fer une position permettant le remplissage complet de l'espace a en bon mortier, et on le maintient parallèle au mur par une dernière série de boulons d'entretoises à scellement, *fig.* 252 *bis*.

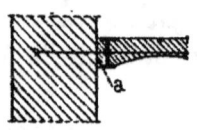

Fig. 252 *bis*

144. Voûtes en briques à petites portées. —

Les matériaux qui se prêtent le mieux à l'exécution des voutains de remplissage des entrevous de planchers sont, sans contredit, les briques. Leur forme régulière, leurs faces planes les rendent très convenables pour former des voussoirs appropriés. Le parallélisme des faces qui forment les joints n'est pas un inconvénient, en raison de la faible flèche que l'on donne toujours. Enfin, la douelle se trouve formée de faces planes étroites, régulières d'aspect, prenant bien le cintre, et permettant de laisser la matière apparente sans enduit, avec un simple jointoyage en mortier.

La *fig.* 253 donne la coupe transversale d'une voûte de ce genre. On voit que l'on complète à la partie supérieure le remplissage de l'entrevous par une maçonnerie plus économique, souvent par un simple lit de mortier.

Lorsqu'on façonne ces voûtes, on doit faire avec soin les entailles nécessaires à la rencontre des boulons, et, lorsque la douelle est apparente, on doit avoir au moins un espace de 0™,06 entre la surface de douelle et la partie inférieure de ces mêmes boulons.

Lorsque la place manque, on remonte plutôt les boulons un peu au-dessus de la fibre moyenne des solives; seule-

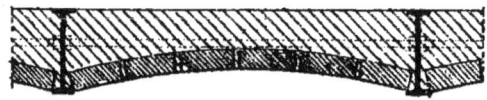

Fig. 253

ment, il faut le prévoir d'avance, pour exécuter les trous au lieu et en temps utiles.

Le seul défaut de la brique est d'être chère. Aussi dans bien des cas cherche-t-on à concilier avec l'économie l'apparence qu'on en retire, en faisant par exemple entre deux fers un arc en briques à plat et complétant l'épaisseur avec une maçonnerie plus ordinaire.

La *fig.* 253 reproduit cette disposition. Les briques doivent être alignées et posées avec soin; on peut adopter pour leur arrangement l'un des trois appareils représentés dans la *fig.* 237, et qui ont été indiqués pour les hourdis plats. Ici, en raison du cintre, les briques tiennent mieux et n'exigent pas un mortier aussi soigné.

On remplace souvent les briques par des pièces, toujours en terre cuite mais plus minces, que l'on appelle des bardeaux. Ils ont une largeur de 0™,20 à 0,25, une épaisseur de 0™,03 à 0™,04 et une longueur

Fig. 254

de 0™,45 à 0™,60. Ils sont cintrés à une flèche donnée, et, quand les solives d'un plancher sont assez rapprochées, ils forment les entrevous d'une seule pièce. Le joint peut être à recouvrement ou à languette et rainure; on complète le hourdis au-dessus jusqu'à l'arasement des fers, *fig.* 254.

340 CHAP. V. — PLANCHERS EN FER

Pour des portées de $0^m,60$ à $0^m,70$, on peut encore obtenir des bardeaux d'une seule pièce, mais en les faisant creux comme l'indique la fig. 255. Ils ont alors $0^m,04$ à $0^m,05$ d'épaisseur; les coupes montrent la forme des vides.

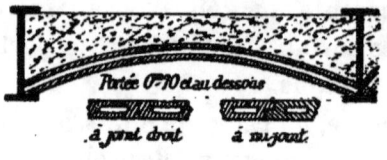

Fig. 255

Pour des portées de $0^m,70$ à $1^m,20$, on forme le bardeau de deux pièces comme dans la travée n° 1 de la *fig.* 256. Le joint se trouve au milieu et est recouvert par un boudin extérieur. Pour les portées

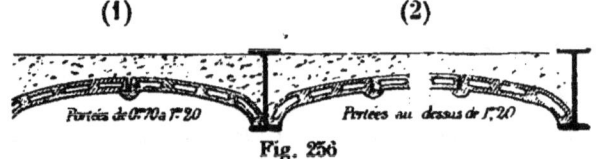

Fig. 256

au-dessus de $1^m,20$, on emploie trois ou quatre pièces assemblées de la même manière, travée n° 2. La *fig.* 256 est tirée de l'album de la maison Muller; elle représente des modèles de l'usine d'Ivry.

145. Voûtes en briques pour hourdis à grande portée. — On a vu qu'on avait toujours avantage, au point de vue de la résistance à obtenir des 100 kilos de

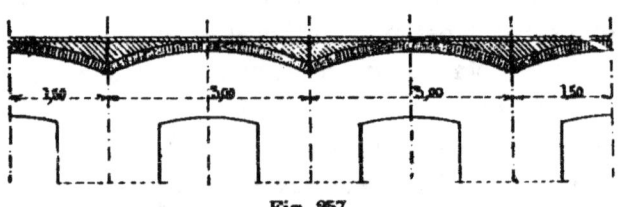

Fig. 257

fer, à espacer davantage les solives et à les former de fers à I d'un profil plus haut. Ce qui arrête dans les planchers ordinaires, ce sont les hourdis plats dont on est obligé de limiter la largeur. Avec les voûtes en briques on peut franchir des espaces plus considérables, et écarter les solives de manière à n'en mettre qu'une dans chaque entraxe au milieu des trumeaux en augmentant en proportion son moment de résistance. On peut même dans ce cas composer les pièces de tôles et de cornières, si les fers à I du commerce ne suffisent pas.

On franchit l'intervalle par des voûtes en briques de faible flèche et d'une épaisseur de $0^m,11$. On comble les reins avec du béton ou de la maçonnerie plus économique qui arase le dessus des fers, et on jointoie au-dessous. La *fig.* 257 donne la coupe verticale d'un plancher de ce genre.

Les précautions à prendre sont les mêmes que pour les petites voûtes; mais les poussées deviennent plus sérieuses et il est nécessaire de s'opposer à leurs effets. On consolide les murs extrêmes, on les chaîne au-dessus du plancher dans un sens perpendiculaire aux solives, pour s'opposer à un déplacement sous l'influence de la poussée.

On peut même, si on ne peut le faire autrement, hourder à plat la dernière ou les dernières travées, en les transformant en un plancher en fer à hourdis plat, formant alors une butée suffisante.

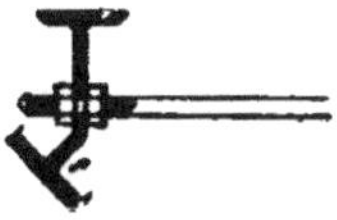

Il faut surtout se garder de compter sur les boulons pour contrebalancer la poussée des voûtes, parce que les deux forces ne sont pas appliquées au même point du fer, et que ce dernier peut plier au milieu de l'âme sous l'effet de la pression, ainsi que l'indique la *fig.* 258.

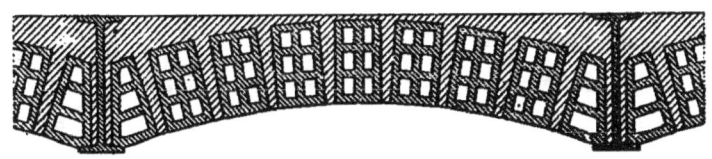

Fig. 258

146. Voûtes en matériaux creux. — Lorsque les voûtes ont une portée restreinte, les matériaux qui la composent n'ont à résister qu'à une pression modérée;

Fig. 259

on a souvent avantage à chercher à les évider pour diminuer le poids de l'ouvrage, et en même temps pour arriver à un prix moindre. De là l'emploi, dans les voutains d'entrevous, de briques creuses remplaçant les briques pleines.

Lorsque les douelles sont apparentes, on doit prendre des briques bien faites; celles à deux, trois, ou six trous sont les plus convenables. Lorsque les matériaux doivent être enduits par dessous, on peut prendre les briques à neuf trous, qui comme prix sont les plus avantageuses.

Fig. 260

Les briques sommiers qui se logent sur la table inférieure des fers peuvent être taillées dans des briques pleines, ou faites en briques creuses sur modèle exprès, comme l'indique la *fig.* 259. On peut encore employer simplement un excès de mortier sur lequel on place les premières briques.

On a fait également des poteries spéciales à gros vides, et la *fig.* 261 représente les modèles du système Laporte :

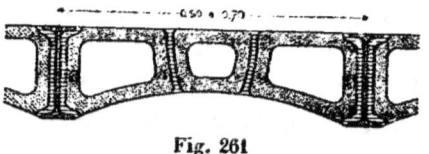

Fig. 261

Chaque entrevous est composé de deux sommiers identiques de $0^m,20$ à $0^m,25$ de largeur, et d'une clef qui peut être d'une largeur variable, suivant l'espacement des fers.

147. Planchers en fers Zorès. — Les fers dits Zorès ont la forme d'un V dont la pointe serait tronquée. Ils ont fait pendant un temps concurrence au profil à I; mais cette dernière forme a prévalu, et maintenant les fers Zorès sont très peu employés. Cependant ils peuvent rendre de sérieux services dans certains cas particuliers.

Ils se posent renversés, et dans cette position leurs âmes inclinées ont la direction convenable pour servir de sommiers de voûtes ; en effet, c'est pour porter des remplissages voûtés qu'ils sont particulièrement recherchés.

Lorsque leur portée est faible, lorsqu'ils relient des pièces de pont par exemple, il n'est pas besoin de maintenir l'écartement de leurs tables. Lorsque leur longueur

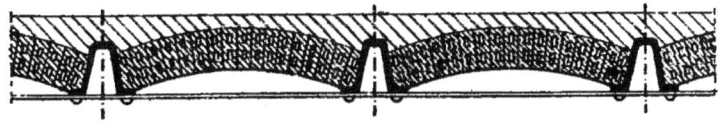

Fig. 262

est grande, on les entretoise par quelques bandes de fers plats, qui maintiennent à la fois leur angle au sommet et leur écartement.

Les fers Zorès présentent un certain nombre d'échantillons dont on a donné la nomenclature et la résistance au n° 19 et qui tous peuvent être appliqués, suivant la portée et la charge, à la construction des planchers.

La solution qui paraît la plus économique dans la plupart des cas est celle de fers de grandes hauteurs, soit Zorès soit mieux à I, formant maîtresses solives, et de pièces secondaires, Zorès, plus petites, posées perpendiculairement aux premières avec une portée de 2 à 3^m environ, et recevant directement des voûtes en briques.

La maçonnerie en briques et sous forme de voûtes n'est pas absolument indispensable ; on peut également établir des fentons entre les tables des fers parallèles et faire un hourdis plat en plâtre et plâtras. Il est nécessaire que ce hourdis descende assez en contrebas des tables pour que le renformis et l'enduit en plâtre puissent franchir le vide du dessous des fers.

148. Sonorité des planchers. Moyens de la combattre. — On a toujours reproché aux planchers en fer d'être plus sonores, et de transmettre plus facilement les bruits d'un étage à l'autre, que les planchers en bois.

Cela tient à deux causes principales :

1° L'épaisseur est moindre et la matière est plus rigide.

2° On s'approche plus dans les planchers en fer de la limite de sécurité que dans les planchers en bois, dans les habitations.

Les moyens à employer pour combattre cette transmission du bruit sont les suivants, que l'on peut adopter soit isolément, soit simultanément :

1° Choisir des solives plus fortes que le nécessaire absolu, c'est-à-dire n'y faire travailler le fer qu'à un coefficient de 2 à 3 kilos par millimètre carré, à la tension aussi bien qu'à la compression ;

2° multiplier les remplissages en les séparant par des intervalles vides : les vibrations, changeant plusieurs fois de milieu, s'amortissent plus facilement ;

3° augmenter la masse de maçonnerie en lui proportionnant les fers, pour que les chocs supérieurs aient une plus grande quantité de matière à faire vibrer et par suite que les amplitudes soient réduites ;

4° enfin employer les corps mous, comme le bois, entre le hourdis et le sol supérieur et en plusieurs couches s'il est possible.

Mais tous ces moyens augmentent évidemment la dépense au mètre superficiel de plancher, et on les emploie assez peu dans les maisons à loyer. Ce n'est que dans les hôtels luxueux que l'on peut forcer la dimension des fers, exécuter plusieurs hourdis superposés, leur donner une plus grande masse, et les surmonter de plusieurs cours de lambourdes superposées.

Il n'y pas que le bruit de l'habitation ordinaire que l'on peut avoir à atténuer. Maintenant que partout on est susceptible d'employer soit des moteurs, soit des outils, soit des installations électriques, et que les divers appareils peuvent être portés par des planchers, il y a un grand intérêt à ce que les vibrations, souvent très fortes, produites par les engins mécaniques ne se transmettent pas à distance aux habitations voisines.

On doit alors isoler ces planchers des murs voisins, en les faisant porter par des piliers posant sur le sol.

On doit en outre interposer entres les planchers et les piliers qui les portent des corps mauvais conducteurs du son, et d'épaisseur suffisante. On donne la préférence pour cet emploi au caoutchouc, sous des épaisseurs variant de $0^m,03$ à $0^m,10$. Ce caoutchouc doit être protégé efficacement contre la lumière qui le désorganise, et aussi contre les huiles et graisses qui le dissolvent.

148. Peinture des fers des planchers. — On sait que les mortiers de chaux et de ciment ont la propriété de conserver les parements des pièces de fer avec lesquelles ils sont en contact, et, de plus, que les maçonneries qui en résultent suivent le fer dans les dilatations et contractions dues aux variations de température, aussi bien qu'à la déformation (dans les limites de l'emploi pratique) due aux forces extérieures.

Il est donc inutile de peindre à l'huile les fers destinés à être englobés dans les mortiers à base de chaux. Et cela d'autant plus que la chaux, décomposant l'huile, détruit la peinture, et que le résidu ne sert qu'à empêcher l'adhérence de la maçonnerie et du métal.

Il en est tout autrement lorsque le mortier est du plâtre : le plâtre, sous l'influence de l'humidité, altère très vivement le fer, et l'action chimique se résume en une oxydation énergique. Cette oxydation s'arrête lorsque la dessiccation a lieu ; mais, dans les endroits un peu humides, elle se continue lentement jusqu'à destruction complète du métal. Comme le sulfate de chaux n'altère pas les huiles et graisses, la peinture à l'huile est un excellent préservatif des parois en fer en contact avec le mortier de plâtre ; toute pièce de fer scellée au plâtre, ou noyée dans un hourdis de plâtre, doit préalablement être peinte à l'huile.

On emploie pour cette peinture un mélange, avec des matières inertes en poudre, d'huile de lin rendue siccative soit par de l'huile cuite avec de la litharge, dite huile grasse, soit par l'addition de matières diverses connues dans le commerce sous le nom de siccatifs. Les matières inertes en poudre que l'on mélange à la peinture ont pour but, quelques-unes de la durcir encore, d'autre simplement de l'épaissir, afin de lui permettre de parfaitement recouvrir en tous points les parements à protéger.

Le minium de plomb est la matière pulvérulente par excellence à employer dans les peintures destinées aux pièces métalliques ; elle tend à augmenter la dureté de la pellicule formée par la peinture après prise et dessiccation.

Le minium de fer couvre bien, mais paraît inférieur au point de vue de la dureté ultérieure. On l'emploie cependant beaucoup en raison de son prix inférieur.

Les ocres diverses sont également appliquées aux peintures de métaux, mais de préférence en deuxième et en troisième couches.

La peinture des pièces noyées dans les maçonneries doit se faire à deux couches de minium, de plomb préférablement ; cette peinture doit être exécutée 3 à 4 jours au moins avant la pose, pour qu'elle ait le temps de faire prise et de durcir assez, avant les manipulations du montage.

Les fers qui doivent rester apparents à l'air et qui s'oxyderaient dans les temps humides, doivent également être peints à l'huile ; on leur donne d'abord, avec beaucoup de soin, 2 couches de peinture au minium, puis on les recouvre de 2 couches de peinture colorée soit avec des ocres, soit avec des poudres colorantes que l'on détermine dans chaque cas particulier, suivant l'apparence que l'on veut obtenir.

Il faut toujours avoir soin, après la prise de la première couche, de reboucher, au moyen de mastic de minium, les fentes et intervalles des pièces assemblées, partout où l'humidité ou le mortier risqueraient de produire de l'oxydation.

150. Fers à double T à ailes inégales. — On fait peu d'usage dans l'exécution des planchers des fers à I à ailes inégales ; leur moment d'inertie est désavantageux comparé à ceux des fers à ailes égales et leur prix est plus élevé.

Cependant il est des cas où il peut convenir de les employer.

L'aile la plus large peut par exemple être mise à la partie basse et recevoir la retombée des voûtes en briques de remplissage, ou encore les extrémités de pièces secondaires en bois qu'il y a lieu de soutenir.

D'autres fois on mettra l'aile la plus large à la partie haute, pour s'en servir à y fixer, par des vis ou des boulons, d'autres fers transversaux superposés. Hors ces cas restreints, leur emploi est nul dans les constructions ordinaires.

151. Emploi des fers à triple T. — On a exécuté dans les forges des fers à triple T, formés d'un fer à I, avec une aile supplémentaire au milieu, donnant une double nervure. On en fait encore quelquefois sur commande spéciale, car dans le commerce on ne les rencontre tout faits que très rarement, en raison de leurs emplois restreints.

Au premier examen, on juge de suite que l'aile du milieu, placée au niveau de la fibre neutre, n'ajoute que du

Fig. 263

poids, sans donner le moindre excédant de résistance. Cependant, on peut prévoir des cas où ils rendent de très grands services :

1° Si l'on a à exécuter un plancher en fers un peu hauts, et qu'une saillie au plafond inférieur n'ait aucun inconvénient, on peut réduire le hourdis à la moitié de la hauteur des fers. L'économie sur le hourdis peut compenser largement la dépense assez faible en elle-même de la troisième aile, qui sert alors à soutenir la maçonnerie, *fig*. 263.

Sans compter que, dans les cas où cette forme est acceptable, elle est très rationnelle et très avantageuse au point de vue de l'aide que le hourdis peut donner aux fers pour porter les charges. La maçonnerie est en effet placée au meilleur emplacement pour la résistance, c'est-à-dire au-dessus de la fibre neutre ; elle est comprise tout entière dans la région des fibres comprimées.

Cette disposition, défectueuse si on ne s'inquiète que du fer, peut donc avoir un réel mérite dans les cas où l'on associe le fer et la maçonnerie.

2° On peut encore trouver avantageux les fers à triple T lorsque, pour obtenir des planchers plus sourds, on veut exécuter un double hourdis avec intervalle vide in-

Fig. 264

terposé. La *fig.* 264 rend compte de la disposition adoptée. Les boulons qui entretoisent le plancher correspondent à la moitié supérieure des fers ; cette moitié forme la hauteur du hourdis du haut, tandis que des fentons coudés maintiennent le hourdis du bas.

L'exécution de ce double hourdis peut se faire de bien des manières ; la plus simple est la suivante : après avoir exécuté et bien posé et réglé l'ossature métallique du plancher, on fait le hourdis du bas à la manière ordinaire, puis on se sert d'une planche ou d'un panneau léger de $0^m,25$ à $0^m,30$ de largeur, qui comme longueur occupe tout l'entrevons avec un peu de jeu. On le cale sur le hourdis du bas de manière à pouvoir le décaler facilement, et on exécute la maçonnerie haute sur la largeur de la planche ; le mortier une fois pris, et en quelques minutes le résultat est obtenu si le mortier est du plâtre, on décale la planche et on l'avance pour recommencer un travail identique. On fait ainsi chaque fois $0^m,25$ à $0,30$ de hourdis. C'est ce que l'on appelle hourder à l'italienne. Au bout de la travée, pour les derniers $0^m,30$, on abandonne la planche entre les deux hourdis.

Si on a de vieilles planches disponibles sans grande valeur, on économise de la façon en opérant à cintre perdu.

La *fig.* 265 montre le moyen que l'on emploie pour ob-

Fig. 265

tenir un double hourdis avec des solives ordinaires de hauteur assez grande, $0^m,26$ par exemple.

On met deux rangs de boulons dans la hauteur du fer; ceux du bas servent uniquement à maintenir les solives et le hourdis inférieur. Ceux du haut portent des fentons coudés à hauteur convenable et assez rapprochés; on obtient ainsi une paillasse qui permet d'y étaler les matériaux dont on dispose, en les maintenant sans cintrage avec un peu de mortier.

On peut encore hourder en faisant porter à ces fentons, descendus assez bas, soit des planches de rebut, soit mieux de vieilles tuiles, qui reçoivent à leur tour le remplissage supérieur.

152. Entretoisement des longues solives. — Les solives des planchers ordinaires se trouvent suffisamment

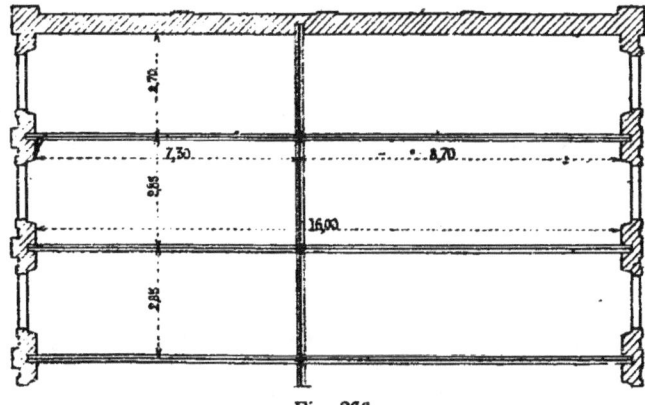

Fig. 266

entretoisées par les boulons à 4 écrous et par le hourdis

qui remplit les intervalles. Dans certains cas spéciaux, où elles sont très écartées et ont une très longue portée, elles deviennent de véritables poutres de très fortes dimen-

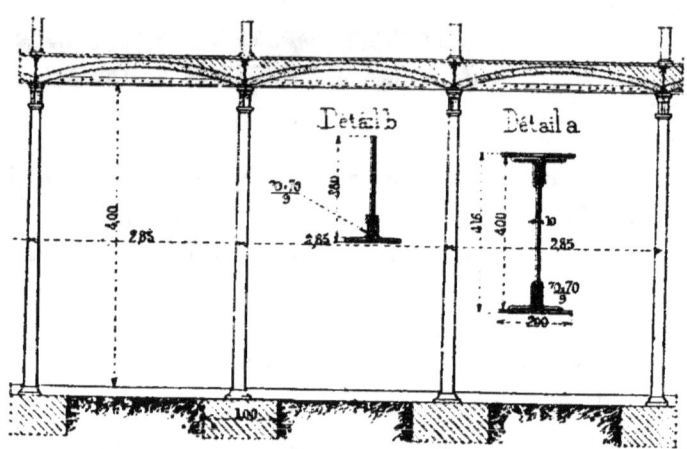

Fig. 267

sions. Elles tiennent lieu d'un plancher composé, mais dont le solivage est remplacé par des voûtes. Souvent même on les établit avec points d'appui intermédiaires, ceux-ci formés de colonnes en fonte par exemple.

La *fig.* 266 montre en place un plancher de ce genre exécuté pour un atelier d'usine ([1]). La salle à couvrir a 16^m,00 de largeur et les entraxes longitudinaux, déterminés par la largeur des métiers, sont de 2^m,85. La distance de 16^m,00 entre les murs opposés est divisée en deux travées par une file de colonnes parallèles aux façades : le passage qu'il est utile de ménager au milieu de la salle a fait rejeter d'un côté les colonnes, de telle sorte que les travées se trouvent inégales : l'une a 7^m,30 et l'autre 8^m,70. Les solives exécutées en tôles et cornières sont perpendiculaires aux façades ; elles sont établies une par trumeau, exactement dans l'axe, et chacune a sa colonne intermédiaire. Elles ont 0^m,40 de hauteur et sont formées d'une âme de 0^m,01, de 4 cornières de $\frac{70 \times 70}{9}$

([1]) Filature de MM. Féray à Corbeil. J. Denfer, arch.

et de tables de 0,200 de largeur et de 0,028 d'épaisseur. Les tables inférieures sont chargées de recevoir les retombées des voûtes, de telle sorte qu'une coupe longitudinale de l'atelier a la forme représentée par la *fig.* 267.

Le montage de l'ossature métallique ne serait ni commode ni précis si on n'avait pris soin de relier les poutres longitudinalement dans chaque travée, de l'une à l'autre, par une entretoise rigide assemblée à équerres, maintenant les poutres à écartement fixe. On a placé ces entretoises au droit des têtes de colonnes et dans l'axe de ces dernières.

Ces entretoises sont formées chacune d'une tôle verticale de $0^u,28$ de hauteur et de 2 cornières basses de $\frac{70 \times 70}{9}$. L'âme en tôle est noyée en partie dans les voûtes, et ce qui reste apparent semble une poutre longitudinale de forme analogue aux poutres transversales.

La *fig.* 267 représente en *a* et en *b* les coupes de la poutre et de l'entretoise.

153. Disposition des planchers au droit des cloisons légères. — Il est une règle qui est maintenant généralement admise par les constructeurs sérieux, c'est que *dans toute construction, les cloisons légères d'un étage doivent être portées par le plancher inférieur de cet étage.*

Il en résulte que, partout où cette règle est observée, on peut supprimer ou modifier les distributions d'un étage de maison, sans avoir à s'inquiéter de prendre des dispositions spéciales, souvent très onéreuses, pour porter les cloisons des étages supérieurs ; les cloisons deviennent du mobilier.

On n'a besoin de prévoir que leur soutien dans le plancher sur lequel elles s'appuient.

Quand on étudie un plancher d'étage, on doit donc commencer par faire figurer sur le plan les cloisons qu'il devra porter et disposer les solives en conséquence.

De deux choses l'une :

Ou bien les cloisons sont perpendiculaires ou peu obliques par rapport à la direction des solives du plancher ; ou bien elles sont parallèles à leur direction.

Si elles sont perpendiculaires ou à peu près aux solives, leur poids se répartit sur plusieurs d'entre elles, et on choisit leur profil pour résister à toutes les charges qui les sollicitent, y compris celles des cloisons.

La seule précaution consistera ensuite à établir en travers, sur les solives et immédiatement sous la cloison, une semelle soit en bois, soit en fer, chargée de répartir la charge sans appuyer trop sur le hourdis. Cette semelle est surtout utile au droit et dans le voisinage des baies percées dans ces mêmes cloisons.

Dans le second cas, il est nécessaire d'ajouter aux solives qui sont indispensables pour le plancher une solive supplémentaire, chargée de porter la cloison, et dont on détermine le profil en conséquence.

Une première disposition est représentée par la *fig.* 268.

La solive spéciale qui portera la cloison est la pièce b et on règle la position des autres solives a du plancher de

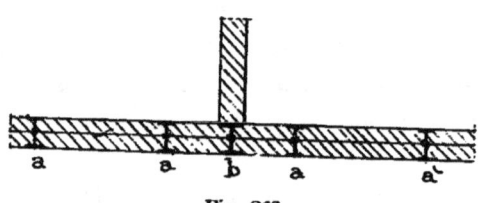

Fig. 268

telle sorte que celui-ci n'offre que des demi-travées de chaque côté de la cloison.

Cette solive b, pour la facilité de la construction, est d'une hauteur différant peu de la hauteur des solives voisines, et on la choisit à larges ailes, si la résistance le demande.

Elle est réunie aux voisines au moyen de boulons à la manière ordinaire.

On doit alors, dans le règlement du plancher, bien

faire attention à la position exacte que doit occuper la solive *b*, pour que l'axe d'une solive coïncide bien avec celui de la cloison, la moindre différence faisant tomber celle-ci en porte à faux. En pratique cet inconvénient se présente très souvent, par suite d'erreurs accumulées dans la pose des solives et dans la mise en place de la cloison.

On préfère doubler une solive du plancher et former ainsi, au moyen de deux fers séparés par un intervalle de $0^m,20$, une sorte de filet, chargé de porter la cloison en même temps que les deux demi-travées voisines du plancher.

L'axe du filet correspond à l'axe de la cloison.

On fait dépendre de la position de ce filet la division des solives des deux pièces voisines.

Et, dans la pratique, la cloison peut varier légèrement de position sans cesser de porter sur les $0^m,20$ de hourdis, et par suite sur les fers.

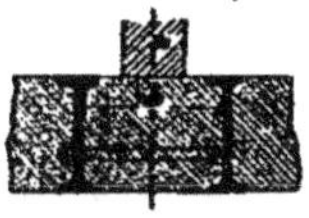

Avec cette faible largeur de 0,20, le hourdis est bien assez solide pour porter en toute sécurité la charge de la cloison, quelle que soit sa position intermédiaire.

Fig. 269

La *fig.* 270 représente une portion de plan d'un bâti-

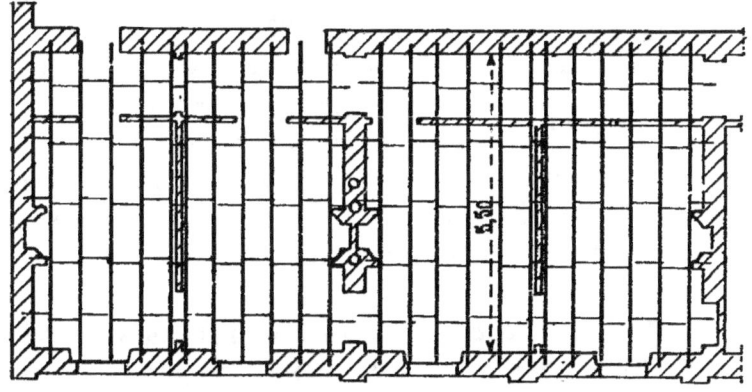

Fig. 270

ment comprenant quatre pièces, séparées deux à deux par

des cloisons perpendiculaires au mur de face ; de plus, un couloir est pris sur la largeur, le long du refend longitudinal. Les deux murs parallèles sont espacés de 5ᵐ,50. Les solives sont en fers de 0,18, distants de quantités variables, 0,65 à 0,70.

Cette dimension de 0,18 prévoit le poids de la cloison longitudinale du couloir. Pour tracer les positions des solives, on trace celles qui sont près des murs à cheminées, à la distance d'une demi-travée, soit 0ᵐ,35. Ensuite on place les solives doubles formant filets sous les cloisons transversales, espacées de 0ᵐ,20 d'axe en axe comme on l'a vu plus haut. Il reste à répartir dans les intervalles deux, trois ou quatre solives équidistantes, de manière à s'approcher le plus possible de l'écartement prévu pour la résistance.

Enfin, on trace les files de boulons ; les lignes extrêmes étant distantes des murs de 0ᵐ,50, on intercale le nombre de files voulu pour arriver à un écartement de 0,90 à 1ᵐ,10.

Le tracé projeté dans cet ordre d'idées est immédiatement fait sans autre tâtonnement.

Il est évidemment mauvais, comme on le fait souvent dans les constructions peu soignées, d'établir des cloisons sur des filets formés de fers jumelés côte à côte, serrés par des brides ou des boulons, et dont l'intervalle ne peut être rempli *fig*. 271. Il y a d'abord interruption du hourdis du plancher ; puis, les deux fers, insuffisamment reliés, plieront indépendamment l'un de l'autre suivant les variations de charges ou de vibrations des travées voisines, et il en résultera nécessairement une fente longitudinale en *a* au plafond inférieur.

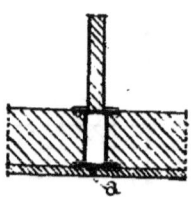

Fig. 271

154. Disposition d'un plancher en fer au droit d'une fermeture de baie apppareillée en plate-bande. — La direction la plus ordinaire des solives d'un plancher est presque toujours perpendiculaire au mur de face. La raison en est que l'on évite, en les mettant dans ce sens, tous scellements dans les murs à cheminées.

Elles s'appuient alors ou sur les deux façades, dans les maisons simples en profondeur, ou sur l'une des façades et sur le refend longitudinal, dans les maisons doubles. Si les façades sont en petits matériaux, aucune difficulté ne se produit; les baies sont fermées à leur partie haute par des linteaux capables de porter les

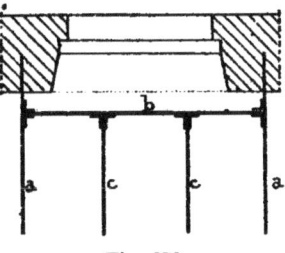

Fig. 272

fers des planchers dans la traversée du vide qu'ils recouvrent.

Il n'en est pas de même pour les baies clavées en pierre de taille ; malgré tout le soin apporté à la pose des claveaux, ils ne présentent pas assez de fixité dans leur position, et en même temps n'offrent pas assez de résistance pour recevoir les solives. La moindre dénivellation cause alors dans les planchers des fentes qu'on ne peut réparer.

On prend une disposition spéciale que l'on nomme une enchevêtrure et qui comprend deux sortes de pièces : les solives d'enchevêtrure et le chevêtre. Les solives d'enchevêtrure sont deux solives qui dans leur intervalle comprennent la baie ; elles sont posées sur la partie solide du mur, au dessus des pieds-droits et en dehors du clavage. Ce sont les solives a, a de la *fig.* 272.

Le chevêtre est une pièce transversale en fer à I, marquée b dans la figure. Il se met parallèlement au mur de face à une distance de $0^m,15$ à $0^m,20$ et s'appuie sur les deux solives d'enchevêtrure.

C'est le chevêtre qui est chargé de recevoir les solives intermédiaires c, c, qui alors ne viennent pas charger le clavage de la baie.

Le chevêtre est au moins de même force que les fers du plancher, plus fort s'il est nécessaire ; il est assemblé par équerres avec les solives d'enchevêtrure a, a, et c'est également au moyen d'équerres qu'il reçoit les solives intermédiaires *c, c*. Tous ces fers, devant être logés dans

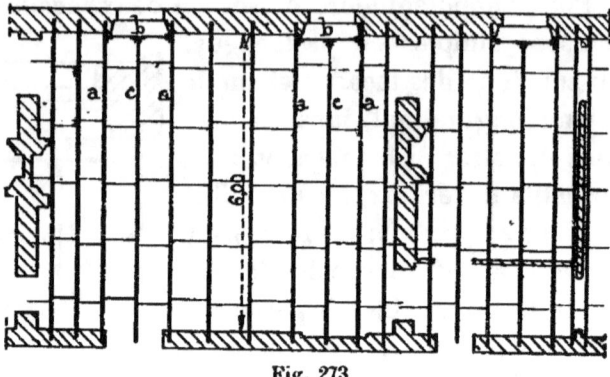

Fig. 273

l'épaisseur du plancher, sont placés à la même hauteur, en s'arasant exactement par le bas.

En raison de la proximité des points d'appui, le chevêtre, dans le cas qui nous occupe, charge peu les enchevêtrures, et rarement elles ont besoin d'être plus fortes que les solives voisines. Seulement, il est bon de mettre sous leur portée une semelle en tôle, en raison de la plus grande charge qu'elles exercent sur la pierre souvent tendre des murs ; de plus, il est nécessaire pour l'assemblage de les faire au moins aussi hautes que le chevêtre qu'elles doivent recevoir.

La *fig.* 273 donne l'ensemble d'une partie de plancher portant ainsi sur un refend longitudinal et sur une façade en pierre de taille ; la portée est de 6^m,00 et les solives ont 0^m,20 de hauteur : elles sont à I, AO, et espacées d'environ 0,70.

Le tracé de ce plancher se fait de la façon suivante : On trace les solives extrêmes de chaque compartiment limité par des murs et à une demi-travée de ces derniers, soit 0,35. On place les solives doubles sous les cloisons transversales, puis les enchevêtrures au droit des baies. Il reste des intervalles inégaux à remplir. Dans chacun d'eux on intercale le nombre de solives complémentaires voulu, pour régler leur écartement au plus près de 0,70, et on arrête celles des baies au droit des chevêtres qui doivent les recevoir.

Il en résulte un écartement variable de tous les fers du plancher, et cette inégalité des intervalles nécessite un tracé exact pour la commande des files de boulons.

155. Planchers avec enchevêtrures devant les tuyaux de fumée. — Ainsi qu'il a été dit, en principe, au point de vue des incendies, il n'y a pas à se préoccuper de la position des solives en fer pour l'installation des cheminées et des appareils de chauffage quelconques. Il n'y a pas non plus à s'en occuper comme construction, toutes les fois que les solives peuvent se placer parallèlement au mur qui contient les tuyaux de fumée. La seule précaution à prendre est de s'assurer qu'aucun des scellements des boulons d'entretoises ne vient crever un tuyau de fumée et y faire une saillie qui gênerait les ramonages.

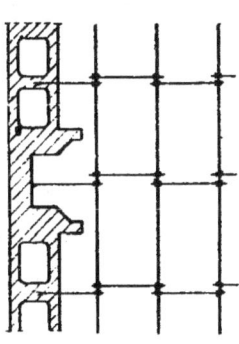

Fig. 274

Lorsqu'une ligne de boulons correspond au vide d'un tuyau, le mieux est de dévier la ligne de la demi-travée correspondante, à droite ou à gauche, et de loger son scellement dans un intervalle de poteries. On peut encore raccourcir le boulon qui tombe au droit du conduit et ne lui donner comme scellement que les épaisseurs réunies du renformi et de l'enduit qui couvrent la souche. Dans aucun cas il ne convient d'entamer une poterie pour faire la place du scellement. Il n'en est pas de même si l'on est obligé de prendre appui pour les solives dans un mur contenant des conduits de fumée. Il faut d'abord choisir des emplacements suffisamment solides pour recevoir le poids des planchers ; on trace en ces points les solives possibles et on détermine la division des fers en tenant compte des positions déjà adoptées. On établit alors des chevêtres pour recevoir tous les abouts qui correspondent aux tuyaux. Ces chevêtres portent sur les solives scellées qui font alors office de solives d'enchevêtrures. On détermine la section des chevêtres en raison de leur portée, du nombre d'abouts de solives qu'ils reçoivent et de la charge qui en résulte.

Quant aux solives d'enchevêtrures, la proximité de l'assemblage des chevêtres et du point d'appui dans le mur fait qu'il y a rarement lieu d'augmenter leur section pour les rendre suffisamment résistantes. Il faut également se rendre compte si les assemblages des chevêtres sont possibles dans de bonnes conditions,

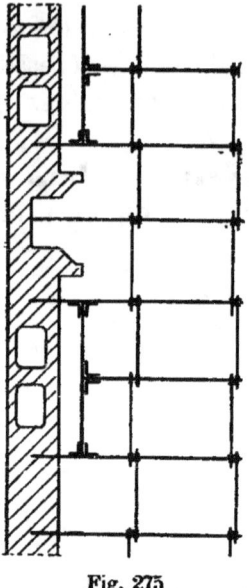

Fig. 275

et s'il n'y a pas utilité d'augmenter la hauteur de ces pièces pour leur donner les proportions convenables. En général, il faut que les solives d'enchevêtrures aient au moins la même hauteur que les chevêtres qu'elles sont appelées à recevoir.

Pour ne pas arriver à des planchers trop épais, qui restreindraient la hauteur des étages, on est souvent forcé de choisir les profils des fers des chevêtres et des

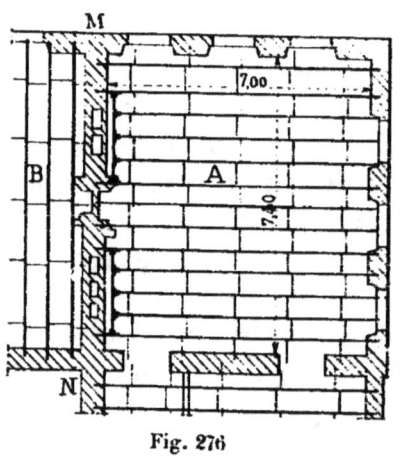

Fig. 276

solives d'enchevêtrure dans la série des larges ailes. Ces fers d'ailleurs permettent de bien meilleurs repos des pièces les unes sur les autres, et donnent des assemblages bien préférables.

La *fig.* 276 donne l'ensemble d'un plancher en fers de 0,22, A.O., espacés de 0,56, comprenant deux enchevêtrures permettant d'appuyer les fers de la travée A sur le mur MN, tout en évitant les tuyaux de fumée qu'il contient. La *fig.* 275 montre à plus grande échelle une disposition analogue.

La travée B de l'ensemble, dans laquelle les solives sont parallèles au mur à cheminées, ne présente à cause de cela aucune disposition particulière.

156. Trémies à réserver pour les monte-charges, escaliers, etc. — Beaucoup de planchers doivent présenter des espaces libres assez grands pour laisser des passages de monte-charges, d'escaliers, de machines et autres.

Dans les planchers à solives parallèles, il est facile de ménager ces espaces, avec les dimensions qu'impose le

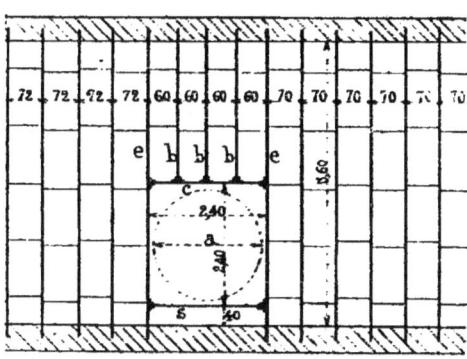

Fig. 277.

programme dans chaque cas. Dans la *fig.* 277 le cercle de diamètre *a* représente un escalier tournant qui doit traverser le plancher pour faire communiquer deux étages superposés.

On se rendra compte du jeu qui doit régner comme vide autour de cet escalier, pour déterminer la position exacte des deux solives principales *e*, *e*, qui vont former solives d'enchevêtrure ; dans l'autre sens, on déterminera de même la position du chevêtre *c* et de la solive *s*. Ces quatre pièces, situées entre deux mêmes plans horizontaux, assemblées à équerres, formeront la *trémie* de l'escalier. Avec le chevêtre c se fixeront les solives intermédiaires b, b, b, au moyen d'équerres et boulons.

Et c'est depuis les solives d'enchevêtrure qu'on fera à droite et à gauche la division des autres solives du plancher. Ce dernier est figuré dans la *fig.* 277 avec la disposition convenable des fers.

Il est indispensable de calculer les dimensions du chevêtre, pour qu'elles soient en rapport avec la charge. Pour les solives d'enchevêtrure, il faut chercher les charges réelles qui les sollicitent et tenir compte du point d'application des pressions exercées par les abouts du chevêtre. La distance des points d'application de ces forces au mur peut modifier considérablement le profil des solives d'enchevêtrure. Pour les raisons d'assemblage, la

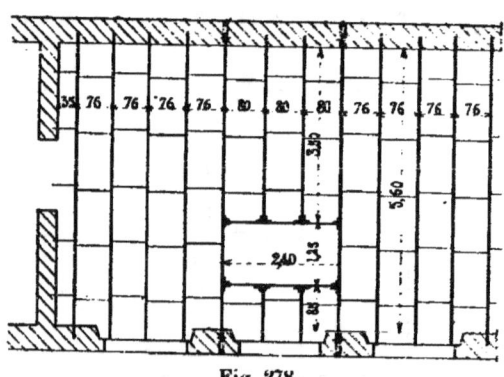

Fig. 278.

hauteur de ces maîtresses solives doit être au moins égale à celle du chevêtre, et pour ces deux sortes de pièces on emploie souvent des fers à larges ailes.

Un second exemple d'une trémie est figuré dans le croquis n° 278. Cette trémie est établie dans un fort plancher d'usine, pour le service d'un monte-charge mécanique. Le plancher a une portée de 5^m,60 entre murs ; il est formé de solives de 0,22, ailes ordinaires (25^k le m), espacées de 0,76. La trémie, devant avoir 2^m,30 de long sur 1^{m}15 de large, est comprise entre deux solives d'enchevêtrure, espacées de 2,40 d'axe en axe. Le cadre est complété par deux chevêtres en fers I, LA, de 0, 22. Ces quatre pièces sont à larges ailes, tant pour porter la charge que pour donner des assemblages convenables. Entre les deux solives d'enchevêtrure sont placées des solives secondaires arrêtées aux chevêtres, mais qui ont 0,22 comme les autres pour donner un plancher régulier. Il en est de même des deux bouts prenant scellement sur la façade. Cinq lignes de boulons de 0,016 complètent le plancher, entretoisent les solives et maintiennent le hourdis.

157. Trémies à ménager pour les W. C. — D'après la disposition indiquée sur le plan d'un étage d'édifice, il est toujours facile de prévoir l'emplacement exact qui, dans les cabinets d'aisances, sera réservé à l'appareil, à son raccord avec la chute, au passage de cette chute et à celui du tuyau ventilateur. Dans tous les cas, il est toujours possible de ménager une trémie, A, assez grande pour loger

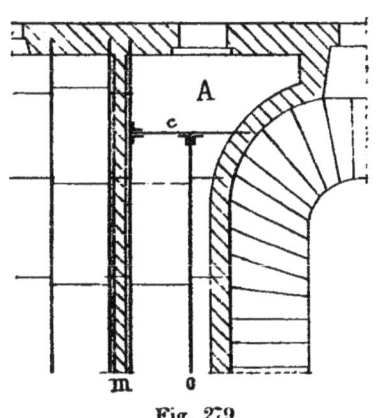

Fig. 279

très facilement tous ces appareils et accessoires.

Elle se trouve limitée à une distance du mur de $0^m,70$ à $0^m,80$, et a pour largeur celle de la pièce même qui doit contenir les appareils.

Dans l'exemple donné par la figure ci-dessus, un filet de deux solives, rapprochées à $0^m,20$ l'une de l'autre, est chargé de porter la cloison m; de ce filet part un chevêtre c, assemblé à équerres, et dont l'autre bout est scellé dans le mur en briques de la cage d'escalier. Ce chevêtre soutient à son tour la solive o du cabinet.

Quand on a la précaution de disposer ainsi les planchers, et de réserver avec des dimensions suffisantes la trémie

A, lorsque le plombier vient faire la pose des appareils des cabinets et de leurs tuyaux de raccord avec la chute, il n'est gêné dans l'épaisseur du plancher par aucun fer. On n'a pas recours après l'achèvement du gros œuvre à l'installation onéreuse après coup d'un chevêtre, et tout peut se faire avec la rectitude désirée.

158. Trémies à réserver pour l'éclairage du sous-sol dans les planchers à rez-de-chaussée. — Dans les maisons à loyers des villes, les sous-sols, au moins du côté de la voie publique, font partie de la location des boutiques; ils servent à divers usages et ont besoin d'être aussi éclairés que possible. Le jour leur vient par de larges

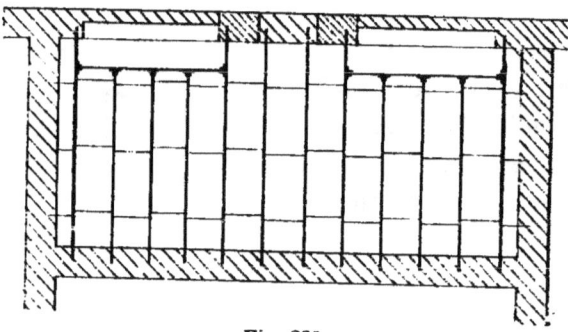

Fig. 280

soupiraux qui aboutissent à de grandes baies ouvertes dans le soubassement des devantures, et au-dessus desquelles se font les étalages. L'épaisseur du mur ne suffirait pas pour laisser passer la lumière nécessaire, mais la baie empiète sur le plancher de $0^m,40$ à $0,60$, de telle sorte que l'ossature de ce dernier doit présenter une trémie vide.

Chaque baie est donc bordée de deux solives d'enchevêtrure, portant un chevêtre reculé de la quantité voulue, et c'est sur ce chevêtre que reposent les solives intermédiaires. La division des solives dépend donc absolument de la position et de la grandeur des soupiraux. La *fig.* 280 donne l'ensemble d'un plancher de ce genre, comprenant les trémies à réserver pour deux baies de sous-sol.

Ici ce n'est plus comme pour les enchevêtrures au-dessus des baies ; le chevêtre, en raison de la distance, charge réellement les solives d'enchevêtrure d'un poids additionnel souvent considérable, et il y a lieu d'en tenir compte dans la détermination du profil de ces maîtresses solives.

Pour déterminer le reculement du chevêtre en arrière de la façade, il est indispensable de faire une coupe verticale de la baie à une échelle un peu grande. On se rend alors mieux compte de la forme dont on peut disposer pour l'éclairage

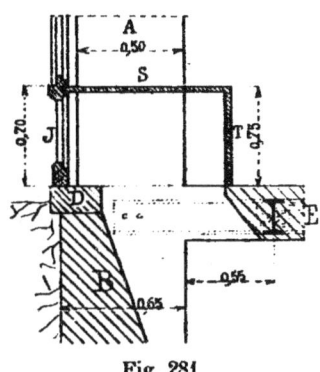

Fig. 281

maximum possible. La *fig.* 281 donne d'une façon schématique la coupe verticale dont il est question. A est le mur à rez-de-chaussée formant le pied droit de la baie ; il a 0,50 d'épaisseur.

B est le mur du sous-sol, il a $0^m,65$ d'épaisseur et la partie hachée indique le glacis du soupirail ; D est le seuil qui le termine et qui forme une marche pour accéder du dehors à la boutique ; E est le plancher. On voit en pointé l'élévation latérale de la solive d'enchevêtrure et en coupe pleine le chevêtre. Au-dessus du seuil est la devanture de boutique, dans le soubassement de laquelle est percé le jour J. Le caisson qui est en arrière est formé d'une surface horizontale S pour les étalages et d'un parement de clôture T qui couvre la trémie.

Par ce moyen on donne le plus grand éclairage possible.

159. Planchers en fer dans une maison irrégulière. — Toutes les dispositions qui viennent d'être indiquées s'appliquent aux planchers des maisons ordinaires, où les murs se trouvent placés dans des positions quelconques les uns par rapport aux autres. Un premier exemple est donné par la *fig*. 282, qui représente un étage d'une maison à loyers de faible importance. Le gros œuvre est constitué par trois murs parallèles, deux façades et un refend longitudinal, reliés par deux pignons biais et un

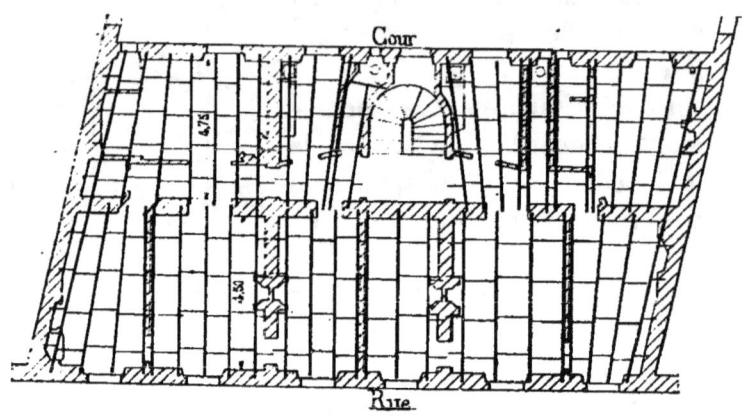

Fig. 282

certain nombre de refends transversaux d'équerre. L'intervalle des murs longitudinaux est de 4,50 sur le devant et 4,75 sur l'arrière.

Dans la partie du devant, on tracera d'abord les solives si-

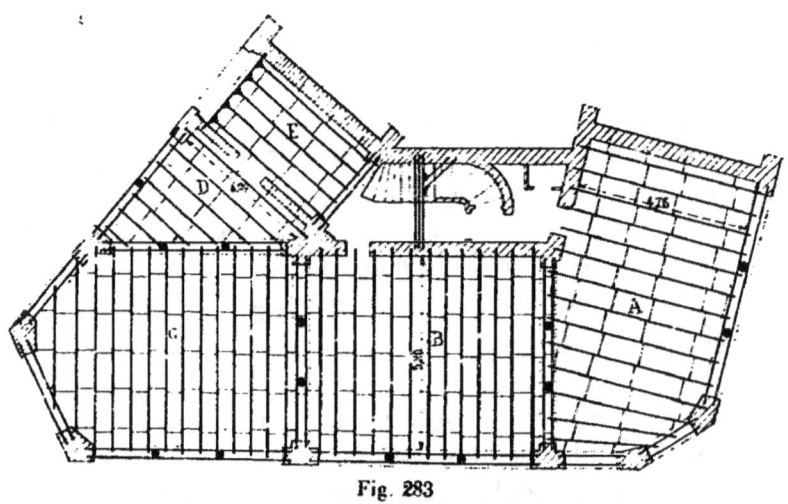

Fig. 283

tuées près des refends ou des pignons, à une demi-travée d'intervalle ; puis les solives doubles qui doivent recevoir les cloisons de l'étage supérieur; enfin on intercalera dans les vides le nombre de solives nécessaires, en mettant en

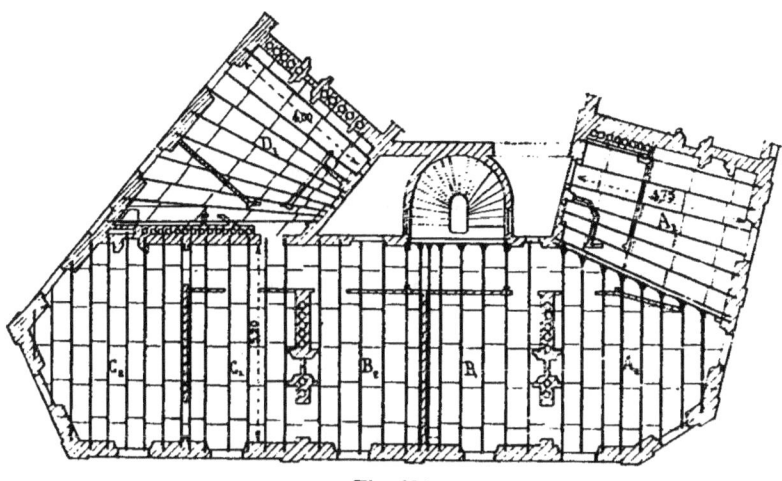

Fig. 284

éventail celles qui doivent garnir les trapèzes d'extrémités.

Du côté de la cour, on suivra la même marche, en mettant en biais les solives des cuisines pour compenser l'arrondi de l'escalier, et en mettant un chevêtre à l'un des W. C. pour ménager la trémie nécessaire. L'autre W. C. n'en a pas besoin, tombant par sa position même dans un entre-deux de solives.

Les solives employées pour cet exemple sont en 0,14 A. O., pesant $12^k,500$ le m. c¹.

Les *fig.* 283 et 284 donnent la distribution à rez-de-chaussée et aux étages d'une maison d'angle, ayant façade sur trois rues.

La première de ces figures donne le plan du rez-de-chaussée avec le plancher qui le sépare de l'entre-sol. Les murs dans la hauteur du rez-de-chaussée sont remplacés par des piles, et ces dernières portent des filets et poitrails s'appuyant dans les intervalles sur des points d'appui intermédiaires faits de colonnes en fonte.

La travée A est couverte par des solives de 4,75 de portée. Ce sont des fers à I, A. O., de 0,16, pesant 14 kgs le mètre; elles sont écartées d'environ 0,60 d'axe en axe.

Aucune distribution n'est prévue pour l'entresol et il n'y a pas de cloison à porter. Pour tracer la charpente, on commence par une solive à une demi-travée de distance du mur mitoyen ; on établit les solives suivantes, d'après division régulière et on incline les dernières en éventail pour les amener à être en dernier lieu parallèles à la seconde façade.

La travée B a de même une série de solives parallèles entre elles, aboutissant d'equerre sur la façade, avec demi-travées le long des refends qui surmontent les filets. La portée est de $5^m,20$; les solives sont en fer à I de 0,16 ; elles sont espacées de 0,55.

La travée C est faite en mêmes fers, disposés de même : les derniers sont plus courts et s'appliquent en biais sur les deux façades qui ne risquent pas d'être longées par des tuyaux.

La travée D est formée de solives de longueurs variables ; la plus grande, de $4^m,00$ de portée, est en I de 0,14, les autres en I de 0,12.

La travée E est de construction différente. En raison du clavage de la porte cochère, qui ne peut porter de solives, un chevêtre placé à $0^m,25$ de la façade reçoit les assemblages de cinq solives de 0,12, A. O., qui de l'autre bout s'appuient sur un filet faisant partie d'un refend parallèle à la façade.

Les fers indiqués en travers de l'escalier de cave portent au-dessus du vide la moitié du mur de la cage en élévation.

La *fig.* 284 donne la disposition d'un plan d'étage du même bâtiment et du plancher en fer correspondant. La portion au-dessus de A, est divisée par une poutre jumelée en deux parties A_1 et A_2. Dans la partie A_1 le solivage est en éventail avec solives de 0,16.

La poutre jumelée est en fer à I larges ailes, de 0,22, allant de la pile d'angle sur cour à une partie pleine de la façade. Elle reçoit les assemblages des solives de la partie A_2 qui sont parallèles au refend voisin à cheminées. Ces solives sont en I, A. O. de 0,16 ; elles portent le plancher et la cloison qui les traverse.

Au-dessus de B sont B₁ et B₂ séparées par une cloison de 0,15 d'épaisseur.

Le tracé comprend des solives de 0,16 A. O. : les extrêmes à demi-travée des murs, une solive double sous la cloison, et enfin d'autres intercalées. Un filet traverse la

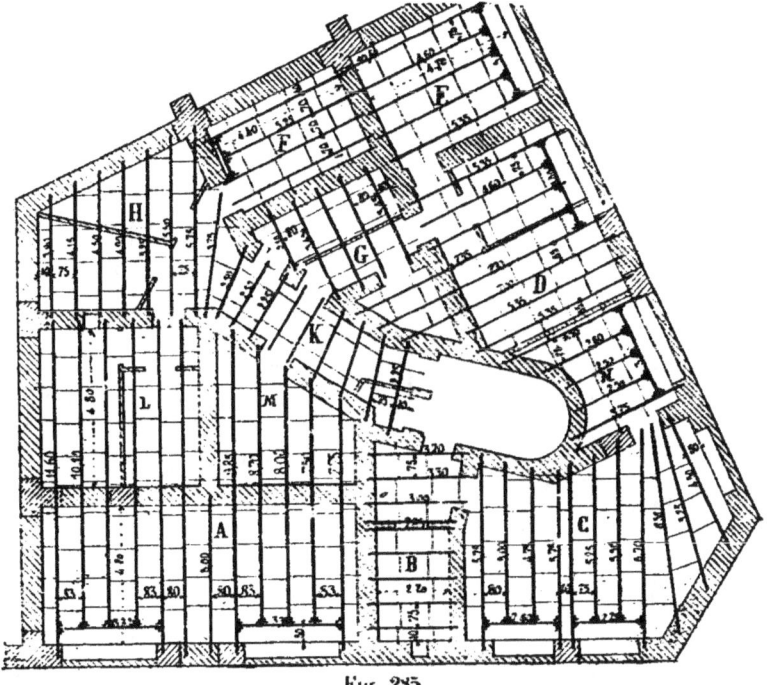

Fig. 285

cage d'escalier et reçoit les abouts des solives correspondantes.

Même disposition pour les travées C₁ et C₂.

Au-dessus de D et E se trouve une seule travée D₁ couverte par des solives de 0,12 A. O. placées en éventail.

Comme exemples également de planchers relatifs à des constructions irrégulières, nous donnons les dispositions du plancher haut du sous-sol et d'un plancher d'étages d'une maison que nous avons construite rue de Lyon, à l'angle de l'avenue Lacuée. Ces planchers sont représentés dans les *fig.* 285 et 286.

Dans le plan du sous-sol, les murs de caves sont figurés,

et, au-dessus, les solives des planchers. Ces dernières sont en partie non assemblées et en partie assemblées. Au droit des soupiraux, on a ménagé les trémies nécessaires à l'éclairage des sous-sols. Chacune d'elles, de 0,50 de largeur en

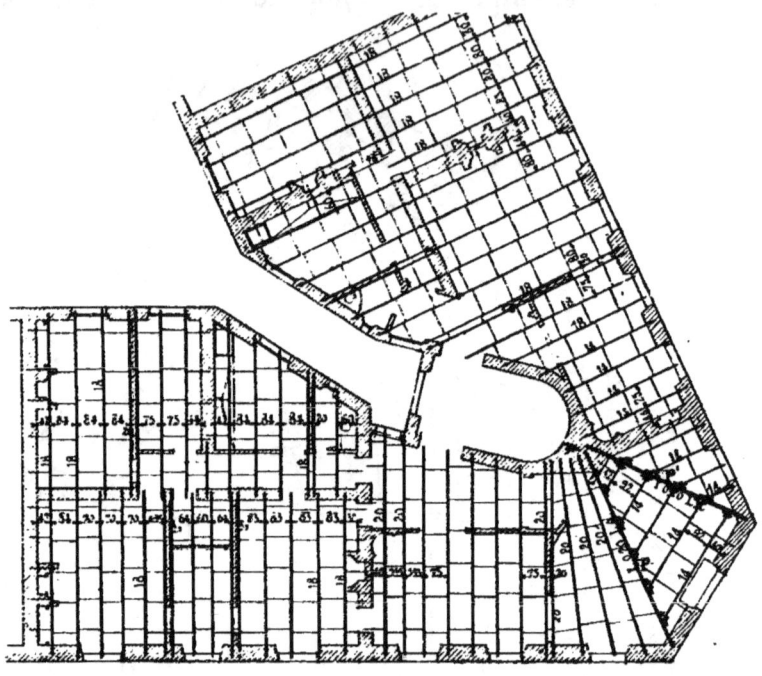

Fig. 286

deçà du mur de face ; elle nécessite deux solives d'enchevêtrure et un chevêtre pour porter les solives intermédiaires. Ce sont les solives d'enchevêtrure que l'on pose les premières, et qui permettent de répartir au mieux les autres solives dans les intervalles.

Les travées A, L et M sont couvertes par des fers de 0,16 d'une seule longueur, donnant l'avantage d'un encastrement sur le mur de refend longitudinal. Les enchevêtrures sont en fer de 0,18.

La travée B, au-dessous de l'entrée de la maison, est couverte avec des fers à I de 0,12. La travée C est faite en fers de 0,16, avec enchevêtrures de 0,18.

Les travées D et E reçoivent des fers de mêmes échantillons, qui passent au profil de 0,14 dans la partie N.

La partie H est en 0,16, les travées F et G en 0,14, la travée K en 0,12.

Dans chaque surface à couvrir, on a toujours choisi le sens des fers de manière à obtenir le meilleur effet de résistance.

Le plancher des étages est établi suivant les principes qui ont été énoncés plus haut, les solives doubles des cloisons commandant la distribution des autres.

Une disposition spéciale a été prise pour le plancher du pan coupé. Pour relier les piles d'angle au massif important m, adossé à l'escalier, on a établi deux poutres diagonales p et p' en fers I de 0.20, LA, qui reçoivent les assemblages des solives du plancher. Cet arrangement est bien supérieur comme chaînage à la disposition des solives parallèles, qui au premier abord paraît plus simple.

160. Planchers avec soffites. — Lorsque les plan-

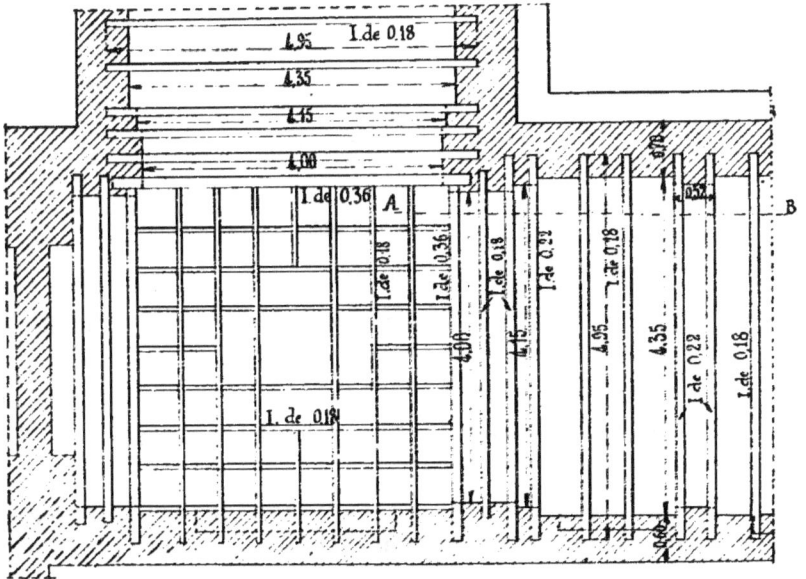

Fig. 287

chers couvrent des salles longues, ou des galeries dont les

murs sont ornés de pilastres saillants, le plafond qui les recouvre peut être formé de solives apparentes; de plus il est ordinairement pourvu de divisions qui correspondent à celles des murs. Les compartiments qui en résultent sont séparés par des soffites saillants, et ceux-ci sont formés de solives doubles ou triples établies à un niveau plus bas que celui des autres fers du plancher. Il peut même y avoir des soffites à plusieurs étages, correspondant à de gros pilastres flanqués de contrepilastres. Tous les fers

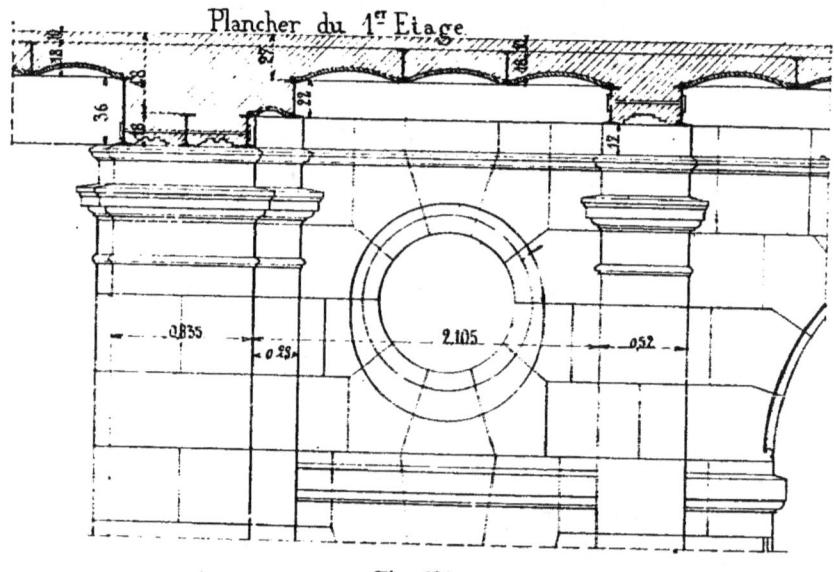

Fig. 288

de ces planchers sont établis bien droits, à distances bien exactes, et les intervalles en sont garnis d'entrevous en terre cuite.

La *fig.* 287 donne le plan d'une partie du cloître de la cour de l'École Centrale, un angle et les amorces de deux galeries perpendiculaires.

Les fers dans chacune des galeries sont perpendiculaires à la façade; l'angle forme un carré divisé dans les deux sens en petits compartiments également carrés. Le vide du milieu a un côté double des autres, et il est flanqué de quatre rectangles correspondant à deux carrés réunis. Il en résulte une sorte de rosace ornant le milieu du compartiment d'angle.

La *fig.* 288 représente à plus grande échelle une coupe longitudinale par un plan parallèle à la façade, et dont la trace sur le plan est A B. A chaque trumeau de façade correspond un pilastre de 0,52 de largeur, dont la saillie porte un soffite formé de deux fers de 0,22 baissés de leur hauteur en contrebas des autres fers. On fait ainsi tout le long de la façade autant de compartiments que d'entraxes ; puis, près de l'angle, un compartiment plus petit correspond à une demi-travée, et cette dernière est séparée, par une contrepilastre de 0^m,28, d'un gros pilastre d'angle de 0,835 de largeur. Au contrepilastre correspond un soffite partiel de 0,22 de contrebas, et le soffite correspondant au gros pilastre est encore surbaissé de 0,14, ce qui lui donne un contrebas de 0,36 en dessous du plafond du compartiment de l'angle.

La galerie en retour commence de la même manière et les soffites procèdent pour leur composition du même principe d'arrangement.

Les fers des soffites du gros pilastre sont au nombre de trois, afin d'éviter d'avoir des terres cuites trop larges pour cette partie spéciale de la construction. Les fers sont hourdés au-dessus des terres cuites, puis recouverts de béton sur une épaisseur convenable, ne laissant que 0^m,04 environ d'épaisseur pour l'établissement de la mosaïque qui forme le sol de la galerie du premier étage.

161. Fers à I du commerce. — On peut se procurer les fers nécessaires à une construction métallique de deux façons : ou bien en les choisissant parmi les barres qui sont toujours en magasin dans les dépôts des forges, ou chez les marchands de fer des grandes villes ; ou bien en les commandant aux forges directement.

Le premier cas permet d'être servi de suite ; mais il a l'inconvénient de restreindre le nombre de profils à utiliser, et de donner des barres dont la longueur ne correspond qu'à peu près à celle dont on a besoin. Il y a donc à tenir compte de la coupe et du déchet.

Les fers à planchers se trouvent ordinairement dans le commerce en longueurs variant de $0^m,25$ en $0^m,25$ jusqu'à 8 mètres.

Cependant certains dépôts tiennent

    des fers à I de 0,08 à 0,10, allant jusqu'à $9^m,00$.
    des fers à I de 0,12 à 0,16 . . . . . $9^m,50$.
    des fers à I de 0,18 à 0,26 . . . . . $10^m,00$.

Pour les longueurs allant jusqu'à 8 mètres, le prix est celui du tarif ou du cours; pour les longueurs supérieures, à moins de grosses fournitures, le prix est majoré de 1 franc par 100 kilogrammes et par mètre ou fraction de mètre exédant.

La question du transport est également importante à considérer; s'il s'agit de quantités insuffisantes pour le chargement complet des wagons, le tarif augmente avec la longueur à partir de $6^m,50$.

Maintenant, pour toutes les constructions un peu importantes, on établit assez longtemps d'avance la liste des fers dont on a besoin pour en faire directement la commande aux forges. On a généralement la fourniture un mois après, ce temps étant nécessaire pour la fabrication et le transport. On a l'avantage d'obtenir les fers avec le cintre qu'on désire et affranchis à la longueur exacte demandée, à $0^m,01$ ou 0,02 près.

162. Détermination des dimensions des fers d'un plancher. — Pour pouvoir choisir parmi les fers du commerce celui qui convient le mieux pour une charge et pour une portée données, il est utile de pouvoir déterminer la charge qu'un fer peut soutenir, en raison de sa section, pour différentes distances des supports.

Le calcul permet de trouver cette charge dans tous les cas; pour le cas spécial le plus ordinaire de la pratique, celui où la pièce est posée sur deux appuis de niveau et chargée d'un poids uniformément réparti, on a pu dresser les tableaux donnés plus haut, aux n°⁸ 48 et 49.

Ces tableaux indiquent pour chaque fer, et pour des portées, variant de mètre en mètre, la charge totale de sécurité qu'il peut soutenir, en supposant cette charge répartie d'une manière uniforme sur toute la longueur de la barre.

Les tableaux donnent ces charges dans les trois hypothèses du travail du fer à raison de 6, 8 et 10 kilogrammes par millimètre carré, soit à l'extension, soit à la compression.

Le coefficient de 6 kilos correspondra aux constructions bien faites, établies dans un esprit de durée indéfinie, ou pour des charges devant s'exercer d'une façon continue; c'est le cas d'un poitrail chargé de maçonnerie, par exemple.

Le coefficient de 8 kilos correspondra aux constructions plus ordinaires, faites avec une économie calculée, ou pour des charges momentanées.

Enfin, le coefficient de 10 kilos s'appliquera aux ouvrages provisoires, aux constructions légères; il est indispensable alors d'étudier les charges et résistances avec d'autant plus de soin que l'on demande au métal un travail plus considérable, laissant moins de marge à la sécurité.

Pour se servir des tableaux, dans l'étude d'un plancher en fer composé de solives parallèles, on commence par se rendre compte de la surface totale de plancher qui correspond à une solive.

Chaque mètre carré de cette surface supportera :

1° le poids propre du plancher, charge permanente.

2° la surcharge possible, connue dans chaque cas.

La somme de ces deux nombres, multipliée par la surface ci-dessus, donne la charge totale uniformément répartie qui s'appliquera à une solive; en cherchant dans les tableaux n°⁸ 48 et 49, on choisit le fer qui donne la résistance immédiatement supérieure.

En faisant varier l'écartement, on peut même avoir

pour un même plancher plusieurs solutions entre lesquelles on choisit la plus économique.

Si on avait un poid P appliqué au milieu de la portée, on supposerait qu'un poids double est uniformément réparti, ainsi qu'on l'a vu au chapitre de la résistance.

163. Évaluation du poids du plancher. Poids mort et surcharge. — Le poids mort du plancher est le hourdis, dont l'épaisseur et la densité varient toutes deux.

On fait le cube par mètre carré et on multiplie par la densité que l'on connaît, suivant les matériaux employés, pour avoir le poids mort par mètre carré de plancher.

Le poids des maçonneries de plâtras et plâtre est d'environ 1 400 kilos le mètre carré. Celui de la meulière ordinaire, hourdé en ciment romain, 2 000 à 2 100 kilos. Pour la meulière caillasse hourdée en ciment de Portland, la densité est de 2 400 kilos environ. Les cloisons légères de 0,08 seront comptées à raison de 110 kilos le mètre carré; celles de 0,10, 140 kilos, celles de 0,15, 210 kilos.

Évaluation de la surcharge. — La surcharge dépend de la nature des objets qui doivent charger le plancher. Si ce sont des marchandises déterminées, on cherche la hauteur maxima de l'enfaîtage et la densité de la matière et on détermine la surcharge possible par mètre carré. Pour les marchandises indéterminées, ou les pièces d'habitation, on est obligé de faire une évaluation se rapportant aux cas les plus défavorables.

On admet (de Mastaing, mécanique appliquée à la résistance des matériaux, 1874, p. 202) :

Pour des chambres d'habitation, une surcharge de 100^k par m. carré.

salons, pièces de reception. . . .	200^k
grands salons	300^k
bureaux, salles de travail	200^k
salles d'assemblées	320^k
salles pour grandes réunions . . .	420^k
magasins à marchandises encombrantes légères	450^k
marchandises lourdes	900^k à 1200.

164. Règle pratique approximative. — Dans les planchers ordinaires de maisons d'habitation, on est arrivé à une règle qui n'est qu'approximative, mais qui donne un résultat immédiat avant toute recherche, et suffit comme avant-projet dans bien des cas.

En supposant un écartement normal de 0,65 à 0,70, la hauteur des solives à ailes ordinaires d'un plancher s'obtient, en centimètres, en multipliant la portée en mètres par le nombre 3. On force le nombre, ou on réduit l'écartement pour les pièces de réception. Exemple :

Pour 6 mètres, solives de 0,18 espacées de 0,70, pièces ordinaires ;
— 0,20 — 0,70, salons.

165. Choix des solives pour un plancher. — Lorsqu'on doit déterminer les profils des solives d'un plancher, on cherche, dans les tableaux des ouvrages ou des albums de forges, les fers qui, par leur résistance, correspondent aux charges que l'on doit porter.

On a d'abord à choisir entre des fers à ailes ordinaires et les fers à larges ailes.

Les fers à ailes ordinaires sont les plus avantageux, ainsi qu'on l'a déjà vu. A quantité de fer égale, ils ont un moment de résistance supérieur. De plus, ils sont moins chers aux cent kilogrammes de fer. Double raison pour les préférer dans la grande majorité des cas.

En examinant les tableaux d'un certain nombre d'albums de forges, on trouve plusieurs profils correspondant à une même hauteur de fer avec des résistances différentes. Ces fers sont fabriqués avec les mêmes laminoirs plus ou moins rapprochés ; ils ne diffèrent donc que par une tranche de fer plat plus ou

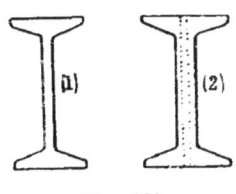

Fig. 289

moins épaisse et de la hauteur du fer ; elle est indiquée en ponctué dans le croquis (2) de la *fig.* 289.

Comme les fers plats travaillant de champ sont moins avantageux que les fers à I, il s'en suit que les fers à âme épaisse sont moins résistants aux cent kilos que les fers à âme mince, et comme le prix du kilogramme est le même, ce sont toujours ces derniers que l'on préfère.

Toutes les fois qu'il n'y a pas de raison spéciale, on emploiera les fers dont le profil, pour une hauteur donnée, correspondra au poids minimum; dans les commandes aux forges on spécifiera ce poids.

Pour les fers de 0,08, AO, le poids minimum est de 6ᵏ,500.
— 0,10 — 8, 250.
— 0,12 — 9, 500.
— 0,14 — 12, 500.
— 0,16 — 13, 600.
— 0,18 — 20, 000.
— 0,20 — 23, 000.
— 0,22 — 25, 000.
— 0,25 — 28, 500.
— 0,26 — 32, 000.
— 0,27 — 35, 000.
— 0,28 — 43, 500.

Si on compare maintenant pour une résistance donnée deux fers de hauteurs différentes, qui, avec des écartements également différents, satisfont au problème à résoudre, on trouve que, dans la plupart des cas, il est plus avantageux d'augmenter l'écartement des fers et de prendre des profils plus élevés.

Il ne faudrait pas toutefois que cette augmentation de hauteur nécessitât des travaux complémentaires plus onéreux. Il y a une étude et une balance à faire dans chaque cas particulier, pour déterminer ce choix.

Quant aux fers à larges ailes, il est des circonstances où des raisons autres que l'économie les font adopter : soit qu'il s'agisse d'avoir des fers plus stables, ou ayant à résister à une compression longitudinale pour laquelle ce genre de profil convient mieux, soit qu'il y ait besoin de former des poutres et des filets ayant sur leurs supports une meilleure assiette; soit enfin que pour une résistance déterminée on soit limité par la hauteur disponible.

Comme pour les fers à ailes ordinaires, on a dans les tableaux des profils différents et de résistance variée correspondant à une même hauteur, et ces profils différents varient pour deux causes distinctes :

1° les forges ont des profils avec des ailes plus ou moins larges ;

2° pour chacun de ces profils, elles peuvent écarter plus ou moins les laminoirs.

Quand on a le choix entre deux profils différant par les laminoirs, les chiffres de résistance donnent de suite le choix à faire. Mais, à part certaines circonstances spéciales, pour un profil donné, il faut toujours prendre les âmes les plus réduites, par conséquent les barres à poids linéaire minimum.

En s'arrêtant aux échantillons le plus généralement adoptés :

Pour les fers de 0, 08, L. A, le poids minimum est de 7^k,500.
— 0, 10, — 10, 004.
— 0, 12, — 13, 500.
— 0, 14, — 18, 000.
— 0, 16, — 22, 500.
— 0,175, — 20, 000.
— 0, 18, — 30, 000.
— 0, 20, — 36, 000.
— 0, 22, — 31, 000.
— 0,235, — 36, 000.
— 0, 25, — 36, 000.
— 0, 26, — 46, 000.
— 0, 30, — 55, 000.
— 0, 35, — 73, 000.
— 0, 40, — 83, 000.
— 0,457, — 111, 000.
— 0,500, — 195, 000.

Mais il y a dans les forges une très grande variété de profils, vu la largeur des ailes adoptée, et il y a à apporter à cette série de fers la plus grande attention pour faire un choix, chaque profil présentant des avantages ou des inconvénients spéciaux dans chaque cas.

En général, il faut préférer les usines offrant le plus

grand nombre de profils, afin d'avoir des fers mieux appropriés à leur destination. Il faut aussi rechercher les établissements fournissant, au besoin, des barres de grandes longueurs, dépassant de beaucoup celles dites commerciales, car il y a parfois un avantage très appréciable à pouvoir obtenir des longueurs de 12 à 15 mètres et même au-delà.

Lorsque l'on a besoin de fers à larges ailes, c'est toujours à la commande directe aux forges qu'il faut avoir recours, car on n'en trouve en magasin que très peu d'échantillons et en petites quantités pour chaque profil, en sorte que le choix ne saurait se faire.

166. Dimensions usuelles des solives des maisons d'habitation. — Les échantillons des fers le plus ordinairement employés, pour les planchers hourdés des maisons d'habitation, sont les suivants :

Pour des portées jusqu'à :
- $3^m,00$ à $3^m,50$, on prend des fers I A.O. de . . . 0,12
- 4, 00 à 4, 50 0,14
- 4, 50 à 5, 00 0,16
- 5, 00 à 5, 50 0,18
- 5, 50 à 6, 00 0,20
- 6, 00 à 7, 00 0,22
- 7, 00 à 8, 00 , ... 0,26

avec des écartements de 0,65 à 0,75, suivant que le plancher correspond à une pièce de réception ou de simple habitation. Et encore ces fers seraient-ils trop faibles pour de grands salons où il peut y avoir foule. Ces chiffres ne sont là que pour fixer les idées, chaque cas particulier exigeant une détermination spéciale des profils d'après la charge à porter.

Du reste, au-delà de 6 mètres à $6^m,50$, on n'a plus avantage à employer des solives parallèles ; il faut arriver à une disposition de poutres et de solives dont il sera parlé plus loin.

Les linteaux des diverses baies jusqu'à $1^m,40$ de largeur sont composés de fers de $0^m,08$ et mieux de 0,10, I A.O. La différence de poids entre les échantillons est très faible, tandis que la supériorité est grande pour le fer de 0,10. Au-delà de 1^m,40, on calcule le linteau d'après les principes qui ont été indiqués précédemment.

167. Planchers composés de poutres et de solives.

— Lorsque la portée arrive à dépasser 6^m,00 à 7^m,00, quelquefois dès 4^m,00 lorsque les planchers sont très chargés, on a avantage, au point de vue économique, à employer, au lieu de solives très fortes franchissant toute cette distance, des pièces principales plus grosses, posées de mur à mur tous les 3 à 4^m,00 et sur ces pièces qui portent tout le plancher, des solives établies parallèlement aux murs.

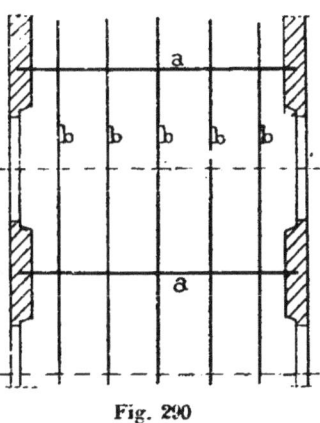
Fig. 290

La *fig.* 290 donne la disposition d'un plancher ainsi composé.

Les grosses pièces a, a qui reçoivent toute la charge s'appellent alors les *poutres* du plancher, et on réserve la dénomination de solives pour les pièces secondaires b, b, b qu'elles soutiennent à leur tour.

Lorsqu'on emploie cette disposition, les poutres correspondent aux trumeaux du bâtiment et, lorsqu'il n'y a aucune raison contraire, elles sont placées dans leurs axes exactement. Il y a à remarquer dans ces sortes de planchers que les murs des constructions ne sont plus chargés uniformément par les planchers comme dans le cas de solives seules. Les poutres ici recueillent toute la charge et l'amènent en des points déterminés, pour lesquels il y a lieu de prendre toutes les dispositions réclamées par la résistance.

Dans ce genre de planchers, les poutres sont formées de fers à I de grande hauteur, calculés d'après la charge.

Il est bon de faire attention que ce sont les pièces principales de la construction et qu'il y a lieu de les maintenir toujours relativement plus fortes que les solives. Cette observation a surtout sa valeur dans les constructions d'usines, où la plus stricte économie fait souvent adopter des solivages légers, eu égard à la charge à porter. En cas d'appareils plus lourds ou de charges plus fortes, il est toujours assez facile de renforcer le solivage en un point. Les poutres, au contraire, faisant partie d'un gros œuvre qu'on ne peut modifier sans grands frais ou sans grande gêne, doivent présenter un excès de résistance.

Lorsque l'on détermine le profil des solives, nous avons vu que l'on peut, *sous certaines conditions à remplir par le hourdis*, considérer ce dernier comme formant dalle ou voûte, et se soutenant tout seul ; en ne tenant compte que de la surchage, on arrive à des solives plus légères et par suite économiques.

Les poutres ne peuvent pas bénéficier de cet avantage, et lors de la détermination de la surcharge qu'elles portent, cette surcharge est nécessairement composée :

1° du poids du solivage ;

2° du poids de son hourdis ;

3° de la surchage du plancher.

Et, de plus, si on fait travailler le solivage à un coefficient fort, 8 à 10 kilogrammes par exemple, il est bon de réduire le coefficient des poutres à 6 ou 8 kilogrammes seulement, de manière à leur réserver l'excédent de résistance dont il a été parlé plus haut.

Dans un plancher ainsi fait, si on exagère les charges ultérieurement, le solivage d'une travée manquera toujours le premier, ce qui servirait d'avertissement, tandis que la rupture d'une poutre dans ces conditions pourrait entraîner la perte totale de l'édifice.

Les poutres dans les planchers à grande portée peuvent être formées d'une seule pièce : soit d'un fer à I laminé de dimension suffisante, soit d'un fer composé de tôles et cornières, ce dernier moyen permettant toujours d'arriver à franchir un espace donné.

Si le fer est à I, laminé, comme il est isolé, il est bon de lui donner les ailes les plus larges pour s'opposer au voilement. Il en est de même pour les poutres composées dont les tables doivent être plus larges, par rapport à la hauteur, que dans les cas où elles se trouvent mieux maintenues.

Plus souvent, les poutres sont formées de deux pièces parallèles, jumelées comme l'on dit, entretoisées par des boulons, et souvent réunies par de la maçonnerie. Cette disposition convient très bien pour les fers laminés, et on l'applique fréquemment aux poutres composées.

Il n'y a plus de tendance possible au voilement; le repos sur les points d'appui est plus large, et le maintien des solives à la partie haute est également bien plus facile.

Les poutres, amenant à leurs points d'appui des charges considérables, doivent arriver toujours dans les parties de maçonnerie qui sont directement au-dessus des points d'appui. Il serait d'une mauvaise construction, au point de vue du liaisonnement des matériaux, de faire porter l'about d'une poutre sur un linteau, quand même les dimensions de ce dernier seraient déterminées pour cette charge.

Lorsque les circonstances du programme amènent à une disposition de ce genre, il est nécessaire, si on ne peut l'éviter, de prendre tous les arrangements possibles pour en atténuer les inconvénients et rétablir d'autre façon l'unité que doit avoir la construction de l'ouvrage.

168. Planchers avec solives posées sur les poutres. — La poutre peut être formée d'un simple fer à ailes ordinaires, ou mieux à larges ailes, et établie à un niveau tel que les solives soient placées au-dessus.

Les solives seules sont hourdées et la poutre fait une saillie de toute sa hauteur au plafond de la pièce au dessous.

Le peu de largeur que présente la table supérieure de la poutre, même dans le cas de larges ailes qui se présente presque toujours, fait surtout adopter cette disposition lorsque les solives passent au-dessus de la poutre et sont d'une seule pièce dans l'étendue des deux travées voisines, ainsi que le représente le croquis n° 1 de la *fig.* 291, et comme le montre aussi le dessin d'ensemble de la *fig.* 292.

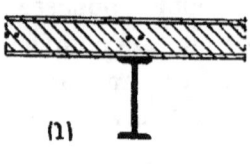

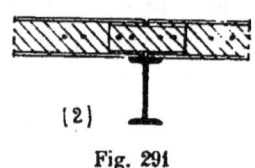

Fig. 291

Dans cet exemple, les deux murs de face d'un bâtiment simple en profondeur sont réunis toutes les deux travées par des refends transversaux, ne contenant pas de souches et capables de recevoir les planchers. On a mis les solives parallèles aux façades et on les a fait porter dans leur partie milieu sur des poutres a, a posées sur les trumeaux libres.

Cette disposition très simple a l'avantage de très bien relier le bâtiment dans les deux sens : longitudinalement

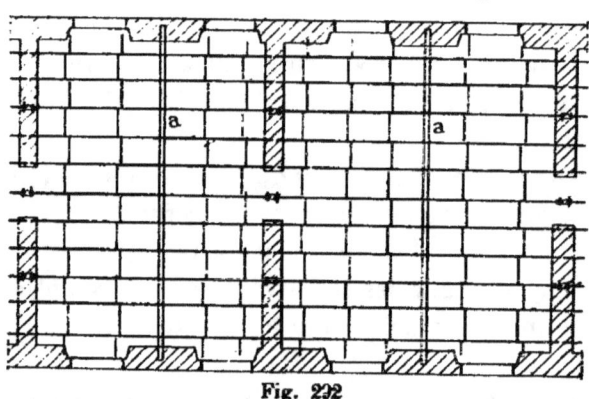

Fig. 292

par les solives, trasversalement par les poutres. De plus, si les solives sont apparentes en-dessous, elles se défilent bien mieux d'une travée à l'autre d'un même compartiment couvert.

Lorsque l'on prend des solives distinctes pour les deux travées voisines, le peu de largeur de la table supérieure du fer exige beaucoup de précision dans la pose des solives ; il est nécessaire de les éclisser toutes au passage, comme le montre le croquis (2) de la *fig*. 291. On a donc à dépenser plus de façon pour la pose, en même temps qu'on obtient une moins bonne liaison des murs du bâtiment.

Cette disposition est donc inférieure à la précédente.

La *fig*. 292 montre encore la grande symétrie et la régularité qu'il est toujours bon d'adopter dans l'arrangement des solives des planchers d'un même étage. Lorsque les travées successives sont couvertes de la même façon on met les solives bien en ligne, même dans les travées qui ne communiquent pas entre elles. Entre autres avantages, on a celui de pouvoir facilement éclisser quelques lignes de solives d'un bout à l'autre du plancher et de former à bon marché des lignes supplémentaires de chaînage.

169. Emploi de poutres jumelées. — La poutre peut être formée de deux fers jumelés, maintenus parallèles à faible distance au moyen de boulons à quatre écrous. Dans la plupart des cas l'espacement des deux pièces est de 0ᵐ,30 à 0ᵐ,50, et cet intervalle est rempli de maçonnerie. Ce hourdis rend les deux fers bien solidaires en cas de charges inégales des deux travées voisines, et de plus il a l'avantage de former un repos d'une bonne largeur à la partie haute pour recevoir le solivage. Enfin, il s'oppose à

Fig. 293

toute espèce de voilement des pièces qui constituent la poutre. Cette disposition est préférable, dans la plupart des applications, à la précédente : elle permet d'arriver à des poutres plus fortes et résistant mieux aux efforts latéraux.

Un exemple de cette disposition est donné par la *fig*. 294. La travée *c* est franchie par des solives I A,O, de 0,12, placées perpendiculairement à la façade, et dont le
parallèlement

milieu repose sur une poutre jumelée formée de deux fer L.A, de 0,30, pesant 56 kilogrammes le mètre courant.

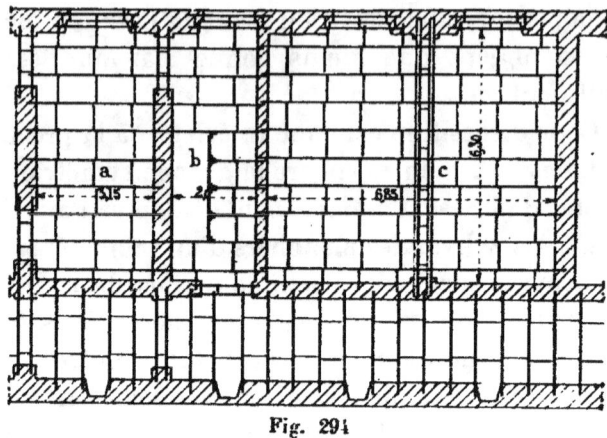

Fig. 294

Si les deux pièces de la poutre n'étaient pas destinées à être hourdées, il pourrait y avoir avantage à les écarter presque de la largeur des trumeaux qui les portent. On diminuerait d'autant la portée du solivage, et en arrivant à un profil inférieur il pourrait y avoir de l'économie.

Lorsque plusieurs poutres se trouvent posées successivement sur les entraxes d'un bâtiment, comme dans la *fig.* 295, on augmente la solidité et la liaison du plancher

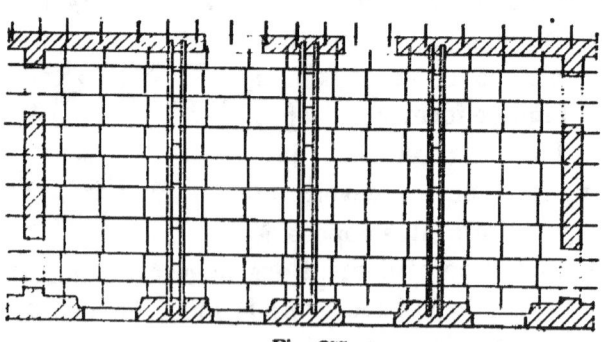

Fig. 295

en prenant des solives assez longues pour alterner les joints ; de cette manière ceux-ci, espacés pour chaque poutre toutes les deux solives, sont répartis uniformément sur toute la surface couverte.

La même disposition subsiste, comme arrangement des poutres et solives dans un plancher, lorsqu'il est destiné à couvrir un bâtiment dont la largeur est divisée en deux travées par une file de piliers intermédiaires placés dans l'axe longitudinal, un par entraxe.

La *fig.* 296 représente le dessin d'un plancher rentrant dans ce cas. Le bâtiment a 9^m,00 de largeur intérieure ; il

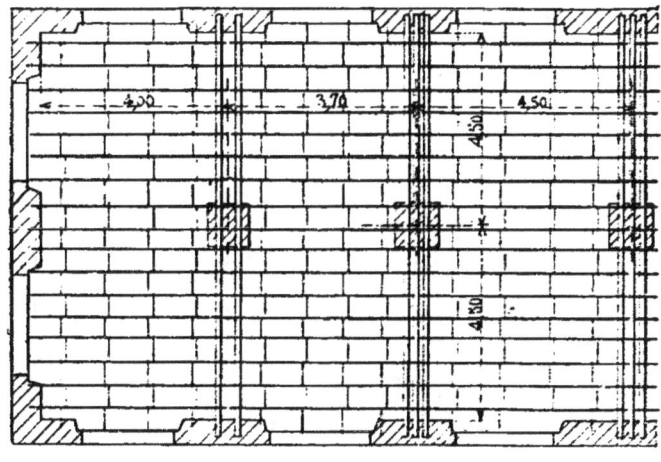

Fig. 296

est divisé en deux travées dans le sens transversal ; dans le sens longitudinal les entraxes sont variables : 4^m,00, 3,70, 4,50, etc.

Les poutres sont transversales et se composent tantôt de deux, tantôt de trois fers à I L, A. de 0,22, suivant la surface des travées à porter. Leur milieu pose sur une série de piliers dans l'axe du bâtiment. Les fers traversent d'un seul morceau tout l'édifice ; ils ont donc 9^m,80 de longueur. Les solives sont en fers de 0,14 et espacées de 0^m,53 ; on a pris le même modèle pour toutes les travées, malgré les variations de leurs largeurs. Ces solives sont alternées et de la longueur de deux travées consécutives ; les joints ne tombent sur une même poutre que de deux en deux.

Lorsque les poutres franchissent sans support la largeur d'un bâtiment, ou lorsque les supports intermédiaires sont formés par des piles en maçonnerie de 0ᵐ,75 ou 0,80 de largeur, on trouve un grand avantage à écarter autant qu'on le peut les deux fers formant poutres. Si on augmente un peu le hourdis comme cube et comme dépense, par contre, on diminue d'autant la portée des solives, ce qui peut amener à une économie importante.

Le sens des poutres n'est pas indifférent non plus ; il est évident que le bâtiment représenté dans la figure 296 aurait pu être recouvert par un plancher, dont les poutres allant d'une pile à l'autre auraient été parallèles aux

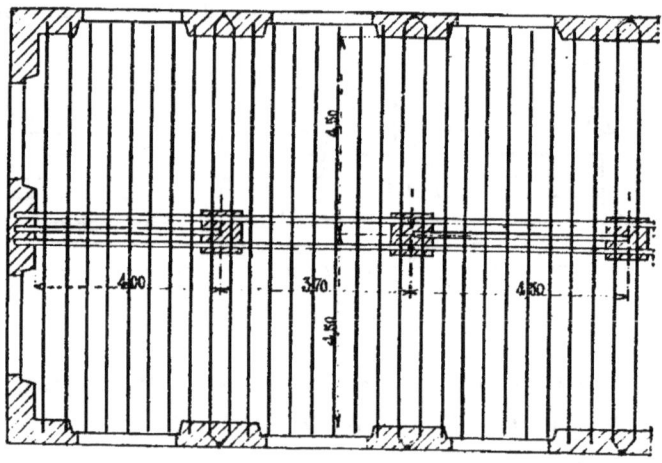

Fig. 297

façades ; on en aurait ainsi supprimé la moitié. Les solives dans ce cas ont la même longueur ; leur portée est uniformément de 4ᵐ,20 ; en les mettant d'une seule pièce dans la largeur du bâtiment on profite d'un encastrement milieu au point de vue de la résistance. Le plancher est alors tracé comme l'indique le dessin de la figure 297. Les murs de face sont aussi bien chaînés dans le sens transversal ; de plus, deux solives, placées symétriquement par rapport à l'axe de chaque trumeau et écartées de 0ᵐ,55, peuvent être reliées à des ancres de façade pour compléter la liaison.

Ce plancher est préférable à celui de la *fig.* 296 et il y est fait une moindre dépense de fer.

Les poutres y sont formées de deux fers I L, A. dans les petites travées, et de trois de ces mêmes fers dans les travées plus larges.

170. Plancher du rez-de-chaussée du Moulin du Caire. — Lorsque les murs des bâtiments sont encore plus écartés, on peut augmenter la puissance des poutres pour leur permettre de franchir de plus grands intervalles, ou multiplier les points d'appui. C'est le dernier cas qui se présente dans l'exemple de la *fig.* 298. Le

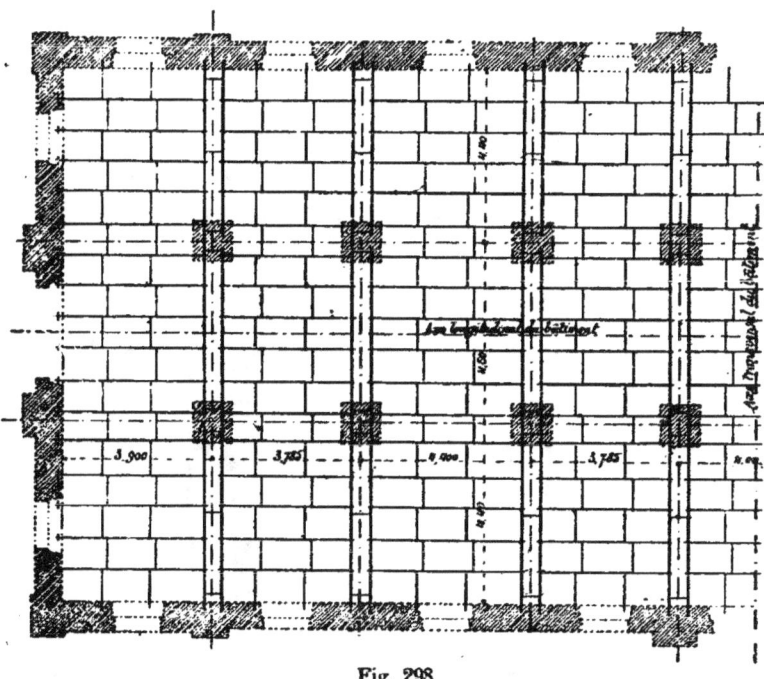

Fig. 298

bâtiment dont il s'agit a été construit par nous, a usage de moulin et de magasin à farines, pour le compte de la Cie française des Moulins du Caire.

La largeur entre façades est de 13^m,30; les entraxes varient de 3^m,78 à 4^m,40.

Les poutres ont été mises dans le sens transversal pour mieux relier les façades ; elles sont portées au rez-de-chaussée par deux files de piliers en maçonnerie placés dans le sous-sol. On a ainsi divisé l'intérieur du bâtiment en trois travées successivement de 4,40, 4,50 et 4,40.

Chaque poutre est composée de deux fers à I de 0,26,

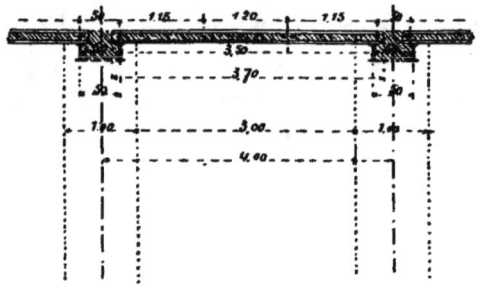

Fig. 299

ailes ordinaires, jumelés, espacés l'un de l'autre de 0^m,50 d'axe en axe, de telle sorte qu'une coupe verticale perpendiculaire aux poutres se présente comme l'indique la *fig.* 299, tandis que la *fig.* 300 donne la coupe verticale

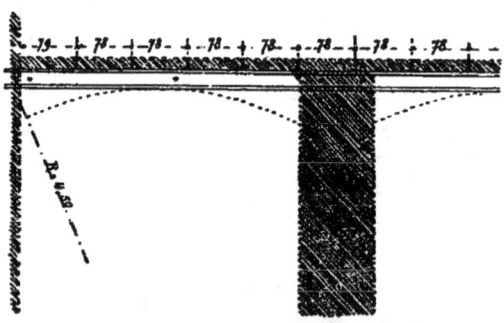

Fig. 300

parallèle à ces mêmes poutres. Les parties hachées et ponctuées représentent la maçonnerie de remplissage. Ce hourdis n'existe qu'entre les fers jumelés des poutres et dans les entrevous des solives. Le hourdis des poutres se prolonge en dessous en forme de voûte de 4^m,50 de rayon, ce qui avec peu de dépense renforce beaucoup la charpente.

Dans ce plancher, les fers des poutres ne sont pas d'une seule pièce dans la traversée du bâtiment, 13^m,30 plus les portées. Chaque fer est en deux morceaux, avec joint sur une pile, et les deux joints d'une même poutre sont alternés sur les deux piles pour augmenter la liaison. Les fers d'une même poutre sont alors taillés et percés comme il est marqué sur la *fig.* 301. Les boulons qui réunissent les pièces jumelées sont en fer de 0,020 de diamètre, espacés de 2^m,00 l'un de l'autre. Les morceaux bout à bout d'une même pièce sont éclissés par une double platebande qui forme chaînage complet, dans le

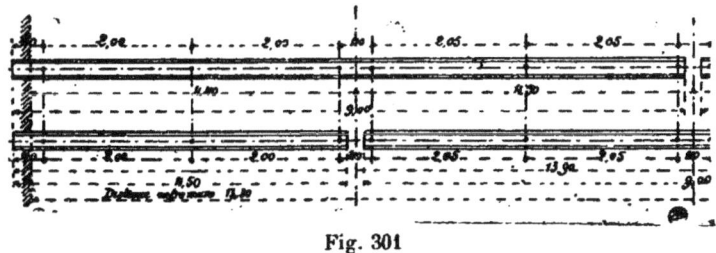

Fig. 301

sens transversal de la construction. Les solives portent sur les poutres ; elles sont en fers à I de 0,16, AO, et leur écartement est de 0,78 d'axe en axe ; elles sont hourdées en plein sur toute leur épaisseur. Les poutres font ainsi une saillie au plafond inférieur, et cette saillie forme ce qu'en architecture on nomme un soffite.

Il est évident que le plancher aurait la même disposition si les piliers en maçonnerie étaient remplacés par des piliers en fer ou par des colonnes en fonte. La seule différence porterait sur l'écartement des fers jumelés des poutres, cet écartement variant avec la dimension du support.

171. Entretoisement au droit des points d'appui intermédiaires. Planchers à compartiments. — Les points d'appui intermédiaires des poutres ne sont pas toujours des piliers présentant une stabilité propre ; ils peuvent être constitués par des colonnes ou poteaux métalliques d'une faible dimension transversale, et ne pouvant prévenir une flexion latérale de la poutre nécessairement longue. On prend alors la disposition d'ensemble dessinée en coupe verticale et en plan dans la *fig*. 302. Les colonnes, qui dans le sens transversal sont reliées par les poutres elles-mêmes, sont entretoisées dans la di-

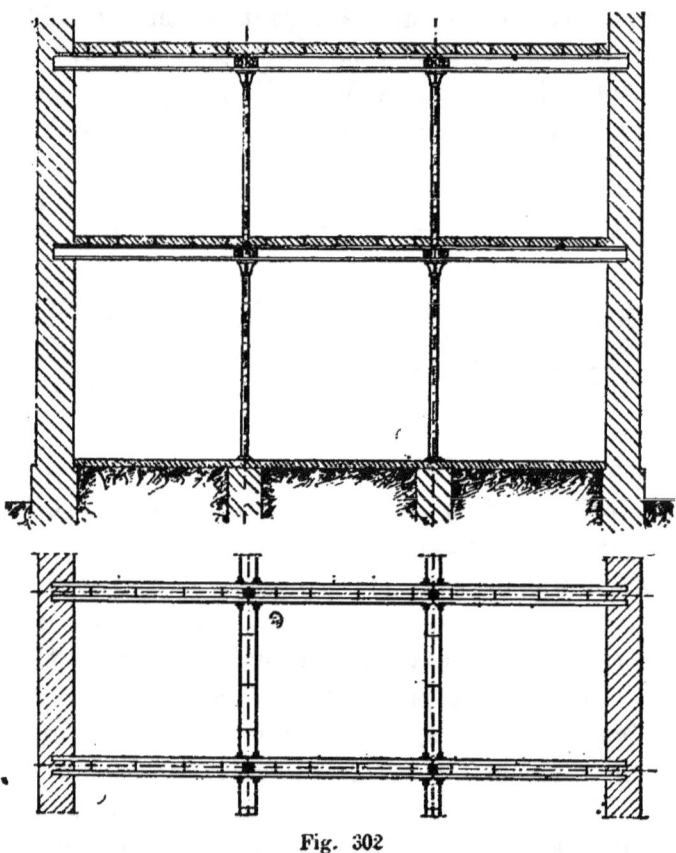

Fig. 302

rection longitudinale du bâtiment, c'est-à-dire d'une travée à l'autre, par des filets assemblés en fers à I jumelés. Ceux-ci les maintiennent à l'écartement bien exact fixé par le tracé, et empêchent tout voilement des fers transversaux. La présence de ces filets facilite singulièrement le montage des poutres et leur réglage ; elle permet de les arrêter d'une façon absolue, et supprime l'emploi d'une foule d'étais mal établis, mal assujettis et qui ne présentent aucune sécurité. Avec ces filets il ne peut y avoir d'erreur ni de défaut de montage. Enfin, il en résulte un chaînage longitudinal très appréciable en pratique.

Ordinairement, les filets sont faits de fers de plus faible échantillon que les poutres ; on les règle à la même largeur que celles-ci et on les hourde en maçonnerie ; on prolonge supérieurement ce hourdis jusqu'au niveau du dessus des poutres. Enfin, on pose les solives et on les hourde. Il en résulte une division du plafond inférieur en une série de caissons réguliers, qui produisent très bon effet. On cherche souvent dans les édifices à produire cette division en caissons, et lorsque la raison de la plus stricte économie n'est pas en jeu, on forme les filets d'entretoises des mêmes fers que les poutres. On obtient ainsi une symétrie agréable dans la composition de l'ossature apparente du plancher.

La même disposition s'emploie également bien lorsque les poutres des planchers sont parallèles aux murs de face des édifices. Elle y est peut-être encore plus utile, parce qu'elle rétablit le chaînage transversal, que ne donnent plus les poutres, et permet un ancrage facile des extrémités des filets.

Les filets s'assemblent avec les poutres au moyen d'équerres et de boulons à la manière ordinaire ; on donne une grande régularité et une symétrie absolue à cet assemblage, lorsqu'il est destiné à rester apparent ; de même pour la distribution et la pose des solives ; de même aussi pour les boulons d'entretoises, dont les écrous reposent sur des rosaces en fonte et dont les excédents de filets sont soigneusement supprimés.

La *fig*. 303 représente l'ensemble d'une portion de plancher établi avec les poutres parallèles aux façades et les solives superposées. Les entraxes ont $6^m,00$ dans le sens longitudinal, et $4^m,00$ dans le sens transversal. Les poutres sont jumelées et formées de deux fers à I larges ailes, de $0^m,30$ de hauteur. La largeur du bâtiment est de $12^m,30$

dans œuvre ; deux rangs de colonnes donnent des points d'appui intermédiaires pour les planchers.

Des filets d'entretoises faits avec ces mêmes fers de $0^m,30$ relient transversalement les poutres au droit des axes des colonnes ; ils sont établis au même niveau que les fers des poutres et s'assemblent avec eux. Ceux des travées extrêmes viennent reposer dans les trumeaux de façade, où ils s'ancrent. Il en résulte une ossature très régulière, très facile à poser, à monter, à régler, et qui

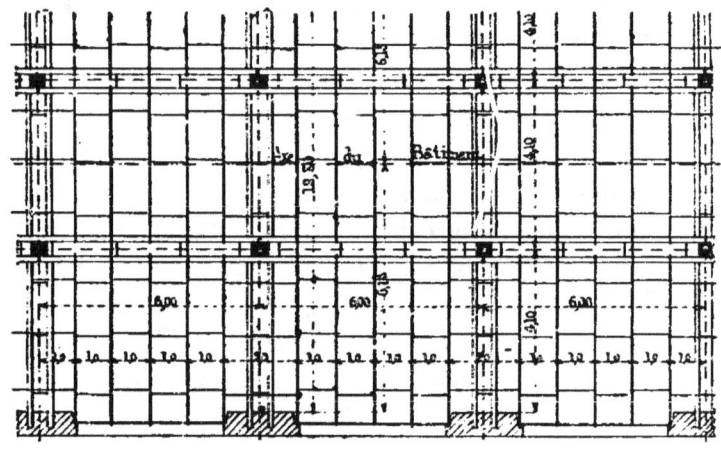

Fig. 303

une fois arrêtée ne peut plus se déranger. Il en résulte également une division du plafond inférieur en caissons très réguliers, qui accusent cette construction.

On vient ensuite placer les solives supérieures, qui ne font que poser sur cette ossature, et que l'on arrange comme on l'a vu précédemment. Ici, les solives ont toujours deux travées de longueur avec joints alternés, ce qui donne beaucoup de liaison à l'ensemble du plancher. On supprime les solives qui tombent au droit des filets d'entretoises ; l'écartement de $1^m,00$ devient de deux mètres en ce point.

172. Poutres en tôles et cornières. — Lorsque les pièces principales d'un plancher, les poutres, correspondent à une grande surface horizontale à soutenir, ou ont une portée considérable, on ne trouve plus pratiquement dans les forges de fers laminés assez forts pour remplir le but, même en les jumelant, ou bien les profils qui seraient encore possibles sont trop lourds au mètre courant, et par suite peu économiques. On a recours alors à des poutres composées en tôles et cornières. Ces poutres sont plus chères aux cent kilogrammes, mais on dispose à son gré des dimensions de toutes les parties du profil, on répartit le fer comme on le veut, et, au point de vue de la résistance, on a souvent grand avantage à les employer.

Elles se composent d'une âme verticale de 0,007 à 0,010 d'épaisseur, de deux cornières hautes et de deux cornières basses rivées avec l'âme, et de tables plus ou moins larges, plus ou moins épaisses, suivant la résistance que l'on veut obtenir.

Il est nécessaire de régler la position des rivets qui assemblent les cornières à la table supérieure de telle sorte qu'ils ne gênent pas le repos des solives sur la poutre ; pour cela, les solives doivent tomber exactement dans les intervalles. On peut encore fraiser les têtes de rivets qui correspondraient à l'emplacement des solives.

Enfin, lorsque les solives passent, en peut encore laisser tous les rivets en saillie et mettre sur la poutre un fer plat, un peu plus épais que ces saillies, entre les lignes de rivets, fig. 304 ; c'est sur ce fer plat qu'appuieront les solives. Ce dernier procédé est encore avantageux

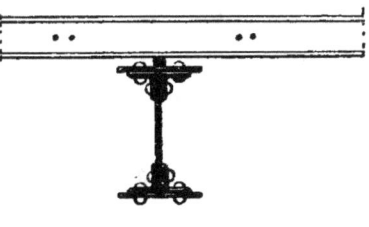

Fig. 304

à employer lorsque les solives doivent être recouvertes d'un plafond en enduit, le fer de la poutre restant apparent ; cela permet de maintenir bien dégagée du plafond toute l'épaisseur de la table supérieure.

Les poutres en tôles et cornières que l'on emploie dans la construction des planchers peuvent être composées :

soit d'une âme et de quatre cornières seulement, soit d'une âme, de quatre cornières et de tables dont la largeur et l'épaisseur varient suivant la résistance que l'on veut obtenir. Les tableaux permettent de faire facilement un choix pour chaque application.

La section des poutres de planchers est maintenue constante dans la plupart des cas, l'économie que procureraient les variations de section étant presque toujours compensée par une augmentation de main d'œuvre.

Quand les poutres sont grêles par rapport à leur longueur et que les abouts d'autres pièces ne viennent pas les maintenir latéralement et empêcher leur voilement, on les consolide de distance en distance par des renforts verticaux ; ceux-ci sont composés de fers à T appliqués sur l'âme et rivés, ou de doubles cornières rendant le même service, ou bien encore de doubles cornières comprenant une tôle verticale. Cette dernière disposition s'applique surtout aux cas où les tables sont larges et ont besoin d'être maintenues bien horizontales.

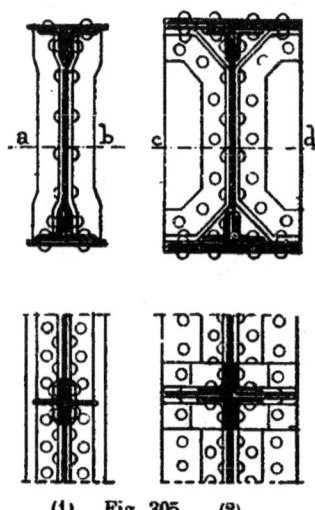

(1) Fig. 305 (2)

Ces deux sortes de renforts sont représentés dans les croquis (1) et (2) de la *fig.* 305, en coupe verticale et en coupe horizontale.

On applique aussi cette consolidation par renforts aux points des poutres qui reçoivent l'application de forces extérieures considérables.

Enfin, on s'en sert également pour améliorer l'aspect extérieur des poutres apparentes, dans les faces latérales desquelles ils déterminent des divisions et des panneaux avec ombres portées qui ajoutent à la décoration. On profite de même des couvrejoints qui recouvrent les jonctions des tôles et que l'on distribue avec toute la régularité et la symétrie possibles.

Dans ces mêmes circonstances de poutres apparentes, on interrompt souvent les cornières près de la portée et on les raccorde d'onglet avec une cornière verticale qui longe le parement du mur et forme un encadrement fermé de ce côté.

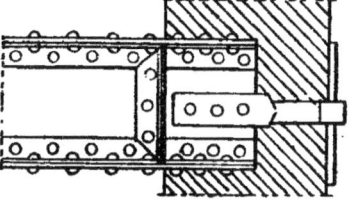

Fig. 306

La *fig*. 306 montre en élévation un about de poutre ainsi disposé.

173. Poutres en tôles et cornières jumelées. — On peut avoir besoin de jumeler des poutres en tôles et cornières, de même que l'on double les fers laminés, soit parce qu'on manque de hauteur et qu'une poutre seule aurait des plate-bandes trop larges et trop épaisses, soit qu'on veuille faire passer au milieu des deux pièces une file verticale de supports.

Il est bon de bien liaisonner les deux pièces d'une même poutre, de telle sorte qu'elles se prêtent un appui mutuel, si les travées sont inégalement chargées, et les boulons qui réunissent les âmes ne suffisent plus dans la plupart des cas. On arrive à relier les tables supérieures ensemble, et aussi de la même façon les tables inférieures, au moyen de plate-bandes larges, rivées par les lignes de rivets des poutres, qui les maintiennent parfaitement. On leur donne la largeur nécessaire pour être fixées sur chaque pièce au moins par

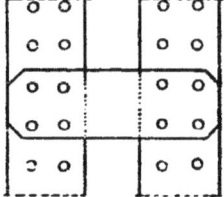

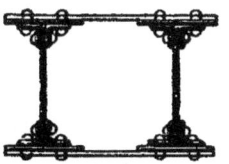

Fig. 307

quatre rivets, ainsi que le montre la *fig*. 307. Cela n'empêche pas de maintenir les boulons à quatre écrous pour relier les âmes, de telle sorte que les pièces ainsi jonctionnées peuvent être livrées, posées, réglées comme si elles ne formaient qu'une seule et même poutre. On augmente encore beaucoup la liaison des poutres en hourdant leur intervalle avec de très bonne maçonnerie. Dans ce dernier cas, on peut les considérer comme tellement solidaires qu'on n'hésite pas à charger l'une des poutres seule de la charge pour laquelle les deux poutres jumelées sont calculées,

La *fig.* 308 représente la coupe d'un plancher fait ainsi

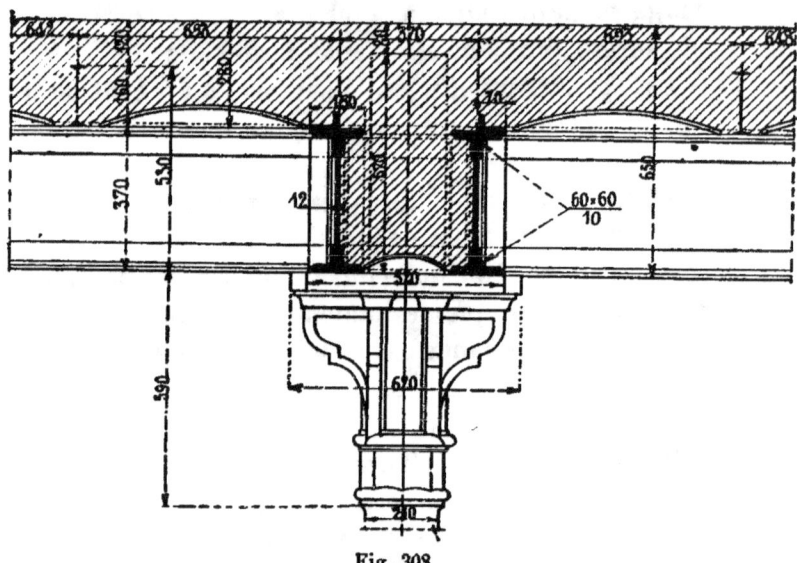

Fig. 308

de deux poutres jumelées en tôles et cornières, recevant des solives à leur partie supérieure.

La poutre jumelée est supposée parallèle au plan de coupe, et l'une de ses faces latérales est vue en élévation. Les solives sont coupées, étant perpendiculaires à la poutre.

On suppose la poutre portée en son milieu par une tête de colonne, formant point d'appui intermédiaire; pour relier ce point d'appui au suivant, perpendiculairement au plan de coupe, on a établi une poutre jumelée identique à la première, et découpant le plafond en compartiments. C'est cette poutre de liaison qui est rencontrée par le plan de coupe.

174. Poutres à sections variables. — Pour les poutres un peu importantes, ou qui se répètent en grand nombre dans un bâtiment présentant beaucoup de travées semblables, on peut gagner un certain poids en proportionnant l'importance des plates-bandes aux variations du moment fléchissant. On donne alors à chaque poutre des sections variables, et la variation a lieu par l'addition

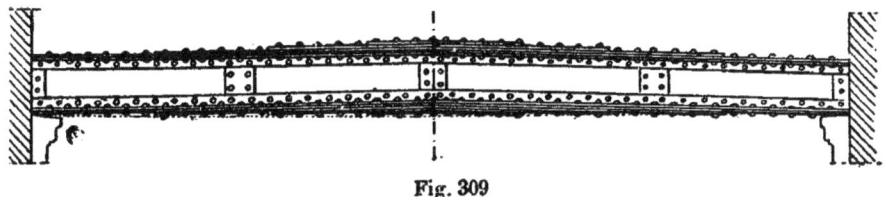

Fig. 309

de plates-bandes successives pour former les tables supérieure et inférieure. La pièce se présente alors conformément au croquis de la *fig.* 309.

Pour éviter que la poutre ne paraisse plonger désagréablement en son milieu, on lui donne une flèche un peu plus forte que l'épaisseur des plates-bandes additionnelles. Elle prend alors une grande légèreté relative.

Toutes ces plates-bandes additionnelles ont la même largeur. Leur épaisseur est de 0,008 à 0,015^{mm}, 0,020 au plus chacune.

Dans les charpentes économiques d'usines, il arrive parfois qu'en un point ou une travée d'une construction en fers à larges ailes on ait besoin d'une résistance exceptionnelle, conduisant à des dimensions beaucoup plus fortes. Au lieu de changer l'ossature générale dans cette travée spéciale, on a avantage à conserver le même profil de fer et la même construction que pour le reste de l'ouvrage, mais à armer la ou les poutres au moyen de plates-bandes additionnelles dont la longueur est une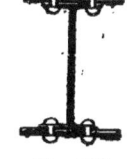

Fig. 310

portion seulement de la portée. Cette longueur partielle est la seule réellement utile, là où le moment fléchissant dépasse le moment de résistance du profil de fer employé.

175. Poutres en caissson. — On a quelquefois employé pour les poutres de planchers la forme dite *en caisson* ; elle comporte deux âmes verticales, de 0,25 à 0,40 d'écartement, quatre cornières extérieures à ces âmes, enfin des plate-bandes horizontales, d'épaisseur en rapport avec la charge à porter et la distance des points d'appui. La *fig.* 311 donne le profil d'une de ces poutres.

Cette forme paraît acceptable au premier abord, mais les raisons que nous avons données pour en faire rejeter l'emploi à usage de linteaux subsistent pour les proscrire comme poutres : on ne connaît pas l'état des parements intérieurs, qui peuvent s'oxyder sans qu'on puisse y remédier ; on ne peut pas les entretenir de peinture ni prévenir les oxydations ; les assemblages avec des entretoises ou des solives sont incommodes ; si l'un des côtés de la poutre est plus chargé que l'autre, il peut y avoir déformation de la section par suite de la plus grande flexion d'un des côtés ; car les deux côtés ne sont pas solidaires

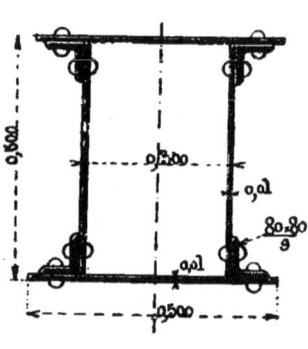

Fig. 311

et ne se prêtent pas un secours réciproque en cas de charge dyssymétrique. Enfin les portées, pressées entre le pilier de support et la charge supérieure, ne résistent que par les deux tôles verticales souvent insuffisantes et faciles à voiler.

Il est à remarquer qu'aux extrémités, et partout où il y a un assemblage à faire avec les pièces voisines, il est nécessaire de ménager des trous à main pour permettre de passer les boulons et de maintenir la tête pendant le serrage. Ces trous se préparent tantôt dans les âmes elles-mêmes, tantôt dans les tables supérieures ; c'est encore une complication.

En raison de ces nombreux et importants inconvénients, les poutres à caissons sont donc absolument à rejeter des constructions.

Il vaut bien mieux les remplacer par deux pièces jumelées parallèles; elles n'ont aucun des inconvénients précités, leur intervalle peut être hourdé, et leurs assemblages au droit des colonnes sont très faciles à exécuter.

176. Soffites apparents sous planchers, formés par les poutres. — Les poutres qui portent les solives forment souvent mauvais effet au plafond inférieur, en raison de leur peu de corps et de la forme même du fer. Ceci se produit surtout quand le fer est isolé. On l'accompagne souvent de deux pièces de bois entre lesquelles il est serré, et on donne à ces pièces un profil approprié ; il en résulte une surface étroite, en saillie au plafond inférieur, qui simule la forme d'une poutre en bois, et à laquelle on donne le nom de soffite. Les deux croquis (1) et (2) de la *fig.* 312 en sont des exemples. La

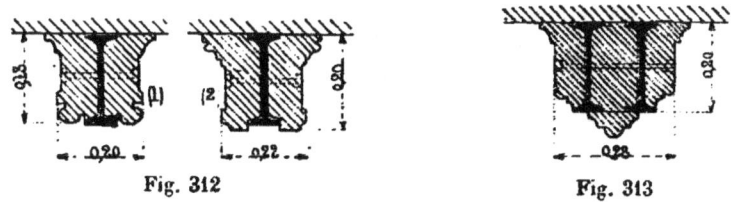

Fig. 312   Fig. 313

fig. 313 donne une disposition applicable à deux fers jumelés parallèles.

On peut encore exécuter un habillage analogue en maçonnerie, surtout dans les pays où l'on se procure facilement du plâtre ; il faut prendre la précaution de produire l'adhérence soit avec des fils de fer contournant les pièces, soit en rivant sur l'âme des tôles recourbées en saillie, auxquelles on donne le nom d'*ailes de mouches.* Le plâtre entoure ces saillies et y trouve un point d'appui très commode.

La *fig.* 314 donne un autre moyen d'exécuter ces soffites en menuiserie de bois ; il est applicable surtout aux poutres en tôles et cornières de fortes saillies. Au moyen de plates-bandes à boulons, et au besoin de quelques équerres, on maintient, tous les 0^m,50 environ, contre la saillie de la poutre, des planches en bois présentant à peu près la forme de la saillie du soffite à obtenir. Sur ces planches placées de champ, on fixe des tasseaux longitudinaux et c'est sur ces tasseaux que l'on cloue les champs ou les corniches volantes qui doivent composer l'ouvrage.

M. Gasne vient d'introduire dans le commerce des fers très minces, profilés de moulures avec parties ornées, et qui reviennent à un prix peu élevé. Ces fers se combinent facilement ensemble pour donner des corps de moulures plus ou moins importants et d'un effet décoratif qui peut être intéressant. On peut trouver beaucoup d'applications de ces fers dans la décoration des ouvrages en fer ; parti-

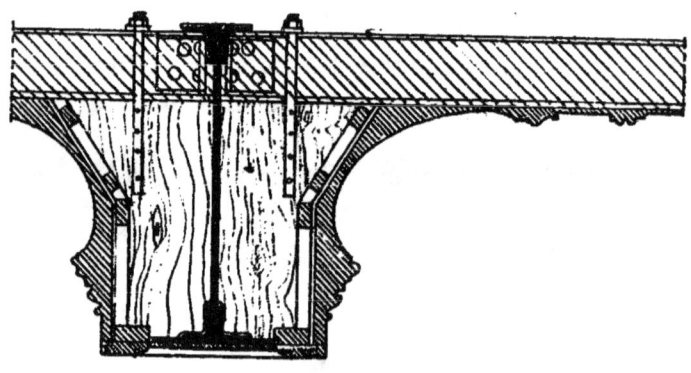

Fig. 314

culièrement pour le cas qui nous occupe, on peut les faire servir à donner une meilleure apparence aux fers laminés qui forment poutres apparentes au-dessous des solivages des planchers.

On peut les fixer à plat soit sur la table inférieure du fer ; soit sur les faces latérales de l'âme.

On peut encore en orner les angles rentrants intérieurs que forme l'intersection de l'âme et des tables.

On peut enfin combiner ces divers arrangements, et comme on a le choix parmi un nombre considérable de profils et d'ornements différents, on peut obtenir un résultat heureux dans bien des cas.

Ces fers profilés peuvent s'établir en grandes longueurs, ce qui est un avantage marqué au point de vue de cette application ; ils doivent se fixer au moyen de vis à métaux, après avoir été peints sur leur face arrière, en ayant soin d'interposer du mastic de minium entre les faces des fers en contact.

La *fig.* 315 permet de se rendre compte de la manière

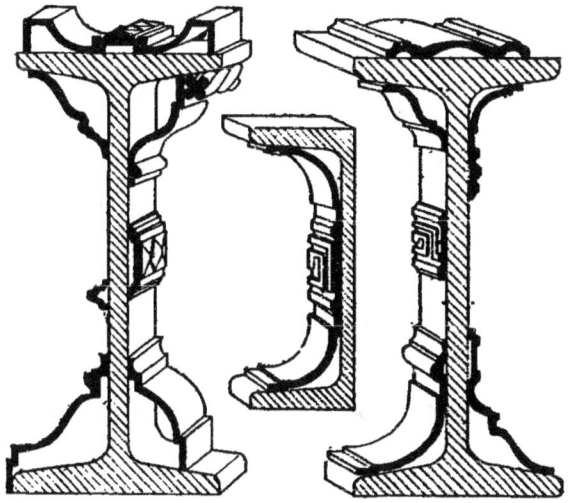

Fig; 315

de grouper les divers profils que présente l'album de M. Gasne, pour l'application de quelques-uns d'entre eux à la décoration des poutres apparentes en plafond.

177. Poutres avec âmes en treillis. — Lorsque dans une construction métallique une poutre droite est apparente, on lui donne beaucoup de légèreté d'aspect et une

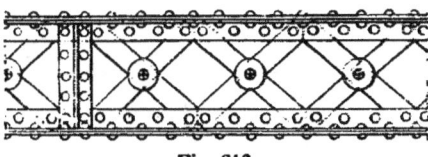

Fig. 316

forme plus agréable en remplaçant l'âme pleine par un treillis ; les formes les plus usitées de treillis sont représentés par les *fig.* 316 à 320.

Les deux premières ont leurs croisillons dirigés en deux sens différents, inclinés également sur la verticale. Ces croisillons dans la *fig.* 316 sont serrés entre les paires de cornières du haut et du bas de la poutre ; chacun d'eux est traversé à son extrémité par un rivet de dimension convenable. L'arrangement de l'assemblage entre les cornières peut se faire de plusieurs manières ; on peut

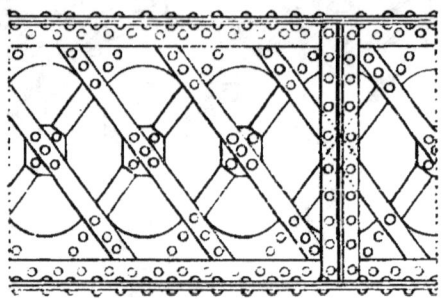

Fig. 317

tenir compte des épaisseurs de croisillons par des fourrures ; on peut superposer les croisillons et les comprendre dans le serrage du même rivet. On peut enfin supprimer toute fourrure, juxtaposer les croisillons entre les cornières, et les dévier d'une demi-épaisseur au point de croisement sur la fibre neutre. Ce croisement est consolidé par un rivet qui fixe souvent en même temps une rosace ornementale.

La *fig.* 317 montre un autre arrangement qui facilite beaucoup les assemblages lorsque le treillis doit supporter

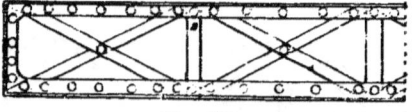

Fig. 318

des efforts considérables. Les cornières comprennent en haut et en bas deux tôles verticales qui les dépassent de dix à quinze centimètres et c'est sur la saillie de ces tôles que s'appliquent les croisillons au moyen de un, deux ou trois rivets. Les croisillons restent dans un plan vertical et aux points de croisement, l'épaisseur des tôles est compensée par une fourrure de forme appropriée ; la *fig.* 321 donne la coupe verticale de cette poutre.

Ces poutres à treillis ont particulièrement besoin de

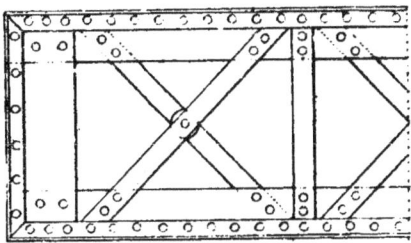

Fig. 319

renforts de distance en distance, pour éviter le voilement.

Les *fig.* 318 et 319 donnent la représentation d'un autre

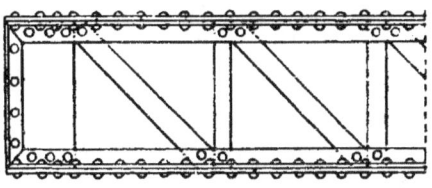

Fig. 320

Fig. 321

arrangement de treillis : des montants verticaux sont espacés régulièrement et découpent la poutre en un certain nombre de rectangles successifs, dans chacun desquels on place un croisillon composé de deux fers diagonaux ; montants et croisillons peuvent être pincés directement entre les cornières et attachés par des rivets. Seulement, la largeur des cornières ne permet de mettre qu'un de ces derniers à chaque about, et les croisillons sont déviés de leur demi-épaisseur en leur milieu, et rivés au point de croisement. Dans la *fig.* 319 l'attache se fait au moyen de deux rivets sur une portion d'âme placée entre les cornières, à la partie haute ainsi qu'à la partie basse de la poutre ; le treillis est donc plus solide dans cette disposition. Enfin, la *fig.* 320 donne toujours la division en rectangles, mais avec une seule diagonale qui change de sens au milieu de la poutre, de manière à la rendre symétrique par rapport à un axe placé dans le plan de l'âme, perpendiculairement à sa direction.

Dans les poutres en treillis, certaines barres sont soumises à la tension, d'autres à la compression, et on a vu au n° 63 la manière de déterminer la fatigue d'une de ces pièces et le sens de la force qui lui est appliquée ; par suite, on a les éléments nécessaires pour fixer les dimensions des treillis, ainsi que celles de leurs assemblages d'attache.

Lorsque le treillis travaille peu, on prend pour toutes ses barres du fer plat, qu'elles soient tendues ou comprimées. Quelquefois on double le croisillon comprimé, de manière à le faire travailler à un coefficient moitié moindre que celui qui est tendu.

Lorsque la poutre est faite seulement avec des fers plats, elle est plus régulière et de meilleure apparence, mais il faut, pour tenir compte de la longueur des barres, réduire le coefficient de sécurité.

Dans les poutres où l'on cherche à se mettre dans les conditions les plus économiques, au point de vue de la résistance, on donne aux barres comprimées une section

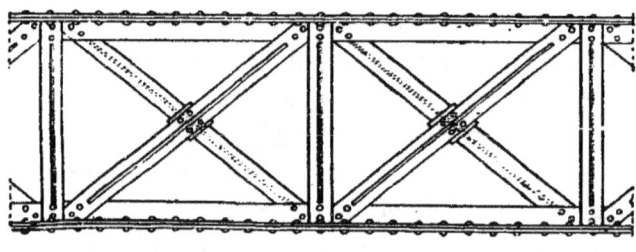

Fig. 322

plus en rapport avec leur mode de travail ; on prend des cornières, des fers à T ou des fers en U, suivant les cas, et on tient compte, pour évaluer le coefficient de sécurité à adopter, du rapport qui existe entre les longueurs des parties libres et leur plus petite dimension transversale.

Enfin, on peut former toutes les barres du treillis avec des fers à T, ou des cornières, ou des fers en U, ce qui rétablit la régularité d'aspect dont on a souvent besoin dans les constructions. La *fig*. 322 représente une poutre en treillis formée en haut et en bas d'un fer à simple T auquel on a rivé des tables ; il reçoit sur son âme verticale des montants doubles en fer à T et des barres de croisillons simples, en même fer, rivées l'une à droite l'autre à gauche, et se croisant au milieu avec une fourrure interposée et quatre rivets.

Un exemple de plancher en fer avec poutre en treillis est donné dans la *fig*. 323. Ce plancher, construit par M. Isambert, est destiné à couvrir un espace de 16^m,12 sur 16^m,70 dans œuvre. Le quart du plan est représenté par le croquis inférieur. Le milieu du plancher doit recevoir des dalles en verre pour éclairer au mieux l'espace de dessous ; le pourtour de ce dallage est hourdé plein et reçoit un sol carrelé.

L'ossature du plancher est formée de quatre poutres principales en treillis de 0^m,90 de hauteur, et les compartiments de l'âme sont formés de montants limitant des espaces carrés réguliers ; les treillis forment les diagonales de ces carrés. Les membrures sont faites de quatre grandes cornières comprenant une tôle interposée et de tables en rapport avec la résistance nécessaire ; les tôles interposées de la membrure haute et de la membrure basse sont découpées en arc du côté de l'intérieur, ce qui donne de la légèreté à l'aspect de la poutre.

Transversalement, trois grandes entretoises, faites de pièces dont la membrure inférieure est arquée, divisent les intervalles des poutres en quatre parties, en même temps qu'elles s'opposent au voilement des pièces maîtresses.

Le solivage est parallèle à ces entretoises et est posé sur les poutres ; il se compose de solives à I, AO, de 0,16 de hauteur, entre lesquelles on a jeté des voûtes en briques dans la portion hourdée. Les axes des solives corres-

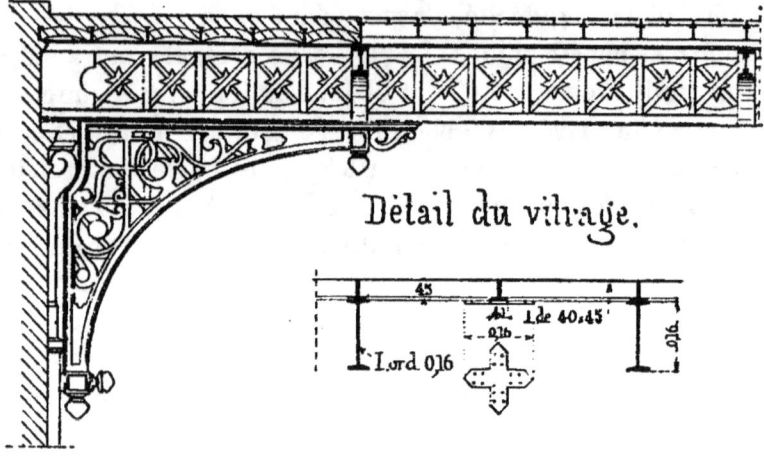

Coupe AB.

Détail du vitrage.

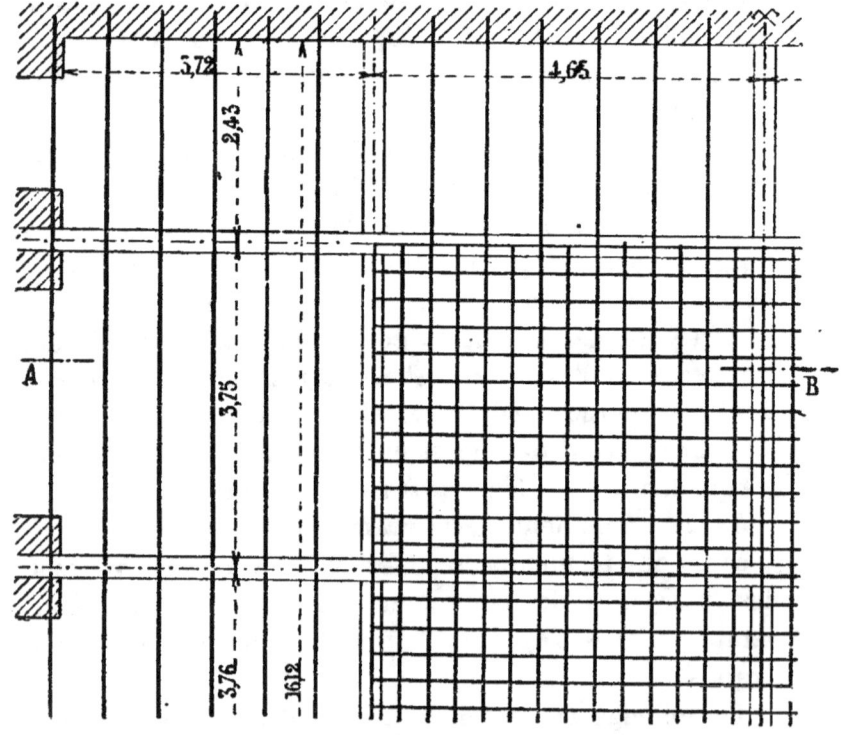

Fig. 323

pondent exactement aux axes des montants du treillis,

ce qui donne un grand air d'unité à l'ensemble de la construction.

Dans la partie du plancher qui doit recevoir le dallage, les solives sont parfaitement droites ; de plus, elles sont remontées à 0,045 du sol de la pièce du haut, et cela au moyen d'une cale.

Chaque fer à I est alors surmonté d'un fer à T simple de 0,045, dont la table est à la partie inférieure, et qui forme ainsi les feuillures nécessaires pour recevoir le dallage.

Des traverses en même fer à T simple, mises dans le sens perpendiculaire, forment une division nouvelle de manière à compléter les alvéoles des verres.

Les fers à T sont vissés sur la table supérieure des fers à I, de manière à être parfaitement soutenus et maintenus.

Le plan et la coupe suivant AB rendent compte de tous ces arrangements et de la manière dont chacune des pièces de ce plancher se trouve fixée. Le détail du vitrage indique à plus grande échelle l'assemblage des fers correspondants.

178. Poutres avec âmes en tôles découpées. — Dans les espaces où la charpente en fer doit rester apparente, on donne aux poutres beaucoup de légèreté en employant les treillis pour remplacer les âmes pleines. On les établit alors suivant un arrangement en rapport avec la décoration des pièces où elles se trouvent. On renforce, s'il en est besoin, les fers pour obtenir un ensemble acceptable à l'œil et aussi harmonieux que possible.

On peut encore obtenir un effet satisfaisant, et souvent de meilleur aspect que les treillis, en ouvrageant l'âme en tôle pleine par des dessins ajourés, découpés à la scie, dont on combine convenablement les éléments. La *fig.* 324 donne un exemple d'une poutre présentant ce genre de décoration ; un autre spécimen imite d'une façon générale la forme d'une poutre en treillis, dans laquelle les rondelles du croisement auraient pris un développement important.

On peut varier ces dessins à l'infini en les faisant cadrer avec le caractère des objets voisins ; il faut de plus tenir compte de la résistance qu'il est nécessaire de con-

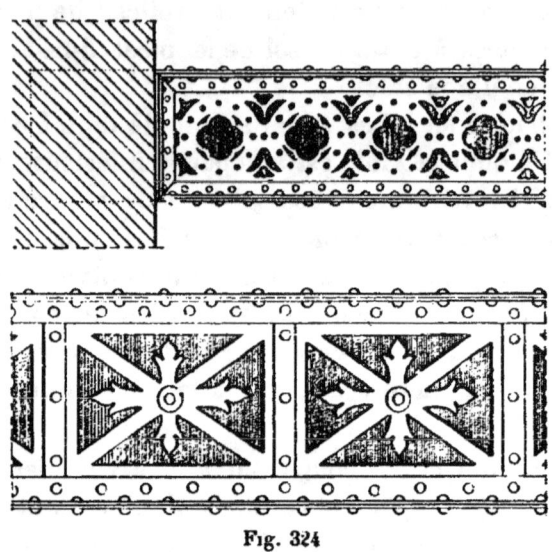

Fig. 324

server à l'âme des poutres, afin qu'elle puisse relier les platebandes d'une façon suffisamment solide.

179. Repos des abouts de poutres sur les murs. — Les poutres amènent sur les murs, en des points peu nombreux, des charges souvent considérables qu'il est toujours facile d'évaluer. Ces charges doivent se répartir sur les matériaux du mur, de manière à ne pas dépasser la limite de sécurité qui leur correspond. La surface de repos doit être plus grande encore pour les murs en petits matériaux, à cause de la disjonction possible. Le meilleur procédé dans ce cas est d'établir à hauteur convenable une pierre parpaing A, *fig.* 325, d'une hauteur d'assise de $0^m,40$ à $0,50$, qui répartit la charge sur une surface convenable des petits matériaux B, tout en reliant ces derniers.

De son côté, la poutre repose sur la pierre A par l'intermédiaire d'une plaque de tôle C, de $0^m,02$ d'épaisseur, qui déborde sur les côtés et en arrière. On a soin de fraiser les rivets de la table inférieure pour assurer le contact avec la plaque autrement que par les têtes de ces rivets.

Quelquefois la plaque C est rivée avec la poutre avec têtes fraisées au parement du dessous.

Dans d'autres applications, la plaque de tôle est remplacée par une plaque en fonte, d'épaisseur

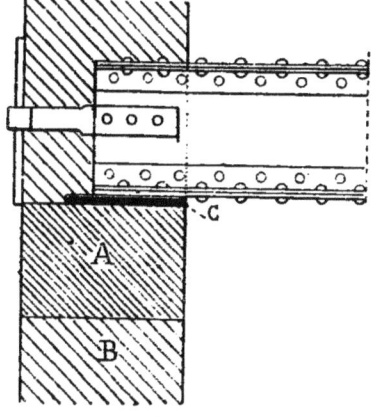

Fig. 325

plus grande. Pour éviter d'avoir à fraiser les rivets, on fait venir au moulage deux gouttières, chargées de les recevoir avec tout le jeu nécessaire, *fig.* 326.

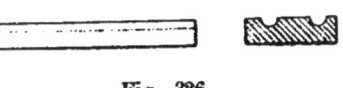

Fig. 326

Pour donner un aspect convenable à ces plaques de retombée, on peut les rendre apparentes au parement du mur, leur donner une légère saillie et répéter sur cette saillie les moulures de la colonne. La *fig.* 327 donne l'élé-

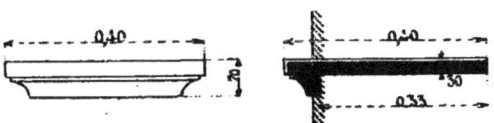

Fig. 327

vation et la coupe des plaques de retombée des poutres du bâtiment principal des moulins de Corbeil.

Aux moulins du Caire, où à cause de l'éloignement on voulait rendre le montage facile, on a dressé la surface des plaques; on les a munies de rebords et l'on a tracé les axes sur le dessus et sur le devant; enfin, on les a moulurées dans leur partie apparente. La *fig.* 328 représente la plaque d'about du dernier plancher haut, où la poutre est composée d'un seul fer de 0,26 larges ailes ; la *fig*. 329 montre la plaque destinée aux abouts des poutres des autres planchers. Là, les poutres sont doubles, jumelées et formées de deux fers de 0,26 larges ailes : la même figure donne le plan, l'élévation et la coupe verticale de ces plaques.

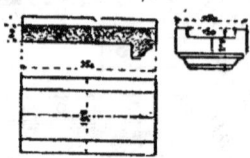

Fig. 328

Il faut éviter les nervures à la partie inférieure de ces plaques, pour ne pas augmenter la difficulté du scellement, qui doit être bien fait sans laisser aucun vide.

Si la poutre a une longue portée et est sujette à des vibrations, on a grand avantage à donner à la plaque une surépaisseur au milieu et à ne faire porter la poutre que sur cette surépaisseur, *fig*. 330 ; la charge a plus de chance d'être répartie symétriquement par rapport à mn, et quoi qu'il arrive, l'arête n'est pas chargée, tandis que dans le cas précédent, c'est l'arête qui reçoit la plus forte pression par unité de surface.

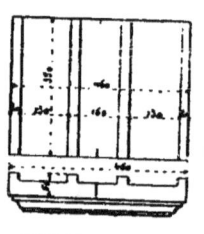

Fig. 329

Enfin, une disposition d'about que l'on adopte quelquefois au point de vue décoratif, consiste à garnir le repos d'une console en tôle ou en fonte qui accompagne bien la portée de la poutre, *fig*. 331. Cette console s'accorde avec une division des renforts verticaux, distribués régulièrement sur la longueur de ses faces latérales.

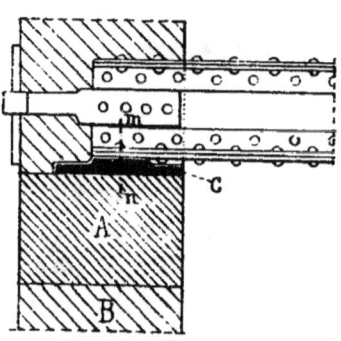

Fig. 330

Cette console ne sert pas au point de vue de la résistance, il lui faudrait pour cela de solides attaches difficiles à obtenir ; elle est ordinairement suspendue à la table inférieure et ne sert que d'ornement, sans aider aucunement à porter la charge.

Il est indispensable, dans l'étude du tracé des treillis

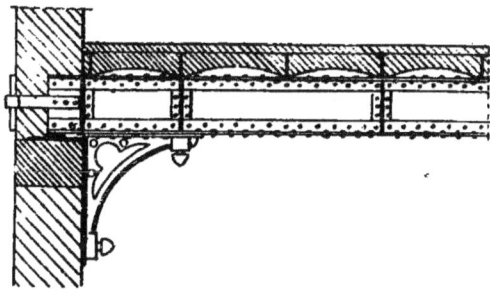

Fig. 331

d'une poutre, de se rendre compte de la position des forces extérieures qui lui seront appliquées, et de faire en conséquence l'arrangement des divers compartiments.

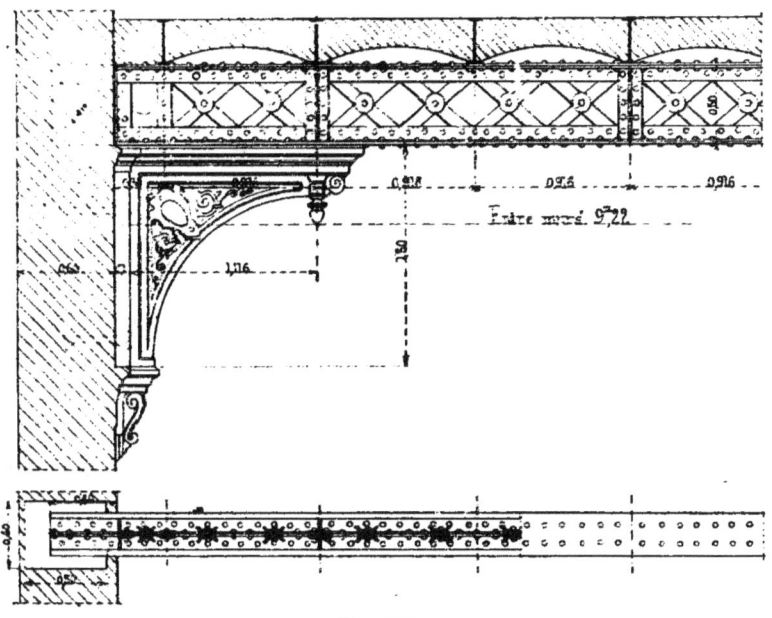

Fig. 332

La *fig*. 332 représente une poutre de plancher en fer recevant un certain nombre de solives ; la première de celles-ci est à 0^{m}30 du mur, les autres sont à 0^m,916 l'une de l'autre.

La poutre est divisée en un certain nombre de rectangles idertiques par des montants doubles, verticaux, en fers à T, correspondant aux solives de deux en deux; dans chaque rectangle figurent quatre croisillons; près de la portée existe un rectangle moitié plus petit, et enfin les premiers $0^m,30$ sont formés d'une partie pleine.

La poutre est ornée d'une console à chaque extrémité, et, là encore, l'attache de la console correspond à l'axe de la seconde solive.

Avec un peu d'attention, on arrive à un arrangement symétrique et agréablement disposé, qui témoigne d'une étude soigneusement faite.

On cherche à obtenir la même symétrie dans les arrangements, lorsque la poutre doit recevoir latéralement les assemblages de pièces secondaires. Aux endroits où doivent se faire ces assemblages, et l'on s'applique à ce qu'ils

Fig. 333

soient disposés avec régularité, on établit ou une portion d'âme pleine, ou un montant d'une largeur suffisante, et on organise le treillis dans les intervalles de manière que l'aspect soit satisfaisant.

La *fig*. 333 donne un exemple d'une disposition de ce genre.

Lorsque les divisions sont nécessairement inégales, on s'arrange pour qu'elles aient une commune mesure de dimension convenable, et on prend cette mesure pour valeur d'un croisillon.

180. Planchers assemblés avec poutres et solives.
— Dans bien des circonstances, il est impossible d'admettre que les poutres forment saillie au plafond inférieur; on est obligé d'augmenter l'épaisseur du plancher pour pou-

voir les y loger ; la coupe verticale du plancher, perpendiculairement à la poutre, est figurée dans le croquis 334. Les solives viennent poser leurs abouts sur l'aile inférieure de la poutre ; elles sont profilées à leurs extrémités suivant la section de celle-ci et l'assemblage est assuré au moyen d'équerres qui peuvent être rivées d'avance aux solives, et que l'on boulonne, au montage, sur l'âme de la poutre.

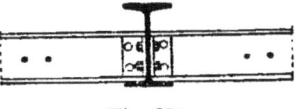

Fig. 334

C'est ce que l'on nomme un plancher assemblé. Les solives ne sont pas suffisamment raidies par l'assemblage pour pouvoir être considérées comme encastrées. Quant à la poutre, elle est parfaitement maintenue et ne risque pas de se voiler.

Un plancher assemblé se représente dans les dessins par un tracé schématique analogue à celui de la *fig.* 335.

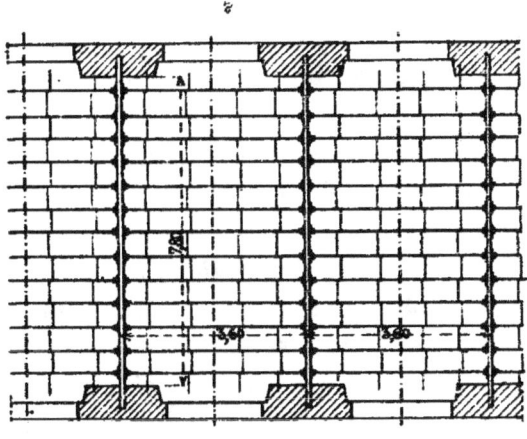

Fig. 335

Les poutres sont figurées par une double ligne et les solives par un trait simple. Les équerres d'assemblage sont indiquées aux points de rencontre.

Les poutres formées d'un fer unique laminé ne conviennent qu'aux faibles portées entre murs ; dès que la largeur du bâtiment augmente, on arrive bien vite à l'obligation d'employer des poutres composées en tôles et cornières.

On les fait assez basses pour pouvoir les loger dans les épaisseurs des planchers, et on élargit les tables pour y trouver un élément de résistance.

La coupe en travers de la poutre est alors celle de la *fig*. 336. Les solives reposent sur la branche horizontale de la cornière du bas, et les équerres d'assemblage s'appli-

Fig. 336

Fig. 337

quent sur la branche verticale que l'on prolonge au besoin au moyen d'une fourrure a. Les mêmes boulons serrent les équerres des deux solives opposées à travers l'âme de la poutre.

Ici le hourdis est en général de l'épaisseur des solives seulement, et très souvent la table de la poutre reste apparente au plafond inférieur ; d'autres fois, le tout est recouvert d'enduit, à condition qu'il y ait $0^m,03$ à $0^m,04$ d'épaisseur de plâtre sous la poutre, et qu'il y soit retenu adhérent par du fil de fer.

La poutre, au lieu d'être constituée par un seul fer, peut être formée de deux pièces jumelées, espacées par un intervalle de $0,25$ à $0^m,40$, cet intervalle étant rempli de maçonnerie. Il en résulte une poutre bien plus invariable, mieux protégée et plus capable de résister, soit aux vibrations, soit aux efforts obliques. De plus, en cas de charges inégales des travées voisines, les fers sont tout à fait solidaires. La position relative des fers est représentée en coupe verticale dans la figure 337. Le hourdis peut être limité à l'épaisseur même du solivage, comme dans la travée de droite ; mais il peut aussi avoir toute l'épaisseur de la poutre, ainsi qu'il est indiqué dans la travée de gauche. Comme dans les cas précédents, les fers jumelés sont réunis de distance en distance par des boulons à quatre écrous de 0,020 ou de 0,022, maintenant bien égal leur écartement.

Ces planchers se représentent schématiquement de la façon indiquée dans la *fig.* 338.

Ce croquis représente un plancher d'usine dont la portée entre murs est de 7ᵐ,50, avec des entraxes réguliers de

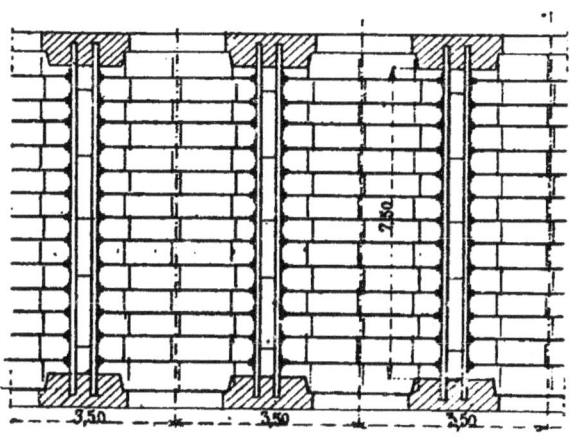

Fig. 338

3ᵐ,50. Dans chaque travée trois lignes de boulons d'entretoises maintiennent l'écartement des solives.

Les fers des poutres sont à écartement de 0,40 à 0,50, si les murs forment les seuls points d'appui ; il est même des cas où on pourrait économiquement les éloigner à 0ᵐ,75 ou même 1ᵐ,00, pour diminuer d'autant la portée et l'importance des solives.

181. Planchers d'étages du moulin du Caire. —
Lorsque la poutre repose sur des points d'appui intermédiaires, on rapproche les fers composants, dont l'intervalle est réduit à 0ᵐ,40 environ, pour rendre possible et facile la construction en métal de ces supports.

C'est le cas des planchers d'étages du moulin du Caire, dont nous avons donné *fig.* 298 le plancher du rez-de-chaussée. Un des planchers d'étages est représenté en ensemble dans le croquis 339. Les poutres sont placées bien verticalement au-dessus les unes des autres, d'un étage à l'autre, pour que les lignes de supports soient bien d'aplomb.

Dans ce plancher, les poutres sont formées chacune de deux fers de 0^m,26 larges ailes (45^k le mètre). Elles

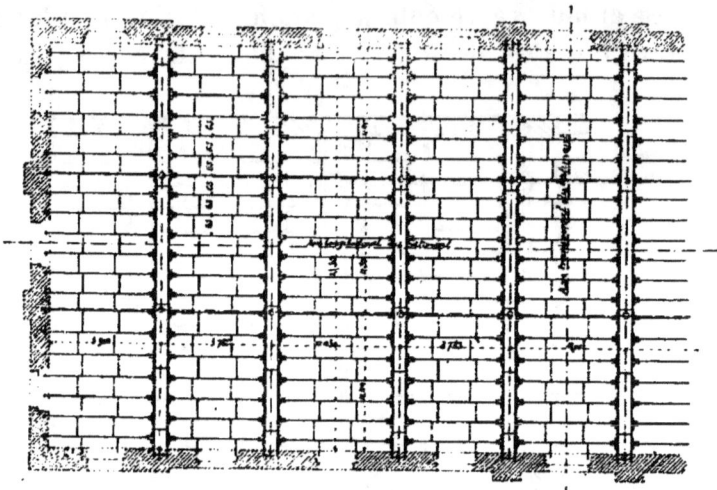

Fig. 339

reçoivent sur leur table inférieure les solives, dont les abouts sont assemblés à équerres avec leurs âmes ; les équerres sont rivées sur les solives, (ce travail pouvant se préparer d'avance à l'atelier), et boulonnées avec les poutres. Ce dernier assemblage ne se fait que sur place, sur le tas comme l'on dit.

Les deux fers jumelés d'une poutre sont formés chacun d'une seule pièce dans toute la largeur du bâtiment;

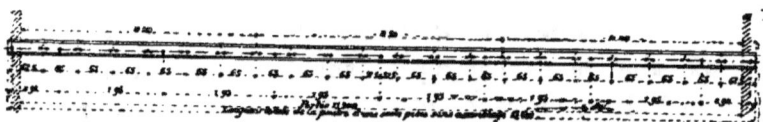

Fig. 340

ils reposent, dans l'intervalle des deux murs, sur deux colonnes intermédiaires en fonte, placées dans l'axe des piliers du bas. On profite ainsi, pour la résistance des poutres, de l'encastrement qui se produit sur les colonnes.

Le percement des trous de chacune de ces pièces s'est fait suivant le gabarit ci-contre (*fig.* 340). Les paires des trous d'assemblage des solives sont espacées de 0^m,65 et les boulons d'entretoise des poutres sont équidistants, à 1^m,95.

Le plancher devant porter des marchandises lourdes sur toute sa surface et recevoir des chocs, le hourdis a été fait en très bonne maçonnerie sur toute la hauteur des poutres, c'est-à-dire sur 0^m,26. La *fig.* 341 donne la coupe

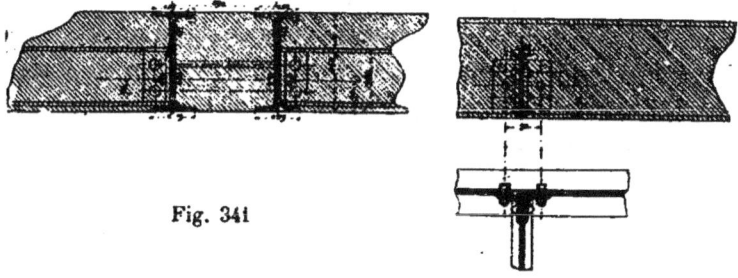

Fig. 341

du hourdis par un plan perpendiculaire à la direction de la poutre, et aussi une coupe perpendiculaire aux solives, en même temps qu'un plan de l'assemblage à équerres et boulons des solives avec la poutre.

La maçonnerie du hourdis a été exécutée soigneusement, de manière à pouvoir être considérée comme formant dalle et portant une partie de la charge, au lieu d'avoir besoin d'être soutenue. Aussi, n'a-t-on pas tenu compte de son poids dans la détermination des dimensions du profil des solives. C'est ce qui explique l'emploi de solives de 0^m,16 A. O., pesant 14^k. le mètre, espacées de 0^m,65 ; elles ont largement suffi pour les charges de 1000 à 1200^k. par mètre des planchers de moulins.

Un autre avantage de ces hourdis épais dans les planchers d'usines consiste dans la masse même de l'ouvrage ; ils peuvent recevoir des chocs, le renversement de marchandises empilées, la chute d'une meule; ils sont susceptibles d'éprouver des vibrations très énergiques sans en être ébranlés, ce qui n'arriverait pas sans hourdis sérieux.

La maçonnerie pour le hourdis est faite en mortier de

plâtre avec petits matériaux ; une fois prise, elle présente une résistance de sécurité de 5 à 6^k par centimètre carré, suffisante dans cette application. Elle a été établie sur un cintrage solidement étayé, incapable de vibrer, et elle a été maintenue plusieurs jours sur cintre.

Pour un bâtiment sujet à l'humidité, le mortier de plâtre ne vaudrait rien. Il faudrait le remplacer par du ciment à prise rapide. Dans ce cas la prise serait plus lente et il serait bon de laisser sur cintres une huitaine de jours. De plus, pendant 15 jours à un mois, il y aurait lieu de soutenir le milieu des solives et de faire des chemins en planches sur le dessus de la maçonnerie pour la circulation des ouvriers. Il faut par tous les moyens éviter les trépidations, qui diminuent beaucoup la valeur des maçonneries, lorsqu'elles ont à les subir pendant la prise de leurs mortiers. Pour les hourdis en ciment, il ne faut pas juger de leur dureté d'après leurs parements extérieurs ; l'intérieur, hors du contact de l'air, durcit bien plus lentement que la surface.

182. Plancher des moulins de Corbeil. — Nous donnons également dans la *fig.* 342 l'ensemble d'une portion des planchers que nous avons exécutés aux moulins de Corbeil, pour MM. Darblay. Ils ont une composition analogue. Les poutres sont en fers jumelés de 0,26 L. A. (45^k le m.) ; elles sont espacées de 3^m,88 d'axe en axe, et les travées, dans le sens des poutres, sont successivement de 4^m,00, 4^m,56 et 3^{m}70. Les poutres traversent d'une seule volée toute la largeur du bâtiment. Elles reçoivent les solives sur leurs ailes inférieures ; ces dernières sont en fer de 0^m,16 A. O., espacées de 0^m,70 et légèrement cintrées. La façade de ce bâtiment sur la rive AB est vitrée ; le mur absent est remplacé par une file de colonnes semblables à celles de l'intérieur. Le plancher est limité par un fer de 0,26 larges ailes, formant bordure et soutenant pour chaque étage une clôture légère faisant le soubassement du vitrage.

Les plan, coupe transversale et coupe longitudinale de la *fig.* 343 donnent en détail la disposition et les assemblages des diverses pièces de ce plancher, qui, de

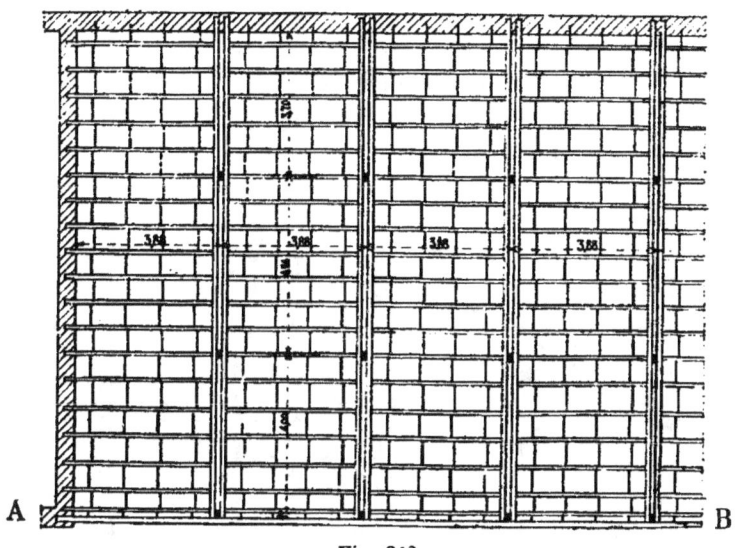

Fig. 342

même que le précédent, est hourdé plein sur toute la hauteur des poutres, c'est-à-dire sur 0,26 de hauteur, en

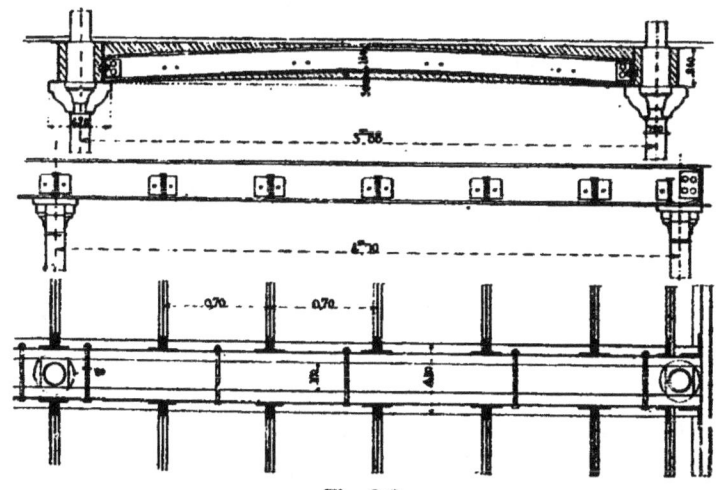

Fig. 343

maçonnerie de plâtras et plâtre, exécutée avec tout le soin nécessaire afin de pouvoir compter sur sa résistance.

Dans le même établissement des moulins de Corbeil, le bâtiment neuf, dit de la Halle, a une largeur de 16 mètres à l'intérieur, entre murs. Les entraxes nécessités par les exigences de la fabrication varient de 3,67 à 4^m,16. Tant pour avoir une travée libre au milieu de la largeur du bâtiment que pour réduire l'importance des poutres, on a rapproché les colonnes transversalement et on les a espacées de 3,30 seulement. Les poutres ont été établies

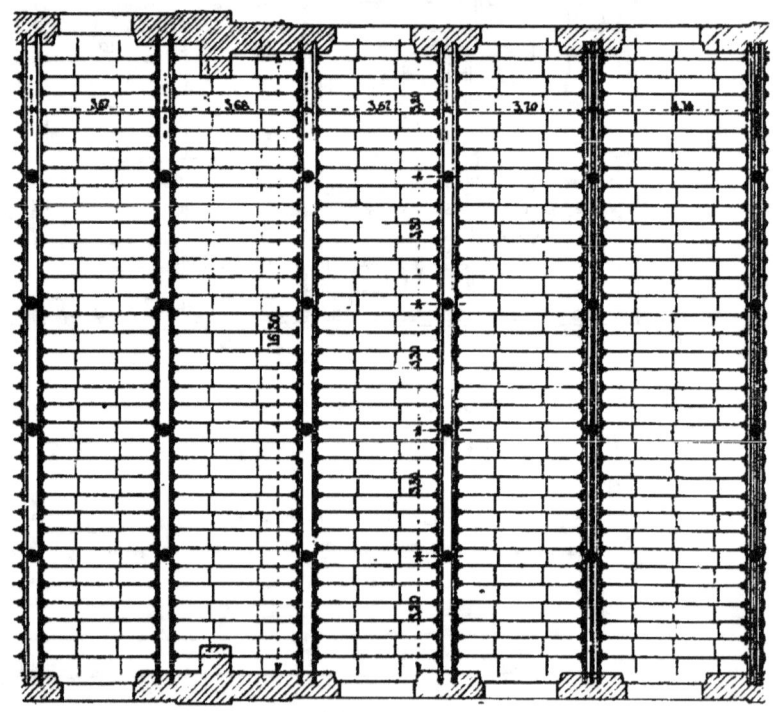

Fig. 344

en fers larges ailes de 0,235 pesant 36^k seulement le mètre courant; pour les travées les plus grandes, celles de 4^m,16 par exemple, on a ajouté entre les poutres jumelées un troisième fer de même échantillon allant d'une colonne à l'autre. C'est un moyen commode de renforcer une poutre sans changer son aspect extérieur ni la disposition du plancher. Ce fer supplémentaire ne reçoit il est vrai, aucun assemblage des solives, mais il est pris dans la maçonnerie, traversé par les mêmes boulons que les fers jumelés de la poutre, et ces derniers ne peuvent baisser sans tendre à le faire plier avec eux en raison de la maçonnerie interposée, et par suite sans profiter de sa résistance.

La *fig.* 344 donne le plan d'ensemble d'une partie d'un plancher d'étage de cet important bâtiment, qui compte dix étages superposés.

183. Autre exemple. — Un autre exemple de plancher de cette disposition est représenté dans la *fig.* 345.

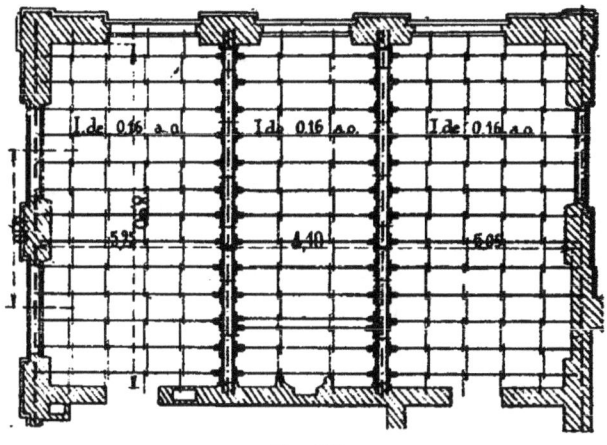

Fig. 345

C'est le plancher d'une grande salle de réception de la nouvelle École Centrale. Les poutres franchissent cette

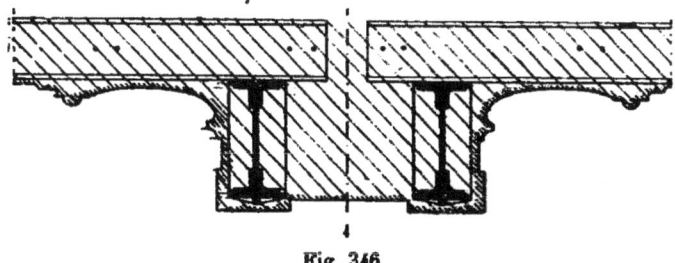

Fig. 346

salle d'un mur à l'autre sans support intermédiaire ; elles sont placées dans le sens de la plus petite portée, soit 8ᵐ,90. Elles sont jumelées et composées comme l'indique la *fig*. 346 ; on les a habillées par un enduit profilé formant soffite orné. Elles reçoivent les solives des trois travées de planchers qui forment la surface de la pièce, et ces solives sont faites de fers à I de 0,16 A. O. pesant 15ᵏ le mètre, le plancher ainsi constitué est destiné à soutenir des pièces secondaires pour habitation et leurs diverses divisions par cloisons légères.

184. Plancher de galerie dans un magasin. — La *fig*. 347 donne l'exemple d'un plancher de galerie

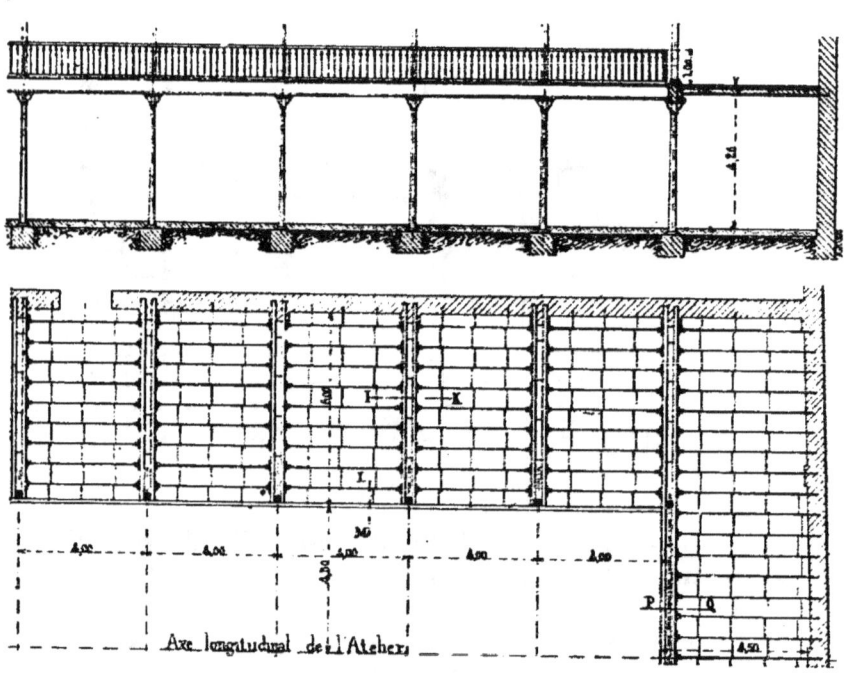

Fig. 347

dans un magasin pour marchandises très lourdes, 1,500ᵏ par mètre carré.

Le magasin est un rectangle long. Sa largeur est de 21ᵐ,00. Le plancher du premier étage est établi au pourtour des murs et laisse un espace milieu libre, non couvert, de 9ᵐ,00 de largeur. Il forme ainsi deux galeries de 6ᵐ,00 de large, parallèles et opposées, reliées au fond par un retour d'environ 4ᵐ,50 de largeur. Les entraxes sont égaux à 4ᵐ,00. Le plancher est composé d'une série de travées transversales, dont le solivage repose sur des

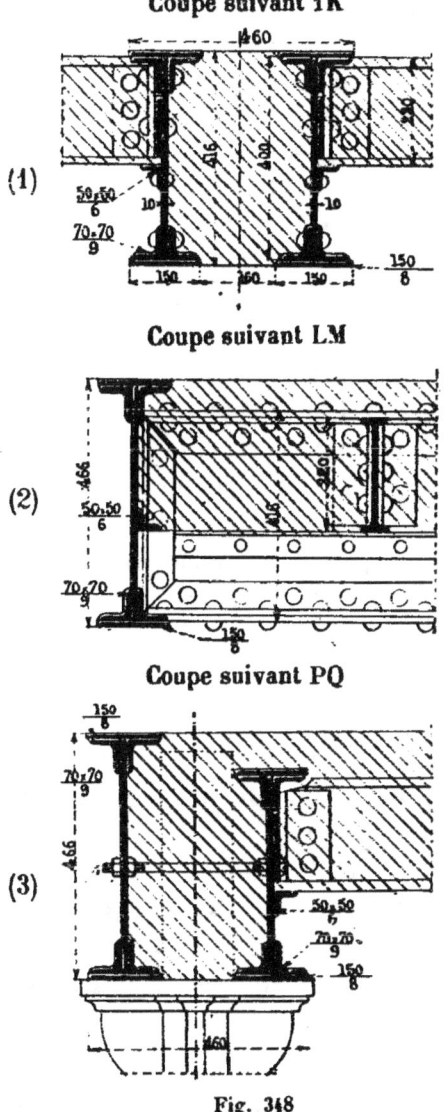

Fig. 348

poutres scellées d'un bout dans les murs extérieurs et soutenues au milieu par des colonnes.

Les poutres sont jumelées et chacune de leurs pièces est en tôles et cornières. La *fig.* 348 donne en (1), la coupe transversale d'une de ces poutres, suivant un plan vertical passant par IK. La hauteur d'âme est de 0,400 et quatre cornières de $70 \times 70 \times 9$ relient cette âme à des tables de 150/8 ; l'écartement des deux pièces est de $0^m,31$ d'axe en axe.

Les solives, en fers de 0,22 A. O., viennent s'assembler en haut des poutres ; elles sont reçues sur une ligne de cornières de $\frac{50 \times 50}{6}$, rivée à l'âme de la poutre, et une fourrure tient compte de l'épaisseur de la cornière de $70 \times 70 \times 9$. Les deux pièces sont réunies par des boulons de 0,020 à quatre écrous, qui les rendent solidaires. Elles sont hourdées dans toute leur hauteur, et font une saillie sous le solivage d'environ 0,19.

Le solivage est hourdé plein sur ses $0^m,22$ d'épaisseur.

Sur le bord du côté du vide intérieur, il est nécessaire de contenir le plancher par une poutre de rive de 0,466 de hauteur, qui cache les abouts des premières poutres en même temps qu'elle arrête la maçonnerie. Cette poutre de rive a une âme de 0,01 d'épaisseur, quatre cornières de $\frac{70 \times 70}{9}$ et deux tables symétriques de 0,150/8. Pour limiter le hourdis le long de la poutre, la maçonnerie est reçue par une cornière de $\frac{50 \times 50}{6}$ et ne peut glisser. La *fig.* 348, donne en (2) la coupe suivant LM et rend compte de cette disposition.

La dernière poutre du côté du fond traverse tout le magasin ; seulement, l'une de ses pièces, sert de rive dans la largeur de l'espace vide du milieu ; elle prend alors la hauteur de 0,466, de manière à se raccorder avec les rives longitudinales.

Cet excédent de hauteur lui donne plus de force pour aider la pièce jumelée, plus petite, à porter le plancher du fond.

La coupe suivant PQ représentée en (3) dans la *fig.* 348 indique de la position relative de ces deux poutres, qui sont inégales dans la traversée de l'espace milieu.

Là encore, on voit un exemple de la solidarité des deux

pièces qui leur permet de soutenir le plancher quoiqu'il ne soit assemblé sur le côté qu'avec la plus petite d'entre elles.

La même figure montre également la vue d'une tête de l'une des colonnes qui reçoivent la poutre.

Dans l'ensemble, *fig.* 347, le plan est accompagné d'une coupe longitudinale faite dans l'axe du magasin, et qui permet de juger de la forme qu'affecte cette galerie.

185. Planchers à grande portée pour maison d'habitation. — Comme exemple d'application des poutres en tôles et cornières à des planchers de maisons d'habitation,

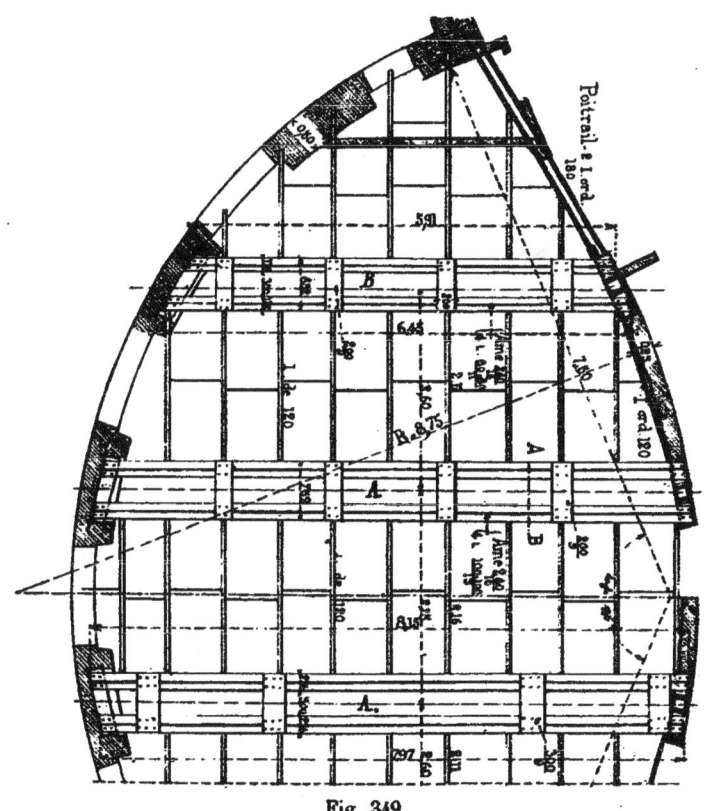

Fig. 349

la *fig.* 349 représente le plancher irrégulier de la rotonde d'une maison de Paris ([1]). Dans cette rotonde sont des sa-

---

([1]) Boulevard Saint-Germain, 205 (J. Denfer, architecte).

lons et l'espace à couvrir est irrégulier et compris entre le mur de face, circulaire à l'extérieur, et un pan de fonte circulaire en sens inverse, logé dans l'intérieur de la maison.

La plus grande portée est de 8^m,00 environ. Il s'agissait de franchir cet espace en donnant au plancher la plus faible épaisseur possible ; ou désirait se limiter à la dimension maxima de 0,30.

On a composé le plancher de deux grandes poutres A,A, et de deux plus petites, symétriques, B, dont une seule est figurée.

Ces poutres sont parallèles ; elles s'appuient d'une part sur les trumeaux de façade, de l'autre sur des colonnes en

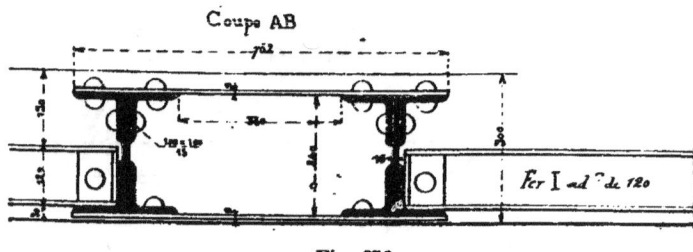

Fig. 350

fonte formant les points solides du pan métallique. Chacune de ces poutres est composée de deux pièces jumelées, et comme on ne trouvait pas, dans la limite de la hauteur donnée, de fers laminés suffisamment résistants, on a composé ces pièces en tôles et cornières de 0^m,24 de hauteur. Pour les grandes poutres A, l'âme a 0,016 d'épaisseur ; elle porte, rivées, quatre cornières de $\frac{100 \times 100}{13}$.

Pour les petites poutres l'âme est la même, mais les cornières sont réduites à $\frac{80 \times 80}{11}$. Les pièces jumelées sont fortement écartées l'une de l'autre ; il y un espace libre intérieur entre cornières de 0^m,33, ce qui porte la largeur extérieure des grandes poutres à 0,762. Les petites poutres sont analogues.

Cette forme a pour avantages : 1° de mieux répartir la

charge sur les trumeaux, au moyen d'une plus grande surface de contact; 2° de réduire la portée des solives à la dimension la plus faible possible, environ 2"̣,00, ce qui a permis de les établir au moyen de fers à I, A,O, de 0,12 espacés d'environ 0^m,75.

Les fers jumelés sont reliés sur leur longueur par une série de plates-bandes en tôle de 200/9, rivées avec les cornières. La poutre A a des entretoises de 300/9, plus espacées parce que, en son milieu, cette poutre porte les cheminées et les tuyaux de chaque étage qui occupent tout l'espace séparant les entretoises intérieures.

Les extrémités des poutres reposent sur le mur de face par l'intermédiaire de tôles de 200/11, rivées aux cornières inférieures, avec têtes fraisés au-dessous, pour assurer le contact.

180. Solidarité des poutres jumelées hourdées. — On voit par tous les exemples qui précèdent, la grande commodité d'assemblage que présentent les poutres jumelées, en fers laminés ou en tôles et cornières.

Elles ont le grand avantage de pouvoir s'entr'aider mutuellement, même quand l'une d'elles seule est chargée, ou bien dans des cas accidentels de travées inégales de construction, ou inégalement chargées. Pour obtenir cette solidarité très importante, il est nécessaire que les deux pièces jumelées soient reliées l'une à l'autre autrement que par les boulons d'entretoises.

Les modes de liaison métalliques consistent alors en croix de Saint-André et frettes, comme on l'a vu pour les filets; on remplace souvent les croix de saint André en fer par des entretoises en fonte, placées verticalement entre les poutres perpendiculairement à leur direction, et présentant la forme de l'intervalle qu'il s'agit de rendre invariable, de telle sorte que l'une des poutres ne puisse baisser sans entraîner sa voisine, et par suite sans profiter de sa résistance.

Lorsque les poutres jumelées sont construites en tôles

et cornières, on peut les rendre solidaires en les reliant perpendiculairement de distance en distance par des tôles verticales fixées aux âmes par des cornières.

Mais la meilleure manière de relier les pièces jumelées, surtout lorsqu'elles sont de dimensions restreintes comme dans la plupart des planchers, consiste à remplir leur intervalle par un hourdis en bonne maçonnerie, cet intervalle étant maintenu à distance fixe par des boulons d'âme à âme, ou des plates-bandes reliant les tables.

Comme exemple de cette solidarité, nous donnons, *fig.* 351, le plancher que nous avons établi à l'imprimerie

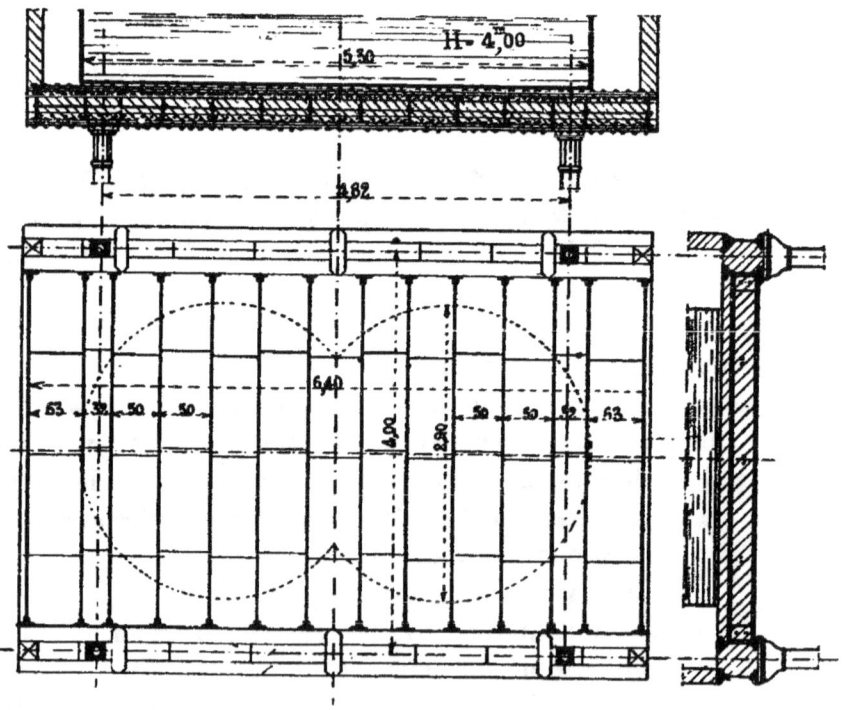

Fig. 351

Chaix à Saint-Ouen, pour porter un réservoir d'environ 45^{mc} dans le comble du bâtiment principal. Ce réservoir se trouve placé sur quatre colonnes qui forment le prolongement des files du bas. Les colonnes, au moyen de consoles, portent des poutres jumelées en tôles et cornières, calculées pour porter chacune la moitié de la charge qu'apportent les solives. Elles sont placées à l'écartement de 0^m,32 d'axe en axe. L'entraxe du plancher dans un sens est de 4^m,82 et de l'autre de 4^m,00. Les poutres jumelées sont faites de deux pièces en tôles et cornières de 0^m,30 de hauteur d'âme, dont la forme est indiquée dans le croquis de la *fig.* 352. L'âme a 0,010 d'épaisseur ; elle est reliée par quatre cornières de $\frac{70 \times 70}{9}$ à des tables de 0^m,150 de largeur, 0,022 d'épaisseur en deux tôles. Réunies par des boulons d'entretoises de 0,020 et des plates-bandes de distance en distance, elles présentent une solidarité déjà grande, mais que complète absolument le hourdis de ciment et meulières qui remplit leur intervalle. De telle sorte que la charge entière du réservoir leur est transmise sur le côté de l'une d'elles par les solives en fer à I de 0,26 qui remplissent la travée. Ces dernières sont espacées de 0,50 d'axe en axe ; elles sont posées sur les tables inférieures des poutres et assemblées par équerres avec les âmes de ces pièces. L'ensemble de poutres et du solivage est dessiné en plan et en coupes faites sur deux sens dans la *fig.* 351, tandis que la figure suivante en montre tous les assemblages en même temps que la tête d'une des colonnes qui servent de point d'appui au plancher.

Les intervalles des poutres, ainsi que le solivage, sont hourdés en maçonnerie de pierrailles et meulières, avec mortier de ciment ; le hourdis s'arase avec la partie supérieure des poutres, dont il a toute la hauteur.

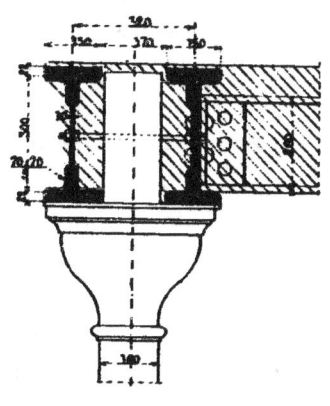

Fig. 352

Sur le périmètre de ce plancher s'élèvent les cloisons qui forment la chambre du réservoir ; elles comprennent les poteaux du pavillon en charpente legère qui contient, recouvre et protège le réservoir.

178. Planchers des salles d'études de l'Ecole Centrale. — Un autre exemple de planchers assemblés avec poutres en tôles et cornières, noyées dans l'épaisseur du plancher, est donné par la disposition prise à l'Ecole Centrale des Arts et Manufactures.

Les salles d'élèves, qui occupent les trois étages successifs d'un même corps de bâtiment sur la rue Vaucanson, sont nombreuses et séparées les unes des autres tantôt par des cloisons légères en briques creuses, tantôt par des murs de $0^m,50$ d'épaisseur ; mais ces murs totalement évidés par les conduits de ventilation, ont été traités comme cloisons, et soutenues comme celles-ci à chaque étage par la charpente des planchers.

Ces derniers portent à la fois sur les piles des murs de face et sur deux files de colonnes intermédiaires.

Dans le sens longitudinal, la largeur des salles a donné la dimension $6^m,25$ à l'entraxe du bâtiment.

Dans le sens transversal le couloir du milieu est plus petit que la distance des files de colonnes.

Devant l'impossibilité de placer les poutres dans l'épaisseur des murs ou des cloisons, nous avons dû les noyer dans les planchers, sans aucune partie apparente au-dessous ; les tuyaux de ventilation, en écartant les pièces jumelées, auraient nécessité des chapiteaux de colonnes apparents si on les eût mis dans le sens transversal.

Nous avons établi alors les poutres dans le sens longitudinal, parallèlement aux murs de face du bâtiment ; outre les avantages cités plus haut, nous avons eu celui d'une moindre longueur totale de poutres et d'une plus faible portée de solives, par suite, une notable économie de fer.

Le solivage, perpendiculaire aux façades, a été tracé en mettant les pièces doubles convenables sous les cloisons minces ou épaisses, et répartissant les autres dans les intervalles. Les colonnes sont noyées dans les maçonneries et l'on trouvera plus loin, à la *fig.* 354, la forme que

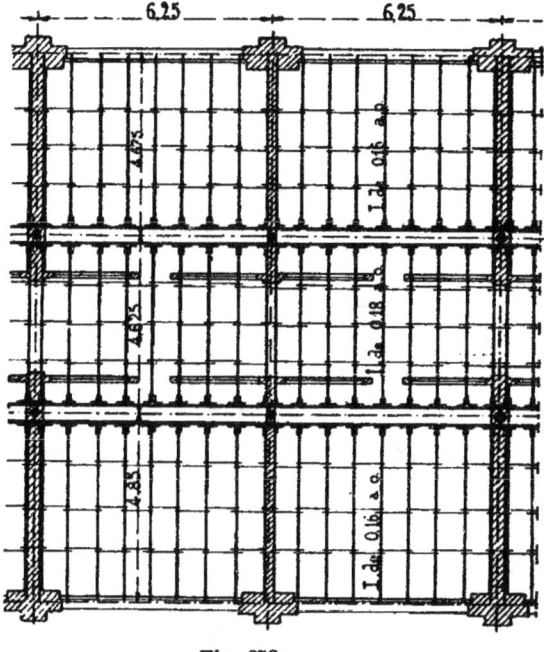

Fig. 353

nous avons dû leur donner. La *fig.* 353 indique la disposi-

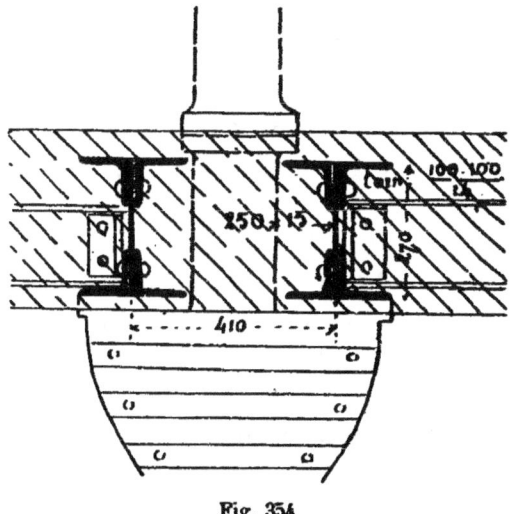

Fig. 354

tion de ce plancher dans deux travées successives du bâtiment, et la répartition du solivage, qui est en fers I de 0,16, A. O. pour les travées extrêmes et en I de 0,18 A. O. pour la travée milieu, destinée à porter, outre la charge courante, les cloisons longitudinales du couloir. Les poutres sont jumelées en tôles et cornières, et leur section est donnée dans le croquis de la *fig.* 354.

188. Planchers assemblés avec soffites inférieurs. — La poutre peut profiter de l'épaisseur du plancher pour s'y loger en partie, de manière à faire une saillie moins considérable au plafond du bas. On en a un exemple dans les planchers des bâtiments d'administration de l'hospice des Incurables d'Ivry. (M. H. Labrouste, architecte). L'ensemble du plancher est figuré schématiquement dans la *fig.* 355. La portée entre façades est

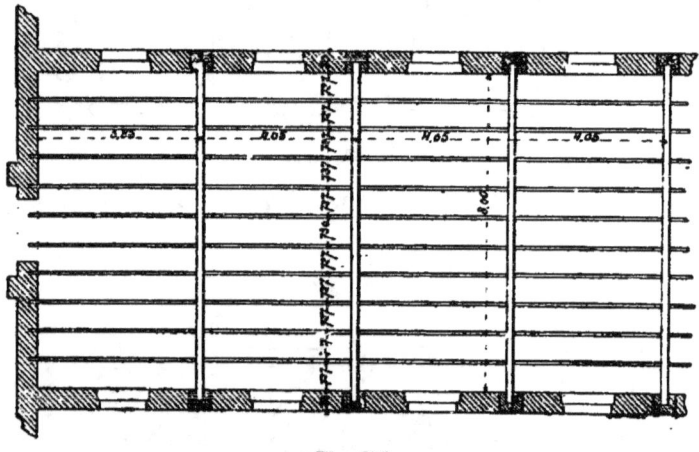

Fig. 355

de 8ᵐ,00, l'entraxe est de 4ᵐ,05. Au milieu de chaque trumeau et reposant sur un parpaing en pierre, on a établi une poutre en tôles et cornières de 0,450 de hauteur. Cette poutre reçoit les solives de 0,18 du plancher. Celles-ci sont à ailes ordinaires, profil le plus léger, pesant 16ᵏ. le mètre courant ; elles sont espacées de 0,727 d'axe en axe, avec travée entière le long des murs ; une demi-travée eût été préférable.

Logée en partie dans l'épaisseur du plancher, la poutre est apparente en dessous et fait une saillie réduite à 0,260. La *fig*. 356 donne la vue latérale d'une portion de la poutre, ainsi qu'une coupe de profil. Elle montre la composition du plancher avec le détail des assemblages.

La poutre est formée d'une âme de 0,01 d'épaisseur, de quatre cornières $\frac{80 \times 80}{9}$ et de tables de 0,20 × 0,010.

Pour éviter que le poids des solives et du plancher qu'elles portent ne fasse travailler au cisaillement les

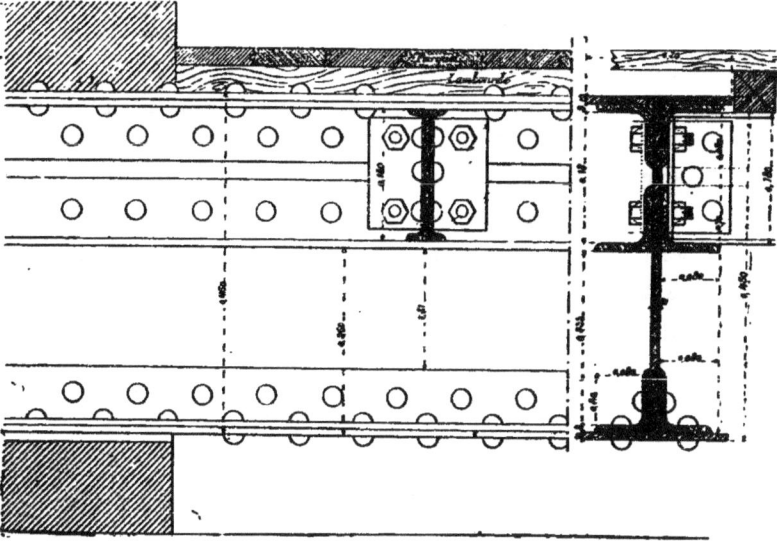

Fig. 356

boulons et rivets d'assemblage, on a ajouté en contrebas, rivées à l'âme de la poutre, deux autres cornières $\frac{80 \times 80}{9}$ sur lesquelles s'appuient les abouts des solives des deux travées voisines.

Les extrémités de la poutre reposent sur les parpaings en pierre de taille, par l'intermédiaire de plaques en tôle épaisse (0^m,020) et l'on a eu soin de fraiser les têtes de rivets sous la portée, pour assurer un contact convenable.

Les poutres ainsi employées dans les planchers sont toujours chaînées à leurs extrémités, et servent à parfaitement relier les murs opposés et à maintenir leur écartement.

189. Formes à donner à ces soffites. — Lorsque la poutre ne se loge qu'en partie dans l'épaisseur d'un plancher, on est souvent amené à donner à la partie restant apparente, en contrebas, l'aspect d'une poutre complète ; de là, la nécessité d'ajouter des cornières et des tables additionnelles pour produire cette illusion.

Dans la coupe représentée par le croquis (2) de la *fig.* 357, le plancher est porté par une poutre de $0^m,700$ de hauteur, et la partie inférieure ne fait au plafond qu'une saillie de $0^m,45$. On a placé immédiatement sous la ligne des solives, et pour la recevoir, deux cornières a, a, et on leur a donné les mêmes dimensions que les cornières b, b qu'elles répètent ; deux fausses tables c, c reproduisent la table inférieure, et on complète l'illusion de l'épaisseur de cette table par l'addition de deux fers convenables d, fers plats ou cornières suivant les cas.

On peut même produire l'illusion d'une poutre de plus faible hauteur que la saillie, par la disposition du croquis (1) de la *fig.* 357. La poutre a une hauteur de 0,90, sur lesquels il n'y a que $0^m,660$ de saillie au plafond du bas ; au moyen des deux cornières e, e, des deux fausses tables h, h, et des cornières i, i, on reproduit l'aspect d'une seconde table et de son épaisseur, et l'ensemble représente une poutre complète de 0,500 de hauteur.

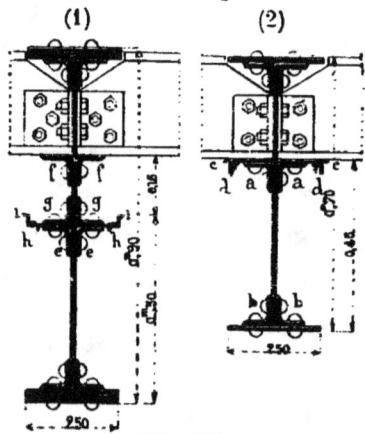

Fig. 357

Les quatre cornières f, f, g, g forment une hausse de $0^m,16$, qui reçoit le plancher. La dépense est un peu plus forte que dans le cas précédent, mais il est des circonstances où cette disposition donne une bien meilleure apparence à l'ouvrage. La poutre simulée du bas peut même être en treillis, alors que la partie haute est à âme pleine.

190. Plancher haut des Amphithéâtres de l'Ecole Centrale. — Cet établissement nous fournit encore, au-dessus des Amphithéâtres, un plancher ayant sans points d'appui intermédiaires une portée de $13^m,80$. Cet espace est franchi au moyen de deux grandes poutres jumelées en tôles et cornières, dont la position correspond

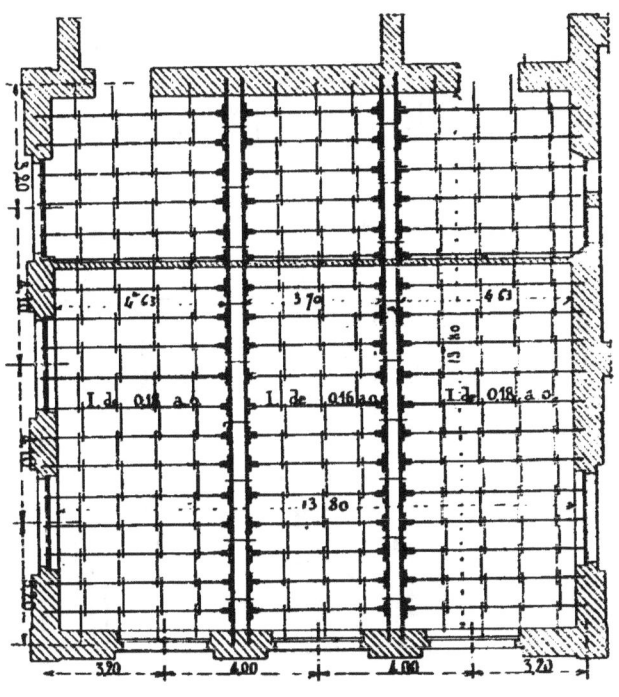

Fig. 358

aux trumeaux de la façade, et qui du côté intérieur s'appuient sur un mur de refend. Ces poutres portent le solivage, qui est en I de 0,16, ailes ordinaires, pour la travée milieu, et en I de 0,18 A. O. pour les travées latérales plus grandes.

La *fig.* 358 représente l'ensemble du plancher, poutres et solives; la cloison qui est figurée clôt l'amphithéâtre et

436   CHAP. V. — PLANCHERS EN FER

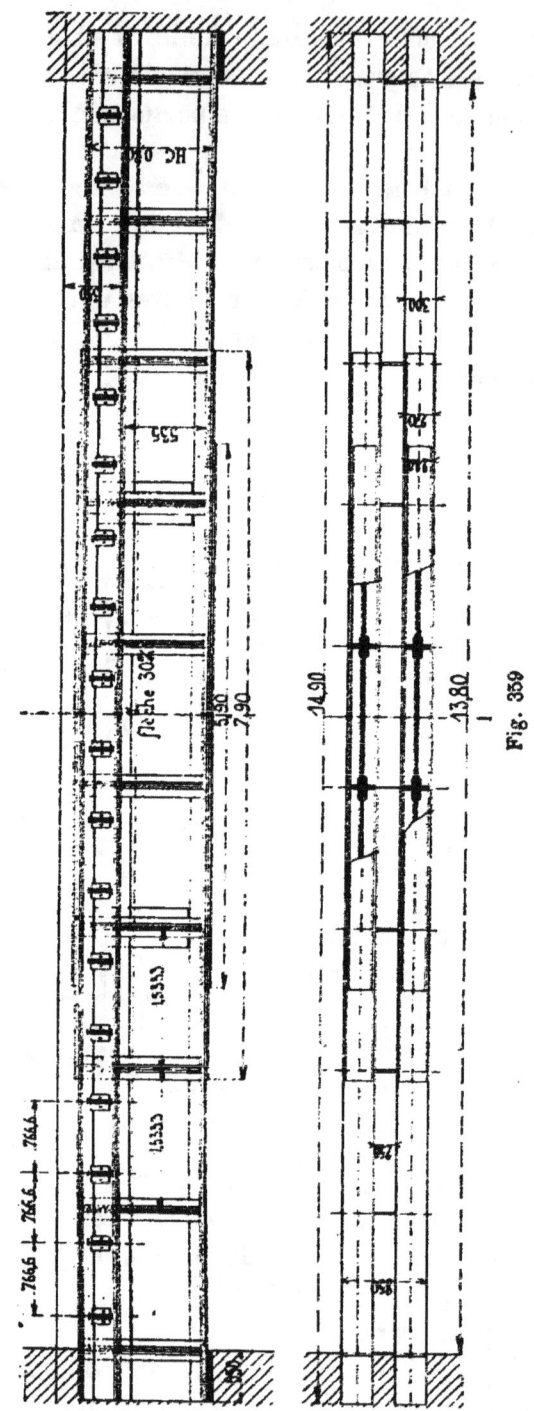

Fig. 359

se trouve au-dessous du plancher. On n'a compté aucunement sur elle pour la consolidation de ce dernier. Au-dessus se trouve une grande salle, ayant la surface totale du pavillon, et dont la destination est de servir de laboratoire.

La *fig.* 360 donne la section d'une de ces poutres jumelées ; elles ont $0^m,800$ de hauteur d'âme, et les deux pièces sont séparées par un intervalle constant de $0^m,415$. Chacune d'elles est faite d'une âme de 0,010 d'épaisseur, de quatre cornières de $\frac{90 \times 90}{10}$ et de tables.

La table supérieure est composée de trois bandes plates superposées de 300 sur 10 ; la table inférieure est formée de bandes en gradins pour mieux se détacher à l'œil, la poutre étant visible à sa partie inférieure ; la bande près des cornières a 300/10, la seconde 270/11, la dernière 240/12.

Dans ces tables, les bandes près des cornières ont toute la longueur de la poutre ; les suivantes, axées sur le milieu de la pièce, ont $7^m,90$ de longueur ; les troisièmes n'occupent au milieu qu'une longueur de $5^m,90$.

Pour que ces tables additionnelles ne paraissent pas faire plonger la poutre, on a donné à celle-ci une flèche de $0^m,030$.

On a évité le voilement de ces poutres dans leur longueur au moyen d'entretoisements en tôles, perpendiculaires à leur direction, et reliant les âmes des deux pièces jumelées dans toute leur hauteur au moyen de cornières d'assemblage ; à ces cornières intérieures correspondent de doubles cornières extérieures avec fer plat interposé, formant renforts. Cet entretoisement, renouvelé environ tous les trois mètres, donne une grande rigidité à la poutre totale.

Le plan d'ensemble d'une poutre, ainsi que la vue latérale, sont figurés dans la *fig.* 359.

Le solivage est assemblé à la partie haute de la paroi extérieure des poutres ; les abouts des solives sont portés par des cornières spéciales, établies à hauteur convenable et accompagnées d'une tôle continue destinée à figurer sous le plafond la table supérieure pour la portion apparente de la poutre ; pour dégager cette table du plafond qui recouvre les solives, on a soulevé celles-ci par un fer carré de 0,030 de côté.

L'intervalle des solives est hourdé sur leur épaisseur en maçonnerie de briques creuses et plâtre, qui porte les lambourdes du plancher supérieur ; l'épaisseur totale est de 0^m,350.

L'intervalle des poutres n'est hourdé qu'à la partie basse, pour éviter une trop lourde charge de maçonnerie,

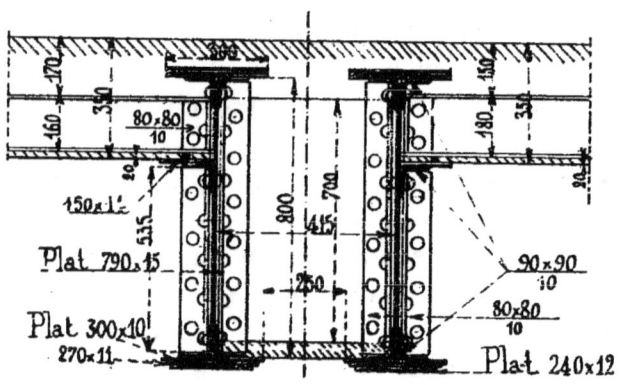

Fig. 360

et sur 0^m,12 seulement. Les pièces sont suffisamment reliées d'ailleurs par leur entretoisement métallique.

La portée dans les murs est de 0^m,55, et sous les abouts de larges pièces de fonte, très épaisses, répartissent la charge sur la plus grande section possible des trumeaux de façade ou du refend plein opposé.

La coupe transversale de l'ensemble de ces deux pièces jumelées, qui constitue une poutre, est dessinée dans la *fig*. 360 ; on y voit la section des pièces, les cornières latérales destinées à soutenir les abouts des solives, et aussi la tôle transversale chargée de maintenir à la fois et la distance des pièces et leur verticalité. Les dimensions des fers qui composent la construction sont données dans ce dernier croquis.

191. Galeries en porte-à-faux. — Dans le plus grand nombre de cas, les planchers ont leurs pièces de charpente posées sur deux ou plusieurs murs parallèles, avec ou sans points d'appui intermédiaires. Il n'en est cependant pas toujours ainsi ; on a quelquefois à porter des planchers de passages ou de galeries par des pièces en porte-à-faux, solidement encastrées dans un mur.

Nous donnons comme exemple une galerie extérieure de l'Ecole Monge, à Paris. Cette galerie est formée de

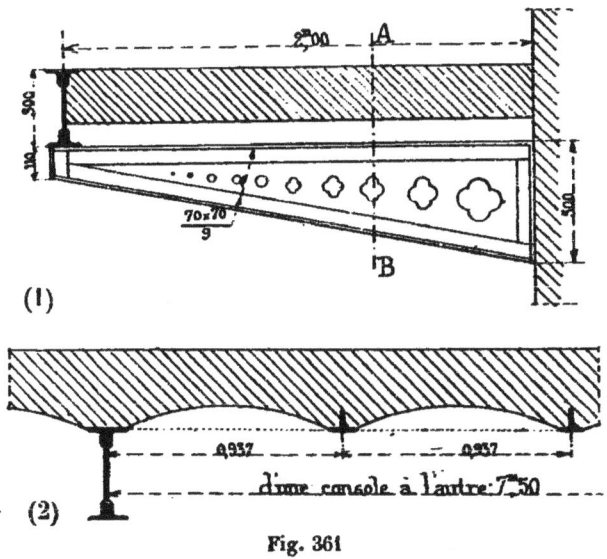

Fig. 361

consoles en tôles et cornières, plus hautes au point d'encastrement qu'à leur extrémité d'avant. Ces consoles sont encastrées dans le mur de face et sont distantes de 7ᵐ,50 l'une de l'autre.

Elles soutiennent à leur extrémité une poutre de rive de 0ᵐ,300 de hauteur, composée de tôles et cornières, qui porte le plancher dans l'intervalle des consoles, et en même temps limite à l'extérieur le hourdis en maçonnerie et lui sert de parement. Entre cette poutre et le mur du bâtiment, on établit tous les 0^m,937 des solives en fer à simple T de 100, la table étant mise à la partie inférieure ; d'un fer à l'autre, on jette une voûte en briques de 0,11, surmontée d'un hourdis plein de béton et d'un dallage dont la surface s'arase avec le haut de la poutre de rive.

192. Planchers pour salles polygonales ou circulaires. — Lorsque l'espace à couvrir est circulaire ou polygonal, on peut prendre deux solutions différentes :

La première correspond au cas où l'on veut simplement un plafond plat avec fers non apparents, ces derniers recouverts par l'enduit du dessous.

Il consiste à mettre sur les points d'appui dont on dispose, presque toujours d'un angle à l'angle opposé, une poutre capable de porter le plancher et sur laquelle

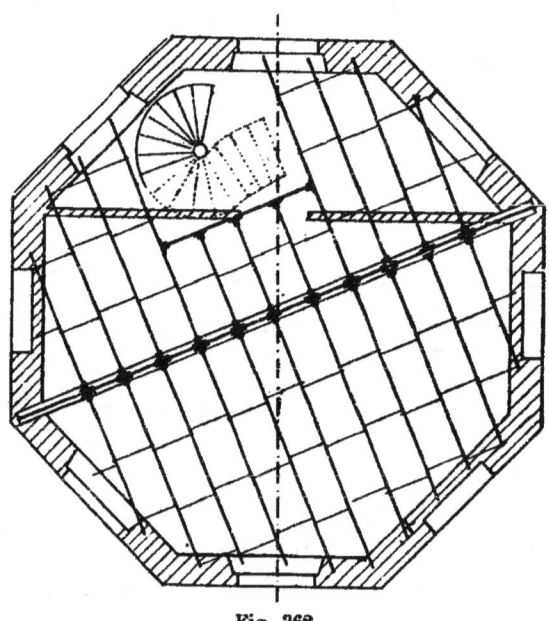

Fig. 362

viennent s'appuyer des solives perpendiculaires. Le croquis de la *fig*. 362, qui représente le plan du pavillon de chasse d'Echarcon ([1]), montre un plancher organisé de la

---

([1]) J. Denfer, architecte.

sorte. On a pris cette disposition parce que l'espace couvert est divisé par une cloison en deux pièces, dont aucune ne se trouve régulière, et que, dans ces circonstances, un plafond plat s'imposait.

Il en serait autrement si l'espace polygonal avait constitué une seule pièce bien régulière. Il eût été alors plus élégant de construire un plafond légèrement cintré, formé de poutres rayonnantes partant d'une petite distance du centre et aboutissant à tous les angles du polygone.

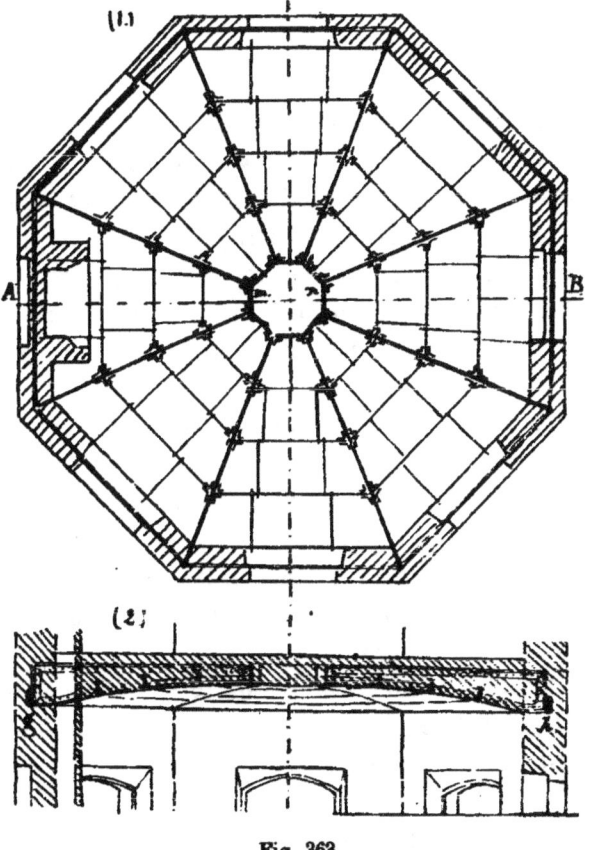

Fig. 363

La charpente serait alors disposée comme l'indique la *fig*. 363. Le croquis (1) montre le plan du plancher en fer, et le croquis (2) représente la coupe diamétrale suivant AB.

Les poutres, au lieu d'être poussées jusqu'au centre, ce

qui donnerait un point de concours difficile à construire, viennent buter contre une ceinture polygonale, $m\ n$, en fer plat de force suffisante. Chaque côté a la longueur convenable pour recevoir l'assemblage des poutres. Celles-ci ont la forme cintrée nécessaire au plafond, et travaillent comme des arcs, à la condition d'être reliées par une ceinture extérieure g, h, placée aussi bas que possible et qui les enserre. Dans ces conditions, si on calcule ces poutres, on trouve qu'il ne faut leur donner que de très faibles dimensions pour obtenir une stabilité et une résistance en rapport avec la charge du plancher supérieur. De sorte que le poids de fer est bien inférieur à celui que nécessitait la disposition précédente; cette économie compense la façon plus importante qu'il faut lui donner.

Les poutres, ainsi établies et chaînées, reçoivent des solives parallèles aux côtés du polygone et formant une série de polygones concentriques qui, s'ils restent apparents, peuvent produire bon effet au plafond.

La flèche à prendre est variable suivant la décoration de la pièce inférieure. Elle peut être nulle et le plafond est alors complètement plat. Dans ce cas, il peut encore y avoir avantage à employer cet arrangement, c'est une étude comparative qui tranche la question.

La flèche peut être plus importante et on peut en profiter pour supprimer le solivage ainsi que tous les assemblages biais qu'il nécessite, et hourder les trapèzes vides entre les poutres au moyen de voûtes cylindriques en briques creuses.

Le plafond inférieur ne change pas de forme, et l'intersection de ces cylindres se fait suivant les axes de la partie basse des poutres.

193. Plancher bas de la salle de l'Opéra à Paris. — C'est de la même façon, au moyen de poutres concourantes cerclées, que M. Garnier a exécuté le plancher bas de la salle de l'Opéra de Paris, sur un diamètre d'environ $23^m,00$, sans point d'appui intermédiaire.

PLANCHERS DE SALLES POLYGONALES OU CIRCULAIRES 443

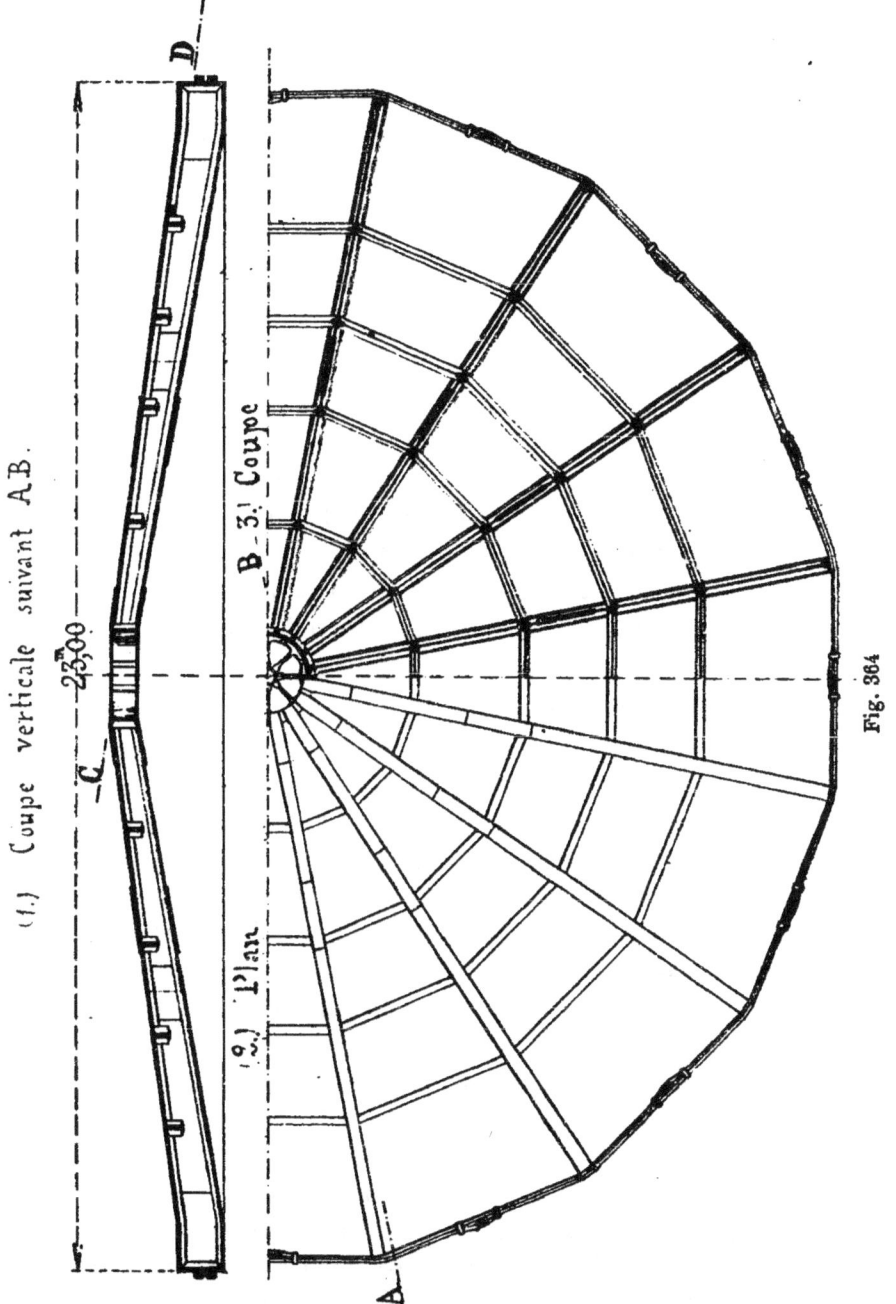

Fig. 364

Les croquis (1), (2) et (3), de la *fig.* 364 donnent la représentation de cette charpente ; l'espace à recouvrir était limité par des points d'appui disposés à la périphérie suivant un polygone à 16 pans. Les poutres du plancher sont en même nombre et correspondent à ces 16 points d'appui ; elles sont concourantes et viennent s'appuyer sur une ceinture centrale d'environ 1^m,50 de diamètre. Cette ceinture est élevée de 1^m,75 environ au-dessus du niveau des retombées. Celles-ci sont chaînées à l'extérieur au moyen de deux doubles chaînes en fers plats, assemblés à traits de Jupiter et clefs de tension. Ce chaînage est placé à la partie la plus basse des poutres.

Les poutres diminuent de hauteur à mesure qu'elles approchent du centre ; elles sont reliées par des solives parallèles aux côtés du polygone extérieur et forment quatre cours parallèles entre les deux ceintures intérieure et extérieure. Ces solives travaillent à la flexion pour porter le plancher ; elles pourraient travailler à la tension et empêcher le système de se déformer à la manière du chaînage extérieur.

Le croquis (1) donne la coupe verticale suivant AB ; il montre la forme des poutres, leur butée au milieu, leur chaînage au dehors, et la flèche qui permet de les maintenir stables au moyen du serrage extérieur. Le croquis (2) représente le quart du plan ; il indique la projection horizontale de quatre poutres, la forme de la ceinture intérieure contre laquelle elles butent et le chaînage extérieur, avec ses assemblages à traits de Jupiter.

Enfin le croquis (3) représente la coupe CD par les âmes des poutres et des solives.

194. Plancher sur poutres en arc. Gare de Calais. — M. Dunnett, architecte de la Compagnie du chemin de fer du Nord, a obtenu un effet décoratif très satisfaisant, pour le plancher haut du bâtiment de la gare de Calais, par l'emploi de poutres en arc.

La *fig.* 365 représente la pièce ainsi recouverte et la composition du plancher.

La largeur du bâtiment est de 14ᵐ,06 dans œuvre ; sa longueur est de 34,72 et le plan ci-dessous, *fig.* 365, en représente la moitié. Une poutre longitudinale sépare l'espace en deux travées ; elle est formée d'une série d'arcs s'appuyant sur six points d'appui, deux le long des murs ex-

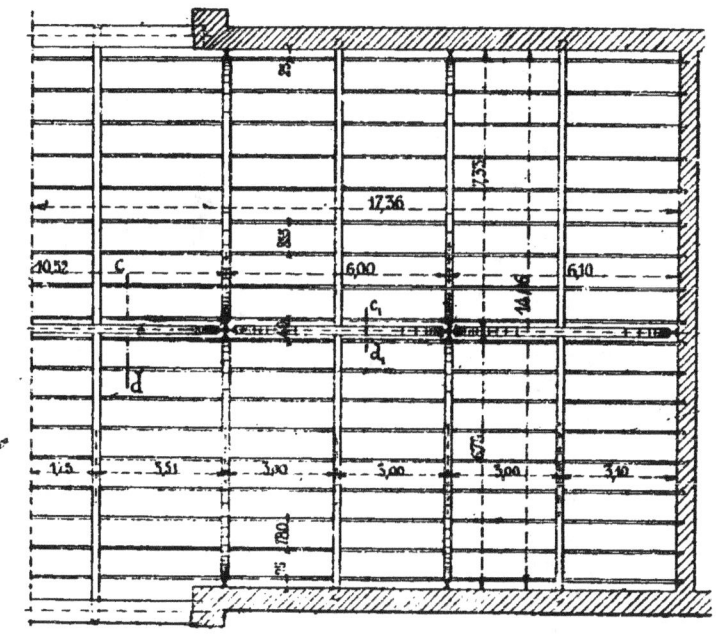

Fig. 365

trêmes et les quatre autres inégalement répartis dans l'intervalle, suivant les ent'raxes correspondant au programme.

D'autres poutres franchissent transversalement le bâtiment ; elles sont écartées de 3,00 à 3,50 et formées de manières différentes suivant leur position. Quatre d'entre elles reposent sur les mêmes points d'appui que les précédentes ; elles sont composées de deux arcs en prolongement ; les autres sont intermédiaires et droites.

Ce sont ces poutres transversales qui reçoivent les solives, et ces dernières sont espacées d'environ 0ᵐ,85 d'axe en axe. Leurs entrevous sont voûtés.

CHAP. V. — PLANCHERS EN FER

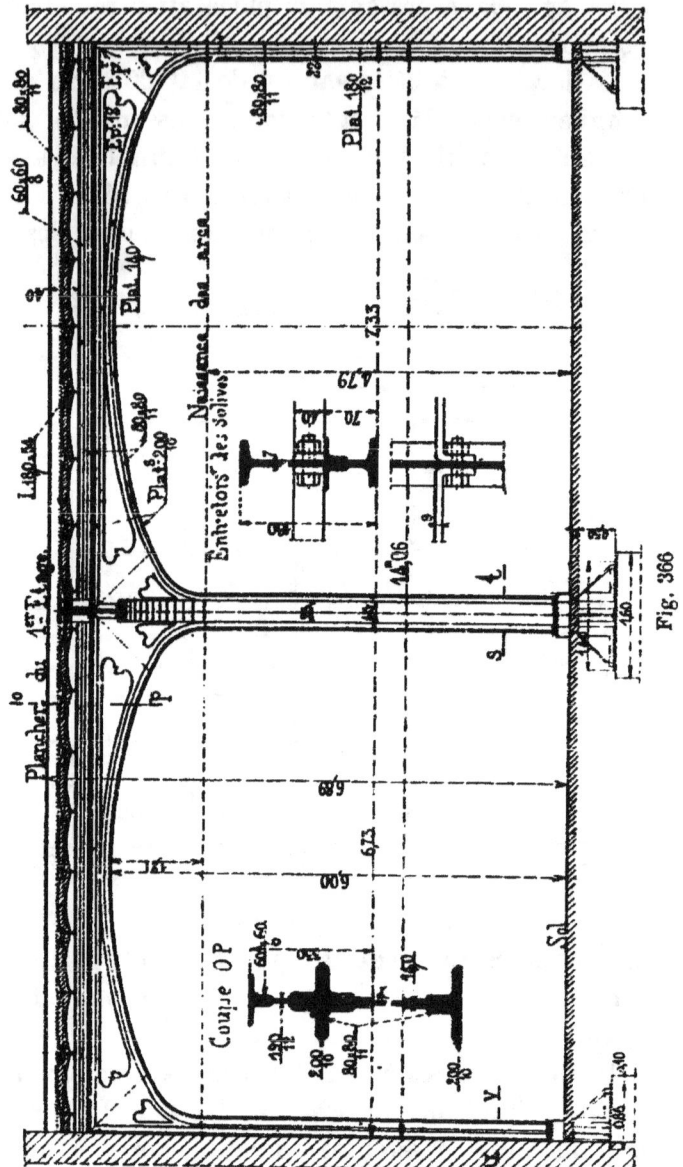

Fig. 366

PLANCHERS SUR POUTRES EN ARC 447

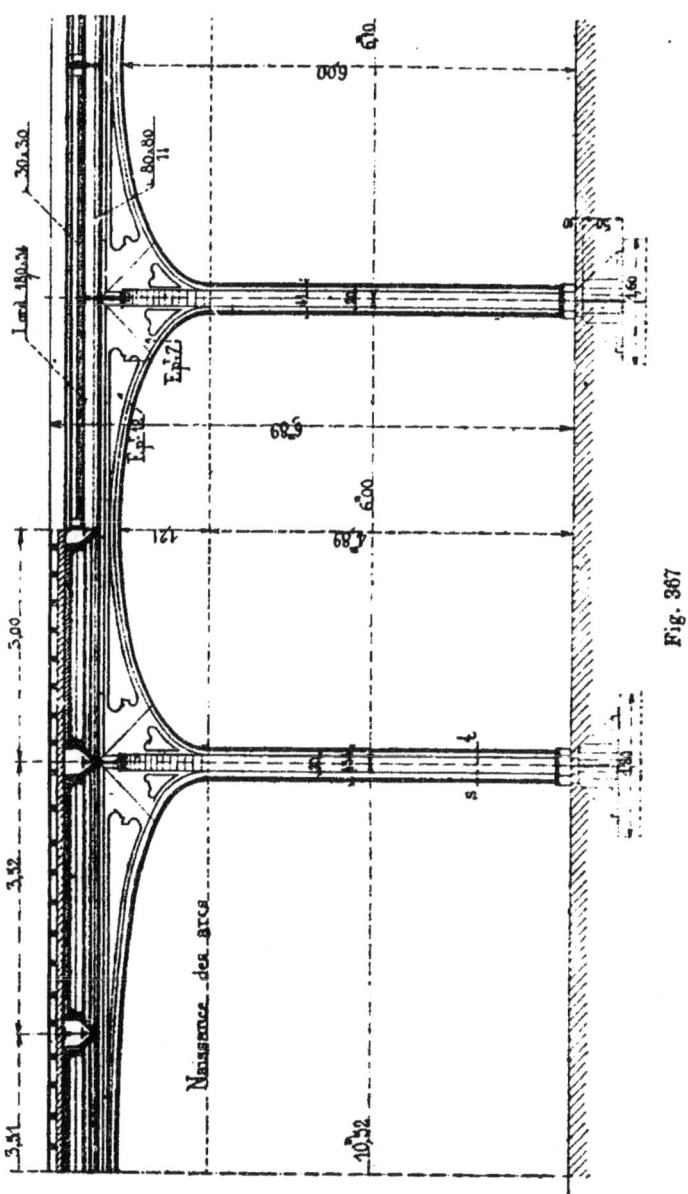

Fig. 367

Les points d'appui sont formés de supports en croix ; chacun des éléments, correspondant à l'arc qui est immédiatement au-dessus, est formé d'une âme et de tables ; ces dernières forment le prolongement des arcs supérieurs, de telle sorte que cette disposition paraît toute naturelle.

Ces poteaux sont fortement reliés à leur fondation ; l'appui latéral qu'ils trouvent dans la fondation aide à la résistance par flexion de l'arc. En somme, les arcs et les poteaux forment par leur continuité une seule et même pièce.

La *fig.* 367 montre, par une coupe en long de la pièce,

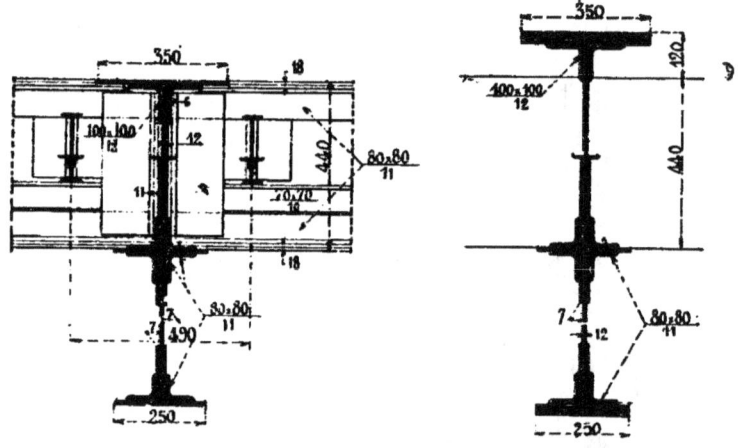

Fig. 368

la forme de la poutre longitudinale et la manière dont viennent se poser par dessus les poutres transversales. On voit aussi dans cette même coupe que les solives sont assemblées à la partie haute des poutres transversales droites, et franchissent deux travées en passant au-dessus des poutres transversales en arc baissées à cet effet.

La *fig.* 366 donne une coupe transversale du bâtiment ; on y voit l'élévation latérale d'une poutre transverse en arc, et la coupe du solivage, avec l'arrangement de toutes les pièces.

Dans cette *fig.* 366 sont également représentés par deux

croquis : 1° la coupe suivant OP d'une poutre secondaire en arc; 2° la section des solives en fers profilés de 0,18, avec la manière dont ces solives se trouvent entretoisées.

Les deux croquis de la *fig.* 368 montrent l'une la coupe de la poutre longitudinale en arc, et l'autre la section de l'une des poutres droites avec lesquelles viennent s'assembler les solives.

La *fig.* 369 enfin donne, dans les deux croquis, les sections des poteaux de soutien : l'un de ces poteaux, celui

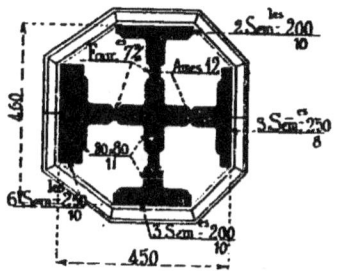 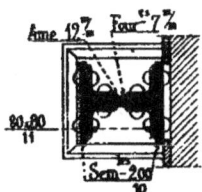

Fig. 369

de droite, s'applique au point d'appui adossé aux murs extrêmes ; il a la forme d'un I n'ayant à recevoir d'arc que dans un seul sens.

Les poteaux intermédiaires, ayant la forme de croix puisqu'ils se trouvent à la croisée de quatre arcs, ont leur section représentée par le croquis de gauche. Le nombre de leurs tables varie beaucoup suivant l'inégalité de portée des arcs qu'ils reçoivent. Le poteau représenté est celui qui reçoit le grand arc franchissant la travée du milieu.

195. Planchers de magasins non hourdés — Magasins généraux de Bercy. — Les planchers de grands magasins peuvent être établis comme les planchers de moulins qui ont été vus aux numéros 180 et 181, avec des points d'appui assez rapprochés, des poutres et des solives en fers laminés du commerce et un hourdis en maçonnerie ; on obtient ainsi d'excellents bâtiments, très solides, et dont les différents étages sont très isolés, ce qui peut être d'un très grand avantage dans un commencement d'incendie.

On peut encore les construire avec des points d'appui plus écartés, les former de grandes poutres, de solives hautes, portant simplement et sans hourdis un plancher en bois. On y perd plus de hauteur par les fortes épaisseurs des charpentes ; on y a également moins de stabilité et moins d'isolement en cas d'incendie, mais on y est moins gêné par les points d'appui, ce qui est un avantage dans certains cas.

Les magasins généraux de Bercy, construits sous la direction de M. Deharme, ingénieur, présentent un exemple de cette disposition. La coupe en est donnée dans la *fig.* 370, et le plan dans celle qui porte le n° 371.

Les entraxes dans les deux sens sont respectivement de $6^m,00$ et de 4,80. Aux points de croisement déterminés par le quadrillage correspondant à ces entraxes, on a établi des points d'appui formés par des piliers métalliques, et on a adopté des piliers semblables aux points où les poutres aboutissent aux murs de face. On a ainsi superposé six planchers.

Les poutres sont dirigées dans chacun de ces planchers dans le sens du plus grand espace à franchir, c'est-à-dire dans le sens des $6^m,00$. Elles sont formées de pièces en tôles et cornières de $0^m,80$ de hauteur, boulonnées avec les poteaux montants; de petites équerres dans les angles servent de chantignolles, les soutiennent en allongeant les lignes de boulon d'assemblage et enfin augmentent la résistance au roulement.

La section courante d'une poutre se compose d'une âme et de quatre cornières seulement. Dans les $4^m,07$ du milieu on a ajouté une première platebande et ensuite une seconde sur $3^m,00$, de manière à mettre la section de résistance en rapport avec le moment fléchissant en chaque point.

PLANCHERS DE MAGASINS 451

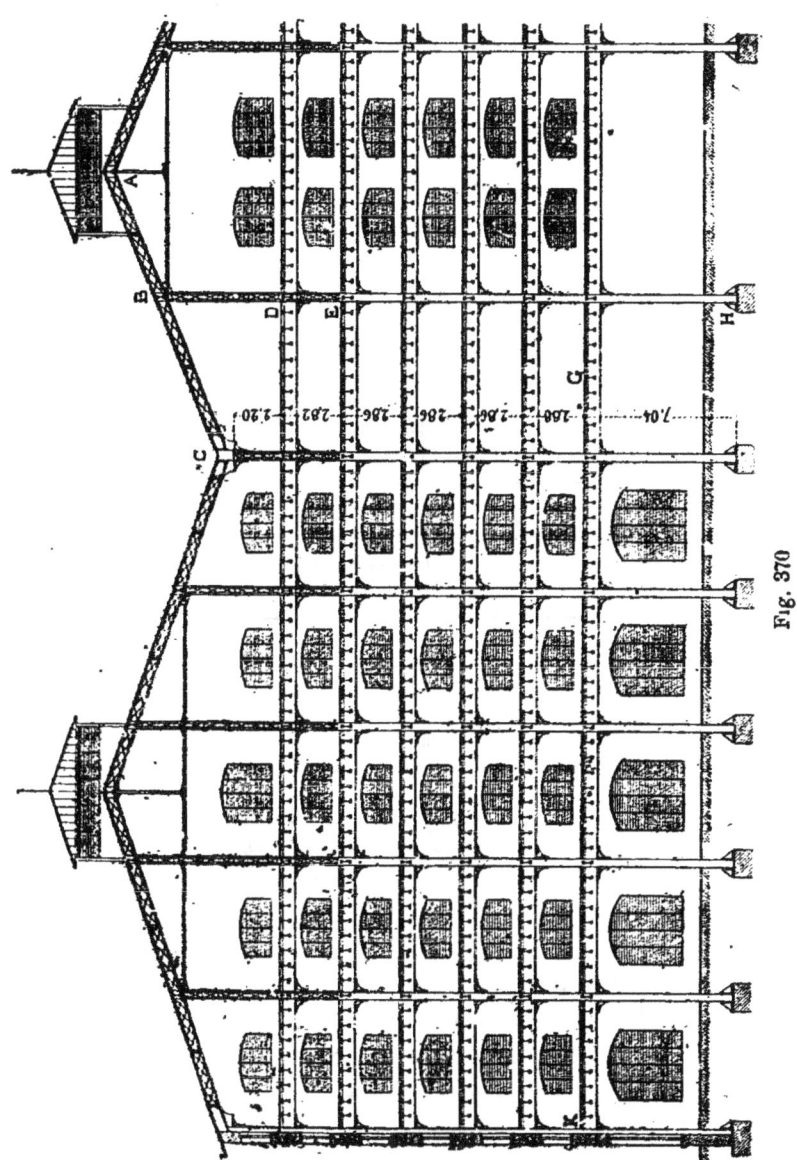

Fig. 370

Perpendiculairement aux poutres viennent se fixer les solives.

Celle-ci, au lieu d'être à âme pleine, sont en treillis ; elles ont 0ᵐ,45 de hauteur. Les barres de treillis sont pincées et rivées entre les cornières hautes et basses qui constituent seules le profil courant ; au milieu, une plate-bande de 0,108 de largeur vient compléter le profil nécessaire pour la résistance.

La face latérale de chaque solive est divisée en huit

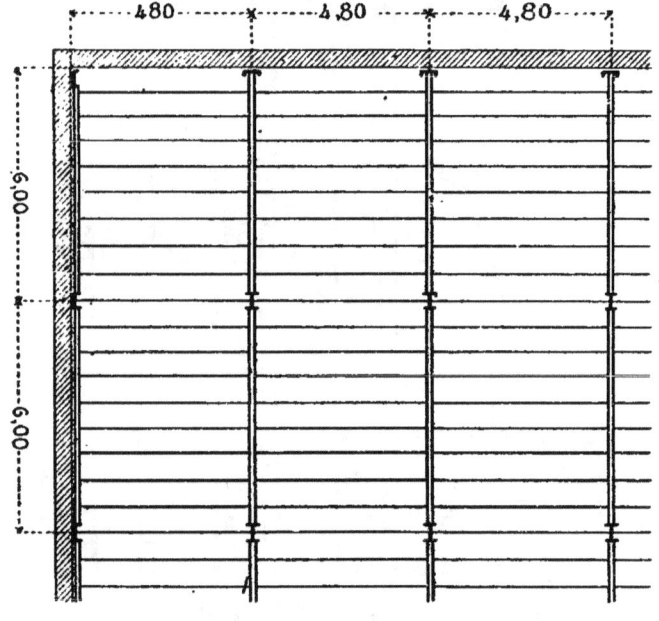

Fig. 371

rectangles par des montants verticaux ; des fers diagonaux plats, changeant de sens pour chaque moitié, constituent les barres tendus du treillis.

Ces solives sont assemblées à équerres avec les poutres, et les équerres sont tenues par six boulons. Pour que ces boulons ne soient pas cisaillés, et en même temps pour faciliter le montage, une petite console tenue par deux rivets vient recevoir l'about de la solive.

Les solives sont écartées l'une de l'autre, d'axe en axe,

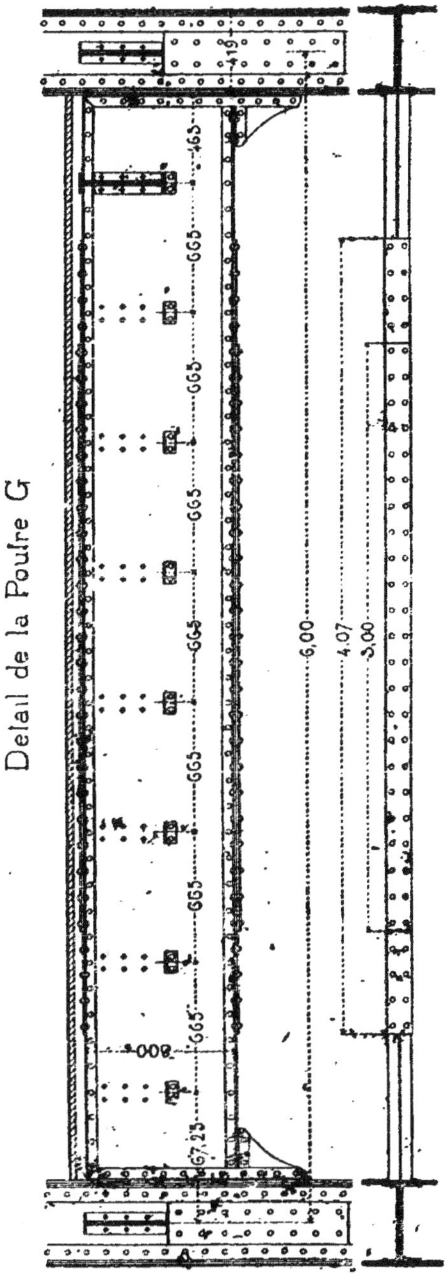

de 0ᵐ,665 et la division est faite de telle sorte qu'une ligne de solives existe d'un point d'appui à l'autre, ce qui facilite singulièrement le montage et le réglage des piliers.

Sur la partie supérieure des solives, on a fixé par des boulons à têtes fraisées des lambourdes en bois de 0,034 d'épaisseur et d'une largeur de 0,08 à 0,10. Ce sont ces lambourdes en bois qui reçoivent à leur tour un parquet rainé de 0,034 d'épaisseur.

L'assemblage des poutres et des solives est établi de telle sorte que les tables supérieures s'arasent bien horizontalement.

Les poutres sont dirigées suivant le sens transversal du bâtiment; une ligne de supports et une poutre de rive ont été établies le long des pignons, de manière que tout soit porté par la charpente métallique, et que la maçonnerie n'ait pour rôle que de former clôture et se porter elle-même.

Fig. 372

La *fig.* 372 donne le détail d'une travée de poutre, avec les équerres rivées et les trous destinés à l'assemblage

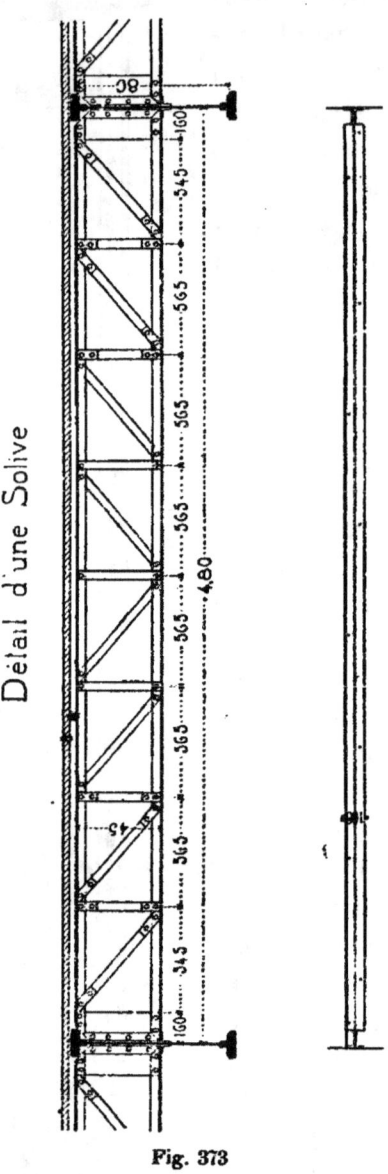

Fig. 373

des solives. La *fig.* 373 donne le détail de l'une des solives, ainsi que la disposition du treillis qui en forme l'âme. Il est évident qu'une telle charpente ne saurait résister à un commencement d'incendie, et même que le feu s'y propagerait facilement ; d'un autre côté, on fait une notable économie par l'absence de toute maçonnerie.

196. Magasins généraux sur la Loire à Nantes. — La *fig*. 374 représente l'ensemble des magasins généraux sur la Loire, à Nantes. Ils forment deux bâtiments adja-

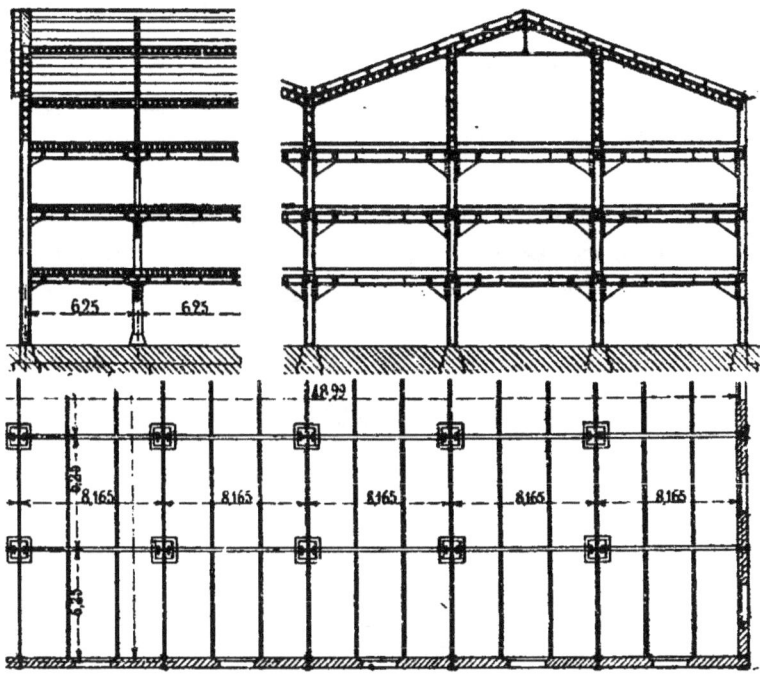

Fig. 374

cents, d'ensemble 49^m,00 de largeur. Le dessin représente un portion de plan, la coupe transversale et une amorce de coupe longitudinale.

Le plancher est en fer et bois ; l'ossature en fer se compose de grandes poutres posées sur les murs extrêmes et sur cinq supports métalliques intermédiaires. Ces poutres sont composées en tôles et cornières. Elles reçoivent des solives perpendiculaires, également en tôle et cornières et très espacées. Chaque intervalle de 8^m,165 n'en contient que trois, et l'une d'elles se trouve former entretoise entre les piliers de chaque file, de telle sorte que le tout est parfaitement soutenu. Pour contreventer les diverses pièces, de larges goussets en tôle relient avec le poteau les pièces qui viennent s'y reposer, et les angles de rencontre sont ainsi rendus invariables.

Transversalement aux solives sont établies de grosses lambourdes en bois, espacées d'environ 0^m,55 d'axe en axe, et à leur tour ces lambourdes reçoivent les frises du plancher.

Il n'y a aucun hourdis entre les différents fers et de ce côté il y a une forte économie. D'autre part le bâtiment n'offre aucun obstacle à la propagation d'un incendie.

197. Planchers à très grandes portées avec trois systèmes de pièces. — De même que pour les portées qui dépassent 4 à 5^m,00 on a, la plupart du temps, avan-

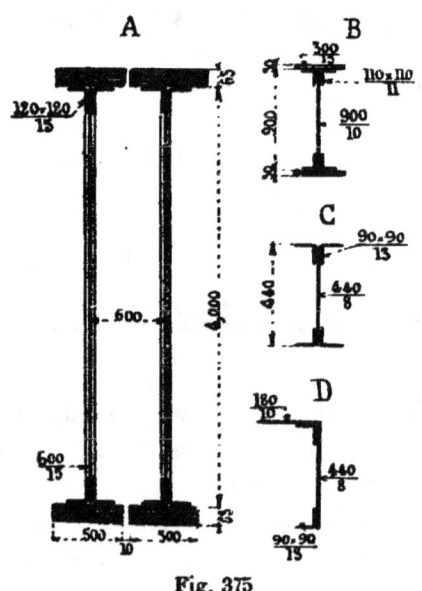

Fig. 375

tage à se servir de deux systèmes de pièces, les poutres et les solives, de même pour les portées qui dépassent 12 à 15^m,00 il peut y avoir avantage à se servir de trois systèmes perpendiculaires, successivement, les uns aux autres. Des poutres principales de grande hauteur franchissent la grande portée et sont distantes de 6 à 10 mètres, suivant les points d'appui dont on dispose. Elles soutiennent des poutres plus petites perpendiculaires, espacées de 4 à 5 mètres, et ce sont ces dernières qui reçoivent à leur tour dans leurs intervalles le solivage ordinaire. Les solives sont alors parallèles au premier système de poutres.

Un très intéressant exemple de ces grands planchers est celui du bâtiment des Messageries de la gare de l'Ouest à Paris. Le bâtiment, en bordure sur la rue de Saint-Pétersbourg, se trouve avoir son rez-de-chaussée en contrebas de $9^m,57$, au niveau de la voie ferrée.

Le plancher qui est au niveau de la rue a été établi d'une façon très solide, lui permettant de recevoir la circulation des wagons chargés que lui amène un ascenseur; les points d'appui ayant l'inconvénient de gêner la circulation inférieure, ils ont été réduits à des piles en maçonnerie espacées de $29^m,40$ d'axe en axe.

Cet espace de $29^m,40$ est franchi avec un premier système de poutres.

Ces poutres sont indiquées en A dans le plan de la *fig.* 376, et on les voit en élévation dans la coupe transversale du bâtiment qui est figurée au-dessus.

Elles sont jumelées et espacées de $10^m,25$ l'une de l'autre d'axe en axe. Chacune des pièces dont elles se composent est en tôle et cornières, avec treillis vertical formant l'âme, de $4^m,00$ de hauteur. Quatre cornières de $\frac{120 \times 120}{15}$ comprenant deux à deux des tôles de $\frac{600}{15}$ auxquelles sont attachées les barres de treillis, relient cette âme à des platebandes de 0,500 de largeur, composées de tôles superposées qui au milieu atteignent 63 millimètres d'épaisseur. Les deux pièces sont espacées de 0,600 d'axe en axe et maintenues à cet écartement par de fortes pièces d'entretoises.

Ces poutres ont réduit la largeur du vide à couvrir à $10^m,25$. Il est franchi par des poutres plus petites de 0,900,

458   CHAP. V. — PLANCHERS EN FER

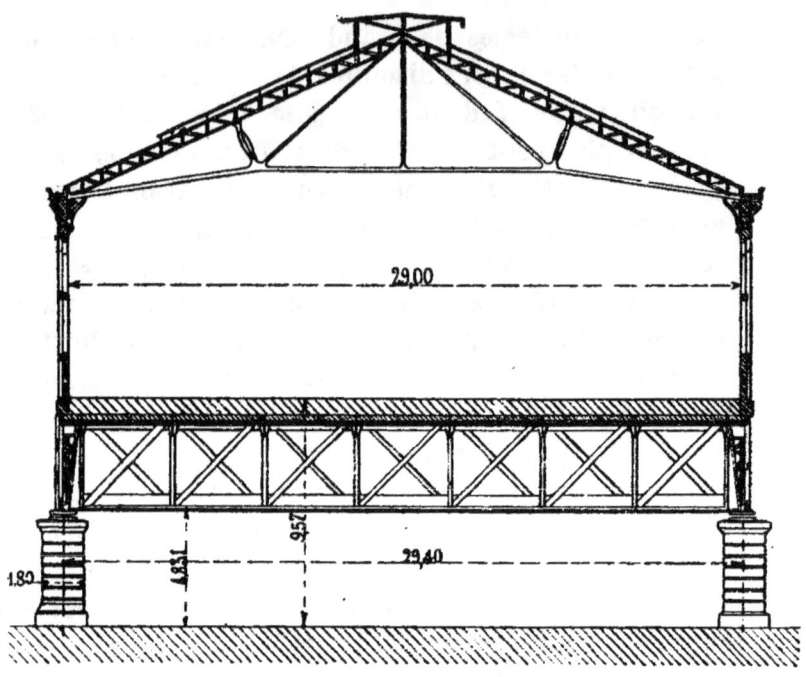

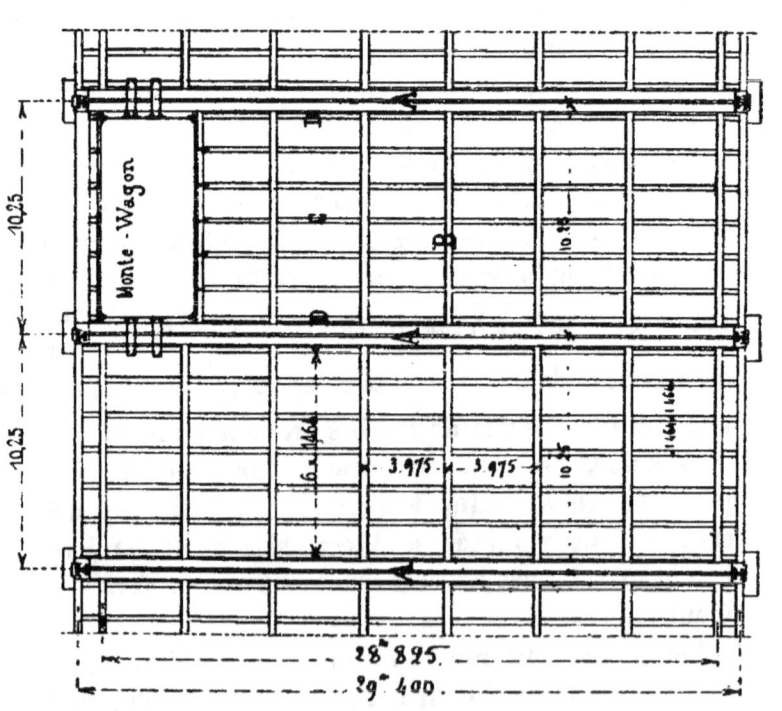

Fig. 376

de hauteur d'âme, espacées à 3^m,975 l'une de l'autre. Ces poutres secondaires sont marquées au plan par la lettre B. Quatre cornières de $\frac{110 \times 110}{11}$ relient l'âme pleine, de 0,010 d'épaisseur, à des tables de 0,300 de large et composées de deux tôles de 0,015 dans la partie milieu. Ces poutres s'assemblent sur les barres verticales du treillis des grandes poutres, dont la division a été faite en conséquence.

Quant au solivage, il est formé de fers de 3^m,975 de portée, assemblés avec le second système de poutres. Ce sont encore des poutres en tôles et cornières de 0,340 de hauteur d'âme, cette dernière ayant 0,008 d'épaisseur. A cette âme se rivent quatre cornières de $\frac{90 \times 90}{13}$, qui constituent les tables à elles seules. Ces solives sont espacées de 1,464 et reçoivent les briques des voûtes du hourdis;

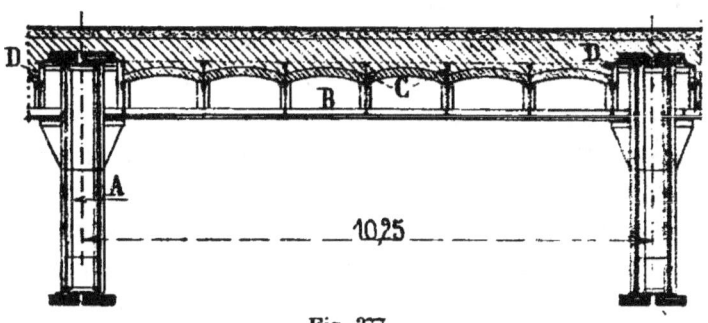

Fig. 377

elles sont marquées au plan par la lettre C. Celles de rives le long des grandes poutres, figurées en D, sont munies en outre d'une tôle de $\frac{180}{10}$, à leur semelle supérieure. Cette tôle a pour effet de boucher l'intervalle restant libre et de recevoir en ce point la maçonnerie du hourdis.

La coupe verticale du plancher, faite transversalement aux grandes poutres, est représentée dans la *fig.* 377. Elle montre la position de deux grandes poutres successives, l'entretoisement des pièces jumelées qui les composent;

les goussets qui reçoivent sur les barres verticales de leur treillis les poutres secondaires B, les goussets qui, attachés sur ces dernières, recevront les solives C, et enfin le rôle des solives extrêmes D dans le support du hourdis. Au-dessus des voûtes en briques est un remplissage en béton, terminé au niveau de la rue par les sols appropriés aux destinations des diverses parties de la surface du plancher.

198. Planchers spéciaux des silos des moulins de Corbeil. — Les planchers des bâtiments ne sont pas toujours horizontaux, surtout dans les usines, où ils ont à résoudre des problèmes très variés. Voici, comme exemple de ces planchers particuliers, la construction de ceux qui forment la partie basse des silos des moulins de Corbeil [1].

Autrefois on conservait le blé en l'étalant en couches d'environ $1^m,00$ d'épaisseur sur les planchers multipliés de grands bâtiments. Maintenant, on supprime tous ces planchers, sauf celui du bas et l'on y emmagasine le grain en grandes masses de 10, 12 ou $15^m,00$ de hauteur, de telle sorte que le plancher bas est excessivement chargé.

Les bâtiments où on dépose ainsi le blé par grandes masses doivent être divisés, en plan, par des séparations verticales, murs ou cloisons, permettant de séparer les grains, de les isoler et de les manutentionner facilement. Chacune des cases ainsi formées se nomme un *silo*. Les silos sont fermés en haut par un plancher plein, sur lequel sont les transporteurs, et le blé y arrive par des trappes ménagées pour chacun d'eux.

Le silo doit avoir sa partie basse disposée de manière à pouvoir se vider jusqu'au dernier grain par les ouvertures inférieures; pour cela, les parois du bas sont disposées en pyramides quadrangulaires renversées et la pente est telle que les angles dièdres, ou arêtes rentrantes, formées par les pans de ces pyramides, soient arrondis

---

[1] M. Friesé, architecte.

et inclinés à plus de 45°, ce qui donne pour ces pans eux-

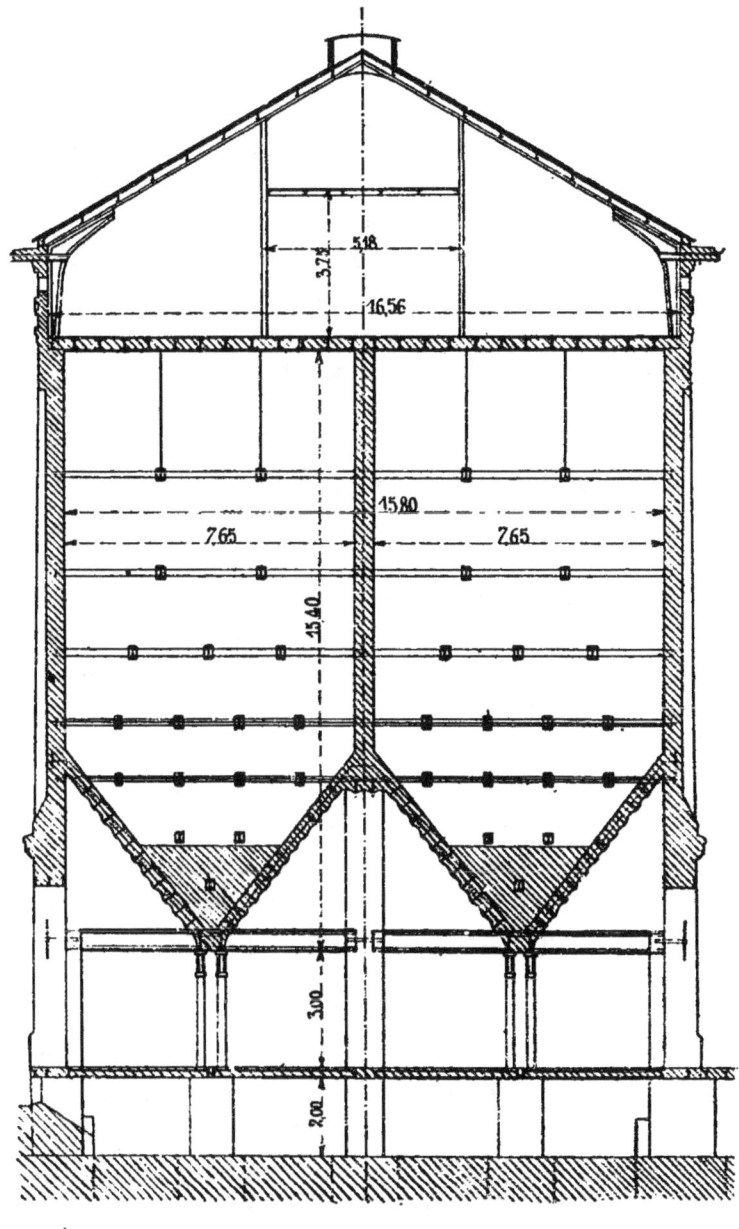

Fig. 378

mêmes une inclinaison beaucoup plus grande.

Le nettoyage des cases vides se fait ainsi de lui-même, et on évite d'avoir à pénétrer avec des lumières, ce qui peut amener de graves accidents, la poussière qui s'y dégage formant avec l'air un mélange détonant.

Le plancher bas doit donc satisfaire à cette double condition : de pouvoir porter l'énorme charge du blé et de présenter inclinées les parois des trémies des différents silos. Avec cela, il doit laisser en dessous un ou deux étages libres, nécessaires à la manutention de la marchandise.

La *fig.* 378 donne la coupe du bâtiment des silos des moulins de Corbeil : elle montre qu'il y a deux rangs de silos dans un bâtiment de 15^m,80 de largeur dans œuvre. Ces silos sont séparés par un mur longitudinal milieu, de 0^m,50 d'épaisseur. La hauteur des silos, depuis la bouche de vidage inférieure jusqu'au plafond du haut, est de 15^m,40.

Au-dessous, se trouve un rez-de-chaussée de 3^m,00, et, au-dessous encore, un sous-sol.

Au-dessus se trouve un énorme grenier triangulaire.

Le plan d'une portion de bâtiment comprenant deux travées est figuré dans le croquis 380, et la coupe longitudinale suivant KL par l'axe d'une file de silos, dans le croquis 379. On voit dans ces dessins que les silos ont 3^m,65 dans œuvre de largeur intérieure, ce qui porte l'entraxe du bâtiment à 3^m,90, murs de séparation compris.

Ces murs sont faits en briques de 0,22 d'épaisseur, et de distance en distance un mur de 0,50 forme une séparation plus solide en même temps qu'un isolement.

Chaque case peut se vider par deux orifices inférieurs et les deux dessins indiquent la disposition des trémies.

Le programme étant ainsi établi et les charges à porter se composant : 1° des divisions des silos, murs de cloisons, et 2° de la masse du blé à emmagasiner, voici la composition du plancher :

Sous les murs transversaux, on a établi des poutres jumelées de 0,510 de hauteur d'âme, spéciales à chaque rangée de silos, s'appuyant d'une part sur un des murs de face et de l'autre sur le mur de refend longitudinal du bâtiment.

Au milieu de leur longueur, elles sont supportées par deux colonnes en fonte, espacées de 0ᵐ,520 d'axe en axe.

Les poutres transversales établies à chaque entraxe

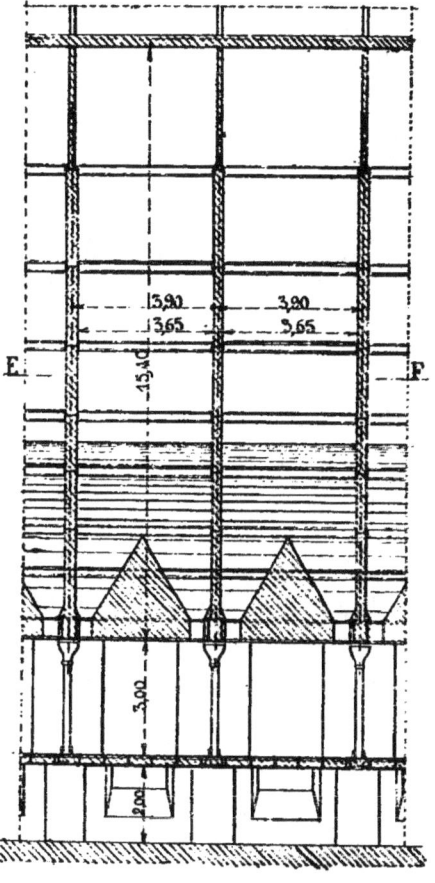

Fig. 379

sont reliées dans le sens longitudinal, au droit des colonnes, par deux autres poutres, de 0ᵐ,460 de hauteur, espacées de 0ᵐ,52 d'axe en axe. Les assemblages sont faits par cornières.

Il en résulte un réseau complet qui va porter toute la charge des silos.

Sur les poutres transversales on monte des murs en maçonnerie, composés de parties triangulaires et recevant les planchers inclinés constituant les parois inférieures des silos. Ces planchers sont établis au moyen de

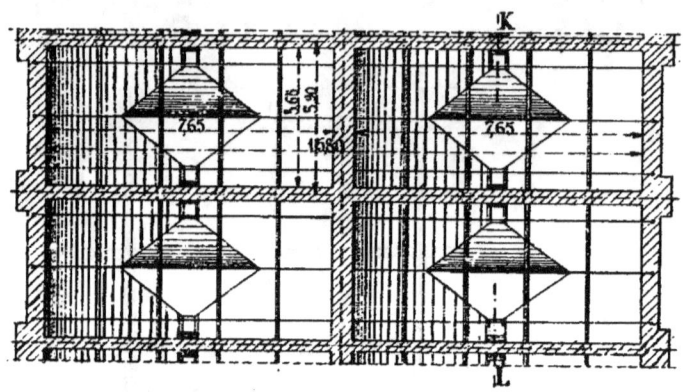

Fig. 380

solives à larges ailes de 0,35 de hauteur, rapprochées à la demande. Il y en a 11 dans chacun des pans inclinés.

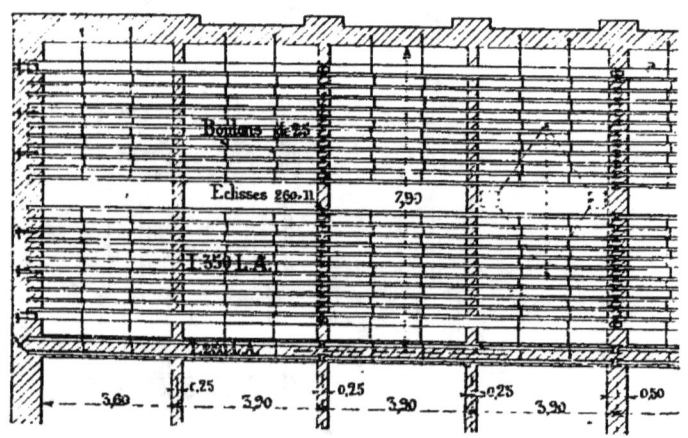

Fig. 381

Ces fers sont normaux au pan, reliés à écartement fixe par de forts boulons à quatre écrous et hourdés en plein avec de la maçonnerie de meulière et ciment. Ils sont mis bout à bout dans la longueur des silos et réunis par de doubles solives de 0,260 × 0,011 à chaque jonction. Les *fig*. 378 et 381 montrent, l'une en coupe, l'autre en plan, la disposition de ces différents fers.

La trémie de chaque silo est divisée dans sa partie basse en deux trémies partielles, aboutissant aux bouches

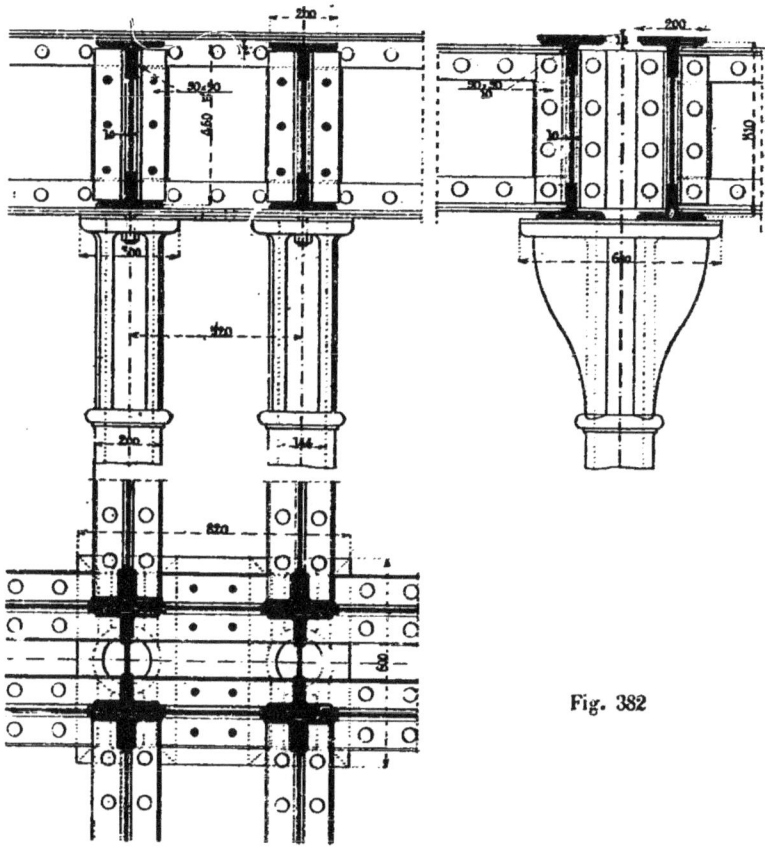

Fig. 382

d'évacuation par un pâté en maçonnerie pleine, porté par les poutres jumelées longitudinales entre lesquelles passent les bouches.

Le détail des filets et des colonnes qui les soutiennent est donné dans les trois croquis de la *fig*. 382.

Les coupes des silos ainsi que le plan montrent en même temps, à différentes hauteurs, des chaînages longitudinaux et transversaux en fers à I, chargés de maintenir l'écartement des murs et cloisons de séparation et de leur permettre de résister à la poussée considérable qu'exerce le blé sur leurs faces verticales.

Les parois intérieures des silos sont enduites en ciment de Portland.

CHAPITRE VI

SUPPORTS MÉTALLIQUES

§ 1. — *Colonnes en fonte.*
§ 2. — *Poteaux et piliers en fer.*

SOMMAIRE :

§. 1. — *Colonnes en fonte* : 199. Colonnes pleines du commerce. — 200. Colonnes pleines sur modèles. — 201. Pose des colonnes pleines sur leur fondation. — 202. Assemblage avec les charpentes. — 203. Colonnes pleines jumelées. — 204. Superposition des colonnes pleines. — 205. Autres formes de colonnes pleines en fonte. — 206. Colonnes creuses. — 207. Remplissage en mortier du vide des colonnes en fonte. — 208. Colonnes creuses superposées. — 209. Colonnes creuses du moulin français du Caire. — 210. Colonnes avec carré supérieur. — 211. Chapiteau à large tablette. — 212. Chapiteau à double console. — 213. Colonnes de la halle de Corbeil. — 214. Colonnes creuses d'une seule pièce pour deux étages. — 215. Colonnes noyées dans la maçonnerie. — 216. Colonnes à doubles consoles ornées. 217. Colonnes à doubles consoles sur chaque face. — 218. Colonnes à chapiteaux superposés. — 219. Colonnes en fonte pour charpente en bois. — 220. Colonnes avec grandes consoles remplaçant les contrefiches. — 221. Colonnes à consoles rapportées. — 222. Colonnes à sections carrées ou rectangulaires. — 223. Assemblage latéral de pièces de bois. — 224. Assemblage latéral de pièces de fer. — 225. Exemple d'une colonne de hangar. — 226. Colonnes mixtes à section variées. — 227. Colonnes mixtes ornées. — 228. Colonnes ornées pour Halles et Marchés. — 229. Colonnes recevant des transmissions de mouvement.

§ 2. — *Poteaux et piliers en fer* : 230. Poteaux et piliers en fer. Comparaison du fer et de la fonte. — 231. Poteaux en fer rond. — 232. Pieux en fer. Application aux pieux à vis. — 233. Piliers en fer, profilés de différentes formes. — 234. Piliers en fers à I et en U. Choix des sections à larges ailes. — 235. Assemblages avec les charpentes. — 236. Poteaux télégraphiques. — 237. Support en fers à I, ou en U, jumelés, hourdés en maçonnerie. — 238 Autres formes de poteaux en fers laminés. — 239. Support à I en tôles et cornières. Assemblages avec les charpentes. — 240. Jonction des poteaux superposés. — 241. Poteaux à sections variables. Piliers des Magasins du Printemps. — 242. Poteaux de périmètre et de milieu des Magasins généraux de Bercy. — 243. Supports à I en tôles et cornières, pièces jumelées. — 244. Supports en caissons verticaux. — 245. Piliers avec bases en fonte de la gare de l'Ouest à Paris. — 246. Supports métalliques en croix. Gare de Calais. — 247. Supports en treillis, pièces simples. — 248. Poteaux des Magasins généraux de la Loire. — 249. Supports en treillis, pièces jumelées. — 250. Poteaux en caissons avec une face en treillis. — 251. Piliers à sections variables. — 252. Supports en treillis. Pièces en croix.

CHAPITRE VI

SUPPORTS MÉTALLIQUES

§ 1. — COLONNES EN FONTE

199. Colonnes pleines du commerce. — Les colonnes pleines du commerce sont cylindriques, avec une légère diminution de diamètre à la partie haute. On les trouve toutes faites, en diamètres échelonnés de deux en deux centimètres, de $0^m,08$ à $0,18$. Les diamètres supérieurs sont diminués de $0^m,01$ par chaque hauteur d'étage.

Les longueurs varient de $0^m,05$ en $0^m,05$ dans les dimensions les plus usuelles.

Les colonnes affectent des formes variables, mais se composent toujours de trois parties : la base, le fût et le chapiteau.

La base est d'ordinaire carrée et un peu évasée, pour répartir la charge sur une surface plus grande; elle se raccorde par une moulure simple, ronde en plan, avec le fût.

Le chapiteau est fait de même. Le plus souvent, il est formé d'un tailloir carré soutenu par une moulure circulaire se raccordant avec le haut du fût. D'ordinaire, le chapiteau est terminé par un goujon perdu dans la fonte et qui sert pour maintenir l'assemblage avec les pièces à

470   CHAP. VI. — SUPPORTS MÉTALLIQUES

supporter. Les trois premières colonnes de la *fig.* 383 sont ainsi établies.

Une autre forme de chapiteau, applicable aux colonnes

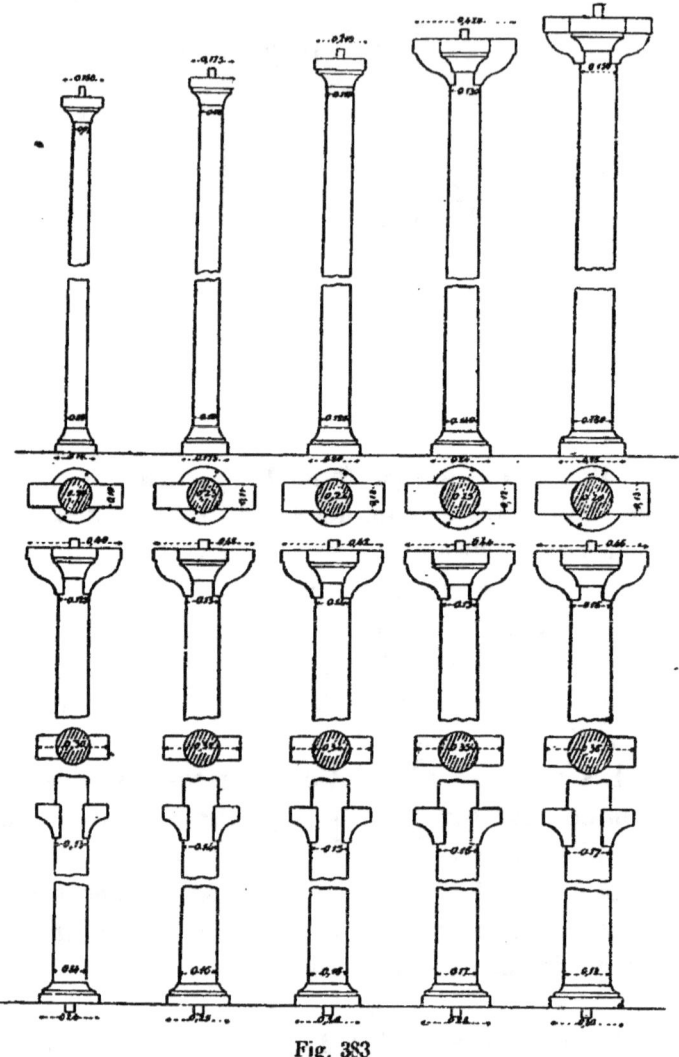

Fig. 383

qui ont à supporter des filets ou des poutres jumelées, consiste dans le même tailloir rond ou carré, mais bordé de deux côtés opposés par des consoles se raccordant avec le fût. Ces consoles ont environ $0^m,10$ de saillie sur le tailloir.

Quelquefois enfin, on fait des colonnes de deux étages de

hauteur; elles servent notamment quand on établit des boutiques surmontées d'un entresol. Le plancher intermédiaire entre ces deux locaux est soutenu sur des consoles venues de fonte à hauteur convenable pour recevoir les poutres principales.

Les colonnes en fonte pleine ont plusieurs graves inconvénients : elles sont très lourdes; elles sont souvent coulées en fonte de qualité médiocre, dans des moules horizontaux ou inclinés; il suffit de quelques crasses mélangées au métal pour déterminer des solutions de continuité intérieures et des points faibles. Les oreilles qui doivent porter les charges sont fréquemment, en raison de la grosse masse de fonte accumulée en ce point, intérieurement vides, par suite du retrait de la matière au refroidissement. Ces soufflures sont invisibles au dehors et diminuent, dans des proportions qu'il est impossible de déterminer, la résistance de la pièce, de telle sorte qu'on ne sait plus sur quelle sécurité l'on peut compter.

Aussi, dans toutes les constructions étudiées avec soin, toutes les fois que l'on n'est pas pris par le temps, a-t-on tout avantage à proscrire les colonnes pleines, et à les remplacer par des colonnes creuses, plus chères aux 100 kilogrammes, mais qui, plus légères, peuvent porter en toute sécurité des charges plus considérables.

200. Colonnes pleines sur modèles. — Quant aux colonnes pleines sur modèles, on ne les emploie que dans des cas extrêmement rares. Elles n'ont plus l'avantage de se trouver toutes faites, et, en dehors de tous les inconvénients signalés plus haut, elles se prêtent mal aux formes qu'on peut exiger d'elles, en raison des grandes variations d'épaisseur qui en résultent forcément et qui constituent une mauvaise condition de la fonte et du moulage. Du moment que l'on fait les frais d'un modèle, il est plus convenable de l'étudier en vue de la production de colonnes creuses, bien plus avantageuses ainsi qu'on le verra plus loin.

201. Pose des colonnes pleines sur leur fondation. — La fondation des colonnes est presque toujours très bien préparée par une pierre de taille, dite *libage*, posée sur les petits matériaux d'un mur ou d'une pile qu'elle relie, et sur lesquels elle répartit convenablement la charge; mais la pose de la colonne elle-même est plupart du temps défectueuse. Souvent la colonne arrivée en retard a été provisoirement remplacée par des étais et doit être placée en sous-œuvre. Il lui

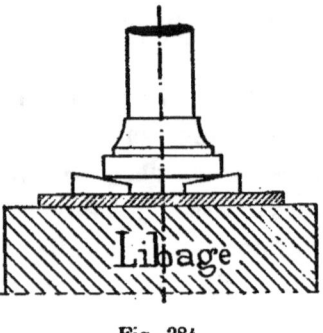

Fig. 384

faut le jeu nécessaire, et on la cale, comme le montre la *fig.* 384, au moyen de coins que l'on enfonce sur tout le pourtour de la base, de sorte qu'elle ne pose que sur ses arêtes inférieures. Encore ne prend-on pas toujours la précaution de mettre sous les coins une forte plaque de tôle, d'où il résulte que le lit de la pierre est tout détérioré. On empâte le tout d'un peu de mortier de ciment qui ne peut pénétrer sous toute la base.

On améliore singulièrement cette fondation en établissant autour de cette base un godet en glaise, et y coulant du régule, alliage d'antimoine et de plomb qui noie toutes les cales et remplit tous les vides d'un métal devenant dur à la prise. C'est l'alliage des caractères d'imprimerie.

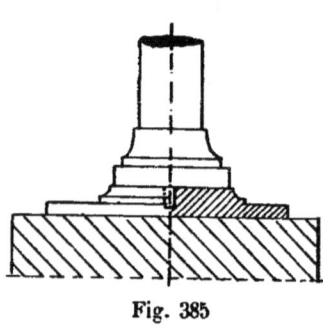

Fig. 385

Une bonne précaution pour éviter la prise trop prompte du régule et sa mauvaise répartition consiste à chauffer préalablement la base de la colonne en l'entourant de quelques charbons incondescents.

La vraie manière de poser une colonne pour en obtenir une résistance complète, en rapport avec les prévisions, consiste à établir sur les matériaux du mur, sans interposition même de pierre de taille, une forte plaque en fonte qui en tient lieu et qui est chargée de répartir la pression sur une surface suffisante de maçonnerie. Cette plaque, posée sur mortier de ciment, présente à sa face supérieure une portée en rapport avec la base carrée de la colonne et rabottée bien exactement. La sous-face de la base de cette dernière est dressée elle-même au tour, bien perpendiculairement à son axe, et les deux surfaces sont simplement superposées; un goujon, noyé dans la colonne et pénétrant dans une mortaise de la plaque, assure la position exacte.

202. Assemblage des colonnes pleines avec les charpentes. — Les colonnes pleines du commerce ne sont guère employées dans les constructions que pour soutenir des poutres de planchers ou des poitrails.

Ces charpentes sont simplement posées sur leur chapiteau ou sur leurs oreilles. Il y a lieu, dans la plupart des applications, de fixer la tête de la colonne aux pièces portées, pour qu'en cas de charge insuffisante ou de tassement de la fondation la colonne ne quitte pas sa position. L'assemblage se fait,

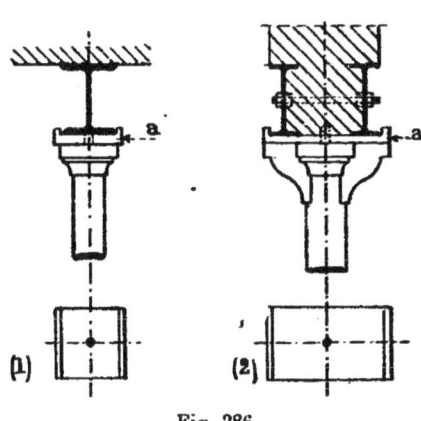

Fig. 386

dans le plus grand nombre des applications, comme le montrent les croquis (1) et (2) de la *fig*. 386.

Dans le croquis (1) la colonne est simple, de faible diamètre, et ne porte qu'une petite charge qui lui est transmise par un fer horizontal à I, L.A, dont elle soutient le milieu. On interpose entre la colonne et le fer une plate-bande en fer a, représentée au-dessous en plan, dont les bords sont relevés de chaque côté du fer. La platebande est percé d'un trou dans son axe pour recevoir le goujon de la colonne. La longueur de ce dernier est limitée à l'épaisseur de la platebande, 15 à 20 millimètres.

Le croquis (2) de la même figure donne l'application de cette même platebande au support du milieu d'un poitrail. Elle a la même forme, prend toute l'épaisseur du poitrail de chaque côté duquel elle se relève, et elle maintient le goujon du chapiteau, auquel on laisse cette fois plus de longueur sans inconvénient.

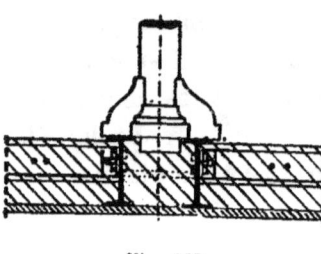

Fig. 387

Pour des colonnes fondues sur modèle, et portant des poutres jumelées, on peut supprimer la platebande en prolongeant le fût d'environ $0^m,05$ au-delà de la surface supérieure des consoles. Ce prolongement forme dans le hourdis un scellement qui maintient parfaitement le chapiteau dans la construction ; on lui donne souvent une section carrée.

203. Colonnes pleines jumelées. — Lorsque des colonnes servent de point d'appui à un poitrail supportant un mur chargé, et que le poitrail a une longueur de plus de trois mètres, on a grand avantage, au point de vue de la stabilité, à composer chaque appui de deux colonnes posées transversalement au mur.

Ces paires de colonnes donnent une bien meilleure assise et assurent au mur une position bien verticale. Les deux colonnes pèsent plus qu'une seule, il est vrai, mais elles ont encore l'avantage de faire porter directement sur le fût la charge de 40 à 60,000 kilos que leur amènent les fers de la charpente, charge considérable qu'il est toujours dangereux d'appliquer sur les oreilles des colonnes pleines, à cause des soufflures possibles.

Les deux colonnes accouplées sont fondues séparément ;

elles doivent être réglées exactement à même longueur, être dressées au tour à leurs deux extrémités, poser sur une même plaque de fondation, en fonte, de forme appropriée, et recevoir les poitrails par l'intermédiaire d'une même plate-bande, *fig.* 388.

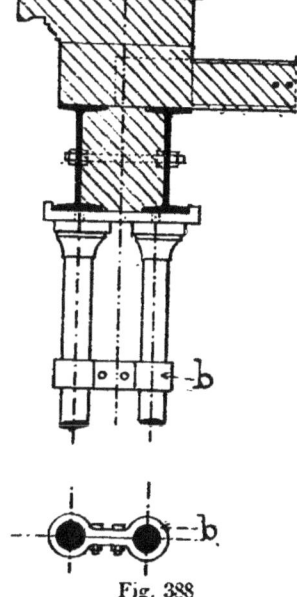

Fig. 388

De plus, dans la hauteur, on les rend solidaires au moyen de doubles brides *b*, données aussi en plan, exécutées en fer forgé de 90/16, fixées le long des fûts, et serrées par des boulons dans les intervalles des deux colonnes. On place ainsi ces attaches tous les mètres, par exemple, dans la hauteur de l'étage. C'est une bonne précaution qui permet de maintenir les supports l'un par l'autre, en s'opposant à un commencement de déformation de l'un d'eux.

Cette même disposition de colonnes jumelées est applicable avec bien de l'avantage aux colonnes creuses. L'arrangement et l'assemblage des pièces restent les mêmes.

204. Superposition des colonnes pleines. — Lorsque des colonnes doivent être superposées d'étage en étage pour former des files verticales, il est de mauvaise construction d'interposer entre deux consécutives d'entre elles les poutres du plancher qui les sépare.

En premier lieu, la charge ne peut se transmettre de l'une à l'autre que par l'intermédiaire de la lame mince qui forme l'âme de la poutre et cette âme peut se voiler et céder facilement.

En second lieu, la stabilité n'existe plus, en raison de la mince épaisseur de la pièce interposée.

Les charges successives des colonnes doivent se transmettre directement de l'une à l'autre ; les fûts doivent donc se superposer sans aucun intermédiaire. Les poutres sont alors nécessairement formées de pièces jumelées passant d'un côté et de l'autre de la ligne ininterrompue des supports verticaux ; ces pièces sont soutenues par des consoles latérales. Les consoles ne doivent porter à chaque étage que la charge fractionnée d'un plancher, les charges accumulées devant toujours être transmises par les fûts.

La tête d'une colonne devra donc porter directement la base de la colonne immédiatement supérieure. Les

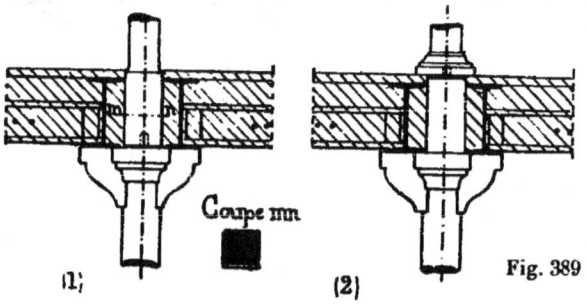

Fig. 389

deux surfaces, dressées au tour, s'appliqueront exactement l'une sur l'autre sans aucun intermédiaire, et un goujon les centrera sans variation possible. Les deux colonnes superposées se présenteront donc comme le montre le croquis (1) de la *fig.* 389. [La portion de la colonne

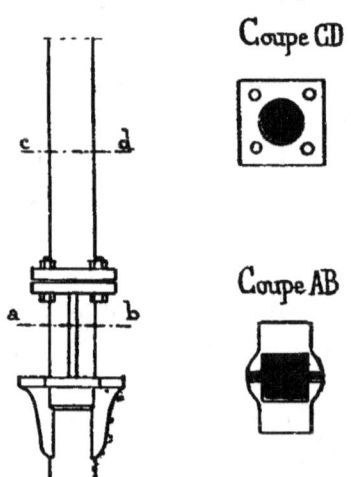

Fig. 390

du haut qui traverse l'épaisseur du plancher a une section carrée qui facilite la pose et les assemblages. Le croquis (2) donne un arrangement encore bien plus commode. Le joint est remonté de l'épaisseur du plancher ; la partie carrée fait corps avec la colonne du bas ; tout est bien plus accessible pour le montage. On fait le hourdis de chaque plancher et toutes les têtes de colonnes émergent du hourdis, de telle sorte qu'il n'y a pas à les chercher. Avec les goujons et le frottement dû à la pression d'une colonne sur l'autre, les diverses bases sont suffisamment solides.

Quelquefois on y a ajouté un joint à brides et boulons, pour prévenir tout déplacement latéral dû à un choc. La *fig.* 390 donne la jonction de deux colonnes pleines du bâtiment de la Raffinerie Parisienne à Saint-Ouen. Les fûts reposent l'un sur l'autre et sont fixés par deux brides et quatre boulons ; la partie carrée appartient à la colonne du bas et est munie d'une nervure qui s'étend dans l'intervalle des pièces jumelées composant la poutre du plancher. Cette poutre repose sur deux consoles latérales.

205. Autres formes de colonnes en fonte. — On a donné aux colonnes en fonte d'autres formes que le profil circulaire ; une des sections les plus usitées, parmi ces formes diverses est celle d'une croix.

Ce profil correspond en somme à une section pleine, circulaire, de petit diamètre, renforcée par quatre nervures perpendiculaires deux à deux. Avec la même quantité de métal, on gagne sur la colonne pleine une augmentation des dimensions transversales, et cette augmentation permet de les faire travailler sans inconvénient à un coefficient plus élevé.

Mais cette forme est inférieure comme résistance à celle des colonnes circulaires creuses, dont il sera parlé plus loin.

Les quatre croquis de la *fig.* 391 représentent l'une des colonnes qui supportent les poutres du plancher inférieur de la salle des Pas-perdus de la gare de Paris des chemins de fer de l'Ouest.

Les croquis (1) et (2) donnent les vues latérales de la colonne, ainsi que les sections au milieu et aux extrémités du fût. Les nervures sont légèrement renflées au milieu, ce qui a été reconnu comme éminemment favorable à la résistance ; la section passe de $0^m,150$ à $0^m,200$ de largeur.

Pour empêcher les nervures de se voiler, et maintenir leurs positions relatives, on a mis dans la hauteur trois cours de nervures horizontales de 0,018 d'épaisseur.

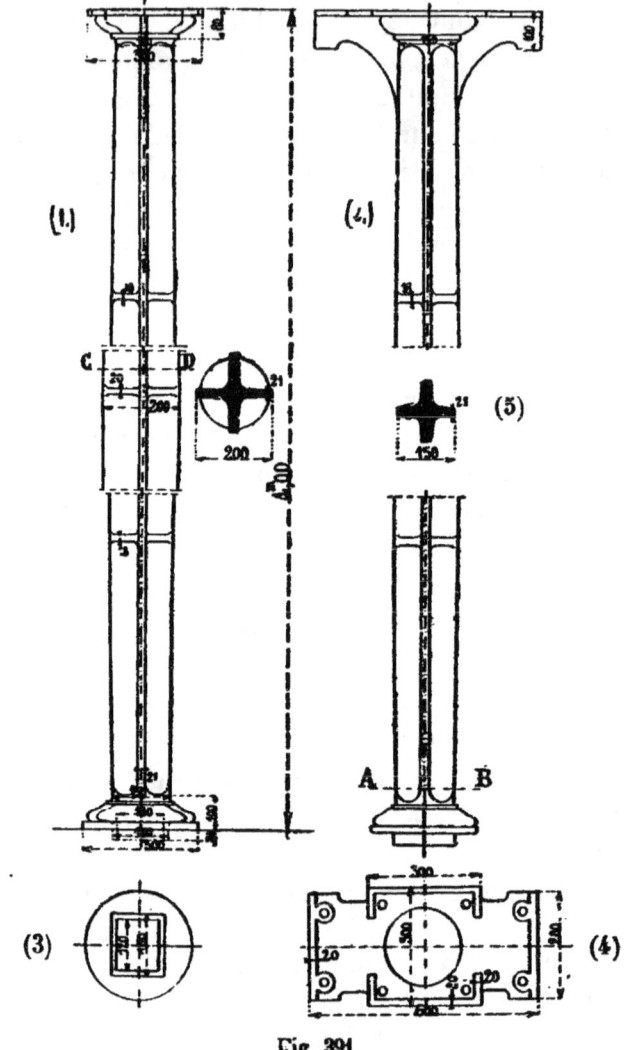

Fig. 391

Le croquis (3) montre la forme du patin inférieur, qui est creux pour éviter les fortes épaisseurs de fonte et les soufflures qui pourraient en résulter.

Le croquis (4) montre la tablette supérieure du chapiteau ; elle est très développée et soutenue par deux fortes consoles ; sur sa paroi supérieure, des portées, en rapport avec les charpentes à recevoir, forment une légère saillie et sont dressées au tour.

206. Colonnes creuses. — Les colonnes creuses peuvent présenter les formes les plus variées. Dans le plus grand nombre des applications, elles sont composées d'un tuyau cylindrique à section circulaire qui forme le fût : il se raccorde au moyen d'évasements moulurés, ronds en plan, avec deux plaques horizontales carrées un peu plus grandes ; l'une forme la base de la colonne, que l'on posera sur une fondation convenable ; l'autre, constituant le chapiteau, devra avoir la forme voulue pour s'assembler avec les pièces à soutenir.

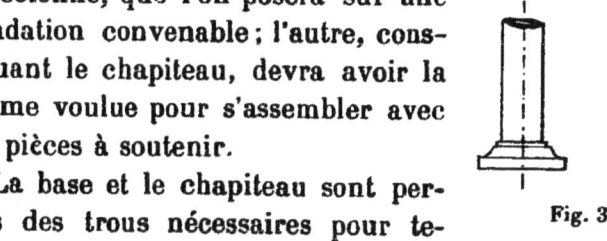

Fig. 392

La base et le chapiteau sont percés des trous nécessaires pour tenir le noyau intérieur pendant le moulage de la pièce.

L'épaisseur des colonnes creuses est variable avec leurs dimensions et la charge qu'elles doivent porter ; mais d'ordinaire on ne dépasse pas 0,030 à 0,035, et on reste au-dessus de 0,015. C'est entre ces extrêmes que l'on prend l'épaisseur à adopter.

Quelle que soit la forme qu'on soit obligé de donner au chapiteau, comme aux autres parties de la pièce, on doit s'astreindre à conserver à la fonte une épaisseur presque constante, et les variations qu'on ne peut éviter doivent être insensibles ; les changements brusques d'épaisseur produisent en effet presque toujours des soufflures à la jonction ou dans la partie plus épaisse.

Les colonnes creuses ne se rencontrent pas toutes faites dans le commerce comme les colonnes pleines ; on doit les commander un mois d'avance. C'est le laps de temps ordinairement nécessaire pour la fabrication et le transport. Souvent même il y a lieu de prévoir un délai plus long, lorsque les forges sont encombrées, ou qu'on doit faire beaucoup de pièces avec un nombre restreint de modèles.

Il faut toujours se rendre compte de l'influence de la forme sur la résistance.

Si, par exemple, la colonne devait être chargée d'un poids considérable, la forme très évasée de la base tracée suivant la coupe verticale de la *fig.* 393 ne serait pas admissible, si l'on se contentait de donner à la paroi extérieure une épaisseur constante. On ne pourrait se rendre compte *a priori* si la colonne à sa base pourrait porter la même charge que le fût.

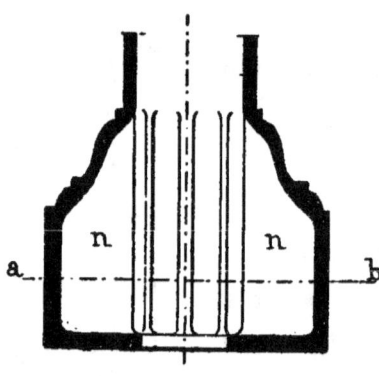

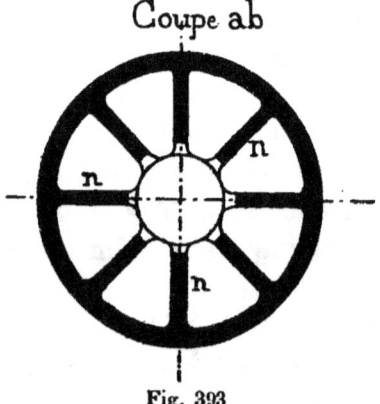

Fig. 393

On rétablit toute sécurité en consolidant la partie évasée par une série de nervures verticales intérieures *nn*, qui forment comme des prolongements de fût et sont chargées de transmettre directement la pression à la plaque de base.

On opère de même pour les chapiteaux et il est toujours facile de déterminer les sections de ces nervures pour être sûr de leur faire supporter la charge en toute sécurité.

Il est indispensable de raccorder autant que possible les angles vifs rentrants par des congés assez importants. On ne déroge à cette règle que si ces angles vifs font partie de la forme même d'une mouluration obligée.

Lorsque la tablette du chapiteau doit être large, la

mouluration ne suffit plus pour la raccorder avec le fût. On se sert alors le plus ordinairement de consoles, qui empêchent la tablette de casser et qui reportent la charge sur le fût.

Presque toujours le chapiteau est allongé, rectangulaire, les charpentes devant être soutenues en deux sens opposés. Les consoles ne sont alors établies qu'aux endroits de la plus forte saillie. Les moulures de raccord se contre-profilent le long de ces consoles, les contournent et leur forment une tête qui leur donne un aspect plus agréable. La *fig.* 394 donne une coupe horizontale et une coupe verticale d'un chapiteau de ce genre. La tablette a 0,36 × 0,76 ; elle doit se raccorder avec un fût de 0,26 de diamètre. La liaison est faite au moyen de deux consoles extérieures.

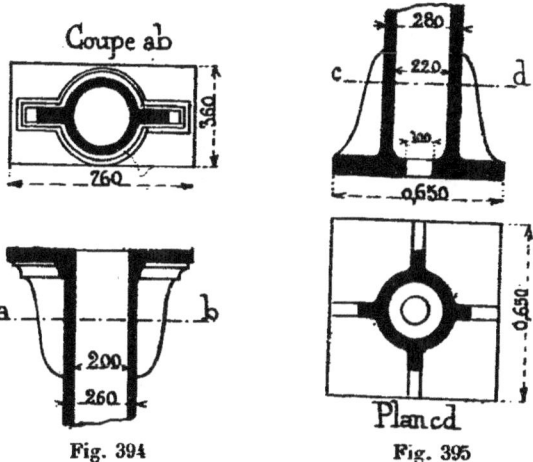

Fig. 394   Fig. 395

L'angle vif de la tablette et du reste de la colonne est amorti par une mouluration appropriée.

La longueur de chaque console est déterminée par la résistance qu'on lui demande. On pourra la déterminer par la flexion, sous l'influence du poids qui la sollicite en porte à faux, ou encore en la considérant comme sujette à être cisaillée, si sa saillie sur le fût est faible. La console doit avoir, à un centimètre près, l'épaisseur de la colonne ; il en est de même de la tablette.

La base s'établit comme le chapiteau ; ordinairement c'est une tablette horizontale ronde ou carrée, devant presser uniformément la surface de contact avec les matériaux inférieurs. Lorsque cette tablette risque par sa largeur de plier ou de casser, on lui donne une résistance suffisante au moyen de nervures disposées symétriquement autour du fût ; il y en a quatre, ou huit, ou douze, suivant le développement du fût de la colonne.

La *fig*. 395 donne la coupe verticale et une coupe horizontale d'une colonne à large base et montre la disposition de cette base.

Lorsque la charge est considérable, on se contente d'une table inférieure de base, de dimensions assez restreintes,

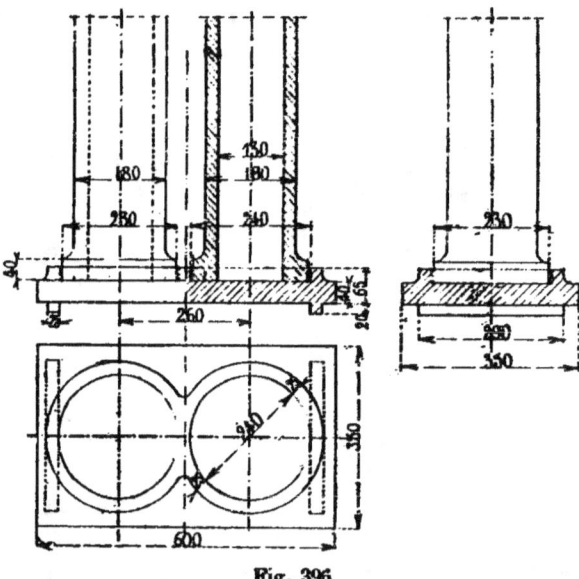

Fig. 396

et on répartit la pression sur les matériaux de maçonnerie au moyen d'une plaque séparée en fonte, analogue à celle figurée au croquis 385.

La *fig*. 396 représente une plaque du même genre, mais servant à supporter la base de deux colonnes jumelées.

207. Remplissage en mortier du vide des colonnes en fonte. — On a avantage dans bien des cas à remplir en excellent mortier le vide des colonnes en fonte ; il en résulte un noyau intérieur qui maintient la colonne verticale, en même temps que par lui-même il peut participer à la résistance et porter une fraction de la charge. Le cube est faible et la dépense insignifiante, eu égard aux avantages ci-dessus mentionnés. Le mortier de Portland est tout indiqué pour cet objet, et la seule précaution à prendre est de le gâcher avec le minimum d'eau, parce que l'excédent de celle-ci ne peut s'évaporer qu'avec la plus extrême lenteur à travers les pores de la fonte, et qu'il nuirait à la prise du mortier. Ce dernier ne doit donc être que légèrement humide ; par contre, il demande un pilonnage énergique.

On a eu plusieurs exemples pratiques qui font ressortir l'accroissement de résistance qui en résulte pour les supports creux. Des colonnes hautes, flambant sous la charge de poitrails lourdement chargés, ont été retirées, remplies de mortier de plâtre, et rétablies en leur place première. Après cette opération, elles restaient droites et le voilement était supprimé. Si le plâtre produit cet effet, à fortiori aura-t-on un meilleur résultat avec le mortier de Portland. Il présentera de plus l'avantage de conserver le métal, de le préserver de l'oxydation en raison de son alcalinité, tandis que le contact du plâtre accélère la destruction du fer et de ses dérivés. Enfin, la grande résistance du noyau ainsi obtenu permet d'admettre qu'il prendra pour son compte une portion de la charge.

C'est donc une amélioration de la construction, à tous les points de vue.

208. Colonnes creuses superposées. — Les règles que nous avons données au n° 204 pour la superposition des colonnes pleines s'appliquent à la superposition des colonnes creuses.

Il y a toujours à appliquer les deux principes suivants : 1° transmettre directement les charges cumulées par les fûts, d'une colonne à l'autre, sans les faire passer par des poutres interposées ; 2° ne faire porter par les consoles que des charges partielles dues à un seul plancher.

Le premier mode d'assemblage, et le plus usité, consiste à poser simplement la base d'une colonne sur la tête de l'autre, en prenant soin de les dresser au tour, de manière à n'avoir à interposer aucune feuille ou aucune cale. Le frottement dû à la pression suffit pour maintenir la base, d'autant plus que cette base est, la plupart du temps, noyée dans le hourdis du plancher et très solidement maintenue par cette maçonnerie.

Une disposition commode est représentée par la *fig.* 397. La colonne du bas est formée d'un fût creux et d'une tablette. Cette dernière est rectangulaire, de manière à présenter deux saillies latérales devant soutenir les pièces jumelées de la poutre. Ces saillies sont renforcées de chaque côté par une console. Les moulures de raccord adoucissent l'angle vif des parties verticales avec la tablette; elles contournent les consoles à leur partie haute et leur forment une tête. Au-dessus, vient se poser le carré de la colonne supérieure et les deux surfaces sont exactement en contact, de telle sorte que les vides intérieurs se correspondent.

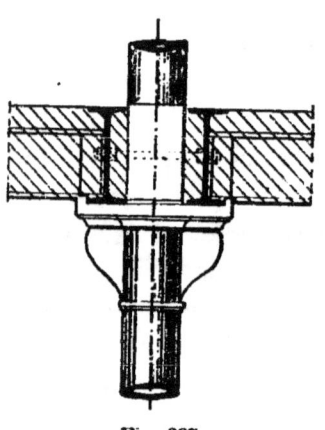

Fig. 397

Quand on veut assurer la position exacte de la colonne supérieure, on peut se servir de goujons; seulement ici ils ne peuvent être dans l'axe, et l'on est obligé d'en mettre deux, un de chaque côté du chapiteau dans la partie libre; les mortaises sont percées dans des oreilles venues au carré de la colonne du haut.

La *fig.* 398 montre, par deux élévations latérales perpendiculaires, le chapiteau d'une colonne inférieure muni de goujons, en même temps que la base de la colonne du haut, avec son carré et ses deux oreilles percées des mortaises convenables pour recevoir les goujons.

Les deux colonnes sont représentées écartées, pour mieux

figurer l'assemblage, qu'il est toujours utile d'établir avec une précision absolue, comme s'il s'agissait de pièces de machines. L'adjonction des goujons n'empêche nullement le dressage des parties qui doivent être en contact.

Une disposition qui est aussi simple dans la pratique consiste à rétrécir la colonne du haut comme le montre la *fig*. 399 et à la tourner de manière à former un emboîtement précis d'environ 0^m,02 de longueur dans la colonne du bas.

Celle-ci doit avoir été probablement alésée sur 0^m,03, au diamètre convenable pour recevoir la pièce du haut.

On a fait quelquefois des emboîtements coniques pour la jonction des extrémités de deux colonnes superposées.

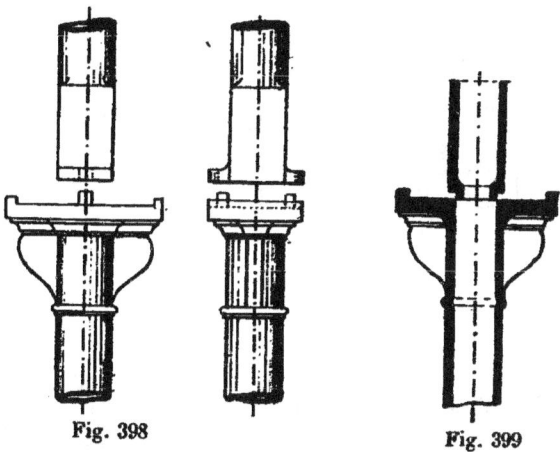

Fig. 398   Fig. 399

Ces emboîtements sont toujours difficiles à exécuter; de plus, en cas de différence d'ouverture des deux cônes, il peut en résulter des tensions dans l'emboîtement extérieur, et une rupture de cet emboîtement.

Les assemblages ci-dessus sont préférables.

Enfin, dans bien des cas, on peut encore recourir à un assemblage à brides, identique à celui que nous avons donné pour les colonnes pleines.

209. Colonnes creuses du moulin français du Caire. — Comme exemple de colonnes creuses remplissant les conditions qui ont été énoncées plus haut, nous

486 CHAP. VI. — SUPPORTS MÉTALLIQUES

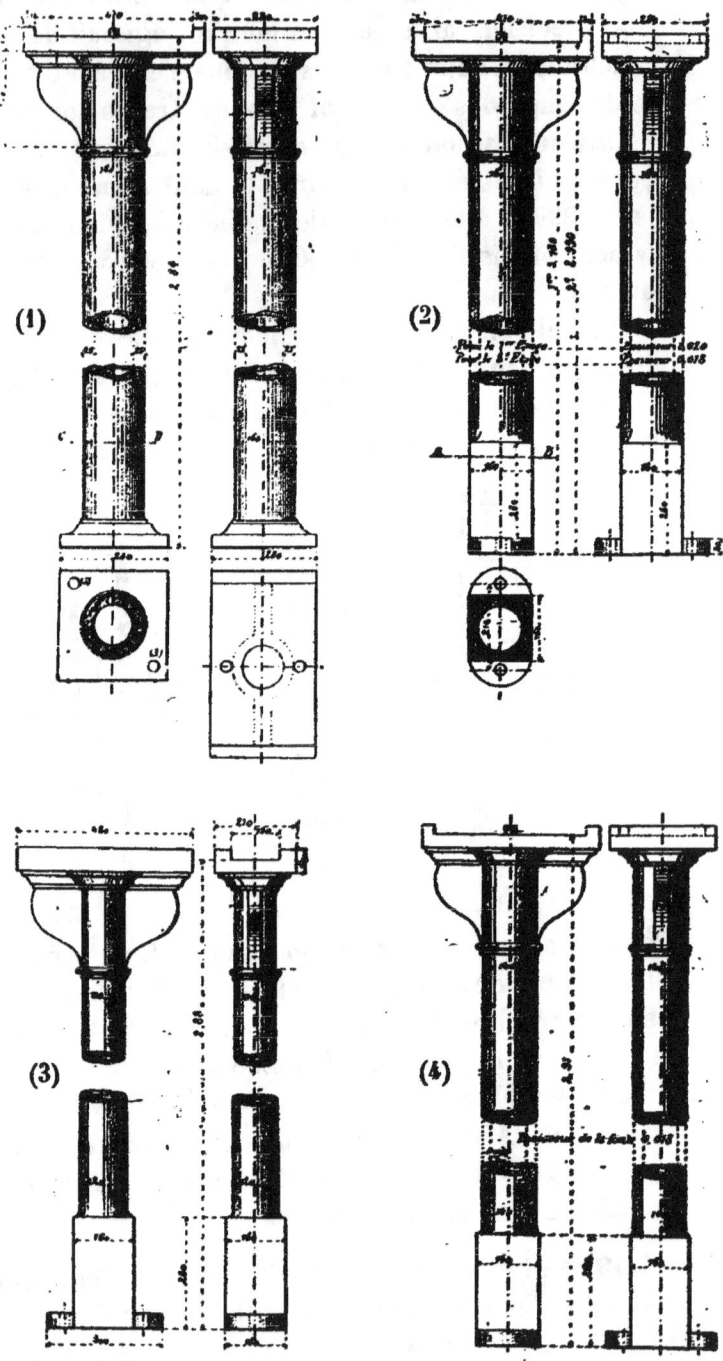

Fig. 400

donnons ci-contre le tracé des colonnes que nous avons fait exécuter pour la construction du moulin français du Caire. Ces colonnes, représentées par les croquis 1, 2, 3 et 4 de la *fig.* 400, ont été fondues en deuxième fusion par la maison Féray d'Essonnes.

Le croquis (1) représente, en deux élévations perpendiculaires, le tracé d'une des colonnes du rez-de-chaussée, et en-dessous le plan du chapiteau et celui de la base.

Cette colonne a 0^m,160 de diamètre, de la base au sommet; elle est complètement cylindrique. Son épaisseur est de 25 millimètres. Sa base forme une tablette carrée de 0,28 de côté et se relie au fût par quelques moulures. Cette base pose sur les piliers en maçonnerie du sous-sol, par l'intermédiaire d'une plaque de fondation de 0^m,50 de côté, ayant 0^m,060 d'épaisseur dans le carré de 0^m,28 correspondant à la base de la colonne, et de 0^m,040 sur le surplus de la surface.

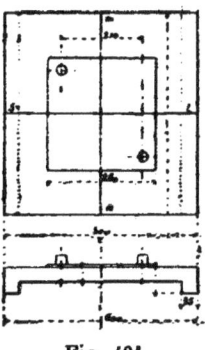

Fig. 401

Elle est représentée par la *fig.* 401. Elle porte des nervures latérales, sur deux côtés seulement, pour ne pas empêcher le bourrage en mortier de sa sous-face.

Cette plaque est dressée parfaitement sur la portée milieu et, de plus, est munie de deux goujons saillants.

Pour faciliter la pose sur les piliers, on a tracé sur chaque plaque deux traits parfaitement d'équerre, permettant, au moyen de cordeaux tendus suivant les axes de la charpente, d'exécuter la pose et le scellement de ces plaques sans faire la plus petite erreur.

La base de la colonne est également dressée au tour, bien perpendiculairement à son axe, de telle sorte que, posée sur la base bien de niveau, elle se trouve tout à fait verticale sans interposition d'un corps étranger.

Dans cette base on a foré des mortaises pour les goujons de la plaque, ce qui permet de mettre la colonne exactement à sa place sans le moindre tâtonnement.

Le chapiteau de la colonne est destiné à recevoir une poutre jumelée formée de deux fers I, L. A., de 0,26 (45^k le m. c^t.). Chacune de ces pièces est portée par une saillie de la tablette du chapiteau, présentant la dimension nécessaire. Cette tablette est en plus munie d'un léger rebord arrêtant le fer et facilitant le montage ; une console de 0,040 d'épaisseur soutenant la saillie, se raccorde avec le fût. Les moulures qui relient la tablette au sommet du fût contournent les consoles avec le même profil et leur constituent une tête.

Le dessus de la tablette du chapiteau est parfaitement dressée au tour, bien perpendiculairement à l'axe, et deux goujons attendent la colonne supérieure.

La poutre jumelée a 0^m,40 de largeur totale. Entre les fers il reste un espace libre de 0^m,16 qui permettra de poser directement sur la précédente la colonne du premier étage. Cette colonne est représentée par le croquis 2 ; son diamètre est le même que celui de la précédente, 0,16, et elle est cylindrique. Comme sa charge est moindre, l'épaisseur devient plus faible ; elle n'est plus que de 0,020. Le fût se prolonge entre les fers du plancher bas par une partie carrée, munie de deux oreilles. La face de base est affranchie d'équerre au tour, pour se poser directement sur la colonne du rez-de-chaussée, et les oreilles présentent des mortaises pour les goujons d'attente; de cette manière, la colonne se pose directement et immédiatement à sa place. Aucun corps étranger n'est à interposer entre les deux surfaces de fonte.

La colonne du second étage est identique et se pose de même. Elle a 0^m,16 de diamètre dans toute sa hauteur et 0^m,018 d'épaisseur seulement. La colonne du troisième étage a 0^m,16 dans l'épaisseur du plancher, 0^m,14 au-dessus et est terminée par un chapiteau analogue au précédent.

La dernière colonne, celle du quatrième étage, n'a à supporter qu'une terrasse légère, et la poutre jumelée est remplacée par un seul fer de 0,26, placé dans l'axe. Le chapiteau de la colonne s'adapte à ce changement ; il se retourne d'équerre et les consoles sont dirigées suivant la longueur de la poutre, pour en diminuer la portée. Ce dernier chapiteau est dressé comme les autres, mais ne porte plus de goujons. Le carré est toujours de 0,16 à la base ; il se raccorde par un retrait arrondi avec le fût de la colonne, qui n'a plus que 0,12 de diamètre.

La surface de plancher correspondant à une colonne est d'environ 16 mètres. Chaque plancher est établi pour porter 1 000 kilos par m. q., plus le hourdis d'environ 350 kilos ; en tout 1 350 kilos ; la terrasse ne peut porter que 500 kilos de charge maximum.

Les charges des colonnes sont donc les suivantes :

Colonnes du 4ᵉ Étage : $16^m \times 850^k$ compris hourdis. 13.600^k
Colonnes du 3ᵉ Étage : $13.600^k + 16^m \times 1.350^k$ . . . 35.200
Colonnes du 2ᵉ Étage : $35.200^k + 21.600 =$ 56.800
Colonnes du 1ᵉʳ Étage : $56.800 + 21.600 =$ 78.400
Colonnes du Rez de Ch : $78.400 + 21.600 =$ 100.000
Piliers du Sous-Sol : $100.000^k + 21.600 =$ 121.600

210. Colonnes avec carré supérieur. — Les colonnes qui viennent d'être décrites peuvent servir de type aux files verticales de supports des bâtiments industriels ; la seule modification avantageuse à adopter consiste, comme pour les colonnes pleines, à remonter le joint au-dessus du gros œuvre du plancher, en faisant venir de fonte la partie carrée qui le traverse avec la colonne inférieure.

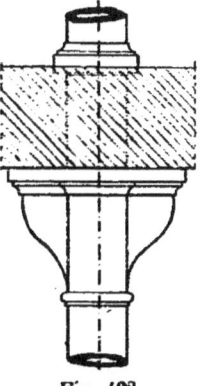
Fig. 402

Celle-ci est alors solidement maintenue par ce prolongement ; on peut terminer le hourdis du plancher, tous les carrés dépassent la surface supérieure, et ils sont tout prêts à recevoir les colonnes du haut.

Avec cette disposition, le joint se trouve pris dans la maçonnerie qui soutient ou forme le dallage, et il est impossible que la colonne se déplace par le bas. On peut ou élargir la base et la moulurer, ou laisser la colonne tomber cylindriquement sur le plancher sans mouluration aucune.

La *fig.* 402 montre ainsi les deux colonnes superposées, avec le joint remonté au-dessus du gros œuvre du plancher, et malgré cela encore noyé dans l'épaisseur de ce dernier.

211. Chapiteau à large tablette. — Lorsque la tablette est de grande dimension en tous sens, on multiplie

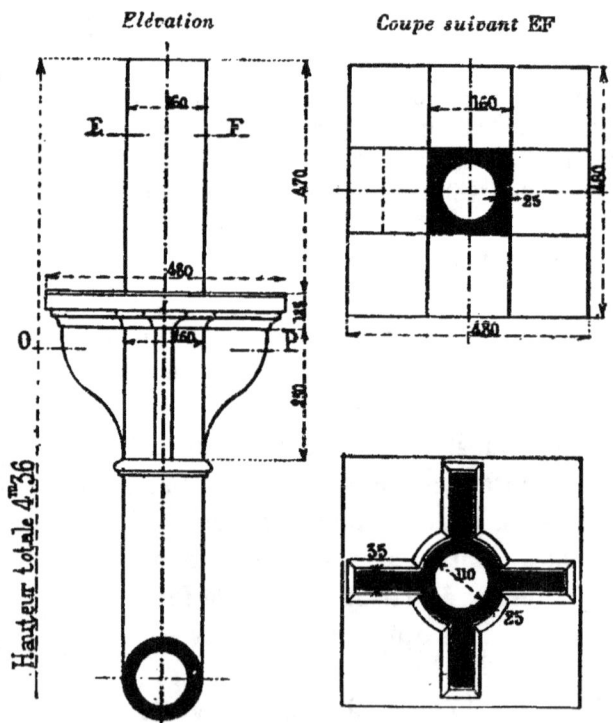

Fig. 403

les consoles et on les établit en deux sens perpendiculaires.

La *fig.* 403 donne un exemple d'une tête, de colonne de ce genre. Cette colonne fait partie des supports du plancher de la galerie décrite dans l'étude des planchers en fer, au n° 184.

La forme des consoles est toujours la même, une console correspond au milieu de chaque face de la tablette.

Pour diminuer la surface de rabotage du dessus de cette dernière, on a fait venir aux endroits utiles qui soutiennent la charpente, des surépaisseurs de fonte, et ces endroits seuls sont dressés.

Dans ce plancher, où les solives sont superposées aux poutres, la partie carrée de la colonne a toute l'épaisseur du plancher : c'est ce qui explique la longueur relative du prolongement.

Les deux autres croquis de la même figure représentent l'un la coupe suivant EF, indiquant la section carrée et le dessus de la tablette avec les portées dressées ; l'autre la coupe suivant OP, vue de dessous avec les nervures en croix, les moulures qui servent de tête et leur insertion sur le fût de la colonne.

212. Chapiteau à double console. — Lorsque les consoles sont très chargées, on a la ressource de leur donner une hauteur d'insertion plus grande en baissant l'astragale d'autant. Il en résulte une disproportion entre la hauteur du chapiteau et la hauteur de la colonne. Le rapport est peu agréable. On a plus d'avantage à remplacer l'unique console de chaque face par une paire de consoles espacées, de telle sorte que leur face extérieure corresponde à la génératrice du fût. On double par ce moyen la résistance, sans changer la hauteur du chapiteau, et de plus les consoles sont mieux attachées, faisant la continuation du fût au lieu de se raccorder perpendiculairement sur la face latérale. Ces colonnes à double console, que nous avons appliquées pour la première fois aux bâtiments de la Papeterie d'Essonnes, se sont fort répandues depuis, en raison de leur grande résistance et de leur forme extérieure très acceptable.

La *fig*. 404 en donne un exemple avec la disposition du plancher qu'elles portent. C'est une colonne de rez-de-chaussée d'un bâtiment de la Papeterie ; son épaisseur uniforme est de 30 millimètres, sauf pour la partie carrée qui est ronde à l'intérieur et dont le vide est la continuation de celui du fût.

Comme application de ce genre de colonnes, nous donnons ci-après, au n° 203, les colonnes de la Halle de Corbeil.

Lorsque la tablette supérieure déborde d'une façon importante sur la face extérieure des doubles consoles, et

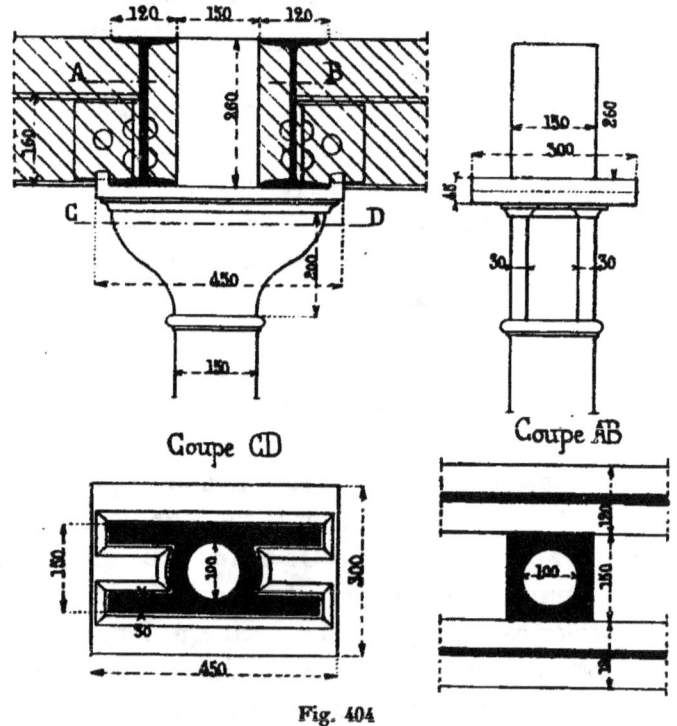

Fig. 404

risque d'être chargée sur cette saillie, on peut être amené à la soutenir au moyen d'une console additionnelle perpendiculaire aux premières. Les croquis (1), (2) et (3) de la *fig.* 405 représentent une tête de colonne employée à l'imprimerie Chaix, dans sa succursale de Saint-Ouen. Indépendamment des doubles consoles qui supportent les saillies de la tablette, sous le passage de la poutre jumelée du plancher, la saillie dans l'autre sens de la tablette, sous la portée d'une troisième pièces intermédiaire de la poutre,

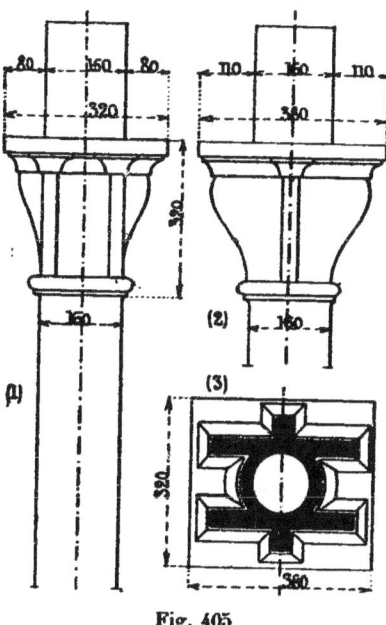

Fig. 405

a motivé l'addition de deux consoles latérales peu développées et de même forme que les autres.

213. Colonnes de la Halle de Corbeil. — Le bâtiment à usage de moulin et de magasin à farines ([1]), que l'on appelle la Halle de Corbeil, est une construction très importante de $80^m,00$ sur $18^m,00$. Il se compose en longueur de nombreuses travées dont les entraxes sont variables de 3,60 à 4,20 ; en largeur, les planchers sont portés par quatre files de colonnes de $3^m,50$ d'espacement, la distance des files extrêmes aux murs étant de $3^m,20$.

Les planchers sont établis pour porter $1\,000^k$. par mètre carré et nous avons donné, *fig.* 344, une portion du plan de ce plancher, avec l'indication des fers employés.

Ce bâtiment est élevé sur sous-sol, d'un rez-de-chaussée et de 8 étages.

([1]) Construit pour MM. Darblay (J. Denfer, Architecte).

494   CHAP. VI. — SUPPORTS MÉTALLIQUES

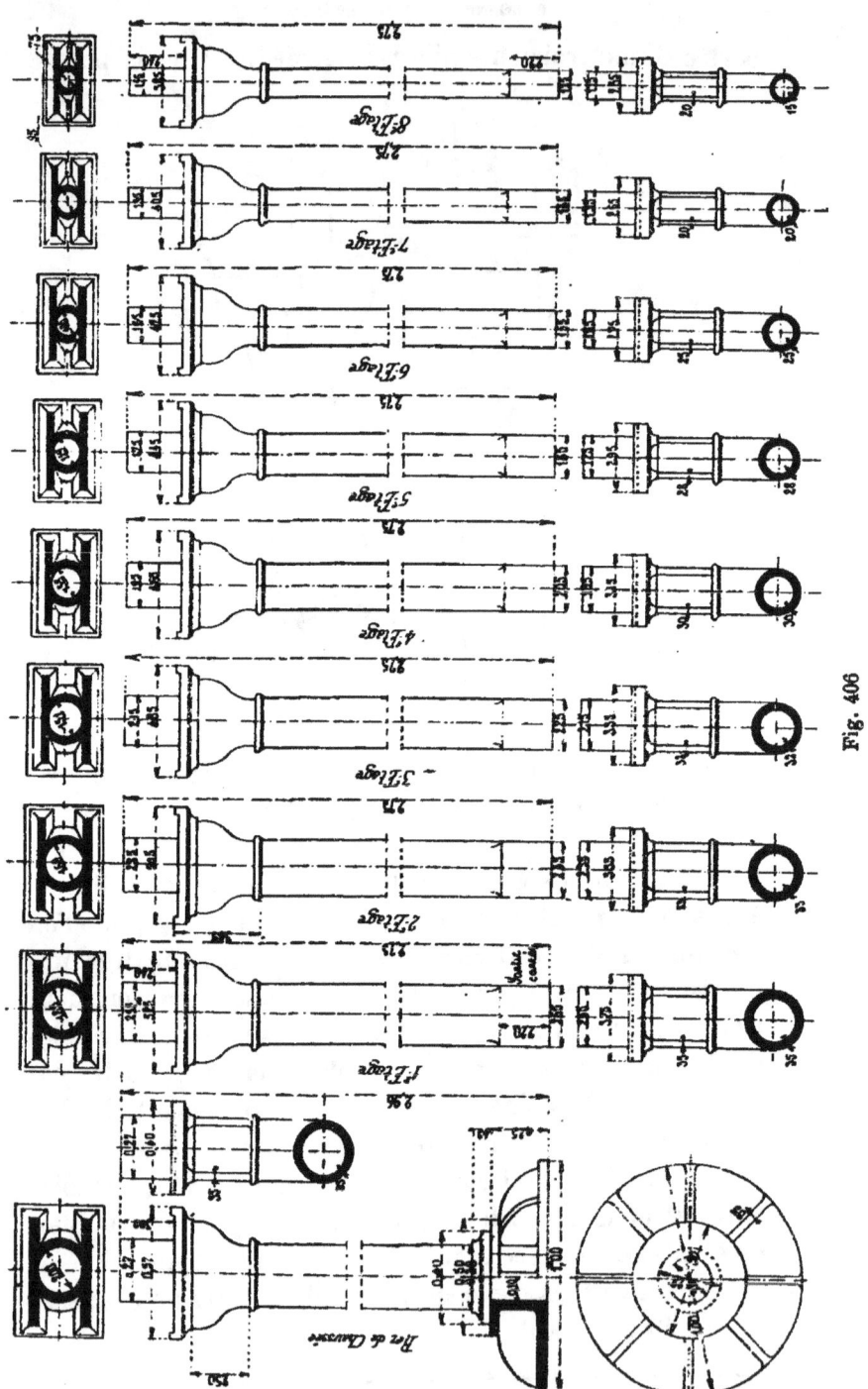

Fig. 406

Chaque colonne, et nous prenons celles qui correspondent aux plus grandes travées, reçoit une surface de plancher de 14 mètres. Chaque mètre est chargé :

1° d'un hourdis en plâtre et plâtras de 0,24 d'épaisseur, ce qui, à raison de 1 400 kilos par mètre cube, produit environ	340^k
2° Fers et Fontes, environ	60
3° Surcharge	1 000
Ensemble	1 400^k

et pour la surface de 14^m, une travée apporte une charge de 19 600 kilos par plancher.

Le dernier plancher, au 8° Etage, a une charge moindre ; mais la différence est en partie compensée par le poids du comble, et on peut admettre que le poids total y est la moitié de celui des autres planchers.

La Colonne du 8° Etage porte donc	. . . .	10.000^k
Celle du 7°	—	29.600
Celle du 6°	—	49.200
Celle du 5°	—	68.800
Celle du 4°	—	88.400
Celle du 3°	—	108.000
Celle du 2°	—	127.600
Celle du 1er	—	147.200
Celle du Rez-de-Ch.	—	166.800

Les piles du sous-sol portent un plancher en plus, soit en tout une charge de 186,400^k.

Comme le montre la *fig.* 406, on voit que ces colonnes sont à double console, avec parties carrées dans les épaisseurs des planchers ; ces parties carrées font corps avec la colonne inférieure, les bases des colonnes ont un carré correspondant. Les diamètres vont en augmentant du haut en bas, ainsi que les épaisseurs de fonte. La dernière colonne haute a 0,12 de diamètre, avec épaisseur de 0,015, tandis que la colonne du rez-de-chaussée a 0^m,28 de diamètre et 0,035 d'épaisseur.

Toutes ces pièces sont tournées aux deux extrémités et se posent directement les unes sur les autres, sans intermédiaire et sans assemblage.

La colonne du rez-de-chaussée amène sur la pile en maçonnerie une charge de 166.800^k qu'elle répartit sur le lit supérieur de cette pile par l'intermédiaire d'un socle en fonte de $0^m,25$ de hauteur et de $1^m,00$ de diamètre inférieur. La bride supérieure correspond au diamètre de base de la colonne, et huit nervures rayonnantes sont chargées de maintenir les surfaces du socle et de transmettre la pression.

La pression sur la maçonnerie transmise par ce socle, est alors par centimètre carré de $\frac{166.800}{7.850}$, soit $22^k,2$.

214. Colonnes creuses d'une seule pièce pour deux étages.

— Les colonnes creuses peuvent se faire d'une seule pièce sur la hauteur de deux étages, tout comme les colonnes pleines et même avec bien plus d'avantage. En premier lieu, leur diamètre pour une même charge est plus fort, et en second lieu on est toujours sûr de répartir les épaisseurs assez régulièrement pour être à l'abri des soufflures, qu'on ne peut pas toujours éviter dans les grosses masses des colonnes pleines.

La seule difficulté du moulage consiste dans la rectitude du noyau qui doit produire le vide intérieur et qui, vu sa longueur, tend toujours à fléchir sous la poussée de la fonte, et à donner des épaisseurs irrégulières. On évite ce grave défaut en coulant ces colonnes debout avec tout le soin possible.

La *fig.* 407 donne dans le croquis (1) l'ensemble et les coupes d'une grosse colonne double employée à la Halle de Corbeil, dans une partie spéciale de ce bâtiment servant de passage. Cette colonne a une hauteur de $7^m,19$, son diamètre extérieur à la base est 0,320; en haut, il se réduit à $0^m,280$. Le carré supérieur est réduit lui-même à 0,235, pour concorder avec les autres colonnes du premier et recevoir les colonnes supérieures. Cette colonne présente des consoles intermédiaires d'attente, pour le cas où on

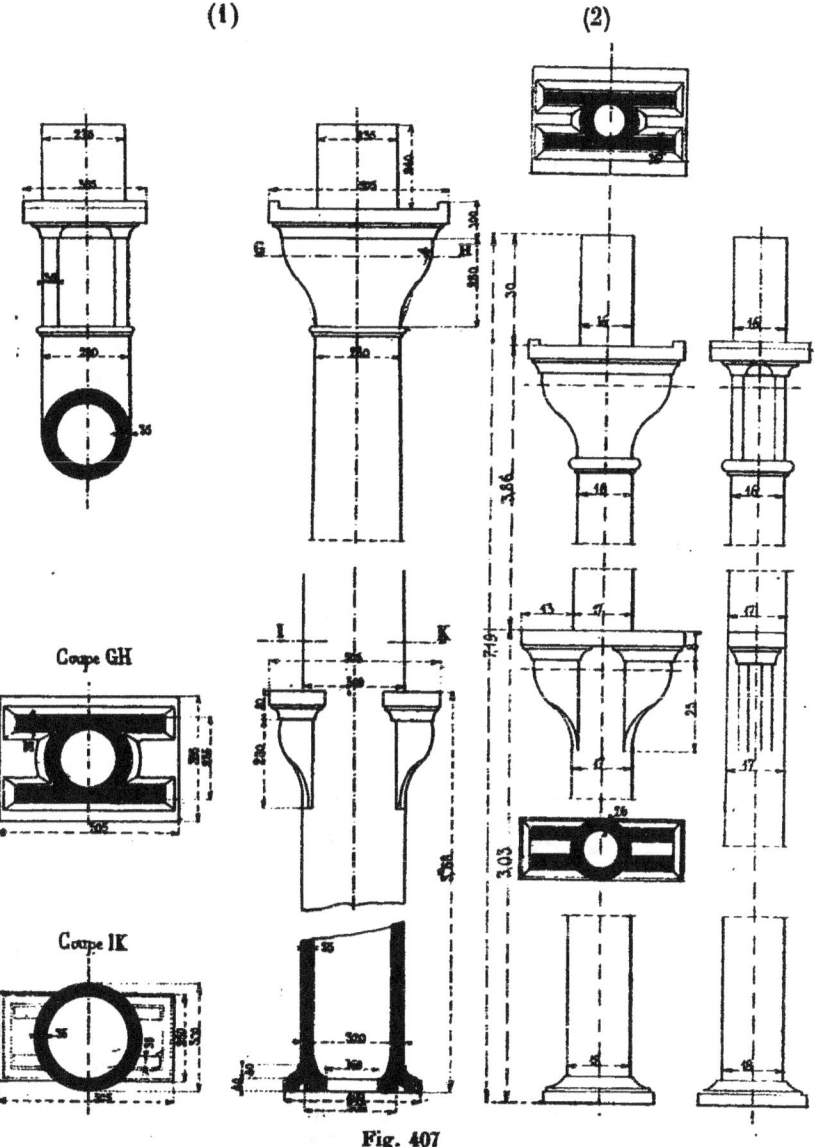

Fig. 407

prolongerait ultérieurement dans le passage le plancher haut du rez-de-chaussée. Le surplus de la colonne est établi suivant les règles des colonnes creuses qui ont été figurées jusqu'ici.

La *fig.* 407 (2) montre de même une colonne de plus petit diamètre, 0,160 à 0,180, et de 7^m,19 de hauteur, employée à la succursale de Saint-Ouen de l'Imprimerie Chaix. Elle correspond, comme la précédente, à un atelier très élevé et présente des consoles intermédiaires, pour le cas où on voudrait séparer l'étage par un plancher horizontal en deux ateliers superposés d'une hauteur ordinaire.

215. Colonnes noyées dans la maçonnerie. —

Souvent des colonnes sont destinés à être noyées dans des cloisons plus ou moins épaisses, de sorte qu'elles ne se trouvent visibles en aucune de leurs parties.

On s'arrange alors pour limiter toutes leurs saillies aux dimensions strictement suffisantes pour la résistance.

Tantôt on conserve au fût la section ronde, tantôt on lui donne la forme carrée. La base a la largeur juste nécessaire pour reporter la charge, soit sur une colonne inférieure, soit sur un socle noyé, de dimensions appropriées à la répartition convenable de la charge, sur une surface suffisante des petits matériaux inférieurs.

Les consoles sont ici, *fig.* 408, parallèles aux faces de la cloison et, pour que l'enduit puisse tenir convenablement sur leurs parois, on leur fait venir de

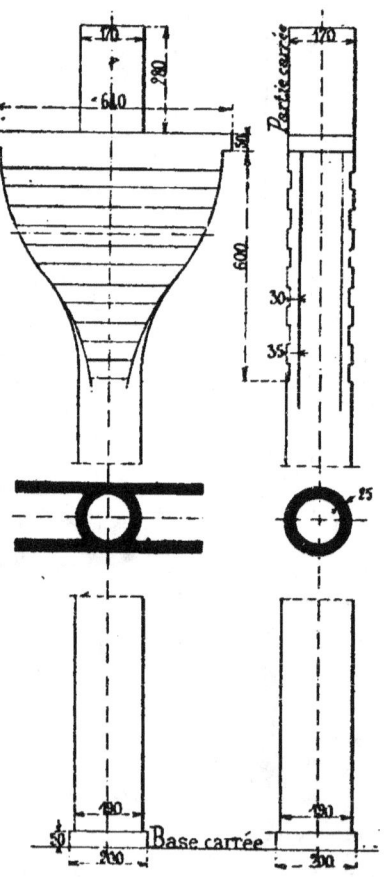

Fig. 408

fonte des saillies alternées, destinées à se mieux lier à la maçonnerie et à retenir les enduits qui les recouvriront.

216. Colonnes à doubles consoles ornées. — Les colonnes à consoles, si commodes pour porter les plan-

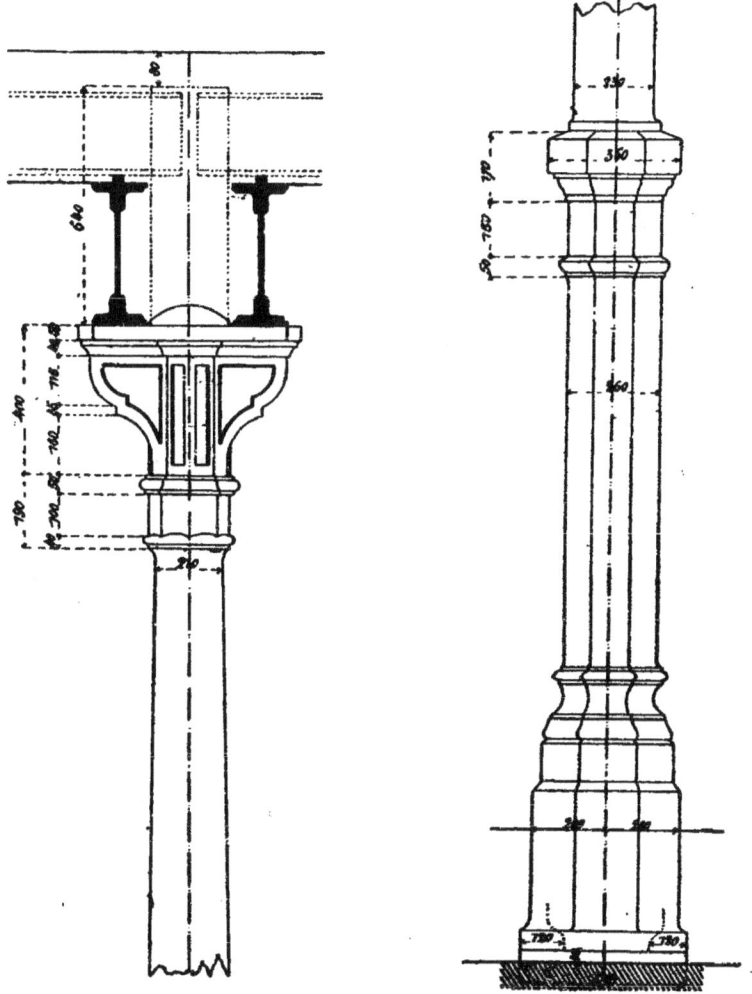

Fig. 409

chers, quelle que soit leur composition, peuvent se prêter à une certaine décoration et recevoir des ornements appropriés. Nous donnons dans la *fig.* 409 la forme d'une des colonnes du rez-de-chaussée de la nouvelle Ecole Centrale des arts et manufactures. Ces colonnes ont une hauteur d'environ 5ᵐ,00 comme partie vue. Elles supportent des poutres jumelées formant soffite, au-dessus desquelles est un solivage en fers de 0,16 et de 0,18. Les pièces des poutres sont en tôles et cornières apparentes ; les solives sont recouvertes par l'enduit du plafond. Pour que cet enduit n'absorbe pas la table supérieure des poutres, on a soulevé les solives de 0ᵐ,030, au moyen d'un fer carré de cette dimension intercalé sous le solivage. Entre les pièces jumelées se trouve le carré de la colonne qui traverse tout le plancher. Au-dessous est le chapiteau à double console. La tablette a 0ᵐ,05 d'épaisseur, ses angles sont abattus en pan coupé. La mouluration de raccord a son profil étudié pour former une tête convenable pour les consoles. Celles-ci ont leurs faces latérales accusées par une table renfoncée suivant les contours de leur profil, et le fût est également décoré de tables renfoncées dans l'intervalle de leurs lignes d'insertion.

Les consoles sont séparées du fût par une double astragale,

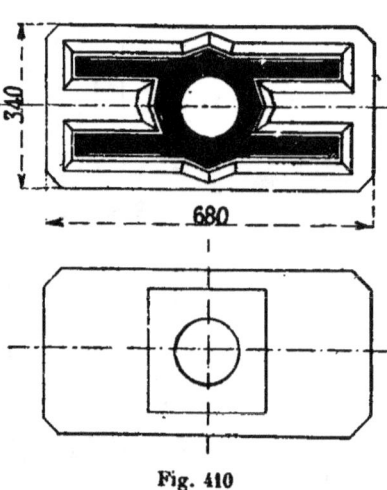

Fig. 410

qui permet de raccorder plus insensiblement la section polygonale du chapiteau avec la forme ronde du fût.

Le fût a 0ᵐ,210 de plus petit diamètre en haut, et 0ᵐ,23 à 2ᵐ,00 du sol, où il se continue par un piédestal complet mouluré, de section polygonale. Ce piédestal reçoit la colonne sur un chapiteau de 0,360 de largeur et de 0,17 de hauteur ; un gorgerin de 0,150 le sépare d'une astragale, et a, comme le dé, une largeur de 0,260. Les moulures developpées de la base correspondent à une largeur vue de socle de 0ᵐ,40 et à une plaque de 0,45 de côté qui porte sur la maçonnerie.

La colonne et son piédestal sont fondues d'une seule pièce avec une épaisseur ordinaire de 0,035.

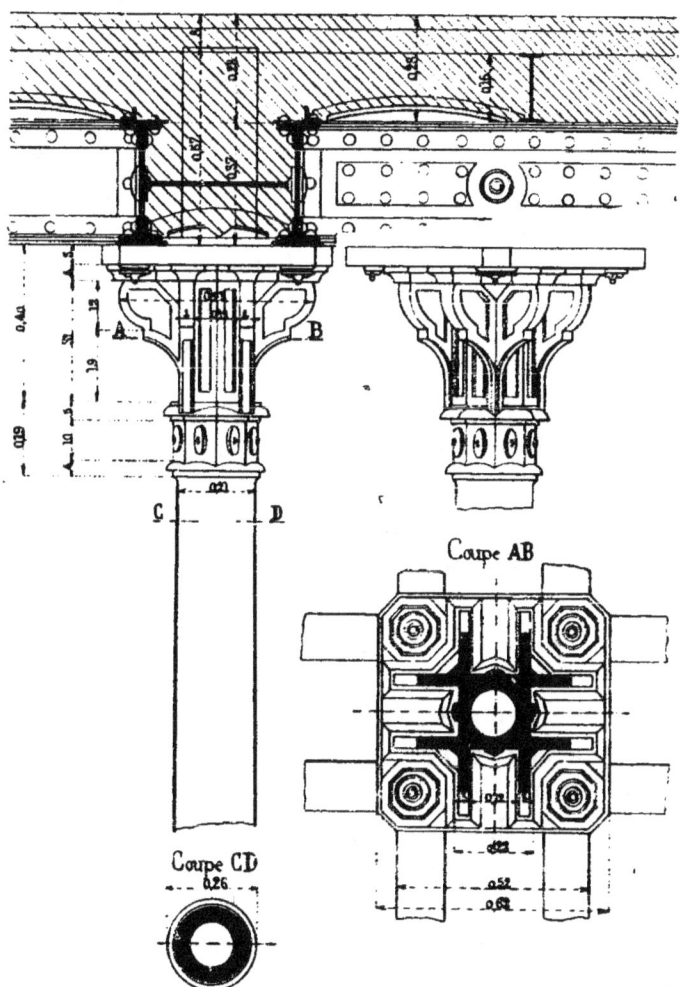

Fig. 411

La *fig.* 410, donne une coupe horizontale des consoles, le chapiteau étant vu par dessous.

Le second croquis de la même figure montre la tablette vue en plan par dessus, ainsi que le carré qui la surmonte.

217. Colonnes à doubles consoles sur toutes faces. — Les colonnes qui se trouvent à l'intersection des soffites, dans les planchers disposés en compartiments, doivent présenter des appuis de même apparence, soit dans le sens des poutres véritables, soit dans le sens des entretoises perpendiculaires qui ont les mêmes profils et la même apparence. Si elles sont à double console, les consoles doivent se répéter identiques sur les quatre faces, d'où formation de chapiteaux à huit consoles, symétriquement construits par rapport à deux axes perpendiculaires l'un à l'autre.

La *fig.* 411 donne la représentation de face, et celle à 45°, de la projection verticale des chapiteaux de colonnes de ce genre, exécutées à la nouvelle Ecole Centrale des arts et manufactures. Elles comportent le même genre de décoration que la colonne précédente, qui appartient au même établissement. Le dessous de la tablette supérieure est ici plus orné ; les parties unies qui ont plus d'importance, surtout aux angles, sont décorées de rosaces ; il en résulte que, vu de dessous, le chapiteau présente la forme donnée par la coupe AB, de la *fig.* 411.

218. Colonnes à chapiteaux superposés. — Lorsque les soffites n'existent que dans un sens et sont figurés par des solives rapportées noyées dans la maçonnerie, le chapiteau de la colonne peut se compliquer pour porter convenablement toutes les pièces de la charpente.

La *fig.* 412 donne la tête d'une des colonnes des salles d'examen de l'Ecole Centrale. Le plancher est formé de poutres et de solives comprises dans l'épaisseur même de $0^m,35$ et est soutenu par des consoles doubles noyées, portant la tablette nécessaire.

Au-dessous est un large filet formant soffite ; il est composé de deux fers de 0,18 ayant une dimension extérieure de 0,46. Ces fers sont à larges ailes.

Ils sont portés par une tablette apparente soutenue en deux sens opposés par des consoles doubles, analogues aux précédentes et ornées de même.

De sorte que toute la décoration se porte sur la seule partie visible du chapiteau qui porte le soffite, c'est-à-dire une charge presque nulle, tandis que les véritables poutres qui soutiennent la charge du plancher reposent sur un

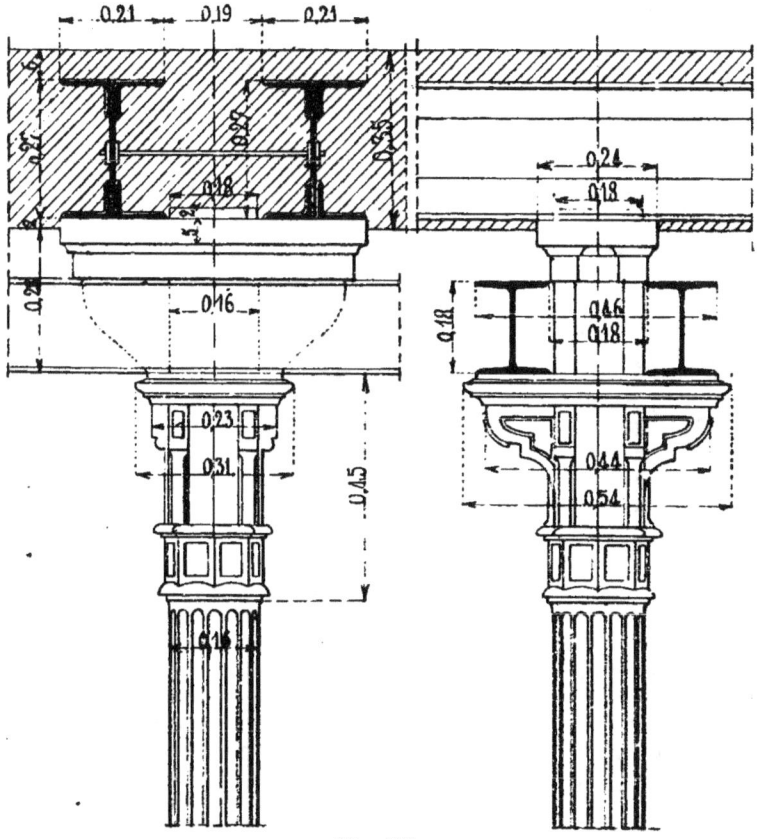

Fig. 412

chapiteau très simple, sans aucune ornementation, surmontant le premier et noyé dans l'épaisseur de la maçonnerie. Les deux chapiteaux superposés sont, ainsi que le montre la figure, de sens différents, perpendiculaires l'un à l'autre.

219. Colonnes en fonte pour charpentes en bois. — Lorsque, dans une file verticale, les colonnes sont en petit nombre, et peu chargées, on se laisse aller quelquefois à soutenir les poutres des planchers sur des colonnes inférieures et à poser sur le bois la base de la colonne du haut. On voit de suite tout ce que ce procédé a de défectueux. Par une dessiccation plus complète, le bois change de dimensions transversales, il se rétrécit ; de là une variation dans la longueur des supports et un tassement. Le bois ne se prête pas dans ce sens à supporter une lourde charge, il tend à s'écraser. Il peut y avoir sur le point

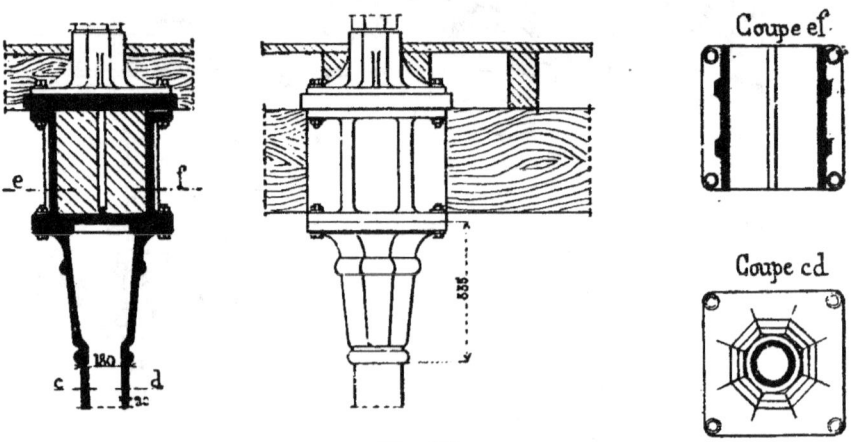

Fig. 413

d'appui un joint de deux pièces successives composant la poutre, d'où un mauvais soutien pour la colonne du haut. Si les poutres sont d'une seule pièce, il y a un encastrement en ce point et, à la fatigue d'un moment fléchissant qui peut être important, vient se joindre la fatigue due à la charge verticale. Enfin, on se prive de la facilité ultérieure de surélever le bâtiment, sans avoir à remanier la charpente déjà faite.

Il y a donc lieu, en principe, de ne jamais faire porter une colonne sur une pièce de bois.

Dans bien des bâtiments d'usines, de magasins et de moulins notamment, on a établi les poutres sur les colonnes inférieures et on a pris pour porter les colonnes supérieures la disposition figurée dans les quatre croquis de la *fig.* 413.

La colonne inférieure a un large chapiteau, dont les dimensions sont en rapport avec la poutre à porter. On pose sur ce chapiteau une selle en fonte, composée d'une tablette horizontale inférieure et de deux joues latérales munies de nervures. Des boulons, au nombre de quatre, fixent la selle à la colonne, et, dans le vide qu'elle présente vient passer la poutre, la plupart du temps en deux morceaux.

Sur la selle, on met une plaque de fonte de dimension appropriée, et très épaisse pour résister à la flexion dans l'intervalle des deux joues ; enfin, au-dessus, vient la colonne supérieure. Des boulons relient les joues de la selle, la tablette et la base de la colonne.

Cette disposition très compliquée a été appliquée dans nombre de bâtiments ; elle revient à faire passer la poutre dans l'axe de la colonne en déviant celle-ci à droite et à gauche. La quantité de fonte employée est très considérable; le prix en est élevé, sans qu'on puisse savoir si le chapiteau inférieur, chargé à l'extrême bord de sa tablette, a une résistance en rapport avec la charge à porter.

Il est infiniment préférable de substituer à cette disposition compliquée et d'un prix élevé, la forme à double console dont nous avons parlé pour les charpentes en fer. La *fig.* 414 en montre l'application au cas qui nous occupe. A première vue, les figures étant à même échelle, la quantité de fonte employée est bien moindre ; le métal est mieux réparti et enfin les formes sont ici très simples et arrangées de telle sorte que tout peut être calculé facilement, et qu'on peut avoir toute sécurité dans la résistance du travail exécuté. Les fortes charges accumulées se transmettent par les fûts ; les parties latérales en porte à faux, soutenues par de doubles consoles, n'ont à soutenir que la charge fractionnée d'un plancher.

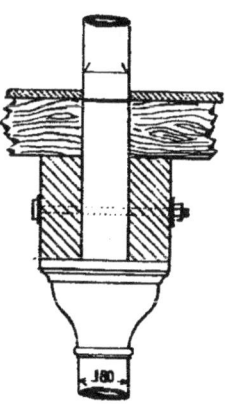

Fig. 414

Un autre exemple de colonne creuse soutenant une charpente en bois est donné par la figure d'ensemble 415.

Il s'agit des sheds d'un atelier industriel (¹). Le problème à résoudre consistait pour les colonnes à porter la charpente, à recevoir les contrefiches d'entretoisement et de plus le chéneau, enfin, à servir d'écoulement aux eaux que ce dernier était chargé de recueillir.

La longueur utile de ces colonnes est de 4^m,00. Elles sont aussi légères que possible, leur diamètre extérieur en haut est de 0,120 et en bas de 0,140; l'épaisseur du métal est de 0,015. Dans toute la partie basse la section est circulaire et elle se raccorde inférieurement par quelques mou-

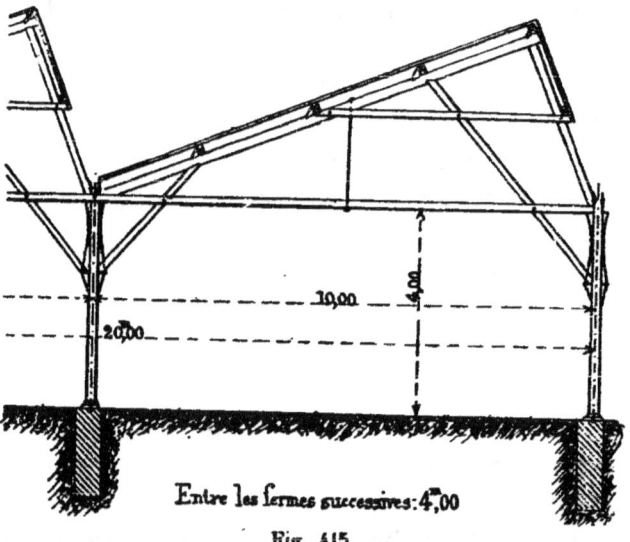

Fig. 415

lures avec une base carrée de 0,250 de côté. Ces colonnes sont figurées dans les croquis de la *fig.* 416.

A la hauteur du pied des contrefiches se trouve établi une tablette horizontale, dont la saillie est soutenue par des consoles doubles, se reliant progressivement au fût inférieur.

A la hauteur des entraits, une autre tablette plus développée, en raison des dimensions des charpentes, est venue de fonte avec la colonne; d'une tablette à l'autre, 4 doubles nervures accompagnent le fût, en prenant la

---

(¹) Atelier Decauville aîné à Corbeil. (J. Denfer, architecte).

saillie nécessaire pour devenir des consoles, soutenir les tablettes et leur donner la résistance nécessaire.

Il en résulte 4 alvéoles inférieures : deux destinées aux

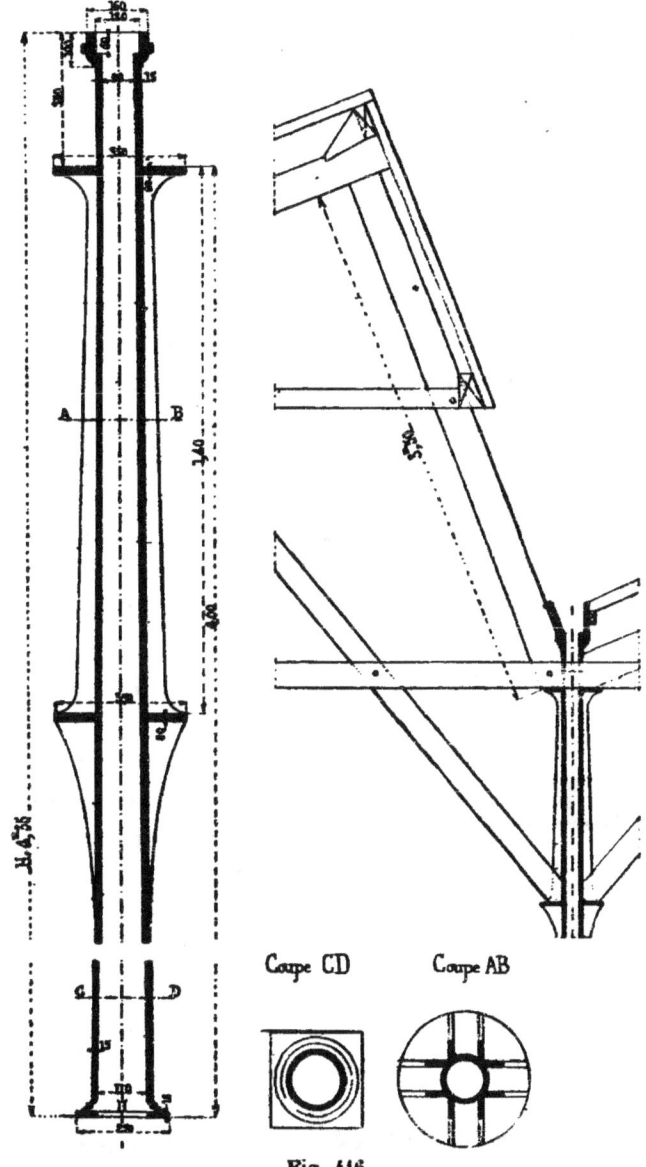

Fig. 416

pieds des contrefiches des fermes, deux chargées de recevoir les contreventements dans le sens perpendiculaire.

Il en résulte aussi que la tablette supérieure est convenablement soutenue, malgré le développement qu'elle doit présenter aux entraits moisés des fermes.

Enfin, le contreventement perpendiculaire aux fermes étant formé de grandes croix de Saint-André, d'une colonne à l'autre, les abouts supérieurs de ces pièces trouvent des alvéoles prêtes, formées par les nervures qui soutiennent la tablette du haut.

Quant à la sablière, elle est formée par le chéneau lui-même, emboîté dans les ouvertures supérieures des colonnes.

Cet exemple montre la variété de formes que peut présenter la fonte pour les assemblages de charpente qu'elle doit recevoir, et en vue desquels on peut l'étudier.

Il y a à remarquer que les alvéoles en fonte, ainsi formées pour recevoir des abouts de pièces inclinées, ne sont convenables que si les bois ne sont soumis qu'à la compression. En effet, elles ne permettent aucun serrage au moyen du boulon transversal qui maintient l'ensemble pendant le levage, et le jeu augmentant avec le retrait des bois au séchage.

Si la pièce de bois doit résister à l'extension, il vaut mieux n'avoir qu'une nervure médiane divisant l'alvéole

Fig. 417

précédente en deux alvéoles secondaires, recevant chacune une moitié de la pièce de bois. Cette dernière est donc en deux morceaux comme le montre la *fig.* 417 ; un même boulon traverse les deux pièces et les serre contre la nervure par l'intermédiaire de rondelles convenables. De plus, à mesure que se produira le retrait des bois, un simple serrage ultérieur de l'écrou permettra de regagner la diminution d'épaisseur.

220. Colonnes avec grandes consoles remplaçant les contrefiches. — Les poutres horizontales, dans les charpentes en bois, sont reliées avec les supports verticaux dans la plupart des cas par des liens à 45°, qui assurent l'invariabilité des angles. On obtient le même résultat avec une meilleure apparence au moyen de grandes consoles qui font corps avec la colonne quand elle est en fonte, et qui constituent le chapiteau ou l'accompagnent convenablement.

La *fig.* 418 représente une colonne de ce genre, destinée à soutenir une charpente en bois. La colonne est octogo-

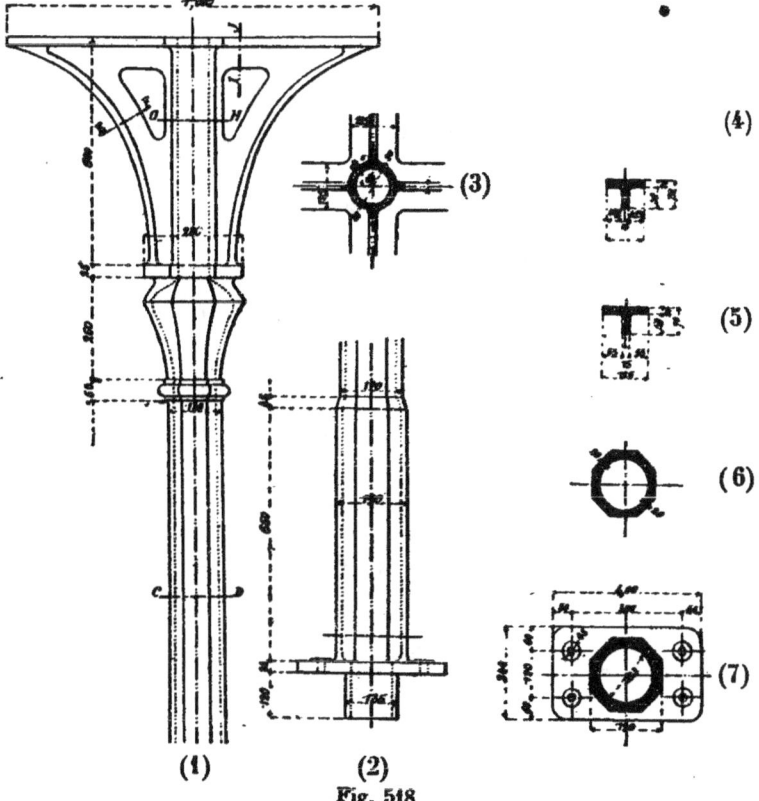

Fig. 518

nale, ainsi que le montre la section (6) du croquis : elle est formée d'un chapiteau évasé, d'un fût et d'un piédestal réduit à un socle de 0^m,65 de hauteur. Ce socle est terminé par une tablette allongée fixée sur la maçonnerie de fondation au moyen de 4 boulons à scellement (7). Le tube de la colonne se prolonge en contrebas pour correspondre à un drainage d'écoulement (2), parce qu'il est destiné en même temps à l'évacuation des eaux des toitures.

Au-dessus du chapiteau, le fût se prolonge en section ronde sur une hauteur de 0^m,60 et il porte l'insertion de deux grandes consoles évasées. Le fût et les consoles sont

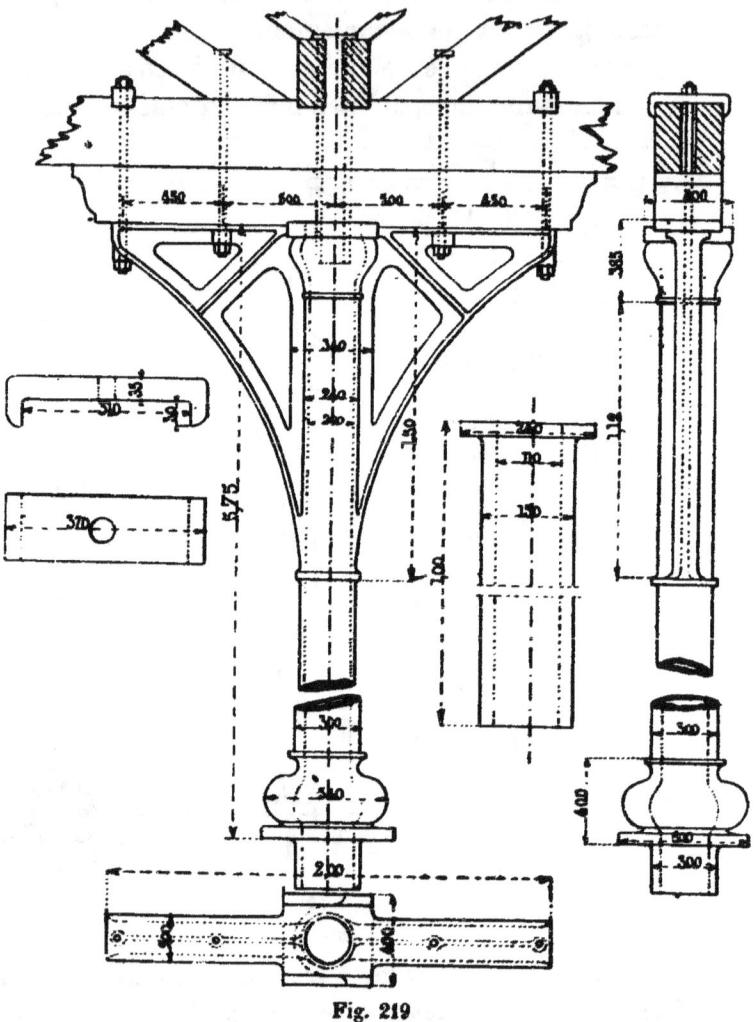

Fig. 219

terminés horizontalement par une même tablette, de 1^m,00 de long et 0^m,125 de largeur. C'est cette pièce qui reçoit la charpente.

Le croquis (3) donne la coupe du prolongement du fût suivant OH.

Le croquis (4) représente la coupe EF.

Le croquis (5) donne la coupe IJ.

La colonne a 4^m,50 de hauteur; le fût a 0,130 sous le chapiteau; il arrive à 0,170 auprès du socle, qui lui-même à 0,190 de largeur.

La *fig.* 419 donne le dessin d'une autre colonne d'atelier, établie dans les mêmes conditions et qui a 5^m,75 de longueur. Elle doit soutenir la charpente par l'intermédiaire d'une sous-poutre sous laquelle se développent les consoles. Celles-ci s'étendent verticalement sur une hauteur de 1^m,50, et sont arrêtées par une seconde astragale. Le chapiteau est réduit à une petite tête à la partie supérieure.

La tablette haute de la colonne se compose d'un carré de 0,40, avec lequel se raccordent deux prolongements latéraux qui donnent à l'ensemble une longueur de 2^m,00.

Les consoles, comme les précédentes, sont évidées et leur pourtour est formé d'une partie en forme de simple T. La nervure qui forme l'âme du T s'élargit en quatre endroits pour donner passage et attache à quatre boulons d'assemblage. La sous-poutre a 0^m,310 × 0,200; la poutre au-dessus est moisée et sert d'entrait à un comble double. Une tubulure séparée amène l'eau du toit dans la colonne destinée en même temps à lui donner écoulement; le fût de la colonne a 0^m,24 à la base des consoles et 0^m,30 à sa partie inférieure.

221. Colonnes à consoles rapportées. — La *fig.* 420 représente encore une colonne du même genre avec consoles d'un développement d'environ 0,800, surmontant un chapiteau évasé. Le fût, de 0^m,12 sous le chapiteau, arrive à 0,25 à la naissance du socle. Ce dernier est octogonal et se termine sous le plancher à une plaque de fondation avec deux boulons de scellement.

Les consoles sont fondues à part; elles tiennent à un tube alésé, dans lequel pénètre le prolongement tourné qui surmonte le chapiteau.

Ces consoles sont doubles; la table supérieure porte des saillies, chargées de maintenir l'écartement des pièces

512   CHAP. VI. — SUPPORTS MÉTALLIQUES

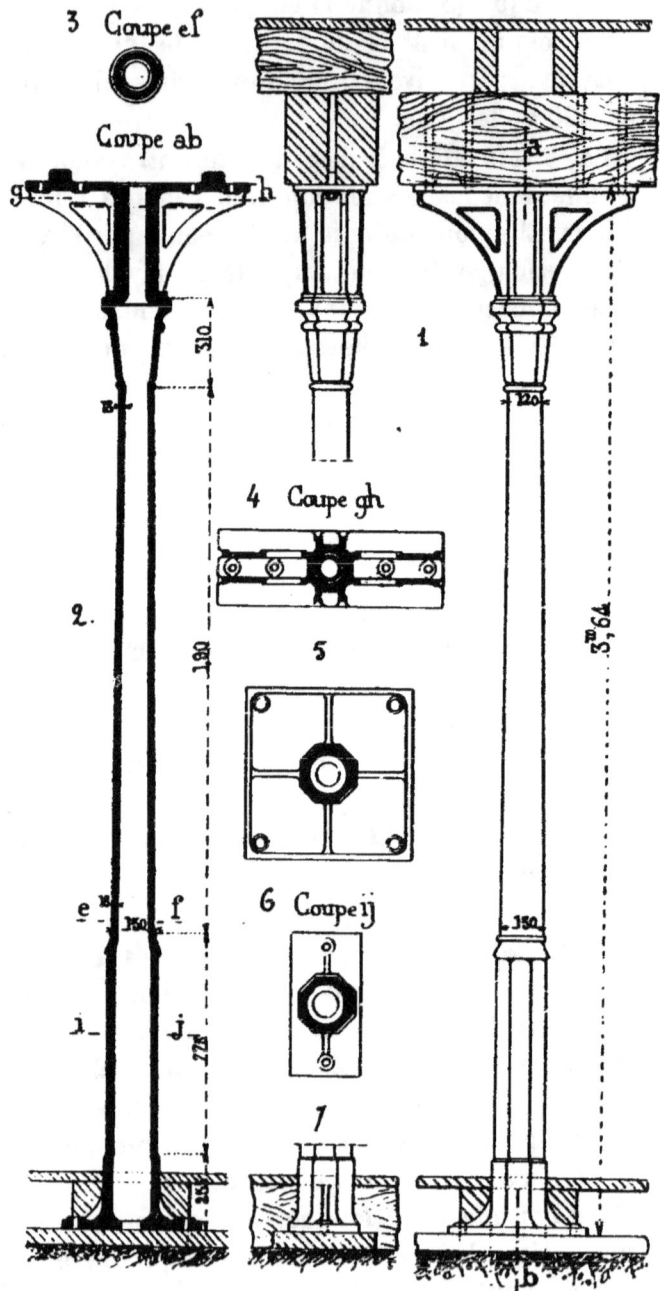

Fig. 520

moisées qui forment la poutre. Divers croquis de détail

accompagnent la colonne et permettent de comprendre toutes les parties qui la composent.

Les 12 croquis de la *fig.* 421 donnent la disposition d'une

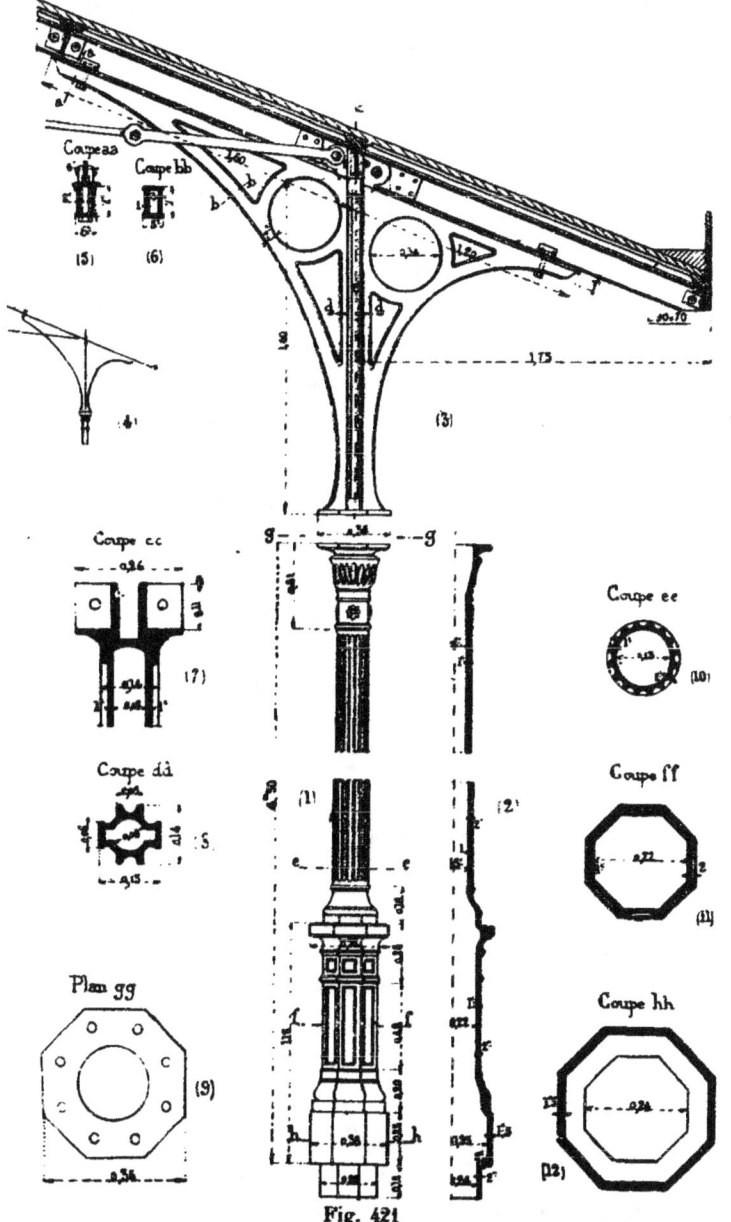

Fig. 421

colonne munie de grandes consoles, appartenant à la

halle couverte du bâtiment des voyageurs de la gare de Lorient. Les consoles, comme dans l'exemple qui précède, sont fondues à part, ensemble, et sont reliées par une portion de fût terminée inférieurement par une bride. La colonne porte en haut de son chapiteau une bride identique, et huit boulons répartis sur le pourtour de ces brides les serrent et forment un excellent assemblage.

Chaque console est composée de deux flasques parallèles, réunies par des tables ; elles sont représentées en vue latérale dans le croquis (3) et en coupes diverses dans les croquis (5), (6), (7) et (8).

Le support proprement dit porte la plus grande part de l'ornementation ; il se compose d'un piédestal et d'une colonne fondus ensemble et représentés en élévation et en coupe verticale par les croquis (1) et (2).

Le piédestal est complet : socle, dé et corniche. La section horizontale en tous ses points est octogonale ; la coupe en est donnée par les croquis (11) et (12).

La coupe (10) donne la section du fût et montre la disposition et la forme des 16 cannelures longitudinales.

222. Colonnes à section carrée ou rectangulaire. — Souvent on est amené à donner aux colonnes en fonte une section carrée ou rectangulaire ; on admet cette forme principalement lorsqu'elles doivent se relier à une charpente supérieure en bois. On les élégit alors de chanfreins sur les angles, arrêtés à environ $0^m,20$, soit des extrémités, soit des points où les assemblages nécessitent des plats sur la largeur totale. Une portion de colonne reliée à la tablette de base est représentée par le croquis de la *fig.* 422. Cette colonne a été étudiée pour être isolée.

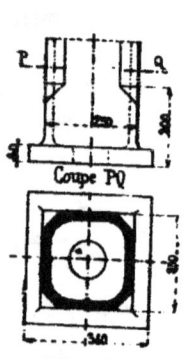

Fig. 422

Lorsque la colonne doit être reliée à la suivante par une cloison de remplissage en briques, on a avantage à lui donner une section rectangulaire et à la munir latéralement de nervures, dont l'écartement est égal à l'épaisseur de la cloison en maçonnerie. Cette dernière est alors parfaitement maintenue d'une part, et d'autre part il y a impossibilité qu'il se produise aucun vide aux points de jonction.

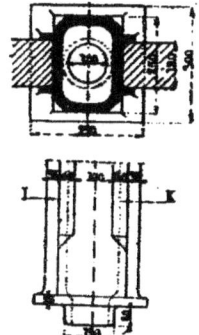

La largeur des nervures, ajoutée à celle du fût, donne un total égal à l'autre dimension de la section, ou s'en approchant beaucoup.

Une base de colonne nervée latéralement est représentée en plan et en élévation dans les deux croquis de la *fig.* 423.

Fig. 423

223. Assemblage latéral des pièces de bois. —

On fait souvent aboutir sur la face latérale d'une de ces colonnes l'extrémité d'une pièce de bois, soit horizontale,

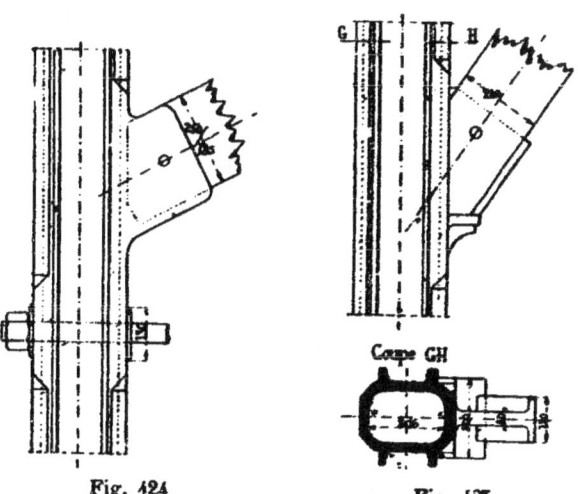

Fig. 424

Fig. 425

soit inclinée. Il est convenable que la colonne présente une alvéole, venue de fonte, disposée dans le sens de la pièce de bois et de forme appropriée à cette destination. Cette alvéole est ordinairement formée de trois parois en fonte : une, horizontale, en dessous, pour soutenir la pièce, et deux verticales sur les côtés pour la maintenir dans le plan vertical qui lui est assigné.

Cet assemblage est dessiné dans la *fig.* 424.

Lorsque la pièce de bois ne doit résister qu'à des efforts tendant à la comprimer, cette disposition est acceptable : on traverse par un boulon le bois et les deux joues verticales. Si la pièce risque de tirer sur la colonne, cet assemblage devient défectueux, parce que le boulon de liaison ne peut serrer les pièces. Il faut alors : ou bien rendre l'une des joues mobiles, l'autre servant seule pour l'assemblage (le bois peut alors être serré par la manœuvre du boulon), ou bien encore mettre le boulon dans le plan vertical de la pièce de bois ; on serre alors cette dernière sur la paroi de dessous. Le serrage sur le bois se fait par l'intermédiaire d'une rondelle mobile.

Une disposition bien préférable est représentée dans la *fig.* 425, en élévation latérale et en plan.

Elle est applicable toutes les fois qu'on peut mettre la pièce de bois en deux morceaux jumelés. L'alvéole se compose alors de deux demi-alvéoles librement ouvertes sur les côtés et séparées par une nervure verticale. La paroi en fonte du fond reste la même.

Le boulon transversal traverse la cloison verticale et serre contre ses faces, autant qu'il est nécessaire, les deux pièces de bois à la fois.

224. Assemblage latéral de pièces de fer. — Les colonnes sont sujettes à recevoir latéralement l'assemblage de fers horizontaux, servant soit d'entretoises soit de sablières, et la section carrée ou rectangulaire se prête particulièrement bien à une jonction commode et solide.

Les fers d'entretoises sont souvent disposés à plat comme dans la *fig.* 426.

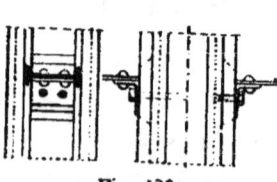

Fig. 426

On peut liaisonner les deux pièces avec une simple

équerre en fer assemblée sur un plat convenable fondu avec la colonne par deux vis ou deux boulons, et rivée à l'entretoise. Une légère saillie de la fonte soutient l'équerre et empêche les boulons de se trouver cisaillés. Si la traction peut être forte, on fait mieux travailler la pièce en doublant les équerres, ce qui rend l'effort bien symétrique par rapport à l'axe du fer.

Les fers de sablières sont posés verticalement et d'ordinaire jumelés, *fig.* 427. Il convient de les poser inférieu-

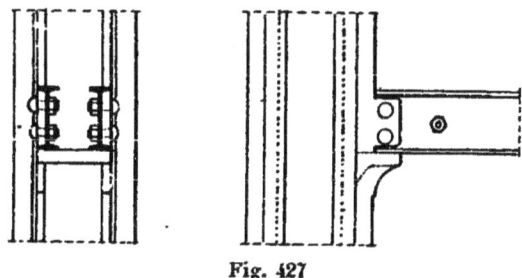

Fig. 427

rement sur une tablette horizontale, consolidée s'il est nécessaire par des consoles ; de plus, des nervures latérales suffisamment développées et faisant partie de la colonne viennent s'appliquer sur les âmes des fers ; on les fixe par des boulons. Ces nervures sont ou extérieures ou intérieures, et on les dispose au mieux, dans chaque cas particulier, en étudiant le tracé de la colonne.

Si la sablière prend plus d'importance et se trouve formée d'une poutre composée en tôles et cornières, les nervures ont besoin d'être plus solidement établies.

Ces sablières en tôles et cornières sont ordinairement simples et non jumelées ; la nervure d'assemblage est unique et elle est renforcée par des nervures secondaires en congés, qui maintiennent la perpendicularité avec la face latérale de la colonne *fig.* 428.

De plus, il devient indispensable de poser les poutres sablières sur des tablettes horizontales convenablement consolidées par des nervures ou des consoles, de telle sorte que les assemblages dont on vient de parler ne fatiguent pas trop et que leurs boulons ne soient pas cisaillés, *fig.* 428.

Mais ce genre d'assemblages par nervures parallèles aux poutres est peu employé. On préfère de beaucoup re-

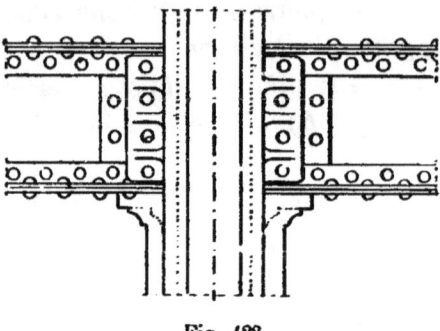

Fig. 428

tourner d'équerre les cornières de la poutre, de manière à former un cadre; c'est ce cadre que l'on boulonne sur le plat de la colonne, ainsi que le représente la *fig.* 429.

Si les pièces en tôles et cornières se trouvent exister de chaque côté de la colonne, et symétriquement à son axe, les mêmes boulons traversent cette dernière et serrent les

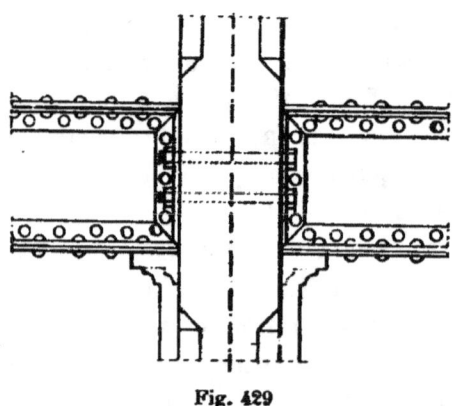

Fig. 429

cornières des deux poutres contre ses faces latérales. Le nombre des boulons est variable avec la hauteur des sablières et avec la solidité que doit présenter la jonction.

COLONNES A SECTION RECTANGULAIRE

225. Exemple d'une colonne carrée appliquée à un hangar. — Comme exemple d'une colonne carrée disposée pour recevoir latéralement les assemblages des charpentes qu'elle est appelée à porter, nous donnons, *fig.* 430, une colonne d'atelier de 8^m,50 de hauteur totale.

A sa partie supérieure, elle reçoit sur deux faces opposées les assemblages des deux sablières; en dedans celui de l'arbalétrier, au dehors celui d'une console correspondant à la saillie de la toiture. Ces pièces sont serrées deux à deux par les mêmes boulons qui traversent la colonne complètement.

En B, sur un excédent de largeur de forme appropriée, viennent se poser deux poutres opposées servant de chemin de roulement à un treuil roulant.

En C, la colonne porte une console formant saillie latérale, sur le plat de laquelle se fixe l'arbalétrier d'un comble adossé.

En D, une autre console, encore venue de fonte avec la colonne, sert à établir le palier de la transmission de mouvement.

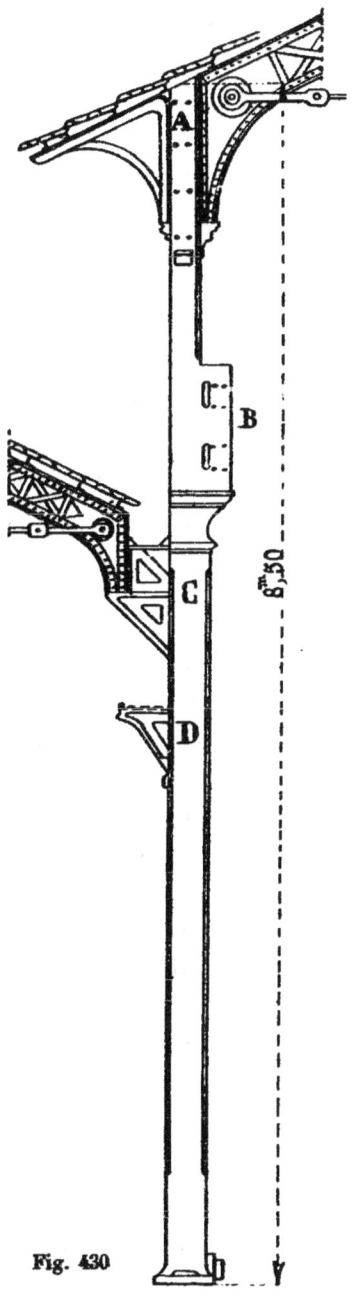

Fig. 430

Enfin, la base présente les portées de boulons de scellement, en même temps qu'une buse latérale d'écoulement, la colonne servant à l'évacuation des eaux de la toiture.

Les arêtes qui se trouvent à l'intérieur de l'atelier sont abattues de chanfreins, comme on l'a vu pour les colonnes précédentes. A l'extérieur, ces chanfreins n'existent pas, la fonte étant cachée par la clôture pleine en planches qui ferme le bâtiment.

226. Colonnes mixtes à sections variées. — Les colonnes en fonte peuvent être composées de façon mixte, et même c'est le cas le plus fréquent. Dans toute la partie complètement libre, elles sont formées d'un fût de section circulaire, terminé en bas par une base et surmonté d'un chapiteau ; dans la partie au-dessus, qui doit recevoir les assemblages des charpentes, on les continue par une sorte d'attique à section carrée et souvent très développé.

C'est sur les faces de cet attique que viennent se boulonner les différentes pièces. L'attique est la plupart du temps fondu avec le reste du support.

Un exemple de cette disposition est donné par les croquis de la *fig.* 431. Ils représentent une des colonnes de l'abri des voies principales de la gare de Lunel (Hérault) ([1]). Les croquis (1) et (2) représentent deux vues perpendiculaires de cet abri et la disposition des charpentes à supporter, le tout à petite échelle. Le croquis (3) donne la projection de la tête de colonne, chapiteau et attique, ainsi que la vue des charpentes assemblées, à une échelle plus grande permettant de se rendre compte de l'arrangement et des assemblages. Le croquis (4) représente la même vue de la tête de colonne, les charpentes enlevées. Ces charpentes sont opposées deux à deux : dans le sens de la rive de l'abri ce sont les sablières ; dans le sens perpendiculaire ce sont l'arbalétrier muni de sa console, et d'autre part une console extérieure. Toutes ces pièces sont

---

[1] Extrait des *Annales Industrielles*, février 1875.

terminées par de doubles cornières verticales, qui s'appliquent sur les plats du carré de l'attique.

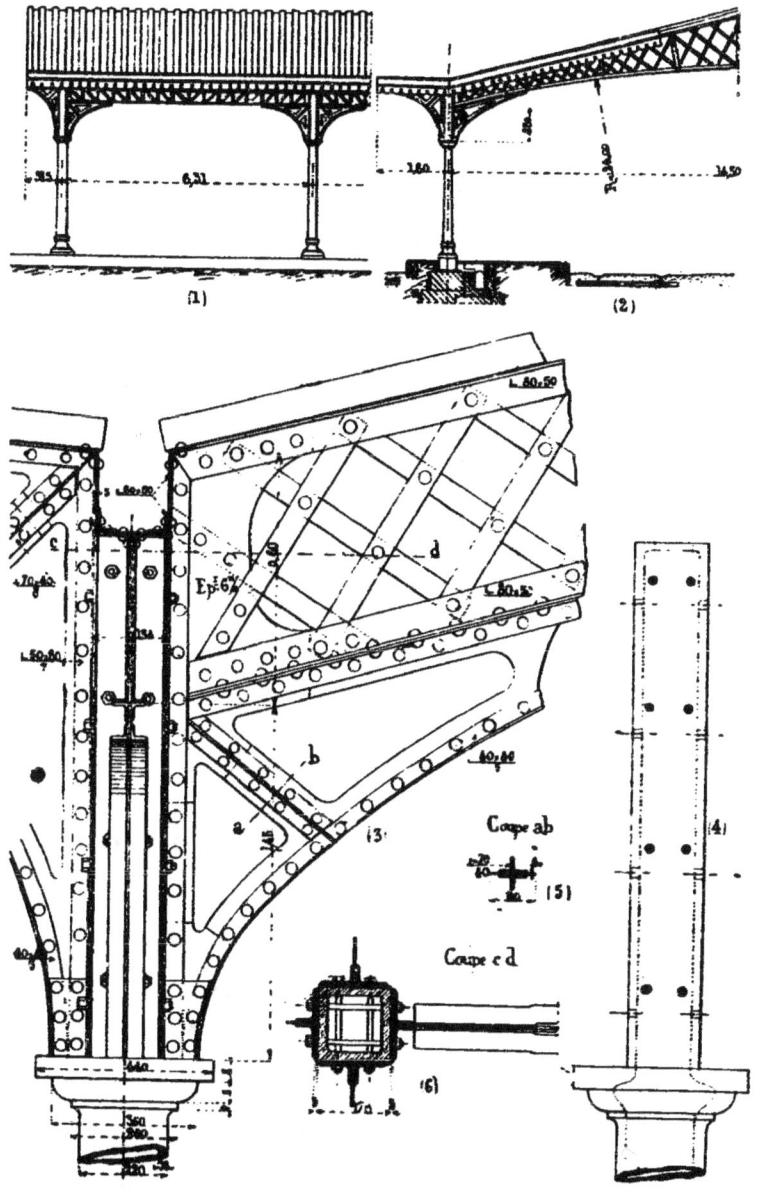

Fig. 431

Le croquis (6) montre une section de cet attique et la manière dont les boulons la traversent en deux sens perpendiculaires, pour y fixer les cornières des charpentes opposées. Le croquis (5) n'est qu'un détail de construction du bras milieu de la console.

227. Colonnes mixtes ornées. — Les colonnes à section carrée, rectangulaire ou polygonale se prêtent aussi bien que les autres à l'application d'une ornementation convenable, en rapport avec l'aspect des bâtiments d'un certain luxe où on doit les appliquer.

Nous avons représenté dans les divers croquis de la *fig*. 432 une colonne très étudiée, décorée avec soin dans toutes ses parties. C'est un des supports de la Halle à voyageurs de la gare de Châlons-sur-Marne.

Le croquis (1) donne l'ensemble de toute la partie haute de la pièce. Il montre d'abord le chapiteau muni, entre deux cymaises moulurées, des consoles nécessaires pour recevoir les pièces de la charpente par l'intermédiaire d'un socle supérieur également mouluré.

Au-dessus, la section de la colonne devient carrée, de manière à présenter des faces planes d'assemblage perpendiculaires aux pièces de charpente à recevoir. Ces faces sont unies, tandis que celles qui sont libres et vues sont décorées de panneaux ornés entourés de cadres moulurés.

Une corniche vient couronner le tout, avec un profil largement développé. Elle correspond à un caisson à face pleine saillante, placé au-dessus de la sablière. Ce dernier est surmonté de quelques moulures plus simples. Le tout constitue la corniche latérale.

Pour bien faire comprendre la forme de cette colonne, les croquis suivants donnent à plus grande échelle des coupes des diverses parties de l'ensemble.

La coupe du fût suivant la ligne KK est dessinée dans le croquis (6). La section est à huit pans, alternativement plans et cylindriques ; ces pans sont séparés par des arêtes venant du décrochement de la paroi.

COLONNES A SECTION RECTANGULAIRE 523

Les coupes EE et DD du chapiteau sont représentées dans le croquis (7). Elles montrent les formes des diverses saillies et notamment celles des consoles.

Les coupes CC et BB de l'attique carré sont figurées

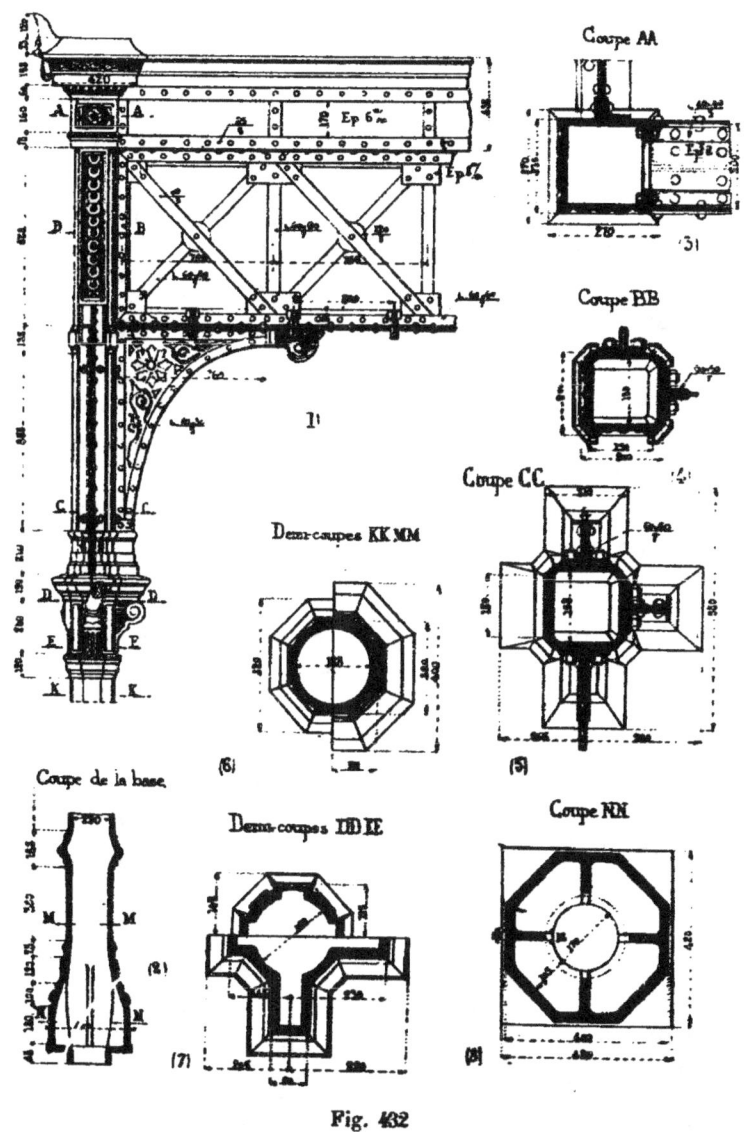

Fig. 432

dans les croquis (5) et (4). Les sections sont munies de chanfreins aux angles. Les consoles et charpentes qui se relient à la colonne sont coupées comme elle et leurs boulons indiqués.

La coupe AA de la partie haute de la corniche est vue dans le croquis (3). Sur une des faces unies s'assemble la charpente d'équerre, et sur la face adjacente est assemblé le caisson dont il a été parlé, caisson ouvert par le haut et qui sert de chéneau ; une ouverture correspondante dans la face de la colonne permet à celle-ci de recevoir les eaux et de leur donner écoulement.

La colonne a une hauteur totale de 7^m,34.

Le fût vient porter sur un soubassement octogonal d'une hauteur de 1^{m}02, dont une coupe verticale donne le profil dans le croquis (2). Il est formé d'une corniche faite de quelques moulures qui la réduisent à une cymaise, d'un dé et d'un socle.

La coupe du dé suivant MM est donnée dans la seconde partie du croquis (6), et les moulures du socle y sont marquées vues de-dessus.

La coupe suivant NN de la partie basse du socle est figurée dans le croquis (8) ; en raison de la grande saillie des moulures, et du vide qui en résulte à l'intérieur de la colonne, on a réuni les parois verticales à la semelle inférieure de base au moyen de quatre nervures internes qui rétablissent la solidité de cette base.

Les colonnes des halles et marchés, élevées en si grand nombre dans la plupart des grands centres, depuis la construction des Halles Centrales de Paris, qui leur ont servi de type et de point de départ, offrent encore des exemples intéressants de colonnes ornées.

228. Colonnes ornées pour halles et marchés. — Les colonnes pour halles, marchés et édifices analogues, sont presque toujours de section considérable, en raison de leur grande hauteur, de l'apparence qu'elles doivent présenter, des assemblages qui doivent les relier aux autres parties de la construction, et enfin de l'ornementation qu'elles doivent recevoir.

COLONNES ORNÉES POUR HALLES ET MARCHÉS

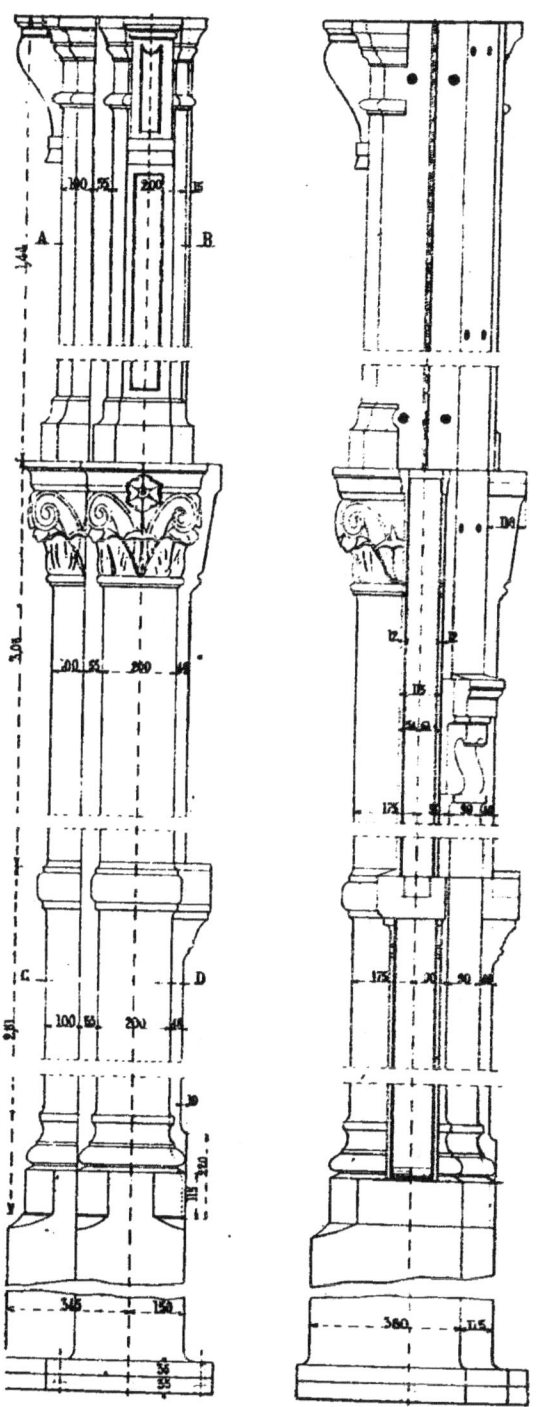

Fig. 433

Leur fût est ordinairement de section carrée ou rectangulaire ; sur les faces planes sont établis en saillie des pilastres, ou des colonnes demi-engagées.

Les pilastres ou les colonnes peuvent former plusieurs ordonnances superposées, dont les chapiteaux correspondent à la retombée des principales pièces de charpente.

Les bases correspondent à des socles très développés chargés de les recevoir. Souvent une même colonne présente deux faces vues, l'une à l'extérieur, l'autre au de-

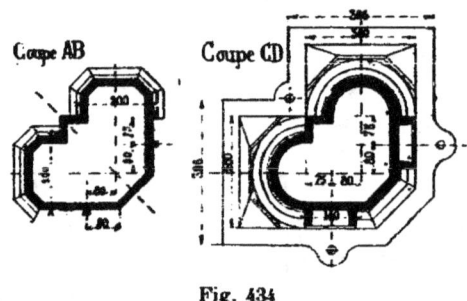

Fig. 434

dans, et ces deux façades qui ne se trouvent pas visibles à la fois sont traitées suivant des ordonnancements différents.

On peut recevoir les pièces de charpente secondaires ou accessoires sur des consoles venues aux points de retombées et que l'on raccorde au mieux avec l'ornementation des parties voisines.

La figure 433 donne les façades en deux sens perpendiculaires, d'une colonne d'angle du marché de la Villette.

Elles se composent de deux ordonnancements différents superposés ; l'un comprend toute la hauteur libre de la construction sur environ 6 mètres à partir du sol ; l'autre n'a que $1^m,44$ et correspond à la hauteur même de l'attache de la sablière.

La figure de droite montre les nervures pour la liaison avec la maçonnerie, ainsi que les portées ménagées pour recevoir les pièces de charpente ; l'une de ces portées est destinée à l'extrémité de la sablière et on voit les trous de 4 boulons de liaison ; l'autre, à 45° en plan sur la première, descend plus bas ; elle doit recevoir la console de liaison avec un arêtier et une saillie moulurée lui formera une portée à la partie basse.

La *fig.* 434 donne deux coupes de cette colonne d'angle ; l'une, suivant le plan horizontal AB, est faite au niveau de l'ordonnancement du haut ; l'autre, suivant le plan horizontal CD, sectionne en travers la colonne du bas.

229. Colonnes recevant des transmissions de mouvement. — On a souvent à prévoir, dans les colonnes des bâtiments d'usines, l'attache à une hauteur déterminée des paliers de transmission de mouvement. Ces paliers doivent être fixés à la colonne avec un règlement possible de leur hauteur. L'attache se fait en ménageant sur le côté de la colonne un plateau plan vertical sur lequel on dresse deux surfaces de portées.

Sur ces portées s'applique la chaise qui portera le palier et celle-ci est fixée par quatre boulons, ainsi que le montre la *fig.* 435.

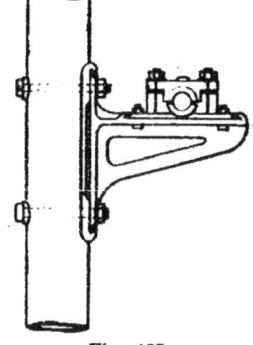

Fig. 435

Les trous de passage des boulons dans la semelle du palier sont ovales, de manière à permettre de faire varier la position du boulon ; d'autre part, on ménage sur le plateau deux ergots extrêmes, et les intervalles entre les extrémités de la semelle de chaise et ces ergots sont remplis par de doubles coins convenablement réglés.

On peut donc de la sorte mettre la chaise bien exactement à sa place et, s'il reste encore un petit espace à gagner, on le gagne par de légères cales sous le palier, au-dessus de la plateforme de la chaise.

Les boulons traversent la colonne, quand elle est de fort diamètre ; pour les diamètres plus petits, les boulons se serrent sur les bords dépassants du plateau. Si les boulons traversent la colonne, on a soin de ménager sur la paroi opposée de la fonte des portées pour recevoir les têtes, et leur permettre de prendre appui sur une surface bien exactement perpendiculaire à leur axe.

Si les colonnes sont posées sur deux rangs rapprochés, on les réunit à hauteur convenable par une traverse, boulonnée sur des portées ménagées aux colonnes. Cette tra-

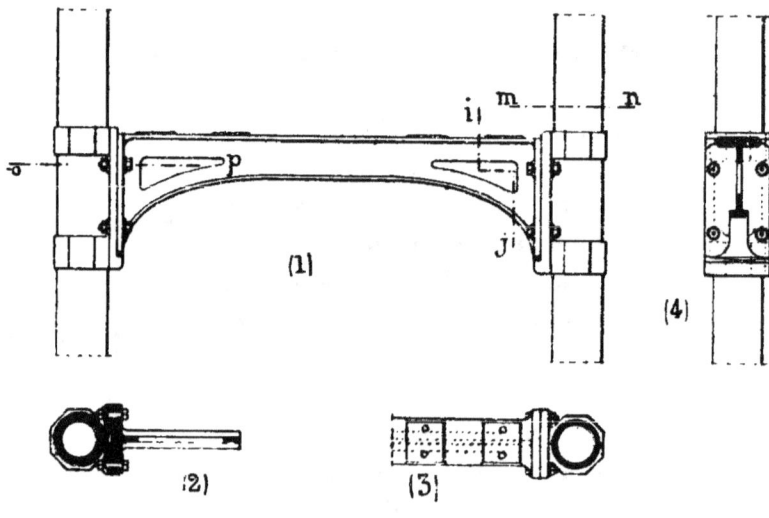

Fig. 436

verse recevra directement les paliers sur sa semelle supérieure ; le réglage en hauteur s'obtiendra avec des cales.

Les divers croquis de la *fig.* 436 rendent compte de cette disposition, qui forme à tous les entraxes une espèce de portique.

On y trouve l'avantage de pouvoir placer, sur la largeur deux transmissions au besoin, et de plus un chemin bien organisé pour effectuer sans danger le graissage de tous les paliers.

§ 2. — POTEAUX ET PILIERS EN FER

230. Poteaux et piliers en fer. Comparaison du fer et de la fonte. — Ainsi qu'on l'a pu voir dans les numéros précédents, les colonnes en fonte présentent les plus grands avantages lorsqu'il s'agit de faire des assemblages qui demandent des formes compliquées ; mais tel n'est pas le cas le plus général ; les charpentes en fer sont presque toujours terminées par des rives en cornières ne demandant pour les jonctionner que des portées planes et des boulons.

De plus, la fonte est plus déformable que le fer sous la charge ; elle est sujette à des défauts, à des soufflures qui diminuent beaucoup la sécurité qu'accusent les coefficients, et cela, malgré tous les soins que l'on prend dans l'étude des modèles.

Tant que l'on n'a appliqué le fer qu'à l'état de tige ronde, on a trouvé de grandes difficultés d'assemblages et la fonte a été reconnue supérieure comme commodité ; mais pour les grandes charpentes on est arrivé aux formes plus rationnelles adoptées aujourd'hui, et l'emploi du fer a présenté de tels avantages que ce métal est maintenant presque généralement employé pour les supports verticaux.

Il donne toute sécurité, non seulement par l'absence des défauts de la fonte, mais aussi par son égale résistance à la tension et à la compression, ce qui permet de faire travailler les jonctions à ces deux genres d'efforts.

Le corps même des supports résiste bien mieux aussi aux efforts latéraux qui peuvent les solliciter, soit d'une manière accidentelle, soit d'une manière permanente.

231. Colonnes en fer rond. — Le profil qu'il paraît au premier abord le plus naturel d'appliquer aux poteaux en fer est le profil circulaire. Le poteau en fer rond présente en effet une égale résistance en tous sens et se trouve tout laminé, et en tous diamètres, dans les magasins du commerce.

Les supports en fer à section circulaire et pleine ont l'inconvénient d'être lourds pour une dimension transversale faible, et ils deviennent chers, pour peu que la hauteur soit forte, en raison du diamètre qu'il est nécessaire de leur donner.

De plus leurs parois se prêtent peu à des assemblages faciles avec les charpentes qu'ils doivent soutenir. Il est presque toujours indispensable de les munir d'un chapiteau en fonte, étudié pour recevoir les assemblages dont il vient d'être question. De même, il faut les munir à leur partie inférieure d'une base en fonte, pour élargir la surface de contact avec la fondation qui doit les recevoir.

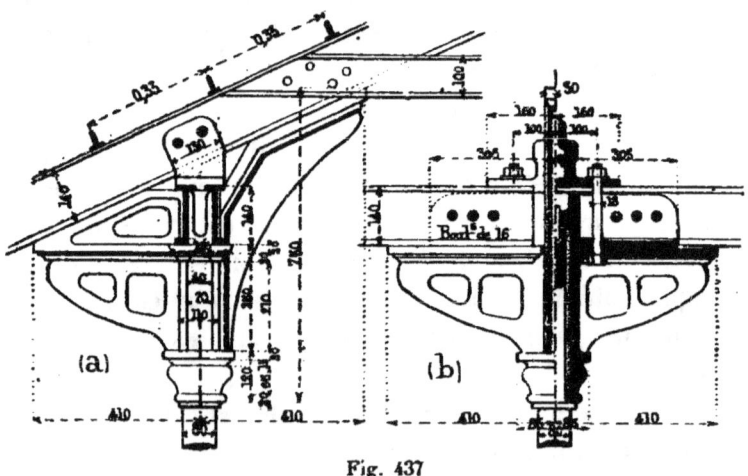

Fig. 437

La jonction de ce fer rond avec ces parties annexes en fonte ne peut se faire que par le moyen de parties tournées et alésées, et la façon totale arrive à un prix assez élevé ; il en résulte que l'avantage de la substitution du fer à la fonte pour le fût de la colonne est largement atténué.

Pour permettre de juger la complication qui en résulte, nous donnons dans les croquis (a) et (b) de la *fig.* 437 la représentation d'un chapiteau de colonne en fer, destinée à un petit hangar métallique d'une portée restreinte de 8 mètres.

Les colonnes sont en fer rond de 0^m,080. Ce diamètre est réduit, au tour, à 0,055 dans la hauteur du chapiteau en fonte. Ce dernier se compose d'un fourreau circulaire de diamètres réduits en haut et en bas, de manière à former des portées alésées à 0,055 pour le bas et à 0,025 pour le haut. Il comporte les tablettes et les consoles nécessaires pour recevoir, d'une part, l'arbalétrier et son prolongement, et, de l'autre, la sablière de rive de chaque côté. Avec ces additions, le poids du chapiteau devient considérable. Le bas du fût en fer est tourné de même pour recevoir une base en fonte alésée à 0,055, et le tout repose sur une plaque tournée, posée sur le massif de la fondation, *fig.* 438.

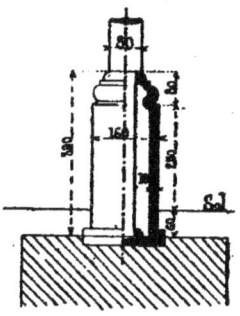

Fig. 438

On ne peut se dispenser de ce travail de tour et d'alésage pour la jonction du fer et de la fonte, car, pour obtenir la rigidité nécessaire, il faut qu'il n'y ait aucun jeu entre les surfaces de contact.

232. Pieux en fer. Application aux pieux à vis. — On a souvent fait l'application des supports en fer rond aux pilotis métalliques. Ils sont munis à leur extrémité basse d'une vis en fonte, quelquefois en acier ou en fer, dont le développement dépend des terrains à traverser. L'enfoncement a lieu au moyen d'un effort latéral produisant un mouvement de torsion, et l'emploi du fer pour la matière du fût permet à celui-ci de résister particulièrement bien à cet effort.

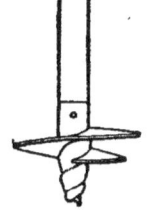

Fig. 439

On emploie ces pieux en fer à vis de préférence aux pieux en bois, parce que, dans certains terrains sablonneux, ces pieux en bois ne sauraient s'enfoncer sous l'action directe des coups de mouton ([1]). Et aussi lorsqu'une partie du corps du pieu émerge de l'eau, constamment ou périodiquement, condition absolument incompatible avec l'emploi du bois. Une troisième circonstance dans laquelle les pieux en fer trouvent une application, c'est quand on doit fixer des pieux obliques. Le battage oblique est difficile et coûteux, tandis que l'inclinaison est pour ainsi dire indifférente dans l'emploi des pieux à vis.

233. Piliers en fers profilés de différentes formes. — La résistance que présentent les fers à la compression est une question de surface de section ; du moment que l'on arrive à avoir des dimensions transversales convenables eu égard à la hauteur, la forme même de la section importe peu. Donc on peut prendre pour faire des poteaux métalliques une foule de profils de fers laminés et de combinaisons de ces profils.

Parmi les fers laminés, ceux qui se présentent aux plus bas prix sont les rails ; si, isolément, un rail ne donne qu'un poteau médiocre, à cause de ses petites dimensions transversales, plusieurs rails réunis et bien assemblés peuvent fournir des faisceaux convenables pour une charge donnée.

Un premier mode d'assemblage est représenté par le croquis (7) de la *fig.* 440. Deux rails à patins sont accolés par leurs parties plates et rivées. Leurs âmes sont en prolongement. On peut interposer un fer plat entre les deux patins, ce qui donne une plus grande largeur en même temps qu'une plus forte section (8). On peut remplacer le fer plat par deux fers à boudins (15).

Les croquis (9) et (10) montrent des rails en plus ou moins grand nombre, réunis par des frettes rivées à leurs patins tous les 0^m,50, et qui forment de véritables colonnes

---

[1] Il faut dire que les ingénieurs de l'État enfoncent maintenant les pieux en bois facilement dans le sable, par l'emploi d'un jet d'eau, changeant l'état du sol sur le trajet que doit suivre le pieu. Mais il reste encore souvent avantageux de faire usage de pieux en fer à vis, et il est à désirer que l'on y ait recours plus souvent.

nervées ou cannelées, pouvant même donner un certain effet décoratif.

Les rails peuvent se combiner avec les fers à I ou en U, et former des piliers composés aptes à recevoir des maçonneries de remplissage avec saillies extérieures, (13) et (14).

Les rails Brunel, seuls ou combinés deux à deux (croquis 11), ou assemblés en plus grand nombre avec des cor-

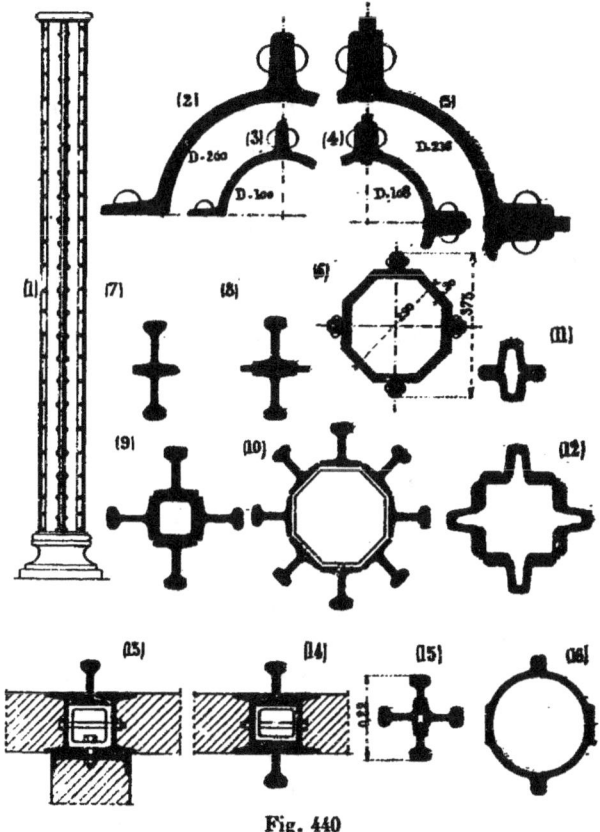

Fig. 440

nières (croquis 12) ou des frettes, forment des piliers très acceptables.

Enfin, en Amérique, on a commencé à avoir des fers spéciaux destinés à composer des colonnes de divers diamètres. Les uns ont la section d'un quart de cercle avec brides extrêmes relevées d'équerre ; les autres présentent en coupe une portion de polygone, de telle sorte qu'assemblés quatre par quatre ils forment de très remarquables colonnes, dont les sections transversales très larges sont favorables à la résistance (croquis 2, 3, 6).

On augmente à volonté leur résistance en interposant des bandes de fer plat entre les brides, ainsi que le montrent les croquis 4 et 5. On peut encore accoler deux fers Zorès de petites dimensions, soit par leurs patins, soit par leurs sommets; la liaison se fait par quelques rivets.

On a également des colonnes très avantageuses en accolant par deux les fers Zorès de grandes dimensions établis pour faire des traverses de chemins de fer; le croquis 16 donne la section d'une colonne de ce genre.

Tous ces fers jonctionnés par rivets forment des ensembles ou faisceaux qui, affranchis bien d'équerre en haut et en bas, reçoivent des chapiteaux et bases en fonte appropriés aux charpentes et maçonneries auxquelles ils se relient. La *fig.* 440 montre dans son croquis (1) l'ensemble d'un pilier de ce genre.

Malgré cette grande facilité de faire ainsi des piliers de toutes résistances avec des fers du commerce, les formes qui en résultent, tout en étant bien supérieures à l'emploi des fers ronds dont il a été question, ne se sont pas généralisées dans la pratique, en raison des plus grandes difficultés d'assemblages avec les pièces voisines. Cependant, il se présente souvent des cas spéciaux pour lesquels elles peuvent fournir des solutions économiques.

234. Piliers en fer à I et U. Choix des sections à larges ailes. — L'emploi des fers laminés à I ou à U pour servir de poteaux verticaux, est bien préférable à la forme circulaire pleine, ainsi qu'à celle des différents poteaux composés du numéro précédent.

A poids égal, ils présentent comme ces derniers des dimensions transversales plus considérables que le fer rond, et par suite, pour une longueur donnée, ils peuvent supporter une plus forte charge.

En second lieu, il est très commode, sans passer par l'emploi de la fonte, de leur créer une base horizontale large, ou de les assembler avec les charpentes qu'ils ont à porter.

En choisissant des sections à larges ailes, enfin, on peut avoir des résistances comparables entre elles dans les deux sens perpendiculaires suivant lesquels ils ont le plus de chance de se voiler.

La forme à double T convient mieux pour les supports isolés. Celle en U est quelquefois plus commode lorsque le support doit être adossé le long d'un mur du bâtiment.

Les détails qui suivent montrent la grande facilité des assemblages que nous venons de signaler.

La *fig.* 441 donne la forme que l'on peut donner à la base. On affranchit le fer bien perpendiculairement à son axe et on l'assemble au moyen de deux équerres et d'un nombre convenable de boulons et rivets, avec une plaque horizontale en tôle de 0,010 à 0,015 d'épaisseur. On met en dessous des têtes fraisées pour éviter de faire une saillie au parement qui doit être posé sur la maçonnerie. La semelle en tôle peut être simplement posée sur la fondation, ou, si elle est exposée à des chocs ou des efforts latéraux qui risquent de la déranger, on lui adjoint deux boulons à scellement qui fixent sa position et l'y retiennent.

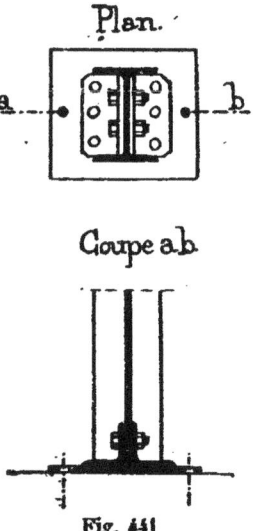

Fig. 441

205. Assemblage avec les charpentes. — Quant aux assemblages avec les charpentes, cette section à I larges ailes s'y prête très convenablement sur ses quatre faces latérales, en même temps que sur une semelle horizontale supérieure qu'il est toujours facile de lui adjoindre.

La *fig.* 442 (*a*) montre une coupe horizontale d'un poteau fait d'un fer à I, sur les parois latérales duquel sont assemblées trois poutres horizontales faisant partie de la charpente à supporter. Les assemblages se font au moyen de cornières et de boulons.

On évite de faire travailler les boulons de jonction à un effort de cisaillement trop fort, en faisant reposer les charpentes sur des équerres transversales rivées d'avance sur le poteau, ainsi que le montre le croquis *b* de cette même *fig.* 442.

Les fers à I ont encore l'avantage de la forme lorsqu'ils doivent être noyés dans des cloisons en briques, destinées à remplir les vides des compartiments qui les séparent. Ils présentent naturellement des nervures, et la maçonnerie se trouve reliée à leur parement latéral d'une façon très avantageuse.

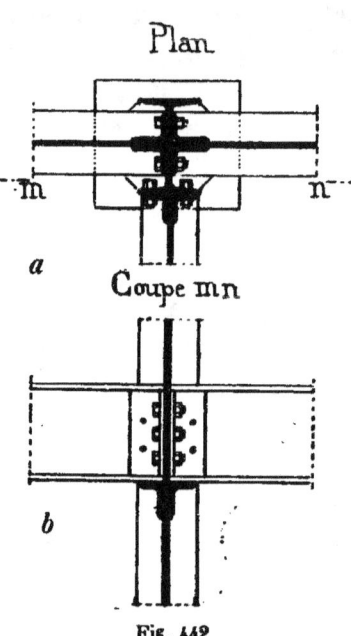

Fig. 442

Lorsque les compartiments sont grands, on relie les montants tous les $0^m,70$ à 0,80 par des files de boulons à 4 écrous, qui maintiennent l'écartement et se trouvent noyés dans la maçonnerie.

On compte souvent sur ce hourdis pour maintenir verticaux les poteaux dont nous nous occupons, et cela dans le sens même des ailes, qui alors peuvent être moins larges, si d'autres raisons ne s'y opposent.

206. Poteaux télégraphiques. — Les poteaux télégraphiques, destinés à soutenir une série de fils hors terre n'ont à porter qu'un poids insignifiant; mais ils sont soumis à la flexion due au vent, à la traction souvent oblique des fils, et à l'action destructive des agents atmosphériques.

On peut les composer de fers à T simples ou de fers à I, LA ou de fers en U accouplés.

Il leur suffit d'une très faible section pour résister à l'effort du vent, surtout si on prend la précaution de les doubler à la partie basse par un arc-boutant, ainsi que le montre le croquis (1) de la *fig.* 443.

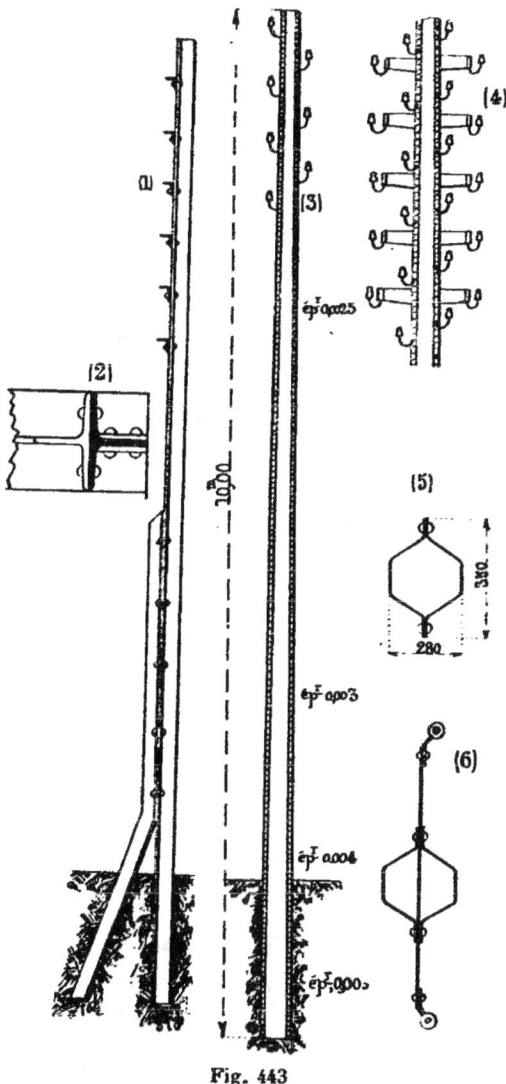

Fig. 443

Les tables de ces fers sont particulièrement avantageuses pour assembler avec boulons ou rivets les traverses sur lesquelles sont fixés les supports des fils.

Le croquis (2) donne la section d'un poteau de 8 à 10 mètres de longueur totale, avec la projection de l'arc-boutant.

Le croquis (3) représente une autre construction pour ces poteaux, proposée par M. Desgoffes; elle consiste à jonctionner deux tôles embouties en forme de V, terminées par des brides plates. L'épaisseur des tôles mises bout à bout est variable : 0,003 au fond du scellement, 0,004 au collet au niveau du sol, puis 0,003 et 0,0025. La section diminue aussi de la base au sommet.

Les diverses traverses ménagées pour les supports des fils sont en fer plat; elles passent entre les deux tôles dans le joint, où elles se trouvent serrées.

Au point de vue de la durée, ces poteaux présentent une certaine infériorité sur les fers laminés; ils sont également plus chers aux cent kilogrammes. D'autre part, ils ont l'avantage d'offrir un creux intérieur dans lequel on peut loger les fils, lorsqu'il s'agit de les mener au sol ou à des appareils spéciaux.

Le croquis (4) montre la tête d'un poteau garni de ses traverses, et les croquis (5) et (6) donnent l'un une section courante et l'autre la section à la jonction d'une traverse.

237. Supports en fers à I ou en U jumelées. Hourdis en maçonnerie. — Le seul inconvénient que peuvent présenter les fers à I ou en U comme poteaux verticaux réside dans leur flexion latérale possible sous la charge, lorsque la hauteur est grande. On obvie à cet inconvénient par l'emploi de doubles fers jumelés, maintenus à écartement constant au moyen d'un entretoisement convenable. La *fig.* 444 donne des exemples de ces poteaux jumelés, formés soit de deux fers à T, soit de deux fers en U, constituant ainsi des poteaux résistants dans tous les sens.

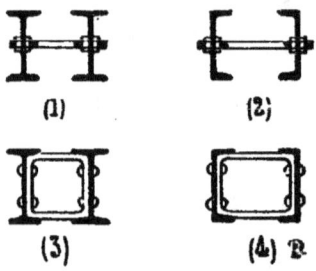

Fig. 444

Dans les croquis (1) et (2), ils sont maintenus à écartement constant au moyen de boulons à 4 écrous. Dans les croquis (3) et (4), l'entretoisement est obtenu par des brides en fer forgé, assemblées par des rivets et espacées de mètre en mètre, par exemple, dans la hauteur.

Un mode de liaison, qui assure à l'ensemble des deux pièces une rigidité et une solidarité complètes, consiste à les entretoiser d'abord comme il vient d'être dit, et, de plus, à remplir leur intervalle d'une maçonnerie de toute première qualité, de la brique par exemple hourdée en mortier de ciment de Portland. La maçonnerie ainsi ajoutée peut elle-même concourir à la résistance du poteau et

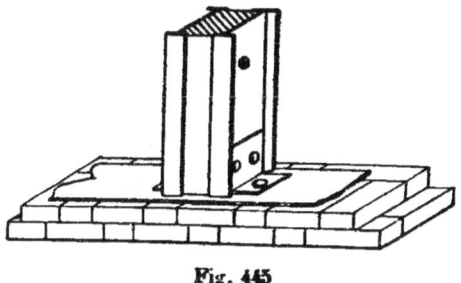

Fig. 445

porter sa part de la charge ; de plus, la dépense ainsi utilisée est faible, en raison du faible cube du hourdis.

Quant aux assemblages avec les charpentes, ils sont aussi simples que pour les poteaux composés d'un seul fer. Les assemblages avec l'âme se font comme on l'a vu, et les assemblages perpendiculaires peuvent s'établir sur des plaques de tôle réunissant les tables des deux pièces du poteau.

Le hourdis en maçonnerie de ciment présente encore l'avantage de préserver de la rouille les parois internes des poteaux, c'est-à-dire celles qu'il est le moins facile de surveiller et d'entretenir par une peinture fréquemment renouvelée.

On peut encore renforcer et entretoiser en même temps un poteau de deux fers jumelés par un troisième fer à I L.A., interposé entre les pièces et disposé de telle sorte que ses tables soient appliquées sur les âmes de deux fers, ainsi que le montre la *fig.* 446.

On peut comprendre ce fer entre des doubles boulons

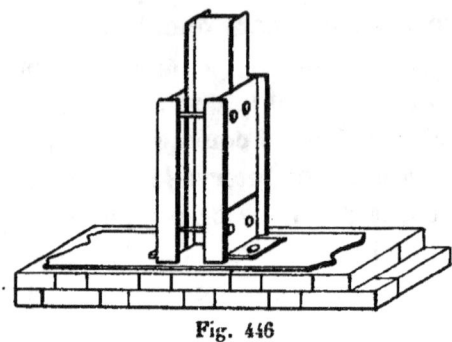

Fig. 446

d'entretoises ; on peut aussi le river dans toute la hauteur, de manière à obtenir une plus grande solidarité.

Il y a des cas où cette disposition peut rendre des services, en renforçant par exemple certains poteaux plus chargés que leurs voisins et dont l'apparence extérieure peut ainsi rester la même.

288. Autres formes des poteaux en fers laminés. — On peut prendre bien des formes de fers laminés,

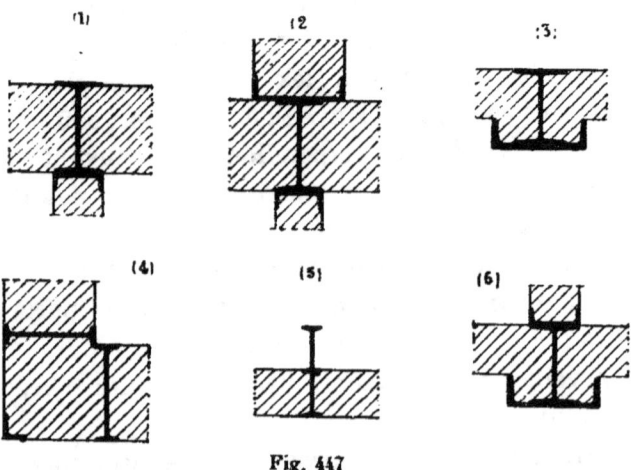

Fig. 447

et les combiner de différentes manières pour en faire des poteaux de pans de fer. Les six croquis de la *fig.* 447 montrent plusieurs dispositions possibles dans les cas les plus ordinaires des pans hourdés en maçonnerie.

Le croquis (1) donne la combinaison d'un fer à I avec un fer en U, applicable au croisement de deux cloisons. L'une est une cloison de 0,22 en briques, l'autre une cloison de refend de 0,12 ; le poteau que l'on établit au point de croisement est formé d'un fer à I L. A. de 0,22, dont la table est rivée à l'âme d'un fer en U de 0,12 qui contient l'amorce de la séparation de refend.

Le croquis (2) montre de même le poteau en fer de 0,22 uni à des fers en U différents, correspondant d'une part avec un refend de 0,22, de l'autre avec un refend de 0,11. Le principe du poteau est le même que dans le cas précédent.

Le croquis (3) montre un pan de fer hourdé avec pilastre saillant. L'épaisseur de la maçonnerie est de 0,11 ; la saillie du pilastre de 0,08. Cette saillie est faite par un fer en U de 0,22 dont l'âme est rivée sur la table d'un fer à I larges ailes de 0,18.

Le croquis (4) donne le poteau d'angle de deux pans de 0,22 d'épaisseur, perpendiculaires l'un à l'autre. Le poteau est fait de deux fers à I A. O. de 0,22, perpendiculaires l'un à l'autre, et d'une cornière importante, de 0,08 à 0,12 de côté, formant l'angle.

Ces trois fers sont maintenus à écartement constant, soit par des boulons à 4 écrous à têtes fraisées au dehors, soit par des brides intérieures, espacées de 0,60 à 0,80 comme celles du n° 223.

Le croquis (5) montre l'avantage que l'on peut trouver à employer, comme poteaux simples de pans hourdés sur de minces épaisseurs, les fers à I à triple T. En raison de la hauteur de la section, le fer a une résistance suffisante pour la charge, et l'intervalle entre deux tables est également suffisant pour former nervure à la cloison de 0,11 de remplissage.

Le croquis (6) donne enfin la combinaison de deux des cas précédents, ceux où une cloison vient aboutir à un pan de fer et où un pilastre doit être établi au même point, mais sur le parement opposé. Un fer à I de 0,18, L. A., reçoit sur ses tables deux fers en U, l'un ouvert formant nervure pour la cloison, l'autre renversé formant le pilastre.

On comprend que, suivant les besoins, et avec les nombreux profils laminés du commerce dont on dispose, on trouvera toujours le moyen de satisfaire aux formes demandées par les circonstances.

239. Supports à I en tôles et cornières. — Assemblages avec les charpentes. — Dans les constructions un peu importantes, on trouve un avantage sérieux à remplacer les fers laminés à I par des fers composés en tôles et cornières, que l'on peut disposer et arranger plus commodément en vue des assemblages avec les charpentes auxquelles ils doivent se relier.

Leur section est ordinairement composée d'une âme de 0,008 à 0,013 d'épaisseur et de 4 cornières, à branches égales ou inégales suivant les cas.

La *fig.* 448 représente un poteau ainsi composé pour un hangar à marchandises du chemin de fer de l'Ouest. La hauteur du poteau est de 5^m,00 au-dessus du sol du hangar, et la charge qu'il doit supporter verticalement est d'environ 25,000^k; mais il a encore à recevoir les assemblages des charpentes, à maintenir le roulement du bâtiment et à porter et soutenir les clôtures latérales.

Pour satisfaire à toutes ces conditions, la section choisie est formée par une tôle de 0,260 sur 0,008, armée de 4 cornières de $\frac{95 \times 60}{8}$.

Les croquis (1), (3) et (4) montrent les vues et coupes partielles du poteau dans les deux sens ; le croquis (2) donne la section courante, et enfin le croquis (5) montre une coupe horizontale MN avec la vue en plan de l'arrangement de la base.

Le corps même du poteau en fer ne présente rien de

particulier comme construction, si ce n'est une traverse en fer à U de $\frac{140 \times 50}{7}$ servant de renfort, et deux doubles

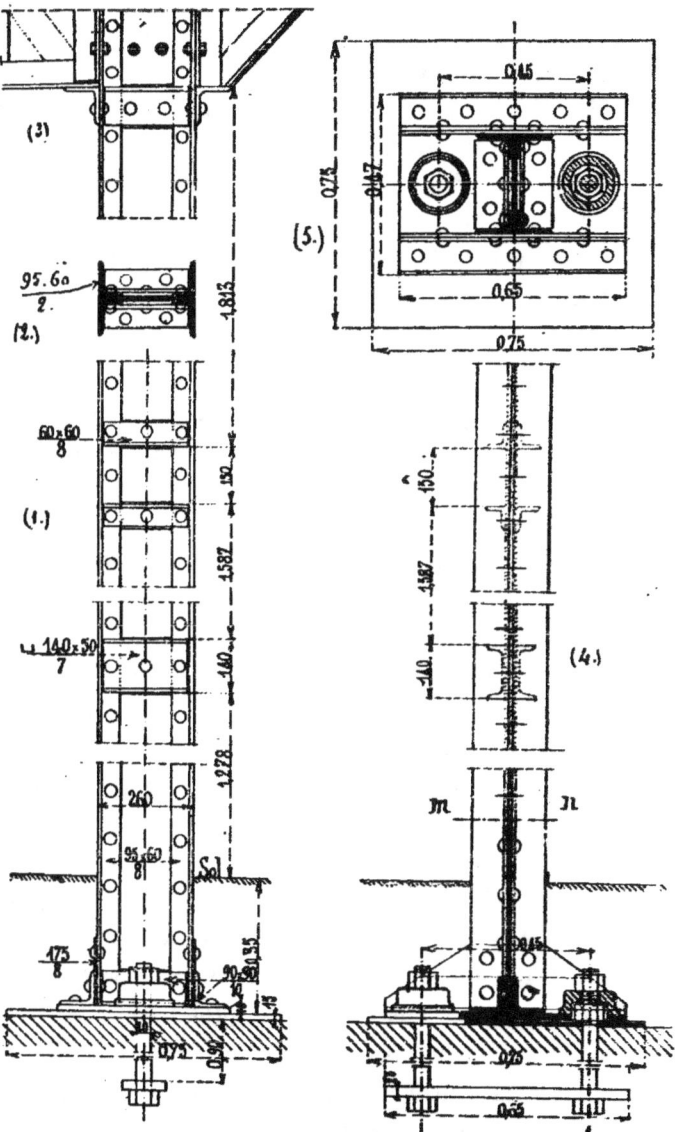

Fig. 448

cornières de $\frac{60 \times 60}{8}$ destinées à l'assemblage des charpentes de clôture.

La partie haute s'assemble avec les charpentes supérieures au moyen d'équerres appliquées soit à l'âme soit aux cornières des membrures ; d'autres cornières transversales servent de repos à ces charpentes pendant le montage, et en même temps ajoutent aux surfaces de cisaillement les sections de leurs rivets.

La base est enterrée dans le sol de 0^m,36. C'est une disposition fréquemment employée ; elle dispense de la saillie des pièces inférieures, mais expose à l'humidité et à la rouille toute la partie basse, ce qui est d'autant plus irrationnel qu'en cette position l'entretien des peintures devient impossible.

La base se compose d'une double semelle en tôle, assemblée avec le poteau au moyen de deux équerres courtes reliées à l'âme par une fourrure et des rivets, et par des cornières plus longues placées perpendiculairement aux premières et rivées aux tables et aux cornières par l'intermédiaire de goussets.

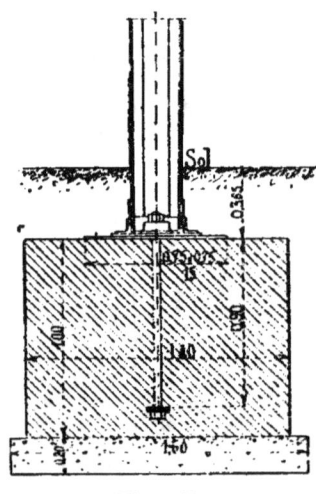

Fig. 449

Deux boulons de fondation, de 0,040 de diamètre, assurent la fixité du pilier et l'empêchent de se déplacer par la base sous l'influence d'un choc accidentel, en même temps qu'ils s'opposent à tout soulèvement de la charpente totale, lorsque le hangar non clos reste ouvert à tous les vents.

Ces boulons serrent les semelles par l'intermédiaire de rosaces creuses en fonte, de forme appropriée. La *fig.* 449 montre la manière dont ils se trouvent ancrés dans une importante maçonnerie.

Celle-ci se compose d'une couche de béton de 0^{m}20 et de 1^m,60 sur 1^m,60. Au-dessus, règne un massif de maçonnerie, formé d'un cube de 1^m,00 de côté, dont la surface supérieure, arrêtée à 0^m,36 du sol, reçoit directement les semelles.

Les deux boulons traversent le massif, sont noyés dans la maçonnerie et ont leur tête ancrée à 0^m,90 de profondeur dans une barre de fer transversale également noyée.

Il est évident que pour une construction plus légère, qui ne risquerait d'être soumise ni à un vent violent ni à des chocs latéraux considérales, ce mode de fondation pourrait se simplifier notablement. Le cube de maçonnerie se réduirait à la surface indispensable demandée par le sol en raison de la charge, et n'irait qu'à la profondeur reconnue suffisante ; les boulons eux-mêmes ne seraient que de simples boulons de scellement, et même pourraient être totalement supprimés.

La *fig*. 450 montre, dans une autre application, la ma-

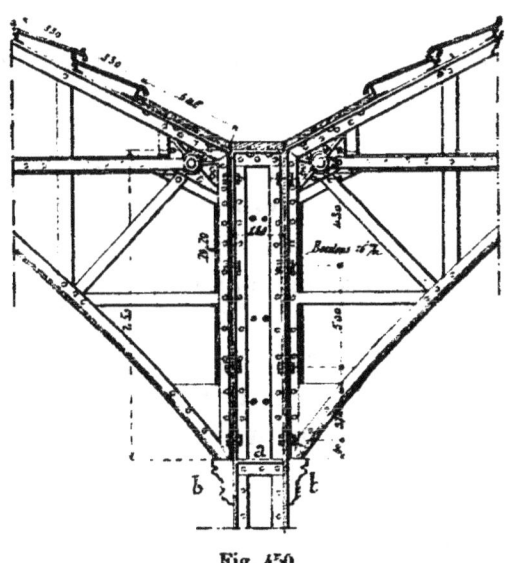

Fig. 450

nière commode dont les charpentes supérieures viennent s'assembler sur la tête d'un pilier en tôles et cornières. Il s'agit d'un poteau de même construction que le précédent et recevant, d'une part, deux pieds d'arbalétriers, opposés, de l'autre, les extrémités des sablières voisines.

On voit en points noirs sur l'âme du pilier les trous de boulons qui maintiendront les équerres des sablières, ainsi que l'une des cornières transversales a, chargées de les soutenir.

Quant aux arbalétriers, on les voit en élévation latérale ainsi que les boulons qui les relient aux tables du poteau. Ils sont reçus sur des consoles massives b, en fonte profilée de petites dimensions. Ces dernières sont rivées à ces mêmes tables ; elles facilitent le montage et augmentent les surfaces de résistance au cisaillement.

240. Jonction des poteaux superposés. — L'emploi du fer dans l'exécution des poteaux simplifie singulièrement la construction des supports des bâtiments à étages. Au lieu de se poser les uns sur les autres, comme les colonnes en fonte, par simple juxtaposition, et de constituer un quillage, dont le pourtour maçonné du bâtiment doit maintenir la stabilité, les poteaux en fer se continuent sans solution de continuité les uns par les autres. Chaque file verticale constitue un support unique de 10, 20 ou 30 mètres de hauteur, ayant un moment de résistance considérable à opposer à tout effort latéral qui tendrait à le fléchir. Cette disposition donne par suite à l'ensemble de la construction une stabilité propre d'une grande valeur numérique. Les murs au pourtour n'ont plus qu'à servir de clôture et à se porter eux-mêmes. Ils peuvent ne se monter que lorsque la construction métallique est complètement achevée.

Le principe d'assemblage des différentes pièces de ces supports est facile à réaliser. Les âmes, de même que les membrures, sont formées de pièces en prolongement ; les joints sont croisés et l'on réserve un certain nombre de rivets en des points où la pose sera facile et que l'on place sur le tas en montant l'ouvrage. Des couvre-joints convenables donnent à chaque jonction la section de résistance voulue.

241. Poteaux à sections variables. Piliers des Magasins du Printemps. — On ne se contente pas toujours de quatre cornières reliées par une âme en tôle pour former la section des poteaux. L'intensité des charges, pour une largeur d'âme déterminée, amène à ajouter des tables plus ou moins développées et l'on arrive à donner aux poteaux une forme représentée dans la *fig.* 451. On cherche autant que possible à déterminer la largeur des tables pour avoir une même dimension transversale en tous sens, et s'opposer à tout voilement.

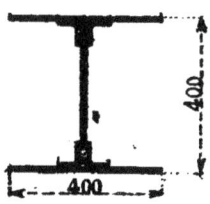

Fig. 451

Si les charges augmentent, l'épaisseur des tables peut croître dans de larges proportions ; lorsqu'un poteau a toute la hauteur d'un bâtiment et reçoit successivement tous ses planchers, on peut faire varier la section par l'addition de nouvelles tables à chaque variation de la charge.

La *fig.* 452 représente trois sections de divers poteaux des Magasins du Printemps ([1]).

Le N° 14 donne la section d'un pilier de périmètre, côté du boulevard Haussmann. Il est à double plate-bande et les angles sont munis, pour leur donner du corps, de cornières de $\frac{80 \times 80}{10}$. Ce pilier, à sa base, porte 165 000 kilos.

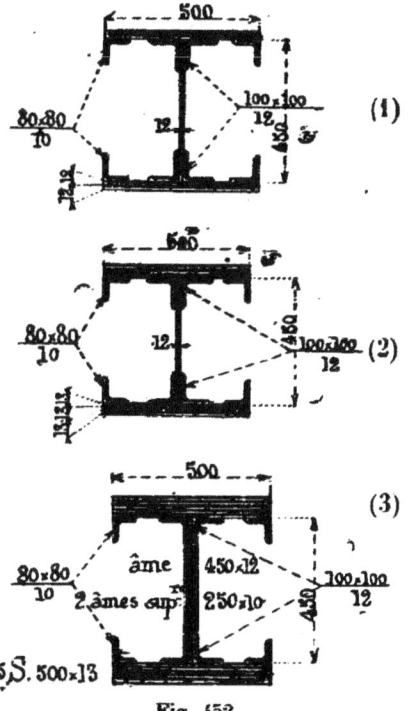

Fig. 452

([1]) M Sédille, architecte.

Le N° 2 est le pilier intérieur le moins chargé, il porte 230,000 kilos. Le nombre des plates-bandes est de trois. Le pilier intérieur le plus chargé a sa section représentée par le croquis N° 3. La pression qu'il amène sur sa fondation est de 348,000 kilos. L'âme est renforcée dans sa partie libre par deux tôles supplémentaires de 450 × 10 et les plates-bandes sont au nombre de 5.

La variation de section avec les poteaux s'obtient donc très facilement.

L'ensemble d'un poteau des Magasins du Printemps est donné dans le chap. VII par ses deux vues latérales. Il montre en même temps l'assemblage avec les charpentes qu'il est chargé de porter.

242. Poteaux de périmètre et de milieu des Magasins généraux de Bercy. — Lorsque les poteaux doivent être adossés à un mur formant soit le périmètre du bâtiment, soit une division de refend, la forme en I se trouve remplacée par une section en U ; l'âme vient alors s'appliquer le long du mur et elle peut y trouver un soutien contre le voilement, ou en être totalement indépendante, suivant les cas et aussi la stabilité du mur.

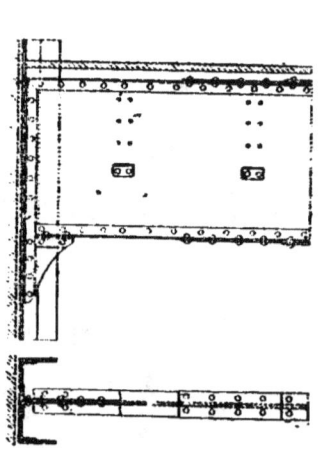

Fig. 453

La *fig.* 453 représente en plan et en vue latérale un poteau des Magasins généraux de Bercy, dont l'ensemble a été donné précédemment. En même temps se trouve figurée la vue de côté de l'extrémité d'une poutre, ainsi que l'assemblage de cette pièce avec le poteau.

Les autres supports de cette même charpente, ceux qui se trouvent isolés, ont des sections en I construites en tôles et cornières. La *fig.* 454 donne la section de l'un d'eux, ainsi que le pied du support.

Ce dernier est formé d'une forte semelle en tôle, perpendiculaire au poteau, et assemblée de la même manière que dans les exemples précédents, avec l'addition de gous-

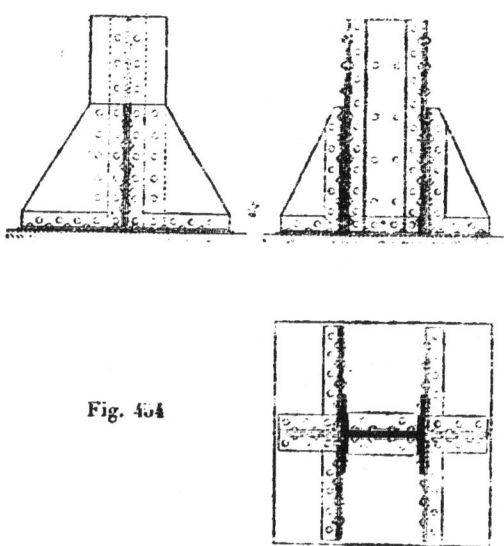

Fig. 404

sets supplémentaires en prolongement de l'âme. Au moyen de ces six goussets, on cherche à répartir au mieux sur la maçonnerie, par l'intermédiaire de la semelle inférieure, toute la charge amenée par le poteau.

243. Supports à I en tôles et cornières. Pièces jumelées. — On donne si facilement aux supports métalliques en tôles et cornières en forme d'I une section en rapport avec la résistance voulue qu'on est rarement obligé de les doubler et d'en former des pièces jumelées. Cependant ce cas peut se présenter, soit pour obtenir avec des dimensions réduites une résistance très considérable, soit pour se raccorder avec des charpentes elles-mêmes jumelées ; c'est alors une solution précieuse, parce qu'elle rend les assemblages simples et commodes.

Il est important de parfaitement relier et entretoiser les deux pièces verticales jumelées ; on le fait, soit en réunis-

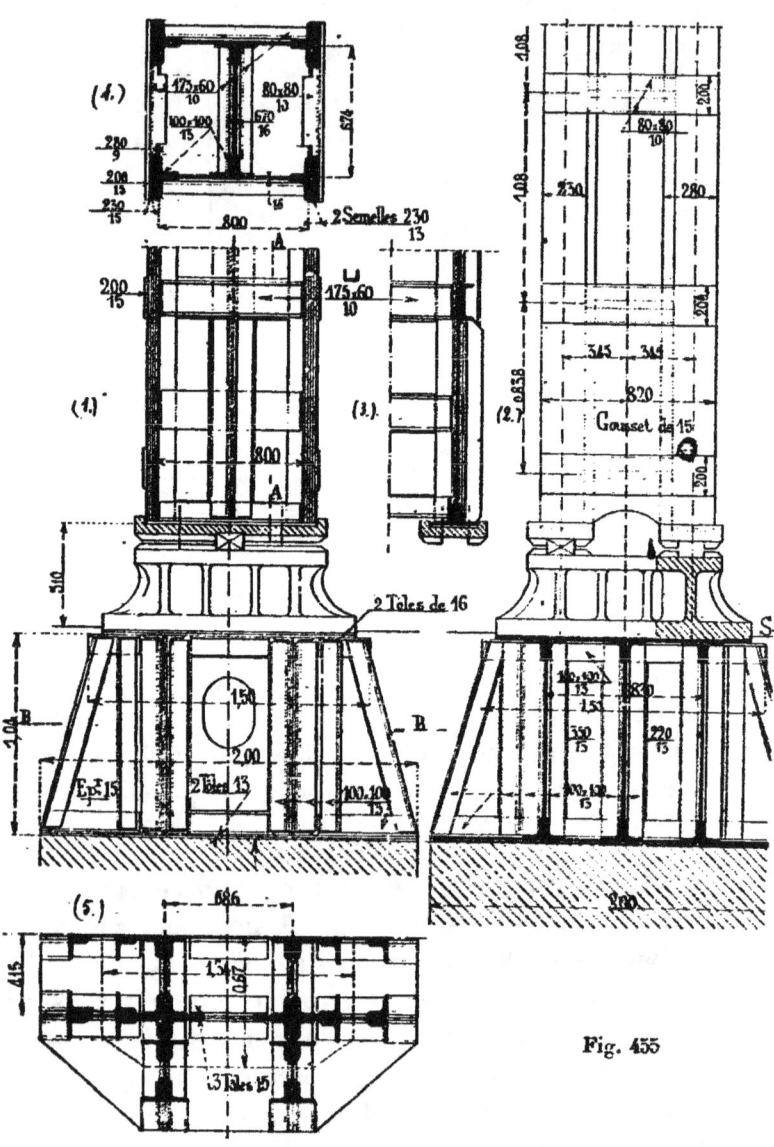

Fig. 455

sant les plates-bandes par des traverses en tôle, plates ou renforcées, rivées de distance en distance sur la hauteur, soit en assemblant les âmes avec une tôle transversale jonctionnée par 4 cornières. Quant à la partie basse, c'est presque toujours, au moyen d'équerres et de goussets que l'on répartit sur une grande semelle en tôle la charge concentrée sur le poteau.

Comme exemple de gros poteau en fer, composé de deux pièces jumelées, nous donnons *fig.* 455 les croquis d'un pilier de magasin ayant à porter la charge peu usitée de 800,000 kilos ([1]).

Chacune des pièces qui constituent ce support est formée d'une âme de $0,800 \times 0,016$, de quatre cornières $\frac{100 \times 100}{13}$, d'une platebande de $0,280 \times 0,009$, de deux autres de $0,230 \times 0013$, et d'une dernière de $0,230 \times 0,015$.

Ces deux pièces sont réunies par leurs plates-bandes et par leurs âmes : par leurs plates-bandes, au moyen de fers plats de 200/15, établis transversalement environ tous les mètres ; par leurs âmes, par une pièce en forme de I, formée d'une tôle verticale de $0,670 \times 0,016$ et quatre cornières de $\frac{100 \times 100}{13}$. Extérieurement des fers en U de $\frac{175 \times 60}{15}$, établis transversalement, forment renforts aux pièces principales tous les mètres environ.

A la partie basse, les plates-bandes des deux pièces sont réunies par de forts goussets, afin d'augmenter encore leur solidarité ; chacun des deux supports partiels vient se poser sur un sabot en acier fondu.

En dessous, un grand socle nervé, également en acier fondu, reçoit les sabots par l'intermédiaire de quatre clavettes doubles en acier formant coins de réglage, et reporte la charge sur la fondation par l'intermédiaire d'un pylone en tôles et cornières d'acier représenté par la *fig.* 455, croquis (1),(2) et (5).

Ce pylone, de $1^m,00$ de hauteur, est composé de tôles et de cornières verticales dont le détail est figuré dans le croquis n° 5 par une coupe horizontale. Elles sont assem-

---

[1] Magasins de M. Dufayel, boulevard Ornano, à Paris; M. de Rives, architecte — M. Merlot, constructeur.

blées avec de fortes doubles semelles, à la partie haute comme à la partie basse. Les semelles du haut sont de la dimension du socle en acier qu'elles reçoivent ; elles forment un carré de 1^m,40 de côté. Les semelles du bas forment un octogone inscrit dans un carré de 2^m,00. Ces dernières viennent reposer sur un socle en maçonnerie de 2^m,00 de côté, qui lui-même est porté sur un puits maçonné d'environ 3,00 de largeur. Tout le pylone que nous venons de décrire est noyé dans un massif général de béton, destiné à empêcher le voilement des tôles en même temps qu'à protéger leurs parois contre la rouille.

244. Supports en caissons verticaux. — De même que pour les poutres de planchers, on a eu l'idée de réunir deux poutres jumelées en formant un caisson complètement fermé. Le vide intérieur est même quelquefois utilisé, de même que celui des colonnes creuses, pour livrer passage aux eaux des toitures. La *fig.* 456 représente le pied et la section d'un de ces supports.

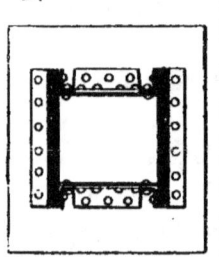

Fig. 456

Ces poteaux en caissons présentent les mêmes inconvénients qui ont été signalés par les poutres ou poitrails en caissons fermés. La peinture initiale, au moment de la construction, est sommaire, souvent nulle, et l'humidité qui peut se présenter pendant le montage se trouve enfermée sans pouvoir s'évaporer. Il en résulte une production de rouille qui ira toujours en augmentant et qui sera hors de vue. On ne pourra suivre ses progrès, ni protéger les parois par la peinture, ni les entretenir ; on ne connaîtra même pas l'état de l'intérieur du support, et l'on ne s'apercevra du mal que lorsque les rivets seront arrachés par l'oxydation des surfaces de fer en contact, et que la pièce sera détruite.

A plus forte raison, ces désordres tendront-ils à se produire si l'on se sert du vide du support pour l'écoulement des eaux, soit directement, soit par l'intermédiaire d'un tuyau en zinc qu'il ne sera pas possible d'entretenir.

La fonte des colonnes n'offre pas ces inconvénients au même degré, même si elle sert à l'écoulement des eaux ; elle s'oxyde plus difficilement et plus lentement que le fer, et ne présente pas de joints rivés susceptibles de se rouiller au point d'arracher toute la rivure.

On n'a pas la même ressource non plus d'emplir de maçonnerie les supports en fer, parce que l'excès d'humidité que l'on ne manque pas de mettre avec le mortier ne trouve pas le moyen de s'évaporer, comme cela arrive pour la fonte à la longue, en raison de la plus grande porosité de cette dernière.

Cependant notre avis est qu'il est utile de bourrer les vides des poteaux en fer, avec un mortier de Portland trituré presque à sec et bien pilonné dans l'intérieur, plutôt que de le laisser libre.

Dans tous les cas, il est toujours préférable d'abandonner complètement l'usage des caissons, et de remplacer cette section par celle de deux pièces jumelées, entre lesquelles on peut accéder pour peindre, ou dont on peut complètement remplir l'intervalle avec un hourdis convenable. Quelle que soit la disposition des charpentes, les assemblages sont au moins aussi commodes avec cette dernière forme.

La *fig*. 457 représente l'application des poteaux en caissons aux charpentes des ateliers du Vieux Chêne. La tête de ces poteaux doit supporter d'une part les arbalétriers des deux hangars voisins, et d'autre part, dans le sens perpendiculaire, deux bouts consécutifs d'une sablière courante. Ils sont espacés de 10^m,00 en 10^m,00.

Les bouts des sablières sont assemblés avec les âmes des caissons, au moyen de 6 boulons qui maintiennent leurs cornières. Ils sont supportés de plus par des consoles composées, assujetties de même un peu plus bas, et qui portent sur des culots en fonte rivés d'avance.

554   CHAP. VI. — SUPPORTS MÉTALLIQUES

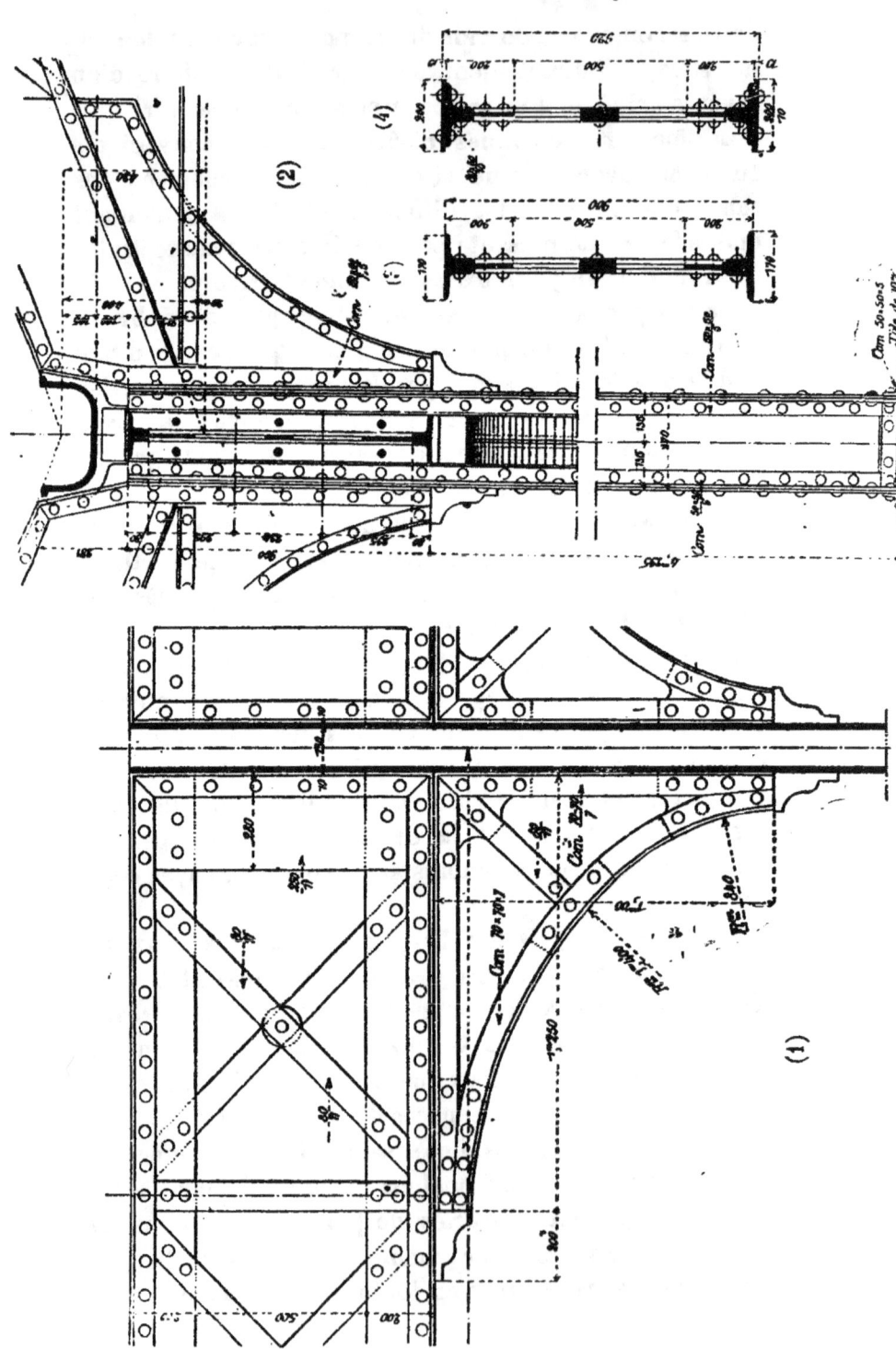

Fig. 457

Les arbalétriers sont assemblés de la même manière avec les tables des supports. Quand la distance au sommet du poteau le permet, et que ce dernier a un vide assez grand, on passe le corps des boulons par le vide et on serre extérieurement par l'écrou. D'autre fois, on perce des ouvertures dans l'âme, de dimensions telles qu'on puisse à la main passer et poser les boulons. Lorsque ce n'est pas possible, les boulons traversent le poteau tout entier et serrent en même temps les deux faces opposées.

Encore plus que pour les poteaux à I jumelés, on doit éviter d'enterrer les pieds à une certaine profondeur dans le sol, à moins qu'on ne soit absolument sûr qu'ils ne recevront aucune humidité; il vaut toujours mieux, comme pour les poteaux en bois, relever les semelles sur un dé en pierre, arasé à environ $0^m,50$ au-dessus du sol.

Dans la *fig.* 457, le croquis (1) montre la vue latérale parallèle aux sablières; le croquis (2) la coupe transversale perpendiculaire à leur direction; les croquis (3) et (4) deux coupes verticales montrant deux sections d'une sablière, l'une près de la portée, l'autre en son milieu, aux points où le moment de résistance a besoin d'être renforcé.

245. Piliers avec bases en fonte de la gare de l'Ouest à Paris. — Comme autre exemple de piliers en fer à caissons, les croquis de la *fig.* 459 donnent les plans et vues des piliers de la Halle à voyageurs de la gare de l'Ouest, à Paris; la *fig.* 458 en représente l'ensemble.

Le caisson de ces piliers est formé de deux âmes de 500×10, espacées de 200, de 4 cornières $\frac{120 \times 80}{10}$ et de tables de 0,400 de largeur. Leur hauteur est de $12^m,00$. Ils soutiennent la retombée de deux halles parallèles accolées, l'une de $51^m,00$ de portée, l'autre de $36^m,00$. La partie représentée dans la *fig.* 458 donne la forme du pilier de tête, celui qui reçoit la retombée des rideaux. Sa hauteur libre est de $7^m,70$, compris la hauteur des consoles. Ce pilier vient recevoir les assemblages des rideaux et de la sablière à la manière ordinaire; il repose à son pied sur une fondation en maçonnerie arasée à 0^m,60 du sol, et, pour le protéger en même temps que pour lui donner une forme acceptable, on a rapporté tout autour un socle ou piédestal en fonte, fait de plusieurs morceaux assemblés par des brides. La base du pilier est maintenue par boulons à scellement de 0,045 au nombre de quatre, traversant 1^m,40 de maçonnerie, et dont les têtes sont arrêtées dans des niches à clavettes. Le socle en fonte est octogonal, et chacune de ses grandes faces correspond

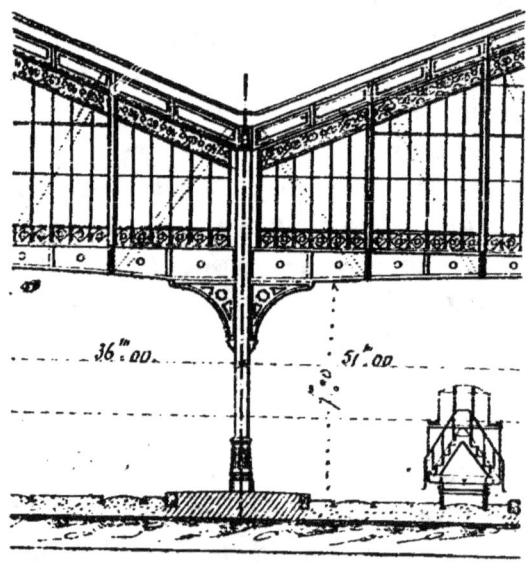

Fig. 458

à la largeur du pilier situé dessus. Elles sont formées d'une corniche, d'un dé avec cannelures, et d'une base moulurée.

Les âmes du pilier reçoivent en leur milieu un tuyau de descente en fonte qui pénètre dans le socle, de même métal, et n'en ressort qu'au-dessous du sol pour conduire les eaux à un égout voisin.

La *fig.* 460 donne la coupe du caisson dans la partie libre du pilier. Les parties noires indiquent le fer, et les parties hachées les tuyaux de descente avec les moulures qui les accompagnent.

PILIERS AVEC BASES EN FONTE

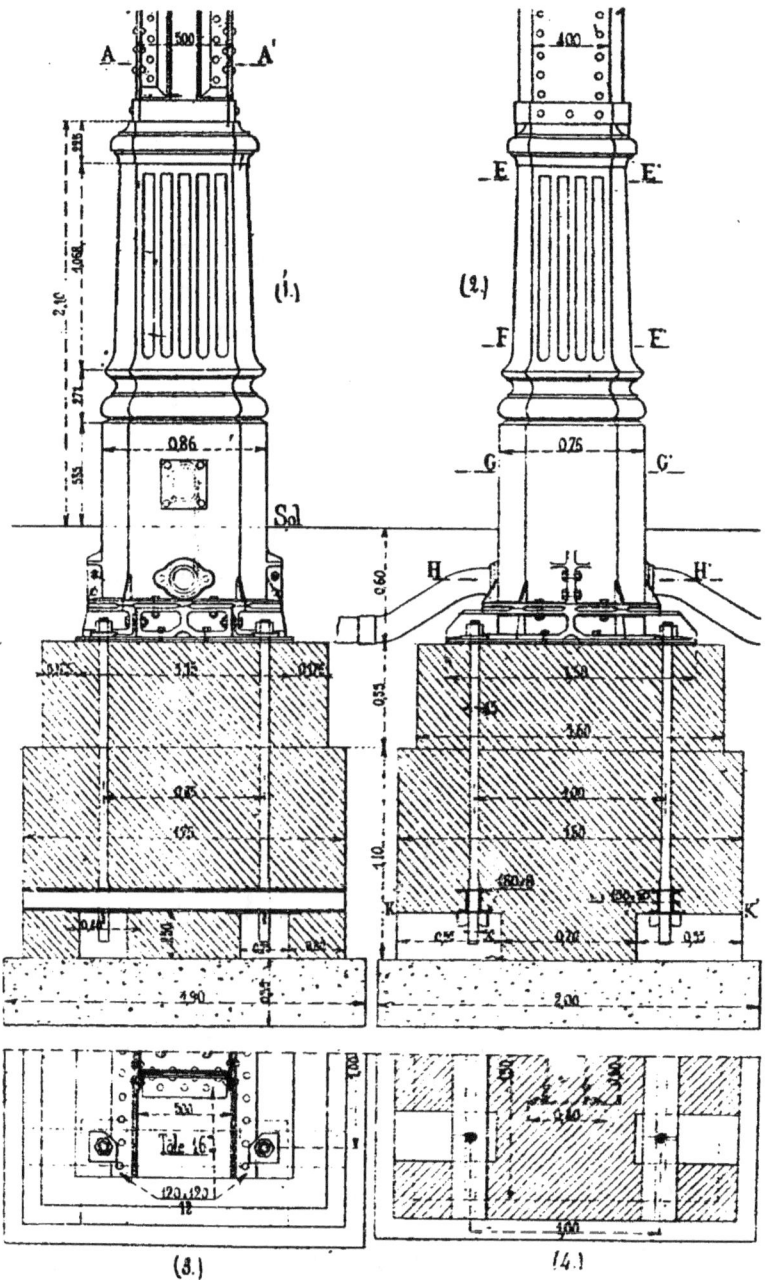

Fig. 459

La *fig.* 461 donne les coupes suivant EE′ et FF′ à la partie haute et à la partie basse du dé du socle en fonte. On voit la manière dont s'assemblent les deux moitiés de la

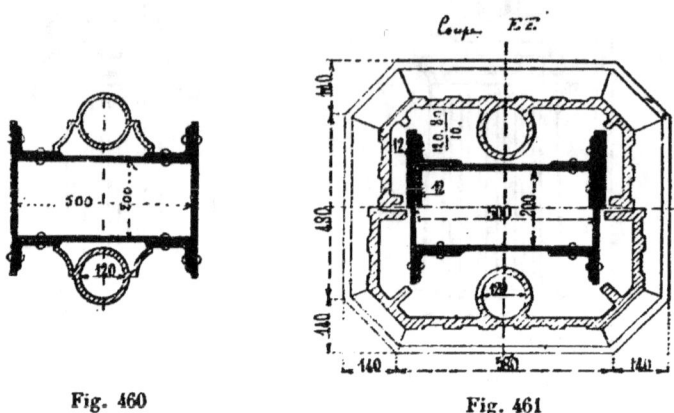

Fig. 460   Fig. 461

fonte, et aussi la forme du tuyau de descente qui se trouve fondu avec le socle; ce dernier est terminé par une base moulurée; la coupe de cette base, suivant HH, au-dessous

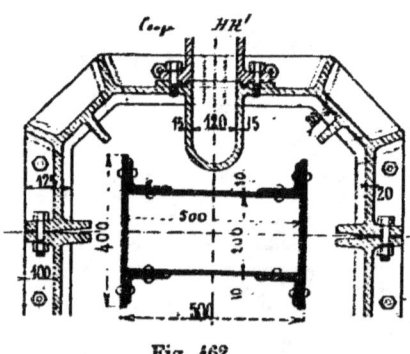

Fig. 462

du sol, est représentée dans la *fig.* 462. Cette coupe est faite à la hauteur du coude des tuyaux qui se rendent à une canalisation souterraine. Ces pièces de fonte sont munies de toutes les nervures intérieures et extérieures nécessaires à leur résistance.

246. Supports métalliques en croix — Gare de Calais. — De même qu'on a donné la section en croix aux supports en fonte, de même on a donné cette même section aux supports en fer. Cette forme est facile à produire. Les croquis (1), (2), (3), (4) et (5) de la *fig.* 463 donnent les compositions possibles de ces poteaux, suivant leur importance, leur hauteur et la charge qu'ils sont appelés à supporter.

Le croquis (1) produit la section en croix au moyen de deux fers à simple T accolés par leur table et assemblés par des rivets.

Le croquis (2) donne la même section au moyen de quatre cornières, réunies en un seul faisceau et rivées.

Dans le croquis (3), deux tôles en croix sont interposées entre les cornières.

Dans le croquis (4), huit cornières sont rivées deux à deux aux bords extérieurs de ces tôles. Elles produisent

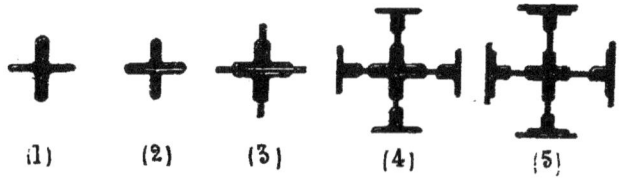

Fig. 463

ainsi deux supports en I se croisant par les axes de leurs âmes et réunis par 4 cornières suivant cette ligne de croisement.

Enfin le croquis (5) représente la même disposition avec addition de tables extérieures aux cornières des bords.

C'est cette dernière disposition qui a été employée par M. Dunnett dans la construction du bâtiment de la gare de Calais. Nous avons donné au chapitre V la composition des planchers qui couvrent les grands locaux du rez-de-chaussée de ce bâtiment, et qui ont à supporter les locaux d'habitation de l'étage supérieur et leurs divisions.

Les poutres sont droites à leur partie haute, mais leur membrure basse a la forme d'un arc ; d'une travée à l'autre, les poutres sont opposées ; le poteau qui les soutient leur fait suite, comme âme et comme membrures. Dans le plan de deux poutres successives il est en forme de I, et comme d'autres poutres croisent à angle droit les pre-

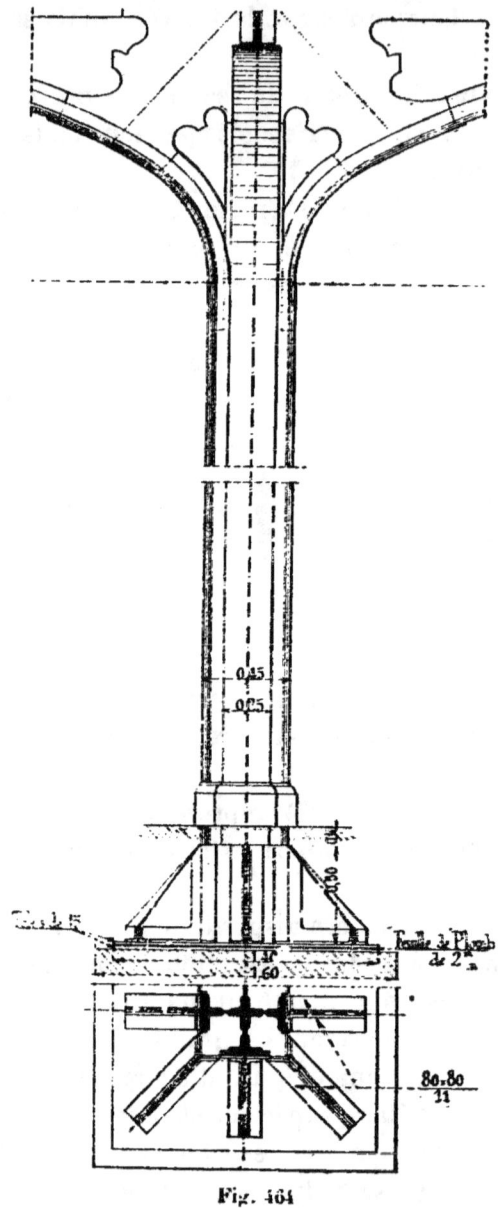

Fig. 464.

mières, et se prolongent au moyen d'un poteau de même forme, le support vertical devient un poteau en croix.

La *fig.* 464 donne l'élévation d'un de ces poteaux, ainsi que sa coupe horizontale près de la base. En raison de la charge, les membrures extérieures sont armées de plusieurs plates-bandes, et, à cause de l'inégalité des portées, et par suite des charges, des travées, les plates-bandes opposées sont inégales.

Le poteau se termine à 0^m,60 en contrebas du sol par une forte semelle de 1^m,40 de côté, composée de deux tôles superposées de 0^m,05 d'épaisseur totale. Quatre goussets rectangulaires sont rivés aux tables et se réunissent d'équerre pour former un fût vertical de 0^m,50 de hauteur ; ce fût est réuni aux semelles par quatre équerres en tôles et cornières situées dans les plans des âmes, et par quatre autres équerres à 45° sur les premières, placées aux angles ; les membrures verticales de ces équerres, formées de deux cornières opposées, sont ouvertes à la demande et relient en même temps les côtés adjacents du fût.

Le tout est posé sur un massif de maçonnerie de 1^m,60 de côté, et on voit que la base, constituée comme il vient d'être dit, répartit bien régulièrement sur la fondation la forte charge du support.

247. Supports en treillis. Pièces simples.

— Lorsque les piliers en fer sont peu chargés, et ont leur section en forme d'I, on peut remplacer l'âme pleine par un treillis qui relie les membrures, et ces dernières sont formées soit de cornières seules soit de cornières et de plates-bandes.

Nous avons donné dans le chap. V la coupe des Magasins généraux de Bercy ; les poteaux sont formés dans toute leur partie basse de pièces simples à I à âme pleine. A partir du quatrième étage, l'âme est en treillis et le croquis de la *fig.* 466 montre la forme qu'affecte le support.

Les poutres principales des magasins sont boulonnées avec les tables, et l'assemblage est prolongé par une petite console qui fait corps avec la po..re. Quant à l'âme, elle est pleine dans l'épaisseur du plancher, pour prendre la forme en treillis immédiatement au-dessus ; dans la partie pleine vient se fixer la solive qui se trouve coïncider avec la ligne des colonnes.

Le treillis est composé de barres horizontales successives, qui découpent la partie libre du poteau en une suite de rectangles identiques, et dans chacun de ces rectangles se trouve fixé un croisillon de deux barres plates.

La *fig.* 465, montre l'assemblage du poteau en treillis

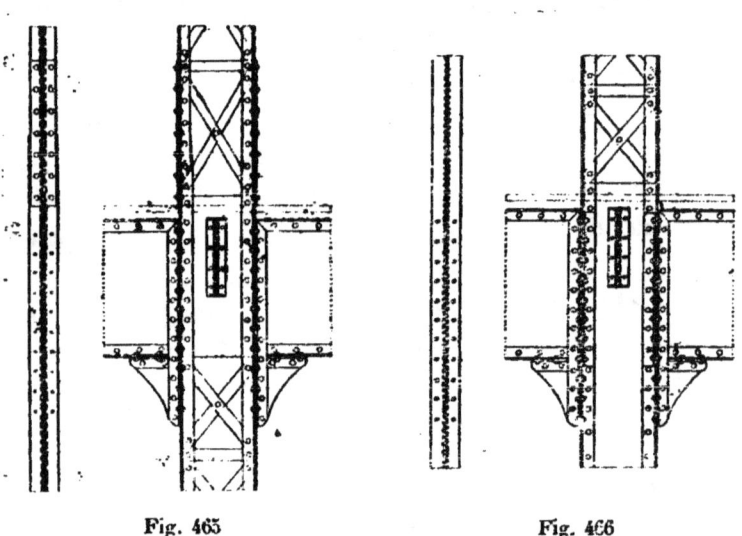

Fig. 465   Fig. 466

et de la charpente du plancher du 6ᵉ étage. Au niveau de ce 6ᵉ plancher, l'âme redevient pleine dans la hauteur de la poutre principale, et elle reçoit l'assemblage de la solive comme il vient d'être dit pour le plancher du dessous. Au-dessus du plancher, le treillis reprend et se prolonge jusqu'au toit dont il soutient une portion.

Les treillis dans les piliers ne peuvent soutenir aucune charge, ils ne servent qu'à maintenir et entretoiser les membrures et les forcer à travailler dans les meilleures conditions de verticalité.

Les treillis présentent quelque avantage, quand il s'agit

de donner à des supports peu chargés une certaine décoration. Ils sont plus agréables d'aspect que les poteaux à âme pleine. Dans quelques cas restreints où une certaine dépense de luxe est possible, on peut encore remplacer les âmes en treillis par des âmes en tôle découpée suivant des dessins en rapport avec l'ornementation voisine.

248. Poteaux des Magasins généraux de la Loire. — Les croquis (1) et (2) de la *fig*. 467 donnent les deux vues perpendiculaires des piliers des Magasins généraux de la Loire, dont nous avons donné l'ensemble au chapitre des planchers.

Ces piliers sont représentés dans toute la hauteur du bâtiment, depuis le sol jusqu'au comble. Ils sont à âme pleine dans toute la hauteur où ils sont susceptibles de recevoir les planchers, et en treillis dans le restant du comble. Comme on l'a vu, ils portent à chaque étage une surface de plancher de $6^m,25 \times 8^m,165$, soit 51 mètres superficiels environ.

Dans la partie haute, les membrures sont simplement formées de deux cornières, et elles enserrent un treillis en V croisés sans traverses. Partout où les poteaux reçoivent l'assemblage des charpentes, l'âme devient pleine pour faciliter les liaisons, notamment celle de la sablière courante et des arbalétriers.

Ces cornières se poursuivent les mêmes jusqu'au sol, avec un écartement constant rempli par une âme pleine ; mais, à chaque plancher nouveau, les membrures se renforcent d'une table nouvelle, de plus en plus forte jusqu'au rez-de-chaussée, et aussi de plus en plus large.

Les poutres établies pour franchir le plus grand intervalle, celui de $8^m,165$, ont environ $0^m,80$ de hauteur. Elles s'assemblent avec les poteaux au moyen de cornières fixées aux membrures verticales, et comprenant un gousset largement développé qui maintient la rigidité des angles. La longueur de l'assemblage avec la membrure permet l'emploi du nombre voulu de rivets pour porter la charge.

Dans le sens perpendiculaire, il y a trois files de solives par travée; l'une des files correspond à la ligne d'axe des poteaux, et l'assemblage des pièces de cette file se

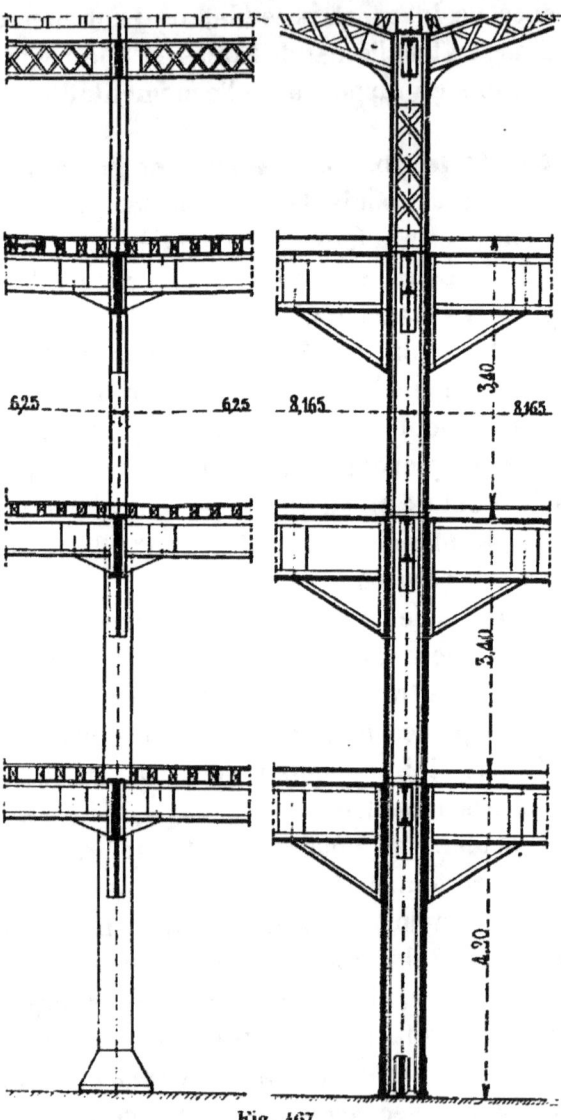

Fig. 467

fait directement avec l'âme pleine par l'intermédiaire de goussets et de cornières. La largeur du poteau à son pied, dans le sens des poutres, est d'environ 0^m,55; la dimension perpendiculaire est de 0^m,45.

249. Supports en treillis, pièces jumelées. — De même que l'on est amené à jumeler les poteaux à âme pleine, de même on double dans bien des circonstances les poteaux à âme en treillis. Cette disposition est imposée la plupart du temps par la charpente, les pièces qu'il s'agit de soutenir étant elles-mêmes jumelées.

Les poteaux en treillis jumelés sont entretoisés d'ordinaire au moyen de plates-bandes en fer reliant leurs membrures de distance en distance, tant du côté de l'extérieur que vers l'intérieur.

Comme dans les précédents exemples, l'âme ne compte pas pour la résistance; mais, pour un même poids au mètre courant, les dimensions transversales augmentent, et par suite aussi l'aptitude à travailler à un cofficient plus élevé.

La *fig.* 468 représente en vue latérale et en plan un pilier de ce genre, composé de deux pièces en treillis jumelées.

Les membrures des deux pièces sont réunies de distance en distance par des plates-bandes horizontales *m m*, qui forment un entretoisement très suffisant dans bien des cas.

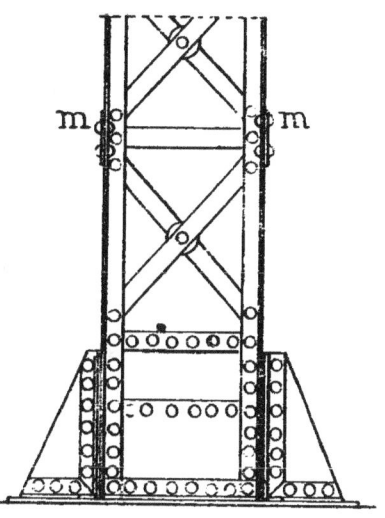
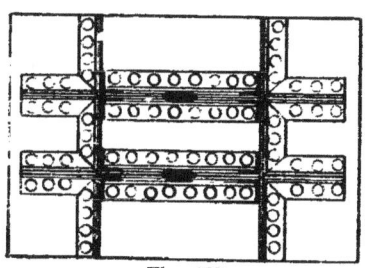

Fig. 468

Le pied du support est très bien relié dans les deux sens par des goussets en tôle, assemblés avec la semelle inférieure au moyen de cornières rivées.

La distance des deux pièces du support dépend de la résistance que l'on veut avoir à une déformation latérale.

Lorsque le voilement n'est pas plus à craindre dans un sens que dans l'autre, on espace les deux pièces de telle sorte que les deux dimensions de la section, longueur et largeur, soient égales.

On augmente la stabilité du support jumelé, et on s'oppose davantage aux déformations latérales, en remplaçant le contreventement précédent, fait de simples plates-bandes parallèles, par un véritable treillis composé de traverses équidistantes et de croix de Saint-André dans les intervalles. Les deux croquis *a* et *b* de la *fig.* 469 montrent cette disposition ; ils représentent l'un la vue

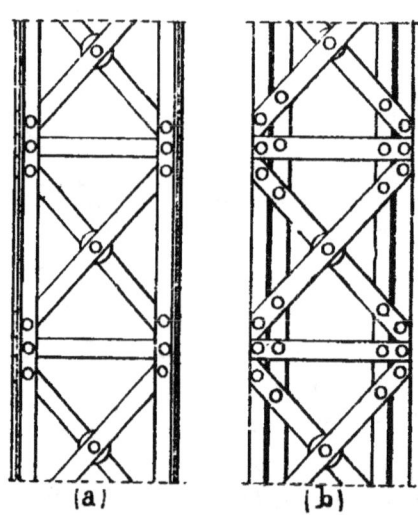

Fig. 469

latérale, l'autre la vue de face du support. C'est le croquis *b* qui donne la forme du treillis de contreventement des deux pièces jumelées.

Il résulte de cette disposition une véritable pièce en caisson, qui ne présente pas les inconvénients des caissons pleins, puisque les jours des treillis permettent de surveiller et d'entretenir les parements intérieurs.

Lorsque la charge à porter amène la nécessité d'ajouter aux membrures des plates-bandes, ces dernières peuvent être isolées pour chaque pièce à I ; elles reçoivent sur leur face extérieure les treillis d'entretoisement ; mais bien souvent l'une des plates-bandes, celle de l'extérieur, prend du développement et devient commune aux deux pièces.

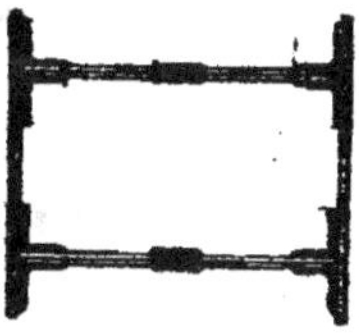

Le caisson a un côté plein vers le dehors, et les trois côtés en treillis sont placés en dedans.

La section est alors celle de la *fig.* 470.

Fig. 470

Enfin, les deux plates-bandes peuvent être communes

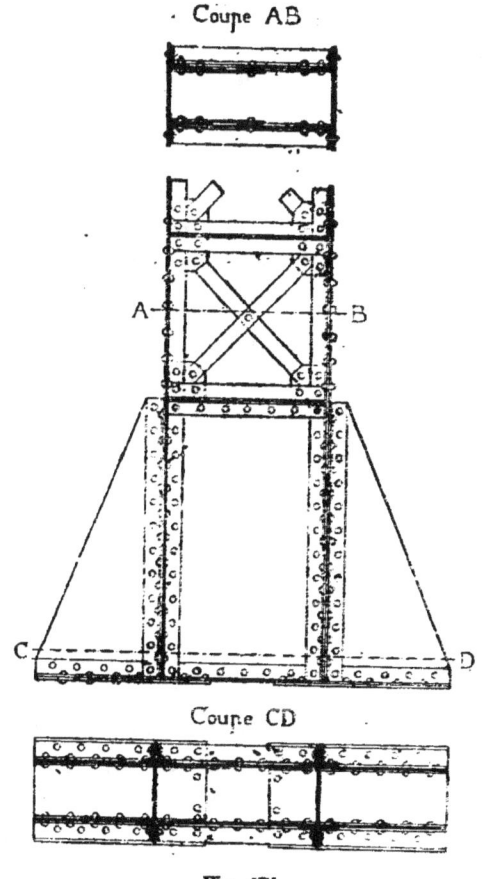

Fig. 471

aux pièces jumelées ; le caisson est alors fait de deux côtés pleins opposés et de deux treillis latéraux.

La *fig.* 471 donne un exemple d'un poteau de ce genre ; c'est le pied d'une grande ferme d'un bâtiment d'Exposition. La forme de la semelle indique qu'il transmet à sa fondation une pression oblique.

250. Poteaux en caissons avec une face en treillis.

— Les poteaux en caissons qui font partie d'un pan métallique hourdé se composent avec avantage de trois côtés pleins et d'un quatrième en treillis.

Ils se construisent souvent au moyen de quatre cornières d'angle, recevant sur leurs tables les assemblages des côtés pleins ou ajourés.

Il résulte de cette construction l'avantage très grand de pouvoir remplir l'intérieur du support de maçonnerie bien faite, exécutée par les jours du quatrième côté, et par cette même surface la maçonnerie peut sécher.

Le mur est alors continu et ne présente pas d'interruption de maçonnerie aux points les plus importants, les angles et les croisements de murs. De plus, les parements intérieurs sont préservés du contact de l'air, par suite de la rouille, et assurés d'une conservation prolongée.

La face en treillis est mise quelquefois sur le côté, dans l'épaisseur même du mur, de telle sorte que le support ne présente sur ses deux faces vues que l'aspect de parties pleines. La face en treillis peut être apparente soit à l'extérieur, soit à l'intérieur. Le tracé du treillis doit alors

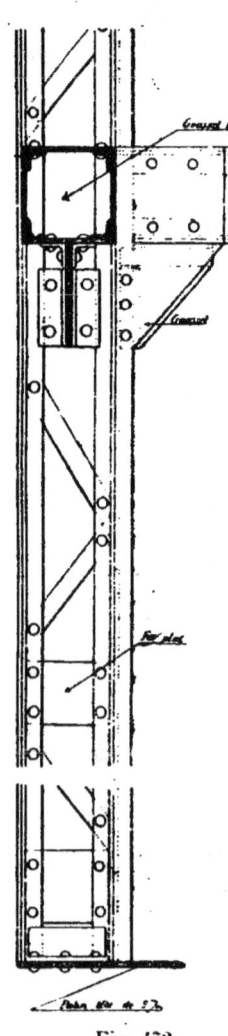

Fig. 472

être établi en vue d'un aspect décoratif, et les vides peuvent recevoir des panneaux ornés, en terre cuite par exemple.

Les *fig.* 472 et 473 rendent compte de ces dispositions.

251. Piliers à sections variables. — Les supports métalliques n'ont pas toujours une hauteur de section constante ; autrement dit, leurs membrures ne sont pas toujours verticales d'une façon absolue. On les combine quelquefois avec une console de raccord, pour n'en faire qu'une seule et même pièce, que l'on assemble directement avec les charpentes à supporter.

Cette disposition est représentée dans son ensemble par la *fig.* 474 ; elle est appliquée au soutien d'une poutre horizontale. Elle n'est avantageuse que pour le cas de supports en treillis; pour des âmes pleines, la taille de la tôle et le déchet qui en résulte la rendent inapplicable.

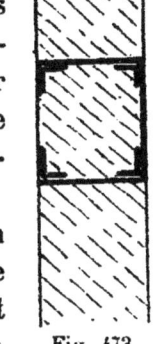

Fig. 473

Le support de la *fig.* 474 est formé de quatre cornières formant les deux membrures, de tôles au besoin pour les renforcer, de treillis pour réunir les membrures, et enfin de deux fers à T verticaux comprenant entre eux le treillis. Ces T reçoivent l'assemblage des deux parties de la poutre à soutenir.

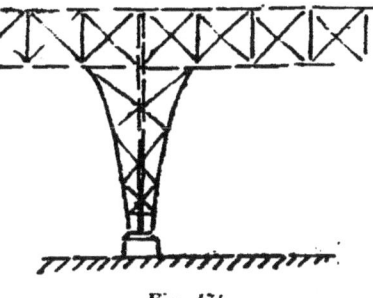

Fig. 474

On a soin, quand on trace ces sortes de poteaux, de faire correspondre la largeur du poteau à sa partie haute et la position d'arrivée des membrures avec les divisions de la charpente supérieure.

Dans d'autres cas, ces poteaux ont une de leurs membrures verticale, l'autre étant évasée. On leur donne cette forme lorsqu'ils sont placés à la rive d'un hangar, ou qu'ils ont à soutenir l'extrémité d'une charpente.

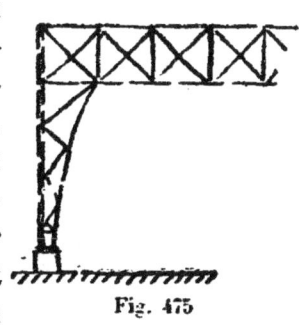

Fig. 475

Les deux membrures ne sont pas alors d'égale valeur, ni de même composition ; la verticale est surtout destinée à porter la charge, l'autre doit maintenir la verticalité de la première et prévenir le roulement de l'ensemble de la charpente. La *fig.* 475 rend compte de cette seconde forme.

D'autres fois, cette forme variable des poteaux métalliques vient de ce qu'ils reçoivent des charpentes à soutenir des actions obliques, qui les font travailler à la flexion avec moment fléchissant variable.

La variation de section est alors tout indiquée pour satisfaire à ces diverses valeurs du moment fléchissant, en même temps qu'aux efforts longitudinaux dus aux charges parallèles au support. Dans bien des cas même, le support fait la suite de la charpente supérieure, et forme avec elle un arc dont la fatigue en chaque point détermine la section de résistance nécessaire.

C'est le cas de la charpente du hangar dont l'ensemble

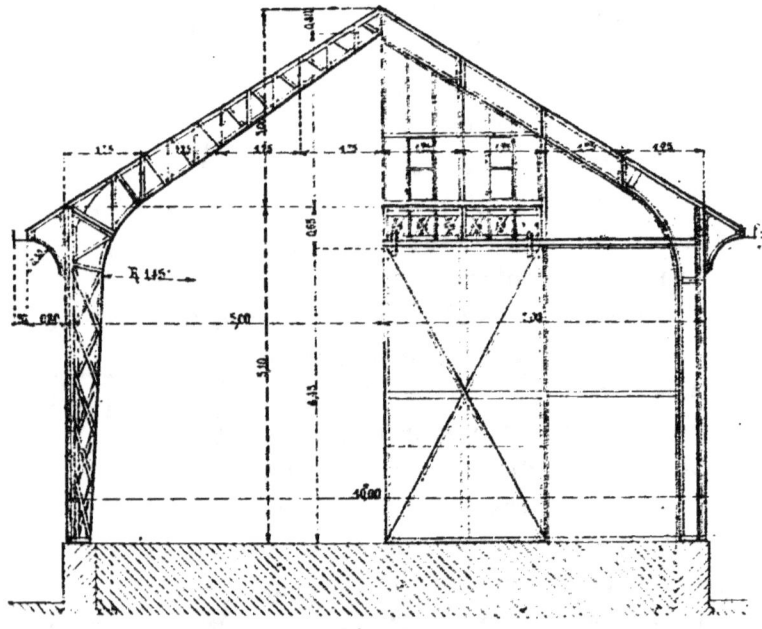

Fig. 476

est représenté par la *fig.* 476, moitié en coupe moitié en

élévation. Les poteaux ont leur rive extérieure verticale, s'alignant avec la clôture du hangar, et sont disposés pour la recevoir. Leur rive intérieure est inclinée de manière à élargir la section en haut. Ils se courbent à leur

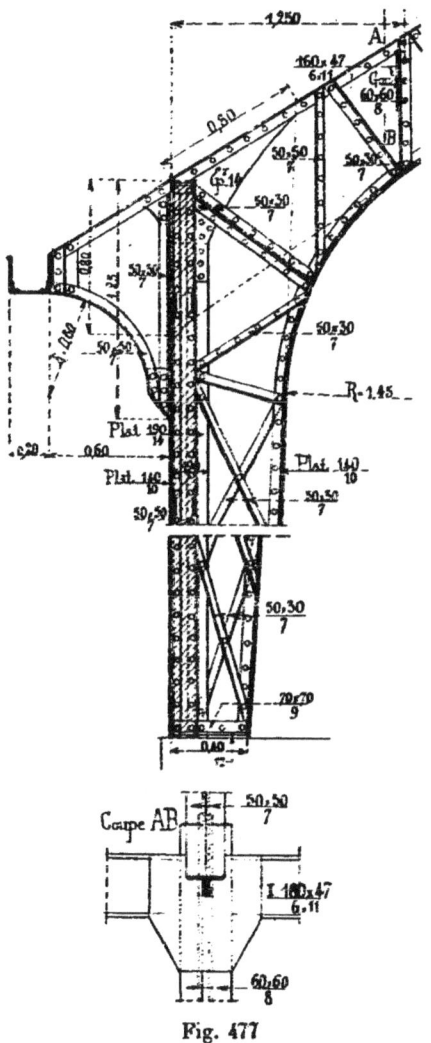

Fig. 477

partie supérieure et se continuent de manière à former l'arbalétrier, qui a lui-même une section variable en ses divers points. L'ensemble des deux pièces forme un arc de suffisante rigidité, en sa partie arrondie, pour permettre de se passer d'entrait dans la construction du hangar.

La *fig.* 477 donne dans son principal croquis le détail de construction de ce poteau. L'âme est pleine sur une bande verticale 0,014 d'épaisseur et de 0,190 de largeur ; elle reçoit 4 cornières verticales de $\frac{50 \times 50}{7}$, formant de chaque côté les nervures nécessaires pour comprendre une cloison maçonnée en briques de $0^m,11$ d'épaisseur. Sur les deux cornières extrêmes est rivée une table en fer plat de $0,140 \times 0,018$.

La **membrure intérieure** est formée de 2 cornières de $\frac{50 \times 50}{7}$ et d'une table de $0,140 \times 0,010$. Les deux membrures sont réunies par une série de treillis en X, d'inclinaisons variables, et dont les barres sont faites de cornières de $\frac{50 \times 30}{7}$.

La base du pilier, dans le sens transversal du bâtiment, a $0^m,40$ de largeur ; elle se relie à une semelle carrée de $0^m,012$ d'épaisseur par l'intermédiaire de cornières de $\frac{70 \times 70}{9}$.

A partir de la naissance de l'arc, de 1,45 de rayon, qui raccorde le pilier à l'arbalétrier, la disposition du treillis change ; il y a une première traverse presque horizontale, puis des barres inclinées convenablement pour se transformer progressivement en un treillis en N, qui se poursuit dans tout l'arbalétrier.

Le croquis n° 2 de cette même figure n'est qu'un détail de construction, montrant par une coupe suivant AB l'assemblage d'une panne intermédiaire.

252. Support en treillis, pièces en croix. — Si l'on combine deux poteaux en I, chargés l'un de soutenir un système de charpente, tel qu'une ferme de comble, l'autre un système perpendiculaire commes les sablières de ce même comble, ou obtient un support composé qui a en section horizontale la forme d'une croix.

Pour que ce poteau ait une solidité convenable, il est indispensable de le composer au point de croisement de

4 cornières verticales, venant enserrer deux à deux les portions d'âme de chaque système.

La *fig*. 479 donne la représention du pilier d'un hangar métallique, dont l'ensemble est dessiné en coupes et en plan dans les trois croquis de la *fig*. 478. Chaque pilier

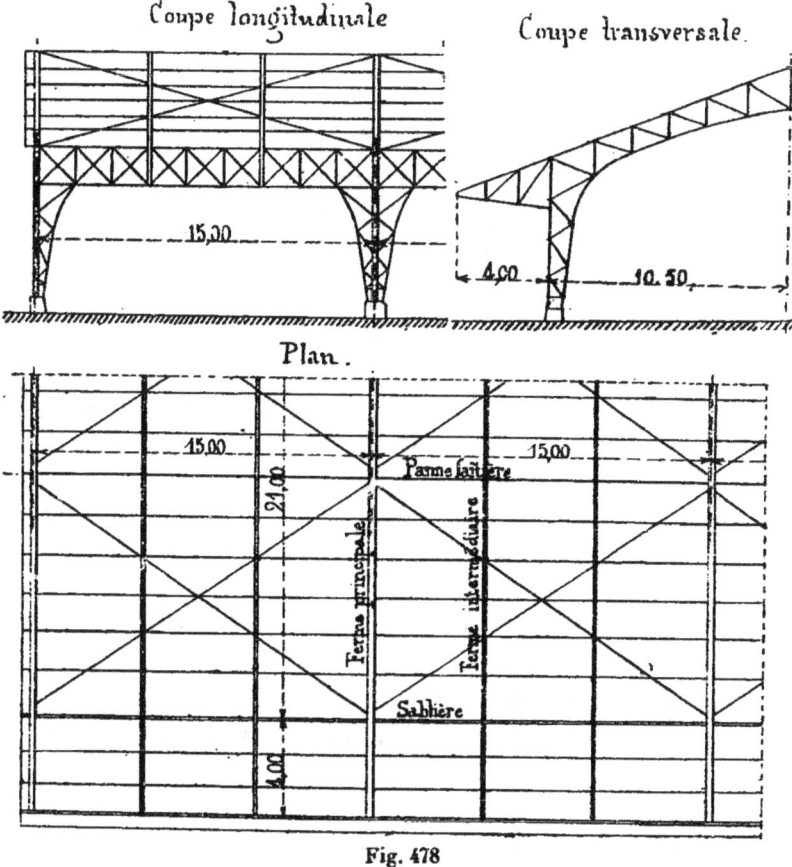

Fig. 478

est établi suivant cette disposition et se compose de deux supports à I croisés.

L'un de ces supports, dans le plan vertical de la sablière de rive, se compose d'une âme en treillis large et de 4 cornières de $\frac{70 \times 70}{7}$, comprenant une tôle de 150 × 7.

Ce pilier a une section variable allant en s'évasant du sol

jusqu'à la sablière, et jouant ainsi à la fois le rôle de support vertical et de console de contreventement.

L'autre support, perpendiculaire au premier, est formé de deux membrures, faites de cornières $\dfrac{70 \times 70}{7}$ et d'une tôle de 220 × 7. Ces membrures sont réunies par un treillis en V fait de cornières $\dfrac{50 \times 50}{5}$. Ce support a son

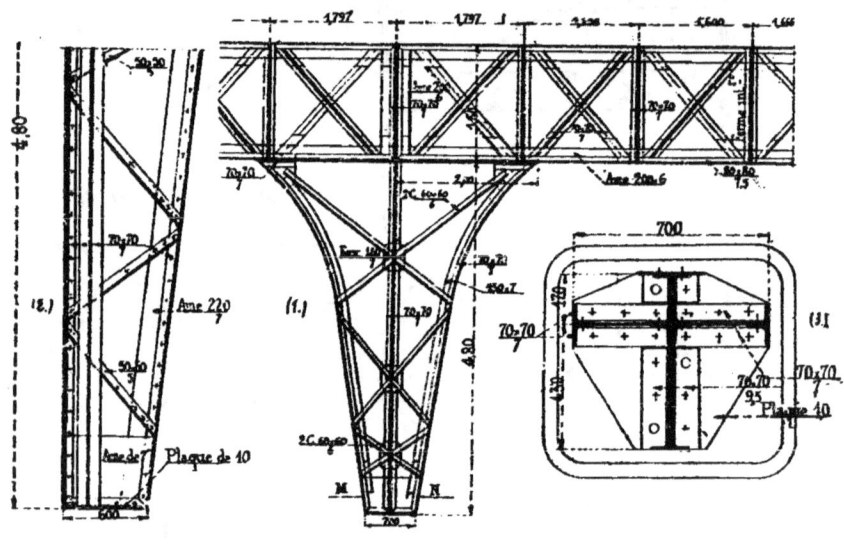

Fig. 479

parement extérieur vertical, sa membrure intérieure est évasée pour se relier en haut avec l'arbalétrier et former avec ce dernier un arc rigide sans entrait.

Les deux supports ainsi établis au même point se croisent à 0^m,170 du parement extérieur du bâtiment, et les deux treillis sont serrés au passage par un groupe de 4 cornières verticales de $\dfrac{70 \times 70}{7}$, avec les goussets nécessaires pour faire facilement les assemblages. La *fig.* 479 montre dans son croquis (1) la vue du support de la sablière. Le croquis (2) donne l'élévation latérale de ce même pilier, où se projette le support de l'arbalétrier. Enfin le croquis (3) figure la coupe MN de la base du pilier.

Toutes les membrures sont faites de doubles cornières de $\frac{70 \times 70}{7}$ comprenant une âme de 0,150 × 0,007.

Les barres de treillis, dans le support partiel transversal, sont, en cornières de $\frac{50 \times 50}{5}$, tandis que celles de l'autre sens sont en échantillon de $\frac{60 \times 60}{7}$; les treillis des poteaux sont attachés sur des fourrures en fer de 140/7, prises entre les cornières de croisement.

La base du pilier est formée par une plaque en tôle de 0,010 d'épaisseur et d'une surface de 0,600 × 0,700, sur laquelle arrivent les deux supports croisés; la partie inférieure de ces derniers est à âme pleine et s'assemble avec la semelle par des cornières de $\frac{70 \times 70}{7}$ et de $\frac{70 \times 70}{9,5}$

TABLE DES MATIÈRES

CHAPITRE PREMIER

GÉNÉRALITÉS

	Pages
Des métaux ferreux	3
De la fonte	4
De l'acier	6
Du fer proprement dit	8
Défauts des fers	13
Essais des fers	13
Formes commerciales des fers	14
Division en classes des fers marchands et plats	15
Rails	19
Fers à planchers	21
Fers spéciaux	23
Fers à I à larges ailes	23
Fers en U	25
Cornières	27
Fers à simple T	31
Fers à vitrages	33
Fers divers	35
Fers demi-ronds	37
Fers Zorès	39
Tôles	40
Divisions des fers spéciaux en classes	43
Fers hors classe	46
Construction en fer en général	47
Durée des charpentes en fer	48

CHAPITRE II

RÉSISTANCE DU FER, DE L'ACIER ET DE LA FONTE

	Pages
Résistance du fer à l'extension	53
Considérations pratiques	54
Résistance de l'acier à l'extension	55
Résistance de la fonte à l'extension.	55
Détermination des dimensions des boulons et rivets	55
Résistance du fer et de l'acier à la compression	56
Résistance de la fonte à la compression	57
Résistance des colonnes en fonte	59
Tableau des charges de sécurité que peuvent porter les colonnes pleines.	60
Résistance des colonnes creuses.	62
Résistance des colonnes en croix	62
Résistance des piliers en fer	63
Résistance des piliers en acier	64
Travail d'une pièce fléchie, moment fléchissant, effort tranchant.	64
Recherche du moment fléchissant et de l'effort tranchant dans quelques cas simples.	67
De quelques moments d'inertie pour les formes de sections les plus usitées	83
Détermination pratique des dimensions d'une pièce fléchie . .	89
Tableau des poids et de la résistance à la flexion des fers ronds.	91
Tableau des poids et de la résistance à la flexion des fers carrés.	92
Tableau des poids et de la résistance à la flexion des fers plats.	93
Résistance des fers à double T, ou à I.	101
Poids et résistance à la flexion des fers à I à ailes ordinaires .	102
Poids et résistances à la flexion des fers à I à larges ailes. . .	106
Résistance à la flexion des fers spéciaux en U, à simple T, à cornières et fers Zorès	114
Fers en U.	115
Fers en T	117
Cornières à branches égales et inégales.	118
Fers Zorès.	119

Relation entre les valeurs de $\frac{I}{V}$ et les charges correspondant aux différentes portées. 123
Charge de sécurité uniformément répartie dont on peut charger les poutres en tôles et cornières. Manière de déterminer soit leur résistance, soit leurs dimensions 129
Moments de résistance des poutres en tôles et cornières . . . 132
Dimensions des barres de treillis dans les poutres à âmes évidées. 167
Rivure dans les treillis 171
Exemple de calcul complet d'une poutre en treillis posée sur deux appuis 172
Influence des variations et répétitions des charges dans les pièces en fer et en acier. Lois de Wohler. Formules qui en dérivent. 178

CHAPITRE III

ASSEMBLAGES DES ÉLÉMENTS MÉTALLIQUES

Assemblages des tôles 185
Tôles superposées, disposition des joints. 188
Rivets à têtes fraisées 188
Renforts servant de couvre-joints 189
Assemblages des tôles perpendiculaires 189
Poutres en tôles et cornières 190
Assemblages par rivets de barres dans un même plan 190
Des rivets en acier 192
Emploi des boulons dans les assemblages 192
Assemblage par boulons de pièces en prolongement. 194
Assemblage par boulons de pièces concourantes 196
Formes des extrémités des tiges. 197
Assemblage à trait de Jupiter 200
Assemblage des pièces perpendiculaires 201
Assemblages obliques. Fourches. 202
Pièces contournées et réunies à la forge 204
Assemblage des pièces parallèles 205
Assemblage par éclisses de fers à I dans un même plan. . . . 207
Assemblage de fers concourants. 208

TABLE DES MATIÈRES

	Pages
Assemblage des fers à I au moyen d'équerres	211
Équerres du commerce pour l'assemblage des fers	212
Cornières spéciales à la demande	215
Assemblage de pièces d'équerre en tôles et cornières	215
Assemblage de fers en I et de pièces en tôles et cornières	217
Assemblage d'un fer horizontal sur poteau montant	218
Assemblages au moyen de supports en fonte malléable	219
Jonction par brides et boulons des pièces de fonte	220
Assemblage à plat joint	221
Assemblage à la limaille	222

CHAPITRE IV

CHAINAGES, LINTEAUX ET POITRAILS

Chainages dans les bâtiments	227
Assemblage des chaines bout à bout	229
Ancrage des extrémités des chaines	231
Chainages apparents	233
Exemple de chaînage d'un bâtiment	235
Chainage des murs circulaires	236
Chainages sur planchers	237
Chainage des fondations	240
Redressement des voûtes du Conservatoire des Arts et métiers	242
Chainages extérieurs	243
Chainages verticaux	246
Goujons. Crampons	247
Chainage des voûtes en plates-bandes	248
Chainage des maçonneries chauffées	250
Chainage des charpentes en bois avec les murs	252
Chainage des charpentes en fer avec les murs	253
Des linteaux de baies	255
Linteaux en fers à I pour portes et fenêtres	257
Filets intérieurs entre les piles des boutiques et des locaux à rez-de-chaussée	259
Poitrails. Évaluation de la charge	262
Disposition d'un poitrail sur deux points d'appui	266

Poitrails à plusieurs travées	268
Poitrails en pièces faites de tôles et cornières	270
Exemples de poitrails en tôles et cornières	272
Emploi des poutres à caissons comme poitrails	276
Poitrail formé d'une poutre armée	277
Poitrail fait d'une poutre en treillis	281
Poitrail en arc	281
Linteaux en fer apparents	284

CHAPITRE V

PLANCHERS EN FER

Planchers en fers plats de champ	295
Emploi de solives composées, dites fermettes	297
Planchers en fonte	298
Planchers en fer à double T	300
Flèche des solives en fer	302
Portée des solives dans les murs. Chaînages d'extrémités	303
Remplissage en maçonnerie. Emploi des entretoises coudées et des fentons	304
Planchers en fer avec boulons remplaçant les entretoises	307
Exemples de planchers avec boulons	311
Disposition des planchers dans les pièces à murs biais	314
Cas où on peut renforcer les solives par un encastrement	315
Garnissage des entrevous. Remplissage en bois	317
Planchers mixtes, fer et bois	320
Hourdis en augets des entrevous de planchers en fer	322
Hourdis plein. Avantages, résistance	324
Hourdis en matériaux légers, briques creuses, poteries, plâtre	329
Dallages en verre	333
Divers modes de cintrage des planchers plats. Précautions à prendre	334
Hourdis en matériaux cintrés. Avantages. Inconvénients	336
Voûtes en briques à petites portées	338
Voûtes en briques pour hourdis à grandes portées	340
Voûtes en matériaux creux	341

582 TABLE DES MATIÈRES

	Pages
Planchers en fers Zorès.	342
Sonorité des planchers. Moyen de la combattre	343
Peinture des fers des planchers.	345
Fers à I à ailes inégales	346
Emploi des fers à triple T.	347
Disposition des planchers au droit des cloisons légères.	351
Disposition d'un plancher en fer au droit d'une fermeture de baie appareillée en platebande.	354
Planchers avec enchevêtrures devant les tuyaux de fumée.	357
Trémies à réserver pour les monte-charges, escaliers, etc.	359
Trémies à ménager pour les W. C	361
Trémies à établir pour l'éclairage du sous-sol dans les planchers à rez-de-chaussée.	362
Planchers en fer dans une maison irrégulière.	363
Planchers avec soffites.	369
Fers à I du commerce	371
Détermination des dimensions des fers d'un plancher	372
Evaluation du poids mort d'un plancher.	374
Règle pratique approximative.	375
Choix des solives pour un plancher.	375
Dimensions usuelles des solives des maisons d'habitation	378
Planchers composés de poutres et de solives	379
Planchers avec solives posées sur les poutres	381
Emploi de poutres jumelées	383
Plancher du rez-de-chaussée du moulin du Caire.	387
Entretoisement au droit des points d'appui intermédiaires. Planchers à compartiments	389
Poutres en tôles et cornières.	392
Poutres en tôles et cornières jumelées.	395
Poutres à sections variables	397
Soffites apparents pour planchers, formés par les poutres.	399
Poutres avec âmes en treillis.	401
Poutres avec âmes en tôle découpée	407
Repos des abouts des poutres sur les murs.	408
Planchers assemblés avec poutres et solives.	412
Planchers d'étages du moulin du Caire	415
Planchers du moulin de Corbeil.	418
Autre exemple.	421
Plancher de galerie dans un magasin	422
Planchers à grande portée de maison d'habitation	425
Solidarité des poutres jumelées hourdées.	427
Planchers des salles d'études de l'Ecole Centrale	430
Planchers assemblés avec soffites inférieurs.	432

	Pages
Formes à donner à ces soffites	434
Plancher haut des amphithéâtres de l'Ecole Centrale	435
Galeries en porte-à-faux	439
Planchers pour salles polygonales ou circulaires	440
Plancher bas de la salle de l'Opéra à Paris	442
Plancher sur poutres en arc. Gare de Calais	444
Planchers de magasins non hourdés. Magasins généraux de Bercy	449
Magasins généraux sur la Loire à Nantes	455
Planchers à très grandes portées, avec trois systèmes de pièces.	456
Planchers spéciaux des silos des moulins de Corbeil	460

CHAPITRE VI

SUPPORTS VERTICAUX

§ 1. — *Colonnes en fonte*

Colonnes pleines du commerce	469
Colonnes pleines sur modèles	471
Pose des colonnes pleines sur leur fondation	472
Assemblage des colonnes pleines avec les charpentes	473
Colonnes pleines jumelées	474
Superposition des colonnes pleines	475
Autres formes de colonnes en fonte	477
Colonnes creuses	479
Remplissage en mortier du vide des colonnes en fonte	482
Colonnes creuses superposées	483
Colonnes creuses du moulin français du Caire	485
Colonnes avec carré supérieur	489
Chapiteau à large tablette	490
Chapiteau à double console	491
Colonnes de la Halle de Corbeil	493
Colonnes creuses d'une seule pièce pour étages	496
Colonnes noyées dans la maçonnerie	498
Colonnes à doubles consoles ornées	499
Colonnes à chapiteaux superposés	502

	Pages
Colonnes en fonte pour charpentes en bois	503
Colonnes avec grandes consoles remplaçant les contrefiches . .	508
Colonnes à consoles rapportées	511
Colonnes à section carrée ou rectangulaire	514
Assemblage latéral de pièces de bois	515
Assemblage latéral de pièces de fer	516
Exemple d'une colonne carrée appliquée à un hangar	519
Colonnes mixtes à sections variées	520
Colonnes mixtes ornées	522
Colonnes ornées pour Halles et Marchés	524
Colonnes recevant des transmissions du mouvement	527

§ 2. — *Poteaux et piliers en fer*

Poteaux et piliers en fer. Comparaison du fer et de la fonte . .	528
Colonnes en fer rond	529
Pieux en fer. Application aux pieux à vis	531
Piliers en fers profilés de différentes formes	532
Piliers en fer à I et en U. Choix des sections à larges ailes . .	534
Assemblage avec les charpentes	535
Poteaux télégraphiques	536
Supports en fers à I ou en U jumelés. Hourdis en maçonnerie .	538
Autres formes des poteaux en fers laminés	540
Supports à I en tôles et cornières. — Assemblages avec les charpentes	542
Jonction des poteaux superposés	546
Poteaux à sections variables. Piliers des Magasins du Printemps.	547
Poteaux de périmètre et de milieu des Magasins généraux de Bercy	548
Supports à I en tôles et cornières. Pièces jumelées	549
Supports en caissons verticaux	552
Piliers avec bases en fonte de la gare de l'Ouest à Paris . . .	555
Supports métalliques en croix — Gare de Calais	558
Supports en treillis. Pièces simples	561
Poteaux des Magasins généraux de la Loire	563
Supports en treillis. Pièces jumelées	565
Poteaux en caissons avec une face en treillis	568
Piliers à sections de hauteurs variables	569
Supports en treillis. Pièces en croix	572

SAINT-AMAND (CHER). — IMPRIMERIE DESTENAY, BUSSIÈRE FRÈRES.

www.ingramcontent.com/pod-product-compliance
Lightning Source LLC
Chambersburg PA
CBHW070407230426
43665CB00012B/1272